Akademie der Wissenschaften zu Berlin

The Academy of Sciences and Technology in Berlin

Forschungsbericht 4

Einheit der Wissenschaften

Akademie der Wissenschaften zu Berlin
The Academy of Sciences and Technology in Berlin

Forschungsbericht 4

Arbeitsgruppe:
Einheit der Wissenschaften

Leiter:
Jürgen Mittelstraß

Walter de Gruyter · Berlin · New York · 1991

Akademie der Wissenschaften
zu Berlin

Einheit der Wissenschaften

Internationales Kolloquium
der Akademie der Wissenschaften
zu Berlin

Bonn, 25. – 27. Juni 1990

Walter de Gruyter · Berlin · New York · 1991

⊚ Gedruckt auf säurefreiem Papier,
das die US-ANSI-Norm über Haltbarkeit erfüllt.

Die Deutsche Bibliothek – CIP-Einheitsaufnahme

Einheit der Wissenschaften : internationales Kolloquium der Akademie der Wissenschaften zu Berlin, Bonn, 25.–27. Juni 1990 / Akademie der Wissenschaften zu Berlin. – Berlin ; New York : de Gruyter, 1991
(Forschungsbericht / Akademie der Wissenschaften zu Berlin ; 4)
ISBN 3-11-012905-1

NE: Akademie der Wissenschaften <Berlin, 1987 gegründet>: Forschungsbericht

ISBN 3 11 0129051 0

Printed in Germany
Satz und Druck: Arthur Collignon GmbH, Berlin
Buchbinderische Verarbeitung: Lüderitz & Bauer GmbH, Berlin

Inhalt

Vorwort

Die Akademie der Wissenschaften zu Berlin hat im August 1989 eine Studiengruppe eingesetzt und mit der Vorbereitung und Durchführung eines internationalen Kolloquiums »Einheit der Wissenschaften« beauftragt. Dieses Kolloquium fand vom 25. bis zum 27. Juni 1990 in Bonn statt.

Die Studiengruppe, bestehend aus Dr. Bernd Gräfrath, Dr. Renate Huber und Dr. Brigitte Uhlemann, hat den Akademie-Forschungsbericht *Einheit, Interdisziplinarität, Komplementarität: Orientierungsprobleme der Wissenschaft heute* erarbeitet, der dieses Jahr im Verlag Walter de Gruyter & Co. erschienen ist. Ich freue mich, daß mit dem vorliegenden Band nunmehr auch die Kongreßakten veröffentlicht vorliegen.

Mein Dank gilt all denen, die das Kolloquium und diesen Band möglich gemacht haben. Hervorheben möchte ich die Akademie der Wissenschaften zu Berlin, die das Kolloquium veranstaltete und die Studiengruppe einsetzte, die Mitglieder der Studiengruppe, die mit ihrem Forschungsbericht das Kolloquium vorbereiteten, den Bundesminister für Forschung und Technologie, der beides, Forschungsbericht und Kolloquium, finanzierte*, und, last but not least, die Referenten, deren Beiträge dieser Band enthält.

Die »Einheit der Wissenschaft« ist eine regulative Idee, die in der Betonung der Einheit der wissenschaftlichen Rationalität der Fragmentierung der Fächer und Disziplinen entgegentritt. Gerade heute, da von manchen Seiten das Ende der Aufklärung und das Anbrechen eines Zeitalters nach und jenseits der Aufklärung beschworen wird, ist diese Idee aktueller denn je.

Prof. Dr. Jürgen Mittelstraß
(Wissenschaftlicher Leiter der Studiengruppe »Einheit der Wissenschaften«)

---

* Das diesem Bericht zugrunde liegende Vorhaben wurde mit Mitteln des Bundesministers für Forschung und Technologie unter dem Förderkennzeichen KGS 2200 2 gefördert. Die Verantwortung für den Inhalt dieser Veröffentlichung liegt bei den Autoren.

1. Eröffnung

Einheit in der Vielheit: Zur Rolle einer interdisziplinären Akademie der Wissenschaften

Horst Albach

Sehr geehrter Herr Minister, meine Damen und Herren! Die Wissenschaftslandschaft ist uneinheitlich. Einheit in der Vielfalt ist nicht sichtbar. Sie herzustellen, ist eine schwierige, aber notwendige Aufgabe.

Der Kongreß, zu dem ich Sie namens der Akademie der Wissenschaften zu Berlin herzlich begrüße, hat sich diese Aufgabe gesetzt. Mit dem Titel »Einheit der Wissenschaften« – ohne Fragezeichen, ohne Ausrufezeichen dahinter – stellen wir nüchtern fest, daß die Einheit der Wissenschaften ein Problem ist.

Sie ist offenbar ein Problem für die Forschungspolitik, die in zwei Ministerien betrieben wird. Sie ist ein Problem für die Universitäten, deren universitas immer mehr in Schools of Medicine, Schools of Business, Schools of Engineering etc. »zerfällt«. Sie ist ein Problem für die Gesellschaft. Wie kann man erwarten, daß die Öffentlichkeit die Wissenschaft versteht, wenn die Wissenschaftler sich untereinander nicht mehr verstehen?

Die These, die Einheit der Wissenschaften sei zerbrochen, geht letztlich auf Charles Percy Snow zurück. Snow hatte freilich nicht behauptet, die Wissenschaft stelle keine Einheit mehr dar, sondern festgestellt, zwischen der Welt der Literatur, die die Wirklichkeit beschreibt, und der Welt der Naturwissenschaft, die die Welt erklärt, sei kein Brückenschlag mehr möglich. Die Sprachen seien verschieden, die beiden Bereiche bildeten zwei voneinander getrennte Kulturen.

Man mag sich heute wundern, daß die These von Snow so große Aufmerksamkeit, ja, so heftige Auseinandersetzungen ausgelöst hat. Man hätte sicher eher die Frage erwartet: Zwei Kulturen? – Wieso nur zwei?? Mancher mag sich auch verwundert gefragt haben, warum die Grenzziehung zwischen den zwei Kulturen zwischen dem Bereich der Literatur und dem Bereich der Wissenschaft gezogen wurde. Die Grenze hätte man eher zwischen der Literatur, die, den Erfahrungswissenschaften nicht unähnlich, Erfahrungen verarbeitet, und der Literaturkritik vermutet, die ihren Erfahrungsmangel durch gelehrsame Werkimmanenz zu kompensieren sucht.

Aber die These von Snow ist letztlich doch nicht das Thema unseres Kongresses. Hier geht es um das Problem, daß der wissenschaftliche Fortschritt in den einzelnen Wissenschaften zum Verlust der Dialogfähigkeit zwischen den einzelnen Disziplinen geführt hat. Dialogfähigkeit in der Wissenschaft ist aber Voraussetzung für einen verantwortlichen Dialog mit der Politik. Dieser Dialog aber ist notwendig für verantwortliche Entscheidungen in der Politik. Die Wiederherstellung der Einheit der Wissenschaften ist folglich von erheblicher politischer Bedeutung.

Für den Politiker, der wissenschaftliche Politikberatung für einen wichtigen Teil des politischen Entscheidungsprozesses hält (es gibt auch andere, uns hier freilich nicht interessierende Politiker), steht die Frage im Vordergrund: Wie kann angesichts der Vielfalt wissenschaftlicher Aussagen und der Zäune zwischen den Disziplinen gewährleistet werden, daß diejenigen Aussagen, die zur Basis politischer Entscheidungen gemacht werden, in sich konsistent sind?

Die Wissenschaftsjournalisten könnten möglicherweise die Rolle des Informationsintermediärs spielen, der diese Aufgabe löst. Zweifellos kommt den Wissenschaftsjournalisten heute eine große Bedeutung bei der Zusammenfügung wissenschaftlicher Erkenntnisse und ihrer Interpretation für die Politik zu. Meiner Ansicht nach sind sich die Wissenschaftsjournalisten in der Bundesrepublik dieser Aufgabe nicht nur bewußt, sondern sie stellen sich ihr auch – meiner Ansicht nach nicht ohne Erfolg.

Für den Wissenschaftler muß die Frage im Vordergrund stehen, ob er es den Medien überlassen darf, die Ergebnisse wissenschaftlicher Forschung zusammenfassend zu interpretieren und für den Politiker aufzubereiten. Die Frage stellen heißt, sie zu verneinen. Die Wissenschaft muß selbst in die Pflicht genommen werden, die Dialogfähigkeit zwischen den Disziplinen wieder herzustellen und die Ergebnisse wissenschaftlicher Forschung so aufzubereiten, daß sie als Grundlage politischer Entscheidungen verwendbar sind.

Wie aber kann dies geschehen? Der Verlust an Dialogfähigkeit war ja gerade die Folge des wissenschaftsimmanenten Fortschritts.

Den Fortschritt um des Erhalts der Dialogfähigkeit zu stoppen, kann nicht die Lösung sein.

Gelegentlich wird die Ansicht geäußert, es müsse auch in der Wissenschaft mehr Generalisten geben, die den Überblick über viele Disziplinen und ihren Forschungsstand haben. Gelegentlich wird auch der Wissenschaftler als Katalysator gefordert, dem es gelingt, die verschiedenen Wissenschaften zu einer Einheit zu verschmelzen. Sieht man genauer hin, stellt man fest, daß derartige Ansichten von »Wissenschaftlern« geäußert werden, die als Dialogpartner in der eigenen Disziplin nicht mehr ernst genommen werden. Sie sind daher auch nicht dialogfähig mit anderen Disziplinen. Sie machen aus ihrer angeblichen »Interdisziplinarität« eine persönliche Wissenschaft, aus der heraus sie, den Gurus gleich, einer Klientele von Laien – zu denen leider manchmal auch Politiker gehören – ihre Privatwissenschaft als Einheit der Wissenschaft vorgaukeln. Auch dieser Weg kann also die Lösung nicht sein.

Ein dritter Weg zur Wiedergewinnung der Einheit der Wissenschaft ist der institutionelle. Der Gedanke, Institutionen mit dieser Aufgabe zu betrauen, liegt nahe. Dabei ist zuvorderst an diejenigen Institutionen zu denken, die die Einheit der Wissenschaften in ihrem Namen tragen: die Universitäten. Die Auseinandersetzung um die Auflösung der Akademie der Wissenschaften zu Berlin speist sich nicht zuletzt auch aus der Hoffnung der einen, die Rückbesinnung auf die alten Aufgaben möge innerhalb der Universitäten gelingen, und die Erkenntnis der anderen, daß die moderne Universität, die der fachwissenschaftlichen Berufsvorbereitung dient und nicht mehr eine Gesellschaft von Privatgelehrten ist, dies nicht mehr zu leisten vermag.

Dies schließt nicht aus, daß sich die Universitäten als flexibel genug erweisen könnten, Projektteams einzurichten, denen Aufgaben der interdisziplinären Forschung übertragen werden. Hierfür gibt es Beispiele. Ich nenne hier nur das »Zentrum für interdisziplinäre Forschung« in Bielefeld und die Kommission »interdisziplinäre Forschung« in Darmstadt. Aber es besteht bei den verantwortlichen Wissenschaftspolitikern in allen großen Parteien Einmütigkeit darüber, daß derartige Institutionen interdisziplinärer Forschung an den Universitäten die Ausnahme bilden, daß die Schwierigkeiten, denen sich interdisziplinäre Forschung gegenübersieht, in den Universitäten größer sind als außerhalb der Universitäten.

Aus dieser Erkenntnis heraus hat es sich die Akademie der Wissenschaften zu Berlin bei ihrer Gründung zur Aufgabe gemacht, die Einheit der Wissenschaften problemorientiert herzustellen. Sie hat interdisziplinär besetzte Arbeitsgruppen zur Erforschung von Problemen gebildet, die ohne den Dialog zwischen den Disziplinen nicht überzeugend analysiert werden können.

Inzwischen liegen Erfahrungen aus fast dreijähriger Tätigkeit vor. Lassen Sie mich diese Erfahrungen als subjektive Eindrücke wiedergeben.

(1) Der Dialog zwischen Geisteswissenschaftlern, Sozialwissenschaftlern, Technikwissenschaftlern und Naturwissenschaftlern ist außerordentlich mühsam. Das zeigt sich besonders, wenn dieser Dialog aufgabenbezogen geführt werden und zu Ergebnissen führen soll, die von allen Beteiligten verantwortet werden.

(2) Es ist leichter, sich auf eine formale Vorgehensweise, auf eine gemeinsame Berichtsgliederung und auf eine Geschäftsordnung als auf gemeinsame Ergebnisse zu einigen.

(3) Es ist leichter, die Aussagen des kompetenten Fachkollegen zu akzeptieren als sie in ihren Voraussetzungen zu verstehen und sich anzueignen.

(4) Für die Methodik der interdisziplinären Forschung gibt es kein Patentrezept. Auf welchem Wege die Einheit der Wissenschaften am jeweiligen Problem gefunden wird, hängt vom Problem und den beteiligten Personen ab.

(5) Die Bereitschaft, das Ergebnis des interdisziplinären Dialogs in der eigenen Disziplin zu verarbeiten, nimmt mit dem Alter der beteilig-

ten Forscher zu. Disziplinäre Ungeduld, gepaart mit der Unfähigkeit, den Vertretern der anderen Disziplin Brücken des Verständnisses zu bauen, ist unter jüngeren Wissenschaftlern besonders ausgeprägt.

(6) Es ist möglich, die fachlichen Aussagen im interdisziplinären Dialog so zu reduzieren, bis das Allgemeingültige und das Allgemeinverbindliche stehen bleiben, ohne daß dies dem Fachkollegen trivial und dem Laien unverständlich erscheint. Die Analogie zur Kunst des ZEN ist keineswegs abwegig.

(7) Die Einheit der Wissenschaften ist problemorientiert zu gewinnen. Freilich sind dafür Geduld und Kraft, Beharrlichkeit und Ausdauer in hohem Maße erforderlich.

(8) Einheit der Wissenschaft bedeutet nicht, daß sich die beteiligten Fachwissenschaften auf dem kleinsten gemeinsamen Nenner treffen.

Meine Damen und Herren, heute stellt sich uns die Aufgabe, die Einheit der Wissenschaften wiederzugewinnen, in einem ganz neuen Zusammenhang. Die Wiedervereinigung Deutschlands muß ja auch als eine Vereinigung der Wissenschaften begriffen werden. In der DDR war unter dem Zwang, die Einheit von Wissenschaft und Partei herzustellen, die Einheit der Wissenschaften verloren gegangen. Die Mathematik, dem Verständnis der Partei weitgehend entrückt, hat sich noch am ehesten als Einheit in Ost und West erhalten lassen. In den Naturwissenschaften und den Technikwissenschaften sind es eher äußere Beschränkungen und unzureichende apparative Ausstattung gewesen, die allmählich zu einem Auseinanderdriften der Wissenschaften führten. In den Sozialwissenschaften aber wurden zunächst die Einheit der Wissenschaften und schließlich die Wissenschaften selbst auf dem Altar der Parteiideologie geopfert. Von der Parteiideologie wurde die sogenannte »Bürgerliche Ökonomie« verdammt, die bürgerlichen Ökonomen im Westen verspotteten die sogenannte »Sozialistische Betriebswirtschaftslehre«, und schließlich beachteten sie sie nicht einmal mehr. Der Dialog zwischen den Wissenschaftlern in Ost und West erstarb. Nun stehen wir vor der Aufgabe, die Einheit der Disziplinen in Ost und West herzustellen. Dies ist eine Aufgabe der Fachdisziplinen, dies ist aber auch eine Aufgabe der Akademie. Ob es gelingen könnte, diese Aufgabe anzupacken, wird sich in dieser Woche entscheiden. Noch schweben das Damokles-Schwert des Rot-Grünen Senats über der Akademie der Wissenschaften zu Berlin und der Pleitegeier über der Akademie der Wissenschaften der DDR. Aber das eine mag sich so schnell ändern wie das andere. Die Akademie der Wissenschaften zu Berlin ist bereit, sich dieser großen Aufgabe zu stellen. Mit dem hessischen Akademiegesetz hat sie auch Strukturen entworfen, die dieser Aufgabe der Wiederherstellung der Einheit der Wissenschaften in Ost und West gerecht werden.

Meine sehr verehrten Damen und Herren, ich wünsche diesem Kongreß fruchtbare Diskussionen, heftige wissenschaftliche Auseinandersetzungen und Ergebnisse, die dazu beitragen, den Dialog zwischen den Disziplinen wiederherzustellen und eine gemeinsame Basis für die wissenschaftliche Politikberatung zu finden.

Transdisziplinäre Wissenschaft in Freiheit

HEINZ RIESENHUBER

Sehr geehrter Herr Professor Albach, sehr geehrter Herr Professor Mittelstraß, sehr geehrte Damen und Herren. Ich bedanke mich für die Möglichkeit, hier vor Ihnen sprechen zu dürfen. Das Thema dieses Kolloquiums heißt »Einheit der Wissenschaften«, ein Thema, das den besonderen Ansprüchen der Akademie der Wissenschaften zu Berlin entspricht. Es berührt die Gründungsfundamente dieser Akademie in Berlin insoweit, als es ja gerade ihr Anspruch war, fachübergreifende Aufgabenstellungen pragmatisch anzugehen und einer Lösung zugänglich zu machen. Die Akademie in Berlin knüpft damit an das Leibnizsche Ideal »theoriam cum praxi« an, an das Ideal also, in anwendungsbezogener Sicht interdisziplinäre Arbeit zu leisten. Wir alle wissen um die derzeitigen Probleme dieser Akademie. Ich wünsche mir, daß sie sich mit ihrer besonderen Aufgabenstellung am Standort Berlin auch in Zukunft ihren ehrgeizigen Vorhaben widmen kann.

Die Wissenschaftsdynamik hat bisher nicht gekannte Ausmaße angenommen. Das Wissenswachstum der letzten Jahrzehnte ist in der Menschheitsgeschichte einzigartig. Es ist durch einen exponentiellen Anstieg gekennzeichnet. Neue Paradigmen zum Verständnis des Zusammenhangs zwischen Wissenschaft und Technik werden erforderlich. Während in früherer Zeit wissenschaftliche Erklärungsmuster der technischen Entwicklung vorangingen, stellen wir heute fest, daß der technische Fortschritt häufig dem wissenschaftlichen vorgelagert ist. Vielfach ist er sogar die Ursache für Bewegungen und Neuerungen im Wissenschaftsverständnis.

Das zunehmende Entwicklungstempo im Wissenschaft und Forschung wird zudem überlagert von der Notwendigkeit einer verstärkten Interdisziplinarität bei der Erfassung und Bewältigung unserer Zukunftsprobleme. Die klassischen monokausalen Wenn-dann-Beziehungen reichen als Erklärungsmuster von Wirkungsketten nicht mehr aus.

Problembeschreibungen und -lösungen erfordern ein systembezogenes Abbilden aller Ursachen und Wirkungen, die in vielfältigen Beziehungen miteinander verknüpft sind. Bestes Beispiel hierfür ist die Klimaforschung: Nur in einem komplexen Zusammenhang zwischen CO_2-Belastung der Atmosphäre, Transportmechanismen in der Luft, zunehmendem Verlust der Regenwälder und anderen Einflußfaktoren lassen sich Treibhauseffekt und globale Klimaveränderungen erklären.

Zum Verständnis und zur Lösung dieser und anderer Probleme, die die Menschheit heute bewegen, ist das Gespräch der Wissenschaftler über die Fachgrenzen hinweg erforderlich. Aber nicht nur über die einzelnen Disziplinen der Naturwissenschaften hinweg, vielmehr müssen auch die Geistes- und Sozialwissenschaften mit einbezogen werden. Den Geisteswissenschaften kommt dabei eine besondere Rolle zu. Sie sind traditionell der Ort der Ethik und Orientierung. Sie schaffen die Grundlagen für verantwortungsvolles eigenes Handeln. Sie können dem Wissenschaftler Maß und Hilfestellung bei der übergeordneten Bewertung seiner Handlungen geben.

Der Dialog zwischen Geistes- und Naturwissenschaften wird um so eher gelingen, je mehr beide problembezogen aufeinander zugehen. Dabei müssen sich die Geisteswissenschaften von ihrer abstrakten Wegweiserfunktion lösen und nicht mehr als genereller Religionsersatz fungieren. Zusammen mit den Natur- und Sozialwissenschaften haben die Geisteswissenschaften ihren Beitrag zur Lösung der Gegenwartsprobleme zu leisten. Zum einen können sie durch Reintegration des wachsenden Spezialwissens die drohende Unüberschaubarkeit bewältigen helfen, aber auch durch Einbringung geisteswissenschaftlichen Wissens in die Arbeit anderer Wissenschaften zu einer Grenzüberschreitung beitragen. Die Geisteswissenschaften müssen gemeinsam mit den anderen wissenschaftlichen Disziplinen helfen, in der Faktenfülle der realen Welt Strukturen aufzuzeigen, die eine Ordnung – zumindestens im Entwurf – möglich machen.

Die Kenntnis dieser Strukturen kann auch dem Politiker helfen, indem sie als Grundlage für politische Entscheidung dient. Wissenschaft kann jedoch politische Entscheidungen nicht ersetzen. Der Politiker bleibt in der Verantwortung. Es ist ein Irrglaube zu meinen, die Wissenschaft könne an die Stelle des Politikers treten. Sie kann ihm allenfalls helfen, seine Entscheidungsgrundlagen zu verbessern. Dies wird um so mehr gelingen, je problembezogener die wissenschaftlichen Ergebnisse aufbereitet werden. Die Akademie der Wissenschaften zu Berlin hat hier mit ihrem anwendungsbezogenen und interdisziplinären Arbeitsansatz den richtigen Weg aufgezeigt.

In den Wissenschaftsepochen vor dem 19. Jahrhundert war die Tendenz zur Einheit der Wissenschaften stärker als die zur Partikularisierung. Antike, Mittelalter und frühe Neuzeit sahen die Einheit der Wissenschaften grundsätzlich gewährleistet in der vorgegebenen kosmischen bzw. christlichen Weltordnung. Der wissenschaftliche Zugang zur Welt war gleichsam das Ausfüllen oder Nachzeichnen einer vorgegebenen, nicht hinterfragbaren Ordnung. Danach folgten Zeiten, da haben sich die verschiedenen Wissenschaftskulturen weitgehend auf ihre Eigenentwicklung konzentriert. So waren etwa gegen Ende des 19. Jahrhunderts weder die Natur- noch die Geisteswissenschaften – die Kirchen eingeschlossen – am Dialog interessiert. Erst in jüngerer Zeit bemerkte man wieder verstärkt die Notwendigkeit, disziplinübergreifend zusammenzuarbeiten. Sicher haben zu diesem Einstellungswandel auch die großen aktuellen Probleme und ihre Komplexität beigetragen. Teilhard de Chardin, von dem ich kürzlich wieder einen Text gelesen habe, sah bereits in den 50er Jahren eine Konvergenz der Wissenschaften voraus.

In den Bestrebungen, über eine Annäherung der getrennten Wissenschaftsbereiche und über die Möglichkeiten für ein einheitliches Wissenschaftsverständnis nachzudenken, manifestiert sich auch ein geändertes Selbstbewußtsein der Wissenschaft insgesamt. Es wird getragen von dem Wunsch, die durch spezialisiertes Expertenwissen erzielten technisch-wissenschaftlichen Erkenntnisse im Kontext ihrer verantwortbaren Verwendung zu prüfen.

Nur im Zusammenwirken aller wissenschaftlichen Disziplinen können die großen Zukunftsaufgaben angegangen werden, wie z. B. die Folgen der Zunahme der Weltbevölkerung, die bis zum Ende dieses Jahrhunderts auf ca. sechs Milliarden Menschen ansteigen wird, die Klimaveränderungen oder die Umweltschäden. Neben der Unterstützung des wissenschaftlichen Dialogs zwischen allen Fachbereichen fördert das Bundesministerium für Forschung und Technologie interdisziplinäre Forschungsthemen und Strukturen durch zahlreiche Maßnahmen und Initiativen, wie z. B.:

- Technikfolgenabschätzung: An der Umsetzung des neuen BMFT-Förderkonzeptes, das unter anderem Schwerpunktprojekte in den Bereichen Energie und Rohstoffe, Information und Kommunikation, Umwelt, Gesundheit und Verkehr vorsieht, werden alle Fachrichtungen mitwirken.
- Wissenschaft und Ethik: Im März d. J. fand in Kronberg/Taunus auf meine Initiative hin ein Gespräch der EG-Forschungsminister über ethische Fragen des Umgangs mit menschlichem Erbgut und der Genomforschung statt. Dieses Gespräch hat einen breiten Konsens darüber ergeben, daß die Würde des Menschen als Grundlage aller ethischen Regeln auch der Maßstab für neue biomedizinische Forschungsperspektiven bleiben muß.
- BMFT-Förderprogramme: Sie enthalten in zunehmendem Maße interdisziplinäre Fragestellungen und Forschungsthemen, wie z. B. das Programm »Informationstechnik« in der Verbindung klassischer und neuer Medien oder das Programm »Arbeit und Technik«, in dem Naturwissenschaft, Technik und Sozialwissenschaften bei der Erarbeitung von Vorschlägen und Modellen für die Arbeitsorganisation und die Gestaltung von Arbeitsplätzen zusammenarbeiten.
- Förderung der Geisteswissenschaften: Das Fördervolumen in diesem Bereich ist mittlerweile auf über 100 Mio. DM jährlich angewachsen.

Grundsätzlich gilt jedoch: Die Einheit der Wissenschaften herzustellen oder ihr näher zu kommen ist primär eine Aufgabe der Wissenschaften selbst; meine Bereitschaft, hier zu helfen, ist groß, aber angesichts des Anspruchs dieses Vorhabens doch begrenzt. Die zunehmende Tendenz zum Aufgreifen interdisziplinärer Fragestellungen ist ein ermutigendes Zeichen. Aufgabe dieses Kolloquiums ist es aufzuzeigen, wo Defizite an Interdisziplinarität bestehen und wie diese durch Wissenschaft und Forschungspolitik beseitigt werden können.

Das Thema dieses Kolloquiums gewinnt auch vor dem Hintergrund der aktuellen Entwicklung in Ost-Europa, speziell in der DDR, eine besondere Bedeutung. Der Aufbruch im Osten deutet die Hinwendung der Politik zu Einheit und Freiheit an. Der Blick auf das Ganze in Freiheit vermittelt der Aufgabe der Wissenschaft eine neue Dimension.

In diesem Sinne kann ein Zusammenwachsen der Wissenschaften stattfinden auf der Grundlage der Zusammenführung der Menschen. Schwierige Probleme sind hier noch zu lösen. Auch hierbei kommt der Akademie für Berlin eine Schlüsselrolle zu.

Für dieses Kolloquium wünsche ich Ihnen allen fruchtbare Diskussionen. Vielen Dank.

Einheit und Transdisziplinarität
Eine Einleitung

Jürgen Mittelstrass

1. Der Stein der Weisen und die Steine der Wissenschaft

Die Zeiten, in denen die Wissenschaft den Stein der Weisen suchte, sind vorbei. Magier und Faust sind nicht mehr die Symbole der Forschung, und der Philosoph ist es auch nicht mehr. Allerdings hat die Wissenschaft und hat insbesondere die Philosophie die Erinnerung daran bewahrt, daß über alle wissenschaftlichen und kulturellen Entwicklungen hinweg, in denen sich wie in einem expandierenden Universum alles, was wir wissen, und alles, was wir suchen, immer weiter voneinander entfernen, nicht nur *Analyse*, sondern auch *Synthese* die Idee der Wissenschaft bestimmt. Aus dem Stein der Weisen sind viele Steine der Wissenschaft geworden; daß sich diese Steine zu einem Bau zusammenfügen könnten, indem der Mensch die Welt noch einmal schafft, ist gleichwohl eine Vorstellung geblieben, die der moderne Wissenschaftler mit manchem seiner frühen magischen Freunde teilt.

Der Magier ist der, der alles weiß, und noch ein bißchen mehr, als man wissen kann. Der Wissenschaftler heute ist der, der manches weiß und leider häufig noch ein bißchen weniger, als er wissen kann. Gemeint ist der *Spezialist*, der immer mehr von immer weniger weiß und der das Wissen der anderen aus dem disziplinären Auge zu verlieren droht. Der wissenschaftliche Fortschritt liebt heute die kleinen Leute; er heftet sich immer seltener an die Fersen eines Faust, verbindet sich eher mit der Geschäftigkeit von Tausendfüßlern und Forschungsprogrammen, die in ihrer Dauer nicht selten über eine Forschergeneration hinaus angelegt sind. Das Wissen wird immer anonymer, die Wissenschaft unübersichtlicher, der Wissenschaftler in seinem selbstgewählten Spezialistentum immer bescheidener. Damit wird aber auch die noch immer vermutete Architektur des Ganzen, in dem sich die Wissenschaften und die Wissenschaftler einzurichten vermöchten, immer unklarer. Die Synthese weicht der Analyse, das System der Hypothese, der Begriff der Wahrheit dem Begriff des noch nicht Widerlegten. Der Spezialist ist nicht so sehr zum Symbol des Wissens als vielmehr zum *Symbol des Nichtwissens* geworden.

Dabei ist es noch gar nicht so lange her, daß man glaubte, die Forschung hätte irgendwann keine Zukunft mehr, weil alles entdeckt sein könnte, was es zu entdecken gibt, und alles erklärt wäre, wozu es wissenschaftlicher Erklärungen bedarf. Hierhin gehört z. B. Diderots 1754 formulierte Versicherung, »daß man in Europa vor Ablauf eines Jahrhunderts nicht drei große Mathematiker zählen wird. Diese Wissenschaft wird plötzlich dort stehenbleiben, wo die Bernoulli, Euler, Maupertuis, Clairaut, Fontaine, d'Alembert und Lagrange sie verlassen haben. Sie werden die Säulen des Herkules errichtet haben. Man wird nicht darüber hinausgehen«[1]. Was Diderot (irrtümlich) von der mathematischen Entwicklung zu wissen glaubte, findet heute sein Pendant in Erwartungen hinsichtlich einer Vollendung der (Grundlagen-)Physik: »It is possible to think of fundamental physics as eventually becoming complete. There is only one universe to investigate, and physics, unlike mathematics, cannot be indefinitely spun out purely by inventions of the mind. [...] Basic physics would be complete; not only that, it would be manifestly complete, rather like the present state of Euclidean geometry.«[2]

Derartige Vorstellungen, wenn sie sich denn nicht nur auf *abgeschlossene* Theorien richten, sind meist spekulativ – sie rechnen mit der vollständigen Ausschöpfbarkeit der Natur oder unserer Informationskapazitäten – und behindern die Forschung eher als daß sie fördern. Die Optik zieht sich hier auf einen speziellen Aspekt (Abschluß

1 D. Diderot, »De l'interpretation de la nature« (1754), in: D. Diderot, *Oeuvres complètes*, I-XX, hrsg. v. J. Assézat u. M. Tourneux (Paris, 1875 – 1877), II, S. 11 (dt. in: D. Diderot, *Philosophische Schriften*, I-II (Berlin, 1961; Frankfurt a.M., 1967), I, S. 421). Vgl. N. Rescher, *Scientific Progress: A Philosophical Essay on the Economics of Research in Natural Science* (Oxford, 1978), S. 9.

2 D. A. Bromley u. a., *Physics in Perspective* I (Washington, D. C., 1972) (National Academy of Sciences), S. 80. Bei N. Rescher, a. a. O., 9 f.

der Theorienbildung) zusammen; übersehen wird, daß wissenschaftliche Forschung nicht nur Theorienaspekten, sondern auch den *Zwekken*, die wir mit ihr verbinden, und den Problemen, die Wissenschaft lösen könnte (und sollte), folgt. Diese aber sind so unbegrenzbar wie das wissenschaftliche Interesse selbst. Wissenschaft, mit anderen Worten, zielt (auf der Theorieebene) auf *Einheit* der Wissensbildung und sie befördert gleichzeitig (auf der Forschungsebene) die *Vielfalt* der Wissensbildung. Es ist nicht zuletzt auch eine Dialektik von Einheit und Vielfalt, die die Wissenschaft in Bewegung hält.

Nun gehören Thesen, Träume und Konzeptionen, die sich der Formel ›Einheit der Wissenschaft‹ bedienen, häufig weniger zum Alltag der Wissenschaft als zum Sonntag der Wissenschaftstheorie. Sie dienen nicht so sehr dem Erfordernis, sich *in* den Wissenschaften forschend zu orientieren, als vielmehr dem Versuch, die Wissenschaften selbst, nämlich in Richtung Einheit, zu orientieren. Einheitsprogramme *in* den Wissenschaften sind daher auch in der Regel selbst wieder eingeschränkte Programme (Beispiel in der Physik: die gesuchte Vereinheitlichung der vier Fundamentalkräfte der Natur), Einheitsprogramme, die sich auf die wissenschaftliche Wissensbildung insgesamt beziehen, uneingeschränkte Programme. Wem, so muß man wohl fragen, dient eine derartige uneingeschränkte Redeweise von der Einheit der Wissenschaft?

Erste Antwort: sie dient dem Philosophen oder dem Wissenschaftstheoretiker unter den Wissenschaftlern (und beide genießen gemeinhin in der Wissenschaft Narrenfreiheit). Zweite Antwort: sie dient der Wissenschaft selbst. Allerdings vermag dies die Formel ›Einheit der Wissenschaft‹ nicht durch sich selbst klar zu machen; sie bedarf (wie übrigens auch die philosophische Inanspruchnahme der Formel) der Erläuterung. Eine solche Erläuterung soll auf diesem Kongreß versucht werden – nicht als Glasperlenspiel der Wissenschaft, sondern angesichts von Herausforderungen und Problemen, die hier mit den Stichworten ›Interdisziplinarität in Theorie und Praxis‹, ›Wissenschaftstheorie‹, ›Aufgaben der Geisteswissenschaften im System der Wissenschaft‹, ›Wissenschaft und Lebenswelt‹ und ›Technikfolgenabschätzung‹ bezeichnet sind. Mit diesen Stichworten bezieht sich die Wissenschaft auf sich selbst *und* auf Probleme, bei deren Lösung eine Mitwirkung der Wissenschaft erwartet wird.

2. *Technikfolgenabschätzung*

Als Beispiel für Probleme, bei deren Lösung eine Mitwirkung der Wissenschaft erwartet wird, sei hier besonders auf die Technikfolgenabschätzung hingewiesen. Vieles spricht derzeit noch dafür, daß wir es hier mit einer *Kunst ohne Meister* zu tun haben, allerdings einer Kunst, ohne deren zunehmende Beherrschung technische Kulturen, wie sie die modernen Industriegesellschaften darstellen, in eine Situation geraten könnten (in mancher Hinsicht wohl auch schon geraten sind), in der sich die *Wirkungen* unseres Tuns an die Stelle unserer *Zwecke* setzen, in der technische Kulturen die Herrschaft über ihr eigenes produktives Vermögen und damit auch über ihre eigene Zukunft verlieren.

Unter Technikfolgenabschätzung wird heute die systematische Beurteilung der Auswirkungen technischer Entwicklungen und darüber hinaus die Beurteilung der Interdependenzen zwischen technischen, ökonomischen, ökologischen und gesellschaftlichen Entwicklungen verstanden, die ihrerseits Gegenstand einer Technikfolgenforschung sind. In Technikfolgenforschung und Technikfolgenabschätzung, die wegen der Interdependenz von wissenschaftlicher und technischer Entwicklung immer auch Elemente einer Wissenschaftsfolgenforschung und einer Wissenschaftsfolgenabschätzung einschließen, erforschen und beurteilen sich Wissenschaft und Technik selbst. Und dies geschieht sowohl hinsichtlich Problemen, die der Fortschritt löst, als auch hinsichtlich Problemen, die der technische Fortschritt allererst schafft (Stichworte: Schadstoffbelastung, Vermüllung der Erde, Gefährdung der Biosphäre). Mit dem wissenschaftlichen und technischen Fortschritt wächst auch die Komplexität technischer Kulturen und ihrer Probleme.

Während Technikfolgenforschung und Technikfolgenabschätzung bisher im wesentlichen vom sogenannten Stand der Forschung ausgingen, indem sie dessen Folgen erforschten und beurteilten, wird es schon jetzt immer wichtiger, von Lösungserfordernissen bestehender, durch Wissenschaft und Technik selbst mitverursachter Probleme auszugehen. Im ersten Fall spricht man von einem *technikinduzierten* Ansatz, im zweiten Fall von einem *probleminduzierten* Ansatz. Während der technikinduzierte Ansatz produktorientiert an Technikfamilien anknüpft und deren Folgen analysiert und beurteilt, knüpft der probleminduzierte Ansatz an bestehende und absehbare Probleme und Technikdefizite an.

Dabei ist im Unterschied zum technikinduzierten Ansatz der probleminduzierte Ansatz nicht reaktiv; es geht nicht allein um technikinduzierte Probleme. Ferner läßt nur der probleminduzierte Ansatz Probleme erkennen, bevor sie der Gesellschaft auf den Nägeln brennen, und Problemlösungsmöglichkeiten ins Auge fassen, bevor Fehlentwicklungen die Problemlage bestimmen.

Dabei geht es im übrigen nicht nur um Probleme, die sich mit bereits eingeführten Technologien oder absehbaren Technologieentwicklungen verbinden. Technikfolgenabschätzung muß sich auch mit den Folgen unterlassener oder nicht rechtzeitig begonnener Forschung und Entwicklung im Technikbereich auseinandersetzen. Das heißt auch, daß mögliche Nachteile der Einführung einer Technologie gegen die möglichen Nachteile einer Nicht-Einführung abzuwägen sind. Dabei müssen auch allgemeine politische und ethische Momente einer Langzeitverantwortung einschließende Vorstellungen Berücksichtigung finden. Schließlich geht es um den Erhalt und um die begründete Weiterentwicklung der Handlungsfähigkeiten technischer Kulturen. Nicht nur die Umwelt, auch der Mensch muß vor den ungewollten und schädlichen Nebenfolgen des technologischen Fortschritts bewahrt, Wege in eine humane Zukunft der modernen Welt müssen offengehalten werden.

Es ist klar, daß uns die Probleme, die hier mit dem Stichwort ›Technikfolgenabschätzung‹ erfaßt werden, nicht den Gefallen tun, sich disziplinär zu definieren. Das System der Wissenschaft bildet vielleicht eine Welt, wie sie sein sollte, nicht aber die Welt, wie sie ist, ab. Und eben darum ist auch die Einheit der Wissenschaft nicht nur eine wissenschaftsinterne, *theoretische* Perspektive, sondern auch eine wissenschaftsexterne, *praktische* Perspektive. Zu erkennen, was die Welt im Innersten zusammenhält, ist nach wie vor eine großartige Aufgabe. Nur ist die Aufgabe, die Welt zusammenzuhalten, gewiß keine geringere. Und auch dem haben die Wissenschaften, z. B. in Form von Technikfolgenforschung und Technikfolgenabschätzung, zu dienen.

Im Folgenden seien die theoretische Perspektive unter dem Stichwort *Einheit* und die praktische Perspektive unter dem Stichwort *Transdisziplinarität* in der Weise einer Einleitung in die Arbeit des Kongresses kurz dargestellt. Und weil viele von uns aus der englisch sprechenden Welt kommen, wechsle ich nun mit dem Ausdruck freundlicher Referenz in die lingua franca der Wissenschaftswelt, in das Englische, über.

Schließlich hat auch, wie wir gleich sehen werden, die Idee der Einheit der Wissenschaft etwas mit der Einheit der Wissenschaftssprache, zu der auch die Einheit der Gelehrtensprache gehört, zu tun.

3. Unity

When science reflects on itself in terms of its unifying principles, it does this mainly with respect (1) to the unity of the *language of science*, (2) to the unity of scientific *laws*, and (3) to the unity of scientific *method*.[3] In our century the idea of the unity of scientific language constituted the core of the unity of science program within Logical Empiricism. This program concerned itself primarily with the principles of concept formation in science. It is characterized by the thesis that all scientific statements can be formulated in one particular language, namely, the *physicalist* language. Physicalist language was considered to be the universal language of science and thus to constitute the unified foundation of all particular scientific theories. A language is considered physicalist when it ascribes to particular space-time points particular – intersubjective and intersensual – qualitative traits or quantitative values. The basic idea was that through such a physicalist language the fragmentation of science would disappear and its unity would become clear. This unity applies, however, only to the uniform *description* of states of affairs not to their uniform *explanation*. The notion that all states of affairs can also be explained by physical laws is not a semantic but an empirical thesis.

In the concrete form taken in Logical Empiricism, the thesis of the unity of the language of science rests on verificationist semantics, which, however, has in the meantime been abandoned and replaced by other conceptions, such as the *theoretical context account of meaning*. But these are already details which lead directly into a debate among specialists within contemporary philosophy of science. One of the results of this debate is the affirmation of the unity of scientific

3 For the following M. Carrier and J. Mittelstrass, »Die Einheit der Wissenschaft«, in: Akademie der Wissenschaften zu Berlin, *Jahrbuch 1988* (Berlin/New York, 1989), pp. 93 – 118.

language, in the sense of a uniformity of the principles of scientific concept formation; but the significance of this fact is much too limited to serve as the foundation of the unity of science.

The idea that the unity of science is documented by the unity of scientific *laws* was also articulated within Logical Empiricism. It represents a radicalization of the semantic thesis: Not only can all states of affairs be described in a uniform manner, they can also be explained in a uniform manner. The unity of science accordingly takes on the form of *unitary science*. The assertion is that all sciences can be traced back to a single discipline, namely, physics. This assertion, that theories in various sub-areas and disciplines can be reduced to physics, is conceived of as a plausible hypothesis whose viability will be decided upon by the progress of science. Besides the historical justification, that reductions have again and again been successful in the history of science, a heuristic viewpoint is introduced: The assumption of reducibility is said to have encouraged scientific research in manifold ways, whereas this does not hold for the assumption of non-reducibility.[4]

The thesis of unitary science has thus been argued for above all using three strategies: (1) The *historical inductive argument*: The history of science is characterized by a multiplicity of successful reductions; therefore it is to be expected that disciplines presently separated will in the future be joined together. (2) The *argument as to possibility in principle*: There are no logical-conceptual impediments to the unification of all disciplines. (3) The *heuristic argument*: The assumption that all disciplines are to be unified is scientifically fruitful in as much as it encourages the search for more comprehensive theories. The assumption of non-reducibility lacks this fruitfulness.

But these strategies of argumentation remain unconvincing. For example, the historical inductive argument is factually wrong. By no means does history of science present a triumphant unbroken chain of successful reductions. A more complete study reveals, on the contrary, that the number of failed reductive programs surpasses the number of

4 See P. Oppenheim and H. Putnam, »Unity of Science as a Working Hypothesis«, in: *Concepts, Theories, and the Mind-Body Problem*, ed. H. Feigl, M. Scriven, and G. Maxwell (Minneapolis, 1958) (*Minnesota Studies in the Philosophy of Science* II), p. 16.

successful ones. Also the heuristic argument fails to ground the notion of a unitary science. Fruitfulness does not imply objective validity, and even the heuristic fruitfulness of the claims of reduction is doubtful. These and other considerations taken together thus lead to the conclusion that the unity of science cannot be grounded on the notion of a unitary science, that is, on a unification of the content of science.

Finally to the third option, the notion that the unity of science can be grounded in the unity of scientific *method*. This option is better supported than the others. However, we must carefully specify what ›scientific method‹ means in this context and what it does not mean. It does not mean or refer to the mathematical or physical tools, that is, to the methods of measurement and evaluation. Method concerns the ways and means by which *claims to validity* in science are *justified*. This again leads us to the role of *methodological criteria* in science, such as the demand that theories ought to explain not only those phenomena they were invented to explain but also to provide explanations of other phenomena which until then had been considered different in kind (Whewell's ›consilience of inductions‹), or the demand (made as early as Leibniz) that a theory predict novel and unexpected phenomena. It is by such criteria that the methodological unity of science can in fact be characterized. We may also express this by asserting that the unity of science consists in the unity of scientific rationality or in the unity of the *criteria* of scientific rationality, that is, in the unity of the idea of scientific progress.

4. *Transdisciplinarity*

So far the theoretical perspective. The *practical* perspective refers among other things to the *disciplinary organization* of science. Just as little as theories simply track the facts of nature, does the disciplinary structure of science track them. There is no simple rationality of the facts that the organization of disciplines could follow. Disciplines are historical entities and their boundaries are historical boundaries.[5] The

5 On this and what follows see J. Mittelstrass, »Wohin geht die Wissenschaft? Über Disziplinarität, Transdisziplinarität und das Wissen in einer Leibniz-Welt«, in: J. Mittelstrass, *Der Flug der Eule: Von der Vernunft der Wissenschaft und der Aufgabe der Philosophie* (Frankfurt a.M., 1989), pp. 60–88.

historical identity of disciplines is constituted by particular research objects, theories, methods, and purposes, which often do not complement one another to form a disciplinary definition but rather lead to conflicting jurisdictions. This also means that there are problems which cannot be tackled by a single discipline. And this circumstance has gained additional importance at present, in as much as many of those problems that resist the approach of a single discipline are precisely the ones that are particularly urgent. Examples are: environment, energy and the consequences of technology. There is an asymmetry between the development of problems and the development of disciplines, and this asymmetry increases to the extent that disciplinary development is increasingly determined by specialization. There are problems »whose discipline we haven't found yet«[6] and which – on the background of increasing particularization and atomization of fields of study and disciplines – perhaps we never will find. Therefore, the opposite path, the return to larger disciplinary and interdisciplinary units is also the more promising alternative, for instance, in the case of environmental problems. Ecological problems are complex problems, they can only be solved by the cooperation of many disciplines.

Interdisciplinarity, however, should not be conceived of only as a *repair measure* that is necessary when problems outgrow the limits of a discipline. On the contrary, interdisciplinarity, properly understood, serves to recover the ability to view things scientifically that also facilitates the recognition of problems and problematical trends before they appear, that is, before they become critical. What is involved is a *competition for (scientific) problems*. Disciplines enter into this competition – and even compete with the world, which has problems of its own. The main thing is to have such ›future‹ problems. Whoever looks only at objects, as is often the case within a discipline, can easily overlook the fact that we do not just live in a world of objects, but also in a world of appropriation, needs, and an increasing loss of orientation. This is what I also meant when I mentioned the asymmetrical development of problems and disciplines.

6 See L. Krüger, »Einheit der Welt – Vielheit der Wissenschaft«, in: *Interdisziplinarität: Praxis – Herausforderung – Ideologie*, ed. J. Kocka (Frankfurt a.M., 1987), p. 119.

Where interdisciplinarity is synonymous not with the expansion of a system in which the number of problems one can deal with becomes smaller and the lack of creativity among academics greater, but with the expansion of adequacy to existing problems and the anticipation of future ones, then it is not enough to conceive of interdisciplinarity as a need for scientific organization. Interdisciplinarity, rather, has to begin at home, *in one's own mind* – as an ability to think ›laterally‹, to question what no one has questioned, to learn, what is not known within one's own discipline. Whoever relies here solely on lofty organisational activity in science, has already squandered the prospects of interdisciplinarity to further science and give it orientation.

Interdisciplinarity, furthermore, does not move back and forth between the disciplines or hover above them like the absolute spirit. On the contrary, within the context in which disciplines are historically constituted, interdisciplinarity helps to overcome the splintering of disciplines whenever these are in danger of losing their historical consciousness. Actually, this is what I call *transdisciplinarity*. One could also say that the last word in science is not interdisciplinarity but transdisciplinarity. Transdisciplinarity does not just leave individual disciplines the way they are, it reinstates the original unity of science, even if only within the context of particular solutions to particular problems. This unity, however, is, again, the unity of *scientific rationality*.

There is still one additional reason in favor of transferring the concept of science into the context of inter- and transdisciplinary research. This is connected with the form of science. We still tend to view science essentially as *propositional* knowledge, as a knowledge presented in the form of theory or text books. What we overlook in the process is the reality of science, the way in which research is conducted, that is, its *research form*. Even philosophy of science, which is concerned professionally with the analysis of the scientific construction of knowledge, investigates almost exclusively theory structures, not research structures. Research, however, is essentially an activity, that is, action conducted under theoretical and methodological conditions, but not itself a theory or a method.

Our concept of science is, therefore, inadequate if it only includes its ›theoretical‹ side. The methods, theories, subjects and aims of research that make up the historical and systematic identity of disciplines, join together to make research what it essentially is. This is why the future of science lies not so much in what it knows through its theory form and its method form, but in what is actually done in research and laboratory situations. Transdisciplinarity is first and foremost a *research principle*, and only secondarily a theoretical principle.

5. *Ermutigung*

Wenn das über die Einheit der wissenschaftlichen Rationalität und die Einheit transdisziplinärer Orientierungen Gesagte richtig ist, dann liegt die Idee der Einheit der Wissenschaften nicht in einem System, in einer Theorie und einer Methode beschlossen, sondern in ihrer praktischen *Forschungsform*. Die Einheit der Wissenschaft wäre die Einheit der wissenschaftlichen Praxis. Und an dieser Einheit sollten wir arbeiten. Nicht aus Liebe zur Architektur, hier der Architektur der Wissenschaften, sondern aus Einsicht in das Wesen der wissenschaftlichen Rationalität und der Probleme, deren Lösung auch die Wissenschaften dienen sollen. Es sind die Probleme einer *Leonardo-Welt*, einer Welt, die der Mensch selbst gemacht hat und in der er auf seine eigenen Probleme stößt. Zu diesen Problemen gehört, wie bereits erwähnt, der Umstand, daß technische Kulturen die Herrschaft über ihr eigenes produktives Vermögen und damit über ihre eigene Zukunft zu verlieren drohen. Gemeint ist das Dilemma von Fortschritt und seinen Folgen, die sich als (meist unbeabsichtigte) Wirkungen an die Stelle unserer (begründeter) Zwecke setzen.

Auch auf eine derartige Entwicklung richtet sich die Formel von der Einheit der Wissenschaft. Das versuchte ich mit meinen einleitenden Bemerkungen deutlich zu machen. Nicht in theoretischer, sondern in praktischer, die wissenschaftliche Forschung orientierender Form. Und in diesem Sinne sollten wir unsere Arbeit in diesen drei Tagen verstehen. Sorgen wir auch mit unserer Arbeit dafür, daß der Fortschritt der Welt und nicht die Welt dem Fortschritt gehört.

2. Sektion »Wissenschaftstheorie«

Metaphysics, Methodology and the Pragmatic Unity of the Sciences

ROBERT E. BUTTS

It seems quite obvious that we must not speak of »science«, but of »the sciences«. The word »science« means »what scientists do«, and what scientists do is to engage in work in the various sciences. There is no science *an sich* lying out there waiting to be discovered, just as there is no world *an sich* lying out there waiting to be discovered.[1] Sciences, like worlds, are human artifacts. Science in the making is scientists at work. There must be, however, some way of identifying the kind of work that is to be called »scientific«, especially if we are to be able to conceptualize what it means for the sciences to possess a

---

1 Perhaps my allegiance to Goodman's »many worlds, if any« relativism should not intrude at this point. The first part of my claim about *an sich* science is accepted by Otto Neurath, and is part of his platform for encyclopedism as providing a *unification*, but not a *unity* (a system) for science. He writes: »For, since one cannot compare the historically given science with ›the real science‹, the most one can achieve in integration of scientific work seems to be an encyclopedia, constructed by scientists in co-operation.« See O. Neurath, »Unified Science as Encyclopedic Integration«, in: *Foundations of the Unity of Science: Toward an International Encyclopedia of Unified Science*, ed. O. Neurath, R. Carnap, and C. Morris, Vol. 1 (Chicago, 1938), pp. 1–78.

unity. Perhaps there are many ways in which we can formulate such a conceptualization. I propose to investigate only three; I will call them the *metaphysical*, the *teleological*, and the *pragmatic*.

1. The Metaphysical Unity of the Sciences

The metaphysical urge to need to think of the sciences as unified is based on some forthright commitment to an alleged extra-scientific knowledge of the basic constitution of nature coupled with some equally forthright commitment to an alleged extra-scientific knowledge of the make-up of the human mind. By »extra-scientific« I mean here »not ascertainable by empirical means alone«. We are all familiar with the kinds of stories the classical rationalists told along these lines. Indeed, the metaphysical conceit that we can know that nature is divinely ordered and that our minds are made fit to know this order is at least as old as Aquinas's synthesis of the metaphysics of Aristotle and the revelations of the Bible. It seems fairly obvious that if the universe is a systematic unity, and our minds are created so as to be able to theoretically mimic that systematic order, then what we know will share in the unity of nature; our theoretical understanding of nature as system will also be a system. This does not, however, resolve the larger issue of determining the respect in which the *different* sciences can form a unity. As we know, the differences dividing the major 17th-century rationalists had mainly to do with this very question in the form of the mind/body problem and the related problem of determining how many countable substances there are. Descartes may be credited with having created modern physics and modern psychology, but he surely found no way of unifying them. Leibniz thought that he had, and if any one cares to try to make out the case, it can probably be argued that for Spinoza there is no essential difference between a psychological and a physical explanation.

I want to turn attention to a more recent form of metaphysically inspired acceptance of the unity of the sciences. In the period 1830 – 1850 in Britain there was an explosion of interest in the inferential moves typical of scientific thought. The results were the first formulations (after Francis Bacon) of the *logic of induction*. Prominent among these theories of scientific method was that of William Whewell. The full development of this theory represents one of the clearest statements of the unity of science based ultimately on appeal to extra-scientific pretensions that exists in the literature.

Whewell's theory of induction begins in a seemingly harmless way:

> ... the familiar act of thought exercised for the common purposes of life, by which we give to an assemblage of our impressions such a unity as implied in the above notions and terms, a month, a year, ... and the like, is in reality an *inductive* act, and shares the nature of the processes by which all sciences are formed.[2]

The unity introduced by generalized naming of resembling particulars becomes transformed into a more commodious generality by means of what Whewell calls a *propensity* to generalize:

> But the mind has a perpetual propensity to consider those individual propositions as cases of more general ones and to frame and contemplate these latter.[3]

This tendency to generalize is so strong that even children cannot avoid it. It is also shown by the tendency to put the results of experience in the form of maxims.[4] (It is curious that in his masterpiece on method, *Novum Organon Renovatum*, each chapter is introduced by a list of *aphorisms*.) Whewell provides a delightful example of what the induc-

---

2 W. Whewell, *History of the Inductive Sciences* (London, 1837), Vol. 1, p. 109. Compare Sir John Herschel, »Whewell on the Inductive Sciences«, *Quarterly Review* 135 (1841), p. 193.
»There can be no doubt that the origin of all induction is referable to that plastic faculty of the mind, which assigns an unity to an assemblage of independent particulars.«

3 W. Whewell, »Induction III (I) genl. views/geology/etc.« (1830) Unpublished notebook contained in black metal chest marked INDUCTION. Wren Library, Trinity College, Cambridge.

4 Herschel also refers to an »inductive propensity«, an »irresistible impulse of the mind to generalize *ad infinitum*, when nothing in the nature of limitation or opposition offers itself to the imagination,« and an »involuntary application of the law of continuity to fill up, by the same ideal substance of truth, every interval which uncontradicted experience may have left blank in our inductive conclusions.« Cf. J. Herschel, »Whewell on the Inductive Sciences«, p. 198.

tive propensity, operating at the level of pre-scientific »common purposes of life«, generates in the way of generalizations.

We begin with the particular observation that:

(1) That apple tree is full of fruit

and move from that observation through the following generalizing steps:

(2) All apple trees of this district are full of fruit.

(3) All the fruit trees of the kingdom are this season full of fruit.

(4) This season is one of great fruitfulness.

(5) All things are at present going on very well.

To this grand generalized conclusion:

(6) All things always go on well [!]

These two references to commonplace forms of conceptualizing and generalizing eventually crystallize into two of the fundamental aspects of Whewell's theory of induction: the colligation of facts and the idealization of facts.[5] The colligating act initiates an induction; it involves the superimposition of an idea on some body of observed particulars. This initial generalizing step eventually grows into more extensive generalizations, with the movement from one set of facts to another always involving simplifications or idealizations of the original disparate and unorganized data. In the best confirmed cases, this tendency of inductive science to become more general and more simple involves what Whewell calls a »consilience of inductions«, a »jumping together« of lines of inductive reasoning thought to be separate and

5 For details of Whewell's theory of induction see R. E. Butts, »Introduction«, in: *William Whewell, Theory of Scientific Method*, ed. R. E. Butts (Indianapolis, ²1989), and the selections in the anthology. Additional discussion will be found in R. E. Butts, »Whewell's Logic of Induction«, in: *Foundations of Scientific Method: The Nineteenth Century*, ed. R. N. Giere and R. S. Westfall (Bloomington, Indiana, 1973), pp. 53–85; R. E. Butts, »Consilience of Inductions and the Problem of Conceptual Change in Science«, in: *Logic, Laws, and Life: Some Philosophical Implications*, ed. R. G. Colodny (= *University of Pittsburgh Series in the Philosophy of Science*, vol. 6), (Pittsburgh, 1977), pp. 71–88; R. E. Butts, »Pragmatism in Theories of Induction in the Victorian Era: Herschel, Whewell, Mach and Mill«, in: *Der Aufstieg pragmatischen Denkens im 19. und 20. Jahrhundert*, ed. H. Stachowiak (= *Pragmatik: Handbuch pragmatischen Denkens* II), (Hamburg, 1987), Vol. 2, pp. 40–58.

mutually exclusive. Even stronger confirmation comes from consilience in the form of successful predictions of unexpected or novel facts.

Whewell's favorite example of this kind of inductive building of more and more inclusive generalizations is the Newtonian synthesis, in which the law of universal gravitation subsumes a great many hypotheses or laws of lesser degrees of generality, for example, Kepler's law of areas and hypotheses accounting for the motion of the tides. One clear feature of this kind of theory of induction is that it views the development of science as ontologically *reductive*: at each point of consilience, facts thought to be different in kind are now seen to be the same in kind. It it this form of reduction that offers assurance of unity of given sciences, and in all likelihood promises further unification by means of intertheoretical connections between the various sciences. Inductive consiliences convince us that we are getting closer to the truth. Because Whewell's theory promises ontological reduction, it further suggests that sciences themselves can experience consilience. The final science, if it is ever within our reach, would be a basic science in which the subject matter is the fundamental and unalterable *natural kind*, and whose laws are the most simple and most general laws knowable by man.

Whewell frequently likens the discovery of laws to the deciphering of inscriptions, thus identifying by analogy the impact of the discovery of highly consilient laws and the mastery of intelligible but encoded written language. This identification is an important feature of his argument to the conclusion that our knowledge of nature is trustworthy, because in coming to understand natural laws we are in effect coming to comprehend also that a divine source is responsible for the intelligibility of laws to human knowers. Here is how the analogy works:

> ... [W]e find ... that the alphabet which we discovered by the study of the inscription before us, enables us not only to read that inscription to its uttermost sentence, and in every phrase; but that another inscription, on a remote part of the same building, and which at first seemed written in another alphabet, becomes, on closer inspection, legible by the same key which had served us before. If this were to happen, in decyphering inscriptions written by man, could we doubt that we really had the key to the writing? or that the writer, both of the one inscription and of the other, had really that power of intelligence which language implies? And just as little, it must seem, can we doubt that when we find this coincidence, this

> consilience, in the interpretation of Nature, to which we are led, we have before us, really, the manifestation of the Will and Thought of the Divine Author of Nature.[6]

Given this assurance in a kind of argument for the existence of god based on the discovery of consilient laws, the next step toward acceptance of the full unity of nature and hence the at least potentially full unity of the sciences is easy:

> Why does the constitution of the world, as an object, correspond with the constitution of the mind, as a mind? First, because they are works of the same Maker; but that is not the whole reason: further, because the constitution of the world is marked with the Thoughts of the Divine Mind, and the human mind is in part, a sharer in the thoughts of the Divine mind.[7]

Whewell's theory is logically tidy, appealing as it does to old rationalist forms of thought about the completion of science within the framework of assured generalizing steps leading to laws expressive of divine thought. God has a unified nature; the nature that she creates is thus an assured unity; therefore, man's knowledge of nature, when it arrives by consilience at simple general laws, models that unity. For all of its logical appeal, the theory has at least two fatal flaws. First, there really can be no assurance of the fit between divine thought and human discovery of law, for the step from acceptance of the probative strength of arguments for laws to acceptance of the existence of a divine lawgiver, requires an extra-scientific premise: that we can in at least one case (god's existence) have grounds for accepting the existence of that for which there is no empirical warrant. Second, although it is surely true that cases of consilience greatly increase the probability of the single hypotheses now discovered to be logical implications of a more general law, it seems unlikely that we can acceptably conceptualize the evidence for consilience as anything more than empirically supported evidence for purely empirical hypotheses about features of our scientific experience. God is not part of that experience.

6 W. Whewell, *Of the Plurality of Worlds* (Unpublished printer's copy. Catalogue number ADV. C.16.27. Wren Library. Trinity College, Cambridge), pp. 207–208.

7 W. Whewell, *Of the Plurality of Worlds* (London, 1853), p. 282.

Metaphysical attempts to argue on behalf of the unity of the sciences thus inappropriately mix empirical and non-empirical arguments and assumptions. But there is nevertheless an important lesson to be learned from thinkers like Whewell and the classical continental rationalists. Scientists do seem to have a hankering after unity: the activity of science is *guided by the rationalist assumption that the universe is intelligible, and intelligibility is importantly linked to expected discovery of unity*. The *teleological* element intrinsic to rationalism provides a framework of expectations that has at least a heuristic importance in the plying of the scientific trade. Indirectly, rationalist metaphysics turns our attention to considerations that are preeminently *methodological*.

2. *The Teleological Unity of the Sciences*

Whereas Whewell and the classical rationalists taught that nature as *system* is cognitively explicated by science as *system*, those who think of the unity of science in teleological terms urge us to think of nature as *a set of contingently discovered empirical laws*, generalizations capable of cognitive *systematization*. The difference is roughly that between the teleological metaphysics of Leibniz and the teleological methodology of Kant. For Leibniz science discovers the pre-planned system of nature. For Kant, science operates with the a priori assurance that what we know can be cognitively ordered.[8] On Kant's view, then,

8 Leibniz's work abounds in references to the ultimate systematicity of the universe. See his two brief attempts at stating his position, *Monadology* and *Discourse on Metaphysics*. Kant's celebrated treatment of the idea of system as a regulative principle of pure reason occurs in »Appendix to the Transcendental Dialectic« of the first *Critique*. See Immanuel Kant's *Critique of Pure Reason*, trans. N. K. Smith (London, 1950). The full treatment of the teleology of science is to be found in Part II of *Critique of Judgment*. See I. Kant, *The Critique of Judgment*, trans. J. Creed Meredith (Oxford, 1952). For recent discussion of the views of Kant and Leibniz see R. E. Butts, *Kant and the Double Government Methodology: Supersensibility and Method in Kant's Philosophy of Science* (Dordrecht, ^{2}1986); R. E. Butts, »Teleology and Scientific Method in Kant's *Critique of Judgment*«, *Noûs* 24 (1990) [March], pp. 1–16.

in the absence of extra-scientific knowledge of the unity of nature, we can only ask if our rational expectations of order or systematicity can be satisfied. His view shifts attention away from ontology and in the direction of thinking seriously about the *goals* of science. If we know what scientists aim to accomplish, we can perhaps then also know whether and in what form the sciences can form a unity. Along this line we may discover that talk of *unity* must be replaced by talk of *unification.*[9]

Kant believed that scientific metamethodology required the a priori postulate of judgment: the separate and perhaps disparate descriptive laws we have discovered are all of them able to be cognized *as laws*, as generalizations having greater epistemic weight (what we would now call counterfactual import) than simple contingent descriptive generalizations. For him, this postulate defines scientific rationality; failure to make this assumption will result in the stultification of the scientific enterprise. Rational judgment in science – explanation, taxonomical manipulation, prediction, strategies of control – thus takes advantage of the postulate of systematization in funding the practice of science with an anticipated never-ending quest, but nevertheless one in which the nature of the enquiry is fixed beforehand. For Kant, intent as he was in his effort to relate aesthetic judgment and teleological commitment, so to structure programs or research is equivalent to accepting that nature must be viewed as *designed.* A perfect design, after all, cannot be other than it is. Designedness becomes the hallmark of the counterfactual.[10]

---

9 It should be emphasized that one's views on the unity of the sciences are inevitably deeply influenced by the way in which one conceptualizes nature. For Aristotle and Leibniz essences – the »natures« of things – constrain what we can know of nature. For Kant nature, at one level, is mind-imposed lawfulness; at another, it is discovered contingency. As we will see below, there are even concepts of nature the acceptance of which would lead us to discard science.

10 The work of Nelson Goodman – see especially his *Ways of Worldmaking* (Indianapolis, 1978) – has provided new impetus to efforts to conceptualize both science and art as cognitive systems leading to understanding of our various environments.

Kant's postulate of teleology has been reformulated more precisely, if less colorfully, by more recent philosophers of science. Such reformulations implicitly seek to avoid a priori commitments. For example, John Stuart Mill poses the question in this form:

> What are the fewest and simplest assumptions, which being granted, the whole existing order of nature would result? Another mode of stating it would be thus: What are the fewest general propositions from which all the uniformities which exist in the universe might be deductively inferred?[11]

His answer is: the simplest assumption is just that *there are* laws of nature. Again, the answer to the question introduces appeal to a feature of scientific rationality, a teleological requirement of what scientists must assume, not an allegation of extra-scientific prescience.

More recently, John Kemeny has dealt with questions of the teleology of inquiry in a similar – and very Kantian – way. On his view, the job of the sciences is to provide a record of any event taking place in the entire history of the universe. He calls this record »The Law of Nature«. This record can be written in many languages, including that of mathematical physics, which expresses laws as real-valued functions of a real variable. The set of all such laws is of the third order of infinity, whereas all human natural languages consist of sets of sentences of the first order of infinity. It follows that scientists must hazard very strong assumptions if they are to suppose that human beings can ever comprehend the law of nature:

> ... [W]e find that most laws that could conceivably be created for the universe will forever lie beyond our limited human possibilities. Hence in a sense the odds are infinitely great against our being able to comprehend the Law of Nature. Thus, if we shift our assumption from one about nature to an assumption about our human capabilities, we get a very strong assumption indeed. We must assume the very unlikely fact that the Law of Nature, or at least some laws of nature, fall into the limited range open to human beings.[12]

These samples of ideas concerning the teleology of science all reveal the shift away from supposing that we can regard science as a unity

---

11 J. S. Mill, *A System of Logic Ratiocinative and Inductive* (London, ^{8}1961), Bk. II, Ch. IV, 1.

12 J. Kemeny, *A Philosopher Looks at Science* (Princeton, 1959), p. 44.

based on extra-scientific evidence about the world, to regarding the unity of science as a matter of assuming that our inquiry can be unified because it discloses lawlike features of the world. The activity of science is viewed as involving methodologies whose essential function is one of systematizing knowledge by the integration and exploitation of laws. Inductive procedures yield generalizations whose claims overrun the evidence that establishes them. Yet we take such generalizations, in the best cases, to be laws. Induction, if it fails in the task of complete verification of its conclusions, is at least a powerful instrument of conceptual integration. The systematization of our scientific descriptions has other *uses*: systems of laws are used to explain, to predict and to retrodict, to classify – in application, to facilitate control over nature. As considerations of the teleology of science suggest, the test of the success of such employments of systematized knowledge is through and through *pragmatic.*[13]

3. The Pragmatic Unity of the Sciences

The metaphysicians were right to think that the unity of the sciences depended upon what they perceived to be the unity and interconnectedness of laws of nature, upon systematicity. The teleologists were

13 A position much like this one has been argued for by Nicholas Rescher in his *Scientific Explanation* (New York, 1970), pp. 140 – 145, and is the dominant theme in his *Methodological Pragmatism: A Systems-Theoretic Approach to The Theory of Knowledge* (New York, 1977). My own views have been developed along lines different from the ones I will follow here in R. E. Butts, »Methodology and the Functional Identity of Science and Philosophy«, in: *Probabilistic Thinking, Thermodynamics, and the Interaction of the History and Philosophy of Science*, ed. J. Hintikka, D. Gruender, and E. Agazzi (= *Proceedings of the 1978 Pisa Conference on the History and Philosophy of Science*), (Dordrecht, 1981), pp. 253 – 270. Much that follows in Section 3 of this paper is deeply indebted to Rescher's *Scientific Explanation.* For discussion of related issues, see N. Rescher, »Reply to Butts«, in: *The Philosophy of Nicholas Rescher: Discussion and Replies*, ed. E. Sosa (= *Philosophical Studies Series in Philosophy*), (Dordrecht, 1979), pp. 20 – 205; R. E. Butts, »Rescher and Kant: Some Common Themes in Philosophy of Science«, in: *The Philosophy of Nicholas Rescher*, pp. 189 – 203.

right to replace appeal to the system of laws thought to be in harmony with our human capacities of cognition with a metamethodological program for initiating and sustaining research. Systematization replaced system, regulation replaced divine contrivance, unification replaced unity. However, the deep contribution of teleologists to our understanding of science is the notion of scientific success implicit in the methodological concept of unification. The methods of the sciences are many, but they can be classified according to the aims postulated, the results expected. Scientists try to explain, predict, classify, provide rules for technological guidance. What all of these activities have in common is that they ultimately must make appeal to empirical data: whatever the secondary aims of a scientific project may be, that project is ultimately based upon a corrigible *description* of some empirically ascertainable features of the experienced world, of the phenomenal world, as Kant would have put it. If any feature of the scientific enterprise can be taken as a unifying force, it is this fact of the ultimately descriptive nature of all scientific work.

What I am suggesting, then, is that the sciences are unified, if at all, by method, not by content. It is true that mathematical physics has achieved a great deal of Whewellian reduction, but if we seek to generalize this feature of natural science to cover all scientific work the effort surely fails. As Lorenz Krüger has persuasively argued, we can accomplish reduction without reductionism.[14] We can appreciate the immense power of unification in physical theories; we need no longer champion a philosophical program that promises to reduce all of science to physics, or, as Carnap would have it, promises to reduce all of the *languages* of the sciences to the *physical thing-language*, all of whose predicates are expressible as observation terms.[15] Focussing attention on method rather than on content also permits us to under-

14 L. Krüger, »Reduction without Reductionism?«, in: *An Intimate Relation: Studies in the History and Philosophy of Science presented to Robert E. Butts on his 60th Birthday*, ed. J. R. Brown and J. Mittelstrass (= *Boston Studies in the Philosophy of Science*), (Dordrecht, 1989), pp. 369–390.

15 See R. Carnap, »Logical Foundations of the Unity of Science«, in: *Foundations of the Unity of Science*, ed. O. Neurath, R. Carnap, and C. Morris, pp. 42–62. There are even those who are prepared to *relativize* the languages of the sciences. See N. Goodman, *Ways of Worldmaking*, p. 3.

stand how it is that science is so successful as a problem solving activity. Although many philosophers continue to downgrade the importance of accurate prediction as a key element in scientific activity, from the pragmatic standpoint successful prediction, which in turn facilitates control, is *the* measure of the success of science. We do not find this conclusion surprising when it comes from Auguste Comte: positive knowledge is *fore*knowledge, »*savoir, pour prévoir*.« But we must pause when we read the words of Leibniz, the arch metaphysician:

> Yet the most powerful criterion of the reality of phenomena, *sufficient even by itself*, is success in predicting future phenomena from past and present ones, whether that prediction is based upon a reason, upon a hypothesis that was previously successful, or upon the customary consistency of things as observed previously.[16]

Far from denying that successful prediction is a powerful measure of the attainments of science, there are those who affirm its crucial importance by reacting against the ordered world such prediction discloses. We understand the potential and real horrors of nuclear warfare, of defective nuclear power stations, of uncontrolled environmental threats of all kinds. On such matters, we seek to correct or prevent by appealing to the application of more science, not less. We should be concerned rather with a much more insidious form of reaction against, or misuse of, science. In 1938, John Dewey wrote of »numerous and organized« enemies of the scientific attitude. He was referring to those who borrow the results of science to further »private, class, and national interests« and to those who regard science as »invading« the fields pre-empted by religion, morals, and political and economic institutions.[17] If he were alive today, he would have reason to think that the enemies of the sciences are now present in even larger numbers, and that the message of their uprising is even more menacing for those of us who would defend maximum deployment of what Dewey called the scientific attitude, an attitude of »freedom of control by routine, prejudice, dogma, unexamined tradition, sheer self-interest«, of »will

16 *Gottfried Wilhelm Leibniz: Philosophical Papers and Letters*, ed., trans. L. E. Loemker (Dordrecht, 1969), p. 364 [emphasis supplied].

17 J. Dewey, »Unity of Science as a Social Problem«, in: *Foundations of the Unity of Science*, ed. O. Neurath, R. Carnap, and C. Morris, p. 33.

to inquire, to examine, to discriminate, to draw conclusions only on the basis of evidence after taking pains to gather all available evidence«[18]. The winds of unreason Dewey had to contend with are light breezes compared with the tempests of irrationalism we now must face.

We now must list among the enemies of science those humanists who seek to separate »*Geist*« and »*Wissenschaft*« (having long ago abandoned the concept of that *Natur* studied by scientists), who reduce *Geist* to *Text* and *Wissen* to *Interpretation*. There is no world to investigate, only a set of symbols to be deciphered – everything is a text to be read.[19] Literary criticism replaces philosophy, a bewildering semiotics replaces formal semantics, word magic replaces logic.[20] The

18 J. Dewey, »Unity of Science as a Social Problem«, p. 31.

19 Whewell would have found it exceedingly odd for anyone to take his metaphor of nature as a language to be interpreted to be literally true. But then, unlike today's dark presences who would replace science by an adventitious urge to speak in many tongues, Whewell was attempting to convince the Victorians that »Man is the Interpreter of Nature, and *Science* is the right Interpretation« [emphasis supplied].

20 In his *Scientific Explanation*, Nicholas Rescher argues that what he calls »explanatory frameworks«, including the frameworks of the sciences as well as, for example, numerology, astrology, and black magic, can each be criticized as a whole, but only a posteriori (pp. 135 – 145). The sciences win in this competition because of their pragmatic success in matters of prediction and control. I think this view is only half correct. Metaphysics provides no a priori grounds for accepting what sciences say is the case, and the failed effort to locate a demarcation criterion that would single out science as the sole dispenser of cognitively significant sentences further confirms the absence of a priori grounds that would allow a decision between explanatory frameworks. I think it unlikely, however, that one can dismiss astrology, or deconstructionism, or fundamentalist creationism, or psychoanalysis, solely because these explanatory frameworks fail as accurate systems of prediction leading to at least partial control of aspects of the environment. It all depends on what is at stake. Explanatory frameworks operate to further chosen objectives. If we know what these objectives are, we can show, by admittedly a posteriori means, that those ends cannot be realized in the ways promised by the given explanatory framework. Pseudo-sciences are shown to be defective by discovering that they possess impoverished means for realizing *aims they themselves articulate*. The arguments of pseudo-scientists are riddled with common fallacies

view of the world of science and of nature presupposed by this new revolt was presaged by Jean-Paul Sartre:

> I watch the grey shimmerings of Bouville at my feet. ... These little black men I can just make out in the Rue Boulibet – in an hour I shall be one of them.
>
> I feel so far away from them, on the top of this hill. It seems as though I belong to another species. They come out of their offices after their day of work, they look at the houses and the squares with satisfaction, they think it is *their* city, a good, solid, bourgeois city. They aren't afraid, they feel at home. All they have ever seen is trained water running from taps, light which fills bulbs when you turn on the switch, half-breed, bastard trees held up with crutches. They have proof, a hundred times a day, that everything happens mechanically, that the world obeys fixed, unchangeable laws. In a vacuum all bodies fall at the same rate of speed, the public park is closed at 4 p.m. in winter, at 6 p.m. in summer, lead melts at 335° centigrade, the last streetcar leaves the Hotel de Ville at 11.05 p.m. They are peaceful, a little morose, they think about Tomorrow, that is to say, simply, a new today; cities have only one day at their disposal and every morning it comes back exactly the same. They scarcely doll it up a bit on Sundays. Idiots. It is repugnant to me to think that I am going to see their thick, self-satisfied faces. They make laws, they write popular novels, they get married, they are fools enough to have children. And all this time, great, vague nature has slipped into their city, it has infiltrated everywhere, in their house, in their office, in themselves. It doesn't move, it stays quietly and they are full of it inside, they breathe it, and they don't see it, they imagine it to be outside, twenty miles from the city. I *see* it, I *see* this nature ... I know that its obedience is idleness, I know it has no laws: what they take for constancy is only habit and it can change tomorrow.[21]

---

of logic; many of those arguments possess the twists and turns we often observe as symptoms of mental illness. There is no substitute for a thorough analysis of the cognitive credentials of given explanatory frameworks. In this regard, the extraordinary work of Adolf Grünbaum in his attempt to come to grips with the credentials of psychoanalysis is an exemplar worthy of the *prix d'or*. See, among many of his writings, A. Grünbaum, *The Foundations of Psychoanalysis: A Philosophical Critique* (Berkeley, 1983).

21 J.-P. Sartre, *Nausea*, trans. L. Alexander (London, 1949), pp. 211–212. As readers of this novel will remember, Sartre continues by suggesting a variety of bizarre surreal events that might occur in this »nature«. The text is deliberately ambiguous. If laws are only reactions to habituated regularities, then of course we can be surprised by any novelty that experience introduces: anything is logically possible. On the other hand,

Nero fiddled while Rome burned; perhaps Derrida will be interpreting Nietzsche while the final technological disaster occurs. Dewey thought of the unity of science as a social problem. I believe we should imitate his wisdom. Indeed, we are beginning to do so. Method may unify the sciences; the *practice* of scientists also counts as a unifying force. Never has the kind of global cooperation among scientists Dewey hoped for been more in evidence than it is today. Scientists in many sciences work together to study the effects of depletion of the ozone layer, of acid rain, of massive oil spills, of the unwanted effects of countless unconquered diseases. Even though it is very precocious, successful science is a beautiful babe in arms compared to the wizened old hags of revealed religion, obstinate moralism, dehumanizing politics. Philosophers should assist in its nurture by quietly letting Derrida have his way with Nietzsche, and by seeking new styles of conceptualizing science as a *social presence* generated by scientists in many sciences working cooperatively.[22] Defining the unity of the sciences is not a philosophical program, it is manifestly a pragmatic social need.

Zusammenfassung

Die klassischen Metaphysiker dachten, daß die Einheit der Wissenschaften abhängig wäre von dem, was sie als die Einheit und Ordnung der Naturgesetze, also deren systematischen Zusammenhang, ansahen. Diejenigen Denker, die den teleologischen Charakter wissenschaftlicher Arbeit betonten, ersetzten die Bezugnahme auf ein System von Gesetzen, von dem man annahm, daß es harmonisch unseren kognitiven Fähigkeiten entspräche, durch ein meta-methodologisches Programm zum Anstoß und zur Weiterführung der Forschung. Die Grundbegriffe än-

because nature is also in us, creatures of habit though we are, there can be no guarantee that we ourselves as indivduals may not from time to time »break the habit«: any atrocious human behavior is possible. Science, humanism and human dignity are powerless before aberrations of habituated human existence.

22 Here again, Nicholas Rescher is leading the way. Especially important in this regard are his *Scientific Progress* and *Cognitive Economy: The Economic Dimension of the Theory of Knowledge* (Pittsburgh, 1989).

derten sich: Systematisierung statt System, Regulierung statt göttlicher Vorsehung, Vereinheitlichung statt Einheit. Schließlich führte die Berücksichtigung der Teleologie der Wissenschaft zu einer Betonung des pragmatischen Erfolgs der Wissenschaft als grundsätzlich deskriptivem Programm, das bewertet wird nach der Verwirklichung von Vorhersage und Kontrolle. Dies bedeutet, daß wir die Bestimmung der Einheit oder der Vereinheitlichung nicht als ein philosophisches Programm ansehen sollten, sondern als eine soziale Notwendigkeit, die erzielt wird durch die kooperative Arbeit der Wissenschaftler.

On the Disunity of Science or Why Psychology is not a Branch of Physics

MARTIN CARRIER

It is almost universally agreed that psychology cannot be adequately considered as a physical science but this consensus does not extend to the reasons advanced in support of this assessment. Rather, there are two sorts of pertinent arguments, the first dealing with the methodological aspects of psychology and the second with the nature of its subject matter. I will not delve into the methodological point but simply assert without further argument that there is no relevant difference between psychology and the physical sciences in this respect. Apart from some technical details, psychological laws and explanations exhibit the same basic features as physical ones, and the same holds for the methodological criteria applied in theory choice decisions. As regards the means and procedures psychology employs to approach its subject matter, it qualifies as a physical science.[1]

Things are different, however, with respect to the nature of the subject matter itself. The peculiarity that is usually associated with mental states is content. That is, mental states are said to be distinguished from physical states in that they express some thought or refer to some state in the external world. Mental states, but not physical ones, have the capacity to »mean« something. This is the traditional doctrine of intentionality, and what I try to do in this paper is to defend this doctrine. That is, I will argue that there is – at least for the time being – no adequate physical theory of the content of mental

1 For a more detailed elaboration of the methodological unity of science cf. M. Carrier and J. Mittelstrass, »The Unity of Science«, *International Studies in the Philosophy of Science* 4 (1990), pp. 1–15.

states. Whereas the thesis I wish to support has a rather traditional ring, the arguments I put forward in its favor do not, or so I hope.

There are at least two different options for an exploration of the relations between psychology and physics (or for that matter neurophysiology). In the first one the connections that exist or don't exist between concrete theories in these two disciplines or fields of research are examined. In the second option, the problem is addressed in a more abstract manner and the relations between psychological and physical theories in general are investigated. It is clear that for elucidating the relations between two comprehensive branches of science, the second option is preferable to the first. On the other hand, it can only be pursued if one has at hand a general scheme of the structure of a psychological theory or, in realistic terms, a general account of the specific traits of mental phenomena. The account of mental phenomena that I invoke for that purpose is the computational theory of the mind (developed in the framework of cognitive science). That is, I proceed on the assumption that this theory is correct, and I explore its bearing on the issue whether or not psychology is a physical science.

In doing so I will proceed in the following steps. I set the stage by, first, sketching the doctrine of intentionality and, second, by giving an outline of the computational theory of the mind. Then I turn to a discussion of one popular attempt to supplement the computational theory with an account of the content of mental states. Finally, I try to pinpoint the fundamental difficulty of this account (and similar ones). The degree of generality of the positions and arguments I deal with here has the uncomfortable consequence that my own discussion is of a rather abstract nature. This is as regrettable as it is unavoidable; the only thing I can do about it is to apologize for it. Sorry.

1. *Intentionality or what's special about the mental*

Mental states are often characterized by their capacity to refer to a certain thing or to an outside state of affairs. That is, they represent something and correspondingly possess content. If John believes that it is raining today his belief represents some outside circumstances, and if Jane wants to have her hair cut she wants to bring about a certain situation. This reference of mental states to some external phenomenon has been called *intentionality*. Franz Brentano, who introduced the concept in 1874, considered intentionality to be the defining characteristic of mental states. All and only mental states are thought to possess the property of being »directed« to some state of affairs. Intentionality is another way of expressing the fact that mental states have content, i. e., that they are endowed with semantic attributes like truth-value or reference.

Brentano placed special emphasis on the fact that the object of a mental state need not exist in reality. Take the case, for example, that somebody has firm beliefs about unicorns or pink elephants. This does certainly not imply the actual existence of unicorns or pink elephants. Brentano coined the term ›intentional inexistence‹ to denote this peculiarity. It is a characteristic feature of a mental state that it may refer to a non-existent object.

It is of central importance for our problem that psychological explanations indeed make essential use of mental states of an intentional nature. They typically explain behavior by having recourse to mental states of a specific content. In order to explain the fact that John takes his umbrella when leaving his house, we ascribe to him the belief that it is raining (or that it will be raining). It is the belief content that is thought to bring about the behavior; beliefs are supposed to produce behavior by virtue of their content.

It is clear that the mere assumption of mental content does not explain anything; what we need in addition are laws in which this content enters. In fact, we are all familiar with such laws. A stock example is the so-called practical syllogism that has the general form:

> For all goals and beliefs: If A wishes that *b* be the case and moreover believes that *a* is an appropriate means for achieving *b*, A sets out to realize *a*.

Laws of that sort are called *folk psychological* laws. It is characteristic of folk psychological laws that they make essential use of intentional states; they generalize over such states. After all, the preliminary clause of the law says that the law is supposed to extend to all goals and beliefs. Intentional states are the quantified variables of the law and thus constitute its universe of discourse.

It deserves emphasis at this juncture that the laws of empirical or scientific psychology also display this characteristic feature. That is, they equally generalize over intentional states. True, the laws of scientific psychology are more sophisticated than those of folk psychology and they exceed by far the explanatory power of the latter. But while there is a difference in substance between the two, their conceptual type is much the same. Explanations in scientific psychology likewise rely on the content of mental states; they rely on the capacity of a person to distinguish between relevantly different aspects of a situation and to evaluate these aspects. Scientific psychology assumes, in other words, that an outside state of affairs is cognitively represented by a system of beliefs and that the actions of a person are guided by that system (along with a system of preferences and goals). This means that the cognitive apparatus that scientific psychology ascribes to a person in order to account for this person's behavior is of the same general nature as the corresponding apparatus used in folk psychology.

Now we are in a position to formulate our general problem. On the one hand, it appears that science has some use for content; on the other hand, content is obviously an extremely elusive entity. So we are left with the task of clarifying what sorts of things contents actually are and how on earth they manage to perform the feat of producing behavior. In what sense can mental content be the effect of some sensory input or the cause of some behavioral output?

This job appears hard enough at the outset, but it will appear even harder if one realizes the intricate relation between mental content and physical states of affairs. The point is that both cross-classify one another in a peculiar fashion. Take, for example, the problem of determining the type identity of a belief state. That is, we are asking under what physical circumstances two mental tokens (e.g., two belief states realized in different persons or in one person at different points in time) are of the same type (i. e., are belief states of the same content).

Let's assume that somebody holds the belief that it is raining. This simple belief state is associated with physical indicators (i. e., with sensory stimuli, behavioral responses, and neurophysiological processes) in an extremely complicated manner. Let's begin by considering its possible sources, i. e., the physical situations that may precede it.

Someone may come to the belief that it is or will be raining by watching the weather forecast on TV or by listening to the radio. He may read it in a newspaper or infer it from some characteristic pains he feels in his limbs. The physical difference between the possible sources of the belief implies that the neurophysiological processes involved in the formation of the belief are also different. It certainly makes a neurophysiological difference whether the belief is formed via a stimulation of the optical center of the brain or by means of its acoustic center.

The same holds analogously for the physical consequences of a belief state. That is, the same belief state may lead to different actions. The belief that it's raining outside may occasion somebody to reach out for his umbrella, to take the car or the bus or to stay at home altogether. It is clear that these actions are realized by means of different muscular innervations and thus different neurophysiological processes.

This leads to the following interpretation: The physical (i. e., sensory, behavioral and neurophysiological) phenomena associated with one and the same kind of belief are extremely variegated. One psychological state is linked to a plethora of physical states, and the only common ground between these physical states is that they are all tied to the same psychological state. They have no physical characteristic in common; they cannot be determined or demarcated against other physical states by relying on physical properties. The set of psychologically equivalent physical states is constituted – from the physical point of view – by a wild disjunction of unrelated phenomena. There is no physical law that collects them into a class. Their sole connection is that they end up in or start off from the same belief state. And the crucial question is, then, what is the physical justification for considering this state to be the *same* belief state.

An analogous difficulty of physically reconstructing the principles of mental token typing is encountered in the converse situation. Up to now it has been argued that there is a one-many relation between psychological states and physical states; there exists, however, a many-one relation in addition. That is, one physical situation can be the cause or the effect of various different psychological events. Let's consider two TV viewers watching the weather forecast and learning that it will rain tomorrow. The first may be convinced of the reliability of the forecast whereas the second may be extremely skeptical about its trustworthiness. In that case, consequently, one physical state of affairs gives rise to two quite different belief states, namely, the conviction that it will rain tomorrow in the first person, and a state of agnosticism in the second one. Conversely, one and the same action may originate from different belief states. Different people (or one person at different points in time) may do the same thing for different reasons.

So all in all there is a many-many relation between physical and psychological states. Different physical stimuli may lead to the same belief state and the same physical situation may generate different belief states. And so the question arises what ties together the physically dissimilar stimuli and what separates the physically similar ones. How can we physically characterize the fact that two persons possess the content-identical belief that it's raining while neither the antecedent conditions nor the consequent actions coincide?

Systematically speaking the problem can be put as follows. Every corpus of laws introduces a taxonomy into its universe of discourse. By associating certain properties with certain objects in a lawful manner, it binds these objects together; it establishes a link between these objects by regarding them as instances of the same law. That is, laws induce a system of token typing in their domain of application, and these induced types are called *natural kinds*. Take, for example, the law: All ravens are black. This law creates the natural kind »raven« by quantifying over ravens. Ravens constitute a natural kind because there is a law that applies to them by virtue of their property of being ravens. By contrast, think of the generalization: All things on my desk are in a terribly disordered state. Since this is not a law but merely an accidental generalization (however true), the variables over which it quantifies (i. e., the things on my desk) do not constitute a natural kind. Though they certainly have various properties in common (after all, they are all physical objects), the common ground among them does not arise from the fact that they are all instances of the abovementioned generalization. So while there are laws about ravens (or electrons, planetary systems or the like), there are no laws about the things assembled on my desk or the objects located within a distance of three kilometers around the university of Konstanz. Accordingly, the former classes constitute natural kinds and the latter don't.[2]

With respect to psychology it emerges from the discussion above that belief states (that is, mental states with a certain content) are members of a natural kind. Psychology generalizes over belief states and thus transforms them into a natural kind. True, this holds in the first place only for the mental type »belief state« (in contrast to other mental types such as goals), not for the content of belief states. It is transparent from the above-mentioned law of practical syllogism, however, that sameness or difference in content is essential for the application of laws that make use of belief states (or intentional states in general). Namely, such laws invoke content to identify belief states, as it can be seen from the procedure of using the same variable to denote mental states of the same content.

The problem of intentionality now comes down to the following question: In which way and by virtue of which properties can we relate physical natural kinds to cognitive natural kinds? And this problem is made non-trivial (or rather extremely hard to solve) by the cross-classification of both types of natural kinds. To make psychology a branch of physics requires the solution to this problem; that is, it requires that we derive the principles of psychological token typing (i. e., psychological natural kinds) from physical natural kinds. I will discuss the possible approach to a solution to that problem in two steps. In the first step I will present the basics of the computational theory of the mind, and in the second one I will address the problem of psychosemantics proper.

2 The concept of natural kinds in the above-mentioned sense is due to Fodor; cf. J. A. Fodor, »Special Sciences (or: The Disunity of Science as a Working Hypothesis)«, *Synthese* 28 (1974), pp. 101 – 102. The cross-classification of physical and psychological natural kinds and the differences in taxonomy they induce among objects is stressed by J. A. Fodor, »Special Sciences«, pp. 103 – 107; Z. W. Pylyshyn, *Computation and Cognition: Toward a Foundation for Cognitive Science* (Cambridge, Mass., 1984), pp. 7 – 12. Cf. also M. Carrier and J. Mittelstrass, *Geist, Gehirn, Verhalten: Das Leib-Seele-Problem und die Philosophie der Psychologie* (Berlin/New York, 1989), pp. 70 – 75, pp. 205 – 206.

2. *The computational theory or how the mind works*

The computational theory of the mind is a partial answer to the problem of how content manages to produce overt behavior. The gist of that answer is that in fact content does not produce anything. After all, it's hard to imagine how the content of a belief could influence the activation state of a synapse. The point is, however, that content is tied to the physical aspects of mental states in such a way that the causal connections between these states respect the semantic constraints imposed by their content.

This theory of the mental machinery is modeled on the functioning of computers. Computers indeed operate successfully with semantically interpreted magnitudes. They calculate optimal profiles for airplane wings or simulate complex oscillations of large systems; they transform, accordingly, interpreted input data into interpreted output data. But they do so not by having recourse to the semantic attributes of these data; rather, they translate these data into a formal, internal language. Computers generate strings of uninterpreted symbols from the input data and operate on these strings following formal rules programmed into them.

Take, for example, the addition $9 + 5 = 14$. Here the symbols have content, they are interpreted as numbers. For carrying out such an addition a computer first transforms the numbers into strings of formal symbols. In particular, it assigns the following strings to the numbers: $9 \rightarrow$ xoox, $5 \rightarrow$ xox. This is in fact the binary encoding of the decimal numbers but in our context we can treat these strings simply as uninterpreted tokens. Second, the computer applies a rule to the effect: If (say) register 1 is in a state described by the formal string xoox, and register 2 is in a state characterized by xox, then change the state of register 3 into a state formally denoted by xxxo. And the latter string is, third, retranslated into the decimal number 14.[3]

3 It is clear that the rule invoked here has an extremely narrow domain of application and is for that reason rather unrealistic. Actual rules are constructed such that they are applicable to a wider range of cases. But the principle of operation remains the same even in more complex examples.

A program of this sort successfully creates the impression that it can sensibly operate with semantically interpreted magnitudes. In fact, however, the program has obviously no access whatsoever to the semantic interpretation. The program feigns to operate with numbers according to the rules of addition whereas in fact it only recognizes differently shaped symbols and treats them according to rules that are by no means content-sensitive. While the symbols have lost their meaning during the translation into the internal, formal language, the program works as if the symbols were still interpreted and as if the rules had access to this interpretation. In order for this formal mimikry to be possible, the whole process has to satisfy the so-called *formality condition*: The program and the translation procedure have to be designed such that all relevant differences in semantic content are reflected in formal differences between the associated machine states.

The central step of the computational theory lies in transferring this model to the human mind. To think is literally to run through a computer program. This means that a chain of neurophysiological states whose evolution in time is governed by causal-physical laws can also be regarded as a sequence of strings of symbols that is generated by certain formal transformation rules. These rules are in turn of such a nature that they respect the logical and semantic relations between the content that can be associated with these formal states. If the formality condition holds in the brain, human reasoning can be described as content-based inference and at the same time as formal symbol manipulations and causal state transitions. The formality condition guarantees that processes that are blind to content may well respect content-based restrictions.[4]

4 For this sketch of the computational theory cf. J. A. Fodor, *The Language of Thought* (New York, 1975), p. 32, pp. 66–67, pp. 73–74; J. A. Fodor, *Representations: Philosophical Essays on the Foundations of Cognitive Science* (Cambridge, Mass., 1981), pp. 226–227, pp. 240–241; Z. W. Pylyshyn, *Computation and Cognition*, pp. 26–40, pp. 59–61; K. Sayre, »Cognitive Science and the Problem of Semantic Content«, *Synthese* 70 (1987), pp. 247–251. Cf. also M. Carrier and J. Mittelstrass, *Geist, Gehirn, Verhalten*, pp. 207–210. Taking the functioning of a computer as a model of mental activity implies, incidentally, that for the computational theory artificial intelligence really is artificial intelligence.

This tri-level structure, i. e., the hierarchy of the causal-physical, the formal-syntactic, and the content-based, semantic level, lies at the heart of the computational theory and of cognitive science in general. If this model is supposed to adequately capture the machinery of the mind, it must induce the right relations between physical states and mental states; that is, the model must entail the consequence that a many-many relation exists between physical and mental types. This is indeed the case. The computational theory in fact implies the existence of a many-many relation between physical and syntactic types of state as well as between syntactic and semantic types of state. In order to realize this we must first recall an important peculiarity, namely, the multiple interpretability of formal structures.

One and the same formal algorithm can be applied to various, different domains. Take for example the following abstract equation:

$$\alpha_1 \frac{d^2u}{dt^2} + \alpha_2 \frac{du}{dt} + \alpha_3 u = 0$$

This equation describes damped oscillations in a general or formal manner and can be applied to several different systems by interpreting the abstract variables in a different fashion. Consider for instance the following interpretation: $u \rightarrow$ elongation of a spring, $\alpha_1 \rightarrow$ mass suspended from the spring, $\alpha_2 \rightarrow$ viscosity of the medium in which the oscillation takes place, $\alpha_3 \rightarrow$ elastic constant of the spring. In that interpretation the equation deals with the oscillations of a coil spring in a resistant medium such as air. But this is by no means the only possible interpretation. The abstract variables may as well be interpreted in a quite different fashion. Consider the following assignment: $u \rightarrow$ current intensity, $\alpha_1 \rightarrow$ self-inductance of an electric circuit, $\alpha_2 \rightarrow$ electric resistance, $\alpha_3 \rightarrow$ inverse capacity. In this interpretation the equation treats the oscillations of the current intensity of an electrical circuit equipped with a capacitance, a self-inductance and a resistance. The same equation thus models two situations which are quite distinct with respect to content; the same equation has two quite distinct semantic interpretations.

Let me illustrate this important peculiarity by another example. I start by briefly outlining the equation for the production rate of a substance in an autocatalytical chemical reaction and afterwards apply this equation to two further domains which intuitively have nothing in common with chemical reactions. Assume that the substance A is produced by an autocatalytical reaction of the form: $A + B \rightarrow 2A$, and assume furthermore that B is supplied from outside with a constant rate and that A decays with a likewise constant rate. In that case the net production rate of A molecules is the number of A molecules generated minus the number of A molecules lost. Because of the autocatalytical form of the production process the gain of A is proportional to the number n of A molecules already present ($dn/dt \sim \alpha_1 n$), and its loss is also proportional to n ($dn/dt \sim -k_1 n$). Moreover, the reaction consumes B molecules and thus leads to a reduction of the number N of B molecules that is proportional to the reaction rate and accordingly also proportional to n ($\Delta N = -\alpha_2 n$). Because of the limited supply of B molecules, this effect reduces the production of A molecules. Plugging in these expressions into the basic »gain-minus-loss« approach (and renaming the constants where appropriate) gives rise to the following overall equation for the temporal development of the number of A molecules:

$$\frac{dn}{dt} = - k_1 n - k_2 n^2$$

This is a nonlinear differential equation whose solutions approach two stable states (depending on the value of the constants).

The point is that the very same equation likewise describes the number of photons in a cavity with induced photon emission, i. e., a laser system, and the temporal evolution of population size in a herbivorous species in a bounded region. In the first case, the gain in the number of photons is due to photon-stimulated emission of photons from excited atoms, the loss stems from the escape of photons through the endfaces of the laser, and the reduction term expresses the decreasing number of excited atoms which is a result of the emission process itself. The basic traits of this laser model obviously coincide with those of the autocatalytical reaction, and accordingly the fundamental equations of both processes coincide as well.

The same holds with respect to the ecological case. In that case, n refers to the number of the members of a zoological species living in an area with limited food supply. The birth rate as well as the death rate of the population is proportional to the number of living animals, and the reduction term appears as a consequence of the depletion of the food resources. So in this application the equation models the temporal development of a population of herbivores.[5]

These two examples demonstrate the multiple applicability of formal algorithms. The same abstract equation holds in intuitively quite different cases. This multiple applicability is due to the fact that the variables in this equation refer to different things in either case; the variables respectively mean different things. This important feature can be expressed such that formal structures do not uniquely determine their own interpretation; they only determine a whole set of interpretations which differ in meaning but display the same formal aspects. Formal structures determine meaning only up to isomorphism.[6] It is to be noted in addition that this multiple interpretability is not restricted by the requirement that the several instantiations of the same formal structure all actually be realized. It is perfectly legitimate, by contrast, to interpret a formal structure in such a way that it refers to a fictitious state of affairs. It is precisely the capacity to refer to non-existent situations that constitutes Brentano's intentional inexistence.

Finally, there is a famous case in the philosophy of psychology that can be used to shed some additional light on the point at issue. Namely, the problem of the inverted spectrum that was first pointed out by Locke. Locke imagines that the same physical signal might give rise to different color perceptions in different men. A violet might produce the same color quality in one man's mind that a marigold produces in another one's.[7] This amounts to a systematic permutation of sensory qualities, or for that matter of mental content, associated with the

5 For this example cf. H. Haken, *Synergetics: An Introduction: Nonequilibrium Phase Transitions and Self-Organization in Physics, Chemistry and Biology* (Berlin/Heidelberg/New York, 1978), pp. 127–128, pp. 266–267, pp. 293–294.

6 This peculiarity also underlies Searle's well-known »Chinese Room Argument«; cf. J. R. Searle, »Minds, Brains, and Programs«, *The Behavioral and Brain Sciences* 3 (1980), pp. 417–424.

7 Cf. J. Locke, *An Essay Concerning Human Understanding* (1690), ed. P. H. Nidditch (Oxford, 1975), p. 389 (II. XXXII.15).

same signal. The external property that brings forth the quality or content »blue« in a person A, brings about a quality or content in a person B that A would call »yellow.« Systematically speaking, the inverted spectrum is a map among color qualities that preserves the relations between these qualities. For the inverted viewer green is still located between blue and yellow, but the mental content associated with these color shades is exchanged.

A syntactic approach is obviously unable to capture such a content inversion. After all, the sequence of formal states involved in formation of beliefs about colors remains unaffected by the inversion. In the normal-eyed viewer the content »blue« plays the same formal or functional role that the content »yellow« plays in the inverted one. The content inversion has no impact on the formal machinery of the mind. In the case of the inverted spectrum we can attach different content to the same formal variable without thereby altering in any sense the formal description of the state transitions constituting the mental activity. The normal-eyed and the inverted viewer have the same syntactic description. This shows once more that formal structures are unable to differentiate between isomorphic interpretations.

On the basis of this insight we can now easily recognize that the computational theory of the mind indeed implies the existence of a many-many relation between physical and mental types. Let's assume for the sake of simplicity that there exists a straightforward correspondence between the input data and the physical state of the receptor system. In that case the cross-classification of types of external states and cognitive types assumes the form of a cross-classification between internal physical types (i. e., types of machine or brain states) and cognitive types. A many-many relation of this sort indeed holds. More specifically, it even holds for both interlevel connections, i. e., between the semantic and the syntactic level as well as between the syntactic and the physical one.

As the foregoing discussion has shown, one and the same formal algorithm may have various, different applications or interpretations. This implies that one and the same sequence of formal states may represent a variety of states of affairs. The converse is equally true: One and the same intuitively understood system can be modeled by differently structured equations. After all, one is always free to introduce some superfluous complexities into a given equation and to transform it in this way into a structurally different one. Moreover, the discussions on inductive simplicity and the Duhem-Quine thesis contain a lot of additional evidence for the option to cope with a given system or problem-situation in various, theoretically distinct ways. These results can be immediately transferred to the relation between semantics and syntax in machines or brains. The same sequence of semantically interpreted states can be described by different formal algorithms. This leads to the conclusion that there is indeed a many-many relation between semantic interpretations and syntactic structures.

The same holds with respect to the relation between syntax and physics. It is clear that the same formal structure – i. e., the transformation of certain initial strings of symbols into output strings – can be realized by means of several distinct physical systems. That is, the same computer program (as described on the level of formal rules) can be implemented on different material computer systems. So there is a one-many relation between the syntactic and the physical level.

Conversely, any such physically described computer state can represent different formal structures by means of a change in the association between physical and syntactic types. A syntactic type is usually associated with a class of physically distinct states; that is, for instance, we abstract from voltage fluctuations and correspondingly associate the same symbol with a whole class of neighboring voltage states. By changing the range of physical differences we are willing to neglect we can generate different syntactic descriptions of the same physical state. Deliberate decreasing or enlarging of the syntactic equivalence classes generates different syntactic descriptions of the same physical system. Another option consists of associating changes of physical parameters (instead of their absolute values) with a syntactic symbol – as it is done, for instance, in the digital code of a compact disc. Accordingly, there is a many-one relation between the syntactic and the physical level in addition, and this leads to the overall conclusion that a many-many relation between syntax and physics is present as well.

What is to be concluded from all that regarding the problem of intentionality? The discussion makes it clear, first, that and how physical systems can create the impression of possessing intentional states while in fact they possess nothing even remotely similar to such states. It shows, second, that whereas the computational theory gives an account of mental operations (and represents in fact the only worked-out account in that field), it has nothing to say on how mental states acquire content. After all, we believe that the intentionality of mental states is real and not deceptive, and this assessment is underpinned by the fact that content-based psychological laws provide the best available explanation of human behavior. In contrast to mental states, however, intentionality is conferred to computer states solely through human interpretation; as regards the latter, intentionality resides in the eye of the beholder. It should be noted, third, that the inability of the computational theory to accomodate mental content is a matter of principle. The theory cannot be amended such that in the end it is able to cope with content. For the theory turns on the multiple interpretability of formal algorithms; it is this feature (among others) that furnishes the right sort of relations between mental and physical types. On the other hand, it is this very same feature that rules out that the computational theory contains an account of mental content. So it is the same trait that makes the theory work as a model of mental operations and the nature of human intelligence and that makes it at the same time unfit as a model of intentional states. This can be summarized such that a theory of psychodynamics does not entail, but rather has to be supplemented with, a theory of psychosemantics.

3. Psychosemantics or how to cope with mental content

The problem of psychosemantics now comes down to the task of supplying a formal structure with content in a proper and adequate way. That is, we must explain how content, or for that matter the type identity of belief states, can be assigned to a formal structure by exclusive recourse to physical (i. e., non-semantic) means. This outlines the project of a naturalized psychosemantics. A promising strategy for implementing this project seems to be the following: The semantic ambiguity of formal structures stems from the fact that they are purely formal. So let's endow them with content by attaching referents to some of the symbols occurring in them. After all, we have already successfully applied precisely this recipe for removing semantic ambiguity. Recall the examples of the damped oscillations or the autocatalytical processes discussed above. A definite meaning has been conferred to the abstract variables by associating referents with them. What we did was to stipulate that, e.g., the variable *u* is to refer to the elongation of a spring or, in the alternative interpretation, to current intensity. That little is sufficient to generate content from formal systems. And what has been successful in these physical examples should also work for mental states, or so it seems. So let's examine how such an approach fares in the mental area.

All approaches to a naturalized psychosemantics rely in some way or other on this procedure. They attempt to transform an abstract structure of mental tokens into a system of beliefs by imparting reference to at least some parts of that structure. For reasons of perspicuity I will pick but one example from the class of like-inspired attempts, namely, Fred Dretske's information-theoretic model of cognitive content. The discussion of that model has to be very brief and sketchy, and so I will pass directly to my essential point. That is, I will focus on what I take to be its crucial shortcoming. This concentration on the model's vices might lead to an overly negative appraisal, and so I should state in advance that it also possesses important virtues and that only limited space precludes dealing with the latter more thoroughly.

The central tenet of the information-theoretic account is that all representation is correlation. A physical system represents another physical system if their respective states are lawfully connected. More specifically, suppose that the state of a system S_2 is deterministically related to the state of a system S_1. Such a situation occurs if the S_1-state causally produces the S_2-state and if no other possible causes of this S_2-state are realized. In that case the S_2-state indicates the presence of the corresponding S_1-state, and this can be expressed such that the former gives information about the latter. So there is a relation of reference or aboutness contained in such a causal connection, and this relation constitutes the most fundamental feature of intentionality.

It is clear that this basic mechanism has to be supplemented with some auxiliary procedures. For up to this point, intentionality has lost its distinctive property of characterizing mental phenomena. Thermometers, galvanometers and the like may well possess intentional states;

their internal states are connected in a lawful fashion to some outside state of affairs and thus represent it. Accordingly, intentionality appears to pervade the whole of nature. In order to avoid this unwelcome consequence Dretske adds two further requirements that are supposed to distinguish truly cognitive systems. Such systems must possess the capacity of *aspect separation* (my term) and *»digitalization.«*

The first requirement is based on the observation that non-cognitive, representational systems don't represent just one external state but rather a large cluster of such states. Think, for instance, of a galvanometer that measures current intensity. The readings of that instrument do not represent that quantity alone; in addition, they represent voltage states (by virtue of Ohm's law). One and the same state of the instrument thus represents several intuitively distinct physical quantities, and this shows that this state does not carry a definite or unique piece of information.

Cognitive systems, by contrast, are required to be able to separate the different aspects contained in a given physical signal. That is, they must possess the capacity to represent the same external state in different fashions. Whereas in nature a given state of current intensity always occurs together with a certain voltage state, a cognitive system has to be capable of representing one of them without at the same time representing the other.

The second characteristic of cognitive systems is their capacity of digitalization. Digitalized representation means that not all states that are different in the system S_1 are represented as different states in the system S_2. The representing system S_2 collects distinct states of S_1 into equivalence classes; i. e., it represents them as the same states. Think of the cognitive representation of a table as an example. This concept embraces a large number of physically distinct and heterogeneous entities. Tables may be made of wood or of some other material, they may be painted in different colors or located in various places. In the cognitive representation of a table as a table we abstract from all these peculiarities and collect the different tokens into one equivalence class; we put the common label »table« on them.[8]

8 This reconstruction of the information-theoretic account is based on F. I. Dretske, »The Intentionality of Cognitive States«, *Midwest Studies in*

On Dretske's view it is these two procedures, namely, sorting out components of information and stripping off such components, that are characteristic of cognitive representation. The introduction of these procedures serves the purpose of reproducing theoretically the many-many relations between physical and mental types. Aspect separation is intended to make sure that the same physical situation may be represented differently, and digitalization is conversely supposed to establish the possibility that different physical situations are represented in a like fashion. In this way the model is thought to accomodate the cross-classification of physical and mental natural kinds. The effect of the combined application of both procedures is thus a reshuffling of physical signals according to their cognitive significance. Physically alike signals may be dissociated and put into different cognitive equivalence classes whereas physically distinct signals may be associated and placed in the same cognitive equivalence class.

The central question that emerges at this juncture is: What are the principles that guide this reshuffling process? A naturalized psychosemantics requires that the principles governing the formation of cognitive equivalence classes be specified in physical, i. e., non-intentional and non-semantic, terms. Cognitive types must be derived from physical types by purely non-semantic means. But Dretske's account contains no clue whatsoever how this job is to be performed. We need a criterion that explains how and by virtue of which non-semantic properties two physically distinct signals can »mean« the same thing or vice versa. Without such a criterion the whole reshuffling procedure is merely an arbitrary combinatorial exercise. For a naturalized psychosemantics it is not sufficient to reproduce the right sort of relations between mental and physical types; we need some rationale for establishing these relations precisely. In the absence of such a rationale, cognitive equivalence classes can only be framed by relying either on arbitrary chance mechanisms or on semantic intuition. And since the first option clearly makes no sense, Dretske's account of psychosemantics is in the end founded on meaning in disguise.

Philosophy 5 (1980), pp. 281–294; F. I. Dretske, »Précis of *Knowledge and the Flow of Information*«, *The Behavioral and Brain Sciences* 6 (1983), pp. 55–90.

This essential flaw is not confined to Dretske's model; all other versions of a correlational psychosemantics are beset with the same or similar difficulties. None of them succeeds in elaborating principles of mental token typing that solely rely on non-semantic procedures. Instead, mental token typing is simply read off from linguistic experience. The conclusion is that we are at a loss – at least at present – to explain by virtue of which non-semantic principles content-based equivalence classes are to be extracted from physical natural kinds. Content cannot be captured by purely physical criteria, or, in other words, cognitive representation is a very special and most peculiar relation. This is why psychology is not a branch of physics.

It is to be stressed, on the other hand, that this result essentially depends upon the correctness of the computational theory of the mind. If this theory should turn out to be completely off the mark, the whole problem has to be reconsidered. The validity of the analysis depends, second, on the hypothesis that mental states are of an intrinsically intentional nature. It is to be noted, third, that important aspects of the working of the mind can in fact be accounted for. Foremost among these aspects is the nature of mental operations. The explanation of what the mind actually (or possibly) does is certainly a primary achievement – regardless of the fact that some characteristics of the objects of these operations still defy physical analysis.

There is one problem left that should be briefly dealt with at the end. With hindsight one might entertain some doubts with respect to the above assertion that the computational theory provides an adequate account of mental operations. The reason is that the relation between physical types of states and syntactic ones is as intricate as the corresponding relation between syntactic types of states and semantic ones. We have a many-many relation on either level. So we can draw an analogous conclusion: The principles of syntactic token typing are not derivable from the physical theory of the underlying mechanism.

There is in fact no physical justification for representing two physically distinct computer states by the same symbol. A formal representation of a given physical system always amounts to collecting physically distinct states into a syntactic equivalence class. Conversely, the same physical state can be described by several syntactic structures. This feature gives rise to the existence of a many-many relation between syntax and physics that I tried to outline above. In view of the importance computational theory attaches to the syntactic level, this seemingly arbitrary character of syntactic token typing may induce some reservations concerning the relevance of syntactic operations for the functioning of the mind.

These misgivings are, however, unfounded. True, we haven't a physical theory of syntactic token typing but we don't need one either. Every syntactic token typing that is compatible with the sequence of machine states run through is all right; every token typing that meets the physical constraints is legitimate. Some may be more elegant and some more clumsy but apart from these pragmatic aspects they have all equal status. The reason is that the syntactic description is of purely instrumental value. What matters is the right connection of semantic states that is in turn brought about by the right connection of physical states. The syntactic level is only introduced for descriptive purposes.

By contrast, the semantic interpretation is of intrinsic and not of merely instrumental importance. Mental representations really exist in cognitive systems, or so most of us believe. It is this feature that makes the project of developing a naturalized psychosemantics at all interesting and worthwhile. The project of a »physicalized psychosyntax,« on the other hand, is of no use whatsoever. True, both projects fail for the same reasons, but as regards the second one nobody needs to feel bothered about that. So it is justified to uphold the assessment that the computational theory gives an adequate account of mental operations. It is not the nature of intelligence that still constitutes a mystery but rather the nature of intentionality.

Summary

Untersucht wird das Verhältnis zwischen den Gegenstandsbereichen der Physik und der Psychologie. Dabei wird von den beiden Voraussetzungen ausgegangen, daß (1) Intentionalität kennzeichnendes Merkmal geistiger Phänomene ist und daß (2) die sogenannte Rechnertheorie des Geistes eine im Kern zutreffende Charakterisierung mentaler Operationen bereitstellt. Daraus ergibt sich, daß der Gegenstandsbereich der

Psychologie nicht mit physikalischen Mitteln erfaßt werden kann. Der Grund ist die mehrfache inhaltliche Interpretierbarkeit formaler Strukturen, welche zur Folge hat, daß die natürlichen Arten der Psychologie nicht aus den natürlichen Arten der Physik abgeleitet werden können. Die Grundsätze der Bildung psychologischer Arten können auf physikalischer Basis lediglich beschrieben, nicht aber erklärt werden.

Gedanken Experiments and the Unity of Mathematics and Physics

JAMES ROBERT BROWN

Introduction

We often hear the complaint that the problem of scientific realism is not well posed: there are too many different senses of »realism« floating about, so that one cannot tell what is being asserted or denied. If this is indeed a problem, it is nothing compared with the problem of the unity of science. »Unity« can be the code word for a variety of ontological theses such as reductionism or physicalism; or it can refer to a cluster of epistemological views such as the thesis that the methods of science are the same in all fields of enquiry. Ian Hacking[1] finds eleven types of unity; and many of these he describes as a cluster of theses, so there are conceivably many more senses yet.

Niels Bohr is a perfect example of the problem. He thought of himself as a great champion of the unity of science and wrote several articles with »unity« in the title (or at least, unity was the theme). »The Unity of Knowledge«, »The Unity of Human Knowledge«, »The Connection Between the Sciences«, are obvious examples; but others such as »Light and Life« were about unity as well, in particular, about the unity of physics and biology.[2] The unifying theme of each science that Bohr was so fond of promoting is his notion of *complementarity*. He considered it all-pervasive: in physics we have wave-particle duality, in biology a mechanism-vitalism duality. The complementarity thesis even

1 I. Hacking, »The Disunities of Science«, forthcoming.

2 Bohr's philosophical essays are reprinted in three volumes: *Atomic Theory and the Description of Nature* (Cambridge, 1934); *Atomic Physics and Human Knowledge* (Wiley, 1958); and *Essays 1959–1962 on Atomic Physics and Human Knowledge* (Wiley, 1963).

made its way into semantics – though Bohr may have had his tongue in his cheek when he said that the thing complementary to truth is clarity.

In this one sense Bohr was a great champion of the unity of science. But in another sense he was one of the great disunifiers. Bohr insisted on a sharp distinction between the micro-world and the macro-world. There is not one, but two physical worlds, and not one but two theories that describe them. Quantum mechanics applies only to the quantum world. Everyday objects are truly – not just approximately – described by classical physics. Tables and trees do not, for example, go into states of superposition; wave-particle duality does not apply to them. When Bohr talks of the unity of science, he talks of the first type of unity, not the second.

Needless to say, many have found Bohr's view highly unsatisfactory. Instinctively, disunities rub us the wrong way. Surely there is only one physical world, and if quantum mechanics is right in the small, it had better be right in the large, as well. This is the attitude of Eugene Wigner who was willing to accept the bizarre implication that trees and tables really will go into states of superposition. But the consequences of this supposed unity of the physical world are more than just bizarre – a technical problem in the theory of measurement arises as a result. If the measuring apparatus is itself a quantum mechanical object which goes into states of superposition, how is an actual measurement ever be made? How does the state-vector of a quantum system ever »collapse«? Wigner's solution to this problem is almost as amazing as the initial difficulty. He looked around for something non-physical, something to which the quantum theory would not apply. Such a thing might then be capable of »collapsing the wave function« without itself going into a state of superposition. And what did he find? The mind, consciousness.[3] It is an act of observation by a conscious, non-material mind that makes physical reality determinate.

Wigner's solution works. It's quite unbelievable, of course; but it does do what it set out to, namely, show how measurements are

3 E. Wigner, »Remarks on the Mind-Body Problem« and »Two Kinds of Reality«, reprinted in *Symmetries and Reflections* (Cambridge, Mass., 1967).

possible within a single unified quantum theory of the physical world. The unity of the physical world is recovered; no longer are there distinct micro- and macro-realms as there are with Bohr. But, alas, a different kind of disunity is introduced. Not only is there a physical world (though only one), but there is a radically non-physical world, as well. Wigner is delighted – he sees his solution to the quantum theory of measurement as proof of mind-body-dualism and even as evidence for a kind of idealism. As we might expect, others who hanker after the complete unity of absolutely everything are as distressed with Wigner's solution as they were with Bohr's initial problem, if not more so.

My reason for dwelling on this issue so long is not to resolve the quantum mechanical problem, but to draw a couple of simple morals: first, a unity achieved in one place may cost a disunity elsewhere; and second, given the great variety of senses of unity, we should look for little unities here and there, and when we find one, be mindful of the first point.

I will return to these in the conclusion. For now, I want to convince you of a remarkable similarity between what goes on in mathematics and what goes on in physics. They are nowhere near as disunified as people commonly think.

Mathematics and Physics: Standard Conceptions

Metaphors about the book of nature being written in the language of mathematics suggest a very intimate connection between mathematics and science. But few modern philosophers, if any, hold this as their considered opinion. I suspect that the vast majority hold a view something like this: Mathematics is a theory of formal systems; it has nothing to do with the physical world at all, though problems in the physical sciences may suggest lines of mathematical research. The results of mathematics are known entirely a priori by deriving them from axioms which are taken to be true by convention, or true in virtue of the meanings of the terms involved, etc.

By contrast, the common picture of physics and the other natural sciences is something like this: Physics is an attempt to describe the physical world. Mathematics provides useful tools in the sense that theorizing about the physical world involves the use of mathematical models, and these mathematical models are given a priori. But our knowledge that the physical world conforms to some particular mathematical structure is itself a posteriori and so, unlike mathematics, it is fallible.

To a large extent much of this is summed up in a oft-cited remark of Einstein's: »... as far as the propositions of mathematics refer to reality, they are not certain; and as far as they are certain, they do not refer to reality.«[4] Einstein goes on to explain why he holds this view. I suspect his reasons are pretty universal.

> ... complete clarity as to this state of things became common property only through that trend in mathematics which is known by the name »axiomatics.« The progress achieved by axiomatics consists in its having neatly separated the logical-formal from its objective or intuitive content; according to axiomatics the logical-formal alone forms the subject matter of mathematics, which is not concerned with intuitive or other content associated with the logical-formal.

In brief, the methods and the ontology of mathematics are entirely different than the methods and ontology of physics; physics is empirical and about the material world while mathematics is neither. Even more briefly, mathematics and physics are utterly disunified.

Mathematical Insight

In a very influential paper in the philosophy of mathematics, Paul Benacerraf[5] sets up a dichotomy and a dilemma. He sees two main approaches to mathematics: the combinatorial and the semantic. The view sketched out above is combinatorial, while platonism is the

4 A. Einstein, »Geometry and Experience«, reprinted in *Ideas and Opinions* (New York, 1954), p. 233.

5 P. Benacerraf, »Mathematical Truth«, reprinted in *The Philosophy of Mathematics*, ed. P. Benacerraf and H. Putnam (Cambridge, 1983).

paradigm example of a semantic account. Benacerraf's dilemma is this: the virtues of one account are the sins of the other. For example, platonism is very good at making sense of the idea of mathematical truth – mathematical propositions are true in the same way that the propositions of physics are. By contrast, any sort of combinatorial account will have to link truth with provability, which will turn out to be highly problematic for a number of reasons. (For example, Gödel's theorem shows clearly that truth and proof are distinct notions.) On the other hand, combinatorial accounts do great justice to our knowledge – we know what we know because we have a proof. Platonism, by contrast, appears to embrace some very mysterious processes to account for how we humans who are inside space and time can come to know anything about the abstract entities outside of space and time. So, we can have an acceptable epistemology or an acceptable semantics, according to Benacerraf – but not both.

By »proof« in his combinatorial account, Benacerraf means a derivation. That is, we have a proof of P when we derive it from some set of accepted axioms. So when we prove P we are really showing that »Axioms ⊃ P« is a logical truth. I don't doubt for a moment that such a logical relation holds, but could Benacerraf really be right in thinking that this derivation relation is the ground for our *knowledge* that P?

Consider this simple example. We are given a chessboard with two opposite corners removed. We are also give an unlimited number of domino tiles which each cover two squares of the board. Problem: can the board be tiled with the dominos so that each square is covered and there is no overlap?

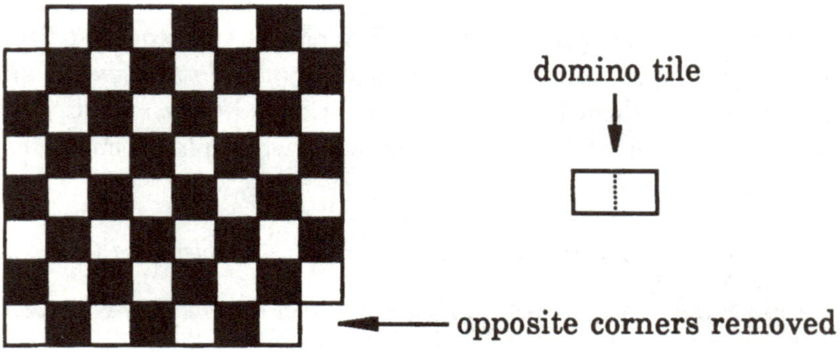

The answer is no. I will give two proofs.

The first proof is not in any way combinatorial. It runs as follows: There can be no tiling since each tile covers one coloured and one non-coloured square. Thus, a complete tiling requires an equal number of each, but we do not have it in this board. So, tiling the board is impossible.

Here is a second proof which is combinatorial. Label each square P, Q, R, etc. meaning »P is covered«, »Q is covered«, and so on.

A tile which covers P also covers one and only one tile beside P. A full description of the tiling around P is:

$$
\begin{gathered}
P\&Q \lor P\&R \lor P\&S \lor P\&T \ \& \\
P\&Q \rightarrow \neg(P\&R \lor P\&S \lor P\&T) \ \& \\
P\&R \rightarrow \neg(P\&Q \lor P\&S \lor P\&T) \ \& \\
P\&S \rightarrow \neg(P\&Q \lor P\&R \lor P\&T) \ \& \\
P\&T \rightarrow \neg(P\&Q \lor P\&R \lor P\&S)
\end{gathered}
$$

This is the description *for just one square*. The full description for the entire chessboard will be about sixty-four times as long. The conjunction of all these propositions is a contradiction. Thus, its denial is a tautology, and hence, derivable in any complete system of propositional logic.

But does anyone believe the tiling theorem because of this proof? I doubt it. And certainly no one came to first know the result by actually deriving it in a system of propositional logic. It is the short – non-combinatorial – proof that makes us believe the tiling theorem.

Just in case the ordinary chessboard example is not convincing, notice how much worse the combinatorial explosion becomes as we increase the size of the board. Yet the short proof works equally well for any $n \times n$ board (with two opposite corners removed) no matter how big n is.

This example brings us back to the platonist side of Benacerraf's dichotomy. Our knowledge of the tiling theorem is not based on a derivation. The combinatorial account not only fails to do justice to *truth*, but it comes up short on *knowledge* as well. Rather, our knowledge is based on a grasp of some sort of pattern. There is some sort of relationship which exists objectively, independently of us, and we can somehow see it. Roger Penrose puts it vividly: »... whenever the mind perceives a mathematical idea, it makes contact with Plato's world of mathematical concepts ... When one ›sees‹ a mathematical truth, one's consciousness breaks through into this world of ideas, and makes direct contact with it...«[6]

There are several ingredients involved in platonism. (1) There are abstract objects existing outside of space and time. (2) The way these objects are is what makes our mathematical statements true or false. (3) The mind can grasp or intuit (some of) them. (4) Our mathematical knowledge is a priori in the sense of being independent of the physical senses; but it need not be infallible.

The account sketched is similar to Gödel's, the foremost platonist of recent times, who writes:

> ... despite their remoteness from sense experience, we do have something like a perception also of the objects of set theory, as is seen from the fact that the axioms force themselves upon us as being true. I don't see any reason why we should have any less confidence in this kind of perception, i. e., in mathematical intuition, than in sense perception.[7]

6 R. Penrose, *The Emperor's New Mind* (Oxford, 1989), p. 428.
7 K. Gödel, »What is Cantor's Continuum Problem?«, reprinted in *The Philosophy of Mathematics*, ed. P. Benacerraf and H. Putnam, p. 484.

> ... the assumption of such objects is quite as legitimate as the assumption of physical bodies and there is quite as much reason to believe in their existence. They are in the same sense necessary to obtain a satisfactory system of mathematics as physical bodies are necessary for a satisfactory theory of our sense perceptions...[8]

Of course, the platonism I am sketching faces the same objections made against Gödel; namely, how is such a »grasping« or »perception« possible, since abstract objects, being outside of space and time, cannot causally interact with us? Meeting this objection largely amounts to showing that the causal theory of knowledge is wrong. Since I have attempted that elsewhere[9], I will pass on to my next topic.

Gedanken Experiments

Thought experiments, or Gedanken experiments, as Mach first called them, are performed in the laboratory of the mind.[10] Beyond that bit of metaphor it's hard to say just what they are. We recognize them when we see them: they are visualizable; they involve mental manipulations; they are not the mere consequence of a theory-based calculation; they are often (but not always) impossible to implement as real experiments, either because we lack the relevant technology or because they are simply impossible in principle. What I would like to do now is look at the finest example of a thought experiment of which I know: Galileo's wonderful argument in the *Discoursi* to show that all bodies, regardless of their weight, fall at the same speed.[11] It begins by noting Aristotle's view that heavier bodies fall faster than light ones

8 K. Gödel, »Russell's Mathematical Logic«, reprinted in *The Philosophy of Mathematics*, ed. P. Benacerraf and H. Putnam, pp. 456 f.

9 See J. R. Brown »Π in the Sky«, in: *Physicalism in Mathematics*, ed. A. Irvine (Dordrecht, 1989), and my forthcoming book *The Laboratory of the Mind: Thought Experiments in the Natural Sciences* (London, 1991).

10 A much fuller discussion of thought experiments with lots of examples will be found in *The Laboratory of the Mind: Thought Experiments in the Natural Sciences*.

11 Galileo, *Discourse on Two New Sciences*, trans. S. Drake (Madison, Wisconsin, 1974), pp. 66-f.

(H > L). We are then asked to imagine that a heavy cannon ball is attached to a light musket ball. What would happen if they were released together?

Reasoning in the Aristotelian manner leads to an absurd conclusion. First, the light ball will slow up the heavy one (acting as a kind of drag), so the speed of the combined system would be slower than the speed of the heavy ball falling alone (H > H+L). On the other hand, the combined system is heavier than the heavy ball alone, so it should fall faster (H+L > H). We now have the absurd consequence that the heavy ball is both faster and slower than the even heavier combined system. Thus, the Aristotelian theory of falling bodies is destroyed.

But the question remains, »Which falls faster?« The right answer is now plain as day. The paradox is resolved by making them equal; they all fall at the same speed (H = L = H+L).

Galileo's thought experiment is quite remarkable. Though such reasoning is fallible, it is not a piece of standard, empirical, conjectural, a posteriori knowledge. Rather, we are justified in calling this a case of a priori science. Here's why: First, *there have been no new empirical data.* I suppose this is almost true by definition; being a *thought* experiment rules out new empirical input. It's not that there are no empirical data involved in the thought experiment at all. The emphasis is on *new* sensory input; it is this that is lacking in the thought experiment. What we are trying to explain is the *transition* from the old to the new theory and that is not readily explained in terms of empirical input unless there is new empirical input.

Second, *Galileo's new theory is not logically deduced from old data. Nor is it any kind of logical truth.* A second way of making new discoveries – a way which does not trouble empiricists – is by deducing them from old data. Perhaps Galileo's thought experiment is really an argument. Is this plausible? I think not. The premisses of such an argument could include all the data that went into Aristotle's theory. From this Galileo derived a contradiction. (So far, so good; we have a straightforward argument to this point.) But can we derive Galileo's theory that all bodies fall at the same rate from these same premisses? Well, in one sense, yes, since we can derive anything from a contradiction; but this hardly seems fair.[12] What's more, whatever we can derive from these premisses is immediately questionable since, on the basis of the contradiction, we now rightly consider our belief in the premisses to be undermined.

Might Galileo's theory be true by logic alone? To see that the theory that all bodies fall at the same rate is not a logical truth, it suffices to note that bodies might fall with different speed depending on their colours or on their chemical composition as has recently been claimed.[13] These considerations undermine the argument view of thought experiments.

Third, *the transition from Aristotle's to Galileo's theory is not just a case of making the simplest overall adjustment to the old theory.* It may well be the case that the transition was the simplest, but that was not the reason for making it. (I doubt that simplicity or other aesthetic considerations ever play a useful role in science, but for the sake of the argument, let's allow that they could.) Suppose the degree of rational belief in Aristotle's theory of falling bodies is r, where $0 < r < 1$. After the thought experiment has been performed and the new theory adopted, the degree of rational belief in Galileo's theory is r' where $0 < r < r' < 1$. That is, I make the historical claim that the degree of rational belief in Galileo's theory was *higher* just after the thought experiment than it was in Aristotle's just before. (Note the times of appraisal here. Obviously the degree of rational belief in Aristotle's theory *after* the contradiction is found approaches zero.) Appeals to the notion of smallest belief revision won't even begin to

12 Otherwise I could perform the thought experiment now and derive ›The moon is made of green cheese‹.

13 For example by E. Fischbach *et al.*, »Reanalysis of the Eötvos Experiment«, *Physical Review Letters* 57 (1986), p. 1959. I suspect that the reason that Galileo's thought experiment works for light/heavy but not for colours is that the former are additive or extensive while the latter are not (i. e., combining two red objects will not make an object twice as red).

explain this fact. We have not just a new theory – we have a better one.

As well as these there are other reasons which suggest the example yielded a priori knowledge[14] of nature, but possibly the most interesting and most speculative has to do with its possible connection to the realist account of laws of nature recently proposed by Armstrong, Dretske, and Tooley.[15]

The new view stems from a discontentment with empiricist and nominalist regularity theories. Hume and his modern followers hold that a law of nature is a regularity. »It is a law that ravens are black« is analyzed as having the form $(\forall x)(Rx \supset Bx)$. Of course, it is immediately recognized that this will not quite do, since there are lots of regularities which are surely not laws of nature. »All the people in this room have Deutsch marks in their pockets« fits the pattern, but is hardly a law. Regularity theorists such as Ayer, Braithwaite, and numerous others add a second condition to mark the difference. To be a law a statement first, must be a true universal statement, and second, must play a central role in our conceptual scheme. The Deutsch marks example fails on this latter score.

The most obvious objections have to do with the utter subjectivity of the regularity view of laws. To be a law on the empiricist account something must be so recognized; consequently, there were no laws before there were people. Different people may have different laws simply because they place different (true) universal statements at the core of their web of beliefs.[16]

14 The term »knowledge« may be too strong as it implies *truth*; »rational belief« might be better since, on my view, what is a priori could be false.

15 See D. Armstrong, *What is a Law of Nature?* (Cambridge, 1983); F. Dretske, »Laws of Nature«, *Philosophy of Science* 44 (1977), pp. 248–268; M. Tooley, »The Nature of Laws«, *Canadian Journal of Philosophy* 7 (1977), pp. 667–698. Bas van Fraassen, *Laws and Symmetry* (Oxford, 1989) contains many important criticisms of the realist account of laws, but I will not try to defend Armstrong, *et al.* here.

16 For detailed criticisms of the empiricists views of laws see the early chapters of D. Armstrong, *What is a Law of Nature?* or M. Tooley, *Causation: A Realist Approach* (Oxford, 1988).

The realist alternative is much more in harmony with our common sense beliefs about laws in that they exist independently of us. But it does involve a commitment to abstract entities, that is, to universals. Along with individual ravens and black things there are abstract universals, ravenhood, *R* and blackness, *B*, and they are in a relation of natural necessitation, *N*(*R*,*B*). This relation between the universals entails the universally quantified sentence which expresses the regularity, but is not entailed by it. We have

$$N(R,B) \rightarrow (\forall x)(Rx \supset Bx) \text{ and yet, } (\forall x)(Rx \supset Bx) \not\rightarrow N(R,B)$$

According to Armstrong, Dretske, and Tooley this view of the laws of nature is pure metaphysics. It gives an account of the nature of laws and explains the regularities which obtain. The way we learn about laws is the same as it was for the staunch empiricists: we look at individual instances of the regularity. We see ravens, never ravenhood. But I want to add an epistemological aspect to this metaphysical account of laws. My suggestion is simply this: in some thought experiments *we see the relevant laws* - not the regularities, but the universals themselves. Given the truth of platonism in mathematics, and given that Armstrong, *et al.* have hit on the right account of laws of nature, should we not expect to actually get a glimpse of them? In fact, would it not be a bit surprising if we were not able to somehow or other perceive them?

Let me briefly contrast this form of a priorism about physics with earlier forms of rationalism. Unlike Plato, Descartes, or Leibniz, etc., a priori knowledge on my view is neither certain nor innate. It is not put there by God; it is not remembered; nor is it infallible. But like the traditional rationalists, I hold that the abstract realm is perfectly real and that we can know something about it.

Conclusion: The Book of Nature

So what do mathematics and physics have in common? Just this: they are in part a priori enterprises and in part they describe an abstract realm. And that makes them much more unified than has been commonly supposed.

At the outset I spoke of Bohr and Wigner and of how a unity here often costs a disunity there. Well, something like that has obviously happened in the present case. The picture I paint of mathematical activity and thought experiments in physics is similar: there is a kind of unity both in methodology (a priorism) and in ontology (abstract objects). But, of course, this removes it from much other activity normally called empirical science, the sort of thing most prominently associated with the laboratory.

A favourite metaphor invokes the »book of nature«, the one big story in which it all hangs together. Not everyone likes this image. Ian Hacking prefers

> ... an Argentine fantasy. God did not write a Book of Nature of the sort that the old Europeans imagined. He wrote a Borgesian library, each book of which is as brief as possible, yet each book of which is inconsistent with every other. No book is redundant. For every book, and no other, makes possible the comprehension, prediction and influencing of what is going on. Far from being untidy, this is a New World Leibnizianism. Leibniz said that God chose a world which maximized the variety of phenomena while choosing the simplest laws. Exactly so: but the best way to maximize phenomena and have the simplest laws is to have the laws inconsistent with each other, each applying to this or that but none applying to all.[17]

Of course, this is just a metaphor. Though I suspect when it is fleshed out I still won't like it, intriguing though it is. But our choices are not between one all embracing book and many inconsistent ones. One of the great champions of the unity of science earlier in this century had a view somewhere in between. In his introductory essay for that influential missionary work, *International Encyclopedia of Unified Science*, Otto Neurath wrote:

> Encyclopedism may be regarded as a special attitude ... An encyclopedia and *not a system* [my italics] is the genuine model of science as a whole. An encyclopedic integration of the scientific statements, with all the discrepancies and difficulties which appear, is the maximum of integration

17 I. Hacking, *Representing and Intervening* (Cambridge, 1983), p. 219. See also the views of Nancy Cartwright in *How the Laws of Physics Lie* (Oxford, 1983). In many ways their respective views are similar, but there are important differences of detail which should not be overlooked.

which we can achieve. It is against the principle of encyclopedism to imagine that one »could« eliminate all such difficulties.[18]

Richard Rorty is not specifically concerned with the unity of science when he asks if science is a natural kind.[19] But the point is related. He takes a »yes« answer to be saying that science can be distinguished from non-science by some special sort of principle of inference, a unique way of knowing. By denying any such principle he denies that science is a natural kind. A natural kind is characterized by that single property which is necessary and sufficient for being the thing that it is. Rorty is right to deny that science is such a thing, but not because of his anti-realist views about method, his rejection of abduction, in particular. Rather the problem is simply the plurality of methods. There are many good ways of learning – abduction (in much empirical science) and intuition (in thought experiments) are two – and the non-sciences use these methods, as well. Science embraces too much to be a natural kind.

The picture I have tried to paint is more in the spirit of Neurath than it is in either the reductionistic unifiers like Putnam and Oppenheim[20], or like a Borgesian disunifier such as Hacking. There are different ontologies and different methodologies involved in the world of science; but they more or less fit together in a more or less harmonious way.[21]

18 O. Neurath, »Unified Science as Encyclopedic Integration«, in: *International Encyclopedia Unified Science*, ed. O. Neurath, R. Carnap and C. Morris (Chicago, 1955), p. 20. Nancy Cartwright's contribution to this volume makes me worry that Neurath's encyclopedism is a bit less integrated than I have taken it to be.

19 R. Rorty, »Is Natural Science a Natural Kind?«, in: *Construction and Constraint*, ed. E. McMullin (Notre Dame, Indiana, 1988), pp. 49–74.

20 H. Putnam and P. Oppenheim, »Unity of Science as a Working Hypothesis«, in: *Concepts, Theories, and the Mind-Body-Problem*, ed. H. Feigl, M. Scriven, and G. Maxwell (Minnesota, 1958), pp. 3–36.

21 I have greatly benefited from comments from the audience during the presentation of this paper and from numerous discussions with Ian Hacking and especially with Kathleen Okruhlik.

Zusammenfassung

Dieser Aufsatz argumentiert zunächst für die Annahme des Platonismus in der Mathematik, d. h. für die These, daß die Mathematik sich mit einem unabhängig existierenden Bereich abstrakter Gegenstände beschäftigt, die wir irgendwie »begreifen« oder »wahrnehmen« können. Im weiteren wird argumentiert, daß etwas sehr Ähnliches in (manchen) Gedankenexperimenten geschieht, insbesondere wenn Naturgesetze als unabhängig existierende Beziehungen zwischen Universalien aufgefaßt werden. Daher bilden Mathematik und Physik in einem viel größeren Maße als gemeinhin angenommen eine Einheit: ontologisch, denn beide behandeln abstrakte Gegenstände; und methodologisch, denn beide sind apriorisch.

Concepts of Symmetry and the Unity of Science

KLAUS MAINZER

1. *Symmetry and Unity in the History of Philosophy and Science*

In spite of their growing specialization, modern natural sciences intend to reduce their theories to some fundamental structures[1]: *Physics* tries to unify the different physical forces in one fundamental force. *Chemistry* tries to explain the structure of chemical substances by the quantum mechanics of molecules. *Biology* tries to reduce the processes of life to biochemical and biophysical laws.

Mathematically the unification of natural science can be described by structures of *symmetry*, the specialization of science, the variety, and emergence of new phenomena by *symmetry breaking*. In the following I want to show 1) the successes and lacks of the *reductionistic program* by recent developments in physics, chemistry, and biology, 2) that the traditional philosophical discussion on *holism*, *reductionism*, and *unification of science* can be clarified by structures of symmetry and symmetry breaking.

Historically ideas of symmetry were very influential in the development of human thoughts.[2] In technics people found out the practical advantage of balance. Pots and baskets of symmetric forms are more stable and economical than other ones. In agriculture people had to

---

1 K. Mainzer, *Symmetrien der Natur: Studien zur Natur- und Wissenschaftsphilosophie* (Berlin/New York, 1988). A summary with illustrating figures is given in: K. Mainzer, »Symmetries in Nature«, *Chimia* 42 (1988), Nr. 5, pp. 161 – 171; K. Mainzer, »Symmetrie und Symmetriebrechung: Zur Einheit und Vielheit in den modernen Naturwissenschaften«, *Zeitschrift für allgemeine Wissenschaftstheorie* XIV/2 (1988), pp. 290 – 307.

2 H. Weyl, *Symmetrie* (Basel/Stuttgart, 1955).

observe the periodic regularities of day and night, summer and winter, growth and death, etc. The regular movements of stars seemed to symbolize an eternal order of nature. No wonder that in mythologies, religions, and early cultures symmetric forms like circles were used as *metaphors* and symbols. On the other hand people were fascinated by the beauty of regular patterns and ornaments.

In Greek mathematics symmetric *models* were used for the first time to describe and to explain nature. In platonic physics the variety of material phenomena were reduced to the regular bodies of euclidean geometry. In Greek astronomy the movements on heaven were described by models of rotational symmetry. Irregularities of planets were interpreted as merely phenomenal symmetry breaking which was reduced to symmetric models (Eudoxos, Ptolemy, etc.: ›Saving the phenomena‹).[3] Even in the natural sciences of modern times symmetric models were often used to illustrate and visualize natural regularities from Kepler's heliocentric model of planets to Rutherford's and Bohr's model of atoms and electronic orbitals.

Since the 19th century symmetries are not only defined as properties of geometric models, but as properties of natural laws and *theories*, too. In this sense symmetry means the invariance of a theory with respect to a transformation of its coordinates by a mathematical transformation group. This will be the main topic of my following considerations.

2. *Mathematical Conception of Symmetry*[4]

Mathematically symmetries are defined by so-called *automorphisms*, i. e. self-mappings of figures, spaces, etc. which let the structure invariant (Example: rotation or reflection of polygons in the plane). The

3 J. Mittelstrass, *Die Rettung der Phänomene: Ursprung und Geschichte eines antiken Forschungsprinzips* (Berlin, 1962); T. S. Kuhn, *The Copernican Revolution: Planetary Astronomy in the Development of Western Thought* (Cambridge, 1966).

4 K. Mainzer, »Symmetrie-Symposion: Philosophie und Geschichte des mathematischen Symmetriebegriffs«, *Historia Mathematica* 14 (1987), pp. 183–185.

connection of automorphisms satisfies the axioms of a mathematical *group*. So the symmetry of a figure, body or – in general – a *structure* is defined by its group of automorphisms. There are continuous groups of symmetries (for instance circles and spirals) and discrete groups (for instance regular polygons, ornaments, platonic bodies). We can distinguish *hierarchies* of more or less complex structures of symmetry (Example: F. Klein's ›Erlanger Program‹ of geometrical transformation groups).

3. *Symmetries of Space and Time*[5]

The different conceptions of space-time, which were proposed in the natural philosophy from Newton and Leibniz until the 19th century, are mathematically more or less complex structures of symmetry. *Galilean invariance* means that the form of natural laws (›equation of motion‹) in classical mechanics are preserved (›invariant‹) with respect to transformations of the galilean group (i. e. galilean transformations of the coordinates in uniformly moving inertial systems). Intuitively it means that a natural law is true independently of a particular reference system of an observer. In this sense Einstein's special-relativistic space-time is an extension to a richer structure of symmetry – the *lorentz-invariant minkowskian geometry* which satisfies the constancy of the speed of light.

Classical mechanics and special relativity are examples of *global symmetry*, i. e. the equations are invariant if *all* coordinates are transformed simultaneously. Analogously the form of a sphere is invariant with respect to a rotation if the coordinates of *all* points are changed with the same angle.

In *general relativity* the inertial systems are accelerated to each other, and observers seem to be influenced by gravitational forces. In our geometric language we may say the local deviation of the global

5 *Philosophie und Physik der Raum-Zeit*, ed. J. Audretsch and K. Mainzer (Mannheim/Wien/Zürich, 1988); E. Scheibe, »Invariance and Covariance«, in: *Scientific Philosophy Today*, ed. J. Agassi and R. S. Cohen (Dordrecht/Boston, 1981), pp. 311 – 331.

symmetry (caused by accelerations) are compensated by fields of force which preserve the symmetry (›form-invariance‹) of the gravitational law (›*local symmetry*‹). Analogously there are distortions on the surface of a sphere by local changes of the coordinates. The form of the sphere is preserved (›saved‹) by the assumption of forces. In short gravitational forces are introduced by the transition from global to local symmetry.

4. *Symmetries in the Quantum World*[6]

Quantum systems (atoms, electrons, etc.) have *incompatible (non-classical) observables* (position, momentum, etc.) which do not commute with each other and which have no definite eigenvalues in each state. Experimentally it means that we cannot measure observables in an arbitrary order. Their *symmetries* are defined by the invariance of the corresponding Hamilton operators. Examples are the rotational symmetry of atoms or the permutation symmetry of electrons in an atom which are indistinguishable in the sense of the Pauli-principle. In simple cases these structural symmetries can be visualized at least approximately by geometric models, but not in general.

The main difference between classical and quantum systems is the following: Quantum systems which once have interacted can remain in statistical correlations, even when they are separated with far distances without any dynamical interactions as in the case of an EPR-experiment when pairs of photons are scattered in opposite directions. This is a mathematical consequence of the so-called *superposition principle* of quantum mechanics, which is today well confirmed by the EPR (= Einstein-Podolski-Rosen)-experiments of A. Aspect in 1981/82 (›*EPR-correlations*‹). In short quantum mechanics with an unrestricted superposition principle describes a whole which is not made out of isolated parts.

The *unbroken wholeness* of the quantum world is mathematically defined by the *logical symmetry* of the quantum world. In more

6 *Wieviele Leben hat Schrödingers Katze? Zur Philosophie und Physik der Quantenmechanik*, ed. J. Audretsch and K. Mainzer (Mannheim/Wien/Zürich, 1990).

technical words it is given by the automorphism group Aut($\bar{H}$) of the projective Hilbert space $\bar{H}$ (associated with the Hilbert space H) which corresponds to the states of a quantum system. A famous theorem of Wigner (1931) asserts that the automorphism group Aut($\bar{H}$) can be represented by the group of unitary operators on the state space H.[7]

The *space-time structure* of a quantum system can be specified by a *subgroup* of the logical symmetries of quantum mechanics. In more technical words the galilean-invariance of quantum mechanics is given by a projective unitary representation of the Galilei group on the Hilbert space of state vectors.[8]

The idea of a total wholeness may be strange to grasp for scientists educated in the *classical atomistic tradition* who are accustomed to accept the separability of objects as something self-evident. From the view point of quantum mechanics this is a highly artificial and only approximative doctrine, as we shall see later on.

5. *Dynamical Symmetry and Symmetry Breaking*[9]

Nowadays physics distinguishes four fundamental forces: the electromagnetical, strong, weak, and gravitational force. They can be introduced by a transition from *global* to *local symmetry* (as in the case of the gravitational force). Forces are interpreted as so-called *gauge fields* which compensate local deviations of a global symmetry.

In *electrodynamics* a magnetic field compensates a local change of an electric field, i. e. the movement of a charged body, and preserves (›saves‹) the invariance of electromagnetic field equations. A bird on a high-tension line survives by global symmetry. There are no local differences of potentials. If the bird has contact with the high-tension pole, there is a local difference and the bird is killed. In *quantum*

7 E. P. Wigner, *Gruppentheorie und ihre Anwendung auf die Quantenmechanik der Atomspektren* (Braunschweig, 1931).

8 H. Weyl, »Quantenmechanik und Gruppentheorie«, *Zeitschrift für Physik* 46 (1927), pp. 1–46.

9 K. Mainzer, *Symmetrien der Natur: Studien zur Natur- und Wissenschaftsphilosophie* (Berlin/New York, 1988), Chapter 4.

electrodynamics an electromagnetic field compensates the local change of a material field (phase deviation of an electronic field) and preserves (›saves‹) the invariance of the corresponding field equations.

In a *two-slits experiment* with an electronic wave the phase deviation at both slits is a global change which delivers a global symmetry of the electronic field. A phase deviation at only one slit is a local change which can be compensated for instance by a magnetic field. Mathematically the phase deviations are described by transformations $\psi \rightarrow e^{i\alpha}\psi$ with a unitary 1x1-matrix as phase factor. So the electromagnetic force is defined by a *local U(1)-symmetry.*

The complex variety of particles like hadrons (protons, neutrons, etc.) which interact with *strong forces* can be reduced to the so-called quarks with three degrees of freedom, i. e. the ›colors‹ red (R), green (G), and blue (B). A baryon is built up by three quarks which are distinguishable by three different colors. These three colors are complementary in the sense that a hadron is neutral (›without color‹) to its environment. The color state of the hadron preserves invariance with respect to a *global transformation* of the colors. But a *local transformation* of a color state (i. e. a color change of only one or two quarks) needs a gauge field, in order to compensate the local change and to save the invariance (symmetry) of the whole hadron. Mathematically we have a local so-called *SU(3)-symmetry.*

Elementary particle physics intends to unify the four physical forces in one fundamental force. Electromagnetic and weak forces could already be unified by very high energies in an accelerator ring of CERN. It means that at a state of very high energy the particles of weak interaction (electrons, neutrinos, etc.) and electromagnetic interaction cannot be distinguished. They can be described by the *same symmetry group* U(1)xSU(2). At a particular critical value of lower energy the symmetry breaks down in two partial symmetries U(1) and SU(2) which correspond to the electromagnetic and weak force.

The process of *spontaneous symmetry breaking* is well known in physics. For instance your breakfast egg is not stable in its symmetric position. Caused by a tiny fluctuation it falls spontaneously down to an asymmetric, but energetically stable position. The phase transition of a ferromagnet from a non-magnetic to a magnetic state is caused by cooling down the temperature to a critical point. In this case two magnetic orientations are possible (›north‹ and ›south‹). Spontaneously the elementary dipols take one possibility and break the spin-rotation symmetry.

After the successful unification of electromagnetic and weak interaction physicists try to realize the *›big‹ unification* of electromagnetic, weak and strong forces, and in a last step the *›superunification‹* of all four forces. There are several research programs of superunifications such as supergravity and superstring theory. Technically the unification steps should be realized with growing values of very high energy. Mathematically they are described by extensions to richer structures of symmetry (›gauge groups‹). On the other hand the *variety* of elementary particles can be actualized by symmetry breaking.

In the *cosmic evolution*[10] there was at first (for a short moment after the ›Big Bang‹) a completely symmetric situation of very high energy in which no particles can be distinguished, but they all can be transformed into one another. During the retardation of the cosmic evolution and cooling of its temperature, critical values were realized step by step at which symmetries break down and new particles and forces emerge: »C'est la dissymétrie, qui crée le phénomène,«[11] said Pierre Curie. But we must be aware that the symmetries of cosmology are mathematical prolongations of experiments in high energy physics.

It is a special property of the *weak force* which violates the *parity* of its particles: Only left-handed electrons and neutrinos take part in weak interactions and can be described by the isospin-symmetry SU(2).

6. *Molecular Symmetries and Symmetry Breaking*

The variety of elementary particles and forces can be distinguished by different dynamical symmetries, but they all are correlated in the logical symmetries of quantum mechanics and quantum field theories. The reductionistic program of chemistry demands that chemical substances

10 *Vom Anfang der Welt: Wissenschaft, Philosophie, Religion, Mythos*, ed. J. Audretsch and K. Mainzer (München, 1989).

11 P. Curie, »Sur la Symétrie dans les Phénomènes Physiques«, *Journal de Physique* 3 (1894), p. 3.

and molecules are built up by these elementary building blocks and consequently can be explained by the principles of quantum mechanics.

But now a severe problem arises: Chemists describe their molecules with geometric models and structural formula. They even distinguish different electronic orbitals which are absolutely impossible in quantum mechanics because of the Pauli-principles. So chemists use *classical observables* like shape, orbitals, etc. with definite eigenvalues, while in quantum mechanics (with unrestricted superposition principle) we only have quantum systems with incompatible (non-classical) observables and indefinite values. This is the reason why chemists can regard molecules, atoms, and electrons as isolated building blocks with well defined properties, but quantum physicists not. What does it mean that physical and chemical electrons are different? Is there an insurmountable boundary between physics and chemistry?

In order to introduce classical observables and to isolate molecular models in the quantum world, we have to add some abstractions to the principles of quantum mechanics which suppress the factually existing EPR-correlations. This means the resulting *quantum chemistry* of molecules breaks the whole symmetry of quantum mechanics and is mathematically given by a particular *subgroup* of the full group of *all logical* symmetries of quantum mechanics.

Philosophically we must be aware that abstractions are epistemic actions which deliver new patterns and structures. *Pattern recognition* is now made precise by mathematical symmetry breaking. Without making any abstractions from EPR-correlations the quantum mechanical wholeness is observationally empty. Scientists like chemists have some special interest to investigate a particular part of nature and to manage chemical experiments. So they reduce the complexity of the whole theory and create new facts with abstraction and symmetry breaking.

Since L. Fleck (1935) and T. S. Kuhn it is well known in philosophy of science that every *fact* is *conditional* and *context-dependent*. What a person or society means by a ›fact‹ cannot be understood in isolation from the whole conceptual structure. For every problem, for every observation, for every experiment we have to choose the appropriate context. The concept of symmetry and symmetry breaking makes the psychological remarks of Fleck and Kuhn mathematically precise and applicable in natural science.[12]

It may be helpful to summarize the main steps of abstractions which are necessary to get the molecular viewpoint from the principles of quantum mechanics.[13] In a first step we have to specify the *space-time structure* in which we would like to discuss molecular systems. In chemistry the galilean space-time is usually appropriate, because we may neglect high velocities like light. Mathematically this can be done by contracting the Lorentz Group to the Galilei Group ($c \rightarrow \infty$). So we abstract from the factually existing EPR-correlations between electrons and positrons. We get the mathematical consequence that mass is now a classical observable (V. Bargmann 1954).[14]

Next we have to isolate a *molecular system* from its *environment* by abstracting from the factually existing EPR-correlations between the selected object system and its radiation field. Such a molecular system is characterized by its molecular formula and mass. But it is not a molecule in the sense of traditional chemistry, because it has no shape and no intrinsic molecular structure. In short it has no structural formula.

In order to get a visualized geometric model of chemistry, one has to abstract from the factually existing EPR-correlations between the nuclei and the electrons. In chemistry this breaking of a logical symmetry is realized by the so-called *Born-Oppenheimer procedure*. In mathematically more technical words we have to regard an asymptotic expansion $m/M \rightarrow 0$ with electronic mass m and a mean nuclear mass M. We get some new classical observables like the molecular *shape* and geometric *structure* which emerge with this abstraction and approximate procedure.

12 L. Fleck, *Entstehung und Entwicklung einer naturwissenschaftlichen Tatsache* (Basel, 1935); T. S. Kuhn, *The Structure of Scientific Revolutions* (Chicago, 1962).

13 H. Primas, *Chemistry, Quantum Mechanics and Reductionism: Perspectives in Theoretical Chemistry* (Heidelberg/Berlin/New York/Tokyo, 1983), Chapter 5.

14 V. Bargmann, »On Unitary Ray Representations of Continuous Groups«, *Annals of Mathematics* 59 (1954), pp. 862–868.

If we wish to separate even the *electrons* on localized orbitals as quasi-classical objects, we have to neglect the EPR-correlations between the electrons, too. In chemistry this breaking of a logical symmetry is realized for instance by the *Hartree-Fock* approximation.

On the one hand the way from the holistic quantum world to the molecular models with less logical symmetry and structure is a *weak* (approximate) *theory reduction*. On the other hand the chemical models have a richer structure, because *new properties* (›observables‹) and *objects* emerge with symmetry breaking. Single molecules or crystals may have rich partial symmetries which can be described by mathematical point groups and compared with different degrees of complexity.

In *biochemistry* macromolecules (for instance L-amino acids or D-sugars) which are building blocks of living systems possess a characeristic *homochirality* (›*dissymmetry*‹) which is assumed to be caused by parity violation of weak physical forces.[15] In the 19th century Pasteur already presumed that living systems are characterized by typical dissymmetries of their molecular building blocks. Looking on the rigid beauty of snow crystals Thomas Mann let his hero, Hans Castorp, in the novel ›Zauberberg‹ say that life is afraid of cold symmetry: »Dem Leben graut vor kalter Symmetrie.«

7. *Biological Symmetries and Symmetry Breaking*

The emergence of pattern structure can be described by symmetry breaking not only in chemistry, but even in biology. Since the pioneering work of the famous English logician and mathematician A. Turing on the chemical basis of *morphogenesis* in biology (1952), there is an increasing interest in this topic.[16] The spontaneous emergence of mac-

15 G. E. Tranter, »Paritätsverletzung: Ursache der biomolekularen Chiralität«, *Nachrichten aus Chemie, Technik und Laboratorium* 34 (1986), pp. 866 – 876.

16 A. Gierer, »Physik der biologischen Gestaltbildung«, *Die Naturwissenschaften* 68 (1981), pp. 245 – 251; H. Mohr and P. Schopfer, *Lehrbuch der Pflanzenphysiologie* (Berlin/Heidelberg/New York, 1978).

roscopic structures is well known in *thermodynamics*. We already mentioned the magnetism of a ferromagnet. Another example is the structure of snow crystals which suddenly arise in a homogeneous and symmetric situation, when temperature is cooled down to particular values. These are examples of systems in *thermal equilibrium* with their environment.

In systems *far from thermal equilibrium* patterns can arise suddenly if the input of energy increases to particular values and establishes a permanent metabolism with its environment.[17] Chemical examples are the *dissipative structures* which suddenly arise in homogeneous mixtures (Zhabotinsky-reaction). A famous physical example is the *laser light* which suddenly breaks the homogeneous distribution of emitted photons in an active material if the pump energy arises a particular value.

Especially *living organisms*, which are in *metabolism* with their environment, are systems far from thermal equilibrium. The morphogenesis of these systems can be described by the same methods of symmetry breaking. A well understood example is the growth of a fungiform organism (Dictyostelium disciodeum) which suddenly breaks the symmetry in an aggregation of equal (equipotent) cells with homogeneous distribution if the nutrition of the cells becomes critical and is no longer secured. The symmetry breaking causes a typical cell differentiation.

Even the growth of *macroscopic populations* (i. e. animals) can be described by symmetry breaking. A population is understood as a dynamical system the growth of which is in an *ecological balance* with its environment until this symmetry is broken by some irreversible disturbance. The symmetric pattern can be visualized by the rhythmical curves of the corresponding population equations (for instance the Lotka-Volterra equation of predator fishes and their preyfishes).

In the theory of *evolution* the growth of organic forms and populations is interpreted as *functional* development, i. e. as an optimal

17 H. Haken, *Synergetics: Nonequilibrium Phase Transitions and Self-Organization in Physics, Chemistry and Biology* (Berlin/Heidelberg/New York, 1978); P. Glansdorff and I. Prigogine, *Thermodynamic Theory of Structure, Stability and Fluctuations* (New York, 1971).

adaption to the conditions of environment. Mathematically all these examples can be understood as dynamical systems the growth of which is determined by non-linear evolution equations. At a first glance the non-linearity of these macroscopic systems seems to be an insurmountable difference to the linearity of microscopic quantum systems (Schrödinger equation). Concerning our question of reductionism one can get non-linear evolution equations out of quantum mechanics by approximate decorrelation assumptions (factorization of expectation values, neglect of higher order correlations etc.). In this sense the spontaneous symmetry breaking of non-linear systems can be understood at least in principle for models of lasers in quantum optics. But in detail the variety and complexity of macroscopical systems is very difficult to be explained in the framework of quantum mechanics from a microscopic point of view.[18] By the way it is well-known that non-linear systems even in their chaotic state have beautiful fractal patterns which are mathematically determined by symmetric structures of self-similarity: Symmetry is hidden even in chaos.[19]

8. *Holism, Reductionism, and Symmetry Breaking in the Philosophy of Science*[20]

Let me now summarize my run through the proposed hierarchy of natural systems (Fig. 1): We start with the framework of *quantum field theories* and the principles of *quantum mechanics*. It describes a *holistic quantum world* with *logical symmetries* which are represented by EPR-correlations. *Kinematical space-time symmetries* are only special cases

18 G. G. Emch, *Mathematical and Conceptual Foundations of 20th-Century Physics* (Amsterdam/New York/Oxford, 1984).

19 D. Campbell and H. Rose, *Order in Chaos: Proceedings of the International Conference on Order in Chaos held at the Center for Nonlinear Studies Los Alamos, New Mexico 87545, USA, 24–28 May 1982* (Amsterdam/New York/Oxford, 1983).

20 K. Mainzer, *Symmetrien der Natur*, Chapter 5; *Natur- und Geisteswissenschaften: Perspektiven und Erfahrungen mit fachübergreifenden Ausbildungsinhalten*, ed. K. Mainzer (Berlin/Heidelberg/New York/London/Paris/Tokyo/Hong Kong, 1990).

THEORY REDUCTION ↑   SYMMETRY BREAKING ↓

THEORY	OBJECTS	SYMMETRIES
quantum field theories	elementary particles, forces	logical symmetries of quantum systems: f. i. $\mathrm{Aut}(\bar{H})$ kinematical spacetime symmetries: f. i. Galilei-, Lorentz-group dynamical symmetries: f. i. $SU(2) \times U(1)$-, $SU(3)$-forces
quantum chemistry	atoms, molecules	structural-, orbital-, crystal-symmetries
chemistry	etc.	
biochemistry	macromolecules	homochirality
thermodynamics	open systems with metabolism	dissipative structures
biology	organisms	functional symmetries
ecology	populations	ecological balance

(subgroups) of the general logical symmetries. Elementary particles and forces can be distinguished by the symmetry breaking of *dynamical symmetries* (gauge groups), although they remain correlated in the EPR-wholeness of the quantum world. Dynamical symmetry breaking can be understood as cosmological evolution of particles and forces which caused the variety of the material world in its present state.

From this pysical basis we get the hierarchically higher level of molecules, chemical compounds, crystals etc. by several steps of abstraction which can be interpreted as weak (approximate) theory reduction of *chemistry* to quantum mechanics. On the other hand it is a symmetry breaking if some logical symmetries in the quantum mechanical wholeness which is connected with the emergence of new patterns and partial symmetries (intrinsic molecular structure, electronic orbitals, crystal symmetries etc.) which does not exist at the lower level of the hierarchy. In this sense these steps of symmetry breaking deliver an extension to richer structures.

In *biochemistry* we get a hierarchically higher level of macromolecules with new partial symmetries and symmetry breaking which are possible building blocks of living systems.

Even the emergence of macroscopic systems can be described by this process of structural extension which is realized by symmetry breaking. In *thermodynamics* we mentioned open systems far from thermal equilibrium which are in metabolism with its environment and which achieve new dissipative structures by spontaneous symmetry breaking. The morphogenesis and functional forms of *organism* can also be understood as emergence of new patterns and structures which are realized by symmetry breaking.

Even the hierarchically higher level of *populations of organism* in ecology can be introduced by symmetry breaking. Mathematically these macroscopic dynamical systems are described by non-linear equations of evolution which at least in principle can be reduced to the linear principles of the quantum mechanical framework.

The mathematical approach of *hierarchical symmetry structures* and symmetry breaking seems to be appropriate to grasp the diversity and complexity even of biological systems. So a natural but still reductionistic extension of elementary particle physics and molecular chemistry would be in direction towards a hierarchical chemistry and biology. But we have to be careful not to confuse reality and our *description of reality*. It is the theory which is hierarchical and not nature. An ontological assumption of a metaphysical hierarchy in nature is not involved. This view has a lot of advantages: The transition from micro- to macroworld and from quantum to classical systems can be described in one general theoretical framework with several levels.

Lower and higher levels in hierarchical systems are characterized by different *time scales*, a higher level having a much larger reaction time than all lower levels. A hierarchically higher level is characterized by the *emergence of new qualities* with symmetry breaking. But at the same time a higher-level theory has a more restricted domain of validity and is less accurate than a more fundamental level.

In this framework it is true that a description of the typical phenomena of some hierarchical level is possible with a *language* belonging to a lower level. But unity of science has its price like unity in politics. A reductionistic description may be very complex and almost incomprehensible. So we should say that the upper-level entities have an existence in their own right and can be investigated in their own right. Every upper-level description requires its own language, because a complete translation of the language of a higher-level theory into the terminology of the more fundamental theory is neither possible nor desirable.

Alternative *non-reductionistic viewpoints* are probably possible and desirable for the lacks in the reductionistic program. For example *chemistry* is not only the science of molecules but also the science of substances which deals with the properties and the behavior of all kinds of matter. The observables of molecular chemistry are not appropriate for all practical descriptions of the behavior of complex macroscopical chemical systems (temperature, chemical potential etc.), although it is perhaps theoretically possible.

In the same sense *biology* is not only biochemistry and biophysics. The physiological and functional aspects of living systems can be described in a qualitative sense, although it is perhaps possible to reduce them at least in principle to molecular processes.

The great advantage of a *hierarchical view* which is factually maintained by natural scientists is the common framework in which physical, chemical, and biological aspects of nature can be understood. Symmetry and symmetry breaking is the *fundamental category* of this framework to which the usual categories of natural science like space, time, causality, interaction, matter, force, shape, etc. can be reduced in a logical and mathematical precise manner. But this *categorical framework* of unification is not understood as absolutely and necessarily apriori with an unique claim to legitimacy in the sense of Kant, but as a successful and consistent framework of research.

It offers new phenomena, new problems, and new problem solutions. It shows new connections between disciplines which were regarded as separated and isolated fields of research. So it supports *interdisciplinary work* and gives new insight in a common structure and *theory of natural science* – no more and no less. Last but not least the principle of symmetry shows that even in modern research there are some leading philosophical ideas of unification which date back to early times of mankind and which were fertile during the long history of human thinking.

Zusammenfassung

Die modernen Naturwissenschaften haben die Tendenz, ihre Theorien trotz wachsender Spezialisierung auf einheitliche Grundstrukturen zurückzuführen. Die *Physik* ist dabei, die physikalischen Grundkräfte auf eine einheitliche Grundkraft zu beziehen. Die *Chemie* versucht, den Aufbau der Moleküle quantenmechanisch zu erklären. Die *Biologie* versucht, Lebensprozesse auf biochemische und physikalische Gesetze zu reduzieren. *Mathematisch* läßt sich die Vereinheitlichung der Naturwissenschaften durch *Symmetriestrukturen* beschreiben. Die Spezialisierung der Wissenschaften, die Verschiedenheit und die Entstehung neuer Phänomene entspricht demgegenüber *Symmetriebrechungen.* Im kategorialen Rahmen vom Symmetrie und Symmetriebrechung wird eine Hierarchie von Systemen entworfen, die von den Elementarteilchen, Atomen und Molekülen bis zu makroskopischen Zellen, Organismen und Populationen reichen. So werden Übergänge von Mikrozu Makrosystemen, von Quantensystemen zu klassischen Systemen in einem gemeinsamen theoretischen Rahmen beschreibbar. Traditionelle *Kategorien* wie Raum, Zeit, Kausalität, Wechselwirkung, Kraft, Gestalt etc. erweisen sich mathematisch als spezielle Symmetriestrukturen. *Wissenschaftstheoretische Programme* und Begriffe wie Reduktionismus und Holismus können durch Symmetriestrukturen und Symmetriebrechungen präzisiert werden, um ihre Vorteile und Schwächen zu klären. Damit ist weder der ontologische Anspruch auf eine Naturhierarchie noch der erkenntnistheoretische Anspruch auf ein apriorisches Kategoriensystem mit Notwendigkeitscharakter erhoben. Vielmehr wird ein methodologisches Forschungsprogramm vorgeschlagen, in dem *interdisziplinäre Arbeit* verschiedener naturwissenschaftlicher Disziplinen möglich ist. Gleichwohl haben sich wissenschaftshistorisch ästhetische und metaphysische Motive als fruchtbare Heuristik erwiesen, die mit dem Symmetriethema verbunden wurde.

Otto Neurath: Unification as the Way to Socialism

JORDI CAT, HASOK CHANG, & NANCY CARTWRIGHT

1. Introduction

For analytic philosophers, »unity of science« means the Vienna Circle. With the Vienna Circle it was, from the start, Otto Neurath who spearheaded the movement for the unity of science. Yet, typically, it is views very contrary to Neurath's that we think of when we think of the unity of science. Consider, for instance, the very original study of modernism in the interaction between the Bauhaus and the Vienna Circle by Peter Galison. This is a study which pays close attention both to Neurath's politics – which will be central for our story as well – and to his project for picture museums, which Neurath cherished in large part because »words divide, pictures unite«.[1] Galison says: »[In place of philosophy] the Circle wanted to erect a unified structure of science in which all knowledge – from quantum mechanics to Marxist sociology and Freudian psychology – would be built up from logical strings of basic experiential propositions.«[2]

This is indeed the project which dominated the work and the discussion of the Vienna Circle in the early 1930's, and it is the project which is widely identified with the Vienna Circle, both by its modernist advocates and by its post-modernist critics. But it is a project quite different from Neurath's own, and one that runs against his entire way of thinking about science, knowledge, practice, and the world. This reductionist picture of a single structure built upwards from the bricks of experience is just the picture which Neurath attacks as pseudo-

1 P. Galison, »Aufbau/Bauhaus: Logical Positivism and Architectural Modernism«, *Critical Inquiry* (1990), p. 10.
2 P. Galison, »Aufbau/Bauhaus«, p. 4.

rationalist in 1935 (»The Pseudorationalism of Falsification«), and in 1936 (»Individual Sciences, Unified Science, Pseudorationalism«). Moreover, it was one with which he was never in sympathy from his earliest writings onwards. Neurath's anti-reductionistic philosophy underlies and supports his thinking about economic plans for socialization in Saxony and Bavaria, but it is also apparent in his very first writings on political economy.

It is Neurath's views that we will concentrate on in this paper, first because of their intrinsic interest, but more relevantly for this conference, because they counter a way of thinking that is fast becoming »the received view«: We are supposed to be in a period of post-modern attack on science. As our conference organizers say,

> The specialization of the various disciplines has led to an accumulation of particularized knowledge that disorients rather than clarifies. The moral responsibility for the defensible application of scientific results seems to have become a burden that no one is ready to shoulder – or one that cannot even be assigned to anyone in particular.[3]

In this post-modernist picture, science is a rag-bag of representations which do not represent; of diverging, sometimes contradictory, techniques which lack the legendary objectivity of »the scientific method«; and of predictions which work with useless accuracy in the constructed environments of the laboratory, but are almost powerless in the natural world – except, perhaps, for the possibility of destroying it. This post-modern account opposes itself to the modernist image of a unified scientific structure, solidly constructed, stably based, cleanly lined, and above all, functional. To illustrate this post-modernist view, we quote the feminist theorist Sandra Harding, who is one of its self-conscious advocates:

> The common view (or dogma) is that science's uniqueness is to be found in its method for acquiring reliable descriptions and explanations of nature's regularities and their underlying causes ... But exactly what is unique about this method remains obscure. For one thing, the different sciences use

3 B. Gräfrath, R. Huber, and B. Uhlemann, *Einheit, Interdisziplinarität, Komplementarität: Orientierungsprobleme der Wisenschaft heute* (manuscript; Berlin, April 1990), p. 202.

> different methods; not a great deal is common to the methods of astronomy, particle physics, and molecular biology.[4]
>
> Minds reel at the suggestions that perhaps, in the science of the future, physics will be relegated to the backwaters of knowledge-seeking, and thought to be concerned only with esoteric problems that have little impact on how we live. Perhaps even today its problematics, methods, and favored languages already provide distinctly typical examples of scientific inquiry that should not be models for other areas.[5]
>
> I have argued that it is only coercive values – racism, classism, sexism – that deteriorate objectivity; it is participatory values – antiracism, anticlassism, antisexism – that decrease the distortions and mystifications in our culture's explanations and understandings. One can think of these participatory values as preconditions, constituents, or a reconception of objectivity ...[6]

Neurath stands untidily in the way of this simple account of the evolution of thought from unity and enlightenment to pluralism, deconstruction, and the praise of irrationality. Neurath's own picture of science was very much like our current, post-modern portrayals, yet with the evaluative terms reversed. Neurath thought of science as a power for good. It stood against superstition, metaphysics, religion, and oppression – and it would show us how to build a successful socialist economy. But not only are the evaluative terms reversed, so too is the name itself. The picture of science which Neurath commended under the banner *unity* is very much the same as the one labelled *disunity* by its post-modern critics. What are we to make of this switch of titles, and how does the switch fit with the concurrent reversal of how science is valued? That is the question we will explore in this paper.

In comparing Neurath's picture of science with the post-modernist one, we will not launch on an over-ambitious project of giving a general characterization of post-modernism. Instead, we will pick and study a particular thinker, John Dupré. There are several reasons for choosing Dupré as our exemplar. First and not least of all, we are well-acquainted with his work. Secondly, he is a person who explicitly

4 S. Harding, *The Science Question in Feminism* (Ithaca, New York, 1986), p. 41.

5 S. Harding, *The Science Question in Feminism*, p. 43.

6 S. Harding, *The Science Question in Feminism*, p. 249.

advocates the »disunity of science.« Thirdly, while criticizing science, he remains a committed empiricist, as Neurath was; he falls under what Joseph Rouse calls the »new empiricist« rubric.[7] The »new empiricists« view science as a »disjoint collection of models whose range of application is not fully specified and whose effectiveness and accuracy vary considerably within that range«.[8] For them, the application of science consists of solving very particular and concrete problems, and in this sense, again, their views are in line with Neurath's. Finally, Dupré provides an instructive contrast to Neurath. Although he identifies himself on the political left, he is no Marxist, nor does he share Neurath's belief in the possibility of unified action to transform the totality of society. This difference, we shall argue, is the primary reason why Neurath founded the unity of science movement, whereas Dupré and other »new empiricists« write in praise of disunity.

During the Nazi period, Neurath urged scientists to unite in a single front against nationalism, mysticism, and atrocity. This is a story told very nicely by Peter Galison, which you can read in *Critical Inquiry* (Summer 1990). We shall stress, instead, an earlier period, when Neurath called for unification, not of the *scientists*, but of the *sciences*, a unification to build an effective socialist economy – a purpose, it seems, we post-moderns no longer adopt.

2. *Neurath and the Separation of the Sciences*

In his review of Wilhelm Wundt, Neurath remarks, »The history of science shows us that the thought of a *universal science* comes up again and again«.[9] But it is never carried off. We say that science today proceeds by the division of labor – »Arbeitsteilung« – but what we actually have would be more accurately described as »Arbeitstrennung,« the segregation of labor. The concept of division only makes

7 J. Rouse, *Knowledge and Power* (Ithaca, New York, 1987), p. 9.

8 J. Rouse, *Knowledge and Power*, p. 85.

9 O. Neurath, »Zur Theorie der Sozialwissenschaften« (1910), in: O. Neurath, *Gesammelte philosophische und methodologische Schriften*, ed. R. Haller and H. Rutter (Wien, 1981), p. 24.

sense in the context of a whole, when the separate efforts work together towards some joint effect. This is, indeed, what we can aim for – not a single science, but a single overarching work, that looks for the threads which tie one science with another. If we can achieve this »the world will once again stand before us as a whole«.[10]

That is Neurath's view in 1910, but also in the 20's and 30's, and still at the end of the Second World War. It is even, despite Schlick's reductionism and Carnap's *Aufbau*, the official view of the Vienna Circle. The Unity of Science movement called not for the construction of a single unified science but for an Encyclopedia to bring all the sciences together. Neurath emphasized that the Encyclopedia was intended not as a single and absolute system of science, but as a collection of various types of scientific work, which would induce scientists to collaborate with each other in building more and firmer connections between the different sciences. He said, for instance,

> If we reject the rationalistic anticipation of *the* system of the sciences, if we reject the notion of a philosophical system which is to legislate for the sciences, what is the maximum coordination of the sciences which remains possible? The only answer that can be given for the time being is: *An Encyclopedia of the Sciences.*[11]
>
> The fundamental idea of the new Encyclopedia is to display the whole logical framework of our modern science, and to do this in such a way that attention is drawn to gaps, difficulties and points of discussion, thereby avoiding the false impression that one wanted to replace a speculative system by ›the system of science‹.[12]
>
> The fruitfulness of the unity of science movement is indicated by the fact that more and more students of special fields participate in the discussion of the relation of their discipline to other domains. In this way, bridges

---

10 O. Neurath, »Zur Theorie der Sozialwissenschaften« (1910), in: O. Neurath, *Gesammelte philosophische und methodologische Schriften*, p. 46.

11 O. Neurath, »Unified Science and Its Encyclopedia« (1937), in: O. Neurath, *Philosophical Papers, 1913–1946* (Dordrecht, 1983), p. 176 f; O. Neurath, *Gesammelte philosophische und methodologische Schriften*, p. 782.

12 O. Neurath, »The New Encyclopedia of Scientific Empiricism« (1937), in: O. Neurath, *Philosophical Papers, 1913–1946*, pp. 193 f; O. Neurath, *Gesammelte philosophische und methodologische Schriften*, p. 806 f.

between different fields are constructed at points where only isolated domains were found before.[13]

The closest Neurath ever came to an *Aufbau* was in his account of the internal structure of the individual sciences. For Neurath, the different sciences float around in different places, loosely connected, somewhat chaotically bumping into one another; yet each of them, separately, is firmly rooted in a physical-thing language, a language that describes only what happens in space-time. It is important to notice, however, that even this rooting is not reducible – any more than the terms of an individual science are meant to be thought of as reducible to the observation base of that science. For Neurath, the physical-thing language serves two purposes, both ultimately politically motivated. The first is to exclude metaphysics. Later, when Popper and others develop demarcation principles – science on one side, metaphysics on the other; physics here, Freud there – their aim is to preserve the purity of knowledge. Neurath's purpose was political. Metaphysics – superstition, religion, idealism, all are obscurantist. They stop people seeing what their real situation is, and how they can change it.

Second, a base in the physical-thing language guarantees that science can be brought back to bear on the world that Neurath intended to change. This is the theme of our last Section. Here, let us just remark that already in his review of Wundt, Neurath insisted that we should »drop practical science, *there is only theoretical science.*«[14] Science itself dictates practice – that is what it is there for.

Two things distinguish Neurath's internal structures for the separate sciences from the more typical positivist *Aufbau.* First, the base elements are not terms of *physics*, but rather *physicalist* terms – terms that describe physical objects in space and time. In general, the different sciences will never share the same base, for they study different kinds of things: political economy is about people, their welfare, and the

13 O. Neurath, »Unified Science and Its Encyclopedia« (1937), in: O. Neurath, *Philosophical Papers, 1913–1946*, p. 176; O. Neurath, *Gesammelte philosophische und methodologische Schriften*, p. 782.

14 O. Neurath, »Zur Theorie der Sozialwissenschaften« (1910), in: O. Neurath, *Gesammelte philosophische und methodologische Schriften*, p. 29.

distribution of goods; particle physics treats spectroscopes, and cloud chambers; and so forth. Indeed, part of the project of unifications is to get the different sciences to use the same vocabulary at least when they are talking about the same thing.

The second important fact about the internal structure of a science for Neurath, is that its theoretical claims are not reducible to its observational base. For other members of the Vienna Circle this reducibility was crucial. They wanted a straightforward, unambiguous connection between laws and data, because they wanted the data to speak clearly about the laws – to let them in, to rule them out. But not Neurath. He thought that the attempt to find an unambiguous measure of the correctness of our laws was pseudo-rationalism; worse, to suppose that »getting it right« made sense, was metaphysics. Neurath, recall, did not care much about the sanctity of our scientific knowledge; he was concerned not that we might be mistaken, but that we might be misled.

We can summarize by showing two different pictures of how the sciences relate. The first is the traditional pyramid structure, which builds the sciences up, layer by layer, from the bricks of physics. The second is Neurath's.

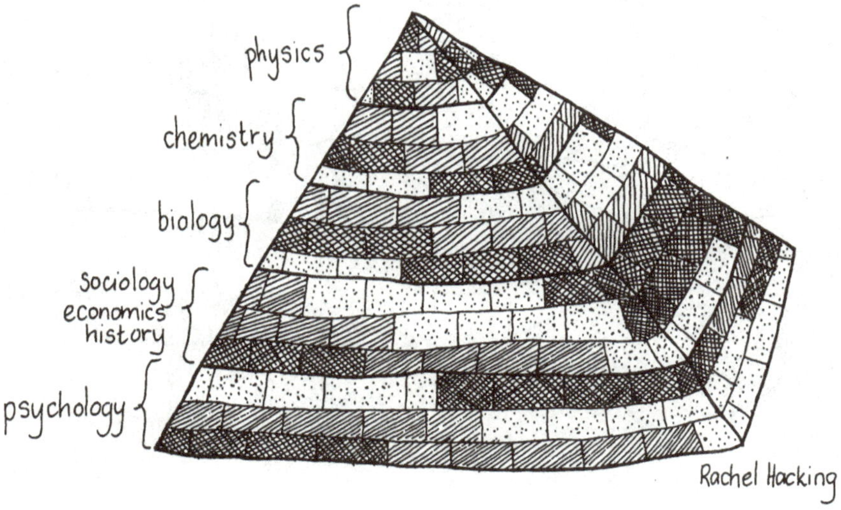

rat psychology
sociology
ecology
optics
accounting
hydro dynamics
particle theory of light
wave theory of light
social psychology
STOP
OXFORD
A40
Rachel Hacking

3. *Neurath and the Post-Moderns*

In the preceding Section, we surveyed Neurath's picture of science; here we will show its similarities to the post-modern picture, particularly John Dupré's. Both Neurath and Dupré see science as a collection of various claims about various subject matters, a collection that lacks intrinsic systematic order. At the foundation of this common picture is a thesis which we will call »ontological pluralism«; this holds that the world that science studies is made up of a great variety of distinctive individual things. According to Neurath,

> we have to formulate all laws of mechanics, biology, sociology as laws of a respective ›cosmic aggregation‹, as I propose to call a rather indefinite mixture of sun, moon, earth, plants, animals, men, streets, houses, telescopes, watches, etc.[15]

Similarly, Dupré emphasizes that complex systems are irreducible mixtures of things with varying ontological status; for example:

> A sponge, perhaps, is a multi-cellular organism that can be treated as an assembly of cells. But a pig would more naturally be considered an assembly of organs and other complex systems. Moreover, many important constituents of a pig, such as hormones, are not cells, or parts of cells, but molecules, whereas ions, also vital for its well-being, are more nearly atoms.[16]

The most important philosophical thesis that ontological pluralism denies is the one mentioned at the start – »reductionism,« the mechanical thesis that there are a few basic parts that combine to make up everything that exists. Once one accepts this kind of ontological reductionism, it is all but impossible to escape the notion that everything is ultimately made up of elementary particles, and, therefore, that all scientific laws are reducible to the laws of elementary particle physics. Both Neurath and Dupré might allow that larger things can be physically smashed into smaller bits and, ultimately, elementary particles, but they deny that such a »compositional« reduction has much importance for the practice of science.

---

15 O. Neurath, »Universal Jargon and Terminology« (1941), in: O. Neurath, *Philosophical Papers, 1913–1946*, p. 218; O. Neurath, *Gesammelte philosophische und methodologische Schriften*, p. 907.

16 J. Dupré, »The Disunity of Science«, *Mind* 92 (1983), p. 324.

Dupré rejects reductionism because it doesn't work. He examines cases from ecology genetics (See *The Disunity of Science*), evolutionary biology, and psychology (See *Materialism, Physicalism, and Scientism*), and concludes that theories in these disciplines are not reducible to theories of physics and chemistry.

> Put at the simplest, I suggest that the failure of reductionism may be attributed to the following fact. The individuals that would have to be assumed for the derivation of the macro-theory cannot be identified with those that are the subject matter of the descriptive theories at the next lower level ...[17]

Neurath is also in favor of protecting the entities in each domain of science from being reduced to entities in some other domain. His physicalism does not mean reduction to physics:

> *The development of physicalist sociology does not mean the transfer of laws of physics to living things and their groups*, as some have thought possible. Comprehensive sociological laws can be found, as well as laws for definite narrower social areas, without the need to be able to go back to the microstructure, and thereby to build up these sociological laws from physical ones.[18] [original *emphasis*]

For the sociologist, the results of modern physics are irrelevant; may atoms be as they may, human actions hardly depend upon microstructure.[19]

Why does reductionism fail? Dupré tells us that the non-identifiability of the individual factors studied at different levels of science

> ... is then to be explained by the fact that the individuals at both levels are idealizations. Both, models at the macro level, and descriptive laws at the micro level, are ... abstract. But the abstractions involved are not the same.[20]

17 J. Dupré, »The Disunity of Science«, p. 333.

18 O. Neurath, »Sociology in the Framework of Physicalism« (1931), in: O. Neurath, *Philosophical Papers, 1913–1946*, p. 75; O. Neurath, *Gesammelte philosophische und methodologische Schriften*, p. 549.

19 O. Neurath, »Empirical Sociology« (1931), in: O. Neurath, *Empiricism and Sociology* (Dordrecht, 1973), p. 362; O. Neurath, *Gesammelte philosophische und methodologische Schriften*, p. 540.

20 J. Dupré, »The Disunity of Science«, p. 333.

This is precisely Neurath's view as well.[21] Neurath consistently describes scientific knowledge as abstract. But he has no simple Aristotelian picture of abstraction in which scientific properties are there already in the world around us, and our job is to isolate them in thought in order to study the relations among them. This cannot be the correct picture because, according to Neurath, scientific knowledge is exact, but the concepts that describe the physical things which we experience are sloppy and fuzzy-edged; in the Vienna Circle period, he described them as »Ballungen« which usually gets translated as ›cluster-concepts‹. These doctrines of Neurath were much influenced by the work of Pierre Duhem, which he read in what Rudolf Haller has called »the first« Vienna Circle (1907 – 1912), with Hans Hahn, Philipp Frank, and Richard von Mises. Consider the Boyle-Mariotte law relating the pressure, temperature, and volume of an ideal gas. Imagine putting ourselves in front of a real concrete gas to which this law applies. Duhem says,

> We shall not be dealing with a certain concrete temperature embodying the general idea of temperature but with some more or less warm gas; we shall not be facing a certain particular pressure embodying the general idea of temperature but with some more or less warm gas; we shall not be facing a certain particular pressure embodying the general idea of pressure, but a certain pump in which a certain weight is brought to bear in a certain manner.[22]

The influence here is also Marxist. Neurath's beloved idea of »Ballungen« comes literally from the expression for overcrowding or congestion, and it echoes Engels' claims that the real unfolding of events is infinitely dense:

> History is made in such a way that the final result always arises from conflicts between many individuals of which each again has been made what it is by a host of particular conditions of life. Thus, there are innumerable

21 Together with pluralism and anti-reductionism, another element common to both Neurath and Dupré is their anti-essentialism. This feature, as well as its political relevance in both has been analyzed by one of us (J. C.) in »The Unity and Disunity of the Sciences: Neurath vs. Dupré« (manuscript; Stanford, June 1990).

22 P. Duhem, *The Aims and Structure of Physical Theory* (Chicago, 1963).

intersecting forces, an infinite series of parallelograms of forces which give rise to one resultant – the historic event.[23]

It would be a mistake though to think the problem was just that there are too many forces. Recall our earlier claim that for Neurath one should not think of the exact factors that science studies as ones which are already there in the physical things to begin with. For example, geometry, for Neurath, is, just as for Duhem – and for that matter, also for the ›new empiricists‹ whom Dupré represents – an idealization that applies to models but not to the real world. For this reason, »cluster concept« is somewhat misleading as a translation for »Ballungen«. It suggests that the physical-thing concepts are just a gathering together of the exact concepts of science, and that does not give proper place to their intrinsic fuzziness. It is this kind of account that makes sense of Neurath's view that the various different sciences cannot be united together into one giant complex which is itself a science, but rather that they must be united piecemeal, case-by-case, on each separate occasion of prediction and decision. Here Neurath follows G. V. Plekhanov, who was described by Lenin as the philosophically most educated intelligence of the socialist movement. Different sciences study different factors, and »the theory of factors, moreover, grows with the division of labor in the social sciences.«[24] But »a historico-social factor is an *abstraction* ... Thanks to the process of abstraction, various *sides* of the social *complex* assume the form of separate categories, and the various manifestations and expressions and the activity of social man – morals, law, economic form, etc. – are converted in our minds into separate forces which appear to give rise to and determine their activity and to be its ultimate cause.«[25] [For more on this topic, see N. Cartwright, J. Cat, and H. Chang, »Otto Neurath: Marxism, Materialism, and the Pseudo-rationality of Scientific Method.«[26]]

23 Letter to J. Bloch from F. Engels, dated September 24–25, 1890; in: K. Marx and F. Engels, *Correspondence, 1846–1895* (London, 1934).

24 G. V. Plekhanov, *Über Materialistische Geschichtsauffassung* (Moskau, 1946; originally published in 1897), p. 15.

25 G. V. Plekhanov, *Über Materialistische Geschichtsauffassung*, p. 15 f.

26 (manuscript; Stanford, 1990).

The second thesis that ontological pluralism denies, is a weaker one than reductionism. It asserts that there are clearly distinguishable domains of phenomena, or levels of existence. According to this thesis, each such domain or level has a proper body of theories that apply to it, which define a clear-cut scientific discipline. Most likely, then, such scientific disciplines can be put in some systematic order. Thus botany studies plants; astronomy, ›heavenly bodies‹; geology, rocks and continents; economics, institutions of production and distribution; linguistics, languages; etc. All these disciplines are independent of each other, but often we can attempt to arrange them in some order using various criteria, such as the complexity, size, or the humanness of the systems that are studied.

Both Dupré and Neurath reject even this last-ditch attempt to give some overall structure to the whole corpus of science. The primary reason is that real-life objects, phenomena and situations do not belong conveniently to any one of those distinct-looking disciplines. We have already seen how this is so in Neurath's picture of abstraction. Dupré takes the example of ecology, and makes a point that it must pull together theories from many different disciplines:

> Not only do ecological systems typically combine elements from at least three levels (multicellular organisms, single cells, and molecules – as nutrients in the environment), but the understanding of such systems also involves such factors as climate and geology, which would have to be assigned to parallel branches. Whether a plausible model could be constructed to take account of all these complexities is a question I shall leave open, though it would certainly not be as simple a task as is sometimes supposed.[27]

The end of this passage intimates Dupré's pessimism regarding the possibility of even coordinating the different sciences as they converge upon the same concrete objects. Neurath has a much more optimistic attitude. We turn to this contrast now in the last Section.

4. *Why Unify?*

We see that Neurath's image of the sciences and the way they relate to the world hardly differs from the pluralist picture typical of contemporary post-modern critiques of science. Why then does Neurath urge

27 J. Dupré, »The Disunity of Science«, p. 324.

the unity of science, whereas Dupré and other »new empiricists« write in praise of disunity? Both undoubtedly have a political motive: indeed both a leftist political motive. Neurath aims for unity in order to empower science: »Scientific work relates directly to the class struggle ... It is precisely the proletariat which is the bearer of science without metaphysics«[28]; in contrast, post-moderns notoriously distrust science. They feel about science exactly what Neurath and other members of the Vienna Circle felt about metaphysics. Neurath says, in 1931:

> The belief in king, church, god and other authorities, the belief in the victory of justice, these have largely vanished among working people. There were many who had understood that only the union of like-minded men acting in accord with empirically testable statements would bring salvation. In the struggle against church and philosophy there arises an anti-metaphysical and anti-theological theory of the course of history, which is adapted to the proletarian revolution and its scientific substance.[29]

In the post-modern critique we have been examining, it is science, rather than metaphysics and the church, that represses the people. Science lends its prestige to the empowered; under its mantle, political and economic decisions are disguised, not, as in Neurath's time, as transcendental truths, but rather as matters of objective fact. Post-moderns want to undermine these claims to objectivity; disunity is their weapon.

These remarks about modern and post-modern views of science are by now commonplace. What we find interesting, though, are the facts about Neurath, how his philosophical position and his confidence in the power of science for good are all of one piece. We find here not just rough analogies and overlapping patterns of thought between a philosophy of science, on the one hand, and a formula for economic change, on the other. There is just one story. We have seen that the unity of science which Neurath advocates will not come from a recon-

28 O. Neurath, »Personal Life and Class Struggle« (1928), in: O. Neurath, *Empiricism and Sociology*, p. 19; O. Neurath, *Gesammelte philosophische und methodologische Schriften*, p. 291.

29 O. Neurath, »Empirical Sociology« (1931), in: O. Neurath, *Empiricism and Sociology*, p. 347; O. Neurath, *Gesammelte philosophische und methodologische Schriften*, p. 449.

struction that reduces everything to the same shared basis in physics. From where, then? For Neurath, unity of science is unity of action. That is all there is to it.

Neurath lived in a period in which political and economic power were held by the forces of Catholicism, capitalism, and later, fascism, aided by the obscurantism and mysticism of metaphysical doctrines. The experience of World War I developed his socialist commitments completely. He studied the economy of war, an economy planned to serve the general interest, where success was measured by the satisfaction of needs. He saw in this planned economy a far more rational way to organize »the whole of social life« in opposition to the economy of money, planned to maximize profits. At the end of the war, he struggled to organize a new world in peacetime; he wrote in 1919, »the present moment is especially suitable for socialization because the organizations of war still exist«.[30] Under the joint ideals of the French Revolution and Marxism, Neurath laid out for the Social Democrats a plan of socialization for the Republic of Bavaria, co-authored with Hermann Kranold and Wolfgang Schumann; on March 27, 1919, under the Social-Democratic regime of J. Hoffmann, he was appointed president of the Central Planning Office. He believed that his economic plans for socialism would work, and he stayed on to administer them after the Communists took over, for which he was shortly after arrested for aiding high treason and sentenced to 18 months – a sentence he never served because the Austrian government effected his return to Vienna. Neurath closed that active political period of his life with a sentence that best represents a leit-motif of his entire intellectual work: »a unified program could have coordinated and unified action«.[31]

A unified program can coordinate and unify action – that is the key to understanding Neurath's views on the unity of science. Different laws from different disciplines cannot be united in a single science. But at the point of action this disunity must be overcome. »... whether a forest will burn down at a certain location on earth depends as much

30 O. Neurath, »Through War Economy to Economy in Kind« (1919), in: O. Neurath, *Empiricism and Sociology*, p. 155.
31 O. Neurath, »Experiences of Socialization in Bavaria« (1920), in: O. Neurath, *Empiricism and Sociology*, p. 19.

on the weather as on whether human intervention takes place or not. The intervention, however, can only be predicted if one knows the laws of human behaviour.« This, according to Neurath, imposes a constraint upon the different kinds of laws: »it must be possible to connnect all kinds of laws with each other. Therefore, all laws, whether chemical, climatological or sociological, must be conceived as parts of a system, namely of unified science.«[32] This was Neurath in 1931. But the view in outline was already there by the end of the First War, and it was the principal source of Neurath's optimism about socialism. Perhaps the political conditions were not right, but the scientific conditions were. Even after the failure of the November revolution, in 1922 Neurath claimed:

> The factual relations of development are, in my opinion, ripe for socialism, if it is only the organizational moment that comes into question. Within five to ten years, a socialist economic order could be formed. This depends for the most part on the task – which is already known as a task – to have already dissolved the great trusts, the great armies. It is different with the relations of power. These were evidently not sufficiently ripe in 1918 and 1919, but it is to be questioned whether the chance at that time was so favorable that it was justifiable to choose to attempt to begin socialization then. To that, I would today still say »yes«.[33]

The reason why socialism is possible at this time – except for the obviously crucial power relations – is that we have reached a stage of scientific knowledge and technology that will allow us to construct rationally an economic plan that can work. For instance, consider Neurath's remarks in *Der Kampf*, 1920:

> Socialism would gain if the political leaders could draw on socio-technical engineers, who ... construct the economic organization that would best realize the socialist economic plan.[34]

We must note here that Neurath's insistence on the unity of science derived its urgency from his commitment to »full socialization« as the

32 O. Neurath, »Sociology in the Framework of Physicalism« (1931), in: O. Neurath, *Philosophical Papers, 1913–1946*, p. 59; O. Neurath, *Gesammelte philosophische und methodologische Schriften*, p. 534.

33 *Der Kampf* 15 (1922), p. 55.

34 *Der Kampf* 13 (1920), p. 226.

ultimate political objective. If one simply wanted science to serve the purpose of isolated political acts, then it would not be necessary to require that all of science be united into a single system. For the kind of »piecemeal social engineering« that people like Karl Popper advocated, science would just need to tell us about how the entities involved in each specific situation behaved; no connection would be required between what science tells us about different situations. This would be the case even if the kind of action one wanted were socialistic. However, Neurath wanted nothing less than full socialization – to transform the whole socio-economic structure in one unified system of action. For full socialization, it was necessary that people act upon various aspects of the socio-economic institutions and their material infrastructure, simultaneously and coherently. In order to serve as the basis of the achievement of this unified political task, all of science had to come together into one coordinated body of knowledge.

An important ingredient in Neurath's thought is his view that abstract science must deal with *possible* arrangements, and not just with those which happen to be realized. Nothing is worse than having our thinking fixed on just those things which have actually occurred. »Those who stay exclusively with the present will very soon only be able to understand the past.«[35] This clearly connects with his antagonism to verification in the middle 1930's. An emphasis on verification produces laws with too narrow an inductive base – laws which may be adequate to the conditions of the past, but which do not treat the real possibilities for the future. His worries on this front originated in real political concerns. These are a recurring theme in his articles for *Der Kampf* in the early 20's. But they are already clearly expressed in his 1911 monograph on political economy:

> If one limits theory (by insisting that every theoretically represented relation should approximately describe real occurrences) ... then one fails in any case where the theory is enlisted by a social politician, by a Utopian, or by one who undertakes to study the economic organization of a future reality.

35 in: E. Nemeth, *Otto Neurath und der Wiener Kreis* (Frankfurt a. M., 1981), p. 51.

> The natural sciences have never stuck so near to what happens empirically. Mechanics gives information to the machine builder about machines which have never yet been built, so long as their elementary parts are known.[36]

5. *Conclusion*

For Neurath, the unification of the sciences is a task, a task to be undertaken every time we want to solve a problem in a rational way. Rational solutions require the abstract knowledge of the sciences; but to apply the knowledge, different laws must be brought together: »the laws of unified science must be capable of being linked with each other if they are to fulfill the task of predicting ...«[37]

For the post-moderns, by contrast, the appropriate task is not the unity of science but instead, the politics of disunity. Rather than the cult of the social masses, the American post-modern left has switched to the cultivation of ethnical, sexual, and cultural minorities. Politics then must represent – correctly and sensitively – these minorities and singularities. Consider again our exemplarly spokesman, John Dupré. When Dupré calls for a politics of disunity, he intends a politics where decisions cannot be derived but must be negotiated, and where the complexity of situations and the irreducible diversity of people's interests are reflected in the political organization. Nowadays, few have either the hope or the intention to build a unified socialist state.

For Neurath, too, there is negotiation and choice. Is it better to have a shorter work week and a higher rate of illness, or vice versa? But for him what is crucial is that, given a choice of what we want, we can figure out a way – rationally, with the use of the sciences – to get it. In the framework of socialism, the sciences are not just about ›reality‹, but, more importantly, they are also about ›realizations‹. Neurath tells us, »laws are not statements; they are directions for

---

36 in: E. Nemeth, *Otto Neurath und der Wiener Kreis* (Frankfurt a. M., 1981), p. 226.

37 O. Neurath, »Sociology in the Framework of Physicalism« (1931), in: O. Neurath, *Philosophical Papers, 1913–1946*, p. 58; O. Neurath, *Gesammelte philosophische und methodologische Schriften*, p. 534.

obtaining predictions«.[38] And these predictions matter to decisions for action. Action is what defines our material connection with the world, both in our experience of it and in our practices upon it. He especially wants to stress the collective dimension of this task: »common, planned action is possible only if participants make common predictions«, with the conclusion that »Common action presses us toward unified science«.[39]

In 1921, Neurath wrote »politics are action«,[40] and taught that the role of theory is decisive in the shaping of life. In 1929, he urged »we have to fashion intellectual tools for the daily life of all those who in some way join in working at the conscious re-shaping of Life«. We need the »vitality that shows itself in the efforts for a rational transformation of the social and economic order«.[41] These remarks are exactly reminiscent of his socialist hopes for political economy. Mechanics gives to the machine-builder information about machines that have never yet been constructed; the variety of sciences to be gathered together in the Encyclopedia of Unified Science – psychology, sociology, political economy, hydrodynamics, and so forth – will give us information about socialist economic orders that have never yet been built. There is no possibility of constructing a single, abstract, unified science. But the sciences can be unified at each point of commonly-planned action; and there they should be unified – to build a socialist economy that works. It is in this sense that unified science is, in his own words, »the great task of consciously cultivating the future and the possible«.[42] Unification is possible; and socialism is its goal.

38 O. Neurath, »Sociology in the Framework of Physicalism« (1931), in: O. Neurath, *Philosophical Papers, 1913–1946*, p. 62; O. Neurath, *Gesammelte philosophische und methodologische Schriften*, p. 537.

39 O. Neurath, »Empirical Sociology« (1931), in: O. Neurath, *Empiricism and Sociology*, p. 407; O. Neurath, *Gesammelte philosophische und methodologische Schriften*, p. 517.

40 O. Neurath, »Anti-Spengler« (1921), in: O. Neurath, *Empiricism and Sociology* p. 158; O. Neurath, *Gesammelte philosophische und methodologische Schriften*, p. 140.

41 O. Neurath, »Der Wiener Kreis« (1929), in: O. Neurath, *Empiricism and Sociology*, p. 317; O. Neurath, *Gesammelte philosophische und methodologische Schriften*, p. 305.

42 O. Neurath, »Through War Economy to Economy in Kind« (1919), in: O. Neurath, *Empiricism and Sociology*, p. 155.

Zusammenfassung

Mit dem Wiener Kreis und der Bewegung zur Einheit der Wissenschaft wird üblicherweise eine deduktionistische und reduktionistische Wissenschaftstheorie in Verbindung gebracht, in der eine einheitliche Struktur der Wissenschaft ausgehend von Erfahrungssätzen aufgebaut werden soll. Erstaunlicherweise stellen wir fest, daß Otto Neuraths Ansichten mit diesem Bild nicht übereinstimmen; ganz im Gegenteil haben sie viel mit der anti-reduktionistischen postmodernen Beschreibung von Wissenschaft als uneinheitlicher Ansammlung verschiedener Praktiken gemein. Diese Ähnlichkeit zwischen Neurath und der Postmoderne verschwindet allerdings auf der normativen Ebene. Während die Postmoderne dafür eintritt, die Uneinheitlichkeit der Wissenschaft zu erhalten, bestand Neurath darauf, sie durch Integration der Einzelwissenschaften in ein »enzyklopädisches« Ganzes zu überwinden. Für Neurath war die Einheit der Wissenschaft ein Ziel und nicht eine Beschreibung des status quo. Wir glauben, daß diese Orientierung von Neuraths Philosophie im Zusammenhang mit seiner marxistischen Überzeugung gesehen werden muß. Neurath sah die Wissenschaft als ein unverzichtbares Instrument politischer Aktion; als solches mußte sie vereinheitlicht werden, um als Grundlage der vereinheitlichten Aktion dienen zu können, die sein politisches Ideal war, nämlich der vollständigen Sozialisierung der Wirtschaft.

3. Sektion »Interdisziplinarität in Theorie und Praxis«

Wissenschaftliche Disziplin oder Interdisziplinarität?

LORENZ KRÜGER

Die beiden in diesem Titel enthaltenen Begriffe bringen auf den ersten Blick einen Kontrast zum Ausdruck – so als habe man zu wählen zwischen wissenschaftlicher Disziplin auf der einen und Interdisziplinarität auf der anderen Seite. Tatsächlich werde ich sowohl davon zu sprechen haben, daß und warum sich wissenschaftliche Disziplin und Interdisziplinarität nicht recht miteinander vertragen wollen, als auch davon, daß sie doch erst zusammen so etwas wie wissenschaftliche Kultur möglich machen.

1.

Es sieht so aus, als ob ein Wissenschaftler allemal mit der Disziplin und in einer Disziplin gut fahre, ja *nur* mit und in ihr ein gedeihliches Fortkommen zu erwarten habe. Je disziplinierter er ist, je kompromißloser er sich auf *eine* Sache einläßt, je genauer er über sie und die Methoden, mit denen er sich ihr nähert, Rechenschaft ablegt, desto besser gedeiht sein Vorhaben, desto sicherer wird er Respekt und Zustimmung bei anderen finden. Disziplin ist, so gesehen, nicht etwa ein Signal für engherzige Unfreiheit des Denkens, sondern die Tugend kluger Beschränkung und unermüdlicher Rechenschaftslegung. Der Erfolg der Forschung ebenso wie der wissenschaftlichen Lehre ist an diese Tugend geknüpft. »Es ist«, sagt Descartes, »weit besser, niemals an Forschung zu denken, als sie ohne Methode zu betreiben«, nämlich ohne Regeln, die den, der sie befolgt, davor bewahren, Falsches für wahr zu halten oder geistige Mühe umsonst zu verschwenden.[1] Für Descartes wie für seine Vorgänger waren darum die mathematischen Disziplinen das Paradigma und zugleich das Anfangs- und Kernstück aller verläßlichen Wissenschaft. Schon Boethius hatte – darin vorbildlich für das gesamte Mittelalter – im Einklang mit der griechischen Wortbedeutung die Mathematik durch ihre verläßliche Lehr- und Lernbarkeit unter den anderen Wissenschaften ausgezeichnet: sie und nur sie sei »disciplinabiliter« zu betreiben.[2] Kurz: es ist eine seit früher Zeit mit der Wissenschaft verbundene Vorstellung, daß Wissenschaftlichkeit und Disziplinarität unlösbar miteinander verknüpft seien.

Gewiß hat die Disziplinierung ihren – oft hohen – Preis in thematischer Beschränkung: »Nur mit solchen Gegenständen darf man sich abgeben, zu deren zuverlässiger und unzweifelhafter Erkenntnis unsere Erkenntniskraft offenkundig ausreicht« – so lautet eine weitere Regel, die Descartes dem Wissenschaftler vorschreibt.[3] Und ist es nicht eine der Leichtfertigkeiten unserer wissenschaftsgläubigen Kultur, gleichsam eine szientistische Sünde, bei allen Problemen unserer Zivilisation unbedacht und unbedenklich darauf zu setzen, daß »die Wissenschaft« sie schon irgendwie lösen werde, statt daß wir uns mehr darum bemühen, diese Probleme durch eine Änderung unserer Lebensgewohnheiten zu bewältigen oder zu vermeiden? Dabei ist die Wissenschaft doch gerade dadurch ausgezeichnet: daß sie *nicht für alles irgendwie recht oder schlecht*, sondern vielmehr daß sie *für streng umgrenzte Belange gründlich* sorgt. Ihre größte Kunst besteht darin, aus der wirren Fülle der Lebenswelt allererst das herauszufinden und herauszulösen, was gedanklicher Ordnung und tätiger Beherrschung zugänglich ist. Nicht zufällig ist das kunstreiche Präparieren einer

1 *Regulae*, 4.1.
2 *De trinitate* 2; vgl. Thomas von Aquin, *In Boethium*, qu. 6, a. 1.
3 *Regulae*, 2.

Situation, das Experiment, ein Eckpfeiler und Wahrzeichen der modernen Wissenschaft geworden.

Ist es nun aber die Eigenart der Wissenschaft, disziplinär zu sein, so sind eben thematische Selbstbescheidung und methodische Selbstkontrolle unverzichtbare Tugenden der Wissenschafttreibenden. Interdisziplinarität hingegen erfordert ganz andere, ja gegensätzliche Tugenden: allen voran das Vertrauen darein, daß auch jemand Kredit verdient, ja recht haben könnte, der seine Erkenntnisaufgabe ganz anders anpackt als man selbst, womöglich unter Verletzung von Regeln, die man selbst für verbindlich hält; ferner die Geduld, jemandem zuzuhören, der ungewohnt spricht, ja Sprachregeln verletzt, die, wie man meint, eine sinnvolle Rede erst sicherstellen. Gebraucht werden nicht wohlbedachte Beschränkung und kompromißlose Kontrolle, sondern unbefangene Neugier und weitherzige Kommunikationsbereitschaft. Weniger die unerbittliche Schärfe des Urteils als vielmehr die abwägende Klugheit beim Vergleichen des schwer Vergleichbaren sind gefordert. Erfahrungsbereitschaft für, und Erfahrung mit, der Vielfalt der wissenschaftlichen Themen und Arbeitsstile sind die Trümpfe interdisziplinärer Kultur.

Dieser Gegensatz zwischen disziplinären und interdisziplinären Tugenden ist es, der nicht selten dazu führt, daß interdisziplinäre Grenzgänger unsanft zwischen den Stühlen landen.

Warum lösen wir den Konflikt zwischen Disziplin und Interdisziplinarität nicht ein für allemal so, wie vernünftigerweise die meisten Wissenschafttreibenden ihn lösen: durch Ignorieren der Interdisziplinarität? Warum sind wir um die Einheit des Handwerks weniger besorgt als um die Einheit des wissenschaftlichen Wissens? Die fortschreitende Spezialisierung handwerklich technischer Fertigkeiten und Ausbildungen ist doch nicht weniger als die der Wissenschaften ein aufdringliches Merkmal unserer Zeit. Was verbindet die Künste etwa des Landwirts, des Installateurs, des Schusters und des Fernmeldetechnikers miteinander? Gewiß doch die Praxis unserer technischen Lebenswelt. Warum aber brauchen wir kein interdisziplinäres Werken, wie wir interdisziplinäres Wissen zu brauchen glauben? Was ist es denn Geheimnisvolles um die Theorie, das sie eine Tendenz zum interdisziplinären Zusammenhang entfalten läßt? Sollte es etwa dies sein, daß wir Theorien nur gelten lassen, wenn wir glauben dürfen, daß sie ein Stück der Welt erfassen, die Welt aber nur *eine* ist?

Aber was soll uns diese philosophische und damit fragwürdige Spekulation? Sollten wir uns nicht lieber mit der gleichen Auskunft begnügen, die uns für das Handwerk taugt: daß die lebendige Praxis des Wissenschaftsbetriebs die Dinge schon zusammenhalten wird? Vor ziemlich genau zweihundert Jahren schrieb Immanuel Kant den Satz:

> Es kann niemand sich für praktisch bewandert in einer Wissenschaft ausgeben und doch die Theorie verachten, ohne sich bloß zu geben, daß er in seinem Fach ein Ignorant sei: indem er glaubt, durch Herumtappen in Versuchen und Erfahrungen ... weiter kommen zu können, als ihn die Theorie zu bringen vermag.[4]

Innerhalb eines Faches – dies hält Kant in Bezug auf die Naturwissenschaften für ebenso evident wie wir – genügt die Praxis sich selbst nicht. Wir sind nicht zufrieden damit, eine Wissenschaft *ausschließlich* als eine Kunst anzusehen, als ein Werkzeug zur möglichst wirksamen Verwirklichung von Zielen – etwas, was wir bei einem Handwerk zu tun bereit sind. Selbst wenn jemand eine Wissenschaft nur um ihres außerwissenschaftlichen Nutzens willen betreibt, so wird er doch nicht nur nach diesem Nutzen fragen, sondern außerdem noch den *Gründen* der Effizienz oder Ineffizienz seiner Kunst auf den Grund zu gehen wünschen.

So bleibt uns nur die Frage, ob nicht für die Praxis *im großen* eben dasselbe auch gilt, was Kant für die Praxis eines *einzelnen* Faches als so evident angesehen hat. In der Tat hat er selbst in dem zitierten Aufsatz »Über den Gemeinspruch« dafür argumentiert, daß wir die Theorie gerade auch für unsere Praxis im ganzen keinesfalls entbehren können. *Er* hatte dabei freilich nur an das Handeln unter moralischem oder rechtlichem Gesichtspunkt gedacht. Nichtsdestoweniger liegt es auf der Linie seiner Überlegungen, nicht nur die moralische, sondern auch die unter bloßen Klugheitsprinzipien stehende Praxis als theoriebedürftig zu erweisen. Die geforderte Theorie kann dann aber bestenfalls stückweise disziplinär sein. Ihre eigentliche Auszeichnung müßte darin bestehen, daß sie das Leben, auch schon diesseits der Moral, allererst zu einer vernünftigen Praxis macht. Kurz: ich konstruiere im

4 »Über den Gemeinspruch«, Akademie-Ausgabe 8, S. 276.

Anschluß an Kant eine Aufgabe, die derjenigen analog ist, die er sich in der genannten Schrift gestellt hat: nämlich nachzuweisen, daß wissenschaftliche Praxis im Ganzen – und das heißt nichts anderes als die Lebenspraxis der technischen Welt – vernünftig nicht sein kann, es sei denn wir besäßen nicht nur disziplinäres, sondern auch interdisziplinäres theoretisches Wissen. Interdisziplinariät muß dann als eine kognitive Aufgabe von nicht geringerer Dignität und Vernünftigkeit gesehen werden, als dies für etablierte Disziplinen allerseits akzeptiert ist.

2.

Die wissenschaftlich-technische Weltverwaltung hat manchen Weltbürger von heute mißtrauisch gemacht. Ein Wissenschaftsskeptiker könnte sagen: Da haben wir also zwei Varianten derselben Sache, zwei Spielarten der neuen intellektuellen Religion, des Szientismus: zum einen den bornierten Szientismus, der sich in der Selbstherrlichkeit der Disziplinen auslebt; zum anderen den grenzenlosen, der ungezügelt auf die ganze Lebenswelt ausgreift. Einer so gut wie der andere läuft auf Wissenschaftsimperialismus hinaus.

Leicht sollte man solchen Vorwurf nicht nehmen. Freilich ist er in unbilliger Weise polemisch formuliert. Wer ihn vorbringt, sieht zwar zutreffend eine Gefahr, die mit dem Streben nach kultureller Gleichmacherei einhergeht und vielerlei Unglück in die Weltgeschichte gebracht hat und noch bringt; aber er verkennt zugleich auch eine wesentliche Eigenart des Wissens im Unterschied zu anderen Kulturleistungen. Es ist höchst problematisch, wenn auch in gewissem Maße unvermeidlich, eine Einheit der Macht, der Religion, des Lebensstils, gar der Sprache anzustreben. Sogar die Einheit des Rechts ist, woran die gegenwärtige Diskussion in Deutschland uns erinnert hat, angesichts unterschiedlicher realer Verhältnisse nicht unbedenklich.

Mit dem Wissen sieht es nun wohl auf den ersten Blick kaum anders aus: Das, was ich meinen polemischen Skeptiker den bornierten Szientismus nennen lasse, hat immer wieder zu disziplinärem Imperialismus geführt. Selbst die schon erwähnte von Pythagoras über Galilei bis heute wissenschaftsgestaltende These, daß die wahre Verfassung der Dinge mathematisch sei, ist – wenn universell genommen – voller Gefahren: Ist wirklich alles auf Maß und Zahl zu bringen? Sind z. B. Glück und Unglück der Menschen gegeneinander aufrechenbar, wie der Utilitarismus es will? An die Erklärung einmaliger kontingenter Geschehnisse dürfen wir hier erst gar nicht denken. Können wir uns dann erlauben, unsere vielgestaltige Erfahrung aus *einem* Theorieentwurf heraus zu verstehen, z. B. dem des Mechanismus, der Evolution oder des dialektischen Materialismus? Ist Einheit des theoretischen Wissens nicht ein bloßer Wahn, wie jeder Wahn darauf verdächtig, verhängnisvolle Folgen heraufzubeschwören?

Wer so fragt, hat zwar ehrwürdige, aber heute überholte Vorstellungen von Einheit des Wissens im Sinn. Er denkt im Grunde disziplinär; wie sein wissenschaftsskeptischer Widersacher stellt er sich insgeheim auch noch die interdisziplinäre Forschung als den Versuch vor, mittels Theorien höherer Stufe mehrere Disziplinen samt ihren Übergangs- und Zwischenfeldern wiederum in eine einheitliche Disziplin zu nehmen. Weil jeder Mensch nur einen Kopf hat, möchte wohl mancher gern mehr Einheit des Wissens, als er haben kann, vielleicht gar jene Einheitswissenschaft, an deren Begriff die besten Wissenschaftstheoretiker unseres Jahrhunderts gearbeitet und der sie eine Zeitschrift gewidmet haben. Laufen solche Bestrebungen auf einen szientistischen Zentralismus und vermöge seiner auf Wissenschaftsimperialismus hinaus? Angesichts derartiger Fragen möchte ich im folgenden, wenn auch nur in andeutendem Umriß den Versuch machen, das Verhältnis von Wissen und Einheit dadurch ein Stück weit zu erhellen, daß ich Sie mit einer Reflexion über die Natur der Disziplinen befasse. Was hat es mit ihnen auf sich? Ergeben sie sich zwingend aus der Natur kontrollierten Wissenserwerbs, so daß die heute schon fast zwanghafte Bemühung um Interdisziplinarität die unvermeidliche Folge ist? Was ist eine Disziplin? Was macht ihre innere Einheit aus? Was trennt Disziplinen von-, was vereint sie miteinander? Ich möchte hierzu vier Vorschläge kurz betrachten, um an sie eine These darüber anzuschließen, warum wir uns mit den Disziplinen und dem Interdisziplinären so schwer tun.

3.

Die erste und ganz schlichte Antwort auf die Frage, wonach wir Disziplinen unterscheiden, lautet: nach dem Gegenstand. Von den Sternen handelt die Astronomie, von den Tieren und Pflanzen die Biologie, von China die Sinologie und so fort. Ganz ohne diese Banalität ist im Gewirr der Disziplinen schwerlich etwas auszumachen, und doch ist diese Antwort natürlich in hohem Maße naiv und völlig unzureichend. Von was an China handelt die Sinologie? Von der Sprache und Kultur dieses Landes? Gewiß. Auch von seiner Geologie, den Bodenschätzen oder der geopolitischen Lage? Welche Disziplinen handeln nicht sonst noch alle von China? Von den Tieren und Pflanzen handeln ebenfalls vielerlei Disziplinen; sind sie doch in verschiedenster Weise für uns Gegenstände: ästhetisch, als Umwelt, als Heilkräuter, als Nahrungsmittel, nicht zuletzt auch als Materie unter denselben Gesetzen, unter denen auch unbelebte Dinge stehen. Gegenstände allein definieren also in keinem Fall eine Disziplin; es muß zumindest noch so etwas wie die Auswahl von jeweils interessierenden Aspekten, Fragen oder Problemen hinzutreten. In manchen Fällen mag es sogar strittig sein, ob eine Wissenschaft überhaupt einen spezifischen Gegenstand oder Gegenstandsbereich hat.

Schon Aristoteles hat darauf bestanden, daß es die Gegenstände der Mathematik nicht etwa als selbständige Dinge gibt. Vielmehr – so meint er – könnten sie ohne Materie nicht existieren, sie würden lediglich unter Abstraktion von dieser und allen ihren Veränderungen betrachtet. Hat nun aber eine bestimmte Betrachtungsweise gegenständliche Grenzen? Vielleicht ja, vielleicht nein. Daß wir solche in Bezug gerade auf die Mathematik keineswegs zuverlässig, wenn überhaupt, erkennen können, habe ich schon als disziplinenpolitisches Problem erwähnt. Eine der ältesten und historisch folgenreichsten Einteilungen der theoretischen Wissenschaften ist denn auch nur scheinbar eine solche nach Gegenständen, in Wahrheit jedoch eine nach Merkmalen, die Gegenstände haben oder nicht haben können. Als solche Merkmale verwendete Aristoteles[5] die beiden folgenden: (1) Fähigkeit zu selbstän-

5 *Metaphysik*, E.1.

diger Existenz und (2) Unveränderlichkeit. Die Physik behandelt Dinge, die zwar selbständig sind, aber nicht unveränderlich; die Mathematik gerade umgekehrt Dinge, die zwar unveränderlich, aber nicht selbständig sind. Dinge schließlich, die sowohl unveränderlich wie auch selbständig existent sind, sind Sache der Theologie. Über Ptolemäus und Boethius ist diese aristotelische Einteilung der theoretischen Wissenschaften für fast zwei Jahrtausende maßgeblich geworden, bis schließlich an der Schwelle zum 17. Jahrhundert die Trennung von Mathematik und Physik zusammenbricht und ihre Verschmelzung den Weg für die moderne Naturwissenschaft frei macht.

Halten wir also fest, daß weder nach Gegenständen noch nach Merkmalen von Gegenständen eine haltbare disziplinäre Ordnung zu gewinnen ist, und wenden uns einem zweiten möglichen Einteilungsprinzip zu: den Methoden. So könnte man z. B. sagen, daß die Mathematik axiomatische Beweisanfänge ansetzt und von diesen ausgehend ihr Geschäft rein deduktiv erledigt. Es ist auch viel davon die Rede, oder jedenfalls die Rede gewesen, daß die Naturwissenschaften die in ihnen vorgestellten Zusammenhänge durch Erklärungen herstellen, die Geisteswissenschaften hingegen durch Verstehen oder Interpretation. Aber ohne Interpretationen ist in den Natur-, und ohne kausale Erklärungen in den Geisteswissenschaften nicht viel auszurichten. Ohne daß ich über derartige flüchtige Andeutungen hinaus gehen müßte, mag einleuchten, daß man zwar mit dem Hinweis auf Methoden im günstigsten Falle bevorzugte Arbeitsweisen hervorheben, nicht jedoch Disziplinen von einander abgrenzen kann. Methoden können also die Disziplinologie nicht begründen.

Eine dritte Antwort auf die Frage, wonach wir Disziplinen unterscheiden, lautet: nach dem mit einer jeden verbundenen Erkenntnisinteresse. So hat z. B. einer der bekannten philosophischen Disziplinologen, Wilhelm Windelband, die Naturwissenschaften von den historischen Wissenschaften so unterscheiden wollen, daß er den ersten allgemeine Gesetzmäßigkeiten, den zweiten einmalige Individualitäten als Erkenntnisziel zuschrieb. In ähnlicher Weise hat Jürgen Habermas eine Dreiteilung der Wissenschaften vorgeschlagen, indem er den Naturwissenschaften ein technisches, den historisch-hermeneutischen Wissenschaften ein praktisches, d. h. auf Verständigung im Handeln zielendes, sowie schließlich den (recht verstandenen) Sozialwissenschaften ein emanzipatorisches, d. h. auf den Abbau der Herrschaft von Menschen über Menschen gerichtetes, Interesse zuschrieb. Alle diese Einteilungen sind grobmaschig und unvollständig (wo bringen wir z. B. die Rechtswissenschaft unter?); und es ist nicht leicht zu sehen, wie dieser Mangel behoben werden könnte. Entscheidend jedoch ist der Einwand, daß Interessen und Disziplinen(-gruppen) sich fast beliebig kombinieren lassen. Für die Interessen des Wissenschaft treibenden Individuums ist dies trivial und stand darum auch nicht zur Debatte. Aber auch für die wissenschaftstragende Gesellschaft gilt die Interessenvariabilität zumindest im kulturellen und historischen Schnitt. Die Naturwissenschaften sind erst spät und allmählich ins Stadium technischer Nutzbarkeit eingerückt; auch heute ist keineswegs unumstritten, daß sie etwa nur deshalb betrieben werden oder betrieben werden sollten. Unleugbar ist nur, daß uns die historische Entwicklung in die technische Interessenausrichtung immer tiefer hineingeführt hat. Darauf kommt es mir nun gerade an: nämlich zu betonen, daß hier nicht feste disziplinendefinierende Normierungen, sondern wandelbare historische Präferenzen in Rede stehen.

Man tut deshalb gut daran, sich in der Disziplinologie nicht auf eine der gängigen und fragmentarischen Einteilungen der Philosophen fixieren zu lassen, insbesondere auch nicht auf die Dichotomie von Natur- und Geisteswissenschaften. Es ist gewiß eine bedenkenswerte, wenn schon fragwürdige These, daß die ersten unser Leben mit steigendem Tempo modernisieren, die zweiten dann daraus erwachsende Mängel kompensieren. Da indes diese These von berufeneren Teilnehmern dieser Konferenz behandelt wird, werden besser sie als ich die Kontroverse um die Deutung der Gegenüberstellung von Natur- und Geisteswissenschaften weiterführen. Meine heutige Aufgabe sehe ich eher in dem Hinweis darauf, daß die vielgestaltige Disziplinenlandschaft in dieser beliebten (oder auch jeder anderen) Dichotomie natürlich auch nicht annähernd adäquat erfaßt werden kann. Das will sicherlich auch niemand behaupten. Bettet man nun aber die Dichotomie in eine Beschreibung des umfassenden Dsiziplinenfeldes ein, wird sie in anderem Licht erscheinen und voraussichtlich ihren scheinbar so tiefen Sinn ändern, wenn nicht verlieren. Eine vernünftige Einsicht und Praxis in unserer von uns nicht nur betrachteten, sondern auch gestalteten und verwalteten Welt werden wir – das ist meine Überzeugung – nur aus dem Zusammenwirken aller Disziplinen gewinnen können. Ich möchte also an dieser Stelle gleichsam einen Schritt zurücktreten und empfehlen, daß wir uns auch einmal wieder der schon fast vergessenen und doch noch so realen klassischen Einteilung der Fakultäten erinnern.

Drei der klassischen Fakultäten nun sind, wie es der dritte Vorschlag zur Einteilung der Disziplinen vorsieht, wenn auch nur überschlägig, durch leitende Interessen charakterisierbar: die Medizin durch das Interesse an Gesundheit, die Jurisprudenz durch den Bedarf an öffentlicher Ordnung und die Theologie durch die Sorge um das Heil der Seele. Überspitzt könnte man sagen, daß in diesen Disziplinen(-gruppen) genau das als Erkenntnis gilt, was dem jeweiligen Ziel dient, und das disqualifiziert wird, was von ihm abführt. In diesem Sinne verkörpern diese drei Fakultäten *praktische* Wissenschaften; in diesem Sinne treten sie in Gegensatz zur vierten, der philosophischen Fakultät. Welchem handfesten Lebensbedürfnis nämlich könnte diese unterstellt werden? Eine wiederum sehr pauschale ehrwürdige Auskunft hierzu lautet, es sei in ihr nicht um ein lebenspraktisches Ziel zu tun, sondern allein um die Wahrheit, gleichsam ohne Hintergedanken, um die Betrachtung dessen nämlich, was ist, auf griechisch gesagt: um Theorie.

Hat man indes den Gegensatz zwischen den praktischen und den theoretischen Fakultäten festgestellt, muß man ihn schon gleich wieder relativieren. So hat etwa die mittelalterliche Ordnung der Disziplinen gewissen Kernstücken der theoretischen Wissenschaft, nämlich den mathematischen Disziplinen, im Rahmen der Artistenfakultät die Rolle von Hilfswissenschaften für die erwähnten höheren, die praktischen, Fakultäten zugewiesen und sie damit in den Dienst von deren Zielen gestellt. Ferner hat die vornehmste der von Aristoteles unterschiedenen theoretischen Disziplinen, die Theologie, im Dienst der Kirche eine Umdeutung ins Praktische erfahren, die auch die großen Aristoteliker unter den Theologen nicht mehr rückgängig gemacht haben.

Diese Mediatisierung der theoretischen oder philosophischen Disziplinen durch die praktischen hat überdies ihre Kehrseite. Wenn erst einmal theoretische Wahrheiten als unentbehrlich für die praktischen Fakultäten erkannt *und* wenn sie doch zugleich als von deren Zielen unabhängig anerkannt sind, ist der unteren Fakultät, den »bloß« theoretischen Disziplinen, das Tor zu Expansion, Vermehrung und wachsendem Einfluß geöffnet. Die von den Griechen entdeckte Autarkie theoretischer Wahrheit verflocht sich mit dem Gedanken, daß alles Wissen seinen Sinn nur im Dienste der Lebensordnung habe. Daraus erwuchs die schwerwiegende Folge, daß eben jene Ordnung durch und durch in den Wirbel wachsenden Wissens geriet und sich in unsere heutige wissenschaftsgestützte technische Lebensweise hinein verwandelte.

Diese epochale Veränderung ist jedoch nicht mein Thema. Ich möchte nur einiges wenige anmerken, was mit dem Gegensatz zwischen Disziplin und Interdisziplinarität zu tun hat. Drei Gründe sehe ich, die zur heutigen Dominanz der theoretischen Fächer – man könnte auch sagen: zum Praktisch-Werden der Theorie – beigetragen haben:

(1) Ziele zu wählen, ist eine Sache der Entschlußkraft; aber so tiefliegende Ziele wie Gesundheit, gesellschaftliche Ordnung und Seelenheil werden nicht einfach gewählt. Sie sind natur- und kulturgeschichtlich gewordene Bedingungen menschlichen Lebens und stellen darum *kognitive* Aufgaben, die denen der reinen Theorie gleichen. Platons unermüdlicher gegen die Sophisten argumentierender Sokrates steht am Anfang einer Geschichte fortschreitender theoretischer Unterwanderung der praktischen Fakultäten. Als selbstbewußte und freie Lebewesen haben wir wohl oder übel lernen müssen, die Praxis als eine kognitive Aufgabe zu verstehen.

(2) Einmal gewählten Zielen zu dienen, ist eine Kunst, die erfordert, taugliche Mittel als solche zu erkennen und sie als solche in ihrer Wirksamkeit zu beurteilen. Auch das ist eine theoretische Aufgabe oder schließt jedenfalls eine solche ein. Dieser Punkt ist für uns trivial geworden, aber erst nachdem – oder soll ich lieber sagen: soweit und sofern? – wir gelernt haben, die Autonomie kognitiver Leistungen für selbstverständlich zu nehmen.

(3) Die drastische Steigerung theoretischer Einsichten hat nicht nur unser Verständnis, und damit möglicherweise die Wahl, von Traditionen und Lebenszielen (z. B. den für die praktischen Fakultäten genannten) verändert, sondern auch außerhalb zunächst vorhandener Lebensformen neue Ziele möglich gemacht, andersartige Lebenspläne und Lebenswelten eröffnet. Verändertes Können hat auch das Wollen verwandelt. Für Bewohner der technischen Lebenswelt ist auch dies eine Trivialität und gerade deshalb ein ernstes Problem.

Der Rückgriff auf die traditionelle Ordnung der Fakultäten hat, so hoffe ich, klar machen können, wie weit der Gedanke trägt, Disziplinen nach den sie leitenden Interessen zu unterscheiden, und warum er in Schwierigkeiten geraten ist.

Von den disziplinenleitenden Interessen komme ich deshalb zu meiner vierten und letzten Antwort auf die Frage, wonach wir Disziplinen unterscheiden – eine Antwort, die durch das zuvor Gesagte vielleicht einigermaßen vorbereitet ist: Wir unterscheiden Disziplinen nach ihren Theorien und deren systematischen und historischen Zusammenhängen. Das Wort »Theorie« ist hier freilich in einem sehr weitherzigen Sinn zu nehmen. Worauf es mir beim Stichwort »Theorie« allein ankommt, ist nur dieses: Theorien haben ihren Stoff oder ihren Gegenstand, aber sie haben ihn nicht im Sinne der zuerst angebotenen naiven Antwort auf die Disziplinenfrage, d. h. als etwas Vorzufindendes. Sie haben ihn vielmehr als eine durch bestimmte Fragen, Probleme, Absichten und Interessen mitdefinierte Gegebenheit. Die Wissenschaften versammeln ihre unzähligen Tatsachen, Regeln, auch normativen Tatbestände oder Entscheidungen doch nur, um sie zu ordnen, zu deuten oder zu erklären – so nämlich, daß die nächste durch das Leben herangetragene derartige Einzelheit in vorgezeichneter Weise verarbeitbar wird. In diesem schwachen Sinne zumindest steckt in allen Wissenschaften ein Stück Theorie.

Es hängt nun vom Stoff so gut wie von den Fragen und Absichten der Wissenschaft Treibenden, vor allem aber vom Entwicklungsstand der Forschung ab, welche Gestalt eine Theorie annimmt, ob sie sich etwa auf ein Klassifikationssystem beschränkt, unter das Exemplare oder Fälle subsumiert werden, oder eine bestimmte Form der mathematischen Beschreibung der zeitlichen Entwicklung realer Systeme vorschreibt. Ein Indiz für die doppelte Abhängigkeit von den Sachen und von den Fragen ist der Umstand, daß zwar einzelne Aussagen – jedenfalls in günstig gelagerten Fällen – einfachhin wahr oder einfachhin falsch sind, daß diese Bivalenz des Wahrheitswertes sich jedoch auf Theorien nicht übertragen läßt – jedenfalls nicht ohne eine tiefgreifende Sinnverschiebung des Wortes »wahr«. Theorien sind etwas Pragmatisches – wobei »pragma« den alten Wortsinn hat: »eine Sache, mit der man zu tun hat«. Theorien sind etwas, was man entwirft und verwirft, erweitert und verbessert – kurz: etwas, womit man arbeitet.

Und doch taugen sie nur dann, wenn sie in hinreichendem Maße Aussagen inkorporieren, die im gewöhnlichen Sinne des Wortes wahr sind. Kurz: Theorien sind nicht wahr oder falsch, sondern mehr oder weniger angemessen – angemessen nämlich an die Sache *und* unsere Bedürfnisse.

Wenn nun aber Theorien, Theoriezusammenhänge und Theoriegeschichten das sind, wonach wir Disziplinen unterscheiden, wird sich die Zwitternatur der Theorie zwischen Sachbezug und Interessenbezug auf die Natur der Disziplin übertragen. Das, was eine Disziplin von einer anderen unterscheidet, wird also weder allein der Gegenstand noch allein das Interesse oder das Problem sein, worauf sie sich jeweils richtet. Die Identität wird vielmehr gestiftet durch einen Theorieentwurf oder ein Ganzes von Theorien, an denen sich weiterarbeiten läßt – mit dem Terminus Thomas Kuhns gesagt: ein Paradigma, vielleicht auch eine begrenzte Menge von untereinander verbundenen Paradigmata. Dieser Begriff ist notorisch umstritten und wird nicht gerade immer eindeutig verwendet; aber eines signalisiert er unmißverständlich und, wie ich meine, für unseren Zweck treffend: Disziplinen sind historische Einheiten; sie sind weder in ihrer inneren subdisziplinären Struktur noch in ihren inter- und supra-disziplinären Außenverhältnissen ein für allemal zu bestimmen. Sie sind Individuen, die in der Geschichte der Wissenschaften erwachsen, die in Deszendenzbeziehungen zueinander stehen, Familien bilden, sich auseinanderleben und mit unterschiedlichem Glück neue Verbindungen eingehen können. Ohne wissenschaftshistorische Perspektiven ist kein Verständnis für Sinn und Unsinn und für den durchaus wechselnden Tiefgang disziplinärer Verbindungen und Trennungen möglich.

4.

An die vierte Antwort auf die Disziplinenfrage schließe ich nunmehr eine These darüber an, woraus – jedenfalls zu einem wichtigen Teil – unsere Schwierigkeiten mit Disziplin und Interdisziplinarität entspringen: Die Doppelorientierung der Disziplinen zum einen auf den Gegenstand und zum anderen auf unsere Fragen bringt unvermeidlich die Gefahr mit sich, daß Einteilungen gemäß dem Gegenstand einerseits und Einteilungen gemäß unseren Bedürfnissen, Fragen, Interessen und Problemen andererseits inkongruent sind oder inkongruent werden.

Verschärfend tritt zu diesem kognitiven Problem natürlich im Zeitalter der quantitativen Explosion von Wissenschaft und Technik das praktische Problem hinzu, daß, obwohl die Wissenschaftler im Lauf der Zeit nicht dümmer geworden sind, doch jeder einzelne von ihnen relativ zum Ganzen des Wissens einen immer bescheideneren, um nicht zu sagen kümmerlicheren, Teil allein noch zu beherrschen hoffen kann. Das drückende Gewicht des praktischen Problems verkenne ich nicht, will mich jedoch heute auf das theoretische Problem konzentrieren und die Diskrepanz zwischen Sachorientierung und Fragenorientierung abschließend noch kurz erörtern.

Die mich hierbei leitende Vorstellung ist die, daß ein Paradigma der Forschung genau dort zustande kommt, wo in glücklicher Weise Sache und Forschungsfrage aufeinander passen. Solche Passung stiftet Forschungstraditionen und damit – wenn gewisse soziale Bedingungen zusätzlich gegeben sind – auch Disziplinen. So war es z. B. die Frage nach den Gesetzen der Ortsbewegung sichtbarer Körper am Himmel und auf der Erde, die der Physik zuerst zu Theoriekontinuität und im Gefolge davon zur disziplinären Formierung verholfen hat. Tatsächlich nämlich genügen viele solcher Bewegungen, insbesondere die am Himmel, einer wichtigen Forderung an erfolgreiches wissenschaftliches Arbeiten: das Thema erlaubt es, relativ gut in sich geschlossene Zusammenhänge ohne nennenswerte Verzerrung vom Rest der Welt abzugrenzen. Lebensprobleme haben es dagegen so an sich, daß erst einmal die zuständige Disziplin zu ihrer Lösung gesucht werden muß, falls es denn – selten genug – eine solche geben sollte. Sie treten mithin zunächst als wissenschaftlich heimatlose und darum potentiell interdisziplinäre Probleme auf den Plan.

Unsere Fragen müssen nicht viel mit den Ordnungen ihrer Gegenstände zu tun haben. Um mit der Forschung voranzukommen, müssen wir unsere Forschungsprobleme, oft auch unsere Interessen und Bedürfnisse der Ordnung der Gegenstände anpassen. Aber das kann – so wird man vermuten müssen – doch nur in Grenzen gut gehen. Je mehr sich der Erfolg glücklich gegriffener Paradigmata in Disziplinen oder Subdisziplinen verfestigt, desto gründlicher sind Abschirmungen von anderen Problemen und Paradigmata verankert. Wiederum darf man sich hier an Thomas Kuhn erinnern, der – freilich in monodisziplinärer Perspektive – ausgeführt hat, wie gerade das, was paradigmengeleitete »normale« Forschung so erfolgreich macht eben das nämliche ist, was sie unaufhaltsam in die nächste Krise steuert. So kommt es zu den vielerorts beredt beklagten Mängeln: Vereinzelung der Forscher und Forschergruppen, Fortleben überholter Spezialleistungen, vor allem aber der Vernachlässigung von interdisziplinären Problemen oder – wie man genau so gut sagen darf – Problemen, deren Disziplin noch nicht gefunden ist, ja vielleicht niemals wird gefunden werden können. So gesehen steht die Forschung insgesamt in notwendigem und immerwährendem Wechselspiel von wissenschaftlicher Disziplin und vordisziplinärer, bisweilen auch disziplinloser, ja undisziplinierter Interdisziplinarität. Ich hoffe, plausibel gemacht zu haben, daß dieser Sachverhalt in der Natur aller Forschung begründet liegt, die unsere Fragen an Dinge und Verhältnisse richtet, die wir nicht gemacht haben und über die wir nicht verfügen.

Dieser für alle Wissenschaft, die das Wissenwollen lohnt, konstitutive Umstand leitet mich zu einer abschließenden Bemerkung, mit der ich auf die oben berührte Frage nach der Einheit des Wissens zurückkomme. Wenn Theorien im oben angedeuteten Sinne Pragmata sein, wenn ferner in der Folge davon die wissenschaftlichen Disziplinen als Gesamtheit so etwas wie einen Familienverband bilden sollten, dessen Geschichte von seinen individuellen Mitgliedern ebensosehr gestaltet wie erlitten wird, wären die beiden folgenden Behauptungen gleichermaßen fragwürdig:

(1) Die Einheit der Wissenschaften wird gestiftet von der Lebenspraxis, insofern diese die Anwendungen des Wissens im Handeln allesamt umfaßt.

(2) Soweit von einer Einheit der Wissenschaften die Rede sein kann, muß und kann diese letztlich ihren Ausdruck in einer einheitlichen Theorie finden, die die Vielfalt der Disziplinen disziplinär zusammenfaßt, also einer Einheitswissenschaft.

Ich hoffe, plausibel gemacht zu haben, daß die erste Auffassung im Zeitalter der Wissenschaften zu wenig, die zweite zu viel verlangt. Die von uns nicht abzuschaffende Spannung zwischen wissenschaftlicher Disziplin und Interdisziplinarität macht vielmehr deutlich, daß die Praxis der verwissenschaftlichten Welt das disziplinäre Wissen nicht nur in seine Dienste nimmt (was sie natürlich tut), sondern daß sie selbst ein am wissenschaftlichen Denken orientiertes – und in diesem Sinne vernünftiges – kognitives Unternehmen ist oder vielmehr werden kann – und, wie es aussieht, um der Lebensinteressen der Menschen willen auch werden sollte. Dieses Unternehmen als ganzes freilich ist keiner Disziplin unterworfen. Die Familiengeschichte der Disziplinen ist nicht die eines Patriarchats. Wissen verschafft zwar Macht zu handeln, aber dies nur um den heilsamen Preis der Einsicht in deren Grenzen.

Summary

Interdisciplinarity does not exhaust itself in social practice; it poses a cognitive task: to explicate the theoretical unity of all disciplinary branches of knowledge. This task is approached by discussing various proposals as to how disciplines might be individuated. Minimally, a twofold characterisation is needed: by subject matter as well as cognitive interest. To the extent that these two features do or do not harmonize with each other, disciplines will emerge, split into subdisciplines, merge into larger units, dissolve etc. Thus, the unity of knowledge is significantly stronger than that of a comprehensive social practice but much weaker than that of a basic unified theory. Research, therefore, always proceeds in the tension between discipline and interdisciplinarity.

Realität und Ideologie der Interdisziplinarität: Erfahrungen am Zentrum für interdisziplinäre Forschung Bielefeld

JÜRGEN KOCKA

Im folgenden sollen einige Bemerkungen zum Problem der Interdisziplinarität vorgetragen werden, und zwar auf der Grundlage eigener Erfahrungen mit interdisziplinärem Arbeiten. Es sind vor allem zwei Arbeitsfelder, von denen her Probleme der Interdisziplinarität angesprochen werden sollen: zum einen Erfahrungen im Bielefelder Zentrum für interdisziplinäre Forschung, dessen Direktorium ich einige Jahre lang angehört habe. Zum andern stütze ich mich auf Arbeitserfahrungen in meinem Fach, der Geschichtswissenschaft, und zwar besonders in einer Variante, in der die Sozialgeschichte zentral ist und die oft mit der Etikette »Historische Sozialwissenschaft« belegt worden ist. Einige knappe Erläuterungen zu diesen beiden Arbeitsfeldern seien vorausgeschickt.

Das Zentrum für interdisziplinäre Forschung (ZiF) ist ein relativ selbständiger Teil der Universität Bielefeld. Es hat überregionale Aufgaben wahrzunehmen und vor allem dem Zweck zu dienen, die interdisziplinäre Forschung, besonders die Grundlagenforschung, zu fördern. Es verfügt über einen kleinen Mitarbeiterstab, eigene Gebäude und einen eigenen vom Land NRW bereitgestellten Etat, der allerdings seit 1981 nominell stagniert und real schrumpft. Das ZiF wurde vor allem von Helmut Schelsky konzipiert, der auch sein erster Direktor war. Es arbeitet in Ansätzen seit 1968, mit voller Kraft seit 1975.

Das ZiF war das erste deutsche »Institute for Advanced Study«, über das zweite, das Wissenschaftskolleg zu Berlin, berichtet Wolf Lepenies in diesem Band. Ähnlich wie andere Institutes for Advanced Study, etwa in Princeton, Stanford, Jerusalem oder Wassenar, lädt das ZiF

Wissenschaftler aus verschiedenen Disziplinen und Ländern als Stipendiaten oder »Fellows« zu kürzeren und längeren Forschungsaufenthalten ein, bis zu einem Jahr. Es bietet den Gästen die finanzielle Grundlage zur Freistellung von der Arbeit an ihren Heimatinstitutionen, und es bietet ihnen die Möglichkeit, gegebenenfalls mit ihren Familien, für längere Zeit in den Gebäuden des ZiF zu wohnen und, befreit von anderen Pflichten, zu diskutieren und zu forschen. Anders als andere Einrichtungen dieser Art besteht das ZiF darauf, daß die Gäste an breiten Fragestellungen und Themen zusammenarbeiten, die von Jahr zu Jahr wechseln. Entsprechend wird eingeladen. So entstehen eng kooperierende, interdisziplinäre Forschungsgruppen; Gruppen von meist etwa zwanzig für jeweils ein Jahr zusammenarbeitenden Wissenschaftlern aus verschiedenen Disziplinen und meistens aus verschiedenen Ländern; Gruppen, deren Vorbereitung seitens des ZiF oft Jahre dauert; Gruppen, deren Forschungsresultate in der Regel in Form größerer Publikationen der Öffentlichkeit vorgelegt werden.

Um nur einige Beispiele zu nennen: Die Forschungsgruppe »Vergleichende Verhaltensontogenese bei Mensch und Tier« brachte 1977/78 Natur-, Sozial- und Geisteswissenschaftler zusammen. 1981/82 kooperierten Soziologen, Ökonomen, Juristen und Politikwissenschaftler in der Forschungsgruppe »Steuerung und Erfolgskontrolle im öffentlichen Sektor«. 1985/86 wurde das Thema »Complex Liquids« von Chemikern, Physikern und anderen Naturwissenschaftlern bearbeitet. Derzeit schließt eine Forschungsgruppe ab, die sich mit dem Thema »Mind and Brain: Perspectives in Theoretical Psychology and the Philosophy of Mind« beschäftigt und zu einem besseren Verständnis der Beziehungen zwischen psychischen Phänomenen – Denken, Fühlen, Wollen, Erleben – und ihrer physikalischen, vor allem neuronalen Basis gelangen will. Insgesamt hat es bisher vierundzwanzig solcher Forschungsgruppen gegeben, die in der Regel von einem Mitglied des alle vier Jahre neu gewählten ZiF-Direktoriums vorbereitet und organisiert werden.

Die Forschungsgruppen stehen im Zentrum der Arbeit des ZiF. Daneben fanden seit 1968 rund vierhundert »Arbeitsgemeinschaften« statt. Das sind kürzere, nur wenige Tage dauernde, aber ebenfalls interdisziplinär zusammengesetzte Konferenzen, etwa über technik-, sozial- und humanwissenschaftliche Aspekte der Neutronenbombe, über »Linguistik und künstliche Intelligenz« oder über »Wachsende Staatsaufgaben und die sinkende Steuerungsfähigkeit des Rechts«, um wiederum nur einige Beispiele zu nennen. Die meisten Vorschläge zu solchen Arbeitsgemeinschaften werden an das ZiF von außen herangetragen, das ZiF hilft bei ihrer Vorbereitung und beherbergt sie. Voraussetzung ist, daß die Arbeitsgemeinschaften Problemfragen behandeln, deren Lösung nur unter gleichzeitiger Beteiligung mehrerer Disziplinen möglich erscheint. Häufig bestehen inhaltliche, personelle und organisatorische Verknüpfungen zwischen Forschungsgruppen und Arbeitsgemeinschaften.

Ganz kurz zum zweiten Feld, das mir hier als Grundlage von Überlegungen zur Interdisziplinarität dienen soll. Die »Historische Sozialwissenschaft« versteht sich zwar als Teil der Geschichtswissenschaft, jedoch mit Betonung der engen Kooperation und der Austauschbeziehungen zu den systematischen Nachbarwissenschaften, besonders der Soziologie, der Ökonomie und der Politikwissenschaft. Theorien, Methoden, Fragestellungen und Ergebnisse dieser Wissenschaften sollen in die geschichtswissenschaftliche Arbeit einbezogen und in ihr nutzbar gemacht werden. Vor allem durch diese programmatische Absicht unterscheidet sich die in den 1960er/70er Jahren Konturen gewinnende »Historische Sozialwissenschaft« von anderen Varianten der Geschichtswissenschaft. Vieles blieb Programm, aber in einigen Forschungs-, Lehr- und Diskussionsprojekten hat sich die Kooperation zwischen Historikern und einschlägig arbeitenden Sozialwissenschaftlern doch so weit verdichtet, daß man von Interdisziplinarität sprechen kann – falls man den Begriff der Interdisziplinarität nicht allzu anspruchsvoll faßt.

Im folgenden sollen Überlegungen zu vier Punkten vorgebracht werden:

(1) zum Begriff der Interdisziplinarität;
(2) zu den Konstellationen, in denen sich die Forderung nach Interdisziplinarität bemerkbar machte;
(3) zu den Erträgen, Vorteilen und Früchten interdisziplinärer Arbeit;
(4) zu einigen Schwierigkeiten interdisziplinären Arbeitens und den Möglichkeiten, ihnen abzuhelfen.

1.

Es gibt keinen allgemein akzeptierten, zwingenden Begriff von Interdisziplinarität, weil es keinen allgemein akzeptierten Begriff von Disziplin und Disziplinarität gibt. Wenn man *Fächer* gleich Disziplinen setzt und vom Katalog der über viertausend Fächer ausgeht, die der Hochschulverband schon Anfang der siebziger Jahre an deutschen Hochschulen in Lehre und Forschung vertreten fand, dann ist Interdisziplinarität ein sehr häufiges, normales Phänomen, das wenig zusätzlicher Anstöße bedarf. Zählt doch dann schon das Gespräch zwischen Wirtschafts- und Sozialhistorikern einerseits, zwischen Allgemein- oder Politikhistorikern andererseits oder die Kooperation von Chirurgen und Gynäkologen als Fall von Interdisziplinarität.

Wenn man umgekehrt dem Vorschlag Heinz Heckhausens folgt und als Disziplinen im Vollsinn des Wortes ganze *Fächergruppen* versteht, die sich durch den von ihnen verwandten Theorietypus oder Theorieentwurf von anderen Fächergruppen unterscheiden, dann gibt es sehr wenig Disziplinen oder Disziplinaritäten. Von 20–30 spricht Heckhausen und faßt alle hermeneutisch verfahrenden Geisteswissenschaften als eine Disziplin zusammen. Es folgt, daß dann wahrhafte Interdisziplinarität nur sehr selten anzutreffen ist, nur wenn – zum Beispiel – historisch orientierte Geisteswissenschaftler mit Verhaltenswissenschaftlern oder wenn Rechtswissenschaftler mit empirisch arbeitenden Naturwissenschaftlern beziehungsweise mit Mathematikern kooperieren. Vieles von der Arbeit des ZiF wäre dann nicht inter-, sondern intradisziplinär, und das träfe natürlich erst recht für die historisch-sozialwissenschaftliche Legierung zu, auf die ich hingewiesen habe.

In der Alltagsarbeit des ZiF, also etwa in den Entscheidungen des ZiF-Direktoriums, ob eine beantragte Arbeitsgemeinschaft als interdisziplinär zu werten sei, wird ein mittlerer Weg gegangen, und dem folge auch ich in diesem Vortrag. Man versteht interdisziplinäre Arbeit im Sinn von zwischenfachlicher Arbeit, legt aber – meist implizit – einen breiten Begriff von Fach zugrunde. Als Fach gilt etwa die Geschichtswissenschaft, nicht aber die Verfassungsgeschichte oder die Mediävistik. Für ein solches Vorgehen sprechen sehr starke praktisch-pragmatische Gründe. Dafür spricht aber auch, daß Abgrenzungen zwischen institutionell verfestigten Fächern zugleich Abgrenzungen zwischen Argumentations- oder Kommunikationsgemeinschaften markieren, jedenfalls der Tendenz nach und trotz vieler Ausnahmen. Sich auf dieses Abgrenzungsmerkmal zu stützen erscheint deshalb als besonders sinnvoll, weil ja die Organisation interdisziplinärer Arbeit, wie sie das ZiF leisten möchte, nicht zuletzt als Bau von Kommunikationsbrücken zwischen normalerweise voneinander isolierten Wissenschaftlerkreisen verstanden werden kann und – als institutionell-organisatorische Anstrengung – erst aus der gegebenen Departmentalisierung von Wissenschaftlerkreisen ihre Berechtigung bezieht.

Doch die Bindung des Interdisziplinaritätsbegriffs an die aktuelle Fächerstruktur mit diesem Argument hat ihre Schwierigkeiten. Denn manchmal sind die Argumentations- und Diskussionsgemeinschaften innerhalb eines Faches weniger dicht als zwischen Teilen dieses Faches und Teilen eines Nachbarfaches. Überdies lassen sich gegenwärtiger Umfang und heutige Abgrenzung eines Faches – einer Disziplin – oft nur historisch erklären. Die Aufgliederung ändert sich überdies. Entsprechend historisch – und bisweilen kontingent – bleibt die Definition von Interdisziplinarität.

Noch ein Problem der Definition sei kurz angesprochen. Kontakte zwischen Wissenschaftlern aus verschiedenen Fächern variieren natürlich nach Intensität und Dauer. Das Spektrum reicht vom anregenden, jedoch punktuellen Austausch der Fellows beim gemeinsamen Mittagstisch über einjährige interdisziplinäre Forschungsgruppen wie im ZiF bis zur dichten Integration von Teilen benachbarter Disziplinen in ein und derselben Institution – mit integrierten, auf Dauer gestellten Forschungs- und Nachwuchsausbildungsprogrammen, wie sie im Ausnahmefall im Bereich der Historischen Sozialwissenschaft entstanden sind und langfristig in neue Disziplinbildung übergehen können. Wenn im folgenden von interdisziplinärer Forschung, interdisziplinären Studien und interdisziplinärer Lehre die Rede ist, wird ein Minimum an Koordination und Stetigkeit vorausgesetzt, über ein ganz momentanes, punktuelles Zusammentreffen hinaus. Genauere Definitionen sind momentan weder nötig noch wünschenswert.

2.

Aufs ganze gesehen kann kein Zweifel daran bestehen, daß die Wissenschaftsgeschichte seit dem 18. Jahrhundert unter dem Gesetz zunehmender funktionaler Binnendifferenzierung, zunehmender Arbeitsteilung, zunehmender Spezialisierung in immer mehr und immer enger geschnittene Teildisziplinen bestand. Der zunehmenden *Ausdifferenzierung* des Teilsystems Wissenschaft relativ zu anderen gesellschaftlichen Teilsystemem wie Staat, Religion oder Kunst ging die *Binnendifferenzierung* des Teilsystems Wissenschaft parallel, und beides hing, folgt man Luhmann und Stichweh, aufs engste zusammen. Umgekehrt drängte aber auch der nie fehlende, weiter bestehende Praxisbezug der Wissenschaften – etwa ihre Beteiligung an der Ausbildung von akademisch qualifizierten Experten oder ihre technische Verwendung in einem zunehmend ausdifferenzierten Arbeits- und Wirtschaftssystem – zu weiterer Spezialisierung. Effizienzkriterien und Professionalisierungsinteressen wirkten zusammen. Schließlich das schiere Wachstum: Je mehr Aufgaben wissenschaftlicher Bearbeitung zugedacht oder von Wissenschaftlern als ihre Kompetenz erklärt wurden, je mehr Wissenschaftler, Publikationen, Wissensbestände und wissenschaftliche Institutionen es gab, desto wahrscheinlicher wurde die innere Spezialisierung der Wissenschaft. Erst oberhalb einer kritischen Menge von Studenten, Aufgaben und Ressourcen wurde sie möglich. Das Wachstum der Wissenschaft ermöglichte ihre Spezialisierung, es legte sie aber auch nahe, denn mit der Vervielfältigung der Informationen ergaben – ergeben – sich Überlastungen des Kommunikationssystems und der Verarbeitungspotentiale. Spezialisierung bietet einen entlastenden Ausweg.

Externe und interne Faktoren förderten mithin die funktionale Differenzierung der Wissenschaft, wobei die externen, so scheint es, am Anfang viel wichtiger waren, die internen mit der Zeit an Bedeutung dazugewannen.

Beispiele für die gegenläufige Forderung nach interdisziplinärer Kooperation und Zusammenfassung finden sich vermutlich unter anderem Namen auch in weiter zurückliegenden Perioden der Wissenschaftsgeschichte. In gewisser Hinsicht kann man die Universitäten des 19. Jahrhunderts oder doch ihre Fakultäten als Institutionen zur Ermöglichung interdisziplinärer Kooperation verstehen, ebenso die herkömmlichen Akademien. Beherbergten sie doch Wissenschaftler und Studenten aus verschiedenen Fächern unter einem Dach und ermöglichten sie doch eine gewisse Zusammenarbeit über Fachgrenzen hinweg. Zweifellos haben auch praktische Bedürfnisse von Wirtschaft, Gesellschaft und Politik früh nicht nur die wissenschaftliche Spezialisierung angeregt, sondern umgekehrt auch fachübergreifend-anwendungsbezogene Forschung erzwungen: z. B. in den Ingenieurwissenschaften, in der Industrieforschung und in den staatlichen Versuchs-, Prüf- und Forschungsanstalten seit dem späten 19. Jahrhundert.

Aber wenn man heute über Interdisziplinarität spricht, meint man doch etwas anderes, nämlich bewußte, integrative *Reaktionen* auf vorausgehende, weit gediehene und als zu weitgehend empfundene Spezialisierung; Reaktionen gegen eine Spezialisierung, die sich im Gehäuse der alten Institutionen und trotz dieser Institutionen – trotz Universitäten und Gelehrtengesellschaften – durchgesetzt hat und als kritikbedürftig, korrekturbedürftig oder kompensationsbedürftig empfunden wird. Insofern ist die Forderung nach Interdisziplinarität ein modernes Phänomen, ein Phänomen des 20. Jahrhunderts.

Es fehlt jetzt die Zeit, solche Konstellationen wissenschaftsgeschichtlich systematisch zu betrachten, in denen die Forderung nach Interdisziplinarität unüberhörbar wurde und praktische Konsequenzen hatte. Doch möchte ich kurz fünf Beispiele nennen.

Da wären etwa zwei interessante Versuche, das herkömmliche Paradigma der Geschichtswissenschaft zu erweitern und neu zu akzentuieren, u. a. mit der Hilfe der Forderung nach interdisziplinärer Öffnung des Faches. Das geschah besonders deutlich im traditionskritischen Reformklima der 1960er Jahre, als gegen das überkommene historistische Grundmuster des Faches – also gegen seine als zu eng empfundene Konzentration auf Staaten- und Politikgeschichte, gegen seine Überbetonung von hermeneutischem Verstehen und Narrativität – die Zusammenarbeit der Historiker mit den Sozialwissenschaften gefordert wurde, um die Welt des Sozialen verstärkt hereinzuholen, um die Geschiche analytischer und theoretischer zu machen, um ihr Augenmerk stärker auf Strukturen und Prozesse statt auf Ereignisse und Handlungen zu lenken. Die Grenzüberschreitung hin zu den Sozialwissenschaften – also eine interdisziplinäre Orientierung – wurde von einem Teil der Historikerprofession als Moment der Kritik an der eigenen, disziplinären Tradition und als Mittel der Revision gefordert und betrieben.

Interessanterweise hatte sich dasselbe Muster schon in den 1930er/40er Jahren in einem politisch und ideologisch ganz anderen Kontext gezeigt. Damals hatte eine Gruppe junger, ebenfalls traditionskritischer, zugleich aber völkisch-national gesonnener Historiker versucht, die Geschiche für die Geschichte des Volkes, seiner Familien- und Siedlungsstrukturen, seiner Kämpfe und Sitten und Bräuche zu öffnen. Über die Verdienste und Grenzen dieser sog. »Volksgeschichte«, einer wenig bekannten Vorläuferin der heutigen Sozialgeschichte, ist hier nicht zu sprechen. Hervorzuheben ist nur, daß auch dieser Revisionsversuch sich der Dampfkraft des Interdisziplinären bediente. Die Volkshistoriker arbeiteten eng mit Geographen, Volkskundlern und Sprachwissenschaftlern zusammen. Sie öffneten sich weit den Einflüssen der damaligen »Deutschen Soziologie« der Hans Freyer, Gunther Ipsen und anderer. Deren Einwirkung auf damals junge Historiker wie Werner Conze war stark, und das mehrbändige »Handwörterbuch des Grenz- und Auslandsdeutschtums« stellte eine riesige, koordinierte Kooperationsleistung der verschiedenen Disziplinen dar.

Ganz anders war die Konstellation bei der Gründung des ZiF als Kern der Universität Bielefeld durch Helmut Schelsky Mitte der sechziger Jahre. Schelsky hatte zweifellos mehrere Motive, u. a. die privilegierende Entlastung hervorragender Wissenschaftler von den damals schnell zunehmenden Ausbildungsaufgaben der wachsenden Universitäten, ihre temporäre Freisetzung zu Forschung und Kreativität im gelehrten, fachübergreifenden Gespräch, nach den Vorbildern berühmter Institutionen, des Collège de France und des Instituts in Princeton.

Aber er wollte mehr, sonst könnte man nicht erklären, warum er das ZiF als Heimstatt *organisierter* Interdisziplinarität ersann. Bekanntlich verglich Schelsky den Zustand der Universität, wie er ihn vorfand, mit der Humboldtschen Universität vom Anfang des 19. Jahrhunderts, die er ausführlich studierte. Er sah und beklagte, wie sich die Forschung aus den Universitäten herauszuverlagern begann und wie sich die Disziplinen in einem Maß arbeitsteilig spezialisiert hatten, daß das ehemalige Ideal der Einheit der Wissenschaften hoffnungslos verlorengegangen war. Die Spezialisierung der Wissenschaften hielt Schelsky zwar für unvermeidlich, im Sinn wissenschaftlicher Effizienz für erwünscht, jedenfalls für nicht revidierbar. Auch setzte er nicht auf die Philosophie, der er die Integration des Auseinanderfallenden nicht zutraute. Aber er war davon überzeugt, daß es so etwas wie eine spezifisch wissenschaftliche Rationalität gibt, die es sowohl ermöglicht wie auch nahelegt, in immer neuen Versuchen – und zwar durch systematisch betriebene Verknüpfung spezialisierter Wissenschaften selbst, nicht als populäre Synthese daneben – interdisziplinäre Integration vorzunehmen. Schelsky plädierte für immer neue Anläufe und Schritte der Integration, aus denen vielleicht langfristig – ausdrücklich schloß er es nicht aus – so etwas wie eine »materielle Ganzheit der wissenschaftlichen Welterfassung und Welterkenntnis« entstehen könne.

Aus der Konfrontation der expandierenden und sich zugleich eng spezialisierenden Universität seiner Zeit mit dem als Maßstab benutzten Modell der Humboldtschen Universität – und zugleich als öffentlichkeitswirksamer Entwurf zur Neugründung einer Institution – entstand hier das Konzept einer betriebsförmig organisierten, sich nach Thema und Problemstellung periodisch wandelnden, aber dennoch gewisse Stetigkeit verbürgenden Interdisziplinarität.

Schließlich seien zwei Forderungen nach Interdisziplinarität aus den letzten Jahren genannt. Die Akademie der Wissenschaften zu Berlin, die dieses Symposium veranstaltet, ist in der zweiten Hälfte der 80er Jahre mit dem Anspruch ins Leben getreten, Interdisziplinarität präziser, konsequenter und anwendungsbezogener zu praktizieren als bisher. Sie konzentriert ihre Forschungsarbeit auf die interdisziplinäre Lösung von Problemen der modernen technischen Kultur, von Gegenwartsproblemen, die uns, wie es heißt, nicht den Gefallen tun, sich im Sinn der vorhandenen wissenschaftlichen Disziplinen zu organisieren, sondern zu ihrer Lösung die Zusammenarbeit mehrerer Disziplinen benötigen. In interdisziplinär zusammengesetzten Arbeitsgruppen beschäftigt sich die Akademie mit Umweltproblemen, Technologiefolgenabschätzung und ähnlich komplexen Problemen.

Schließlich ein letztes Beispiel: In den studentischen Streiks des Winters 1988/89 rückte jedenfalls in Berlin die Forderung nach interdisziplinären Studien in den Mittelpunkt. Interdisziplinarität wurde gefordert als Korrektur eines Wissenschaftsbetriebs, der den Kritikern zu spezialisiert und selbstläufig erschien, als daß er noch das ausreichend leisten konnte, was er nach Meinung der Studenten eigentlich leisten sollte, nämlich kritische Orientierung in der Gegenwart. Im Grund nahmen diese protestierenden Studenten die Wissenschaft sehr ernst. Sie wiesen auf den Widerspruch hin, daß Wissenschaft einerseits – auch ihrem eigenen, aufklärungsgeprägten Anspruch nach – zur kritischen Orientierung in den Problemen der Gegenwart, zur Selbsterkennung und damit zur Selbstbestimmung beizutragen habe, aber andererseits in ihrer gegenwärtigen Form dazu nur sehr begrenzt in der Lage sei. Daraus ergab sich die Forderung nach interdisziplinären Studien. Sie hat zur Einrichtung entsprechender Tutorien und Projektgruppen geführt.

Mustert man diese fünf Konstellationen, in denen sich die Forderung nach Interdisziplinarität entfaltete, dann kann man folgendes festhalten:

Die Forderung nach Interdisziplinarität wird in sehr unterschiedlichen ideologiepolitischen Zusammenhängen erhoben.

Sehr häufig aber drückt sich in der Forderung nach Interdisziplinarität Kritik aus: entweder Kritik am herkömmlichen Profil einer Wissenschaft, die durch interdisziplinäre Öffnung verändert werden soll; oder Protest gegen ein wissenschaftliches System von Lehre und Forschung, das bestimmte Orientierungsleistungen nicht erbringt, die man von ihm erwartet; oder als kompensierende Korrektur eines im Prinzip akzeptierten, aber als ergänzungsbedürftig empfundenen, spezialisierten Wissenschaftsbetriebs.

Häufig begründet sich der Ruf nach Interdisziplinarität aus der Erfahrung einer Diskrepanz zwischen der Struktur der wissenschaftlichen Disziplin einerseits und der Struktur der als dringlich empfundenen Praxis- oder Deutungsprobleme andererseits. Dieser Satz läßt sich historisieren am Beispiel der Geschichtswissenschaft: Die historistische Geschichtswissenschaft des 19. Jahrhunderts dürfte mit ihrer Staats- und Politikorientierung, ihrem Individualitätsaxiom und ihren verstehenden Zugriffen in der Zeit der Reichsgründung eine Disziplin gewesen sein, die den Bedürfnissen und dem Problembewußtsein großer Teile des gebildeten Publikums entsprach. In den völkischen 1930er Jahren und in den gesellschaftskritischen 1960er Jahren war das nicht mehr so eindeutig der Fall. Eine »Asymmetrie von Problementwicklung und disziplinärer Entwicklung« (Mittelstraß) war entstanden. Dem lag zum einen die Verschiebung des vorherrschenden Problembewußtseins außerhalb der Wissenschaft zugrunde; andererseits hatte sich die Geschichtswissenschaft aus endogenen Gründen in der Zwischenzeit weiter verfestigt und spezialisiert. Einstmals adäquate disziplinäre Orientierungen sind also mit der Zeit der Gefahr ausgesetzt, inadäquat und obsolet zu werden. Die Forderung nach interdisziplinärer Erweiterung reagiert darauf.

Wie sich am Bielefelder ZiF und an der Berliner Akademie zeigt, kann die Forderung nach Interdisziplinarität als Begründung von Neuansätzen dienen, zur Legitimation von Neugründungen etwa, die schließlich eine besondere raison d'être nachweisen müssen, um Interesse und Unterstützung in der Wissenschaft und in der Öffentlichkeit zu finden. Erfolgschancen hat das nur, solange die disziplinäre Organisation die Regel und die Interdisziplinarität die Ausnahme ist. Mitte der 80er Jahre wiesen manche Stimmen darauf hin, daß interdisziplinäre Arbeit – im Vergleich zur Situation zwanzig Jahren zuvor – üblicher und akzeptierter geworden sei. Manchmal habe sich Interdisziplinarität selber in eine Art neuer Spezialisierung verwandelt, und manche Erwartungen seien enttäuscht worden, so daß die Durchschlagskraft des Zauberworts »Interdisziplinarität« bei der Begründung von Projektanträgen oder bei der Rechtfertigung neuer Institutionen nachgelassen habe. Aber in den letzten Jahren scheint das Interesse an interdiszplinären Arbeiten wieder gewachsen zu sein.

3.

Interdisziplinäre Arbeit kann den disziplinären Fortschritt fördern. Sie kann das Problembewußtsein und das Wahrnehmungsvermögen disziplinär arbeitender Wissenschaftler stärken, ihre Sensibilität gegenüber den Grenzen ihrer Zuständigkeit schärfen und ihr Instrumentarium ergänzen. Sie kann aber auch zur Kritik eingefahrener Konventionen und Selbstverständlichkeiten einer Disziplin führen, zur Erweiterung und Modernisierung ihrer Blickweisen.

Selbst wenn solche Modernisierung gelingt, ist es wahrscheinlich, daß immer wieder Inkongruenzen bestehen zwischen der Spezialisierung und der Struktur der wissenschaftlichen Disziplinen einerseits und andererseits der Erstreckung und der Strukur der praktischen Probleme, zu deren Lösung die Wissenschaft beitragen soll. Interdisziplinäre Kooperation versucht, diese Inkongruenz zu überbrücken, solange sich nicht das Disziplinenspektrum an die neuen Probleme angepaßt hat und aus dem, was zunächst interdisziplinär geschah, eine neue Disziplin geworden ist. Interdisziplinäre Forschung kümmert sich also um Probleme, die ihre Disziplin noch nicht gefunden haben. Aus all dem folgt, daß eine spezifische interdisziplinäre Forschungsrichtung oft nach einiger Zeit ihre Daseinsberechtigung verliert, auch und gerade wenn sie erfolgreich war und im sich verändernden System der Disziplinen ihren Platz gefunden hat. Aber es entstehen umgekehrt immer wieder neue Probleme, die – zumindest vorübergehend – nur interdisziplinär erforscht werden können. Der rasche Wechsel von Themen und Problemen ist also für interdisziplinäre Forschung ganz zentral. Die Organisationsform interdisziplinärer Forschung muß elastisch genug sein, um diesen Bedürfnissen Rechnung zu tragen. Der periodisch wechselnde Charakter der Forschungsgruppen des ZiF begründet sich aus diesem Zusammenhang.

Fragt man nach den Leistungen der Interdisziplinarität, sollte auf die Orientierungs- und Deutungsfunktion der Kulturwissenschaften besonders hingewiesen werden. Früher hätte man vielleicht von der Bildungsfunktion der Wissenschaft gesprochen, die sie dank ihrer Herkunft aus der Aufklärung hat. Hartmut von Hentig tut dies weiterhin in seinen Überlegungen zur wissenschaftlichen Interdisziplinarität, kommt aber zu einem skeptischen Urteil. In ihrer höchst spezialisierten, universitären Gestalt können seines Erachtens die modernen Wissenschaften, auch wenn sie sich interdisziplinär verbünden, wirkliche Orientierungs- und Bildungsaufgaben nicht erfüllen. Eher könnte das seines Erachtens der Schulpädagoge im Sekundarschulbereich, der zwar in Kenntnis einiger wissenschaftlicher Grundergebnisse, aber im übrigen auf vorwissenschaftliche Weise erzählt, unterrichtet und bildet. In der Tat kann man bezweifeln, wieweit die Orientierungsfunktion heutiger Wissenschaft reicht. Aber sicher finden sich die Geistes- und Sozialwissenschaften, besonders die Geschichtswissenschaft, mit solchen Erwartungen konfrontiert. Und man kann sich fragen, wer denn sonst diese kritischen Orientierungsfunktionen erfüllen sollte, wenn sich die Wissenschaften als dazu unfähig erwiesen. Sicher wird man zu weitgehende Erwartungen abwehren und nicht zu lösen vorgeben, was man als Wissenschaftler nicht lösen kann: die grundsätzlichsten Sinnfragen, die Begründung von Normen, die Lösung der Welträtsel. Aber ebenso sicher gehört die Bereitstellung von Orientierungswissen und die Diskussion von Deutungen, ihren Bedingungen, Implikationen und Folgen zu den kulturwissenschaftlichen Aufgaben, zu deren Lösung man beitragen kann, ohne sich zu übernehmen – in der Art Max Webers zumindest, in aller Bescheidenheit. Und sicherlich kann oftmals interdisziplinäre Kooperation die diesbezügliche Leistungskraft der Geistes- und Sozialwissenschaften fördern: in der Forschung, vor allem aber auch in der Lehre.

Zu bezweifeln ist andererseits, daß interdisziplinäre Arbeit viel dazu beitragen kann, die Einheit der Wissenschaften wiederherzustellen, die in ihrer philosophischen Idee – aber doch nicht in ihrer Praxis – Anfang des 19. Jahrhunderts bestand. Auch die ehrgeizigsten interdisziplinären Projekte, die am ZiF veranstaltet wurden, blieben partiell, blendeten vieles aus, führten zu Sichtweisen und Ergebnissen, die nur ganz begrenzt anschlußfähig waren an die Sichtweisen und Ergebnisse anderer Wissenschaften. Den Anspruch, die Einheit der Wissenschaft interdisziplinär herzustellen, halte ich für eine Ideologie der Interdisziplinarität. Vielmehr setzt interdisziplinäre Kooperation so etwas wie eine grundsätzliche Einheit der Wissenschaften – allerdings auf einer sehr formalen Ebene – voraus. Gemeint sind die Prinzipien wissenschaftlicher Rationalität. Aus der gemeinsamen Verpflichtung auf diese folgt für die Wissenschaftler und Studenten aus verschiedenen Fächern die Möglichkeit ihrer Kooperation.

4.

Schließlich sei von einigen Schwierigkeiten interdisziplinärer Arbeit gesprochen, und zwar ebenfalls auf der Grundlage von Erfahrungen mit interdisziplinären Forschungsgruppen und Arbeitsgemeinschaften im ZiF.

Interdisziplinäre Projekte können es mit Motivations- und Rekrutierungsschwierigkeiten zu tun haben. Da die Wissenschaften weiterhin primär disziplinär organisiert sind, wird über den Erfolg von Wissenschaftlern und Studenten – über Karrieren und Noten – vor allem *in* den Disziplinen entschieden, jedenfalls im Regelfall. Unter den vorherrschenden Bedingungen knapper Zeit wird oftmals der Arbeit im disziplinären Kontext der Vorrang gegeben. Interdisziplinäre Arbeit ist die Ausnahme, die den Bruch mit Gewohntem verlangt. Sie bedarf auch deshalb besonderer Anreize.

Interdisziplinäre Arbeit stößt regelmäßig auf Sprach- und Verständigungsschwierigkeiten, und zwar umso mehr, je heterogener das Feld der beteiligten Disziplinen ist. Dies braucht Geduld, fordert Zeit, macht Umwege nötig – oftmals übrigens über die Alltagssprache. Man weiß auch im interdisziplinären Gespräch vorweg nie, ob eine sehr dumm klingende Frage des Kollegen aus dem anderen Fach Resultat einer bloßen Verständigungsschwierigkeit ist oder tatsächlich eine fundamentale Infragestellung von etwas darstellt, das man selbst zu Unrecht für selbstverständlich hält. Interdisziplinäre Arbeit kostet mehr Zeit, auch weil sie von den Beteiligten verlangt, sich ein Minimum fremder Kenntnisse anzueigenen: über die Arbeit der Partner aus den anderen Fächern und über den spezifischen Beitrag dieser Fächer zum anstehenden Forschungsproblem. Das kann aufwendig sein, und man fragt sich nach dem Verhältnis von Mitteleinsatz und Resultat.

Wenn theoretisch sehr unterschiedliche Fächer zusammengespannt werden, ist es wahrscheinlich, daß nicht-anschlußfähige Theorieentwürfe aufeinanderprallen. Häufig muß man es bei ihrer Konfrontation belassen und kann bestenfalls darauf reflektieren, aufgrund welcher Vorverständnisse, Selektionen, Wissenschaftstraditionen und Verwertungszusammenhänge die »Kopulationsfähigkeit« der Theorien und Zugriffe nicht besteht. Nur manchmal gelingt der Brückenschlag zwischen zwei Theorietypen in theoretischer Form. So wird von der ZiF-Forschungsgruppe über »Steuerung und Erfolgskontrolle im öffentlichen Sektor« berichtet, daß die Vermittlung zwischen ökonomischen und soziologischen Bürokratietheorien mit Hilfe der Spieltheorie gelang.

In der Regel zwingen die Schwierigkeiten der Vermittlung zwischen den Disziplinen die Teilnehmer an interdisziplinären Projekten dazu, auf hoher Abstraktionsebene zu diskutieren, die Reflexivität zu intensivieren und aufwendige Verknüpfungsüberlegungen einzuführen. Daraus ergibt sich ein besonderes Problem der Vermittlung nach draußen, jedenfalls für die Kulturwissenschaften, die auch vom breiteren Publikum zur Kenntnis genommen werden möchten. Mit der inneren Komplexität und Reflexivität wird die Vermittlung zum nicht-wissenschaftlichen Publikum hin schwieriger. Interdisziplinäre Forschung resultiert selten in glatter, glitzernder oder eleganter Erzählung. Ihre Produkte wirken oft sperrig und schwer. Ihrer an sich wünschenswerten Breitenwirksamkeit steht das im Wege.

Insgesamt gilt, wie Franz-Xaver Kaufmann nach Erfahrungen im ZiF geschrieben hat, daß Interdisziplinarität nur »gegen den Strom möglich« ist. Oder wie es Harald Weinrich, ebenfalls nach Erfahrungen im ZiF, ausgedrückt hat: »Ich muß in diesem Zusammenhang immer an ein bekanntes Gedicht von Erich Kästner denken. Es hat den Titel ›Lied zwischen den Stühlen zu singen‹. Wenn das schon ein unangenehmer Platz zum Singen ist, wieviel mehr gilt das dann für jene interdisziplinären Lieder, die zwischen den Lehrstühlen zu singen sind. Aber sie müssen dennoch gesungen werden, denn auf den Lehrstühlen sitzt man zwar einigermaßen bequem, aber es besteht die Gefahr, daß man immer das gleiche Lied singt.« Deshalb benötigt Interdisziplinarität besondere Vorkehrungen, um zustande zu kommen.

Man sollte die interdisziplinäre Arbeit nicht mit Erwartungen überfrachten. Die perfekte, stringente Integration der beteiligten Wissenschaften wird die seltene Ausnahme bleiben, besonders wenn das Spektrum der beteiligten Fächer weitgespannt ist und Wissenschaften dominieren, die disziplinär besonders scharf profiliert und gefestigt sind. Dazu gehören die Naturwissenschaften oder auch die Jurisprudenz, im Unterschied zur Geschichtswissenschaft, die im Grund sehr eklektisch vorgeht, alltagsnah spricht und sich vielem öffnet.

Das Risiko des Scheiterns interdisziplinärer Arbeit bleibt hoch. Um es zu reduzieren, empfiehlt es sich – wenn es die Fragestellung erlaubt –, eine der beteiligten Wissenschaften zur Leitdisziplin des jeweiligen Projektes zu machen, zur sich erweiternden Basis der angestrebten Integration, auf die hin die Vertreter der anderen Fächer argumentieren, und sei es nur, um sich kritisch davon abzustoßen.

Interdisziplinarität abstrahiert nicht von disziplinärer Kompetenz, sondern setzt sie voraus. Nur durch eine gute Ausbildung in einer oder zwei Disziplinen lernt man das Handwerk, das Wissen, die Solidität, die man braucht, um interdisziplinär verläßlich arbeiten zu können. Den Universalwissenschaftler jenseits der Disziplinen gibt es nicht. Andererseits hilft es, wenn die Teilnehmer an den interdisziplinären Forschungsgruppen selbst schon als einzelne Erfahrungen in mehr als einem Fach mitbringen und nicht zu verfestigt sind. So mag auch manches für frühe interdisziplinäre Lehre sprechen, jedoch nur ergänzend. Wissenschaftliche Anfänger sind durch interdisziplinäre Arbeit leicht überfordert.

Die interdisziplinären Forschungsgruppen des ZiF mit einjähriger Dauer sind konzeptionell in verschiedener Weise konstituiert worden. Einige fanden sich auf der Grundlage eines gemeinsamen *Themas* zusammen, z. B. Historiker, Sozial- und Rechtswissenschaftler im Projekt »Recht und Entwicklung der Großunternehmen im 19. und frühen 20. Jahrhundert«. Andere fanden ihren gemeinsamen Nenner im Interesse an ein und derselben *Theorie* in den verschiedensten Anwendungsbereichen. Das gilt z. B. für die Forschungsgruppe »Game Theory in the Behavioral Sciences« im Jahr 1988/89. Am häufigsten jedoch kommt erfolgreiche interdisziplinäre Arbeit zustande, wenn sie sich aus einer übergreifenden *Problemstellung* ergibt, die von den Forschungsgruppenmitgliedern gemeinsam als lösungsbedürftig anerkannt wird und deren Bearbeitung die Kooperation verschiedener Fächer ganz offensichtlich erfordert.

Oft drängen sich solche nur interdisziplinär zu bearbeitende Probleme aus dem praktischen Leben geradezu auf. Aber die Formulierung der Problemfragen kann selbst das Ergebnis eines interdisziplinären Diskussionsprozesses sein. Sobald einmal ein institutioneller Rahmen für interdisziplinäre Arbeit mit wechselnden Themen besteht, wirkt er mit den Möglichkeiten, die er bereitstellt, als Anreiz für die Erfindung neuer Problemfragen, die zur interdisziplinären Einlösung drängen. Wie so vieles andere kann auch interdisziplinäre Arbeit durch Institutionalisierung nur gewinnen, solange sie die Elastizität und Flexibilität ihrer Problemstellungen und Themenauswahl garantiert und damit die Verfestigungen meidet, die für disziplinäre Arbeit oft typisch sind. Die eindrucksvolle zwanzigjährige Leistungsbilanz des Bielefelder ZiF ist ein Beweis dafür.

Summary

This article is based on experiences within the Center for Interdisciplinary Research at the University of Bielefeld (West Germany), the first German Institute for Advanced Study (founded in 1968). In addition, the article comments a long series of attempts at combining parts of the historical discipline with (parts of) the neighbouring social sciences. On this basis the article offers a definition of interdisciplinarity. It discusses constellations out of which the demand for interdisciplinary research arose. It specifies the potential advantages of interdisciplinary work. It identifies some of its difficulties and proposes ways for overcoming them.

Literatur

Interdisziplinarität: Praxis – Herausforderung – Ideologie, hrsg. v. J. Kocka (Frankfurt a.M., 1987) [hier auch die im Text erwähnten Beiträge von H. von Hentig, H. Heckhausen und J. Mittelstraß].

J. Kocka u. G. Sprenger, »Das Zentrum für interdisziplinäre Forschung (ZiF) der Universität Bielefeld«, *Jahrbuch zur Staats- und Verwaltungswissenschaft* 2 (1988), S. 367–386.

K. D. Bock, »Helmut Schelsky: Hochschulreformer ›auf eigene Faust‹: Zur Vorgeschichte der Bielefelder Universitätsgründung«, in: *Helmut Schelsky – ein Soziologe in der Bundesrepublik*, hrsg. v. H. Baier (Stuttgart, 1986), S. 167–181.

H. Weinrich, »Interdisziplinäre Forschung an der Universität Bielefeld«, in: *Jahresbericht des ZiF 1973*, S. 9–21.

F.-X. Kaufmann, »Das Bielefelder ZiF: Ein Ort interdisziplinärer Forschung«, *Merkur* 37 (1983), S. 464–468.

Centre for Educational Research and Innovation (CERI), *Interdisciplinarity: Problems of Teaching and Research in Universities* (OECD, 1972).

Inter-disciplinarity Revisited: Reassessing the Concept in the Light of Institutional Experience, hrsg. v. L. Levin u. I. Lind (Stockholm [OECD/CERI], 1985).

W. Voßkamp, »Von der wissenschaftlichen Spezialisierung zum Gespräch zwischen den Disziplinen«, in: *Kindlers Enzyklopädie: Der Mensch*. Das zehnbändige Werk, Bd. 7 (1984), S. 445–462 (mit Literatur).

M. Carrier u. J. Mittelstraß, »Die Einheit der Wissenschaft«, in: Akademie der Wissenschaften zu Berlin, *Jahrbuch 1988* (Berlin/New York, 1989), S. 93–118.

R. Stichweh, *Zur Entstehung des modernen Systems wissenschaftlicher Disziplinen: Physik in Deutschland 1740 – 1890* (Frankfurt a.M., 1984).
Staatliche Forschung in Deutschland 1870 – 1980, hrsg. v. P. Lundgreen u. a. (Frankfurt a.M., 1986).
R. G. A. Dolby, »Classification of the Sciences: The Nineteenth Century Tradition«, in: *Classification in the Social Context*, hrsg. v. R. F. Ellen u. D. Reason (London, 1979), S. 167 – 193.
J. Kocka, »Paradigmawechsel? Die Perspektive der ›Historischen Sozialwissenschaft‹«, in: *Historie, Didaktik, Kommunikation*, hrsg. v. B. Mütter u. S. Quandt (Marburg, 1988), S. 65 – 80.

Die Einheit der Wissenschaft – An einem Ort und für ein Jahr: Interdisziplinarität und Institutes for Advanced Study

Wolf Lepenies

Als Carl von Linné sich im Jahre 1740 um den Lehrstuhl für Botanik in Uppsala bewarb, kam er nur auf den dritten Platz. Berufen wurde Nils Rosén. Da die Universität Linné aber nicht verlieren wollte, erhielt er als Kompensation den Lehrstuhl für theoretische und praktische Medizin. Ein Jahr später tauschten Linné und Rosén einvernehmlich die Lehrstühle – wovon letztlich die Botanik mehr als die Medizin profitierte. Dieses Tauschgeschäft gehörte zu den akademischen Üblichkeiten der Zeit. Es ließ sich in diesem Fall umso leichter abwickeln, als die Botanik zur medizinischen Fakultät gehörte und *materia medica*, also die pharmazeutische Botanik, ein Bindeglied zwischen Botanik und Medizin darstellte.

Falsch wäre es, die karrierepolitischen Vorzüge eines solchen Arrangements – das es im übrigen dem einzelnen Professor auch erlaubte, unerwünschten Ortsveränderungen durch intra-disziplinäre Mobilität zu entgehen – einzig und allein auf die mangelnde Ausdifferenzierung des Wissensbestandes oder des Wissenschaftssystems des Dixhuitième zurückzuführen.

Es gab Ausdifferenzierungen anderer Art – mit durchaus peinlichen Konsequenzen. 1770 war Bourdelin Professor am Pariser Jardin du Roi; Rouelle, der später zum Mitbegründer der Chemie in Frankreich wurde, war sein Demonstrator. Wie die *Correspondance littéraire* nicht ohne Schadenfreude berichtet, verließ Bourdelin nach seiner Vorlesung das Amphitheater in der Regel mit den Worten: »Wie es Ihnen der Herr Demonstrator durch seine Experimente beweisen wird«, worauf, mit der gleichen Regelmäßigkeit, Rouelle – nicht ohne sich vergewissert zu haben, daß sich die Tür hinter Bourdelin tatsächlich geschlossen hatte – seine Experimente mit den Worten einleitete: »Meine Herren, alles was der Herr Professor gesagt hat, ist absurd und falsch, wie ich es Ihnen sogleich beweisen werde.«

Sprechen wir heute über die Einheit der Wissenschaften und – in dieser Sektion – über Interdisziplinarität in Theorie und Praxis, so läßt sich unsere Problemlage auch folgendermaßen beschreiben: Einer Nachrede der Art, wie Bourdelin sie erfuhr, sind wir immer noch ausgesetzt. Über die Mobilität eines Linné aber können wir schlechterdings nicht mehr verfügen.

Ich kann Ihnen nicht mehr liefern als einen Erfahrungsbericht aus der Praxis einer Institution, die es sich zum Ziel gesetzt hat, den Kontakt der Disziplinen zu befördern. Ich bin seit 1984 Mitglied, seit 1986 Rektor des Wissenschaftskollegs zu Berlin, das sich mit seinem englischen Untertitel als Institute for Advanced Study zu erkennen gibt. Ich habe drei Jahre als Mitglied des ersten Institute for Advanced Study in Princeton verbracht. Ich kenne das Center for Advanced Study in the Behavioral Sciences in Palo Alto und das gerade gegründete International Institute for Advanced Study in Kyoto ein wenig; ich war Mitglied im Wissenschaftlichen Beirat des ZiF in Bielefeld und bin noch Mitglied im Beirat des SCASSS, des Swedish Collegium for Advanced Study in the Social Sciences in Uppsala. Ich spreche über die Programmatik und Praxis eines bestimmten Typus von Institutionen – von Institutes for Advanced Study.

Ich beginne mit einem ausgesprochen selektiven Rückblick auf das aus dem Wiener Kreis hervorgegangene Programm einer Einheitswissenschaft. Ich spreche im zweiten Teil über die Zielsetzung von Institutes for Advanced Study im allgemeinen und im dritten und abschließenden Teil von der Programmatik und Arbeitsweise meiner eigenen Institution.

1.

Ich gebe zu, daß das Stichwort »Einheit der Wissenschaft« mich eher abschreckt als stimuliert. Vielleicht ist diese Aversion auch zeitbedingt. Müssen wir, dazu in Bonn, noch eine Einheits- oder Vereinigungs- oder gar Wiedervereinigungsdebatte führen? Parallelen zur Politik ließen sich durchaus ziehen. So könnte man beispielsweise auch in der Wissenschaft Vereinigungsoptionen nach §23, bzw. §146 unterscheiden. Solche Parallelen möchte ich aber nicht weiterführen. Die Gefahr wäre zu groß, daß sie sich im Endlichen schneiden. Jedenfalls erinnern den Sozialwissenschaftler manche Vereinigungsdebatten in den Wissenschaften an den Ratschlag, den Dr. Johnson einst einem irischen Kollegen gab: »Do not make a union with us, Sir. We should unite with you, only to rob you.«

Warum schreckt mich das Stichwort »Einheit der Wissenschaft« eher ab? Ich beziehe mich, um nur ein Beispiel zu geben, auf Viktor Krafts einschlägigen Artikel im *Historischen Wörterbuch der Philosophie.* Den Glauben an einen Fortschritt der Wissenschaften, der schließlich den »Inhalt der wissenschaftlichen Erkenntnisse in ein einheitliches System auf ontologischer Basis« bringen kann oder soll, finde ich ebenso vermessen wie die Suche nach einer Einheitssprache der Wissenschaften prinzipiell verfehlt – mag es sich nun um die physikalische Sprache oder jenen Teil der Umgangssprache handeln, der von Carnap »Dingsprache« genannt wurde. Dies alles sind – jedenfalls für mich – Dystopien oder, um auf einen einschlägigen Aufsatz von Elisabeth Ströker zur Einheit der Wissenschaft anzuspielen, fragwürdige Ideen.

Um meine Abwehrhaltung zu verstärken, entlieh ich – das Buch hatte ich wohl vor einem Dutzend Jahren zum letzten Mal in Händen gehabt – den ersten Band der *International Encyclopedia of Unified Science* in der Absicht, John Dewey's Artikel »Unity of Science as a Social Problem« zu lesen oder wiederzulesen. Ich fand den Artikel enttäuschend, Otto Neuraths Manifest »Unified Science as Encyclopedic Integration« dagegen von einer überraschenden Aktualität.

Die Idee der Einheitswissenschaft, die dem wachsenden Bewußtsein von der Bedeutung einer besonderen wissenschaftlichen Haltung, der »universal scientific attitude« zugrundeliegt, wird von Neurath auf die historisch neuartige Verknüpfung zweier intellektueller Strömungen zurückgeführt, die er als Versuche zur »empiricalization« bzw. »logicalization« des Wissens charakterisiert. Aus dieser Synthese gehen – wie es konventioneller Sichtweise entspricht – der »logische Empirismus« bzw. der »empirische Rationalismus« hervor. Die Programmatik jedoch, die Neurath vorschlägt, um diese Synthese zu erreichen oder zu verstärken, nimmt eine überraschende Wende. Ich zitiere:

> To further all kinds of scientific synthesis is one of the most important purposes of the unity of science movement, which is bringing together scientists in different fields and in different countries, as well as persons who have some interest in science or hope that science will help to ameliorate personal and social life.

Derartige Synthetisierungsversuche auf der Ebene einer face-to-face Kommunikation der Wissenschaftler werden am Beispiel der Internationalen Kongresse für die Einheit der Wissenschaften illustriert, bei denen Schritte auf diese Einheit hin durch die Kooperation der Physiker mit den Biologen, der Biologen mit den Soziologen und durch den Kontakt anderer Einzelwissenschaften mit Logik und Mathematik gemacht werden. Für Neurath war der Comte der *Philosophie positive* ein prominenter Vorläufer der einheitswissenschaftlichen Bewegung, und in der Tat mag es manches Mal so erscheinen, als ob es sich bei der *International Encyclopedia of Unified Science* auch um den Versuch handelt, das Programm Auguste Comtes zu entprovinzialisieren, zu kollektivieren und zu dynamisieren.

Neuraths Manifest strebt eine umfassende Systematik der wissenschaftlichen Erkenntnisse und die Herausbildung einer einheitlichen Wissenschaftssprache eher indirekt und als Fernziel an: ihm geht es weniger um Ontologie als vielmehr um Kommunikation, weniger um Wissenschaftstheorie als um die Beförderung eines bestimmten Wissenschaftsethos. Dazu gehört, daß die intellektuellen Bestrebungen, die auf die Herausbildung einer Einheitswissenschaft abzielen, ihre organisatorische Konzentration nicht in einer Schule finden, sondern mit einem gewissen ironischen Pathos als Bewegung (movement) gekennzeichnet werden. Im traditionssichernden Rückgriff auf die große *Encyclopédie* kommt der anti-institutionelle Affekt dieses Manifests besonders deutlich zum Ausdruck.

Neurath betont, daß die *Encyclopédie* kein vereinheitlichendes System der Wissenschaften darstellt, sondern daß in ihr die gelungene Kooperation der Spezialisten einer Epoche zum Ausdruck kommt. Die große französische Enzyklopädie ist, in Neuraths eigenen Worten, »an important example of organized co-operation«. In dieser Zielsetzung einer organisierten Kooperation über Disziplingrenzen hinweg, so denke ich, zeigt sich auch die besondere Affinität einer Institution wie der Akademie der Wissenschaften zu Berlin zum Thema dieses Kongresses. Und erinnert man daran, daß diese Akademie sich nicht in Klassen gliedert, sondern daß ihr entscheidendes Organisationsprinzip die verpflichtende Mitarbeit aller Mitglieder in Arbeitsgruppen ist, so läßt sich sagen, daß die etablierten deutschen Regionalakademien sich auch an der französischen Académie des Sciences orientieren, während für die Berliner Akademie eher die Zielsetzung der *Encyclopédie* als Vorbild dienen könnte.

Im übrigen bietet diese verpflichtende Orientierung auch Anlaß zu Selbstkritik. Neurath hebt die gleichsam organisationsimmanente Toleranz der auf disziplinenübergreifende Kooperation abzielenden *Encyclopédie* hervor, die den Herausgeber d'Alembert die gegen Wissenschaft und Technik gerichtete Aggression eines Rousseau ablehnen und ihn zugleich die Mitarbeit Rousseaus begrüßen ließ. Mein Eindruck ist, daß es auch unserer Akademie guttäte, einen modernen Rousseau zu ihren Mitgliedern zu zählen.

Bemerkenswert an Neuraths Manifest erscheint mir ferner die herausgehobene Bedeutung bestimmter intellektueller Milieus für die Wissenschaftsentwicklung. Er vermeidet dabei, wenn ich mich recht erinnere, den Begriff des Fortschritts vollständig – spricht freilich von »evolution« – und findet für die Charakterisierung der Wissenschaftsgeschichte das Bild des Mosaiks, das es erlaubt, Formenkonstanz und Formenveränderung zwanglos miteinander in Beziehung zu setzen. Auch lassen sich durch ein solches Bild die fortschrittsbefördernden Wirkungen wissenschaftlicher Auseinandersetzungen verdeutlichen: »Scientific thinkers who were combating one another in social and intellectual conflicts must nevertheless often be regarded as the contributors of little stones to the same part of the whole pattern.«

Schließlich werden mit Hilfe derartiger Metaphern normative Zuschreibungen vermieden, wie sie etwa in der gängigen Trennung von »hard sciences« und »soft sciences« zum Ausdruck kommen. Neurath verwendet den Terminus »Mosaiker« (mosaicists) für die Naturwissenschaftler. Analog dazu ließe sich – wie Lévi-Strauss es, wenn auch mit einer anderen Blickrichtung, getan hat – von der kaleidoskopischen Logik der Geisteswissenschaften sprechen. Bilder wie Mosaik und Kaleidoskop gehören einer Metaphernwelt an, die Disziplinenkontakte eher befördert als abschreckt. Vergleichbar damit wären Ludvig Flecks »Denkkollektive« oder Thomas Kuhns »gestalt switch«.

Neurath geht dabei so weit, die Aufweichung wissenschaftlicher Standards für die erhöhten Chancen der Disziplinenkooperation in Kauf zu nehmen: »An empiricist must permit himself, if necessary, a certain vagueness. Scientism – if one may use this term, introduced by French positivists a hundred years ago – does not depend upon exactness but only upon the permanence of scientific criticism.«

Das Streben nach einer Vereinheitlichung des Wissens durch eine Verknüpfung der Wissensbestände drückt sich, um es noch einmal zu wiederholen, für die Neurathsche Programmatik in der Praxis der *Enzyklopädie*, nicht im Begriff des *Systems* aus. »The maximum of co-operation – that is the program!« Es ist ein Programm, das einer Ethnographie wissenschaftlicher Disziplinen, einer Soziologie der Wissens- und Weltanschauungsformen und einer Anthropologie der Erkenntnis mindestens einen so bedeutenden Platz einräumt wie der Wissenschaftstheorie und der Logik. Es ist ein Programm, das es gestattet, den Zielsetzungen und Funktionen jener Institutionen eine gewisse Aufmerksamkeit zu widmen, die es sich zum Ziel gesetzt haben, eine die Disziplinen überschreitende Kooperation der Wissenschaften zu befördern.

Dazu gehören auch Institutes for Advanced Study.

2.

Wie selbstverständlich unterstellen wir heutzutage Institutionen, die sich der Gattung der Institutes for Advanced Study zurechnen, die Intention, den interdisziplinären Kontakt der Einzelfächer miteinander und damit die Einheit der Wissenschaft zu befördern. Im Namen des Bielefelder Zentrums für Interdisziplinäre Forschung (ZiF) kommt diese Intention deutlich zum Ausdruck. Demgegenüber möchte ich daran erinnern, daß Interdisziplinarität ursprünglich keinesfalls zu den herausragenden Zielsetzungen von Institutes for Advanced Study gehört und in der Verfassung manches Instituts ein gewisser anti-interdisziplinärer Affekt nicht zu übersehen ist.

So war nicht »Interdisziplinarität« die Leitidee, die bei der Gründung des ersten Institute for Advanced Study in Princeton Pate stand – obwohl sein Gründer, Abraham Flexner, die Idee der Interdisziplinarität in einem Fall verkörperte. Flexner, der bis kurz vor seinem 40. Lebensjahr Griechisch und Latein gelehrt hatte, wurde 1910 als Autor des Bulletin No.4 des Carnegie Endowment weltberühmt, jener schonungslosen Abrechnung mit der völlig unzureichenden Medizinerausbildung in den USA, die das Fach schließlich nicht nur in den Staaten, sondern weltweit reformieren sollte. Der Bildungs- und Erziehungsreformer Flexner wollte mit dem Institute for Advanced Study eine Institution schaffen, die auf der einen Seite dem Vorbild großer außer-universitärer europäischer Bildungseinrichtungen wie dem All Souls College und dem Collège de France nachstreben, zugleich aber auch die Vorzüge der modernen deutschen Universität des 19. Jahrhunderts, insbesondere ihres Seminarsystems, aufweisen sollte. Es ist nicht unwichtig, daran zu erinnern, daß das erste Institute for Advanced Study ursprünglich als eine Art Graduate School gedacht war. Vom Recht, akademische Grade zu verleihen, hat das Institute for Advanced Study freilich bis heute keinen Gebrauch gemacht.

Obwohl Flexner von Anfang an betonte, daß er für das Institute einen besonderen Wissenschaftler- und Gelehrtentypus rekrutieren wollte – »minds which can both specialize and generalize« –, bildeten Exzellenz, Entlastung – nicht zuletzt durch Lehrfreiheit – und die Optimierung disziplinärer Forschung und *nicht* Interdisziplinarität die Schlüsselorientierungen dieser so folgenreichen Innovation.

Daraus erklärt sich eine gewisse Paradoxie und Ironie der Princetoner Gründungstexte, die Flexner davon sprechen ließen, daß es in einem Institute for Advanced Study darauf ankomme, erstrangige Köpfe zu versammeln und sie dann allein zu lassen; daß es sich beim Institute for Advanced Study um eine Lehranstalt handeln würde, deren Mitglieder pädagogisch wirkten, indem sie nicht lehrten – »who taught best by not teaching at all« lautete Flexners Formel – und daß es in Princeton vor allem darauf ankommen würde, den Nutzen nutzlosen Wissens – »the usefulness of useless knowledge« zu demonstrieren.

Im Brief der Gründer an die ersten Trustees kommt die Zielsetzung des Institute, die Interdisziplinarität nicht ausschließt, aber gleichsam ausspart, deutlich zum Ausdruck: »The primary purpose is the pursuit of advanced learning and exploration in fields of pure science and high scholarship.« Wenn ich Sie noch einmal an das Manifest Otto Neuraths erinnern darf: nirgendwo ließe ein Gründungstext des Princetoner Instituts die Schlußfolgerung zu, die Herstellung eines Kontakts zwischen den einzelnen Disziplinen sei so wichtig, daß dafür zur Not innerfachliche Standards gesenkt werden könnten.

Auf der organisatorischen Ebene hat das Institute for Advanced Study einen Differenzierungsprozeß durchgemacht, der Interdisziplinarität keineswegs erleichtert. 1933 entstand die School of Mathematics, die nicht nur Mathematik sondern auch Physik und Astrophysik umfaßte, wobei Persönlichkeiten wie Hermann Weyl die einzelnen Fachgebiete verklammerten. 1966 wurde die selbständige School of Natural Sciences gegründet, und heute existieren insgesamt vier Abteilungen am Institute, neben den genannten noch die School of Historical Studies und die School of Social Science.

In der Selbstdarstellung der einzelnen Abteilungen, die meiner eigenen Erfahrung nach ihrer Forschungspolitik und -praxis weitgehend entspricht, wird diese gleichsam programmatische Aussparung von Interdisziplinarität bekräftigt bzw. in einem einzigen Fall korrigiert. Den geltenden »Procedures for Academic Governance of the Institute«, die als dessen entscheidende Zielsetzung die Förderung des »*disciplined* and creative *individual* mind« ansehen, entsprechen nicht nur die Selbstdarstellungen der School of Mathematics und der School of Natural Sciences, sondern auch der School of Historical Studies, in der zwar von disziplinenüberschreitenden Interessen der Mitglieder die Rede ist, zugleich aber der Abteilung vorrangig eine Art individualitätssichernder Strategie zugeschrieben wird: »The historian at the Institute does not generally engage in group projects«, heißt es da, und: »The historian's work tends to stress the role of the individual scholar as master of the entire endeavor...«

Daß dieser Forschungs-Individualismus, der von einer entschieden idiographisch ausgerichteten methodologischen Orientierung begleitet wird, zu keinen stärkeren Spannungen mit der School of Social Science führt, liegt einzig daran, daß diese – nicht zuletzt durch die vorbildprägende Kraft von Theorieproduzenten wie dem Ethnologen Clifford Geertz und dem Ökonomen Albert O. Hirschman – sich an einem ausgesprochen hermeneutischen Paradigma orientiert.

Auf der anderen Seite war und ist die interdisziplinäre Orientierung der soziologischen Abteilung konfliktträchtig, deren Selbstdarstellung – »The School of Social Science continues to be *resolutely* multidisciplinary, comparative and international in its approach to social research, and brings together scholars with various perspectives« – sich wie eine intellektuelle Kampfansage an die anderen Schools richtet, und gelegentlich auch so verstanden wurde und noch verstanden wird.

In einem »Report of the Joint Faculty-Trustee Study Committee« aus dem Jahre 1956 wird als herausragende Aufgabe des Institute die Förderung und Mehrung herausragenden individuellen Wissens und der Gelehrsamkeit des großen Einzelnen gesehen:

> We further believe that what makes study advanced is not only the native talent and originality of the investigator, but the fact that he must have learned a great deal in order to conduct it. He may, for instance, have learned the discipline and arts of modern mathematics, or the specialized concepts, methods and lore of atomic physics; or he may have steeped in what was written and said, acted and recorded in early imperial Rome. This knowledge, this learning ... will be a treasure. It is to the fostering and application of such treasure that the Institute is devoted.

In dieser Absichtserklärung, die nicht eines gewissen Moderne-kritischen Charmes entbehrt, kommt deutlich zum Ausdruck, daß zur Gründungsabsicht des ersten Institute for Advanced Study und weitgehend auch noch zu seiner heutigen Forschungspraxis eher eine Art intellektueller Schatzbildung als die Vermehrung eines die Disziplinen überschreitenden und sie miteinander verbindenden Wissenskapitals gehört.

Auch als 1950 aufgrund einer Ford Foundation Study on Policy and Programs der Grundstein für das spätere Center for Advanced Study in Palo Alto gelegt wurde, gehörte Interdisziplinarität nicht zu den Schlüsselorientierungen der neuen Institution. Zwar wurde die Notwendigkeit, die Prinzipien menschlichen Verhaltens zu erforschen, aus einer ausdrücklich gesellschaftskritischen Perspektive formuliert, doch sollte dieses Ziel wiederum eher durch die Entlastung des einzelnen Forschers und durch eine Stärkung seiner individuellen Kompetenzen als durch eine explizite Einbettung der Fachforschung in einen interdisziplinären Kontext erreicht werden. Hinzuzufügen ist, daß seit längerer Zeit die *Praxis* des Center andere Schwerpunkte gesetzt hat, wie aus einer Umfrage unter den Fellows hervorgeht, die entscheidende Vorzüge der Institution benennen sollten. An erster Stelle stand:

> The stimulating company of other leading scientists and scholars from a variety of disciplines, under circumstances that maximize the likelihood of easy and rewarding interactions and the acquisition of new skills.

1985 wurde in Uppsala das SCASSS, das Swedish Collegium for Advanced Study in the Behavioral Sciences gegründet. Dessen Ziel war nicht zuletzt eine überfällige Internationalisierung der schwedischen Sozialforschung. Die einzuladenden Forscher wurden zu interdisziplinärer Kooperation verpflichtet – in einem, so der Gründungstext, »ambitious effort to promote advanced multi-disciplinary social science.« Anders als in Princeton und in Palo Alto wurde die Forschungstätigkeit in einem Institute for Advanced Study nicht vorrangig als Entlastung von universitärer Lehre und zugleich als Verstärkung der universitären Forschungspraxis konzipiert, sondern als Alternative zur Praxis einer Normalwissenschaft, die interdisziplinäres Arbeiten kaum mehr zuläßt. Als attraktiv galt »the thought-provoking confrontation of views and experiences over disciplinary boundaries«, die der künftige Fellow des Collegium erwarten durfte.

Die Institution, an der ich gegenwärtig arbeite, das Wissenschaftskolleg zu Berlin, ist vor zehn Jahren, im Juni 1980 in direkter Anknüpfung an die großen amerikanischen Institutes for Advanced Study gegründet worden. Im § 1 des Gründungsdokuments wird der Zweck des Wissenschaftskollegs folgendermaßen definiert:

> Das Wissenschaftskolleg zu Berlin ... dient der Wissenschaft, indem es anerkannten Gelehrten die Ausführung selbstgewählter Forschungsarbeiten in Berlin ermöglicht. Es fördert die Zusammenarbeit zwischen den Forschern, insbesondere auch zwischen Forschern aus verschiedenen Ländern und Disziplinen ...

Aus der Praxis dieser Institution will ich Ihnen abschließend berichten.

3.

In jedem Jahr versammelt das Wissenschaftskolleg zu Berlin für einen Zeitraum von zehn Monaten Forscher aus aller Welt und aus prinzipiell allen Disziplinen. Um Ihnen ein Beispiel aus diesem Akademischen Jahr zu geben: am Kolleg arbeiten 43 Fellows. Sie kommen aus 19 verschiedenen Ländern aller Kontinente, von Brasilien bis China, von Norwegen bis Nigeria, von der UdSSR bis Australien. Die Spannweite der Forschungsprojekte reicht von der Rätoromanischen Literatur bis zur Buddhistischen Logik, von der Geologie Afrikas bis zur Botanik, von einem spezifischen Gebiet der Flüssigkristallforschung, den Anisotropen Fluiden, bis zur Familienethnologie. In der Vielfalt der individuellen Forschertemperamente, der nationalen Wissenschaftstraditionen und der unterschiedlichen Disziplinkulturen, die sich an einem Ort und für ein Jahr versammeln, bildet das Wissenschaftskolleg eine Enzyklopädie auf Zeit.

Das Wissenschaftskolleg spricht Einzeleinladungen aus; zugleich wird in jedem Jahr der Versuch unternommen, Schwerpunktgruppen zu bilden. Ich gebe Ihnen dafür zwei Schwerpunkte aus der Praxis dieses Akademischen Jahres.

Den Schwerpunkt »Anisotrope Fluide« bilden vier Physiker, bzw. Chemiker aus Kanada, den USA, Frankreich und Israel, deren Arbeit dem Außenstehenden auf Anhieb schwerlich als interdisziplinär erscheinen kann. In der Binnensicht der Beteiligten ist dies aber der Fall. Demjenigen, der sich nicht mit Flüssigkristallforschung beschäftigt, wird an einer solchen interdisziplinär orientierten Gruppe paradoxer Weise vor allem der *Spezialisierungsgrad* moderner Naturwissenschaft deutlich: was in der Außensicht noch nicht einmal als ein Fach, sondern bestenfalls als eine hochspezialisierte Fachrichtung erscheint, gilt in der Binnenperspektive als nicht ganz leicht zu kombinierendes, innovatives Ensemble unterschiedlicher Fragestellungen, Theorie-Orientierungen und Methoden-Optionen. Eine Zielsetzung des Wissenschaftskollegs besteht nun darin, in einem solchen Fall die Differenz von Außen- und Binnensicht einer Schwerpunktgruppe möglichst vielen Fellows zu verdeutlichen. Sie wurde in zwei Vortragsveranstaltungen sichtbar, in denen jeweils zwei Mitglieder der Schwerpunktgruppe gemeinsam einen Vortrag hielten, der mit dem Anspruch einer, wenn auch reduzierten Allgemeinverständlichkeit in das entsprechende Forschungsgebiet einführte und auch bei Nichtfachleuten den erwünschten Differenzierungseffekt auslöste.

Einen weiteren Schwerpunkt dieses Akademischen Jahres bildet die »Integrierte Umweltforschung«. In diesem Schwerpunkt erarbeiteten, in enger Kooperation mit dem IGBP/Global Change, Fellows des Wissenschaftskollegs die Charta einer künftigen Umwelt*forschung*, die vom Konzil des IGBP beraten werden und dann weltweit als Grundlage auch einer wissenschaftlich fundierten Umwelt*politik* gelten wird. Teilnehmer dieser Schwerpunktgruppe waren u. a. ein Botaniker aus den USA, zwei Atmosphärenchemiker aus Kanada bzw. Brasilien, ein ebenfalls in Kanada arbeitender Bodenkundler (Pedologe), ein Glazialforscher aus Frankreich, ein kanadischer Geologe und ein Klimatologe aus Mauritius. In derartigen Gruppen lassen sich interne und externe Interdisziplinarität voneinander unterscheiden. Die interdisziplinäre Spannweite der Binnengruppe – die interne Interdisziplinarität – war in diesem Fall sehr hoch; sie bot besondere Chancen der Kooperation über Disziplingrenzen hinweg, machte aber auch die Fertigstellung gewisser »Werkstücke« schwieriger, die in monodisziplinären Arbeitszusammenhängen zu den Routinetätigkeiten gehören. Auch hier ist es das Ziel des Wissenschaftskollegs, Chancen und Risiken der Kooperation innerhalb einer Gruppe zu thematisieren und damit zu einem Erfahrungsbestandteil aller Fellows eines Akademischen Jahres zu machen.

Hinzu kommt innerhalb eines Institute for Advanced Study die Möglichkeit einer an die Binnendiskussion der Gruppe gleichsam angelagerten, die Fachgrenzen weit überschreitenden Diskussion, die externe Interdisziplinarität herstellt. Nicht-europäische Kollegen verschiedenster Fachrichtungen und Ethnologen kritisierten die euro- und amerikazentrische Verengung einer bestimmten Naturauffassung, die Bestandteil des Gruppenwissens zu sein schien; Historiker konnten zu dem vom IGBP selbst entschieden geförderten Projekt »Global Change in the Past« Neues beitragen; sprachanalytisch orientierte Philosophen unterzogen die Begrifflichkeit der Schwerpunktgruppe einer eindringlichen Kritik; Juristen und Sozialwissenschaftler machten auf bisher nicht gesehene, mögliche Konsequenzen umweltwissenschaftlicher Einsichten und umweltpolitischer Maßnahmen aufmerksam. Ich bitte, diese Aufzählung nicht als Schilderung einer in Berlin bereits verwirklichten Utopie allumfassender Interdisziplinarität mißzuverstehen. Ich deute Möglichkeiten der Verwirklichung interner und externer Interdisziplinarität an, für deren Realisierung die Struktur eines Institute for Advanced Study günstige Voraussetzungen bietet.

Ich möchte eine grundsätzliche Bemerkung anschließen. Interdisplinarität kommt in meinen Augen chronisch zu spät. Sie ist eine ex post hoc Reaktion, eher Parole als Praxis, eher Gegenstand von Symposien als frühzeitig prägendes Element wissenschaftlicher Erfahrung. Auch wenn leicht Konsens darüber zu erzielen sein dürfte, daß jeder Wissenschaftler zunächst einen gewissen Disziplinierungsprozeß durchlaufen haben muß, bevor er in fruchtbarer Weise interdisziplinär arbeiten kann, sollte unsere Anstrengung doch stärker darauf gerichtet sein, Dispositionen zu interdisziplinärer Arbeit im Prozeß wissenschaftlicher Sozialisation möglichst früh zu wecken.

Die Bildung des Schwerpunktes »Integrierte Umweltforschung« am Wissenschaftskolleg zu Berlin ging auf Gespräche und Konsultationen an der ETH Zürich zurück. Dort ist im Jahre 1986 ein Diplomstudiengang »Umweltnaturwissenschaften« eingerichtet worden. Die Ausbildungsziele dieses Studiengangs werden folgendermaßen definiert:

> Das Studium gründet auf der ganzheitlichen Betrachtung der Umwelt und ihrer Systeme. Es hat eine integrierende, das heißt die Zusammenhänge zwischen verschiedenen Umweltkomponenten betonende, disziplinübergreifende Ausbildung zum Ziel. Spezialisierungen gehen von dieser Basis aus. Das Studium vermittelt einerseits die mathematischen und naturwissenschaftlichen Grundlagen, die zum Verständnis des Funktionierens der menschlichen Umwelt notwendig sind, andererseits Kenntnisse über spezielle Umweltsysteme und die darin ablaufenden Prozesse. In Anbetracht dieses weitgespannten Zieles ist das Studium anspruchsvoll und kann nur begabten, vielseitig interessierten Studierenden empfohlen werden. Der Absolvent soll in seinem späteren Beruf fähig sein, sich je nach gestellter Aufgabe in neue Gebiete einzuarbeiten, dank seiner breiten naturwissenschaftlichen Ausbildung mit Fachspezialisten zusammenzuarbeiten und dabei immer auch die Zusammenhänge mit anderen Problemen, das heißt die Komplexität der Umwelt als Ganzes im Auge zu behalten.

Dementsprechend werden im Grundstudium neben Grundlagen der Mathematik, Physik, Chemie, Biologie und der Erdwissenschaften multidisziplinäre Vorlesungen, naturwissenschaftliche Grundpraktika sowie sozialwissenschaftliche Vorlesungen zum Mensch-Umwelt-Systemzusammenhang belegt. Das Fachstudium bringt eine Vertiefung in einer der klassischen naturwissenschaftlichen Disziplinen sowie deren Anwendung auf ein Umweltsystem (Wasser, Boden, Luft, oder Bio-Ökosysteme). Zusätzlich gehören exemplarisch einzelne Aspekte der Umwelttechnik und Umweltplanung sowie ökonomische, rechtliche und andere geistes- und sozialwissenschaftliche Gesichtspunkte der Umweltproblematik zum Lehrplan. Zu den beruflichen Tätigkeitsfeldern, auf die hin sich dieser Studiengang orientiert, heißt es in der sogenannten »Wegleitung Umweltnaturwissenschaften«:

> Die wachsenden Umweltprobleme, mit denen sich unsere Gesellschaft konfrontiert sieht, führen zu einem zunehmenden Bedarf an Naturwissenschaftlern, welche sich mit diesen Fragen auseinandersetzen. Solche Aufgaben sind bisher meist von disziplinorientierten Spezialisten, welche sich in der Praxis oder durch eine Zusatzausbildung speziell in die Umweltwissenschaften eingearbeitet haben, wahrgenommen worden. Die zunehmende Komplexität der Umweltprobleme wird in Zukunft (neben dem erwähnten Fachspezialisten) dem multidisziplinär ausgebildeten Umweltnaturwissenschaftler eine Reihe von Tätigkeitsgebieten öffnen und den heute aus Mangel an entsprechend ausgebildeten Fachleuten weitgehend fehlenden Stellenmarkt rasch schaffen.

Ich empfinde diesen Zürcher Studiengang »Umweltnaturwissenschaften« als hervorragendes Beispiel einer curricularen Innovation, die im Studierenden zweifellos eine Disposition für Interdisziplinarität voraussetzt und diese zugleich entschieden befördert. Die Bildung eines Schwerpunktes »Integrierte Umweltforschung« an einer Institution wie dem Wissenschaftskolleg hat daher in meinen Augen auch das mittelfristige Ziel, curriculare Innovationen zu konzipieren, zu befördern und, wenn nötig, aus der Sicht der Forschung zu korrigieren. Sollen einzelfachliche Grenzüberschreitungen wirklich gelingen, müssen sich disziplinäre wie interdisziplinäre Ausbildung und Forschung miteinander verzahnen.

Ich komme zum Schluß.

Als das erste Institute for Advanced Study in Princeton gegründet wurde, war die freie Entfaltung der wissenschaftlichen Forschung im Innern durch die administrative Verkrustung der Universität, von außen durch die Eingriffe totalitärer Regimes bedroht. Über Gefahren, die von Wissenschaft und Technik selbst ausgehen konnten, sprach niemand. Acht Jahre vergingen, bis die erste Atomspaltung gelang; noch länger dauerte es, bevor man dem Zusammenhang zwischen der Struktur der Nukleinsäuren und den Mechanismen der Vererbung auf die Spur kam. Ende der dreißiger Jahre war die Aussicht auf friedliche Nutzung der Kernkraft ein Hoffnungsschimmer in trüber Zeit, und nach der Genfer Atomenergie-Konferenz von 1955 wurde aus Hoffnung Zukunftsbegeisterung.

Aus diesem wissenschafts*politischen* Kontext erklärt sich, daß in den dreißiger Jahren, als das Institute for Advanced Study in Princeton, und in den fünfziger Jahren, als das Center for Advanced Study in the Behavioral Sciences in Palo Alto gegründet wurde, zur Zielsetzung dieser Institutionen keineswegs Interdisziplinarität, sondern die Sicherung und Beförderung exzellenter disziplinärer Forschung gehörte. Die zunehmende Forderung nach Interdisziplinarität ist Reaktion auf einen dramatischen Wandel in der Selbst- und Fremdeinschätzung der Wissenschaften vom Enthusiasmus zur Skepsis in einer Zeit, da der Fortschrittsglaube den Charakter einer kulturellen Selbstverständlichkeit verloren hat.

Dieser Tatbestand ist für eine Anfang der achtziger Jahre gegründete Institution wie das Wissenschaftskolleg von Bedeutung. Indem es Forschern unterschiedlicher disziplinärer Herkunft und vielfältiger kognitiver Orientierung außeralltäglichen Kontakt und Kooperationsmöglichkeiten bietet, die ein Höchstmaß an Anregung durch wechselseitige, produktive Verunsicherung erzeugen, ist eine Institution wie das Wissenschaftskolleg nicht nur ein Ort, an dem geforscht wird. Hier wird auch Wissenschaftsforschung betrieben. Es ist, wie jedes andere Institute for Advanced Study in einer Zeit, da Aufklärung über Wissenschaft zum Bestandteil wissenschaftlicher Ausbildung und Forschung selbst geworden ist, ein »Institute for unusual business«.

Da aber in einer Zeit wachsenden Orientierungsbedarfs die Zeit der großen Orientierungsdisziplinen vorbei ist, und die Selbstreflexion der Wissenschaftler nicht autoritär verordnet, sondern nur durch kollegiale Anregung befördert werden kann, müssen Institutionen wie das Wissenschaftskolleg ihre Chance und ihre Aufgabe auch darin sehen, das Anregungspotential der Wissenschaftsforschung für möglichst viele Disziplinen zu nutzen. Als freilich vor zwei Jahren ein Schwerpunkt »Comparative Epistemology« unsere Fellows zu einer institutionalisierten Dauerreflexion motivieren sollte, war der Erfolg begrenzt: nützlich blieb auf alle Fälle die Erfahrung, miterlebt zu haben, wie schnell aus einem roten Faden ein rotes Tuch werden kann.

Am Wissenschaftskolleg wird in den Schwerpunktgruppen, die höchstens vierzig Prozent der Fellows umfassen, interdisziplinäre Kooperation an einem Ort und für ein Jahr geplant. Wichtiger noch ist die Schaffung eines sozialen und kognitiven Kontextes, der tendenziell alle Fellows zum Ausbruch aus Routinisierungen motiviert. Ohne die List der Institution, von der Peter Weingart in diesem Zusammenhang gesprochen hat, geht es dabei nicht – mag diese nun, wie in Princeton, auf einem wissenschaftsarchitektonisch besonders raffinierten Arrangement der Wohneinheiten beruhen oder, wie in Palo Alto, zur Kommunikationssteigerung durch Kommunikationsreduktion führen: in den Arbeitszimmern des Center for Advanced Study in the Behavioral Sciences gibt es keine Telefone!

Im Wissenschaftskolleg sollte der einzelne Forscher eine besondere Erfahrung machen: seinem akademischen Alltag entflohen, lebt er ein Jahr lang in der Fremde, wie ein Ethnologe in einem höchst exotischen Stamm – einem Stamm, der nur aus Ethnologen besteht. In dieser Zeit stößt er auf fremdartige Disziplinkulturen, er lernt eine Vielfalt nationaler Forschungstraditionen kennen, begegnet unterschiedlichen individuellen Theorietemperamenten und wird mit alternativen Argumentationsstilen konfrontiert.

In manchen Fällen wird diese Erfahrung zu einer interdisziplinären Zusammenarbeit über Fachgrenzen hinweg führen. Wichtig aber ist eine Vorstufe der Kooperation: der Kontakt von Disziplinkulturen und Forschungsstilen. Ein Historiker mag vom Vortrag eines Biologen, dessen Spezialgebiet die Entwicklung des Nervensystems beim Blutegel ist, nur wenig verstehen – vermittelt dieser einen Eindruck von der Finesse und vom Pathos experimentellen Arbeitens, wird auch der Fachfremde daraus Nutzen ziehen. Ähnlich mag es einem Physiker gehen, der lernt, daß Exaktheit nicht nur im Kalkül, sondern auch in der Philologie stecken kann und daß, wie Max Weber es in seinem Vortrag *Wissenschaft als Beruf* beschrieb, für manchen Forscher das Schicksal seiner Seele davon abhängt, »ob er diese, gerade diese Konjektur an dieser Stelle dieser Handschrift richtig macht.«

Wissenschaftsforschung als *field work* – und das heißt: als verunsichernde Erfahrung – so ließe sich die Praxis des Wissenschaftskollegs beschreiben. In ihr kommt die Überzeugung zum Ausdruck, daß auch die Wissenschaften ein kulturelles System bilden und daß eine wichtige Voraussetzung des wissenschaftlichen Fortschritts in der Begegnung unterschiedlicher Disziplinkulturen und Theorietraditionen, individueller Forschertemperamente und Argumentationsstile liegt.

Summary

The idea of the »unity of science« is examined in both its theoretical and practical aspects. As a theoretical concept, it can take two different forms: it stresses either the ideal of a *system* or the ideal of an *encyclopaedia*. Not even the logical empiricists of the Vienna Circle, with their program of a »unified science«, were exclusively committed to the ideal of a system (understood in a reductionist sense). Otto Neurath rather stressed the idea of co-operation between scientists of various disciplines, as it was realized by d'Alembert's *Encyclopédie*.

Several Institutes for Advanced Study have institutionalized the idea of the unity of science, understood in Neurath's encyclopaedistic interpretation. While the Institutes that were first established (in Princeton and Palo Alto) put the main emphasis on specialized disciplinary research, other Institutes (the ZiF in Bielefeld and the Wissenschaftskolleg in Berlin) also focussed on interdisciplinary research. Practical experience has shown that the co-operation between various disciplines is most fruitful, if the desired aim is not the establishment of one unified discipline, but the openmindedness of the individual scientist.

Biologie und Philosophie – Biologie und Ökonomik: Möglichkeiten und Grenzen interdisziplinärer Forschungsprogramme

HANS MOHR

An den Anfang stelle ich eine nostalgische Reminiszenz. Als Student hat mich der englische Philosoph Ayer mit seinem Werk von 1946 über »Language, Truth and Logic« wesentlich beeinflußt. Ayer's Philosophie kam meiner Neigungsstruktur entgegen[1].

Noch 1971, Ayer war inzwischen Philosophie-Professor in Oxford und Sir, sagte er in einem Gespräch mit Magee einige bemerkenswerte Sätze, die mein eigenes Konzept bestätigten:

> If you want a philosopher to be constructive in the sense of not leaving things where they are, then I think you have got to marry him to a scientist. I don't see how one is to effect changes except by changing one's conceptual outlook, and I don't think one can do this except in conjunction with scientific theories. ... I think that there has again to be a reapproachment of philosophy and science. They diverged in the nineteenth century, partly in consequence of the romantic movement and partly because science got too difficult, and now there are some signs that they are coming together again.[2]

Wir alle wissen, daß daraus nicht viel geworden ist.

In meinem Geleitwort zu dem Buch von Gerhard Vollmer »Evolutionäre Erkenntnistheorie«[3] habe ich 1974 noch voller Hoffnung geschrieben:

---

1 A. J. Ayer, *Language, Truth and Logic* (revised edition) (London, 1946).
2 B. Magee, *Modern British Philosophy* (New York, 1971), S. 64.
3 G. Vollmer, *Evolutionäre Erkenntnistheorie* (Stuttgart, 1974), S. VIII.

> Meine Absicht ist es immer gewesen, der von mir als Unglück empfundenen Trennung von Philosophie und Naturforschung an unseren Universitäten entgegenzuwirken. Ich bin dabei nicht sehr erfolgreich gewesen. Vielleicht gelingt Ihnen ein tragfähiger Brückenschlag. Die noble Diktion und die – im guten Sinn – verbindliche Argumentationsweise in Ihrem Buch sind bessere Voraussetzungen für die »Versöhnung« der Fakultäten als die »Kampfschriften«, mit denen meine Generation versucht hat, die versteinerten Barrieren zwischen Seminaren und Instituten zum Einsturz zu bringen.

Heute muß ich in der Rückschau über die letzten 15 Jahre die Bilanz aufmachen, daß keine der bedeutenden Entwicklungen der modernen Biologie von den Philosophen in unserem Land konstruktiv aufgenommen und mitgeformt wurde. Dies gilt nicht nur für die genuin biologischen Disziplinen – Molekularbiologie, Neurobiologie, Psychogenetik, Soziobiologie –, sondern ebenso für die Grenzgebiete. Sowohl die Evolutionäre Erkenntnistheorie als auch die Evolutionäre Ethik werden als wissenschaftliche Theorien innerhalb der Biologie weitergeführt. Kontakte zur Schulphilosophie sind eher zufällig und nicht konstitutiv.

Auch der Dialog zwischen Theologie und Naturwissenschaften hat sich immer weiter verdünnt. Die Unlust an interdisziplinären Kontakten und Gesprächen ist weit verbreitet. Natürlich kann der Einzelne in seiner Person die Kluft zwischen den beiden Kulturen überbrücken, die Disziplinen können es nicht.

Innerhalb der Naturwissenschaften sollte man besser nicht von Interdisziplinarität reden. Mehr denn je bilden die Naturwissenschaften eine Einheit, *eine* Disziplin, eine Subkultur. Die neuen, forschungsintensiven Fächer wie Molekularbiologie, Immunologie, Festkörperphysik oder Informatik sind nicht aus Interdisziplinarität entstanden, sondern durch einen Akt der Selbstorganisation aus Elementen, die bereits vorgefertigt waren, im Fall der Molekularbiologie aus Elementen der Biochemie, der Genetik und der Physik, im Fall der Festkörperphysik aus Elementen der anorganischen Chemie, der Kristallographie und der Physik.

Die Schnelligkeit und Eleganz, mit der sich innerhalb der Naturwissenschaften neue Disziplinen bilden, ist darauf zurückzuführen, daß in den Elementarzellen bereits ähnlich gesprochen, ähnlich gedacht und ähnlich geforscht wurde.

Dies gilt auch für erfolgreiche Interdisziplinarität bei der Anwendung der Wissenschaften auf konkrete praktische Probleme, denken wir etwa an die Medizin, an die Agrarwissenschaft oder an das Zusammenwirken vieler Disziplinen beim Bau großer technischer Systeme wie moderne Kraftwerke.

Ein begrenztes, aber besonders instruktives Beispiel ist die Waldschadensforschung. Die aktuellen Probleme mit dem Wald haben zu einer interdisziplinären Anstrengung geführt, die als Paradigma einer erfolgreichen integrierten Umweltforschung der Analyse wert ist[4]. Auch dieses interdisziplinäre Forschungs- und Therapieunternehmen bestätigt die Einsicht, daß erfolgreiche Koaktion auf solche Disziplinen beschränkt bleibt, die sich nach Sprache und Forschungsmodus zumindest ähnlich sind, z. B. Bodenchemie und Atmosphärenphysik. Die Beiträge aus Philosophie und Soziologie, aber auch jene aus Forstpolitik und Jurisprudenz wurden von den naturwissenschaftlich operierenden Gruppen eher als lästig empfunden und blieben letztlich ohne Wirkung auf die Therapievorschläge.

Vor diesem eher skeptisch gezeichneten Hintergrund möchte ich jetzt über die Chancen einer *echten* Interdisziplinarität sprechen, die sich im Verhältnis von Biologie und Nationalökonomie abzeichnen.

Zwischen Biologie und Wirtschaftswissenschaften gibt es vielfältige Analogien. Darauf läßt sich ein interdisziplinäres Ausbildungskonzept gründen, das derzeit an der Universität Bochum erprobt wird und im wesentlichen dazu dient, dem Biologen eine Zusatzqualifikation zu vermitteln.[5]

Die strukturellen Ähnlichkeiten der Fächer legen darüber hinaus einen Theorienvergleich nahe, der offenbar von beiden Seiten als Desiderat empfunden wird. Dies gilt besonders für die Evolutorische Ökonomik und die Biologische Evolutionstheorie, deren Vertreter einen Kontakt explizit anstreben.[6]

---

4 E.-D. Schulze, u. O. L. Lange, »Die Wirkungen von Luftverunreinigungen auf Waldökosysteme«, *Chemie in unserer Zeit* 24 (1990), S. 117 – 130.

5 H. Weigelt, u. U. Glittenberg, »Bioökonomie – ein interdisziplinäres Ausbildung-, Forschungs- und Unternehmenskonzept«, *Biotech-Forum* 5 (1988), S. 273 – 275.

6 Tagung des Arbeitskreises Evolutorische Ökonomik im Verein für Sozialpolitik, 6.-8.7.1989, Albert-Ludwigs-Universität Freiburg.

Voraussetzungen für einen Theorienvergleich[7]

Der anvisierte Theorienvergleich kann sich auf verschiedenen Ebenen abspielen:

(1) Beschreibung von Analogien

(2) Suche nach Isomorphien

(3) Entwurf einer *generellen* Evolutionstheorie, die sowohl die biologische als auch die ökonomische und kulturelle Evolution einschließen würde.

Während die Beschreibung von (möglicherweise oberflächlichen) Analogien auf die Dauer wenig attraktiv erscheint, bedeutet das Auffinden von Isomorphien einen interdisziplinären Erfolg. Als treffendes Beispiel für ein isomorphes Gesetz kann die logistische Wachstumsfunktion gelten, die in beiden Disziplinen eine wichtige Rolle spielt

$$\frac{dN}{dt} = r \cdot N \cdot \frac{k - N}{k}.$$

Die Stufe (3) erscheint zu ambitiös. Das Unternehmen, also der Entwurf einer generellen Evolutionstheorie, entspräche der Suche der Physiker nach der »Weltformel«.

Über die realistische Zielsetzung hinaus ist eine erfolgversprechende Interdisziplinarität an eine Reihe von Voraussetzungen gebunden, die ständig gewährleistet sein müssen, wenn das Wagnis fachübergreifender Arbeit nicht in einer Enttäuschung enden soll: Die wissenschaftliche Zielsetzung und die rationale Vorgehensweise müssen in den kooperierenden Fächern ähnlich sein (Beschränkung auf »wahre« Sätze, für die eine Begründungspflicht besteht). – Das wissenschaftliche Ethos muß gewährleistet sein (Wissenschaft als Verhalten – das ist »Ringen um Wahrheit unter strikten Regeln«). – Die Autonomie der Disziplinen muß gewährleistet sein (es darf also keine Fremdbestimmung, z. B. durch politische oder ökonomische Doktrin, geben). – Die »Sprache« der zu vergleichenden Disziplinen sollte ähnlich sein und ein ähnliches

7 H. Mohr, »Biologie und Ökonomik – Chancen für eine Interdisziplinarität«, in: *Natur- und Geisteswissenschaften – Perspektiven und Erfahrungen mit fachübergreifenden Ausbildungsinhalten*, hrsg. v. K. Mainzer (Heidelberg, 1990), S. 95–104.

Niveau der Formalisierung erlauben. – Die disziplinäre Kompetenz des auf Interdisziplinarität abzielenden Forschers muß von seinen Peers anerkannt sein. (Interdisziplinarität darf nicht durch die Senkung des innerfachlichen Standards erkauft werden.)

Vor allem aber sollte man die Erfahrung respektieren, daß erfolgreiche Interdisziplinarität nur in Teilbereichen einer Disziplin und nur an konkreten Projekten (Zielsetzungen) praktiziert werden kann.

Konkrete Zielsetzungen

1. ›Biologische Evolutionstheorie‹ und ›Evolutorische Ökonomik‹ – ein Vergleich zweier Teilbereiche

Warum soll überhaupt ein Theorienvergleich angestrebt werden? Lohnt sich zum Beispiel für den Wirtschaftswissenschaftler ein Theorienvergleich? Kann er hoffen, daß die Problemlösungskapazität seiner Disziplin dadurch verbessert wird? Wieviel kann die Biologische Evolutionstheorie tatsächlich geben? Wie »gut«, wie zuverlässig, wie relevant ist sie?

C. F. von Weizsäcker sagte einmal:

> Die Grunddisziplin der heutigen Physik, die Quantentheorie, läßt sich einem mathematisch Gebildeten in ihren Prinzipien auf einer Druckseite mitteilen: es gibt heute wohl eine Milliarde einzelner Erfahrungen, die ihr gehorchen, und nicht eine, die ihr in nachprüfbarer Weise widersprochen hätte.[8]

Ich habe, was die Evolutionstheorie angeht, seinerzeit hinzugefügt:

> Für die moderne synthetische Evolutionstheorie gilt dasselbe wie für die Quantentheorie: Es gibt zahllose einzelne Erfahrungen aus allen Bereichen der Biologie, die mit ihr verträglich sind, und nicht eine, die ihr in nachprüfbarer Weise widerspräche. Die Evolutionstheorie erklärt Anpassung und Fortschritt. Die angepaßte Zweckmäßigkeit eines Organismus kann sie ebenso überzeugend erklären wie seine Unzulänglichkeiten, seine Dysfunktionen, sein Leiden und Sterben. Die Evolutionstheorie deutet die Existenz lebender Fossilien ebenso elegant wie die Tatsache, daß die allermeisten Evolutionslinien wieder ausgestorben sind. All dies waren entscheidende

---

8 C. F. von Weizsäcker, *Der Garten des Menschlichen* (Frankfurt a.M., 1980), S. 69.

Gründe dafür, daß die heutigen Biologen die Evolutionstheorie als ein zentrales und tragendes Paradigma ihrer Disziplin akzeptiert haben. Es gibt zur Evolutionstheorie keine Alternative. Alles biologische Wissen macht erst Sinn im Lichte der Evolutionstheorie.[9]

Die neueren Entwicklungen der Molekularbiologie, der Soziobiologie und der Spieltheorie ebenso wie die vehementen Kontroversen um die Interpretation der Fossilgeschichte (»punctuated equilibria«) und der intraspezifischen genetischen Varianz (»neutralism«) haben die prinzipiellen Aussagen der klasssischen »Synthetischen Theorie der Evolution« in grandioser Weise bestätigt[9, 10, 11, 12, 13, 14]. Man spricht zwar derzeit mit Recht von einer »Evolution des Darwinismus«, aber es handelt sich um eine Bereicherung und Verfeinerung der »Synthetischen Theorie«, nicht um eine Widerlegung ihrer Substanz.

Die moderne Evolutionstheorie ist somit eine verläßliche Sache. Ein Theorienvergleich verspricht allerdings nur dann Erfolg, wenn der *momentane* Stand der Theorien reflektiert wird. Ein Vergleich der Aussagen der Evolutiven Ökonomik von 1990 mit dem klassischen Darwinismus von 1952 – also vor der Geburtsstunde der Molekularbiologie und der Soziobiologie – erscheint nicht sinnvoll.

In den letzten Jahrzehnten sind eine Fülle neuer Konzepte in die Evolutionstheorie eingeflossen. Aus der **Soziobiologie** zum Beispiel *inclusive fitness* (Gesamtfitness), *kin selection* (Sippenselektion) und die Erklärung des *Altruismus*; aus der **Spieltheorie** das besonders wichtige Konzept der *evolutionary stable strategies* (allen Erfahrungen nach sind nur **Misch**strategien evolutionär stabil); aus der **Entwicklungsbiologie** das Konzept der *constraints* (durch den Bauplan bedingte rigide Beschränkungen künftiger Entwicklung); aus der **Populationsgenetik** das Konzept des *neutralism* (es gibt viele Mutationen in den Populationen, die weder einen selektiven Vorteil noch Nachteil haben, im Vergleich

9 H. Mohr, *Natur und Moral* (Darmstadt, 1987) S. 20.

10 E. Mayr, *The Growth of Biological Thought* (Cambridge, Mass., 1982).

11 J. Maynard Smith, *Evolution and the Theory of Games* (Oxford, 1982).

12 B. L. Horan, »Functional Explanations in Sociobiology«, *Biology & Philosophy* 4 (1989), S. 131–158.

13 G. L. Stebbins, u. F. J. Ayala, »The Evolution of Darwinism«, *Scientific American* 253 (1985), Nr. 1, S. 54–64.

14 D. E. Berg, u. M. M. Howe, *Mobile DNA* (Washington, D. C., 1989).

zu ihrem Allel); aus der **Paläontologie** das Konzept der *punctuated equilibria* (Evolution ist kein stetiger, sanfter Wechsel, sondern erfolgt in Stößen, die Perioden der Stabilität unterbrechen); aus der **Molekularbiologie** das Konzept der *mobilen DNA* (springende Gene) und der *genetischen software.*

Das zuletzt genannte Konzept ist für unser Thema besonders wichtig. Erst die moderne molekularbiologisch/informationstheoretische Auffassung vom Genom als der »software des Organismus« läßt zum Beispiel einen treffsicheren Vergleich mit der betrieblichen software zu. Unter software verstehen wir die Gesamtheit der Programme, die mit der vorgegebenen hardware (»Produktionsanlagen«) exprimiert werden können und sich als spezifische terminale Produkte manifestieren.

Die Ansätze zu einer von beiden Seiten gewünschten Theorie des qualitativen Wachstums in Biologie und Ökonomik gründen sich auf solche nicht-trivialen und weitreichenden Analogien und Isomorphien[15, 16]. Mit dem Konzept eines qualitativen Wachstums, das quantitativ-expansives Wachstum in der Ökonomik ersetzen soll, berühren wir ein akutes Problem, vielleicht das drängendste Problem unserer Zeit überhaupt.

Qualitatives Wachstum in der Wirtschaft beruhte darauf, daß materielle Ressourcen und physikalische Arbeit verstärkt durch geistige Arbeit ersetzt würden: software ersetzte Rohstoffe und Exergie.

Die Bildung von software, die Produktion an Wissen und die intelligente Strukturierung dieses Wissen, ist die unabdingbare Voraussetzung für qualitatives Wachstum.

Qualitatives Wachstum ist keine Fiktion: wir haben es längst gelernt, durch den Einsatz von software aus weniger mehr zu machen. Aber es gibt derzeit keine adäquate Theorie.

Als Biologe ist man mit qualitativem Wachstum innig vertraut. Die biologische Evolution, die Höherentwicklung des Lebens auf unserem Planeten – mit seinen begrenzten ökologischen Nischen und seinen eng begrenzten Ressourcen – ist als ein gigantischer qualitativer

15 H. Mohr, »Qualitatives Wachstum in Biologie und Ökonomie«, *Naturwissenschaftliche Rundschau* 38 (1985), S. 267–274.

16 H. Mohr, »Qualitatives Wachstum als Überlebensstrategie«, *Wirtschaftspolitische Mitteilungen* 43 (1987), S. 1–18.

Wachstumsprozeß aufzufassen. Die biologische Evolution hat sich auf einem vorgegebenen, begrenzten Areal unter ständigem Ressourcendruck abgespielt.

Die Organismen erzielten qualitatives Wachstum im Verlauf der genetischen Evolution dadurch, daß sie beständig neue, an die Umweltsituation besser angepaßte Gene entwickelten. Unter Ressourcendruck und Konkurrenz wurden gute Gene durch bessere Gene, gute software durch bessere software, ersetzt.

Der evolutionäre Fortschritt (gemessen als gesteigerte Effizienz der Einzelprozesse und der Integration) hat sich im wesentlichen dadurch vollzogen, daß die alten Arten in ihren ökologischen Nischen durch neue, effizientere Arten ersetzt wurden, bis hin zu den Primaten und Hominiden.

Über diese Zusammenhänge weiß die moderne Biologie gut Bescheid. Die biologische Evolution läßt sich mathematisch als ein qualitativer Wachstumsprozeß, als eine Optimierungsstrategie zur Anpassung der Lebewesen an ihre begrenzte, an Ressourcen knappe Umwelt formulieren.[17, 18]

Damit wir uns nicht mißverstehen: kein Produkt der biologischen Evolution ist perfekt, auf keiner Entwicklungsstufe ist der endgültig optimale Organismus entstanden, aber es sind die Lebewesen durch eine Optimierungsstrategie geformt, die wir im Prinzip verstehen – auch mathematisch – und von der man lernen kann.

Die Perspektiven sind faszinierend: Die biologische Evolution hat auf ihre Art in Jahrmillionen vermutlich alle jene Probleme quantitativ durchgespielt, die unsere ökonomische Entwicklung derzeit belasten.

Nur ein Gesichtspunkt, den ich »Puristen« gerne entgegenhalte, sei herausgestellt: In der Evolution erweisen sich nur *Mischstrategien* als stabil. Eine Strategie ist dann evolutionär stabil, wenn keine Strategievariante sich auf die Dauer durchsetzen kann. Es ist sehr wahrschein-

17 I. Rechenberg, *Evolutionsstrategie – Optimierung technischer Systeme nach Prinzipien der biologischen Evolution* (Stuttgart, 1973).

18 I. Rechenberg, »Evolutionsstrategien«, *Medizinische Informatik und Statistik* 8 (1978), S. 84–114.

lich, daß der Erfolg von Mischstrategien auch die kulturelle und die ökonomische Evolution charakterisiert.

Bei den folgenden ökonomischen Problemen bemühen wir uns zur Zeit darum, die biologische Analogie zu definieren und die von der Evolution gefundenen Lösungen aufzudecken: Die Allometriekosten des Gigantismus wachsen uns über den Kopf; in Mittelbetrieben haben Innovation und Flexibilität eher eine Chance (unter Ökonomen umstritten, ich weiß, aber was sagt die Evolution?); Strukturverhärtung ist der Anfang vom Ende; die Subventionierung überholter Strukturen führt in Form nicht-linearer Prozesse zum Zusammenbruch; Innovation setzt Risikokapital voraus; Recycling wird immer teurer, je länger man damit wartet. ...

2. Eine zweite konkrete Zielsetzung – über den Theorienvergleich hinaus – betrifft die Erklärung ökonomischen Verhaltens aus dem Wissen der Soziobiologie, der Evolutionären Handlungstheorie und der Evolutionären Ethik (9, 12) [19, 20]

Der homo oeconomicus, der nur von seinem wirtschaftlichen Eigeninteresse geleitete Mensch, ist eine Fiktion der klassischen Nationalökonomie, die sich weit (vermutlich zu weit) vom realen homo sapiens entfernt, wie ein simpler Vergleich andeuten soll:

homo oeconomicus	**homo sapiens**
informiert	beschränkte Aufnahmekapazität, zum Informationsabweis neigend, auf »pattern recognition« geprägt
rational abwägend	partiell irrational, leicht indoktrinierbar
emotionslos handelnd	charakterisiert durch emotional geprägte (alternative) Verhaltenspolymorphismen

19 H. Mohr, »Biologische Grenzen des Menschen«, *Zeitwende* 56 (1985), S. 1–16.

20 K. Bratzler, *Die Evolution des sittlichen Verhaltens* (Berlin, 1984).

Unser heutiges biologisches Wissen über den Menschen erlaubte eine Korrektur des homo oeconomicus. Das Ziel wäre ein für die ökonomische Theorie noch brauchbares Konstrukt, das dem homo sapiens möglichst nahe käme.

Bei der Ausformung des Konstruktes ergeben sich prinzipielle Schwierigkeiten:

(1) Das verhaltensbestimmende Erbgut des Menschen ist im Pleistozän/Neolithikum entstanden. Es ist an die seinerzeitige Umwelt angepaßt, nicht an die moderne Welt[(9)].

(2) Wie stark sich kulturelle Determinanten auswirken, hängt vom Kontext ab, z. B. von den Umweltbedingungen. Mischstrategien, Verhaltenspolymorphismen, z. B. Affluenzstrategie gegenüber Überlebensstrategie, bestimmen das menschliche Leben weit mehr als man gemeinhin glaubt. Ein soziales Phänomen, das beispielsweise nach Erklärung verlangt, ist der scharfe Rückgang der Kinderzahl in unserem Land. Das erklärende Modell der Spieltheorie besagt, daß die *Sozialisierung* der Zukunftsressourcen – Zeugung und Aufzucht von Kindern – zwangsläufig die hedonistische Verhaltensvariante in uns begünstigt.

(3) Auch die Indoktrinierbarkeit durch Diffusionsagenten ist keine konstante Größe, sondern hängt entscheidend von der Gunst der Stunde (bis hin zur Sendezeit) und vom Charisma des Indoktrinateurs ab.

(4) Das Verhalten der Menschen, auch ihr ökonomisches Verhalten, hängt von Lernprozessen ab. Realitätsnahe Konstrukte des homo oeconomicus müssen deshalb einen Algorithmus enthalten (einen Satz von Computerregeln), der Lernen aufgrund von Erfahrung gewährleistet. Die Lernfähigkeit ist aber nicht beliebig, sondern durch genetische Determinanten begrenzt. Die Menschen sind nach Intelligenz, Lernkapazität und Motivation enorm unterschiedlich.

3. Eine dritte konkrete Zielsetzung betrifft das Aufzeigen der biologischen Grenzen menschlichen Wirtschaftens

Sind dem quantitativen Wachstum des Menschen und seiner Wirtschaft *biologische* Grenzen gesetzt und wie eng sind gegebenenfalls diese Grenzen?

Der Mensch lebt, wie die übrigen 3 Mio Arten auch, von jener Biomasse, die über die Photosynthese der grünen Pflanzen ständig entsteht. Die Frage ist, wie stark sich durch das Eingreifen des Menschen in die Vegetation der Erde die Biomasseproduktion bereits vermindert hat und wieviel der jährlich erzeugten Biomasse der heutige Mensch direkt oder indirekt für sich verbraucht.

Fallstudie: Die Inanspruchnahme der Nettoprimärproduktion durch den Menschen[21]

Die Rahmenbedingungen sind eindeutig: Die Oberfläche des Planeten ist begrenzt ($4\pi r^2$). Entsprechend begrenzt ist die photosynthetische Produktion an Biomasse. Diese Biomasse ist die einzige Nahrungsquelle für die irdische Biosphäre.

Die jährliche Nettoprimärproduktion (NPP) ist definiert als jene solare Energie, die biologisch fixiert wird und in Form von Biomasse vorliegt, abzüglich der Atmung der pflanzlichen Primärproduzenten, die diese biologische Fixierung bewirken. NPP ist somit die Biomasse oder (umgerechnet) die Energie, die für alle Konsumenten und Destruenten einschließlich des Menschen übrigbleibt. Nach neueren Schätzungen kompetenter Ökologen werden bereits rund 40% der potentiellen Nettoprimärproduktion der Landflächen durch den Menschen direkt oder indirekt genutzt. Für alle übrigen Konsumenten bleiben 60%. Hierzu die wichtigsten Zahlen:

Globale Biomasse (1987)	1250 Pg$^+$
Aktuelle terrestrische Nettoprimärproduktion (NPP) (ausgedrückt als Biomasse, organische Trockenmasse)	132 Pg*

$^+$ 1 Pg = 10^{15} g = 10^9 t

* Der Unterschied zwischen potentieller und aktueller NPP ist darauf zurückzuführen, daß infolge der Eingriffe des Menschen in die Vegetation die von Natur aus mögliche NPP bei weitem nicht mehr erreicht wird.

21 P. M. Vitousek, P. R. Ehrlich, A. H. Ehrlich, u. P. A. Matson, »Human Appropriation of the Products of Photosynthesis«, *Bioscience* 36 (1986), S. 368–373.

Berechnete potentielle NPP der terrestrischen Ökosysteme	150 Pg*	
Inanspruchnahme der aktuellen NPP durch den heutigen Menschen	58 Pg	(= 40%)

Da uns kein Verfahren bekannt ist, die globale Photosynthese und damit die NPP erheblich zu steigern, sind einem weiteren quantitativen Wachstum des Menschen enge Grenzen gesetzt, auch dann, wenn der Mensch die noch verbliebenen Arten, die Reste der ursprünglichen »Schöpfung«, rücksichtslos weiter verdrängt und vernichtet. Die prekäre Lage, in die sich der homo sapiens mit seinen fast 6 Milliarden hineinmanövriert hat, wird in der Regel verkannt, nicht nur von Ökonomen. So schrieb der Philosoph Reinhard Löw[22]:

> Wären transzendentale Begründungen nicht obsolet, würde also der Mensch nicht nur in der evolutionsbiologischen Verwandtschaft mit der Natur, sondern in seiner Schöpfungsverwandtschaft mit ihr begriffen, dann ergäben sich die Rechte aller Geschöpfe und alles Geschöpften von selbst. Denn nicht als Despot stünde der Mensch der Schöpfung gegenüber, sondern er stünde in ihr an der Spitze der Lebenspyramide, eingebunden in göttliches Recht und angehalten, den Geschöpfen das Ihrige zukommen zu lassen.

Wie will Reinhard Löw den Geschöpfen das Ihrige zukommen lassen, wenn er und seine Artgenossen heute bereits 40% der potentiellen Nettoprimärproduktion für sich abzweigen?

Plädoyer für Interdisziplinarität

Man sieht an dem schlichten Beispiel der begrenzten NPP, daß bei den wesentlichen Problemen unserer Zeit die fachspezifische Sicht der Dinge nicht genügt. Ein Ökonom oder Philosoph, dem die ökologischen Grundlagen des Lebens fremd geblieben sind, ist nicht davor geschützt, von Illusionen auszugehen. Der Biologe kann ökonomische und ethische Probleme zwar nicht lösen; er kann aber die unabweisbaren Rahmen-

22 R. Löw, »Hat die Natur einen Rechtsanspruch an den Menschen?«, *FAZ* vom 30.10.85, Nr. 252 (1985), S. 35.

bedingungen aufzeigen, innerhalb derer sich künftiges menschliches Wirtschaften auf diesem Planeten vollziehen muß. Interdisziplinarität, so scheint es, ist in der heutigen Zeit nicht nur ein Desiderat theoretischer Vernunft, sondern Bestandteil einer Überlebensstrategie.

Der theoretische Ökonom und Nobellaureat Kenneth Arrow hat zwar kürzlich[23] der Interdisziplinarität einen Dämpfer aufgesetzt:

> The occasional forays by natural scientists into economics have usually, but not always, been trivial,

aber er gab am Schluß eines interdisziplinären Symposiums über das Arrow-Debreu-model immerhin zu:

> It generated a lot of useful work to have a model to attack or to defend ... I hope after all to be able to develop a more realistic model.[23]

Mehr kann man, glaube ich, von einem ersten interdisziplinären Kontakt nicht erwarten.

Summary

»If you want a philosopher to be constructive in the sense of not leaving things where they are, then I think you have got to marry him to a scientist« (Ayer 1971). In retrospect we cannot but realize that this program has failed largely. In contrast, recent interdisciplinary efforts between biology and economics, in particular evolutive economics, appear promising. The structural similarity of both disciplines allows a comparison of approaches and theories. The indispensable prerequisites on which a mutually fruitful interaction depends and the nontrivial progress made already are described in this article, with particular emphasis on the theory of biological evolution *vs.* evolutive economics.

23 R. Pool, »Strange Bed Fellows«, *Science* 245 (1989), S. 700–703.

Komplexität und Komplementarität des Geistes

Gunther S. Stent

Das Wesen des Geistes ist sowohl sehr leicht als auch sehr schwer zu erfassen. Einerseits ist Geist eine triviale Sache: Jedermann hat ihn und weiß über ihn Bescheid. Andererseits ist Geist das große Geheimnis des Weltalls: Generationen von Wissenschaftlern und Philosophen haben sich vergeblich bemüht, ihn vernunftsmäßig zu erklären. Die Schwierigkeit, eine vernunftsmäßige Erklärung des Geistes zu entwickeln, hat darin seine Ursache, daß Geist nicht lediglich Bestandteil unseres Körpers ist, wie zum Beispiel die Leber. Vielmehr ist Geist auch *das* Instrument, dessen wir uns bedienen müssen, um Geist zu erklären. So würde sich des Neurobiologen oder Philosophen Geist mit der Erkenntnis »Aha, so entstand und funktioniere ich also!« wie Baron von Münchhausen am eigenen Schopf aus dem Sumpf gezogen haben.

Niels Bohr machte uns durch seine Bemühungen, die scheinbar widersprüchlichen Einsichten der Quantenmechanik miteinander in Einklang zu bringen, auf die grundlegenden erkenntnistheoretischen Begrenzungen aufmerksam, die der Münchhausischen Forschungsstrategie innewohnen. Bohr wies darauf hin, daß ein Instrument nicht Gegenstand einer Untersuchung sein kann, der es selbst als ein Mittel zur Beobachtung dient.[1] Die meinen Ausführungen unterliegende Hypothese ist, daß diese gegenseitige Ausschließung von Mittel und Gegenstand einer Untersuchung uns zwingt, an das Problem des Geistes von zwei miteinander unvereinbaren Ausgangspositionen heranzutreten.

Diskussionen über das Wesen des Geistes fangen gewöhnlich mit dem althergebrachten und von Philosophen endlos hin- und hergezogenen Geist-Körper-Problem an. Seit Platon Geist und Körper als

1 N. Bohr, »Light and life«, *Nature* 131 (1933), S. 421–423 u. S. 457–459.

grundlegend verschieden erklärte, streiten sich die Philosophen, ob sie es tatsächlich sind. Zweifellos sind die (physikalistischen) Aussagen, die wir über die Körper von Menschen machen, anderer Art als die (mentalistischen) Aussagen über ihre Gedanken und Gefühle. Jedoch bedeutet dieser Unterschied keineswegs, daß mentalistische Aussagen notwendigerweise auf eine besondere Art von Körperfunktionen bezogen sind. Denn Galenus zeigte ja bereits im zweiten Jahrhundert unserer Zeit, daß ein körperliches Organ, nämlich das Gehirn, Sitz von Bewußtsein und Empfinden ist. So mögen Geistesfunktionen nichts anderes sein, als Erzeugnisse des Gehirns (wie es der *Monismus* vorsieht); andererseits mögen sie auch mehr als, oder grundlegend verschieden von Gehirnerzeugnissen sein (wie es der *Dualismus* vorsieht). Philosophen haben eine Mannigfaltigkeit monistischer und dualistischer Lösungen des Geist-Körper-Problems entwickelt, die die jeweilige metaphysische Weltanschauung ihrer Befürworter widerspiegeln, sei sie idealistisch oder naturalistisch, rationalistisch oder empiristisch.

Die Mehrzahl der Biologen, besonders der Neurobiologen, weist den Dualismus zurück und gibt dem Monismus den Vorzug. Aristoteles, dem Begründer ihres Fachs, folgend, betrachten Biologen Geist als ein ganz natürliches Ding, dessen Untersuchung einfach naturwissenschaftlicher Forschung zugehört. Daß Aristoteles leider das Herz als Sitz von Bewußtsein und Empfinden identifizierte, während er dem Gehirn lediglich die Rolle eines Kühlers zur Abgabe der vom denkenden Herz erzeugten Hitze zusprach, ist offensichtlich kein Argument gegen seinen Naturalismus. Neurobiologen nehmen einfach Galenus' spätere Berichtigung von Aristoteles' Fehler hin und sind, grosso modo, davon überzeugt, daß Geistesvorgänge wie Gefühle, Glauben und Wünsche, im Gehirn als Produkte des Netzwerkes von abertausenden von Nervenzellen auftreten. Extremisten unter den Monisten behaupten sogar, daß sich die Ausdrücke »Geist« und »Gehirn« auf genau dasselbe Ding beziehen, und sprechen daher von einem »Geist-Gehirn«.[2] Die Ursprünge des Geistes – sowohl seine *Ontogenese*, oder embryonale Entwicklung im menschlichen Individuum, als auch seine *Phylogenese*, oder stammesgeschichtliche Entwicklung im Werden der Menschenart – würden daher in den Ursprüngen des Gehirns zu suchen sein.

2 P. S. Churchland, *Neurophilosophy* (Cambridge, Mass., 1986).

Die Mehrzahl der Biologen sind nicht nur Monisten, sondern sie sind auch Naiv-Realisten, genau wie auch die Mehrzahl der Wissenschaftler überhaupt. Sie teilen die Ansicht der Normalbürger, daß es eine wirkliche Außenwelt der Dinge gibt, die unabhängig ist von ihrer Beobachtung unsererseits, und daß diese Außenwelt tatsächlich so ist, wie wir sie sehen, hören, riechen und fühlen.

Als Biologe fange ich daher meine Diskussion über das Wesen des Geistes vom Standpunkt des Monismus und des Naiv-Realismus an, denn es ist schwer, sich diesem Thema in einer anderen Weise wissenschaftlich anzunähern. Jedoch werde ich im Laufe meiner Diskussion diese Standpunkte verlassen müssen, erst den Naiv-Realismus und dann den Monismus, um eine tiefere Perspektive von Geistesvorgängen entwickeln zu können.

Die Suche nach den stammesgeschichtlichen Ursprüngen des menschlichen Gehirns macht uns keine wesentlich größeren Schwierigkeiten als die Suche nach den Ursprüngen ingendwelcher anderer unser Organe, wie zum Beispiel der Leber. Das Gehirn von *Homo sapiens* ist offensichtlich eine lautere Ausarbeitung des Gehirns einer unserer vorväterlichen Fische, der vor etwa hundert Millionen Jahren im Meer herumschwamm. Und das Gehirn jenes Fisches war seinerseits eine lautere Ausarbeitung einer vormütterlichen Qualle, die vor etwa fünfhundert Millionen Jahren lebte. Das Nervensystem jener Qualle war bereits imstande, derartig grundlegende Hirnfunktionen zu erfüllen wie Deutung der von Sinnesrezeptoren der Umwelt entnommenen Signale und Anordnung von Bewegungen, die den wahrgenommenen Veränderungen der Umwelt angepaßt sind. Indem das Gehirn im Laufe seiner Stammesgeschichte immer mehr ausgearbeitet wurde, d. h. indem es sich aus mehr und mehr Nervenzellen zusammensetzte, und das Netz derer Verbindungen immer komplizierter wurde, erwarb es die Fähigkeit, mehr und mehr raffinierte Funktionen auszuüben, die dann endlich in unserer eigenen fabelhaften Intelligenz gipfelten. Gemäß den Prinzipien des Darwinismus erklärt sich der Antrieb dieser stammesgeschichtlichen Entwicklung eines immer komplizierteren Gehirns durch den Zwang der natürlichen Zuchtwahl, der es immer schlaueren Tieren ermöglichte, sich in vormals unbesetzten Nischen zu vermehren.

Zu welchem Zeitpunkt dieser Stammesgeschichte trat Geist erstmals auf? War er bereits vor fünfhundert Millionen Jahren gegenwärtig, als es kein Tier höher auf der Skala der Natur als die Qualle gab? Oder erschien Geist vor etwa hundert Millionen Jahren mit der Entwicklung von Tieren mit Rückgraten? Oder machte Geist sein Debüt erst vor zwei Millionen Jahren, als unsere Art *Homo sapiens* sich von den Affen abtrennte?

Eine jegliche Antwort auf diese Frage hängt natürlich von der Explikation des Wortes »Geist« ab und davon, ob von untermenschlichen Tierarten behauptet werden kann, daß sie Geist besitzen. Selbst ein Monist-Extremist, der der Ansicht ist, daß *unser* Geist mit *unserem* Gehirn identisch ist, hat nicht unbedingt zu glauben, daß Fische mit Geist versehen sind. Ein Monist könnte sogar ableugnen, daß unsere allernächsten Verwandten im Tierreich, die Schimpansen und Gorillas, Geist besitzen, denn, obwohl sie offensichtlich fähig sind, Gefühle, Glauben und Wünsche zu haben, fehlt diesen Affen immerhin unsere Fähigkeit zu sprechen.

Jedenfalls besteht kein Zweifel, daß wir Menschen Geist haben, und daß, aus monistischer Sicht, Geist jedesmal mit der embryonalen Entwicklung eines Gehirns aus einem befruchteten Menschenei *de novo* hervorgeht. Um diesen ontogenetischen Ursprung des Gehirns zu klären, bemüht sich die gegenwärtige Neurobiologie, folgende Fragen zu beantworten:

(1) Wie entstehen im Laufe der aufeinander folgenden Zellteilungen des befruchteten Eis die vielen mannigfaltig differenzierten Zelltypen, die unter den abertausenden von Nervenzellen des Gehirns zugegen sind?
(2) Wie bringen es diese Nervenzellen zustande, von den Orten, an denen sie anfänglich geboren wurden, zu ihren definitiven Plätzen im späteren Embryo zu wandern?
(3) Wie bilden sich die spezifischen Verbindungen des Nervenzellennetzes des Gehirns, die für Geistesfunktionen verantwortlich sind?

Diese Entwicklungsvorgänge sind noch weitgehend unaufgeklärt, aber immerhin gibt es schon einige wenige Einsichten in sie.

Die hauptsächlichste unter diesen Einsichten ist, daß es keine hauptsächlichste Einsicht gibt, kein einzelnes allgemein gültiges Schlüssel-Prinzip für das Verständnis der embryonalen Entwicklung des Gehirns. So gibt es in der Neurobiologie kein Analogon zum genetischen Kode oder zum zentralen Dogma der Molekularbiologie, die ehemals das

Mysterium des Gens enthüllten. Vielmehr scheint es, als ob an fast jedem den Neurobiologen interessierenden Aspekt der Gehirnentwicklung mehrere ganz andersartige Vorgänge beteiligt sind.

Zum Beispiel bestimmen mindestens zwei verschiedene Vorgänge die Entwicklung embryonaler Zellen zu spezifisch differenzierten Nervenzellen. Diese Vorgänge sind als »europäischer Plan« und »amerikanischer Plan« bekannt. Unter dem europäischen Plan wird die Differenzierung einer Nervenzelle von ihrer Abstammung, d. h. ihrem Stammbaum, bestimmt; dagegen wird sie unter dem amerikanischen Plan von der Umgegend bestimmt, in der sich die Nervenzelle zum Zeitpunkt ihrer Differenzierung aufhält.

Um ein weiteres Beispiel zu nennen, steuern mindestens zwei verschiedene Vorgänge die Wanderung der neugeborenen Nervenzellen von ihren ursprünglichen Geburtsorten zu ihren definitiven Plätzen. Unter dem einen dieser Vorgänge werden die wandernden Zellen von Konzentrationsgefällen chemischer Substanzen gesteuert, während unter dem anderen Vorgang sie von einer Landschaft von unterschiedlich klebrigen Substraten geleitet werden.

Ein drittes Beispiel wird von der Mannigfaltigkeit der Vorgänge dargeboten, die für die spezifische Verknüpfung von Nervenzellen verantwortlich sind – das vielleicht faszinierendste aller der mit der Gehirnentwicklung verbundenen Probleme. Einer dieser Vorgänge sorgt für das gegenseitige Erkennen von zwei für ihre Verknüpfung vorbestimmten Zellen mittels gegenseitig anheftenden Oberflächenmolekülen. Ein anderer dieser Vorgänge sorgt für eine chemisch oder elektrisch getriebene selektive Auswahl von anfänglich unspezifisch gebildeten Verknüpfungen, die diese vorläufigen Verbindungen entweder als funktionell bestätigt oder sie als unpassend wieder auflöst.[3]

Angenommen wir könnten eine naturwissenschaftlich leidlich befriedigende Erklärung der stammesgeschichtlichen und embryonalen Ursprünge des Gehirns auf Grund der hier von mir kurz skizzierten Vorgänge abgeben. Dann würden wir immer noch vor dem Problem stehen, Geisteszustände, wie Gefühle, Glauben und Wünsche, durch

3 D. Purves u. J. W. Lichtman, *Principles of Neural Development* (Sunderland, Mass., 1985). (Eine hervorragende Darstellung gegenwärtigen Wissens über die Neurobiologie der Entwicklung.)

Gehirnzustände, wie elektrische Aktivitätsmuster des Netzes von Hirnzellen, zu erklären.

Viele Psychologen meinen, daß derartige *reduktionistische* Erklärungen des Geistes, die psychologische Theorien über Geistesvorgänge zu neurobiologischen Theorien über Hirnvorgänge reduzieren, prinzipiell unmöglich seien. Die Gründe für diese Ansicht schließen folgende Behauptungen ein: Erstens soll der *absichtliche* Charakter mancher Geisteszustände sie zu *emergenten* Eigenschaften von Gehirnzuständen und daher nicht reduzierbar auf jene machen. Zweitens soll das *introspektive* Wesen der Wahrnehmung von Geisteszuständen sie kategorisch verschiedenartig von, und daher her nicht erklärbar mittels Theorien machen, die durch *extrospektiv* wahrgenommene Gehirnzustände entwickelt wurden. Und drittens sollen Geisteszustände wie Gefühle, Glauben und Wünsche Begriffe einer naiven »Volkspsychologie« darstellen, denen nichts in der wirklichen Welt der Dinge entspricht, genauso wenig wie den Begriffen des Élan Vital der Volksbiologie oder des Phlogiston der Volksthermodynamik.

Derartige Behauptungen über die prinzipielle Unmöglichkeit der Reduktion von Theorien über Geisteszustände zu Theorien über Gehirnzustände sind prinzipiell widerlegbar und bereits weitgehend widerlegt worden. Jedenfalls gibt es aus wissenschaftlicher Sicht sowieso keine anderen Erklärungsmöglichkeiten als die reduktionistischen Ansätze. Als Neurobiologe (jedoch nicht als Philosoph) *muß* ich daran glauben, daß, da Geistesvorgänge im Gehirn entstehen, jene *prinzipiell* durch neurobiologische Theorien erklärbar sind. Diese Ansicht zwingt mich jedoch nicht zum Schluß, daß eine totale Reduktion von psychologischen auf neurobiologische Theorien *praktisch* tatsächlich möglich ist. Der Grund für diesen Vorbehalt ist, daß das Gehirn einer Klasse von Phänomenen zugehört, deren Komplexität das Ausmaß begrenzt, in dem sie erklärende Theorien erfolgreich durch andere, weniger komplexe Phänomene erklärende Theorien reduzierbar sind.

Was meinen wir damit, wenn wir sagen, daß ein Phänomen komplexer ist als ein anderes? Dem technischen Sinn von Komplexität gemäß ist eine größere Menge von Information nötig, um das komplexere Phänomen zu beschreiben als das weniger komplexe, gewöhnlich aus dem Grund, daß das komplexere Phänomen aus einer größeren Anzahl von verschiedenartigen Elementen besteht, die eine größere

Mannigfaltigkeit von Wechselwirkungen unterhalten. So ist eine Ein-Liter Flasche, die hunderttausend Milliarden Milliarden Helium-Moleküle enthält, ein viel minder komplexes Ding als unser Gehirn mit seinen lediglich zehn Milliarden Nervenzellen. Oder, in Anlehnung an ein Bonmot meines ehemaligen Arbeitgebers an der University of California, Gouverneur Ronald Reagan, *once you've seen one helium molecule, you've seen'em all.* Helium-Moleküle tun nichts weiter als miteinander kollidieren und Moment austauschen. Daher kann man eine befriedigende Theorie des auf die Wände der Flasche ausgeübten Drucks entwickeln, indem man lediglich die Kollisionen der Helium-Moleküle in Betracht zieht.

Um aber eine neurobiologische Theorie der Hirnfunktion zu entwickeln, ist es offensichtlich unmöglich, mehr als einen winzigen Bruchteil der enormen Mannigfaltigkeit von möglicherweise bedeutsamen hormonalen und elektrophysiologischen Wechselwirkungen unter den Milliarden verschiedener Nervenzellen in Betracht zu ziehen. Weiterhin ist das zerebrale Nervensystem so hochgradig verknüpft, daß gewöhnlich ein hormonaler oder neuronaler Pfad von jedem beliebigen Knotenpunkt zu jedem anderen beliebigen Knotenpunkt führt. Daher ist es einfach unmöglich, mit der Analyse einer Hirnfunktion auch nur anzufangen, ohne die Mehrzahl der bestehenden Wechselwirkungen vorsätzlich nicht zu beachten.

Die erste Aufgabe eines auf theoretische Reduktion erpichten Neurobiologen ist daher zu entscheiden, welche Nervenzellen und welche Wechselwirkungen eine wichtige Rolle in dem zu erklärenden Phänomen spielen, und welche anderen als unwesentliche beiseite geschoben werden können. Diese Entscheidung hängt von dem dem Neurobiologen eigenen *Vorverständnis* des Gehirns ab. Hier ist mit »Vorverständnis« der Begriff der Hermeneutik gemeint. Hermeneutisches Vorverständnis besteht aus den dem Deuter eigenen Lebenserfahrungen und Einsichten, die er von Anfang an zur Interpretation einer komplexen Struktur bringen muß, um Wesentliches von Unwesentlichem abzusondern.[4]

4 G. S. Stent, »Hermeneutics and the Analysis of Complex Biological Systems«, in: *Evolution at the Crossroads: The New Biology and the New Philosophy of Science*, hrsg. v. D. H. Depew u. B. H. Webster (Cambridge, Mass., 1984), S. 209–225.

Falls nun ein Neurobiologe eine Gruppe von Zellen und Wechselwirkungen für wesentlich hält und ein anderer Neurobiologe eine andere, ist es wahrscheinlich, daß sie verschiedene Erklärungen für das gleiche Phänomen entwickeln. Der Streit, den derartige rivalisierende Theorien entfachen, ist gewöhnlich schwer zu schlichten, weil für komplexe Phänomene keine entscheidenden experimentellen Tests möglich sind. Vorausgesetzt, daß beide rivalisierenden Theorien innerlich zusammenhängen, ist es gewöhnlich möglich, die eine oder die andere mit neuen, ihr scheinbar widersprechenden experimentellen Resultaten zu versöhnen, indem man den Kreis der ursprünglich als wesentlich beurteilten Zellen und ihrer Wechselwirkungen einfach etwas erweitert.

Die Anerkennung dieser Begrenzung unseres Vermögens, objektiv gültige Theorien über komplexe Phänomene aufzustellen, führt uns zu einer weiteren Einsicht in das Verhältnis zwischen Geist und Wirklichkeit, nämlich der Unzulänglichkeit des Naiven Realismus. Gemäß der von Immanuel Kant im späten 18. Jahrhundert entwickelten Erkenntnistheorie spiegeln Sinnesdaten weder (wie es die Metaphysik des Realismus will), die wirkliche Welt im Geist ab, noch liefern sie (wie es die Metaphysik des Idealismus will) dem Geist die Grundlage zum Erfinden der Wirklichkeit. Vielmehr, so erklärte Kant, erkennt der Geist die Welt mittels eines konstruktiven Vorgangs: Sinnesdaten werden Erfahrung (das heißt werden sinnvoll) nur, nachdem der Geist sie mit Hilfe von Kategorien wie Zeit, Raum, und Objekt interpretiert hat. Diese Kategorien bringt der Geist zur Erfahrung *a priori*, anstatt sie von ihr abzuleiten.

Stillschweigender Gebrauch von Prinzipien, deren Gültigkeit wir gleichfalls *a priori* annehmen, zum Beispiel »Manche A sind B; daher alle A sind B« (Induktion), oder »Das Vorkommen von A ist notwendig und genügend für das Vorkommen von B« (Kausalität) ermöglicht dem Geist dann, aus der Erfahrung eine ordentliche oder strukturierte Wirklichkeit aufzubauen.

Unter dem Banner des Strukturalismus übte Kants Erkenntnistheorie in der Mitte des 20. Jahrhunderts einen großen Einfluß auf die Humanwissenschaften aus. Der Strukturalismus trat mehr oder weniger gleichzeitig, unabhängig und in verschiedenen Gestaltungen in diversen Wissenschaftszweigen auf: in der Psychologie, der Linguistik, der Anthropologie und in der Biologie. Der Strukturalismus sieht vor, daß

Wissen über die Welt der Phänomene in hochmäßig abstrakten Gebilden, nämlich als Strukturen, erreicht wird. In der vorbewußten, schrittweisen Transformation von Sinnesdaten in Strukturen geht Information notwendigerweise verloren, denn das Schaffen von Strukturen ist nichts anderes als ein selektives Zerstören von Information. Somit ist, in strukturalistischer Redensart, die Wirklichkeit ein von der phänomenalen Welt abstrahiertes Ensemble struktureller Transformationen. Sinnesdaten werden sinnvoll nur, nachdem sie so transformiert worden sind, daß sie sich mit einer im Geist bereits vorhandenen Struktur decken. Daraus folgt, daß, entgegen der volkstümlichen Ansicht der Normalbürger und der Mehrzahl der Naturwissenschaftler, der Geist mitnichten gemäß den Prinzipien des Naiven Realismus operiert, sondern gemäß denen eines Strukturalistischen Realismus.[5]

Neurobiologische Untersuchungen über visuelle Wahrnehmung zeigen, daß unser Nervensystem tatsächlich in Übereinstimmung mit dem Strukturalistischen Realismus arbeitet, wenigstens in den ersten Verarbeitungsstufen der Sinnesdaten. Visuelle Wahrnehmung beginnt mit dem von der Umgebung auf das Mosaik von Photorezeptoren der Retina geworfenen zweidimensionalen Abbild. Sie endet mit einer sinnvollen Interpretation des Abbildes, wie »dies ist ein Stuhl«, oder »dies ist ein Möbelstück«, oder »dies ist ein hölzerner Gegenstand«. Offensichtlich hängt diese Interpretation nicht nur vom Abbild selbst ab, sondern auch von dem Kontext, in dem es erzeugt wurde, und von den Absichten des Betrachters. Visuelle Wahrnehmung ist daher ein interpretativer Vorgang, der für den Betrachter den Sinn der Information explizit macht, der ursprünglich nur implizit im Abbild zugegen war. Der in einer Folge von Abbildern enthaltene Informationsstrom ist so gewaltig, daß das Nervensystem, trotz seiner Milliarden von Nervenzellen, nicht im Stande wäre, ihn zu interpretieren, wäre er nicht von Anfang an auf handbare Mengen heruntergekocht, oder abstrahiert.[6]

Die anfänglichen Stufen diese Abstraktionsvorgangs sind offensichtlich von Kantschen Kategorien geleitet, deren *a priori* Wesen von ihrer

5 G. S. Stent, »Limits to the Scientific Understanding of Man«, *Science* 187 (1975), S. 1052–1057.

6 G. S. Stent, »Cerebral Hermeneutics«, *Journal of Social Biological Structures* 4 (1981), S. 107–124.

Verwirklichung in den im Nervensystem enthaltenen Schaltkreisen bezeugt wird. Eine dieser Kantschen Kategorien ist »Objekt«, mit der wir intuitiv die Eigenschaften von beständiger Form, Kohäsion und alleiniger Gegenwart an einem gegebenen Ort zu einer gegebenen Zeit verbinden. Um einschlägige Information über Objektform vom Abbild zu abstrahieren, zieht der Wahrnehmungsvorgang in Betracht, daß sich Umrisse von Objekten wahrscheinlich in solchen Regionen des Abbildes befinden, wo ein plötzlicher Wechsel in Lichtstärke gewahr ist. Um daher die Anwesenheit von Umrissen, die nur implizit im Abbild enthalten sind, explizit zu machen, ist es vorerst notwendig zu beschreiben, wie sich die Lichtstärke im Abbild von Ort zu Ort verändert.

Die Pionierarbeit zur Entwicklung einer Theorie, die im Stande wäre zu erklären, wie unser Gehirn diesen Interpretationsvorgang zustande bringt, wurde in den 70er Jahren von dem leider früh verstorbenen britischen Mathematiker David Marr geleistet. Marr hatte von Kantscher Epistemologie keine Ahnung. Dennoch war das charakteristischste Merkmal seines Herangehens an die Wahrnehmung, daß er sie als einen hierarchischen Interpretationsvorgang auffaßte, der von in den Schaltkreisen des Gehirns eingebauten kategorischen Auffassungen der Welt der Dinge Gebrauch macht. Marr behandelte diesen interpretativen Vorgang als einen Rechenprozeß, der von einer Serie von nacheinander folgenden computerartigen Operationen im Gehirn ausgeführt wird, und in dem einzelne Nervenzellen die Rolle von informationstragenden Elementen der Schaltkreise spielen.[7]

Die von Marr eingeführte Arbeitsweise wird heute allgemein als »*computational neuroscience*« bezeichnet. Seit Marrs Tod ist seine Strategie, die Mechanismen höherer Hirnfunktionen als Rechenprozeß zu erklären, erweitert und modifiziert worden durch Theorien, die die Namen wie »Konnektionismus« und »Parallel-verteilte Verarbeitung« (*parallel distributed processing*) tragen. Sie tragen diese Namen, weil sie davon ausgehen, daß örtliche Netze von Nervenzellen, anstatt einzelner Nervenzellen, Träger von abstrakter Information sind und daß mehrere der Rechenprozesse gleichzeitig, oder parallel, anstatt nacheinander, ausgeführt werden. Meiner Ansicht nach ist es noch zu

7 D. Marr, *Vision* (San Francisco, Calif., 1982).

früh, um das Ausmaß zu beurteilen, in dem die Strategien des Konnektionismus und der parallel-verteilten Verarbeitung unser Verstehen von Hirnfunktionen erweitern und vertiefen werden. Jedenfalls haben diese Ansätze immerhin schon zu wesentlichen Fortschritten in der Abkürzung von langwierigen rechnerischen Lösungen gewisser Probleme geführt, die dem Gebiet der »künstlichen Intelligenz« zugehören.

Aber wie ist es möglich, daß Begriffe wie Raum, Zeit oder Objekt und Prinzipien wie Induktion oder Kausalität so gut auf die Welt der Dinge passen? Ist es nicht ein Wunder, daß angesichts der Unzahl von möglichen Begriffen und Prinzipien, die wir uns vor jeder Erfahrung ausdenken könnten, die Rechnung gerade mit den von uns *a priori* ausgedachten aufgeht? Die Antwort auf diese Frage offenbarte sich in der Mitte des 19. Jahrhunderts, als Charles Darwin seine Theorie der natürlichen Zuchtwahl vorstellte. Sie wurde dann auch schon im späten 19. Jahrhundert im Sinne des Darwinismus von Friedrich Nietzsche gegeben. Jedoch dauerte es bis in die vierziger Jahre dieses Jahrhunderts, bis Konrad Lorenz die Antwort in einer für Biologen leicht verständlichen Formulierung darlegte: Obwohl die Kantschen Kategorien *a priori* für das Individuum sind, sind sie dennoch *a posteriori* für unsere Art. Das heißt, die Fähigkeit unserer Hirnschaltkreise, mittels *a priori*-Begriffen eine Fassung der Wirklichkeit zu konstruieren, die an die Welt der Dinge angepaßt ist, ist einfach noch ein weiteres Erzeugnis der natürlichen Zuchtwahl, die sowieso unsere stammesgeschichtliche Entwicklung antrieb: Frühe Menschentypen, die dachten, daß vorher nachher ist, oder daß das Nahe in der Ferne liegt, oder die nicht erkannten, daß A die Ursache von B ist, starben einfach ohne Nachkommenschaft aus.[8]

Die Bezeichnung der Kantschen Kategorien als *a priori* für das Individuum bedeutet dennoch mitnichten, daß sie bereits bei der Geburt in ihrer vollen Entfaltung zugegen sind. Vielmehr, wie Jean Piagets in den zwanziger Jahren begonnene Untersuchungen der kognitiven Entwicklung von Kindern zeigten, entstehen die Kantschen Kategorien nach der Geburt infolge einer dialektischen Wechselwirkung zwischen dem sich entwickelnden menschlichen Nervensystem und der Welt.

8 K. Lorenz, »Kants Lehre vom Apriorischen im Lichte gegenwärtiger Biologie«, *Blätter für Deutsche Philosophie* 15 (1941), S. 94 – 125.

Piaget zeigte, daß, obwohl die Kantschen Kategorien dem Geist immanent sind, sie nach und nach während der Kindheit aufgebaut werden im Laufe einer Reihenfolge von empirisch trennbaren Entwicklungsstufen.[9] Diese phylogenetischen und ontogenetischen Erklärungen der Ursprünge der Kantschen Kategorien brachten ein neues Sonderfach an der Grenze zwischen Biologie und Philosophie zur Welt, das den Namen »Evolutionäre Erkenntnistheorie« trägt.[10]

Nachdem wir sahen, daß für die Klärung der hier angeschnittenen Fragen über den Geist der Naive Realismus kaum dienlich ist und daß angesichts der biologischen Komplexität von Hirnfunktionen selbst dem mehr dezidierten Strukturalistischen Realismus erkenntnistheoretische Begrenzungen innewohnen, können wir nun die philosophischen Unzulänglichkeiten des Monismus erwägen. Während der Monismus möglicherweise einen hinreichenden, und vielleicht sogar einzigen, Weg zum Geist als natürliches Phänomen darstellt, eignet er sich kaum zur Behandlung des Geistes als *moralisches* Phänomen.

Räumen wir vorläufigerweise ein, im Einklang mit dem Monismus, daß Geisteszustände lediglich Gehirnzustände sind und daß, im Einklang mit der Evolutionären Erkenntnistheorie, unser Gehirn mit immanenten Gehirnzuständen behaftet ist, inbegriffen der kognitiven Kategorien, mittels derer wir mit der Welt der materiellen Objekte zu Rande kommen. Da aber unsere Art *Homo sapiens* seit ihren Anfängen als ein soziales Tier lebt, führt die Lehre der Evolutionären Epistemologie weiterhin zur Folgerung – immer noch im Einklang mit dem Monismus – daß unser Gehirn auch mit einem Ensemble von moralischen Kategorien immanent behaftet ist. Diese moralischen Kategorien ermöglichten es dem Geist, mit der nicht weniger lebenswichtigen Welt der menschlichen Subjekte zu Rande zu kommen und für die Organisation unserer Gemeinschaften zu sorgen. Diese moralischen Kategorien drücken sich aus in der althergebrachten dualistischen Theorie, daß wir teils Tier, teils Gottheit sind, d. h. daß wir sowohl innerhalb als

9 J. Piaget, *Genetic Epostemology*, übersetzt v. E. Duckworth (New York, 1971).

10 D. T. Campbell, »Evolutionary Epistemology«, in: *The Philosophy of Karl Popper*, hrsg. v. P. A. Schilpp (= *The Library of Living Philosophers*, Bd. 141), (La Salle, Ill., 1974), S. 413–463.

auch außerhalb der Natur leben. Die unter den alten Hebräern verbreitete Fassung dieser Theorie wurden im 1. Buch Mose festgehalten, und archäologische Funde zeigen, daß sie mindestens bis in das prädynastische Ägypten zurückreicht. In der Tat ist es wahrscheinlich, daß, als vor 100.000 Jahren die Neandertaler sich die Mühe machten, ihre Toten zu begraben, sie bereits eine Ahnung von dieser Theorie hatten.

Das Hauptstück der althergebrachten Theorie des menschlichen Wesens ist die Person, die sowohl aus einem Körper als auch aus einer Seele besteht. Ihr Körper ist mit naturalistischen Eigenschaften versehen, die er mit den Körpern von Tieren teilt und deren Untersuchung den naturwissenschaftlichen Methoden der Biologie zugänglich ist. Dagegen ist ihre Seele mit einer Anzahl nicht-naturalistischer Eigenschaften versehen, wie Einzigartigkeit, Unersetzbarkeit, Heiligkeit oder Zweck-an-und-für-sich-sein und den für das Geist-Körper-Problem besonders wichtigen Freien Willen. Die Seele teilt diese nicht-naturalistischen Eigenschaften mit Gott, und nicht mit den Tieren. Angesichts der Unmöglichkeit, diese althergebrachte Theorie einfach mir nichts, dir nichts aufzugeben, bevorzugten Philosophen und Theologen, von Platon über St. Augustinus und Descartes zu Kant, die sich mit dem Halb Tier/halb Gottheit-Paradoxon des menschlichen Wesens seit dem Altertum abplagten, dualistische Lösungen des Geist-Körper Problems.

Vom Standpunkt der von Platon abstammenden und immer noch rüstigen Tradition der Moralphilosophie leiten Werturteile wie gut und böse ihre Rechtfertigung nicht von aristotelisch-naturalistischen Überlegungen über unsere Rolle als Tiere in der Natur ab. Vielmehr gründen sich diese Werturteile auf die der Person zugeschriebenen nicht-naturalistischen Eigenschaften.

Der Begriff des Freien Willens stellt den Kern der nicht-naturalistischen Eigenschaften dar, die die althergebrachte Theorie des menschlichen Wesens der Person zuschreibt. Um eine Handlung der Person als moralisch gut oder böse zu werten, müssen wir voraussetzen, daß die Person diese Handlung nicht nur gewollt hatte, sondern daß es ihr auch freistand, sie *nicht* gewollt zu haben.

Diskussionen über das Geist/Körper-Problem stellen gewöhnlich die falsche Antinomie von Freiem Willen und Determinismus auf. Diese Antinomie ist falsch, weil es bei dem Monismus-Dualismus-Streit mitnichten darum geht, ob eine Möglichkeit besteht, daß Handlungen von Naturwesen nicht vollkommen den kausalen Kräften der natürlichen Welt unterliegen. Denn die Biologie wäre keine Naturwissenschaft, wenn diese Möglichkeit tatsächlich bestünde. Vielmehr geht es um die Frage, ob (wie es der Glaube an den Monismus erfordert) Freier Wille dennoch als eine naturalistische Eigenschaft der Person denkbar ist, wie unlängst von dem Philosophen Daniel Dennett in seinem Buch »Elbow Room« behauptet wurde.[11] Diese Frage betreffende Argumente müssen sich daher damit befassen, ob unsere Auffassungen von der natürlichen Welt mit dem Bestehen von frei gewollten Handlungen begrifflich vereinbar oder unvereinbar sind.

Offensichtlich bietet eine natürliche Welt wie die, die sich Laplace im späten 18. Jahrhundert vorgestellt hatte, wenig Spielraum zur Ausübung von Freiem Willen, da alle ihrer Vorkommnisse vollkommen von Ausgangszuständen bestimmt werden, vom Anfang bis zum Ende der Zeit. Aber wie sich herausstellte, entspricht unsere tatsächliche, natürliche Welt mitnichten der von Laplace sich vorgestellten. Vielmehr sind die Vorkommnisse unserer Welt durch mikrophysikalische (d. h. quantenmechanische) und makrophysikalische (d. h. chaotische) Zufälligkeiten weitgehend unbestimmt, oder zumindestens nicht voraussagbar. Diese Tatsache bedeutet jedoch keineswegs, daß es in der Natur Wesen mit Freien Willen geben kann. Denn das Wesentliche an einer mit Freiem Willen handelnden Person ist ihre *Autonomie*.

In diesem Zusammenhang bedeutet »Autonomie«, daß obwohl der Wille der Person keineswegs immun gegenüber den von der Natur ausgeübten kausalen Einflüssen ist, ihm dennoch ein Rest von Unabhängigkeit bleibt, kraft dessen er als letzte Instanz über das Gewollte entscheidet. Das Ergebnis dieses autonomen Entscheidungsvorgangs geschieht keineswegs mutwillig oder aufs Geratewohl, sondern wird von der Seele der Person bestimmt. Daher kann dieser Rest von Unabhängigkeit nicht durch quantenmechanische oder chaotische Zufälle in der Natur entstehen. Denn obwohl diese Zufälle Ursache der Unbestimmtheit von Naturereignissen in unserer nicht-Laplaceschen Welt sind, gestatten sie dennoch keine Vorgänge in der Natur, die autonom

---

11 D. C. Dennett, *Elbow Room: The Varieties of Free Will Worth Wanting* (Cambridge, Mass., 1984).

vis-à-vis ihrer kausalen Einflüsse sind. Daher ist es die Autonomie des Freien Willens und seiner letzten Instanz, der Seele, die ihn von den natürlichen Eigenschaften der Person ausschließt.

Das Paradoxon der von der dualistischen Theorie des menschlichen Wesens vorgesehenen naturalistischen und nicht-naturalistischen Eigenschaften der Person kann durch den von Niels Bohr geprägten Begriff der Komplementarität erfaßt werden. Bohr gebrauchte das Wort »komplementär« nicht in seinem gewöhnlichen, alltäglichen Sinn von zwei Teilen, die ein Ganzes darstellen. Vielmehr meinte Bohr damit eine grundlegende Eigenschaft der natürlichen Welt, die unvereinbar ist nicht nur mit dem Naiven, sondern auch mit dem Strukturalistischen Realismus.

Bohr führte seinen technischen Begriff der Komplementarität erstmals 1927 ein, um das Verhältnis zwischen Beschreibungen von Licht als Wellen und als Teilchen zu kennzeichnen. Bohr zufolge stellen der wellenartige räumliche Zusammenhang der Lichtfortbewegung einerseits und die teilchenartigen Lichteffekte andererseits kritische Merkmale des Phänomenes des Lichtes dar. Diese Merkmale sind komplementäre Eigenschaften der Wirklichkeit, weil, obwohl sie begrifflich miteinander unvereinbar sind, es dennoch unmöglich ist zu zeigen, daß sie in einem direkten oder empirischen Widerspruch liegen. Der Grund für diese Unmöglichkeit ist, daß eine eingehende Analyse entweder der Wellen- oder der Teilcheneigenschaft des Lichtes sich gegenseitig ausschließende Beobachtungsvorrichtungen erfordert.

Derartige, sich gegenseitig ausschließende Beobachtungsvorrichtungen sind, so stellt sich heraus, die Ursache einer grundlegenden Begrenzung unserer Analyse von Naturphänomenen. Denn es ist nie möglich, in einer physikalischen Messung die Wechselwirkung zwischen dem zu messenden Objekt und den Meßinstrumenten in Betracht zu ziehen. Oder, wie Bohr sich in dem am Anfang meines Vortrags zitierten Hinweis ausdrückte, können Instrumente nicht in eine Untersuchung einbegriffen werden, während sie gleichzeitig auch als Beobachtungsmittel dienen. Das ist natürlich auch der Grund, warum es unwahrscheinlich erscheint, daß das Münchhausisch-monistische Projekt des Geist/Gehirn-Selbstverständnisses bis *au bout de la nuit* verfolgt werden kann.

In seinem Vortrag »Licht und Leben« von 1929 dehnte Bohr seinen Begriff der Komplementarität auf das Geist/Körper-Problem aus.[12] Er wies darauf hin, daß die Anerkennung einer erkenntnistheoretischen Begrenzung, die durch sich gegenseitig ausschließende Beobachtungsvorrichtungen verursacht ist, sich auch dazu eignet, die anscheinend gegensätzlichen Ansichtspunkte in Einklang zu bringen, die die Neurobiologie von der Psychologie trennen. In diesem Zusammenhang dachte Bohr insbesondere an das paradoxe Problem des Freien Willens, von dem er behauptete, daß »das Gefühl der Freiheit des Willens als eine dem mit Bewußtsein versehenen Leben eigentümliche Charakteristik angesehen werden muß.«

Am Ende meiner Diskussion kehre ich zu Kant zurück. Mittels eines »vorwegnehmenden Plagiats« wandte bereits Kant Bohrs Komplementaritätsbegriff auf das Geist/Körper-Problem an. (Robert Merton[13] erklärte jemanden eines vorwegnehmenden Plagiats schuldig, falls er eine deiner originellen Ideen stiehlt und sie hundert Jahre vor deiner Geburt veröffentlicht.) Im 17. Jahrhundert entwarf René Descartes seinen »Substanz-Dualismus« als Lösung zum Problem der dualistischen Teils Tier/teils Gottheit-Theorie des menschlichen Wesens. Descartes behauptete, daß die Welt aus zwei grundlegend verschiedenen Substanzen besteht: eine *res cogitans* des Geistes und eine *res extensa* der Materie. Als aber Mitte des 18. Jahrhunderts die Newtonsche Physik den Begriff einer nicht-materiellen »Substanz« unglaubwürdig gemacht hatte, ersetzte Kant den kartesischen Substanz-Dualismus durch einen Epistemischen Dualismus, in dem er die Idee vertrat, daß wir in zwei metaphysisch verschiedenen Welten leben.

Eine dieser Welten ist die von der theoretischen Vernunft der Naturwissenschaft aufgebaute, deren natürliche Objekte (inklusive des Gehirns des *Homo sapiens*) von kausalen Gesetzen regiert werden. Die andere dieser Welten ist die von der praktischen Vernunft der Moral aufgebaute, deren vernünftige menschliche Subjekte von freiheitlichen Gesetzen regiert werden, die der Freie Wille den Handlungen jeder Person auferlegt. Von diesem Standpunkt aus rechtfertigt die praktische Vernunft den Freien Willen als einen logisch notwendigen Bestandteil

12 Vgl. Fußnote 1.
13 R. K. Merton, *On the Shoulders of Giants* (New York, 1965).

der Theorie der Person, von der zwischenmenschliche Beziehungen schlecht und recht regiert werden.

Die theoretische Vernunft ermöglicht dem Geist eine monistisch-naturalistische Erklärung über seine eigenen stammesgeschichtlichen und embryonalen Ursprünge, sowie auch eine Reduktion (zumindest im Prinzip) psychologischer Theorien über Geistesvorgänge auf neurobiologische Theorien über Hirnvorgänge. Die theoretische Vernunft erlaubt es uns sogar, eine Erklärung über den stammesgeschichtlichen Ursprung der ihr widersprechenden praktischen Vernunft abzugeben. Denn die in der aristotelisch-monistisch-naturalistischen Tradition arbeitenden Soziobiologen, die *Homo sapiens* einfach als eine der vielen in sozialen Umständen lebenden Tierarten ansehen, verfügen über mehr oder weniger plausible Argumente für die evolutionäre Anpassung eines Tieres mit Geisteszuständen, die dem Glauben an platonisch-idealistisch-dualistischer Metaphysik entspricht. Daher bereitet es aus soziobiologischer Sicht kaum Schwierigkeiten zu zeigen, wieso das Genom eines vernünftigen sozialen Tieres, dessen Verhalten vom Glauben an eine einzigartige, unersetzbare, heilige Person mit autonomem Freien Willen bestimmt wird, ein höheres differentielles Vermehrungspotential besitzt als das Genom eines Tieres, dem dieser Glauben fehlt.

So gibt es auch Soziobiologen, die erwarten, daß dank ihrer Einsichten in die stammesgeschichtlichen Ursprünge der dualistischen Theorie des menschlichen Wesens wir endlich unsere längst überholten moralischen Klamotten über Bord werfen können, so wie Neurotiker angeblich ihre Neurosen loswerden können, sobald Psychoanalytiker ihre psychogenetischen Ursprünge aufdecken. Selbst wenn die dualistische Theorie unsere Höhlenmensch-Vorfahren mit darwinistischer Anpassung versah – so lautet das Argument – brauchen wir sie nimmermehr, und heutzutage bereitet sie uns nichts als Unannehmlichkeiten.

Jedoch ist es sehr unwahrscheinlich, daß diese Erwartung eintrifft: Trotz der offensichtlichen Unvereinbarkeit unseres intuitiven Zuschreibens von Freiem Willen zur Person mit unserem gleichfalls intuitiven Zuschreiben kausaler Notwendigkeit zur Natur, können wir als Vernunftswesen den Begriff der moralischen Freiheit ebensowenig aufgeben wie den Begriff der naturwissenschaftlichen Determiniertheit. Jene seltenen Personen, die tatsächlich den einen oder den anderen dieser

Begriffe aufgegeben haben, werden gewöhnlich als Psychopathen kategorisiert, und ihre Mehrzahl lebt in Gefängnissen oder Irrenanstalten.

So müssen wir von grundlegend anderen Ausgangspositionen an das Verhältnis der Person zu ihren Handlungen herantreten, wenn wir sie entweder in einem naturalistischen oder in einem moralischen Kontext antreffen. Als Naturwissenschaftler müssen wir die Person als ein materielles Objekt ansehen, deren Handlungen Teile der kausal-determinierten Phänomene der natürlichen Welt darstellen; aber als Moralisten kommen wir nicht umhin, die Person als ein vernünftiges Subjekt anzusehen, deren Handlungen ein autonomer Freier Wille bestimmt.[14]

Es bleibt uns also nichts anderes übrig, als daß wir insgesamt das Tierische und das Göttliche, das Naturalistische und das Nicht-naturalistische, die theoretische und die praktische Vernunft als komplementäre Eigenschaften des Menschen auffassen. Dies ist das tief-paradoxe Wesen unseres Geistes, den wir in der stammesgeschichtlichen Lotterie gezogen haben. Da er aber der einzige Geist ist, den wir haben, müssen wir uns eben mit ihm, recht und schlecht, abfinden.

Summary

While monism may provide a sufficient and possibly even the only way to understand the mind as a natural phenomenon, monism is hardly suitable for understanding the mind as a moral phenomenon. For that reason philosophers and theologians, from Plato through St. Augustin and Descartes to Kant, who struggled with the half-beast half-divine paradox of human nature, put forward dualist answers to the mind-body problem.

The traditional dualist theory of human nature dating back to remote antiquity attributes naturalistic properties to the body of the person, which the person shares with the beasts. On the other hand, the theory attributes to the mind of the person a set of non-naturalistic properties, such as uniqueness, irreplaceability, sacredness, being an end in itself and free will, which the person shares with God.

14 *Morality as a Biological Phenomenon*, hrsg. v. G. Stent (Berkeley, Calif., 1980).

The existential paradox of the dualistic theory can be fathomed in the terms of Niels Bohr's notion that complementary aspects of reality give rise to rationally irreconcilable concepts, as Kant did – anticipating Bohr – in the middle of the 18th century. When Newtonian physics had made the existence of a non-material »substance« – Descartes' *res cogitans* – implausible, Kant replaced Cartesian substance-dualism by an epistemic dualism. Kant declared that we live in two metaphysically distinct worlds.

One of these worlds is that constructed by the theoretical reason of science, whose natural objects are governed by the laws of causal determination. The other world is that constructed by the practical reason of morals, whose human subjects are governed by laws of freedom that individual free will imposes on each person's actions. Here practical reason justifies the concept of free will as a logically necessary constituent of the theory of personhood that governs our inter-personal relations as moral agents.

Thus, our view of the relation of the person to his or her actions must be fundamentally different when we encounter him or her in a naturalistic or in a moral context. As scientists we must regard the person as a material object, whose actions form part of the causally determined events of the natural world. But as moralists, we must regard the person as a rational subject, whose actions are governed by an autonomous free will which is not causally determined by the laws of nature.

Thus we have no choice other than to consider the beastly and the divine, the naturalistic and the non-naturalistic, theoretical reason and practical reason as complementary aspects of the person. This is the deeply paradoxical nature of the mind that we drew in the lottery of organic evolution.

Was braucht ein Naturwissenschaftler von anderen Fächern?

Heinz Maier-Leibnitz

Heute muß ja alles öffentlich diskutiert werden, und da erleben wir Naturwissenschaftler immer wieder, daß wir uns nicht verständlich machen können. Es liegt für uns nahe, die Ursache darin zu suchen, daß unsere Sprache den anderen nichts sagt, daß wir mit dem, was wir sicher wissen, nicht überzeugen können. Aber es kann auch sein, daß unsere rationalen Argumente weit von dem entfernt sind, was diejenigen beschäftigt, die mit den Folgen und Anwendungen unserer Entdeckungen und Erfindungen leben sollen. Deshalb will ich heute fragen, was wir von anderen Gebieten, insbesondere von den Geistes- und Gesellschaftswissenschaften lernen können. Etwas entdecken, etwas wissen ist gut. Sich darüber Gedanken machen, Ideen für Anwendungen haben und an Folgen denken ist auch gut. Aber dann müssen wir uns umschauen und fragen: Was fehlt jetzt, was müssen wir von anderen lernen? Voneinander lernen, das ist die Vorbedingung einer fruchtbaren Diskussion.

Natürlich fehlt es uns, den Mathematikern, Physikern, Astronomen, Chemikern, Biologen, den meisten Naturwissenschaftlern und zum Teil auch den Medizinern und den Ingenieuren an vielem, was andere wissen oder ganz selbstverständlich in ihrem Leben erfahren und verwenden. Unsere Fächer beschäftigen uns ganz, sie machen uns Freude und stellen immer neue Aufgaben. Was wir finden, diskutieren wir mit den Fachgenossen; wir bilden einen Kreis, der keine große Verbindung zur Außenwelt braucht, obwohl wir natürlich wissen, daß die Gesellschaft uns fördert, weil sie irgendwie und igendwann etwas Nützliches von unserer Tätigkeit erwartet. Ein gewisser Mangel an Allgemeinbildung, eine Isolation vom Tagesgeschehen und mangelnde Erfahrung über menschliche Beziehungen und menschliches Zusammenleben lassen sich leicht erklären, und die bestehen tatsächlich in einem oft auffallenden aber den Betroffenen manchmal nicht bewußten Maße. Es kann etwas Rührendes haben, wenn etwa der berühmteste Mathematiker des Jahrhunderts im Alter seinem Kollegen verrät: »Jetzt habe ich verstanden, woher die Reformation kam und das ganze Unglück bis zum dreißigjährigen Krieg: Das war doch nur, weil der Luther partout heiraten wollte!«

Oder wenn der große Philosoph über den noch größeren Physiker so urteilt: »Man muß sagen, Herr X. hat ein gewisses künstlerisches Gefühl für philosophische Fragen. Aber verstehen, Herr Kollege, verstehen tut er natürlich nichts davon.«

Ich selbst habe einmal bei einem Festvortrag, bei dem versäumt worden war, vorher ein Gespräch auf Vorstandsebene abzuhalten, davon geschwärmt, wie (nach dem Vorbild eines guten Freundes, der tatsächlich eine Firma mit neuer Technologie von Null auf 2000 Mitarbeiter und großen Erfolg gebracht hatte), wie überall mit neuen technischen Ideen technischer Fortschritt zum Vorteil der Menschen genutzt werden kann. Ein für seine beißende Intelligenz bekannter Publizist verließ den Saal und schrieb bald nachher in der Zeitung über die beklagenswerten Naturwissenschaftler, die nach bedeutenden Leistungen in ihrem Fach sich auf anderen Gebieten lächerlich machen müßten, was man ihnen aber schon aus Mitleid nicht übelnehmen dürfe.

Wir müssen hier noch einen anderen Nachteil erwähnen, der besonders den exakten Naturwissenschaftlern anhaftet. Er betrifft die Erkenntnisse, die sie über ihre Gegenstände gewinnen. Die Erkenntnisse sind entweder richtig oder sie sind falsch, oder sie sind teils richtig und teils falsch. Das stellt sich bei der Nachprüfung oder bei weiterer Erfahrung meist schnell heraus, und so bildet alles, was einmal bestätigt ist, eine solide Grundlage für weitere Erkenntnisse. Unser Begriff von Wahrheit ist zu einfach sowohl für die Philosophie wie für das tägliche Leben. Ich erinnere mich an eine kleine Diskussion, bei der ich, an Adorno denkend, behauptete, daß eine Aussage auch falsch sein können muß, worauf ich gleich des Positivismus bezichtigt wurde. Wenn wir also von richtig oder falsch reden wollen, müssen wir daran denken, daß die Definition dafür durchaus nicht einfach ist, und wir müssen von den Geisteswissenschaftlern lernen, wenn wir uns nicht isolieren wollen.

Heute schreibt man uns Verantwortung für den technischen Fortschritt zu und verlangt eine Wissenschaftsethik und moralisches Verhalten vor allem von uns, obwohl gerade die Entscheidungen zum technischen Handeln, durch die wissenschaftliche Kenntnis folgenreich wird, in aller Regel nicht von uns getroffen werden.

Nun ist es aber doch wohl so (ich fühle mich da ganz unsicher), daß nicht nur bei den Wissenschaftlern, die unter der Wirkung von Descartes an die Macht des sorgfältigen Nachdenkens bei Berücksichtigung aller rationalen Gesichtspunkte beim Erreichen guter Entscheidungen geglaubt haben, sondern überhaupt bei denen, die an Entscheidungen beteiligt waren, ein Glaube genährt wurde, daß man auf rationalem Wege, wobei die wissenschaftliche Kenntnis eine Rolle spielt, zu sicheren Entscheidungen kommen könne. Und ich meine, daß wir jetzt gerade dabei sind zu lernen, daß dies in mehrerlei Hinsicht ein großer Irrtum ist.

Aber sicher ist, daß in dieser Atmosphäre der Überschätzung des Rationalen die Wissenschaftler oft ihre Grenzen bei Entscheidungsvorschlägen überschritten haben. Einstein hat später angeblich bereut, daß er mit Szilard dem Präsidenten Roosevelt die Entwicklung der Atombombe angesichts der Gefahr von Nazideutschland vorgeschlagen hat. Ein Beispiel für eigene Überschreitung der Zuständigkeit des Naturwissenschaftlers ist für mich heute ein Teil der Göttinger Erklärung der 18 Naturwissenschaftler im Jahr 1958. Wir hatten mit Recht auf die uns bekannte besondere Schadenswirkung der Atombombe aufmerksam gemacht. Daß wir aber meinten, ein kleines Land wie die Bundesrepublik sollte nicht über Atombomben verfügen, das konnten wir nicht beurteilen, ohne die politischen Ziele der Beteiligten bei uns und in anderen Ländern zu verstehen. Und ein extremes Beispiel ist ein Physiker, der mir einmal als eines seiner Traumata erzählte, daß er oft über politische Probleme nachgedacht und die Lösung gefunden habe. Aber die Politiker wollten sie nie annehmen.

Diese Zeit, ich meine es war die Zeit der Hybris von seiten der Naturwissenschaftler, ist wohl vorbei. Aber das hat, zum Glück wie ich meine, nicht dazu geführt, daß die Naturwissenschaftler nichts mehr über andere Gebiete wissen oder lernen wollen, obwohl manche, wie schon gesagt, hier eine große Enthaltsamkeit fordern. Natürlich kann man auch verlangen, daß die Entscheidenden zusammen mit den

Vertretern der nichtnaturwissenschaftlichen Fächer die Kompetenz haben sollten, allein mit den fachlichen Angaben von uns auf Grund ihrer Gesichtspunkte zu entscheiden und auch die Öffentlichkeit zu unterrichten. Aber wir meinen, daß es Gründe auch für die Naturwissenschaftler gibt, Fragen außerhalb ihres Gebiets aufzuwerfen, weil die Antworten, die Suchen nach ihnen und die Hilfe von den anderen Fächern wichtige Folgen haben können. Ich will versuchen, einige solcher Fragen und Probleme aufzuführen.

Mit der in aller Unschuld erfolgten Entdeckung der Kernspaltung hat die Wissenschaft die Entwicklung der Atombombe möglich gemacht, die ihrerseits die Menschheit befähigt hat, sich selbst zu vernichten. Helmut Schmidt hat einmal (wenn auch nur mündlich) gesagt, er verstehe überhaupt nicht, wie danach ein Physiker weiterhin auf einem solchen Gebiet wie der Kernphysik arbeiten könne. Nun ist aber mit der Kernspaltung und ihren Folgen das Kind schon in den Brunnen gefallen; die Kernphysik kann kaum schlimmere neue Gefahren bergen. Was »ein solches Gebiet« in der Zukunft sein kann, ist ganz unbekannt. Man könnte also nur sich überhaupt jeder naturwissenschaftlichen und technischen Forschung enthalten. Und da geraten wir in Widerspruch mit der Motivation unserer Berufswahl und unseres Bemühens, Jüngere für unsere Tätigkeit zu interessieren. Unsere Rechtfertigung lautet: »Wissen ist besser als Nichtwissen«. Das ist der Satz, der infrage gestellt werden muß, um eine Abwendung von der Forschung zu motivieren.

Kann Nichtwissen besser sein als Wissen, das ist eine gespenstische Frage danach, was Menschen mit Wissen anfangen, eine Frage nach der Unvollkommenheit menschlichen Denkens und Handelns, eine Frage an die Geschichte, die Psychologie, die Soziologie, die Philosophie, die Wirtschafts- und Politikwissenschaften. Von ihnen allen erhoffen wir Antworten auf dieses für unser Handeln und unsere Motivation entscheidende Problem. In der Öffentlichkeit ist klar: Wir sind schuld. Aber so einfach kann die Antwort nicht sein.

Ein anderes Problem betrifft die Entscheidungsgremien, in denen, wenn es um Grundlagen geht oder um Ideen, deren Verständnis unsere Kenntnis und Erklärung erfordert, wir notwendig teilnehmen müssen, wenn auch meist ohne Stimmrecht. Unsere Sprache ist nicht die Alltagssprache, und wir können nicht in jeder Sitzung alles wiederholen, was wir in fünf Jahren Studium gelernt haben, um unsere Aussagen zu beweisen, wie wir das unter uns tun. Wir müssen mit Metaphern reden, um den anderen ein Gefühl von dem zu geben, was wir meinen, und wir brauchen ihr Vertrauen, daß wir dabei nicht mogeln. Und – das ist eine Behauptung von mir, die nicht unbestritten ist – wir nicht aneinander vorbeireden. Wie erkläre ich etwas, was bedeutet Vertrauen, wie verstehe ich die anderen, das sind drei Probleme, für die wir nicht vorbereitet sind und für die wir Hilfe brauchen von denen, die dieselben Probleme von einem anderen Ausgangspunkt kennen. Wir haben da viel zu lernen, und das Ziel sind bessere Entscheidungen.

Bleiben wir noch bei den Beratungen im kleinen Kreis von Politikern, Angehörigen von Wirtschaft und Verwaltung und Fachleuten für technische Fragen, wo Entscheidungen vorbereitet werden (Juristen und Wirtschaftswissenschaftler greifen meist auf einem anderen Niveau ein). Ich habe solche Gremien unter anderem bei der Deutschen Atomkommission erlebt und bin beeindruckt von der Effizienz, die man ihnen oft bescheinigen muß. In solchen Kreisen kommen ganz verschiedene Erfahrungen und Denkweisen zusammen. Aber wenn der Kreis klein ist und mehr als einmal tagt, wird sich bald eine Atmosphäre einstellen, in der jeder offen spricht und versucht, deutlich zu erklären, was er meint. Wenn dann jeder auch zuhört, mit seinen Gesichtspunkten antwortet und nichts verschweigt, kann man fast immer zu einem vielleicht nicht endgültigen, aber fruchtbaren Entscheidungsvorschlag kommen. Dabei bringt jeder das, was er von den anderen Fächern (es können ja nicht alle vertreten sein) und auch von dem Schatz der Geistes- und Gesellschaftswissenschaften weiß, ebenso ein wie die eigenen Berufs- und Lebenserfahrungen.

Das ist sicher nützlich, aber hier brauchen wir wieder Hilfe von denen, die als Wissenschaftler sehr viel bessere Denkgrundlagen aus dem Geistesleben haben als die Mitglieder unseres Kreises. Wir müssen miteinander reden, voneinander lernen, außerhalb von Gremien, überall. Es kommt auch vor, daß man in den kleinen Kreisen Geisteswissenschaftler zuzieht, aber meist zeigt sich, daß sie da Fremde bleiben, weil sie mit den vielen kleinen Details nicht vertraut sind; sie wirken besser in einem größeren Kreis, oder eben im vertrauten Gespräch unter Freunden.

Diese Wirkung der Geisteswissenschaften ist sehr wichtig, und sie bleibt zu oft unbemerkt. In der Zeit der Atomkommission, als wir selbst besondere Förderung erhielten, habe ich einmal in einem Vortrag gesagt, daß es jetzt an der Zeit sei, auch die Geisteswissenschaften an den Universitäten mehr zu fördern, damit wir besser lernen können, warum wir das tun, was wir tun. Der Atomminister Strauß, der dabei war, bemerkte aber nur: »Das müssen Sie ja sagen!«

Der Vorwurf der Weltfremdheit ist gegenüber den Naturwissenschaftlern, die die meiste Zeit im Labor oder im Diskurs mit Kollegen verbringen, fern von den Wirklichkeiten der Auseinandersetzungen im praktischen Leben, sicher berechtigt und droht uns im Kreis von Wirtschaftsführern und Verwaltungsfachleuten zu komischen Figuren zu machen. Ich erinnere mich sehr gut an Sitzungen, wo wegen des Rangs der Teilnehmer Titel verpönt waren. Wenn dann die Anrede »Herr Professor« fiel, wußten wir, woran wir waren. Also auch hier: großes Lernbedürfnis.

Ein Beispiel ist die Argumentationsweise, die wir von unserer Arbeit gewöhnt sind und die wir geneigt sind, in die Diskussionen über Entscheidungen zu übertragen. Wir (und das gilt im Grunde für alle Wissenschaftler im akademischen Bereich und in der reinen Forschung) fühlen uns gebunden an die akademische Ethik, die uns zu einem strengen Wahrheitsstreben verpflichtet. Bei der Prüfung unserer Ergebnisse und bei unseren Aussagen müssen wir alle möglichen Einwände selbst suchen, müssen Gegenargumente anderer ernst nehmen und dürfen in der Diskussion nichts davon verschweigen, auch wenn sie den von uns vertretenen Standpunkt schwächen und uns schaden können. Dieses ist die Grundlage unserer wissenschaftlichen Arbeit, und es ist auch durchaus hilfreich in der Diskussion in einem kleinen und vertrauten Kreis, wo jeder weiß, daß der Irrtum eine der Quellen des Fortschritts ist. Aber es entspricht keineswegs dem im täglichen Leben allgemein üblichen Verhalten, und man wird es uns als Hochmut und als Verachtung der anderen auslegen, wenn wir nicht lernen, wie das Problem anderswo behandelt wird. Wie müssen wir uns angesichts dieses Dilemmas verhalten?

Auch hier müssen wir von den Historikern, Soziologen, Psychologen und auch von den Theologen und natürlich von den Schriftstellern und von den Erfahrungen des täglichen Lebens lernen. Wir müssen verstehen, daß überall Interessen mächtig sind. Trotzdem: Die Rolle der Selbstlosigkeit ist ein faszinierendes Thema von großer Bedeutung;

glücklich ist, wer sie sich leisten kann. Ich möchte aus meiner Kenntnis vieler bedeutender Wissenschaftler bekunden, daß bei ihnen das Interesse für sachliche Probleme und das Aufgehen in ihrem Studium in aller Regel das Verfolgen eigensüchtiger Ziele ganz unwichtig macht. Aber können wir mit solchen Argumenten irgendwo auftreten? Wer versteht mehr als wir von dem Problem der Selbstlosigkeit?

Nun zu anderen Problemen, wo das Denken über Fächer hinaus und gegenseitiges Lernen wichtig sind. Angesichts des heute so schnellen Wachstums der wissenschaftlichen Erkenntnis haben die Universitäten die ungeheure Aufgabe, diese Kenntnis nicht nur zu vermehren, sondern sie zu bewahren und sie in eine solche Form zu bringen, daß die kommende Generation, der die akademische Lehre gilt, damit selbständig umgehen kann, ohne daß Wichtiges verlorengeht. Dies ist eine internationale Aufgabe, und natürlich werden Länder, in denen man sich ihr besonders widmet, Vorteile haben. Und dabei wird es besonders nützlich sein, wenn die Methoden und Denkweisen aus verschiedenen Fächern zusammenkommen und wenn dabei auch noch ein ganz wichtiger Nebeneffekt erreicht wird, daß nämlich relativ viele Personen interdisziplinäre Komponenten in ihre Bildung aufnehmen. Der moderne Universalist, der in einem Fach tief eingedrungen ist, aber auch über andere nachdenken und durch Diskussion lernen kann, ist überall gefragt, und wir glauben, daß es ihn gibt und weiterhin geben kann. (Man wird mit Recht einwenden, daß es wirkliche Universalisten heute nicht mehr geben kann; wir sollten also lieber von Hilfs-Universalisten reden.)

Mit den Problemen der Weitergabe des Wissens hängen natürlich die der Didaktik zusammen; sie sind allen Fächern gemeinsam. Und sie betreffen nicht nur die Lehre an Schulen und Hochschulen, sondern ebenso die gegenseitige Unterrichtung zwischen den Fächern und ihre populäre Darstellung. Der zu lehrende Stoff darf nicht so wachsen, daß er die begrenzte Kapazität der menschlichen Gehirne übersteigt. Deshalb muß er sich vor allem auf solche Kenntnisse und Fähigkeiten beschränken, die den selbständigen Zugang zu immer Neuem möglich machen.

Wie das geschieht, darüber können wir von allen Fächern lernen. Hier kann die Rolle der Universität gar nicht überschätzt werden. Es ist unendlich wichtig, daß dort ganz führende Wissenschaftler aller

Gebiete wirken und auch zusammenwirken, meist ganz inoffiziell durch ihr Dasein und eine gewisse Geselligkeit. Wohl dem Land, wo eine solche Konzentration der Besten möglich ist.

Wenig möchte ich darüber sagen, was wir für die Gestaltung unserer Forschung, das Einwerben von Mitteln, die effektive Leitung eines Instituts von anderen oder durch eine Lenkung von oben lernen müssen. Was ein Forscher kann und zu machen beschließt, kann niemand besser wissen als er. Er kommt aus einer Schule, wo er Vorbilder gehabt hat: Er hat Ergebnisse vorzuweisen, die ihm die Achtung seiner Kollegen eingetragen haben, und es findet eine dauernde Wechselwirkung mit vielen von ihnen statt, die ihm seinen Platz weist und es ermöglicht, daß er irgendwo einsam neue Wege geht und Neues anstößt. Da kann ihm kein Forschungsplaner und kein Wissenschaftswissenschaftler dreinreden. Ich bin auch zum Beispiel nicht begeistert, daß man heute so viel über Wettbewerb redet. Gut ist, wer mehr leistet als man von ihm oder seinesgleichen hätte erwarten können. Und das geht nur dann, wenn ihn seine Arbeit und seine Probleme beschäftigen, nicht der Wettbewerb oder Erfolg. Vielleicht habe ich unrecht, aber ich spreche aus meiner Erfahrung und aus der Kenntnis vieler hervorragender Kollegen. Ich meine, daß das auch für die Wahl der Arbeitsgebiete gilt. Wer sein Leben der Forschung gewidmet hat, denkt darüber immer mehr und sorgfältiger nach als jeder, der von oben oder von außen Einfluß nehmen will. Diese Darstellung einer Einstellung, die viele von uns teilen, soll als Aufforderung zur Kritik verstanden werden, denn es gibt dazu ganz andere Meinungen, und aus der Kritik können wir lernen.

Auch die Effektivität der Forschung oder der Leitung eines Instituts hängt vor allem vom Forscher selbst ab, von den Vorbildern, die er gehabt hat, und im inneren Betrieb von der Achtung, die er den Mitarbeitern entgegenbringt und die ihm erlaubt, von jedem das zu verlangen, zu dem er fähig ist. Natürlich gibt es viele Fragen der Organisation, aber ich meine, daß diese ganz hervorragend gelöst werden können, wenn der Kanzler und die Verwaltung Freunde der Wissenschaftler sind. Die so häufige Polarisation zwischen ihnen ist dumm und schädlich. Dasselbe gilt auf dem etwas höheren Niveau des Verhältnisses zum Ministerium, wo es wichtig ist, daß beide Seiten voneinander lernen und daß sich jeder an die eigene Stirn klopft, ehe er anderen Vorwürfe macht. Die Frage ist wieder: Ist das alles komplizierter? Von wem können wir lernen?

Unsere bisherige Darstellung wird vielen ungewohnt erscheinen, die über Fragen von Wissenschaft und Technik vor allem aus den Medien ihre Informationen erhalten. Dort wird bei jedem aktuellen Anlaß, dem Waldsterben, den Umweltproblemen, dem Treibhauseffekt, den alternativen Energien, allen Krankheitsnachrichten nach programmierter Forschung gerufen. Naturwissenschaft wird nur im Zusammenhang mit Anwendungen gesehen und wird je nach der Einstellung zu diesen verdammt oder gelobt. Über die Probleme unserer Zeit wie Energie- und Umweltfragen wird allerdings in großer Einigkeit berichtet, wobei die Meinungen der Fachleute ausgeklammert werden.

Dies ist ein verwirrendes Bild, großenteils eine deutsche Besonderheit, und nur zum Teil im Rahmen unserer eigenen Kompetenz lösbar. Aber in diesem Zusammenhang ergeben sich viele Fragen an die Geistes- und Gesellschaftswissenschaften, Fragen, für die wir nicht kompetent sind oder für die wir Hilfe oder Belehrung brauchen, um unsere eigenen Überlegungen und öffentlichen Äußerungen zu klären und zu vertiefen. Es ist zwar so, daß die meisten Probleme, etwa die Begründung von Anwendungen, das Abwägen von Vor- und Nachteilen einer Lösung gegenüber einer anderen, nicht eigentlich unser Feld sind, daß das die potentiellen Anwender zu vertreten haben. Aber die Naturwissenschaftler leiden noch unter der Gloriole, die sie sich in der Zeit nach der Kernspaltung haben umhängen lassen. Sie müssen sich äußern, sie müssen Verantwortung zeigen. Helmut Schmidt hat eindringlich von der Bringschuld der Wissenschaftler gesprochen, die darin bestehe, daß sie ihre Resultate und ihre Absichten öffentlich darstellen müssen. Ich bin nicht sicher, ob er damit recht hat. Ich neige mehr zu der Ansicht von Präsident Truman, der sagte, nicht die Wissenschaftler, sondern er habe den Einsatz der Atombombe befohlen. Aber das ist nicht mehr zu ändern; das Publikum erwartet, daß wir uns äußern, und viele Wissenschaftler wollen das auch tun.

Im folgenden will ich noch einige der Fragen nennen, die wir an die anderen Fächer zu stellen haben. Es sind zum Teil Fragen, die diese selbst auch beschäftigen müssen, zum Teil solche, bei denen gewisse Probleme sehr deutlich sich zeigen und nach Antworten verlangen, die dann auch allgemeinere Bedeutung haben können.

Das erste Beispiel betrifft die Verantwortung der Wissenschaftler. In der Öffentlichkeit findet sich immer wieder die Behauptung, daß Otto Hahn mit der Entdeckung der Spaltung eine Verantwortung auch für die Folgen, also die Atombombe übernommen habe. Die Einsicht, daß unsere Forschung (wenn es sich nicht schon um angewandte Forschung handelt) ins Unbekannte geht und daß wir von den Resultaten, und damit auch von möglichen Folgen, immer wieder überrascht werden, ist offenbar nicht in das öffentliche Bewußtsein gedrungen. Ich habe manchmal den Verdacht, daß bei den anderen Wissenschaften, nehmen wir als Beispiel die Geschichte, die Ausarbeitung eines neuen Gedankengebäudes eine größere Bedeutung hat als die Überraschung durch neue Aktenfunde, und daß der Irrtum über uns von daher eine Nahrung findet. Wir wären deshalb sehr dankbar, wenn wir von den Geisteswissenschaften eine Belehrung über ihre Quellen des Fortschritts erfahren könnten.

Es gibt schon Beiträge von Seiten der Geisteswissenschaften zur Frage der Verantwortung bei Anwendungen. Der Philosoph Hans Jonas propagiert, daß man bei der Abschätzung von Zukunftsfolgen ungünstigen Wirkungen ein größeres Gewicht geben sollte als günstigen, was man angesichts der Ungewißheit aller Voraussagen in einem gewissen Umfang bejahen muß. Das hat Folgen nicht für die Erkenntnis, wohl aber für das Abwägen bei Entscheidungen. Daß bei ihnen alle, auch nichttechnische Gesichtspunkte eingehen sollten, ist ebenfalls allgemein anerkannt.

Ein anderes Problem: Wissenschaft und Interesse (Habermas) und die Forderung nach dem herrschaftsfreien Dialog. Ich habe den Eindruck, daß damit oft die Naturwissenschaften diskreditiert werden, obwohl wir durch die akademische Ethik gebunden sind, eigenes Interesse aus der wissenschaftlichen Erkenntnis herauszuhalten. Wir glauben ja sogar, daß uns das besser gelingt als manchen anderen Fächern. Aber natürlich ist es unmöglich, daß ein Mensch das, was er ist, ganz heraushält aus dem was er denkt und sagt. Wir bitten um freundliche Belehrung.

Dann das Vertrauen, das wir vermissen. Luhmann hat sehr schön gezeigt, daß wir in unserer komplexen Umwelt überfordert wären, wenn wir nicht in sehr vielem dem vertrauen könnten, was andere uns sagen und uns damit helfen. Aber bei den Problemen, wo Wissenschaft gefragt ist, wird der einzelne meist nicht zum Handeln gezwungen. Für ihn ist ein Mißtrauen gegen die Wissenschaft folgenlos, und deshalb ist es leicht, das Vertrauen in die Wissenschaftler in der öffentlichen Meinung zu zerstören. Dies ist ein allgemeines Problem, auch für die Politik. Was tun?

Ein anderer Punkt: Ethik für Wissenschaft und Technik. Das Problem ist heute »in«, es gibt eine verwirrende Zahl von Seminaren und Veröffentlichungen. Ich habe versucht, mit einem einfachen Kriterium auszukommen, nämlich der Nächstenliebe, wobei die Nächsten alle Menschen sind, oder jedenfalls Achtung aller Menschen in dem Sinn, daß man ihre Zwecke anerkennen und sie nicht als Mittel mißbrauchen soll. Ich gebe zwei Beispiele. Das erste betrifft die Kernenergie, durch die bei vollem Ausbau vielleicht 0,00001 Prozent einer Generation der Weltbevölkerung zu Tode kommen und ein etwa ebenso großer Teil der Erdoberfläche in dieser Zeit unfruchtbar würde. Andererseits haben wir die Dritte Welt, wo weiterhin Millionen schon durch Hunger, aber auch durch Konflikte umkommen werden, wenn es nicht gelingt, den Lebensstandard erheblich, wozu auch mehr Energie gehört, zu erhöhen. Der Energiebedarf wird auf jeden Fall, schon wegen der Bevölkerungszunahme, stark wachsen. Deshalb schlagen wir vor, nicht jetzt oder bald die Kernenergie aufzugeben, sondern sie zwanzig Jahre oder mehr fortzuführen, bis man weiß, mit welchen Mitteln der Energiebedarf in der Welt in 50 Jahren gedeckt werden kann. Die Hungernden in der Dritten Welt sind ebenso meine Nächsten wie die Einwohner von Saarbrücken, die die Kernenergie in Cattenom verhindern wollen. Ist das moralisches Handeln? (Vielleicht soll ich noch bemerken, daß Zahlenangaben wie die eben gemachten immer zehnmal zu hoch oder zehnmal zu niedrig sein können.) Meine Erfahrung in der öffentlichen Diskussion ist, daß die eben beschriebenen Argumente fast nie Zustimmung finden. Was ist falsch an der zugrundeliegenden Ethik?

Nun ein Gegenbeispiel. Atrazin ist ein Unkrautvertilgungsmittel mit bekanntem Giftigkeitsgrad, man kennt also Dosiswerte, unterhalb derer keine Schädigung zu erwarten ist. Der heute gültige Grenzwert für Trinkwasser ist aber so niedrig, daß ein Mensch im Tag 4690 l Wasser trinken müßte, damit er krank wird. Wenn aber dieser Grenzwert in einem Ort um 50 Prozent überschritten wird, wird dort Mineralwasser ausgegeben, damit die Kinder nicht geschädigt werden. Die Rechtfertigung für den niedrigen Grenzwert ist nicht die Schädlichkeit, sondern ein Grundsatz: »Atrazin gehört nicht ins Grundwasser.« Damit schadet man den potentiellen Nutzern von Atrazin, aber man nützt niemandem. Mit unserem einfachen Modell der Nächstenliebe und moralischem Handeln hat das nichts zu tun. Was ist die höhere Ethik? Das Problem betrifft nicht nur das Atrazin. Wir müssen auf die Hilfe unserer medizinischen Kollegen hoffen. Bei der Festsetzung von Gesundheitsgrenzwerten ist noch viel zu tun.

Einen gewissen Zusammenhang mit Fragen der Moral hat das Problem der alternativen Wissenschaftler. Sie empfinden eine höhere Einsicht in die Gefahren unserer Zivilisation und wollen die Menschen davor schützen. Sie sind also eine Morallobby. Allerdings sprechen sie den anderen Wissenschaftlern und der ganzen Industrie die Fähigkeit zu solch moralischer Haltung ab und diskutieren nicht mit ihnen. Ihr Monopol betrifft auch nicht die ganze Moral. Die akademische Ethik zum Beispiel schließen sie aus, denn sie ist unvereinbar mit ihrer höheren Moral. Sie suchen nicht Zweifel an ihren Argumenten, finden dafür aber viele Gründe, die Argumente der anderen abzuwerten. Es kann allerdings sein, daß wir von anderen Fächern oder außerhalb der Wissenschaft weitere Beispiele genannt bekommen, die uns helfen können.

Nun zu den Entscheidungen. Wir sagten schon, daß bei jeder Entscheidung abgewogen werden muß zwischen den Vor- und Nachteilen des geplanten Beschlusses und den Vor- und Nachteilen aller Alternativen dazu, zum Beispiel auch des Nichtbeschließens. Das klingt plausibel, findet aber selten in dieser Form statt. Es ist wohl berechtigt, von einer allgemeinmenschlichen Abneigung gegen das Abwägen zu sprechen. Dies ist wieder ein Problem, wo wir auf eine Gemeinsamkeit mit unseren Kollegen von anderen Fächern hoffen, und auf Belehrung.

Aber noch wichtiger ist, daß es eine ganz allgemeine Grenze für das Vergleichen von Alternativen gibt. Was man an Tatsachen und allgemeinen Grundlagen für eine Entscheidung und dabei für das Abwägen weiß, reicht fast nie aus, um eine Entscheidung voll zu begründen. Die Tatsachen und Unterlagen können unsicher sein. Sehr oft erfordert das Abwägen den Vergleich von Unvergleichbarem, zum Beispiel den Vergleich der Toten durch Strahlung nach einem Reaktorunfall mit der Zahl der Bergleute, die bei der Förderung der Kohle für ein äquivalentes

Kohlekraftwerk umkommen. Und das ist noch nicht alles. Die Menschen urteilen nicht einfach rational, sondern sie bringen Wertvorstellungen ein, die ihnen teuer sind. Nichtakzeptanz der Kernenergie heißt, daß die Menschen keiner unsichtbaren Strahlung ausgesetzt werden wollen und daß sie andere Gefahren weniger schlimm einschätzen. Die Unsicherheit von Entscheidungen und die große Bedeutung von Wertvorstellungen: beides ist sicher eine allgemeine Erscheinung, und deshalb können wir auch hier viel von anderen lernen.

Und dazu kommt noch etwas: Entscheidungen brauchen durchaus nicht nur dem Ziel zu dienen, für das sie ausgesprochen werden. Ich nenne wieder ein Beispiel, den Treibhauseffekt. Durch vermehrte Verbrennungsprozesse auf der Erde reichert sich CO_2 mehr und mehr in der Atmosphäre an, und die Wissenschaftler sagen Erwärmung der Atmosphäre und der Meere voraus, und ernste Klimaänderungen, die die Landwirtschaft in großen Gebieten der Erde unmöglich machen. Der größte Teil unseres Energieverbrauchs stammt aus der Verbrennung vor allem fossiler Brennstoffe. Also wird weltweit eine Einschränkung des Energieverbrauchs gefordert. Unser Umweltminister Töpfer hat für die Bundesrepublik ein Programm aufgestellt, wonach in einem gewissen Zeitraum 25 Prozent der Energie eingespart werden soll, das wären etwa 2 Prozent des Weltverbrauchs. Er hofft, daß die anderen Industrieländer ihm folgen werden, aber das werden viele nicht tun, weil es ihnen nichts nützen würde. Frage also: Sind Herrn Töpfers 2 Prozent nicht ein bißchen sinnlos, und soll man sich nicht lieber später auf die Bekämpfung der (heute noch ungewissen) Folgen konzentrieren? Ich habe das in Vorträgen vorgeschlagen, als Württemberger, der unnötige Ausgaben verabscheut, habe aber jetzt einen erfahrenen Journalisten gefragt, und er sagt nein. Erstens sei bei Angelegenheiten mit öffentlicher Aufmerksamkeit Nichtstun schlimmer als auch eine nutzlose Aktivität. Und Töpfers Vorschlag könnte bedeuten, daß die deutsche Industrie neue Verfahren zum Energiesparen entwickelt, die sie dann auch ins Ausland verkaufen kann. Außerdem sagt er: Selbst wenn Töpfers Plan zu nichts anderem führen würde als zu einer Abkehr von der heutigen Steinkohlepolitik, wäre er schon die Anstrengung wert.

Ich möchte zu dieser speziellen Argumentation kein Urteil abgeben, aber jedenfalls zeigt sie, daß man beim Entscheiden auf mehr achten muß als man vielleicht denkt. Dies gilt sicher nicht nur für Entscheidungen in unseren Feldern. Wir können also auf Belehrung von anderen hoffen.

Ein ganz besonderes Gebiet ist die öffentliche Diskussion, wozu auch Veröffentlichungen und Vorträge gehören, die sich nicht nur an Fachleute, sondern an einen breiteren Kreis wenden. Hier kommt es auf den Autor oder Redner an, dann auf Inhalt und Form des Vorgetragenen, und schließlich und vor allem auf das Publikum, die Zuhörer oder Leser, dabei auch andere Autoren und die Gegner in der Diskussion. Hier betreten wir das Feld der Rhetorik, und ich möchte darüber hier nicht ausführlich sprechen, aber jedenfalls sagen, daß die Rhetorik in den letzten Jahrzehnten, vor allem durch die Rückkehr zu den Quellen im Altertum, große Fortschritte gemacht hat und weder mit dem bombastischen Schönreden der letzten Jahrhunderte noch mit heutigen Rhetorikkursen für Manager zu vergleichen ist. Wir können sie stattdessen als eine Argumentationslehre auffassen mit dem Ziel, zu besseren Entscheidungen zu kommen. Sie beginnt (ich folge vor allem dem polnisch-belgischen Juristen und Philosophen Chaim Perelman) mit dem Dialog des Rhetors mit sich selbst über die Frage, wovon er sein Publikum überzeugen will (der Vorwurf an die großen Rhetoren Athens, die Sophisten, war ja, daß sie darauf nicht genug Sorgfalt verwendeten, keine Philosophen waren). Dabei muß der Rhetor an alle Gegenargumente denken, und auch daran, was sein Publikum aufzunehmen bereit und fähig ist.

Ob ein Naturwissenschaftler leicht ein guter Rhetor sein kann, ist fraglich. Zwar entspricht der Dialog mit sich selbst durchaus dem, was die akademische Ethik fordert, aber alle Erfahrung spricht dagegen, daß das Publikum eine von Selbstzweifeln getragene Darstellung zu begrüßen bereit ist. Hier müssen wir, wenn wir schon reden oder schreiben sollen, viel lernen.

Es gibt allerdings eine Beschäftigung mit der Rhetorik, die von diesem Einwand frei ist. Ich nenne das die passive Rhetorik, die Analyse des Inhalts und des Stils der Äußerungen anderer. Ich habe dazu erste Versuche vor einigen Jahren veröffentlicht und habe den Eindruck, daß man relativ leicht zu einem gültigen Urteil über die Rhetorik und die Argumentation eines Autors kommen kann, und zwar in einer Form, daß man damit bei jeder Diskussion im kleinen Kreis oder unter Fachleuten Anhänger wie Gegner von der Richtigkeit der Analyse überzeugen kann. Der Weg zum öffentlichen Überzeugen ist allerdings immer noch weit, denn das große Publikum läßt sich nicht in lange rationale Auseinandersetzungen hineinziehen.

Die Rehabilitation der Rhetorik und ihre Anwendung für eine bessere Argumentation ist ganz sicher ein allgemeines Problem, und wir sollten uns deshalb nicht allein damit beschäftigen, sondern sollten von allen Seiten lernen. Dabei ist notwendig ein besonderes Kapitel die Rhetorik in den Medien, die ja für viele Ereignisse und Probleme die einzige Quelle für das Publikum sind. Wir müssen also vor allem die Kommunikationswissenschaften befragen und wohl auch Forderungen an sie stellen.

Dabei müssen wir allerdings wieder an das Publikum denken. Die Möglichkeit der Beeinflussung, um nicht zu sagen die Verführbarkeit des Publikums scheint eines der großen Probleme unserer Zeit zu sein, und damit bekommt auch das, was wir erleben, eine allgemeinere Bedeutung.

Ich habe vieles nicht gesagt, und vieles muß vertieft werden. Aber ich hoffe glaubhaft gemacht zu haben, daß wir viel von den anderen Wissenschaften zu lernen haben, und dafür ist mein ceterum censeo: Wir müssen viel miteinander reden.

Summary

The scientist's field is remote from both the humanities and from daily life, so we have trouble to make ourselves understood. We believe in rational thinking but values and emotions are most important for decisions. What can we learn from other fields?

We must learn to argue, without violating the academic ethic which demands the search for truth, with those who think differently. We must try to understand more than our narrow field. We must be modest.

Responsibility concerns applications, our part in them is small. We furnish knowledge, not action. We think knowing is better than not knowing.

All this makes us poor partners in the public discussion. We must try to understand the public better. The word rhetoric comes to mind but here, too, we have more to learn than others.

4. Sektion »Die Aufgaben der Geisteswissenschaften im System der Wissenschaft«

Der Streit um die Kompensationsfunktion der Geisteswissenschaften

HERMANN LÜBBE

Zunächst nenne ich einige Literaturtitel, die für die sogenannte Kompensationstheorie der Geisteswissenschaften sowie für den Streit, der sich inzwischen um diese Theorie erhoben hat, repräsentativ sind. Sodann skizziere ich diese Theorie so, wie ich sie selber zu vertreten pflege. Danach bringe ich die Kritik, die sich gegen die Kompensationstheorie der Geisteswissenschaften inzwischen erhoben hat, auf drei Einwände, die mir besonders wichtig zu sein scheinen, und formuliere einige metakritische Argumente. Schließlich möchte ich, um dem Mißverständnis vorzubeugen, die fragliche Kompensationstheorie schlösse die Behauptung ein, die Kompensationsfunktion sei die einzige Funktion der Geisteswissenschaften, in aller Kürze eine weitere Funktion der Geisteswissenschaften erläutern. Es wird sich dabei um eine Funktion handeln, die die sogenannten Geisteswissenschaften mit einem Teil der Naturwissenschaften gemeinsam haben, so daß wir insoweit zugleich einen Aspekt der Einheit der Wissenschaften gewinnen.

Zunächst also die Literaturhinweise, deren erster einer kleinen, aber wirkungsreichen Arbeit Joachim Ritters zu gelten hat. Ritter veröffentlichte 1961 einen Vortrag mit dem Titel »Die Aufgaben der Geisteswissenschaften in der modernen Gesellschaft«.[1] Hier sagt Ritter, den Kompensationsbegriff eher beiläufig verwendend, »die Zugehörigkeit der Geisteswissenschaften« zur modernen Gesellschaft sei in der für diese Gesellschaft »konstitutiven und unaufhebbaren Abstraktheit und Geschichtslosigkeit« begründet, und die Geisteswissenschaften entwickelten sich als Antwort auf die Herausforderung dieser Geschichtslosigkeit, »weil die Gesellschaft notwendig eines Organs« bedürfe, »das ihre Geschichtslosigkeit kompensiert und für sie die geschichtliche und geistige Welt des Menschen offen und gegenwärtig hält«.[2] Das habe ich in meinem 1977 erschienenen geschichtswissenschaftstheoretischen Buch »Geschichtsbegriff und Geschichtsinteresse«[3] aufgegriffen und gefunden, »Kompensation« sei »das entscheidende Stichwort« in der zitierten Ritterschen Antwort auf die Frage »Wozu Geisteswissenschaften?«. Mit Hilfe des Kompensationsbegriffs lasse sich »eine überwältigende Fülle von Phänomenen« aus der jungen Geschichte der spezifisch modernen historischen Kultur erschließen.[4] Odo Marquard ist es dann gewesen, der dem fraglichen Kompensationstheorem allgemeine öffentliche Aufmerksamkeit verschafft hat – zunächst über die Fachgrenzen der Philosophie und näherhin der Geschichtswissenschaftstheorie hinaus in der akademischen Öffentlichkeit und alsbald auch in der Öffentlichkeit des feuilletonlesenden Publikums. Die Auswirkungen dieser Publizität des Themas reichen inzwischen bis in die Wissenschaftspolitik, ja darüber hinaus generell bis in die Kulturpolitik hinein. Marquards Schlüsselsatz »Je moderner die moderne Welt wird, desto unvermeidlicher werden die Geisteswissenschaften« wird heute sogar in Parlamentsdebatten zitiert. Begeisterte Zustimmung zu seiner Version der Kompensationstheorie löste Odo Marquard mit seiner Rede bei

1 J. Ritter, »Die Aufgaben der Geisteswissenschaften in der modernen Gesellschaft«, in: *Jahresschrift 1961* der Gesellschaft zur Förderung der Westfälischen Wilhelms-Universität zu Münster, S. 11 – 39. – Wiederabdruck in: J. Ritter, *Subjektivität: Sechs Aufsätze* (Frankfurt a.M., 1974), S. 105 – 140.

2 Ebd., S. 33.

3 H. Lübbe, *Geschichtsbegriff und Geschichtsinteresse: Analytik und Pragmatik der Historie* (Basel/Stuttgart, 1977).

4 Ebd., S. 304.

Gelegenheit der Jahresversammlung der Westdeutschen Rektorenkonferenz vom 5. Mai 1985 in Bamberg aus. Diese Rede ist vielfältig nachgedruckt worden.[5] Die Zahl der Stimmen, die sich zur fraglichen Kompensationstheorie kritisch äußern, ist inzwischen Legion. Exemplarisch verweise ich auf Günther Patzigs Rede bei Gelegenheit der Feier der Göttinger Akademie der Wissenschaften aus Anlaß des 250jährigen Bestehens der Göttinger Universität,[6] ferner auf das *Kursbuch* 91, das dem Thema »Wozu Geisteswissenschaften?« gewidmet war, und zwar mit kritischen Beiträgen von Karl Markus Michel und Herbert Schnädelbach, von Christian Meier und Oskar Negt zu einigen in diesem Kursbuch neuerlich abgedruckten »Materialien« zur Kompensationstheorie von Odo Marquard, von mir und von Henning Ritter.[7]

Auf die äußerst knappen, aber für die hier beabsichtigte Darstellung des Streits um die Kompensationstheorie der Geisteswissenschaften ausreichenden Literaturhinweise soll jetzt eine Skizze von Zentralgehalten dieser Theorie folgen, und zwar wie angekündigt so, wie ich sie selber zu vertreten pflege. Voraus schicke ich eine Bemerkung zum Begriff der Geisteswissenschaften. Dieser Begriff umfaßt in seinem gegenwärtigen Gebrauch auch solche Disziplinen, auf die die fragliche Kompensationstheorie gar nicht paßt. Noch immer gibt es ja Philosophische Fakultäten, die seit der Ablösung der Naturwissenschaften von ihnen[8] ungeteilt blieben und somit neben den historischen und philo-

5 Zum Beispiel in der Fassung O. Marquard, »Über die Unvermeidlichkeit der Geisteswissenschaften«, in: *Almanach*: *Ein Lesebuch*, Band I (Bonn, 1987), S. 107 – 118. – Der zitierte Schlüsselsatz »Je moderner die moderne Welt wird, desto unvermeidlicher werden die Geisteswissenschaften« findet sich ebd., S. 109.

6 »Die Göttinger Akademie: Gegenwärtige Lage und Zukunftsaufgaben«. Vortrag, gehalten im Rahmen der Veranstaltungen zur Feier des 250jährigen Bestehens der Georg-August-Universität am 22. Mai 1987. In: *Jahrbuch der Akademie der Wissenschaften in Göttingen* (Göttingen, 1987), S. 56 – 66.

7 *Kursbuch* 91: *Wozu Geisteswissenschaften?* (März 1988).

8 In Münster i.W. erfolgte die Verselbständigung der Mathematisch-Naturwissenschaftlichen Fakultät erst 1948, in Marburg noch später, früher hingegen, bereits 1863, in Tübingen und schon 1858 in Zürich. In Österreich wurde die alte, Natur- wie Geisteswissenschaften umfassende Philoso-

logischen Fächern auch Disziplinen umfassen, deren Forschungsabsichten überwiegend nicht-historisches Wissen betreffen, vielmehr die Ausarbeitung empirisch gehaltvoller Theorien, die sich, anders als historisches Wissen, in keineswegs marginalen Fällen sogar praktisch nutzen lassen. Für die Psychologie, auch für die Soziologie, zum Beispiel, gilt das. Es gilt auch, nämlich im Fächerbereich der hier und da noch ungeteilt existenten Rechts- und Staatswissenschaftlichen Fakultäten, für die Volkswirtschafts- und Betriebswirtschaftslehre. Alle exemplarisch genannten nicht-historischen Disziplinen müssen es sich aber im heute herrschenden Sprachgebrauch gefallen lassen, den sogenannten Geisteswissenschaften zugezählt zu werden, und wenn man fragen wollte, was denn unter dem Begriff der Geisteswissenschaften, sagen wir, die klassische Archäologie einerseits und die Betriebswirtschaftslehre andererseits zusammenbände, so stünde auf diese Frage eine überzeugende Antwort allenfalls noch den Universitätsarchitekten zur Verfügung. In deren Sprachgebrauch sind nämlich »Geisteswissenschaften« im Unterschied insbesondere zur Mehrzahl der naturwissenschaftlichen Disziplinen, der Fächer der theoretischen Medizin und der Ingenieurwissenschaften diejenigen Wissenschaften, die ihres geringeren Installationsbedarfs und ihrer bescheideneren Ansprüche auf Belastbarkeit von Etagendecken wegen im stapelbaren Bereich, also in oberen Stockwerken untergebracht werden können.

Auf einen Geisteswissenschaftsbegriff von dieser konturlosen Weite bezieht sich selbstverständlich die fragliche Kompensationstheorie nicht. Es ist keineswegs überflüssig, das ausdrücklich festzuhalten. Schon hat man, zum Beispiel, Juristen protestieren hören, nur dem Ahnungslosen könne es einfallen, der Jurisprudenz Kompensationsfunktionen zuzuschreiben. Der Protest ist berechtigt. Indessen: Die fragliche Kompensationstheorie meint auch die Jurisprudenz gar nicht – mit Ausnahme freilich der im Lehrbetrieb einer heutigen Juristischen Fakultät marginalisierten Rechtsgeschichte. Auch jene Wissenschaften, die zweckmäßiger denn als Geisteswissenschaften als Handlungswis-

phische Fakultät sogar erst in den siebziger Jahren von Gesetzes wegen aufgelöst.

senschaften[9] zu kennzeichnen wären, nämlich Pädagogik und Psychologie, Soziologie und Politikwissenschaft, sind nicht gemeint. Welche Wissenschaften meint also die sogenannte Kompensationstheorie der Geisteswissenschaften? Gemeint sind exklusiv die historischen Kulturwissenschaften. Von diesen nun vorweg, das heißt vor der angekündigten Skizze des Inhalts der fraglichen Kompensationstheorie, einen Begriff zu geben, wäre unpassend. Die fragliche Kompensationstheorie läßt sich nämlich ihrerseits als ein Beitrag zur Konstitution des Begriffs der historischen Kulturwissenschaften auffassen: Historische Kulturwissenschaften sind diejenigen, auf die die Kompensationstheorie der sogenannten Geisteswissenschaften einzig anwendbar ist. Terminologiegeschichtlich ist uns im Deutschen der Begriffsname »Kulturwissenschaft«, auch wenn er sich nicht eigentlich durchzusetzen vermochte, seit langem vertraut.[10] Es hat auch Versuche gegeben, den Gebrauch des Terminus »Kulturwissenschaft« mit Verzicht auf das Wort »Geisteswissenschaft« zu reaktivieren.[11] Dem möchte ich mich hier anschließen – freilich in Benutzung des gegenüber dem Terminus »Kulturwissenschaft« spezifizierten Terminus »Historische Kulturwissenschaften«. Deren Funktion sei nun mit Hilfe der fraglichen Kompensationstheorie erläutert.

Joachim Ritter hat also die historischen Kulturwissenschaften funktional als ein Medium gekennzeichnet, durch das die moderne Kultur »ihre Geschichtslosigkeit kompensiert«.[12] Zum Verständnis dieser Kennzeichnung bedarf es zunächst einer Verständigung über das, was hier »Geschichtslosigkeit der modernen Kultur« heißen soll. »Geschichtslos« nennt Ritter diejenigen Elemente moderner Kultur, die sich in der evolutionären Ausbreitung dieser Kultur herkunftsneutral über

9 Zum Begriff der Handlungswissenschaften vgl. H. Schelsky, *Einsamkeit und Freiheit: Idee und Gestalt der deutschen Universität und ihre Reformen.* 2., um einen »Nachtrag 1970« erweiterte Auflage (Düsseldorf, 1971), S. 210 ff (»Von der Einteilung der Wissenschaften«).

10 Insbesondere durch das Buch von Heinrich Rickert, *Kulturwissenschaft und Naturwissenschaft* (Tübingen, ^{2}1910).

11 Vgl. P. Lorenzen u. O. Schwemmer, *Konstruktive Logik, Ethik und Wissenschaftstheorie* (Mannheim/Wien/Zürich, 1973), S. 179 ff (»Theorie des historischen Wissens«).

12 Vgl. Anm. 2.

unsere jeweiligen Herkunftskulturen legen. Das ist eine Beschreibung modernitätsspezifischer kultureller Gegebenheiten auf hohem Abstraktionsniveau. Entsprechend hat man sich Anschauung des Gemeinten zu verschaffen. Dafür eignet sich die Architektur. Im globalen Ausbreitungserfolg der architektonischen Moderne begegnen uns die in ihrem Stil errichteten Bauten, zumeist als Hochhäuser, rings um den Erdball. Sie prägen die Skylines unserer Metropolen in allen Erdteilen, und zwar indifferent im Verhältnis zu den herkunftsabhängigen Verschiedenheiten der jeweiligen regionalen, nationalen und sonstigen Architekturtraditionen. Die Präsenz evolutionär erfolgreicher Kulturelemente, die sich zu den Unterschieden unserer Herkunftskulturen indifferent verhalten – das also ist es, was Ritter die Ungeschichtlichkeit der modernen Kultur nennt. Wie diese Ungeschichtlichkeit mit den Mitteln einer historischen Kultur kompensiert wird, läßt sich am Exempel unserer blühenden Denkmalschutzpraxis anschaulich machen. Durch Restauration oder Konservierung vormoderner Bausubstanz,[13] für die man selbstverständlich auf die Maßgaben professioneller Kunst- und Architekturhistoriker angewiesen ist, kompensieren wir moderne Stadtbilder, sofern sie durch die Ungeschichtlichkeit, nämlich Herkunftsneutralität der sich unter dem Zwang funktionaler Erfordernisse ausbreitenden architektonischen Moderne geprägt sind. Dabei bleibt es selbstverständlich unbenommen zu finden, man verzichte besser auf eine solche Kompensation und überließe moderne städtebauliche Entwicklungen ohne gegensteuernde künstliche Erhaltung dessen, was diese Entwicklungen fortschrittshalber hinter sich lassen, ihrem Lauf. Auch frühere, vormoderne und damit zugleich vorhistoristische Epochen der Stadtentwicklung, deren Dynamik freilich zumeist ungleich geringer war als die Dynamik moderner städtebaulicher Entwicklungen, sind ja ohne denkmalpflegerische Kompensationen ausgekommen. Aber eben das ist es: Das Kompensationsverlangen, das komplementär zur Moderne Herkunft gegenwärtig halten will, ist spezifisch modern. Dagegen wiederum

13 Zur Unterscheidung von Restauration und Konservierung vgl. die in der Geschichte der Denkmalschutztheorie klassische Kontroverse bei G. Dehio u. A. Riegl, *Konservieren, nicht restaurieren: Streitschriften zur Denkmalpflege um 1900*. Mit einem Kommentar von M. Wohlleben und einem Nachwort von G. Mörsch (Braunschweig/Wiesbaden, 1988).

hat sich der denkmalstürmerische Futurismus gewandt. Aber dieser endete bekanntlich im Faschismus und hat sich als ephemer erwiesen. Hingegen sind die kompensatorischen denkmalpflegerischen Leistungen unserer Gegenwart von einer machtvollen kulturpolitischen Bewegung getragen. Mühelos lassen sich bekanntlich heute Bürgerinitiativen für denkmalpflegerische Zwecke mobilisieren, wobei es zumeist genügt, daß der Bau, für dessen Erhaltung man sich engagiert, die Anmutungsqualität eines Altbaus hat – ganz unabhängig von seinem architektonischen Rang. Bezieht man sich auf dieses Faktum, das sich ja bis in den politischen Lebenszusammenhang hinein auswirkt, so ist zur Beschreibung dessen, was sich insoweit vor unseren Augen abspielt, der Kompensationsbegriff von einer kaum noch erläuterungsbedürftigen Zweckmäßigkeit.

Das Kompensationsbedürfnis, auf das die Moderne mit der Ausbildung einer historischen Kultur antwortet, ist keineswegs ein elitäres Bedürfnis kleiner esoterischer Intellektuellengruppen. Es erzeugt sich vielmehr aus gemeinen modernitätsspezifischen Lebensweisen. Wer von Geschäftssitzung zu Geschäftssitzung oder auch, im Wissenschaftsbetrieb, von Konferenz zu Konferenz in immer denselben Flugzeugtypen den Erdball umkreist, wer dabei, weil er keine hat, sich keine Zeit zum Studium jeweiliger Regionalkulturen nehmen kann, wer entsprechend im immer gleichen Ambiente der Hotels internationaler Hotelketten ein paar Tage und Nächte verbringt, macht ja seine Erfahrungen mit dem Aufenthalt im Medium der Moderne mit ihren technischen, auch organisationstechnischen Infrastrukturen, die Ritter, im Kontrast gegen die Geschichtlichkeit unserer Herkunftswelten, als herkunftsindifferent, eben als ungeschichtlich abhob. Um so entschiedener nimmt man sich vor, doch immerhin fürs nächste Mal einen Museumsbesuch einzuplanen, und als minimale einschlägige Serviceleistung offerieren Kongreßleitungen Informationsmaterial über die Stadt oder die Region, in der man sich gerade aufhält, und nie fehlt inzwischen in diesem Informationsmaterial eine Kurzgeschichte der fraglichen Region oder Stadt. Dabei wäre es durchaus unangemessen, über diese Kurzgeschichten zu lächeln. Sie stammen zumeist aus kompetenter Feder und sind immer wieder einmal kleine Meisterwerke literarischer Verdichtung komplexer Genesen.

Es erübrigt sich, diese kleine Erinnerung an uns allen vertraute Bestände fortzusetzen – vom entdifferenzierenden Komfortbedarf des Tourismus über die sich ausbreitende analoge Nutzung moderner Agrartechnologie bis hin zur Technik des Dienstleistungswesens, die tendenziell überall in der Welt Verwaltung und Therapie, Unterhaltung und Kommunikation in analoger Weise revolutioniert. Und man erkennt: Komplementär dazu wächst zugleich unser Interesse an den Herkunftskulturen, über die sich das alles lagert, und gehen wir diesem Interesse nach, so kompensieren wir die Erfahrung der Ungeschichtlichkeit der modernen Kultur durch Vergegenwärtigung der jeweiligen Herkunftskulturen.

Die Beantwortung der Frage steht noch aus, wieso wir das tun. Das erkennt man im Ausgang von einer fälligen Differenzierung in der Beschreibung jener Eigenschaft der modernen Kultur, die Ritter ihre »Ungeschichtlichkeit« genannt hat. Unzweifelhaft ist einerseits Ritters Kennzeichnung der Moderne als »Ungeschichtlichkeit« von erheblicher kulturdiagnostischer Produktivität. Das habe ich zu zeigen versucht. In anderer Hinsicht ist diese Kennzeichnung aber unzweckmäßig. Das sieht man, wenn man sich die temporalen Bedingungen des globalen Ausbreitungserfolgs der zivilisatorischen Moderne vergegenwärtigt. Dieser Ausbreitungserfolg ist ja nichts anderes als der räumliche Aspekt der historisch singulären Dynamik der modernen Zivilisation. Nicht weil die moderne, wissenschaftlich-technische Zivilisation eine ungeschichtliche Zivilisation wäre – so müßte man im Kontrast zur These Ritters sagen –, sondern genau umgekehrt deswegen, weil sie durch eine historisch beispiellose Entwicklungsdynamik gekennzeichnet ist, überlagert die zivilisatorische Moderne alle sich ungleich langsamer entwickelnden Herkunftskulturen. Die Homogenität der wissenschaftlich-technischen Zivilisation ist, in ihrer globalen Expansion, nichts anderes als der räumliche Effekt ihrer nach temporalen Maßstäben zu messenden Entwicklungsdynamik. Der auffällige Kontrast von wissenschaftlich-technischer Modernität einerseits und regional differenzierten Herkunftskulturen andererseits, durch den die sich fortschreitend intensivierende Vergangenheitszugewandtheit der Moderne ausgelöst wird, ist nicht ein Kontrast geschichtlicher und ungeschichtlicher Welten, vielmehr der Kontrast von Geschichtsformationen unterschiedlicher Entwicklungsdynamik.

Diese Fortschreibung der Ritterschen Kulturtheorie hat fürs Verständnis des ausgeprägten Historismus unserer Gegenwartskultur erhebliche Konsequenzen. Wäre die Rittersche Beschreibung angemessen, daß die zivilisatorische Moderne einerseits und unsere Herkunftskulturen andererseits als ungeschichtliche und geschichtliche Kulturen gegeneinander kontrastieren, so müßte das von Ritter als spezifisch modern erkannte Interesse an der Vergegenwärtigung unserer geschichtlichen Herkunftswelten sich in erster Linie oder gar exklusiv auf spezifisch vormoderne Kulturelemente beziehen. Davon kann aber, wenn man die kulturellen Leistungen des historischen Bewußtseins ins Auge faßt, gar keine Rede sein. Die technische Zivilisation ist ihrerseits voll und einschränkungslos längst in die Kultur des historischen Bewußtseins einbezogen. Weit gefehlt, daß das Interesse der zahllosen Vergangenheitssucher, als die sich ja unsere Museumsbesucher auffassen lassen, sich exklusiv oder auch nur vorzugsweise auf die kulturelle Vormoderne bezöge. Ganz im Gegenteil gehören unsere blühenden Technikmuseen bekanntlich ihrerseits zu den Publikumsmagneten ersten Ranges. Die außerordentliche Beliebtheit, der sich das Deutsche Museum in München erfreut, wäre dafür ein naheliegender Beweis. Analoges gilt aber auch für die inzwischen zahllosen firmeneigenen Museen, in denen große wie kleine Unternehmen, komplementär zu ihren Exponaten marktfähiger Produkte auf den großen nationalen und internationalen Messen, eine Schau der Relikte ausgelaufener Produktionen den Schaulustigen anzubieten pflegen. Technikhistorische Literatur ist taschenbuchfähig geworden, und Fördertürme, Funkmasten, Schiffshebewerke, ja inzwischen Fabrikbauten aus dem Beginn des zweiten Drittels unseres Jahrhunderts sind zu Objekten des öffentlich-rechtlichen Denkmalschutzes avanciert.

Um es zusammenfassend zu sagen: Nicht die Ungeschichtlichkeit, vielmehr die historisch singuläre, über Innovationsraten oder absinkende Halbwertszeiten auch durchaus meßbare Geschichtlichkeit der wissenschaftlich-technischen Zivilisation, also die beispiellose Kraft dieser Zivilisation zur Veränderung unserer Lebensverhältnisse läßt uns auf die kompensatorischen Leistungen der Geisteswissenschaften, das heißt der historischen Kulturwissenschaften angewiesen sein.

Was also ist – das ist die noch offene Frage – der kulturelle Sinn unserer Zuwendung zur Vergangenheit in einer Kultur von historisch beispielloser Entwicklungsdynamik, in einer Kultur also mit hohen Veränderungs- und Veraltensraten? Die kürzeste mir bislang vorgekommene Beantwortung dieser Frage stammt von einem Städtebauer und Architekten. Sie sei daher auch an dieser Stelle noch einmal vorgetragen. »Wenn mehr als zwei bis drei Prozent der Altbauten« unserer Arbeits- und Wohnquartiere, unserer Städte und Dörfer »pro Jahr abgerissen und durch Neubauten ersetzt werden«, so schreibt Benedikt Huber, »fühlt der Bürger sich verunsichert und reagiert entsprechend«.[14] Änderungstempobedingter Vertrautheitsschwund – das ist also die plausible Befindlichkeitsnebenfolge historisch beispielloser Dynamik in der Evolution unseres städtebaulichen Lebensambientes. Ebenso plausibel ist, daß sich just darauf die nach Umfang und geschichtswissenschaftlich qualifizierter Professionalität gleichfalls historisch beispiellosen Anstrengungen unserer Denkmalschützer beziehen. Ihre Leistungen sind Leistungen der Kompensation eines änderungstempobedingten kulturellen Vertrautheitsschwundes. Durch Vergangenheitskonservierung sichern jene im Bereich unserer blühenden historischen Kultur tätigen Professionellen die Bedingungen der Möglichkeit, Kontinuitätserfahrungen zu machen. Sie sichern Wiedererkennbarkeit. Sie halten gegenwärtig, was die Gegenwart mit der Vergangenheit in kollektiver und individueller Erinnerung zusammenbindet.

Das mag zur Erläuterung des Sinns der Kompensationstheorie der Geisteswissenschaften, das heißt der historischen Kulturwissenschaften hier genügen. Noch einmal sei, um Mißverständnissen vorzubeugen, gesagt, daß in dieser Theorie nicht beansprucht wird, mit der Funktion der Kompensation die einzige Funktion benannt zu haben, die im Kontext der modernen Kultur von den historischen Kulturwissenschaften erfüllt wird. Es verbindet sich mit der fraglichen Theorie insofern auch nicht die Absicht, andere Funktionen, die von den historischen Kulturwissenschaften gleichfalls erfüllt werden mögen, zu leugnen, und man sollte daher den Kompensationstheoretikern auch nicht in beliebter, aber durchaus unproduktiver eristischer Dialektik eine Absicht des Bestreitens dessen unterstellen, wovon sie lediglich nicht gesprochen haben. Das sollte auch bei der Auseinandersetzung mit der Kompen-

14 B. Huber, »Irrationale Faktoren in der Stadtplanung«, *Neue Zürcher Zeitung*, Nr. 368 (11. August 1974), S. 29.

sationstheorie beachtet bleiben, aus der ich im folgenden einige zentrale Argumente zitieren und erörtern möchte.

Auf drei Argumente, die gegen die Kompensationstheorie vorgebracht worden sind, möchte ich mich in diesem Teil beschränken. Ich benenne diese Argumente zunächst und erläutere sie dann.

- Erstens handelt es sich um das Argument, die Kompensationstheorie der historischen Kulturwissenschaften schwäche diese in ihren wissenschaftspolitischen Bestandsvoraussetzungen.
- Das zweite Argument will wissen, die Kompensationstheorie der historischen Kulturwissenschaften verkenne in deren Funktionalisierung die eigentümliche Würde ihrer Gegenstände, die, sozusagen, um ihrer selbst willen und nicht um der Erfüllung irgendwelcher Funktionen willen unser Interesse beanspruchen.
- Das dritte Argument bezichtigt die Kompensationstheorie der Abkoppelung der historischen Kulturwissenschaften von der gesellschaftlichen und näherhin politischen Praxis.

Günther Patzig hat im Sinne des erstgenannten Arguments gegen die Kompensationstheorie eingewandt, sie gefährde die Bereitschaft der kulturellen Öffentlichkeit, die Geisteswissenschaften, das heißt die historischen Kulturwissenschaften auch unter veränderten Zukunftsverhältnissen noch zu fördern. Der Einwand, so vordergründig wissenschaftspolitisch er daherkommt, hat Gewicht. Er setzt voraus, daß die Beschreibung der kulturellen Funktion einer Wissenschaftsgruppe keine folgenlose interne Seminarangelegenheit ist, vielmehr eine Sache von potentiell erheblichen wissenschaftspolitischen Folgen. Das also vorausgesetzt lautet Patzigs Argument folgendermaßen: »... würden diejenigen, die jetzt auf die Notwendigkeit historischen Orientierungswissens in einer schnellem technischem Wandel unterworfenen Gesellschaft hinweisen, damit zufrieden sein, daß die Geisteswissenschaften nicht mehr in vergleichbarer Weise gefördert werden, falls der technische Entwicklungsprozeß sich einmal verlangsamen sollte?«[15]

Auf dieses kritische Argument ist zu erwidern: Es wäre eine grobe, Mißverständnisse fördernde Einseitigkeit, die kompensatorischen Leistungen der Geisteswissenschaften exklusiv auf den ›technischen Ent-

15 G. Patzig, »Die Göttinger Akademie«, S. 64.

wicklungsprozeß‹ zu beziehen. Die These ist doch, daß die Geisteswissenschaften Teil einer Kultur sind, die ihre eigene Historizität entdeckt hat, und daß überdies diese Entdeckung den objektiven Bestand einer dynamisierten zivilisatorischen Evolution, die nicht nur die Technik umfaßt, zur Voraussetzung hat, die in ihren orientierungspraktischen Folgen schließlich unabweisbar aufdringlich wird. Selbstverständlich läßt sich die modernitätsspezifische Zeit-Erfahrung, die sich in historisches Bewußtsein umsetzt, exemplarisch auch an der technischen Evolution erläutern. Vom Komplementärcharakter des technischen Fortschritts einerseits und des Fortschritts in der Musealisierung der Technik andererseits war ja die Rede. Aber im übrigen kommt es nicht auf die Technik als Technik an, vielmehr lediglich unter anderem auf die Technik als ein sich evolvierendes Teilsystem im interdependenten Zusammenhang von Entwicklungen, die von den Wissenschaften bis zur Wirtschaft und von der Kunst bis zu den Alltagslebensformen unsere Zivilisation ausmachen. Erst wenn man sich bis in die quantitativen Dimensionen der Sache hinein eine anschauungsgesättigte Vorstellung von der historisch singulären Dynamik unserer zivilisatorischen Evolution verschafft hat, entwickelt man auch einen Sinn für die Potenz der modernen Zivilisation, Vergangenheit zu erzeugen, also veralten zu lassen und unseren Vergangenheitshorizont mit fortschreitender Annäherung an die Gegenwart mit kulturellen Hinterlassenschaften anzufüllen, die in ihrer wachsenden Fremdheit verstehbar zu halten komplementär Leistungen des historischen Bewußtseins erforderlich macht. Kompensatorischen Charakter haben diese Leistungen, sofern man vorauszusetzen hat, daß die Zukunftsfähigkeit von Individuen wie von Kulturen nicht zuletzt von einem Selbstverhältnis abhängig ist, das seinerseits ein Selbstverständnis aus angeeigneter und somit verstandener Herkunftsgeschichte einschließt. – Die Tendenzen progressiver Selbsthistorisierung unserer Zivilisation sind – das ist also die These – ohne Rekurs auf die Dynamik dieser Zivilisation unverständlich. Bei der Analyse der unsere zivilisatorische Evolution dynamisierenden Faktoren ist gewiß die Technik von zentraler Bedeutung. Gleichwohl: Wenn man, wie Patzig, den Kompensationstheoretikern unterstellt, diese möchten mit den Mitteln der Geisteswissenschaften technische Entwicklungen kompensieren, so muß das bei unbefangenen Lesern die Vorstellung erwecken, die Kompensationstheoretiker verstünden sich nach Art eines zivilisatorischen Verschönerungsvereins, deren Mitglieder die Technik nicht sehr mögen und empfehlen, man möge sich zum Ausgleich an den Schätzen unserer historischen Bildung schadlos halten. Gerade die Existenz von Museen, die der Technik als solcher gewidmet sind, ließe sich ja aber auf diese Weise nicht erklären.

Patzig befürchtet also, daß, sofern man den Kompensationstheoretikern glaubt, die Bereitschaft zur Förderung der Geisteswissenschaften erlöschen könnte, falls sich die technische Evolution einmal verlangsamen sollte. Dagegen bliebe überdies zu erwidern, daß es stets müßig ist, sich über die Konsequenzen der Erfüllung einer Hypothese Sorgen zu machen, die als solche windig ist. Wie hätte man sich denn eine Zukunft vorzustellen, in der wir es mit einer abgeschlafften technischen Evolution zu tun hätten? Es dürfte sich ja nicht um eine Zukunft handeln, in der die technische Evolution ein wenig langsamer verläuft. Das änderte an den Nötigkeitsbedingungen ihrer Kompensation grundsätzlich gar nichts. Es müßte sich also schon um die Verlangsamung der technischen Entwicklung in einem Ausmaß handeln, die fürs Publikumsbewußtsein nahezu Stillstand bedeutet. Selbstverständlich kann, prinzipiell, niemand eine solche Zukunft stillgestellter technischer Evolution ausschließen. Es ließe sich denken, daß eine Öko-Partei, als herrschende Einheitspartei, mit diktatorischen Mitteln den Stillstand der technischen Evolution verfügt. Vorschläge in dieser Richtung gibt es ja längst.[16] Spekulativ denkbar wäre statt dessen auch, daß die technische Evolution durch allerlei Katastrophen, in die sie selber hineinläuft, gestoppt wird. Neoapokalyptik ist ja eine signifikante, sich mannigfach äußernde Gegenwartsbefindlichkeit.[17] Beide Möglichkeiten sind, wie stets bei Erwägungen dieser Art, im Prinzip natürlich nicht

16 Wolfgang Harich hat bekanntlich die Einheitsparteien marxistisch-leninistischer Prägung, nachdem sie als Promotoren des Kommunismus erwiesenermaßen gescheitert sind, ihrer Diktaturpotentiale wegen als Retter der Welt vor der drohenden ökologischen Katastrophe empfohlen. W. Harich, *Kommunismus ohne Wachstum? Babeuf und der ›Club of Rome‹*. Sechs Interviews mit Freimut Duve und Briefe an ihn (Reinbek b. Hamburg, 1975), S. 134 ff (»Kommunismus als Lösung«).

17 Vgl. dazu meinen Aufsatz »Neue Apokalyptik und alte Konstellationen«, in: H. Lübbe, *Fortschrittsreaktionen: Über konservative und destruktive Modernität* (Graz/Wien/Köln, 1987), S. 93 – 98.

auszuschließen. So oder so: Sollten sie Wirklichkeit werden, so hätten wir es dann freilich mit einer Lage zu tun, in der uns die absinkende Bereitschaft zur Förderung der Geisteswissenschaften die allergeringsten Sorgen bereiten würde.

Aber vielleicht hat, statt dessen, Patzig eine sanfte Reduktion technischer Entwicklungsdynamik vorgeschwebt, ein neuer Gleichgewichtszustand, in welchem, bei Schwankungen ums Stabilitätsoptimum, alle gesellschaftlichen Prozesse einschließlich der technischen, im wesentlichen, nur noch der Systemerhaltung dienen, aber nicht mehr bedeutenden und dazu noch raschen Systementwicklungen. Auch solche Vorstellungen sind ja sehr aktuell, und die Faszination des Studiums der Ethnologie beruht bei etlichen nicht zuletzt auf der Konfrontation mit archaischen Kulturen, die im Unterschied zu unserer eigenen mit dem Vorzug einer Jahrtausende umfassenden Dauerhaftigkeit ausgestattet waren, bis sie schließlich in unserem Jahrhundert in ihren Relikten der destruktiven Dynamik unserer Kultur erlagen. In früheren Epochen ihrer Evolutionsgeschichte hatte ja auch unsere eigene Zivilisation eine solche Stabilität aufzuweisen, wie uns die Ur- und Frühgeschichtler berichten, die die Temporalverfassung des Paläolithikums vermessen haben.[18] Unterstellt man diese sanfte Vision der Zukunft unserer technischen Zivilisation als wahrscheinlich, so hätte man freilich für die Zukunft der kompensationstheoretisch interpretierten Geisteswissenschaften nichts zu befürchten. Die Kompensationstheorie unterstellt in der Tat einen Zusammenhang zwischen auffällig beschleunigter Zivilisationsdynamik einerseits und zivilisatorischen Selbsthistorisierungstendenzen andererseits, von denen die Geisteswissenschaften, näherhin die historischen Kulturwissenschaften ein Teil sind. Die Konsequenz dieser Unterstellung ist, daß in Zivilisationsepochen, die ihrer eigenen Historizität noch gar nicht ansichtig geworden sind, die Nötigkeitsbedingungen historischer Kulturwissenschaften fehlten und damit auch diese selbst inexistent waren. In der Tat gab es sie ja im Paläolithikum nicht. Das ist trivial; denn damals gab es überhaupt keine Wissenschaften. Weniger trivial ist, daß im Kontext europäischer Wissenschaftsgeschichte, die man doch bis in die Antike zurückverfol-

18 Vgl. dazu K. J. Narr, *Zeitmaße in der Urgeschichte* (Opladen, 1978).

gen kann und zu deren Erforschung nicht zuletzt Patzig bedeutende Beiträge geleistet hat,[19] die historischen Kulturwissenschaften, näherhin die Geschichtswissenschaften, sich erst sehr spät, nämlich im 18. Jahrhundert zu entfalten begannen. Wem angesichts des traditionsreichen Titels »Historia« nicht spontan deutlich ist, was es heißen soll, daß die Geschichtswissenschaften, wie wir sie als einen Teil der inzwischen so genannten Geisteswissenschaften kennen, sich erst in der zweiten Hälfte des 18. Jahrhunderts herausgebildet haben sollen, mag sich für Kurzinformationszwecke mit der Geschichte des Begriffs befassen, den wir unter dem Begriffsnamen »Geschichte« oder unter den entsprechenden fremd- und altsprachlichen Namensäquivalenten kennen. Eine Ultrakurzgeschichte des Vorgangs böte auch Reinhart Kosellecks Historiographie des Topos »Historia magistra vitae«,[20] und exemplarisch würde einem das schlechterdings Neue des historischen Bewußtseins am historisierenden Sinn eines modernen Kunstmuseums, wie es in Preußen zum Beispiel Wilhelm von Humboldt zuerst eingerichtet hat,[21] deutlich werden – im Kontrast zum kanonischen Sinn vormoderner Antikensammlungen oder Kunstkabinette. Wenn somit in der Tat vorauszusetzen wäre, daß die sogenannten Geisteswissenschaften, näherhin die historischen Kulturwissenschaften, in der Tat, um es mit Reinhart Koselleck zu sagen, Erfahrungen »neuzeitlich bewegter Geschichte« zur Voraussetzung haben, so würden sie gleichwohl ihre Nötigkeitsbedingungen nicht verlieren und mangels öffentlicher Förderungsbereitschaft von der akademischen und sonstigen kulturellen Szene verschwinden, wenn dermaleinst der evolutionäre Schub, den unsere Zivilisation derzeit erleidet, seine Schubkraft verloren und unsere Gesellschaft sich

19 Vgl. hierzu G. Patzig, *Die Aristotelische Syllogistik: Logisch-philosophische Untersuchungen über das Buch A der »ersten Analytiken«* (Göttingen, [3]1969).

20 R. Koselleck, »Historia magistra vitae: Über die Auflösung des Topos im Horizont neuzeitlich bewegter Geschichte«, in: *Natur und Geschichte*, Karl Löwith zum 70. Geburtstag (Stuttgart/Berlin/Köln/Mainz, 1967), S. 196–219.

21 Vgl. dazu meine Abhandlung »Wilhelm von Humboldt und die Berliner Museumsgründung 1830«, in: H. Lübbe, *Die Aufdringlichkeit der Geschichte: Herausforderungen der Moderne vom Historismus bis zum Nationalsozialismus* (Graz/Wien/Köln, 1989), S. 187–206.

neuerlich in einen relativ stabilen Gleichgewichtszustand eingeregelt hätte. Es würde sich ja alsdann um einen Zustand handeln, der sich selbst als das Resultat einer Vergangenheit, die von historisch beispielloser Dynamik erfüllt war, zu begreifen hätte, und einzig historische Kulturwissenschaften könnten forschungspraktisch und hermeneutisch die Arbeit leisten, die zu solchem Begreifen erforderlich wäre. – In der Zusammenfassung bedeutet das: So weit unsere Zivilisation eine Zukunft hat, haben auch die Geisteswissenschaften eine, und so weit sie keine hat, wäre es sonderbar, just wegen der Zukunft der Geisteswissenschaften sich Sorgen machen zu sollen.

Das zweite Argument zur Kritik der Kompensationstheorie, das hier erörtert werden soll, ist das Argument der Funktionalisierung der historischen Kulturwissenschaften, die von den Kompensationstheoretikern betrieben werde. Wiederum ist es Günther Patzig, dem mißfällt, daß durch die Kompensationstheorie der Sinn der Geisteswissenschaften zum Sinn »einer bloßen Service-Leistung für den technischen Fortschritt« heruntergebracht werde.[22] Demgegenüber sei »auf der eigenen Würde der Gegenstände der Geisteswissenschaften« zu »beharren«. Dieses Argument wirkt durchschlagskräftig. Nichtsdestoweniger ist das Argument ein Argument auf der Basis unzureichender Unterscheidungen. Gewiß ist es wahr, daß die »Gegenstände der Geisteswissenschaften« eine »Würde« haben, die gänzlich unabhängig von diesen oder jenen Funktionen besteht, die einige Philosophen den Geisteswissenschaften als spezifisch moderne Funktionen andienen möchten. Hinzuzufügen bliebe insoweit lediglich, daß die Geisteswissenschaften es natürlich nicht nur mit Gegenständen eigener Würde zu tun haben, vielmehr ebenso auch mit Gegenständen höchst eigener Unwürde. Wie der Poesie, so ist auch den Geisteswissenschaften nichts Menschliches fremd. Nur: Die Würde oder auch Unwürde ihrer Gegenstände ist ja mit der Würde oder auch Unwürde der Geisteswissenschaften selbst nicht identisch, und wer somit in der Reihe der kulturellen Hervorbringungen des Menschen, zu denen im Kontext moderner Wissenschaften speziell auch die Geisteswissenschaften gehören, diese in ihrer

22 G. Patzig, »Die Göttinger Akademie«, S. 64.

speziellen kulturellen Funktion würdigt, übersieht oder dementiert ja damit nicht im mindesten die eigenständige Würde oder auch Unwürde »der Gegenstände der Geisteswissenschaften«. Um es exemplarisch zu sagen: Auch der Nutznießer einer technischen Zivilisation dürfte noch ein hinreichend ausgeprägtes Bewußtsein vom besonderen Stellenwert der ernährungspraktischen und damit auch agronomischen Voraussetzungen seiner Existenz haben. Entsprechend wird es ihm keinerlei Schwierigkeiten bereiten, einen Pflug zum Beispiel als einen Gegenstand von eigentümlicher Würde zu erkennen. Das ist es, was den Pflug auch heute, metonymisch, metaphorisch oder symbolisch, einen sinnträchtigen Gegenstand sein läßt, und emblematisch, rhetorisch oder rituell wird daraus bis in politische Lebenszusammenhänge hinein Nutzen gezogen. Der so evozierte Sinn bedarf zu seiner Vergegenwärtigung ersichtlich elaborierter geisteswissenschaftlicher Sonderbemühungen gar nicht, und das unbeschadet der Tatsache, daß es sich um einen Sinn handelt, der neue und alte Zeiten zusammenbindet.

Aber was ist es denn, was es uns im Kontext der spezifisch modernen Selbsthistorisierung unserer Zivilisation hat einfallen lassen, diesen fraglichen Gegenstand von unzweifelhafter und unbestrittener Würde zu historisieren, seine kulturrevolutionären Wirkungen im Neolithikum zu analysieren, seine technische Evolution im Detail zu erforschen, Zufallsfunde archaischer Pflüge mit erheblichem finanziellem und technischem Aufwand zu konservieren und als Attraktion ersten Ranges im agrartechnischen Museum zu exponieren? Just diese Frage läßt sich durch den insoweit banalen Hinweis auf die originäre »Würde der Gegenstände der Geisteswissenschaften« gar nicht beantworten. In vorhistoristischen Zeiten hätte man doch den fraglichen Zufallsfund zum alten Eisen oder zum Brennholz geworfen. Wieso bemühen wir heute, statt dessen, geisteswissenschaftliche, näherhin agrartechnikhistorische und agrarwirtschaftshistorische Spezialisten? Nicht, daß das mit der »Würde« des fraglichen Gegenstands nichts zu tun hätte. Aber so weit es sich nur um die Vergewisserung dieser Würde handelte, wären die Geisteswissenschaften durchaus entbehrlich. Dafür genügt es, Teilnehmer eines internationalen Pflügerwettbewerbs zu sein, bei dessen Eröffnung sinnfällig herausgestellt wird, wieviel besser es sei, miteinander zu pflügen als gegeneinander zu kämpfen, und schon die Propheten lehrten es ähnlich. Es ist doch offensichtlich, daß zu den Voraussetzungen geisteswissenschaftlicher Beschäftigung mit dem höchst würdigen Gegenstand des Pfluges über die Anerkennung seiner Würde hinaus spezifisch moderne Erfahrungen gehören, nämlich Erfahrungen einer dramatisch verlaufenden technischen Evolution, denen gerade auch dieser Gegenstand, in unserem technischen Zeitalter zumal, unterlag und unterliegt, Erfahrungen überdies der umwälzenden Folgen dieser Evolution und Erfahrungen schließlich dessen, was es bedeutet, einer solchen Evolution zu unterliegen. Das ist es und nicht die jedem Kulturgenossen seit alters ohnehin gegenwärtige »Würde« des fraglichen Gegenstandes, was erst die spezifisch moderne geisteswissenschaftliche Beschäftigung mit ihm provoziert, und der Kompensationsbegriff ist nichts als ein Begriff zur Beschreibung des höchst speziellen Sinns dieser Beschäftigung. Um es in der Wiederholung zu sagen: Die Geisteswissenschaften antworten kulturell auf die Erfahrung, die überhaupt erst im Kontext einer dynamisierten zivilisatorischen Evolution sich machen läßt, auf die Erfahrung nämlich fortschrittsabhängig wachsender Herkunftsfremdheit, und sie kompensieren diese Erfahrung durch professionalisierte Leistungen der Herkunftsvergegenwärtigung mit geschichtswissenschaftlich-hermeneutischen Mitteln. Das ist ersichtlich etwas ganz anderes als eine »Service-Leistung für den technischen Fortschritt«. Es bleibt bei näherem Zusehen verblüffend, wie man hat finden können, irgend jemand habe finden können, der Sinn der Geisteswissenschaften sei jene »Service-Leistung«. Es ist ja ein alter, bis in die Antike zurückreichender Grundsatz der Rhetorik, daß man seine eigene Position schwäche, wenn man in Debatten seinem Gegner sich selbst widerlegenden Nonsens unterstellt. Just dazu hat sich aber Patzig verführen lassen – wohl durch den rhetorischen Effekt, den es macht, wenn man anstelle »einer bloßen Service-Leistung für den technischen Fortschritt« vor Mitgliedern einer altehrwürdigen Akademie Anerkennung der eigenständigen »Würde der Gegenstände der Geisteswissenschaften« verlangt.

Das dritte Argument, das als eines der gegen die Kompensationstheorie der historischen Kulturwissenschaften vorgebrachten Argumente hier erörtert werden soll, ist eher polemischer Natur. Es unterstellt den Repräsentanten der fraglichen Theorie die Absicht der Abkoppelung der historischen Kulturwissenschaften von der gesellschaftlichen und politischen Praxis. Dieses Argument wird nicht nur polemisch vorgetragen. Es verkennt zugleich die wissenschaftstheoretische Natur historischen Wissens, das sich aus prinzipiellen Gründen weder in moralische noch in politische Handlungsregeln transformieren läßt. Karl Markus Michel bringt Marquards Beschreibung der Rolle der Geisteswissenschaften im Kontext der modernen Zivilisation auf die Absicht, »uns ... das schlechte Gewissen« zu nehmen, »wenn wir zum Beispiel den Rhein vergiften: Die Volkskundler erzählen uns dann, was der Rhein einmal war«.[23] Wie soll man darauf erwidern? Den produktivsten Gebrauch hätte man von dieser Polemik noch gemacht, wenn man die Sammlungen eristischer Figuren um sie erweiterte. Darüber hinaus bleibt es von Interesse, nach der konkurrierenden Theorie der Geisteswissenschaften zu fahnden, die hinter dieser Polemik verborgen ist. Man darf vermuten: Es handelt sich um eine Theorie der Geisteswissenschaften, die diesen, statt Kompensationsfunktionen, praktisch-kritische Funktionen ansinnt. Gewiß: Der Zustand des Rheins verlangt Kritik. Aber das ist derart banal, daß man mit Verblüffung zur Kenntnis nimmt, die Kompensationstheoretiker möchten, im Widerspruch zu dieser Banalität, uns just über den Zustand des Rheins beruhigen und sie hielten die Historiographie der Rhein-Romantik für den geeigneten Tranquilizer.

Natürlich drängt sich die Anschlußfrage auf, welche Interessen es denn wohl sein mögen, von denen die angeblichen, mit geisteswissenschaftlichen Mitteln arbeitenden Beruhigungsabsichten sich leiten lassen. Die Antwort auf diese Anschlußfrage versteht sich für jeden, der das ABC der kritischen Theorie erlernt hat, von selbst: Es sind natürlich die Kapitalverwertungsinteressen der industriellen Rheinverschmutzer. Läßt man einmal diesen unausgesprochenen Possenhintergrund der ganzen Argumentation auf sich beruhen, beharrt man also entgegen der zitierten Polemik auch für sich selbst auf der Banalität, daß der Zustand des Rheins ein kritischer und daher kritikbedürftiger Zustand ist, so steht man vor der Frage, wie sich denn hierfür, entgegen ihrer den Kompensationstheoretikern nachgesagten Verwendung als Betäubungsmittel, die Geisteswissenschaften nutzen ließen. Etwa kritisch?

23 K. M. Michel, »Der Ruf nach dem Geist«, in: *Kursbuch* 91: *Wozu Geisteswissenschaften?* (Berlin, 1988), S. 27–33, hier S. 29.

Eine solche Nutzung der Geisteswissenschaften wäre, wenn sie nicht schon überdies sinnwidrig wäre, gänzlich überflüssig. So weit nämlich der Zustand des Rheins zum Himmel stinkt, bedarf es zur Kritik dieses Zustands überhaupt keiner Wissenschaft, weder der Geisteswissenschaft noch irgendeiner anderen Wissenschaft, vielmehr der gesunden Sinne. Wahr ist freilich, daß unsere gesunden Sinne bei weitem nicht ausreichen, alle Eigenschaften des Wassers, das heute durch den Rhein fließt, wahrzunehmen, die sich, in welchen technischen oder physiologischen Zusammenhängen auch immer, schädigend auswirken. Aber auch insoweit sind es dann die Geisteswissenschaften zuletzt, auf die wir zur kompensatorischen Schärfung unserer in ihren naturalen Kapazitäten längst unzureichend gewordenen Sinne angewiesen wären. Vielmehr benötigen wir Meßstationen, Labors und Testapparaturen und das in sie eingegangene naturwissenschaftliche und technische Wissen. Und was über solche Registratur und Vermessung des bestehenden Zustands hinaus seine fällige Abänderung anbetrifft, so sind es abermals die Geisteswissenschaften gerade nicht, auf deren Beistand wir angewiesen wären. Auf die Frage »Was tun?« antworten sie gar nicht. Unmittelbar tun das freilich die Naturwissenschaften, die Technikwissenschaften und die sonstigen theoriebildenden Wissenschaften einschließlich der theoretisch potenten Wirtschafts- und Sozialwissenschaften auch nicht. Aber sie, einzig sie und abermals nicht die Geisteswissenschaften, tun es, indem man sie technologisch auf den durchaus common-sense-fähigen, also keinerlei kritisch-wissenschaftlicher Eruierung bedürftigen praktischen Zweck bezieht, das Wasser des Rheins, wenn nicht schon in einen vorindustriellen Zustand zurückzuversetzen, so doch in seiner Sichttiefe zu verbessern, es als Gebrauchswasser mit bedeutsam abgesenkten Reinigungskosten wiederverwendungsfähig zu machen und es als Biotop Lachsen, die auch als Speisefische genießbar wären, zurückzuerstatten. Was also müssen wir tun, damit wir können, was wir in diesem exemplarisch erläuterten, common-sense-fähigen Sinne einvernehmlich wollen? Noch einmal: Zu den kognitiven Voraussetzungen der Antwort auf Fragen von dieser Struktur gehören die Geisteswissenschaften, näherhin die historischen Kulturwissenschaften gerade nicht. Diese Voraussetzungen sind exklusiv den Naturwissenschaften, den Technikwissenschaften, den Wirtschafts- und Sozialwissenschaften zu entnehmen, so weit diese über einschlägig relevante, empirisch gehaltvolle Theorien verfügen, die für Zwecke kausaler Erklärung des nicht-historischen Typs geeignet sind, die entsprechend Verlaufsprognosen verstatten und eben in dieser Potenz, die den historischen Kulturwissenschaften gänzlich abgeht, sich auch technologisch für Handlungszwecke umsetzen lassen.

Inzwischen erkennt man wohl: Der eigentliche Gegenstand der Empörung, die den beiden zitierten Traditionalisten kritischer Theorie in ihrer Kritik an der Kompensationstheorie der Geisteswissenschaften die Feder führt, ist eine Geisteswissenschaft, die als historische Kulturwissenschaft nichts als Vergangenheiten verständlich macht, die also, was ist, als Resultat seiner Herkunftsgeschichte erklärt, die somit die Tiefe unserer Herkunftsräume aufschließt, Sinn für die Kontingenz der Evolutionen erweckt, deren Abkömmlinge wir sind, die schließlich die fortschrittsabhängig wachsende Fremdheit selbst junger und jüngster Vergangenheiten kompensatorisch tilgt und so diese Vergangenheiten uns oder anderen zuordnungsfähig und aneignungsfähig macht, so daß in unser individuelles und kollektives Selbstverhältnis auch und gerade im Kontext der modernen Zivilisation ein Selbstverständnis durch Herkunftsverständnis eingeschlossen bleibt. Das Ärgernis ist eine Geisteswissenschaft, die alles dieses sich zu leisten bemüht, aber die Erwartung als kulturell und politisch destruktiven Nonsens zurückweist, die Geisteswissenschaften wären in der Lage, den historischen Prozeß auf eine Theorie zu bringen, die als Kriterium der Unterscheidung von politischer Reaktion und politisch-moralischer Avantgarde tauglich ist und somit aus dem Studium der Geschichte die praktische Auskunft gewinnt, wie in aktuellen moralischen und politischen Lagen die Frontlinien zwischen Freund und Feind, also zwischen Zukunftsverpflichteten und Herkunftsverhafteten, verlaufen. Das ist der Hintergrund, den man sich vergegenwärtigt haben muß, um sich nicht einmal mehr zu wundern, wenn nun zu unguter Letzt der zitierte Kritiker der Kompensationstheorie im Geist der durch sie erklärten Geisteswissenschaften den »deutschen Ungeist« erkennt, »der weiterwest, trotz tausend Jahren«.[24] Das ganze Stück sei schon einmal aufgeführt worden, »nämlich im Wendejahr '33, als Heidegger den deutschen Geist der entfesselten

24 Ebd., S. 32.

Technik zur Seite stellte; nur brauchte er damals, um beide zu versöhnen, einen dritten, einen höchsten Willen, einen Führer. Den haben wir heute nicht, Kohlseidank«.

Diese bizarre Argumentation wäre unbeachtlich, wenn sie nur ein weiteres Beispiel zeitgenössischer deutscher Üblichkeit wäre, alles, was einem, aus welchen Gründen auch immer, nicht paßt, kurz und bündig dadurch zu erledigen, daß man es in die braune Ecke stellt. Das wäre, insoweit, die vertraute instrumentelle Nutzung nationalsozialistischer Vergangenheit zu Zwecken der Erringung eines politischen Vorteils durch moralische Selbstprivilegierung mittels politisch-moralischer Delegitimierung des Gegners.[25]

Damit sei die Erörterung einiger Argumente, die in kritischer, zum Teil auch polemischer Absicht gegen die Kompensationstheorie der historischen Kulturwissenschaften vorgebracht worden sind, abgeschlossen. Bereits bei der Erörterung des an dritter Stelle zitierten Arguments war beiläufig auf eine Funktion historischen Wissens verwiesen worden, die sich in der Tat nicht unter Inanspruchnahme des Kompensationsbegriffs sinnvoll beschreiben ließe. Ich meine die Bedeutung der historischen Wissenschaften als eines Mediums der Erfahrung der Kontingenz unserer kulturellen wie auch unserer naturalen Identität. Geschichten sind ja singuläre Vorgänge der Änderung der Struktur von Systemen, die in der Offenheit dieser Systeme durch Ereignisse und Vorgänge in der Systemumgebung, die sich zum Funktionalismus des sich ändernden Systems kontingent verhalten, mitbestimmt sind. Geschichten sind entsprechend Prozesse, die gesamthaft keiner angebbaren Gesetzmäßigkeit gehorchen, die somit auch nicht, und zwar unbeschadet ihrer Gerichtetheit, prognostizierbar sind, die überdies, mit extrem hoher Wahrscheinlichkeit, irreversiblen Charakter haben und damit zugleich auch mit extrem hoher Wahrscheinlichkeit sich niemals wiederholen werden und genau in diesem Sinne singulär sind. Für unsere moralische, politische und technische Lebenspraxis folgt aus solcher Einsicht in die Kontingenz historischer Prozesse gar nichts. Geleistet wird durch die historischen Wissenschaften insoweit eben nichts anderes als die Ver-

25 Vgl. zu diesem Zusammenhang mein Buch *Politischer Moralismus: Der Triumph der Gesinnung über die Urteilskraft* (Berlin, ^{2}1989).

gegenwärtigung dessen, was es heißt zu sein, nämlich in seiner jeweiligen individuellen oder kollektiven oder auch institutionellen Identität Resultat einer kontingenzmitbestimmten singulären historischen Evolution zu sein. In dieser Bedeutsamkeit historischer Wissenschaften unterscheiden sich übrigens die historischen Kulturwissenschaften einerseits und die historischen Naturwissenschaften andererseits nicht. Überhaupt ist es ja kein Zufall, daß gleichzeitig mit der Entdeckung der Historizität der Kultur gegen Ende des 18. Jahrhunderts auch die Entdeckung der Historizität der Natur erfolgt ist. Entsprechend haben auch im bürgerlichen Bildungsbewußtsein von Anfang an Kulturhistoriographie einerseits und Naturhistoriographie andererseits eine gleichgewichtige Stelle behauptet. Aus gutem Grund hat man daher vor dem Portal der alten Friedrich-Wilhelms-Universität Unter den Linden zu Berlin den beiden Brüdern Humboldt, dem Kulturhistoriker Wilhelm einerseits und dem Naturhistoriker Alexander andererseits, das ihnen gebührende Denkmal gesetzt. Auch die Wiener Ringstraße dokumentiert architekturhistorisch die Gleichursprünglichkeit unseres kulturellen Interesses an der Kulturhistorie einerseits und an der Naturhistorie andererseits, nämlich durch die gleichgewichtigen markanten Kuppelbauten des Kulturhistorischen Museums einerseits und des Naturhistorischen Museums andererseits. In beiden Fällen, im Falle der Naturgeschichte nicht anders als im Falle der Kulturgeschichte, erbringt das historische Bewußtsein eine analoge, kontingenzerfahrungsträchtige Ordnungsleistung. Es ist die Leistung der Herstellung einer genetischen Verknüpfung von naturalen und kulturellen Evolutionsrelikten, die, unverbunden, ein Chaos bilden würden und die sich erst durch Herstellung eines Deutungszusammenhangs ihrer entwicklungsmäßigen Abhängigkeit voneinander zur Ordnung einer erzählbaren Geschichte zusammenfügen.[26]

Hat man das erkannt, so erkennt man auch, daß historische Kulturwissenschaften einerseits und Naturwissenschaften andererseits sich nicht dadurch unterscheiden lassen, daß die einen, die historischen

26 Wie sich auf diese Weise der spezifisch moderne Begriff von Naturgeschichte konstituiert, läßt sich nachlesen bei W. Lepenies, *Das Ende der Naturgeschichte: Wandel kultureller Selbstverständlichkeiten in den Wissenschaften des 18. und 19. Jahrhunderts* (Frankfurt a.M., 1978).

Kulturwissenschaften, es eben mit einem durch Geschichtlichkeit ausgezeichneten Gegenstand zu tun hätten, die Naturwissenschaften aber mit einem ungeschichtlichen Gegenstand. Naturgeschichten sind Geschichten wie Kulturgeschichten.[27] Nicht in der Struktur, wie sie generell für Geschichten charakteristisch sind, unterscheiden sich Kulturgeschichte einerseits und Naturgeschichte andererseits. Sie unterscheiden sich vielmehr durch die Art des für sie jeweils charakteristischen intergenerativen Informationstransfers. Dieser intergenerative Informationstransfer geschieht in der biologischen Evolution genetisch, in der kulturellen Evolution hingegen sprachlich-symbolisch. Just dieser sprachlich-symbolische Modus des intergenerativen kulturellen Informationstransfers ist dann zugleich die entscheidende Bedingung für die gegenüber der biologischen Evolution extrem gesteigerte Geschwindigkeit der kulturellen evolutionären Abläufe, deren Tachytelie inzwischen zu einer der praktisch bedeutendsten zivilisatorischen Herausforderungen geworden ist. Mit den Mitteln der historischen Kulturwissenschaften läßt sich diese Tachytelie erkennen und vermessen. Aber ein Reservoir für die Beantwortung der Frage, wie den Herausforderungen dieser Tachytelie rational zu begegnen sei, sind sie nicht. Wer, wie einige Kritiker der Kompensationstheorie der historischen Kulturwissenschaften, diesen einschlägige praktische Antworten abverlangt, erhöht nicht ihren kulturellen und politischen Rang, sondern korrumpiert sie durch disfunktionale Anforderungen.

Summary

The theorem of compensation mentioned rather casually by Joachim Ritter in the discussion on the functions of the humanities is fiercely controversial today. Last but not least, a source of annoyance to many of its opponents is the fact that, as it is justified in doing, the compen-

27 Die Strukturidentität von Naturgeschichten und Kulturgeschichten habe ich des Näheren in meiner Abhandlung »Die Einheit von Naturgeschichte und Kulturgeschichte« dargestellt. In: H. Lübbe, *Die Aufdringlichkeit der Geschichte: Die Herausforderung der Moderne vom Historismus bis zum Nationalsozialismus* (Graz/Wien/Köln, 1989), S. 64–80.

sation theory denies the historical cultural disciplines – to which the term compensation shall be limited – any practical critical function whatsoever. According to this theory, the development of a sense of history is the main, although not only function of the historical cultural disciplines. This historical consciousness is meant to ensure the possibility of experiencing continuity individually as well as collectively – an experience required for any sense of cultural identity – and it seeks to do so complementarily to the unprecedented spatial and temporal dynamics of modern civilization. By applying the methods of hermeneutical historical science to the profusion of singular and contingent events belonging to an ever more quickly growing past, and by joining them together in a meaningful context, the historical cultural disciplines are rendering the past both comprehensible again and capable of assimilation – its strangeness is compensatorily overcome.

Zur Entstehung und Funktion der Kompensationsthese

(Arno Borst zum 65. Geburtstag)

RUTH GROH und DIETER GROH

1. *Einleitung*

Um Begriffsverwirrungen zu vermeiden, vorab eine Klärung: Unter *Kompensationsthese* verstehen wir die von Odo Marquard 1985 im sog. »Bamberger Manifest« vorgetragene »*Grundthese*« zur Funktion der Geisteswissenschaften in der modernen Welt: »Je moderner die moderne Welt wird, desto unvermeidlicher werden die Geisteswissenschaften.«[1] Unter *Kompensationstheorie* verstehen wir den Entwurf einer »philosophischen Anthropologie des homo compensator«,[2] den Marquard seit Mitte der 70er Jahre in mehreren Veröffentlichungen skizziert hat, und zwar im Hinblick auf die Kompensationsthese als den prominentesten Anwendungsfall, der heute zur Debatte steht.

Der moderne *Kompensationsbegriff* meint den Ausgleich von Mängeln durch Ersatz, nach Marquard »nicht Erfüllung, sondern Linderungen ..., und nicht das Ganze, sondern *Ergänzungen ohne Ganzes*«.[3] Demgegenüber ist der Begriff der *Komplementarität* bezogen auf die strukturelle Ganzheit eines Objekts:[4]

1 O. Marquard, »Über die Unvermeidlichkeit der Geisteswissenschaften« (1985), in: Ders., *Apologie des Zufälligen* (Stuttgart, 1986), S. 98 – 116, hier S. 98.

2 O. Marquard, »Homo compensator«, in: *Der Mensch und die Wissenschaften vom Menschen*, hrsg. v. G. Frey u. J. Zelger, Bd. 1 (Innsbruck, 1983), S. 55 – 66, hier S. 65.

3 Ebd.

4 K. M. Meyer-Abich, Art. »Komplementarität«, in: *Historisches Wörterbuch der Philosophie*, Bd. 4, hrsg. v. J. Ritter (Basel/Stuttgart, 1976), S. 933 – 934.

> Komplementarität heißt die Zusammengehörigkeit verschiedener Möglichkeiten, dasselbe Objekt als verschiedenes zu erfahren. Komplementäre Erkenntnisse gehören zusammen, insofern sie Erkenntnisse desselben Objekts sind; ... Die Struktur des Objekts, die darin zum Ausdruck kommt, daß es komplementär erfahren und beschrieben wird, kann mit Bohr als ... Ganzheit bezeichnet werden.

Zur *Entstehungsgeschichte* der Kompensationsthese ist anzumerken: Ihre beiden Hauptvertreter, Odo Marquard und Hermann Lübbe, berufen sich auf ihren Lehrer Joachim Ritter: Er habe 1961 als erster die Kompensationsfunktion der Geisteswissenschaften hervorgehoben. Da Ritter jedoch neben dem Begriff der Kompensation den der Komplementarität verwendet, steht zu vermuten, daß er mehr das »Ganze« als »Ergänzungen ohne Ganzes« im Auge hatte. Danach werden wir im folgenden zu fragen haben. Jedenfalls versank die Kompensationsthese seit 1961 in einen Tiefschlaf, aus dem sie erst 15 Jahre später erwachte. Im Artikel *Anthropologie* von Marquard, der 1971 erschien, taucht »kompensieren« eher marginal auf und sogar mit negativen Konnotationen.[5] Marquard zitiert darüberhinaus Ritter: »Indem die Philosophie sich zur Anthropologie wendet, ... tritt [sie] ins Reich wissenschaftsfremder Weltanschauung über ...«.[6] In den Rang einer »Fundamentalkategorie« der philosophischen Anthropologie wird »Kompensation« von Marquard erst im gleichnamigen Artikel von 1976 erhoben.[7] Auf der Basis einer anthropologisch verankerten Kompensationstheorie sollte die aktuelle Kompensationsthese zum Hauptargument einer neokonservativ ausgerichteten Bildungs- und Wissenschaftspolitik werden. Im unverhohlenen Anspruch auf »Schätzung« und »Finanzierung« der Geisteswissenschaften als »Kompensationswissenschaften« wurde solche Zielsetzung konkret.[8]

---

5 O. Marquard, Art. »Anthropologie«, in: *Historisches Wörterbuch der Philosophie*, Bd. 1, hrsg. v. J. Ritter (Basel/Stuttgart, 1971), S. 362–374, hier S. 373.

6 J. Ritter, »Über den Sinn und die Grenze der Lehre vom Menschen« (1933), in: Ders., *Subjektivität* (Frankfurt a.M., 1974), S. 36–61, hier S. 59 f.

7 O. Marquard, Art. »Kompensation«, in: *Historisches Wörterbuch der Philosophie*, Bd. 4, hrsg. v. J. Ritter (Basel/Stuttgart, 1976), S. 912–918.

8 O. Marquard, »Über die Unvermeidlichkeit der Geisteswissenschaften«, S. 98.

Im folgenden werden wir die Kompensationsthese in der gebotenen Kürze skizzieren und ihre Implikate anhand von zentralen Einwänden darstellen. Sodann werden wir eine immanente Kritik der Kompensationstheorie anhand ihrer Herkunftsgeschichte vornehmen. Anschließend werden wir in einem weiteren Abschnitt diejenigen, die sich bisher mit der Kompensationsthese und der ihr zugrundeliegenden Theorie auseinandergesetzt haben, ausführlicher zu Wort kommen lassen.

2. Die Kompensationsthese

Wenn wir Odo Marquard und Hermann Lübbe glauben, haben die Geisteswissenschaften in der modernen Welt folgende Funktion: Sie kompensieren »Entgeschichtlichungen«, die durch beschleunigten Fortschritt im wissenschaftlich-technisch-industriellen Sektor hervorgerufen werden, indem sie Geschichten von gestern erzählen: Sensibilisierungs-, Bewahrungs- und Orientierungsgeschichten, die unaushaltbare lebensweltliche Verluste ausgleichen und den Menschen helfen, »in einer farbigen, vertrauten und sinnvollen Welt«[9] zu leben. So verhindern die Geisteswissenschaften, daß die »Fortschrittsgeschichte« der modernen Welt, vorangetrieben durch die Eigendynamik des technisch-industriellen Sektors, zur »Alleingeschichte« wird. Indem sie viele Geschichten und viele Deutungen anbieten, schützen sie die Individuen »vor dem Alleinzugriff einer einzigen Geschichte«, denn Vieldeutigkeit kompensiert Eindeutigkeit.[10] Vorsorglich weisen die Vertreter der These den möglichen Verdacht zurück, so verstandene Geisteswissenschaften seien »modernisierungsfeindlich«. Im Gegenteil: Sie sind gerade, indem sie Defizite – in der Rede Lübbes »änderungstempobedingten Vertrautheitsschwund«[11] – kompensieren, »modernisierungsermöglichend«.[12]

Begreiflicherweise haben diese von Marquard 1985 vor der westdeutschen Rektorenkonferenz vorgetragenen Thesen heftige Diskussio-

9 Ebd., S. 104 f.
10 Ebd., S. 109 f.
11 H. Lübbe, *Zukunft ohne Verheißung?* (Köln, 1976), S. 9.
12 O. Marquard, »Über die Unvermeidlichkeit der Geisteswissenschaften«, S. 105.

nen ausgelöst. Bereits Jacob Burckhardt hat in seinen »Weltgeschichtlichen Betrachtungen«, wohl die metaphysische Herkunft von stabilisierenden Ausgleichsmodellen vor Augen, gesagt:

> Die Lehre von der Kompensation ist meist doch nur eine verkappte Lehre von der Wünschbarkeit, und es ist und bleibt ratsam, mit diesem aus ihr zu gewinnenden Troste sparsam umzugehen, da wir doch kein bündiges Urteil über diese Verluste und Gewinste haben.[13]

Ein großer Teil der bisher vorgebrachten Einwände richtet sich denn auch gegen das der Kompensationsthese inhärente Wunschdenken, das in ihrer Unterkomplexität zum Ausdruck kommt:

(1) in der Beschränkung der Rechtfertigung der Geisteswissenschaften auf gesellschaftsstabilisierende Kompensationsfunktionen und in ihrer rein bildungspolitischen Definition als »Akzeptanzwissenschaften«.[14]

(2) in der Einschränkung der Geisteswissenschaften aufs Narrative (Antiquarische, Museale), die die Wirklichkeit der modernen Wissenschaften verkennt.[15]

(3) in der Weckung falscher Erwartungen an die Geisteswissenschaften, die diese nicht erfüllen können.[16]

(4) in der Resignation angesichts einer angeblich unbeeinflußbaren Eigendynamik des technisch-industriellen Sektors.[17]

(5) in der irrtümlichen Annahme, die Substantialität vergangener Lebensformen und Weltanschauungen könnte, vermittelt durch die

---

13 J. Burckhardt, *Weltgeschichtliche Betrachtungen*, (Köln, 1954; urspr. 1868), S. 197.

14 J. Mittelstraß, *Glanz und Elend der Geisteswissenschaften* (Oldenburg, 1989); O. Negt, »Fünf Thesen zur Notwendigkeit der Geisteswissenschaften«, *Kursbuch* 91 (März 1988), S. 68–72; H. Schnädelbach, »Kritik der Kompensation«, *Kursbuch* 91 (März 1988), S. 35–45; E. Tugendhat, »Die Geisteswissenschaften als Aufklärungswissenschaften«, Manuskript (1989).

15 C. Meier, »Klio als Klatschbase«, *Kursbuch* 91 (März 1988), S. 47–56; J. Mittelstraß, *Glanz und Elend der Geisteswissenschaften*; H. Schnädelbach, »Kritik der Kompensation«; E. Tugendhat, »Die Geisteswissenschaften als Aufklärungswissenschaften«.

16 C. Meier, »Klio als Klatschbase«.

17 J. Mittelstraß, *Glanz und Elend der Geisteswissenschaften*; H. Schnädelbach, »Kritik der Kompensation«; E. Tugendhat, »Die Geisteswissenschaften als Aufklärungswissenschaften«.

Geisteswissenschaften, ihre Verbindlichkeit wiedergewinnen.[18] Bereits Ritter zufolge, der sich dabei auf Hegel bezieht,[19] ist eine solche Annahme illusorisch.[20]

Die Liste könnte fortgesetzt werden.[21] Einige dieser Einwände haben bereits Wirkung gezeigt. Marquard mildert den neokonservativen Ruch, in den die Geisteswissenschaften als bloße »Akzeptanzwissenschaften« geraten, indem er den Orientierungsgeschichten zukunftsrelevante Komponenten, kritische und normative, zuschreibt: »Man erfährt durch sie auch, wie es weitergehen könnte und sollte«.[22] Solche Modifikationen ändern freilich nichts an der Grundthese.

Eines ihrer Implikate ist der Verzicht auf den Universalismus der Vernunft.[23] Indem Marquard die Vielheit und Vieldeutigkeit im Bereich der Geisteswissenschaften »dem Anspruch auf Objektivität und Einheit der Erkenntnis« entzieht,[24] zementiert er gleichzeitig den »Mythos von den zwei Kulturen«[25]: die »Zweiteilung einer naturwissenschaftlichen Eindeutigkeit und einer geisteswissenschaftlichen Vieldeutigkeit«.[26] Die

18 J. Habermas, *Der philosophische Diskurs der Moderne* (Frankfurt a.M., 1985), S. 91 f; R. Maurer, »Zum Begriff der Kultur«, in: *Oikeiosis: Festschrift für Robert Spaemann*, hrsg. v. R. Löw (Weinheim, 1987), S. 171–187, hier S. 185.

19 G. W. F. Hegel, *Vorlesungen über die Ästhetik*, hrsg. v. F. Bassenge, Bd. 1 (Berlin, 1955), S. 579.

20 J. Ritter, Art. »Ästhetik«, in: *Historisches Wörterbuch der Philosophie*, Bd. 1, hrsg. v. J. Ritter (Basel/Stuttgart, 1971), S. 555–580, hier S. 577.

21 Z. B. P. Hoyningen-Huene, »Protokoll des Symposiums Wissenschaft und Humanität [6.–12.9.1986, Deutschlandsberg/Steiermark]«, *Zeitschrift für Wissenschaftsforschung* 4 (1987), S. 75–80.

22 O. Marquard, »Verspätete Moralistik«, *Kursbuch* 91 (März 1988), S. 13–18, hier S. 15.

23 J. Mittelstraß, *Glanz und Elend der Geisteswissenschaften*; J. Habermas, »Die Einheit der Vernunft in der Vielfalt ihrer Stimmen«, in: Ders., *Nachmetaphysisches Denken* (Frankfurt a. M., 1988), S. 153–186; H. Schnädelbach, »Kritik der Kompensation«.

24 B. Gräfrath, R. Huber u. B. Uhlemann, »Einheit, Interdisziplinarität, Komplementarität: Orientierungsprobleme der Wissenschaft heute«, Manuskript (April 1990), S. 165.

25 J. Mittelstraß, *Glanz und Elend der Geisteswissenschaften*, S. 10.

26 B. Gräfrath, R. Huber u. B. Uhlemann, »Einheit, Interdisziplinarität, Komplementarität«, S. 167.

Kompensationsthese zementiert auch den Dualismus von Sachwelt und Sinnwelt, der auf der idealistischen Polarisierung von Natur und Geist aufruht. Dem steht die Forderung entgegen, daß »sich alle Wissenschaften – nicht nur Philosophie und Geschichte, sondern auch Physik und Ökonomie, Biologie und Mathematik – wieder als integraler Bestandteil einer rationalen Kultur begreifen« müssen.[27] Und das nicht nur aus wissenschaftsimmanenten Gründen, sondern aus Gründen des Überlebens unserer Gattung: Sind die aktuellen Krisen nicht groß genug, um *alle* Wissenschaften gleichermaßen herauszufordern, die Probleme der technisch-industriellen Welt zu *bewältigen*? Ist es wirklich damit getan, den anwendungsfähigen Naturwissenschaften, der Technik und Industrie sowie dem Markt die Aufgabe zu überlassen, den Modernisierungsprozeß weiter voranzutreiben, also zu handeln, und den anderen Wissenschaften – Geistes-, Sozial- und nichtanwendungsfähigen Naturwissenschaften – die Aufgabe zu übertragen, die dadurch entstandenen Schäden *im nachhinein auszugleichen* oder zu reparieren? Gibt es in unserer Situation, angesichts des Schrumpfens der realen Lebensgrundlagen für Natur und Mensch, wirklich nichts Schlimmeres als »änderungstempobedingten Vertrautheitsschwund«? Können wir uns da noch mit dem Satz trösten, den man, Marquard[28] paraphrasierend, so formulieren könnte: Unser Raumschiff Erde steuert – welch Unglück! – in eine ökologische Katastrophe, aber wir Deutschen haben – welch spezielles Glück im globalen Unglück! – die Kompensationstheorie?

3. Die Kompensationstheorie: Darstellung und Kritik derselben

Wenn nun »integraler Bestandteil einer rationalen Kultur« soviel heißt wie Komplement innerhalb eines vernünftigen Ganzen, dann spitzt sich der Dissens zu auf die Entgegensetzung von Kompensation und Komplementarität. Diese Opposition soll der Leitfaden der folgenden Über-

27 J. Mittelstraß, *Glanz und Elend der Geisteswissenschaften*, S. 21.

28 O. Marquard, »Glück im Unglück: Zur Theorie des indirekten Glücks zwischen Theodizee und Geschichtsphilosophie«, *Allgemeine Zeitschrift für Philosophie* 3 (1978), S. 23–42.

legungen sein. Wir kommen zur immanenten Kritik der Kompensationstheorie anhand ihrer Herkunftsgeschichte. Wir möchten zeigen, daß einige Korrekturen an Begründung und Aufbau der Theorie die Idee eines vernünftigen Ganzen zulassen könnten. Dazu gehen wir in zwei Schritten vor. Zuerst werden wir nach dem Verhältnis von Komplementarität und Kompensation bei Ritter fragen und uns dann der allgemeinen Kompensationstheorie zuwenden.

3.1 Die Herkunft der Theorie: Komplementarität und Kompensation bei Joachim Ritter

Ritter gilt allgemein als Urheber der Kompensationsthese. Von Marquard erfahren wir:

> In der Gegenwartsphilosophie hat – zurückgreifend auf Hegels Begriffe der ›Entzweiung‹ und ›Versöhnung‹ – J. Ritter angesichts der sich verschärfenden Entfremdung, Versachlichung, Geschichtslosigkeit der Gesellschaft die Kategorie der Kompensation eingesetzt: Subjektivität, ästhetischer und historischer Sinn, Geisteswissenschaften ›werden auf ihrem Boden ausgebildet, weil die Gesellschaft notwendig eines Organs bedarf, das ihre Geschichtslosigkeit kompensiert‹.[29]

Lübbe zufolge hat

> Joachim Ritter ... die *komplementäre* Funktion der historischen Kulturwissenschaften ... beschrieben: Ihre Leistungen der Vergegenwärtigung unserer kontingenten Herkunftskulturen *kompensieren* die Herkunftsindifferenz der modernen Zivilisation.[30]

Verblüfft stellen wir fest: komplementär und kompensierend werden synonym gebraucht. Haben wir es gar nicht mit einer Opposition, sondern mit schöner Harmonie bedeutungsgleicher Begriffe zu tun? Der Nebel verdichtet sich, wenn wir bei Marquard von einer »Kompensation von Ringhälfte durch Ringhälfte«[31] lesen. Kompensieren sich die beiden Ringhälften gegenseitig? Haben wir uns die Kompensation von Modernisierungsschäden durch die Geisteswissenschaften in Analogie

29 O. Marquard, Art. »Kompensation«, S. 915.

30 H. Lübbe, »Geschichtsinteresse in einer dynamischen Zivilisation«, *Kursbuch* 91 (März 1988), S. 18–22, hier S. 19.

31 O. Marquard, »Homo compensator«, S. 60.

zu den Ringhälften als Zusammenfügen gleichartiger Teile zu einem Ganzen vorzustellen? Eine solche Gleichsetzung ist mit der Kompensationstheorie vor allem in ihrem aktuellen Anwendungsfall nicht kompatibel. Und zwar deshalb nicht, weil sie eine dermaßen verschärfte Dichotomie von Sachwelt und Sinnwelt, von Eindeutigkeit der harten Naturwissenschaften und Vieldeutigkeit der weichen Geisteswissenschaften zur Voraussetzung hat, daß den Geisteswissenschaften – ohnehin unterbestimmt durch solche Zuordnung – ein Status als Komplemente innerhalb eines vernünftigen Ganzen unerreichbar bleiben muß.

Wie verhalten sich nun bei Ritter Komplementarität und Kompensation? Wir versuchen im folgenden zu zeigen, daß hier die Vorstellung der komplementären Einheit der Vernunft im Vordergrund steht und daß er den Begriff Kompensation nur ein einziges Mal in seinen einschlägigen Arbeiten einführt – und das aus bildungspolitischen Gründen. In seinem Aufsatz über ›Ursprung und Sinn der Theorie bei Aristoteles‹ (1953) beschreibt Ritter die »substantielle Einheit« der griechischen Philosophie als eine komplementäre:

> Die theoretische Wissenschaft schließt daher die angewandte Wissenschaft nicht aus. Beide gehören zusammen, und beide sind im Wesen des Menschen und seiner Vernunft angelegt, so daß erst da, wo es durch Wissenschaft geleitete vernünftige Einsicht gibt, auch die Theorie ihre ursprünglich theoretische Aufgabe als Wissenschaft zu erfüllen hat.[32]

Auf dem Hintergrund der Hegelschen Kategorie der »Entzweiung« charakterisiert Ritter die Moderne als eine Zeit, in der der »Geist ... in der Entgegensetzung von Gesellschaft und Bildung, von Praxis und Theorie umgetrieben wird«; es ist ein »Geist, der die Kraft zur substantiellen Einheit des Ursprungs verloren hat. Er vermag die Einheit nicht zu begreifen, die das im Vollzug Unterschiedene verbindet.«[33] Die Moderne kann jedoch aus der griechischen Wissenschaftslehre lernen, denn diese erinnert uns an die »Möglichkeit der Versöhnung und Verbindung des äußerlich Geschiedenen«.[34]

32 J. Ritter, »Die Lehre vom Ursprung und Sinn der Theorie bei Aristoteles«, in: Ders., *Metaphysik und Politik: Studien zu Aristotels und Hegel* (Frankfurt a.M., 1969), S. 9–33, hier S. 31.

33 Ebd.

34 Ebd., S. 32.

Unsere These ist, daß Ritter später eine solche Möglichkeit von Versöhnung unter den Bedingungen des Zeitalters der »Entzweiung« in Vorschlag bringt. Aufschlußreich ist dabei die Betonung der zeitlichen Aufeinanderfolge der Etablierung von Praxis und Theorie sowohl in der griechischen Polis wie in der Neuzeit: zuerst die praktischen, dann die theoretischen Wissenschaften. Denn acht Jahre später beschreibt Ritter noch einmal den komplementären Charakter der substantiellen Einheit im griechischen Denken, aber diesmal in sprachlichen Wendungen, die genau denen entsprechen, mit denen er die Funktion der Geisteswissenschaften in der modernen Gesellschaft bestimmt:

> *Die theoretische Wissenschaft tritt so zur praktischen hinzu, um das begreifend zu ›erinnern‹, was diese notwendig auslassen und ›vergessen‹ muß.* So gehört für Aristoteles die ›freie‹, ›nicht notwendige‹ Theorie positiv zur Praxis der Polis und zu den Wissenschaften, die ihre Künste tragen.[35]

Ritters Position ist ohne die ihre zugrundeliegende Hegelinterpretation[36] nicht recht verständlich. Hegels Theorie ist in Ritters Lesart zuallererst »*Philosophie der Revolution*«, die die »*Diskontinuität*« von Herkunft und Zukunft auf den Begriff bringt:

> Die revolutionäre Verneinung der Vergangenheit und die restaurative Verneinung der Gegenwart sind daher in der Voraussetzung der geschichtlichen Diskontinuität von Herkunft und Zukunft identisch, und diese Diskontinuität wird so für Hegel zu dem entscheidenden Problem der Zeit ... [Die Entzweiung wird von Hegel] positiv als die Form gesetzt, in der sich unter der Bedingung der modernen Welt ihre ursprüngliche Einheit geschichtlich erhält. Die objektive Realität der Aufklärung und die bewahrende Subjektivität sind *komplementär* aufeinander bezogen ... Subjektivität und Objektivität sind geschichtlich aufeinander verwiesen; sie sind *zusammen* das substantielle ganze geschichtliche Dasein.[37]

35 J. Ritter, »Die Aufgabe der Geisteswissenschaften in der modernen Gesellschaft«, in: Ders., *Subjektivität*, S. 105 – 140, hier S. 111.

36 J. Ritter, *Hegel und die französische Revolution* (Köln-Opladen, 1957); J. Ritter, »Subjektivität und industrielle Gesellschaft« (1961), in: Ders., *Subjektivität*, S. 11 – 35.

37 J. Ritter, *Hegel und die französische Revolution*, S. 30, S. 32 f (Hervorh. Verf.).

Ritter hat immer und immer wieder betont, daß die »Entzweiung *die* Konstitutionsform der modernen Gesellschaft« sei[38] und alle negativen Konnotationen dieses Begriffs mit dem Hinweis darauf abgewiesen, daß erst sie und nur sie die »Freiheit der Subjektivität«[39] ermögliche. Ein Kompensationsmodell läßt sich aus dieser Hegelinterpretation ebensowenig ableiten wie die Behauptung belegen, Subjektivität kompensiere Geschichtslosigkeit. Auch von »sich verschärfender Entfremdung« ist nirgends die Rede.

Nun meint aber »Entzweiung« aus idealistischer Perspektive nicht nur die Diskontinuität von Herkunft und Zukunft, sondern auch die von Geist und Natur, von Theorie und Praxis. In der Moderne hat sich, so Ritter, gegen »die Tradition der Aristotelischen Theorie die ... *gesellschaftliche* Bestimmung der Wissenschaft gesetzt.«[40] Die Wissenschaften von der Natur werden zur »Basis der gesellschaftlichen Praxis«,[41] indem sie technisch-industriell verwertbares Wissen produzieren und so die Herrschaft des Menschen über die Natur ermöglichen. Erst auf der Grundlage dieser Freiheit von den Zwängen der Natur, auf dem Boden der industriellen Gesellschaft seien die Geisteswissenschaften gewachsen.[42] Obwohl als theoretische Wissenschaften zweckfrei und nicht praktisch anwendbar, seien sie keine »Relikte ... aus der vorindustriellen Welt«, sondern in einem präzisen Sinn »modern«: Konstituiert durch »die kritische historische und hermeneutische Methode«, lassen sie, genau wie die Naturwissenschaften, »keine Begründung« zu, »die nicht durch sie selbst erbracht wird«.[43] Nach Gegenstandsbereichen und Praxisbezug getrennt, sind beide Wissenschaftsbereiche in ihren Methoden derselben wissenschaftlichen Vernunft verpflichtet. Sie unterscheiden sich auch nur marginal in ihrem Verhältnis zu Theologie und Metaphysik: Zwar hat die positive Wissenschaft eine

38 J. Ritter, »Subjektivität und industrielle Gesellschaft«, S. 28 (Hervorh. Verf.).

39 Ebd., S. 32.

40 J. Ritter, »Die Lehre vom Ursprung und Sinn der Theorie bei Aristoteles«, S. 12 (Hervorh. Verf.).

41 J. Ritter, »Die Aufgabe der Geisteswissenschaften in der modernen Gesellschaft«, S. 115.

42 Ebd., S. 121.

43 Ebd., S. 120 f, 125 f.

Absage an die Metaphysik vollzogen,[44] aber auch die Geisteswissenschaften sind »in ihrer Fragestellung wie in ihrer Methode unabhängig vom Austrag theologischer und metaphysischer Fragen«.[45]

Man könnte aus alldem folgenden Schluß ziehen: So wie in geschichtsphilosophischer Hinsicht Objektivität und Subjektivität »*komplementär*« aufeinander bezogen sind und »*zusammen*« das substantiell ganze geschichtliche Dasein bilden, so sind auch in wissenschaftsphilosophischer Hinsicht Naturwissenschaften und Geisteswissenschaften *komplementär* aufeinander bezogen und bilden *zusammen* die substantielle Einheit der modernen Wissenschaften. Für diese Interpretation spricht nicht zuletzt Ritters Forderung: »die Philosophie [hat] die Aufgabe, die Einheit der sich äußerlich entgegensetzenden Mächte und so die unserer Welt an sich einwohnende Vernunft zu begreifen.«[46]

Wir wiederholen und präzisieren unsere These: Ritter bringt eine Versöhnung des äußerlich Geschiedenen in Vorschlag, indem er die Komplementarität beider Wissenschaftszweige im Hinblick auf eine Einheit der Vernunft beschreibt.

Es steht nicht zur Diskussion, daß Ritters systematische Konstruktion weithin empirisch nicht stimmig ist: Naturwissenschaften arbeiten durchaus nicht nur praxisorientiert, sondern ebenfalls theoretisch; auch die Geisteswissenschaften weisen wichtige Praxisbezüge auf; keineswegs betrieben die Naturwissenschaften seit ihren Anfängen ausschließlich die Objektivierung der Natur, sondern sie suchten vielmehr naturphilosophisch die Einheit von Natur und Geist, von Theorie und Praxis, von Wissen und Glauben zu bewahren.

Im Gegensatz zur wissenschaftsphilosophischen Begründung der Komplementarität der modernen Wissenschaften wird der *Kompensationsgedanke* nicht aus wissenschaftsinternen, sondern aus bildungspolitischen Gründen von Ritter eingeführt. Nicht ohne Belang ist nämlich

44 Ebd., S. 115.
45 Ebd., S. 125 f.
46 J. Ritter, »Landschaft: Zur Funktion des Ästhetischen in der modernen Gesellschaft«, in: Ders., *Subjektivität*, S. 141–166, hier S. 163.

der Umstand, daß sein Vortrag über die ›Aufgabe der Geisteswissenschaften in der modernen Gesellschaft‹ von 1961 vor allem eine bildungs- und universitätspolitische Stellungnahme ist, eine Antwort auf Helmut Schelskys Münsteraner Antrittsvorlesung von 1960.[47] Darin hatte Schelsky die Humboldtsche Idee der Universität mit der Begründung verabschiedet, sie konfligiere mit den praktischen Interessen und Bedürfnisen der modernen Gesellschaft, deren Hochschulen dabei seien, sich zum »modernen Großbetrieb« umzugestalten, um »mehr und mehr eine Funktionsgruppe der modernen Industriegesellschaft« zu werden. Damit verlören die Geisteswissenschaften jene Rolle, die sie im 19. Jahrhundert eingenommen hätten: Heute seien sie weder für das Selbstverständnis der Gesellschaft konstitutiv, noch könnten sie deren Bedarf an Handlungs- und Erkenntnisführung befriedigen. Ritter entwirft eine Gegenposition, die bereits im Ansatz eine Rückzugsposition darstellt: Der Kompensationsgedanke, Hauptargument der Gegenposition, ist gewissermaßen selbst ein Kompensationsphänomen; er soll ausgleichen, was den Geisteswissenschaften fehlt: eine zureichende Begründung ihrer eigenen Notwendigkeit. Ritter kann Schelskys Funktionalisierung der Wissenschaft nichts entgegensetzen, denn in seiner Beschreibung der Wissenschaftsgeschichte übernimmt er das positivistische Paradigma einer ausschließlich praktischen Begründung der Wissenschaften. Damit identifiziert Ritter Wissenschaft mit dem Teil der Naturwissenschaften, der technisch-industriell verwertbares Wissen produziert. Mit dieser Reduktion von Wissenschaft auf Produktivkraft im technisch-instrumentellen Sinn gerät sein Argumentationszug von Anfang an aufs falsche Gleis.

In seinem Vortrag zieht Ritter aus der Entwicklung im 19. Jahrhundert folgenden Schluß: Wenn Wissenschaft in diesem eingeschränkten Modus zur »Basis der gesellschaftlichen Praxis« geworden ist, dann kann sie, solchermaßen bestimmt, Bildungsaufgaben wie die Vermittlung zweckfreier Erkenntnis im Sinn der philosophischen Tradition nicht mehr erfüllen. Notwendig mußte darum bereits Humboldt schei-

47 H. Schelsky, *Einsamkeit und Freiheit: Zur sozialen Idee der deutschen Universität* (Münster, 1960); erweitert unter dem Titel *Einsamkeit und Freiheit: Idee und Gestalt der deutschen Universität und ihrer Reformen* (Reinbek, 1963).

tern, weil er seine Universitätsreform »an dem Leitbild der Philosophie und einer auf sie gegründeten Bildung orientiert« hat. Ritter versucht auf andere Weise der Gefahr zu begegnen, daß aus dem Kanon gesellschaftlich nützlicher Wissenschaften herausfällt, was »nicht mittelbar oder unmittelbar der Praxis zugeordnet werden« kann.[48]

Im Gegenzug zu Schelsky, für den neben den Naturwissenschaften die Sozialwissenschaften als technisch orientierte Handlungswissenschaften auf die Bedürfnisse der modernen Welt antworten, sucht Ritter nun seinerseits die Daseinsberechtigung der Geisteswissenschaften *funktionalistisch* im Nachweis ihrer gesellschaftlichen Nützlichkeit. Sie werden im Anschluß an Dilthey als diejenigen Wissenschaften definiert, welche »die geschichtliche geistige Welt der Menschen, sie auslegend, verstehen, wie sie sich in Werken und Schöpfungen des Menschen ... darstellt«.[49] Damit legt er reduktionistisch die Geisteswissenschaften auf ein traditionelles Selbstverständnis fest, das ihrem heutigen Selbstverständnis nur noch teilweise entspricht.

Bei der Beschreibung der Aufgaben, die die so definierten Geisteswissenschaften in der modernen Welt übernehmen sollen, verstrickt sich Ritter in einen Widerspruch zu ihrer wissenschaftsphilosophischen Bestimmung: Dort hat er deutlich hervorgehoben, daß auch sie einen radikalen Bruch mit der Tradition voraussetzen, weil sie durch spezifische Methoden konstituiert werden, sich autonom begründen, sich methodisch gegenüber ihren Gegenstandsbereichen verselbständigen und grundsätzlich universal sind.[50] Ja, sie sind ganz spezifisch modern, weil sie zu dem realen Prozeß gehören, »in dem sich die moderne Gesellschaft ... in der Emanzipation aus den ihr vorgegebenen geschichtlichen Herkunftswelten konstituiert«.[51] Einerseits haben also nach Ritter die Geisteswissenschaften geschichtsphilosophisch gesehen Teil an der »revolutionären Verneinung der Vergangenheit« und stehen damit, wie wir gesehen haben, zu den Naturwissenschaften in einem

48 J. Ritter, »Die Aufgabe der Geisteswissenschaften in der modernen Gesellschaft«, S. 116, S. 118.
49 Ebd., S. 121.
50 Ebd., S. 121, S. 128.
51 Ebd., S. 128 f.

komplementären Verhältnis. Andererseits gewinnt in ihrer Funktionsbestimmung das *bewahrende Moment* über das moderne, gleich wissenschaftlich distanzierende, eindeutig die Oberhand. Indem sie sich damit begnügen, die Erinnerung an die Herkunftswelt zu bewahren, beschränken sie sich in geschichtsphilosophischer Perspektive auf eine »restaurative Verneinung der Gegenwart.«

Freilich ist damit die den Geisteswissenschaften zugewiesene Aufgabe, die »Abstraktheit und Geschichtslosigkeit« der Gesellschaft zu »kompensieren«,[52] noch unzureichend beschrieben. Denn aus der Ritterschen Interpretation der Hegelschen ›Rechtsphilosophie‹ läßt sich, wie wir gezeigt haben, eine Kompensationsthese nicht ableiten. Dazu ist vielmehr der Sprung in einen anderen Kontext erforderlich: die Umrüstung des Begriffs »Geschichtslosigkeit« von einer revolutionsphilosophischen zu einer kulturphilosophischen Kategorie. Der Vorteil dieser Umrüstung liegt auf der Hand. Ist der revolutionsphilosophische Gedanke gesellschaftlicher Emanzipation als erledigt beiseitegeschoben, kann aus restaurativer Perspektive der technisch-industrielle Fortschritt umstandslos bejaht werden. Die von ihm angerichteten kulturellen Flurschäden – lies: »die reale Geschichtslosigkeit der Gesellschaft« – fallen dann den kulturkonservativ definierten Geisteswissenschaften zwecks Kompensation als Aufgabe zu.

Die Entstehung der Geisteswissenschaften wird bereits auf diesen Zweck hin begründet: Sie entstehen auf dem Boden der modernen Gesellschaft, weil diese »*notwendig eines Organs bedarf*, das ihre Geschichtslosigkeit kompensiert und für sie die geschichtliche und geistige Welt des Menschen offen und gegenwärtig hält, die sie außer sich setzen muß«.[53] Es entgeht Ritter offensichtlich, daß durch die reduktionistische und funktionalistische Bestimmung die Geisteswissenschaften ihre moderne Auszeichnung als Komplemente *einer* wissenschaftlichen Vernunft verlieren. Mit der Einführung des Kompensationsgedankens hat Ritter die Basis jener Erfolgsgeschichte der Moderne preisgegeben, die in seiner Hegelinterpretation eingelassen ist: in der positiven Einschätzung der »Entzweiung« als notwendiger Voraussetzung

52 Ebd., S. 131 f.
53 Ebd, S. 131 (Hervorh. Verf.).

zung der Freiheit der Subjektivität und auch der modernen Wissenschaften in ihren verschiedenen Zweigen.

Ihre Bestimmung als Komplement verlieren die Geisteswissenschaften aber auch dann, wenn sie bei der Vermittlung von kulturellen Gütern der Vergangenheit mit modernen Methoden vorgehen. Denn ihre Festlegung auf Vermittlung von Vergangenem impliziert die Zweiteilung der modernen Welt in Sachwelt und Sinnwelt: Sie können an der Entwicklung der kulturellen Form der modernen Welt nicht aktiv teilnehmen. So jedenfalls werden sie von Ritter beschrieben: Sie hinken dem Fortschritt im technisch-industriellen Sektor hinterher und kompensieren den Verlust an Geschichtlichkeit. Ritter versucht zwar, für das Kompensationsmodell die Idee der Komplementarität von Natur- und Geisteswissenschaften zu retten, wenn er sagt: »In der Verschiedenheit der ihnen zufallenden Aufgabe haben so die beiden Wissenschaften für die Gesellschaft die *gleiche* Bedeutung«.[54] Aber das ist wohl eine Illusion, denn aufgrund der Eigendynamik, die allein der Sachwelt zugeschrieben wird, steht deren Vorrang an Bedeutung von vornherein fest. Bereits Ritter – und nicht erst seine Schüler – hat also den Geisteswissenschaften, so wie er sie bestimmt, mehr aufgebürdet, als sie leisten können. Abgekoppelt von der Sachwelt, sind sie außerstande, ihr Erfahrungswissen bei der Gestaltung der modernen Welt fruchtbar zu machen.

Bezeichnenderweise ist Ritter auf den Begriff der Kompensation später nicht mehr zurückgekommen. In seinem berühmten Aufsatz ›Landschaft. Über die Funktion des Ästhetischen in der modernen Gesellschaft‹ taucht »Kompensation« nicht auf. Er bestimmt hier vielmehr die Funktion des subjektiven ästhetischen Sinns als eine komplementäre zu der objektivierenden Weise, in der die Naturwissenschaften die Natur zu ihrem Gegenstand haben. Die Wissenschaft beschreibt die Natur in mathematischen Chiffren, der ästhetische Sinn vergegenwärtigt Natur in ihrer metaphysischen Ganzheit.[55]

---

54 Ebd., S. 137.

55 R. Groh u. D. Groh, »Von den schrecklichen zu den erhabenen Bergen: Zur Entstehung ästhetischer Naturerfahrung«, in: *Vom Wandel des neuzeitlichen Naturbegriffs*, hrsg. v. H.-D. Weber (Konstanz, 1989), S. 53–95.

3.2 Die allgemeine Kompensationstheorie

Kompensation ist Marquard zufolge eine »geschichtsphilosophische Fundamentalkategorie«,[56] »Schlüsselbegriff der modernen philosophischen Anthropologie«,[57] die den Menschen als kompensierendes, also ausgleichendes Lebewesen bestimmt.[58] Eine äußerst geraffte, für unsere Zwecke kondensierte Herkunftsgeschichte des Kompensationsgedankens, Kontamination aus fünf Arbeiten Marquards,[59] liest sich folgendermaßen: Der Kompensationsgedanke in seiner für die Moderne relevanten Bedeutung stammt »aus der Konkursmasse der Theodizee«.[60] Leibniz verwendete 1710 den Begriff im Zuge der Rechtfertigung Gottes für die Übel der Welt, als er meinte: »Der Schöpfer der Welt hat die Übel und Mängel durch zahllose Annehmlichkeiten kompensiert«.[61] Die Theodizee scheiterte mit dem Erdbeben von Lissabon, das europaweit als inkompensabel begriffen wurde.

Ein Erbe der Theodizee waren ontologische Versuche, in der Natur als Nachfolgeinstanz Gottes den Agenten von Kompensationen zu sehen. Wie zuvor die ausgleichende Ökonomie Gottes wird nun die Ökonomie der Natur zum Gegenstand der Betrachtung. Hier wurde Optimismus propagiert, Vertrauen auf quasi metaphysische allgemeine Naturgesetzlichkeiten, die für ausgleichende Gerechtigkeit und ausgeglichene Schicksalsbilanzen sorgen.[62] Die »revolutionäre Geschichtsphilosophie« rief im Gegenzug zur Theodizee den Menschen zum allmächtigen »Schöpfer der Geschichte« aus und setzte auf Kompensation, auf Ausgleich der Übel durch gesellschaftsveränderndes Handeln im Namen des Fortschritts. Damit kippt die »aus dem Antwortbedarf

56 O, Marquard, Art. »Kompensation«, S. 916.

57 O. Marquard, »Homo compensator«, S. 55.

58 Ebd., S. 59.

59 O. Marquard, Art. »Anthropologie«; Ders., Art. »Kompensation«; Ders., »›Kompensation‹: Überlegungen zu einer Vorläuferfigur geschichtlicher Prozesse«, in: *Historisches Prozesse*, hrsg. v. K.-G. Faber u. C. Meier (München, 1978), S. 330–362; Ders., »Glück im Unglück«; Ders., »Homo compensator«.

60 O. Marquard, »Glück im Unglück«, S. 32. Zur älteren Tradition vgl. O. Marquard, Art. »Kompensation«; Ders., »Kompensation«.

61 Zitiert nach O. Marquard, »Glück im Unglück«, S. 32.

62 Ebd., S. 34f.

der gescheiterten Theodizee herkommende Tendenz zur ontologischen Balancierung sozusagen in die Zeitachse um ... ins Progressive«.[63] Die Geschichtsphilosophie, die den Menschen zum Schöpfer einer irdischen Heilsgeschichte erhob, mußte konsequenterweise die vorhandenen oder anfallenden Übel moralisieren.[64] Analog zur frühchristlichen Sündenlehre, die alle Weltübel dem sündigen Menschen angelastet hatte, mußten nun Feinde des revolutionären Fortschritts für alle Mißlichkeiten zur Verantwortung gezogen werden.[65] Dieses »negative Resultat« des »Verfeindungszwangs« bezeugt den Konkurs der Geschichtsphilosophie.

Als Antwort auf dieses Scheitern etabliert sich in der Romantik die Anthropologie, durch die Wende zur Natur in den Rang einer »Fundamentalphilosophie«[66] erhoben. Als solche wird die Anthropologie zur großen Alternative der Geschichtsphilosophie. Versöhnungsversuche wie die Hegels oder Diltheys bleiben erfolglos. Diltheys berühmtes Wort: »Was der Mensch sei, sagt ihm nur die Geschichte«, impliziert die Destruktion der Geschichtsphilosophie. Denn jene »Geschichte« sage ihm, »daß die Natur des Menschen immer dieselbe« sei.[67] In der Gegenwart erneuert sich die Rivalität der »Lebensphilosophien« Anthropologie und Geschichtsphilosophie. Die Geschichtsphilosophie scheint heute derart »vertrauensunwürdig«,[68] daß das Interesse der Anthropologie sich der Natur des Menschen – als »radikale Nichtgeschichte« – und seiner Kultur zuwendet.

Was die Geschichte nach Dilthey dem Menschen sagt, wird zum Ausgangspunkt der modernen Kompensationsphilosophie: die immer gleiche Natur des Menschen ist seine Mängelhaftigkeit: »Der Mensch – zum Unglück – ist Mängelwesen, aber – Glück im Unglück – gerade das erzwingt die Kompensation durch Entlastungen.«[69] Der *homo compensator* ist ein »Defektflüchter«.[70]

63 Ebd., S. 36.
64 O. Marquard, »Homo compensator«, S. 63.
65 O. Marquard, »Glück im Unglück«, S. 29.
66 O. Marquard, Art. »Anthropologie«, S. 367.
67 Ebd., S. 369.
68 Ebd., S. 371.
69 O. Marquard, »Glück im Unglück«, S. 40.
70 O. Marquard, »Homo compensator«, S. 64.

Das Kompensationsmodell ist u.E. vor allem individualpsychologisch einleuchtend, denn die »Selbstregulierung des psychischen Apparates«[71] erfolgt z. B. bei den sog. Abwehrmechanismen auf dem Wege des Ausgleichs. Auch zeigt die Karriere des Begriffs in den diversen Disziplinen: Die unterschiedlichsten Phänomene lassen sich als Mittel zum Ausgleich von Mängeln beschreiben. Daß Systeme zur Selbststabilisierung durch Balancierung von Ungleichgewichten neigen, auch diese These stützt nicht nur die Theorie – man könnte in ihr das oberste Prinzip der Theorie selber sehen. Ihre Anwendbarkeit scheint universell, fast beliebig. Wohin man blickt, überall wird kompensiert, denn überall gibt es Mängel und Übel. Nebenbei bemerkt: Aus dieser Plausibilität und Evidenz der allgemeinen Kompensationstheorie zieht die spezielle Kompensationsthese einen guten Teil ihrer Suggestivkraft.

Marquard führt ganze Artikulationsketten des Gedankens vor. Wir greifen in systematischer Absicht drei Beispiele heraus:[72]

(1) Mandeville: Es gibt – zum Unglück – private Laster, aber sie sind – Glück im Unglück – öffentliche Tugenden.

(2) Schiller: Es gibt – zum Unglück – den Sündenfall, aber – Glück im Unglück – gerade dadurch entsteht Kultur.

(3) Wilhelm Busch in der ›Frommen Helene‹: Wer Sorgen hat, hat auch Likör.

Damit sind drei verschiedene Weisen benannt, mit Mängeln, Übeln oder Unglück umzugehen: 1. Betrachten, 2. Gegenhandeln, 3. Suche nach Ersatzglück.

(1) Der betrachtende Umgang mit dem Übel teleologisiert das Übel, begreift es als »Mittel zum Zweck des bestmöglichen Glücks«.[73] Das ist genau das Verfahren der klassischen Theodizee, nur enttheologisiert. Ein Gegenstand, ein Verhalten wird unter verschiedenen Gesichtspunkten beurteilt: im Fall Mandeville aus privater und aus öffentlicher, aus moralischer und aus utilitaristischer Perspektive. Insofern als beide Urteile – »private vices, public benefits« – Erkenntnisse über dasselbe Objekt vermitteln, haben wir es mit Komplementarität zu tun, mit

71 C. G. Jung, *GW* 6, S. 484 f.
72 O. Marquard, »Glück im Unglück«, S. 37 ff.
73 Ebd., S. 27.

Kompensation insofern, als der betrachtende Umgang mit den Übeln für ausgeglichene Seelenlagen sorgt, während die Übel selbst bestehen bleiben. Nicht von ungefähr ist der Theodizeegedanke während der Frühaufklärung entfaltet worden und selber Ausdruck der optimistischen Grundstimmung der Zeit.

(2) Anders im Fall, den Schiller im Auge hat. Hier legt der Mensch Hand an die üblen Folgen des Sündenfalls. Er befreit sich durch Tätigkeit von diesen Übeln, indem er seine Lebenswelt aufbaut, Kultur im weitesten Sinne entwickelt. Hätte er sich in der Unwirtlichkeit nachparadiesischer Verhältnisse aufs Betrachten beschränkt, wären kulturelle Formen nicht entstanden. Adam würde sich immer noch mit den Dornen und Disteln auf seinem Acker herumplagen und sich zum Trost von Eva Bewahrungsgeschichten aus der Zeit paradiesischer Fülle erzählen lassen. *Gegenhandeln* mit dem Ziel, Übel nach Möglichkeit zu beseitigen, erscheint so als vernünftigste Form des Umgangs mit den Übeln dieser Welt, sozusagen Kompensation at its best.

(3) Der Skeptiker Wilhelm Busch schlägt uns dagegen ihre schwächste, wenngleich eine sehr übliche Form des Umgangs mit den Übeln der Welt vor: die Resignation, das fatalistische Sich-Schicken ins Unvermeidliche und die *Suche nach Trost im Ersatz-Glück*: Wer Sorgen hat, hat auch Likör. Freilich, das wissen wir, potenziert der Likör die Übel und damit die Sorgen. Der Vorschlag ist also unannehmbar, er hypostasiert die Lebenslüge zum entscheidenden Lebensmittel. Marquard beschreibt in philosophischer Einsicht diese Form von Kompensation durch »Vize-Glück« so:

> Aber das Unglück wird durch die Kompensation in der Regel nicht gelöscht, sondern eben nur kompensiert; zuweilen verdecken Kompensationen, statt zu heilen, nur, daß geheilt werden müßte: das ist dann selber ein Unglück.[74]

Die drei beschriebenen Formen der Kompensation: Betrachten, Gegenhandeln, Suche nach Vizeglück, rangieren bei Marquard ununterschieden unter dem Titel der »indirekt resultierenden Positivitäten«.

> Daß dieser Gedanke im 18. Jahrhundert aktuell wurde, das erklärt sich ... aus ... dem Konkurs der klassischen Theodizee. Daß er im 20. Jahrhundert

74 Ebd., S. 41.

> aktuell bleibt, das erklärt sich ... aus dem ... Konkurs der modernen Geschichtsphilosophie.[75]

Gemeint ist wohl hier nicht nur die revolutionäre Geschichtsphilosophie vom 18. bis ins 20. Jahrhundert, sondern auch ihre Nachfolgegestalten inklusive Studentenbewegung und Kritischer Theorie.

3.3 Einwände gegen Theorie und These

Die revolutionäre Geschichtsphilosophie wurde, wir erinnern uns, dadurch bestimmt, daß die Menschen in ihr »zum Schöpfer werden, indem sie ... ihre geschichtliche Welt selber machen«.[76] Wenn nun die philosophische Anthropologie, wie sie von Marquard propagiert wird, dem Kompensationsgedanken als Hauptzweck die Trübsalminderung zuschreibt[77] – und das tut sie gerade auch im Hinblick auf die Kompensationen, die den Geisteswissenschaften heute als Aufgabe zugewiesen werden – erbt sie vom Beschwichtigungsprogramm der klassischen Theodizee mehr, als ihr auf Dauer bekommen kann.

Der Kulturkonservativismus der Kompensationstheorie kommt nämlich nicht nur in ihrem aktuellen Anwendungsfall zum Ausdruck; er wird bereits sichtbar im Aufbau der Theorie als allgemeiner: Abgesehen davon, daß der Mensch als kompensierendes Lebewesen unterbestimmt ist – übrigens, die Theorie aus ihrem »epistemologischen Lotterleben«[78] zur wissenschaftstheoretischen Ordnung zu rufen, steht hier nicht zur Debatte –, bleibt er auch im Rahmen der Theorie als *homo compensator* unterbestimmt: Das wird sichtbar in der tendenziösen Unterbelichtung pragmatischer Kompensationen. Gegenhandeln zwecks bestmöglicher Beseitigung der Übel bleibt zwar nicht unbeachtet und unerwähnt, denn die Kategorie taucht bei Marquard auf als »Balancierung des Unglücks durch Glück als pragmatisches Programm des gesellschaftlichen Fortschritts«,[79] wird aber an eher marginalen Beispielen erläutert. Daß auch die »revolutionäre Geschichtsphilosophie«, der wir

75 Ebd., S. 40.
76 Ebd., S. 29.
77 O. Marquard, »Homo compensator«, S. 64.
78 Ebd., S. 55.
79 O. Marquard, »Glück im Unglück«, S. 35.

so eminente gesellschaftliche Fortschritte verdanken wie bürgerliche Freiheiten und Menschenrechte, ein solches Gegenhandeln impliziert, bleibt ungesagt. Statt dessen erscheint die Geschichtsphilosophie als rein geistesgeschichtliches Phänomen mit pragmatisch üblen Folgen.[80] Auch daß die revolutionäre Geschichtsphilosophie ein Erbe der Theodizee sein soll, ist eine Verkürzung.

Denn die Genese von Fortschrittsprogrammen, und damit kommen wir zum Hauptargument, reicht weiter zurück: in die Zeit der Entstehung der modernen Naturwissenschaften, des Beginns wissenschaftlich-technischer Naturbeherrschung. Mit der heilsgeschichtlichen Deutung dieser Entwicklungen, wie sie sich vor allem im Millenarismus des 17. Jahrhunderts und seiner Verbindung mit der New Science entfaltet, findet bereits ein Umkippen in die Zeitachse statt. Paradigmatisch kristallisiert sich im Bacon-Programm ein pragmatisches Kompensationsphänomen; und zwar in zweifacher Hinsicht: Es geht um die Verbesserung menschlicher Lebensbedingungen in praktisch-naturwissenschaftlicher und in gesellschaftspolitischer Hinsicht in Richtung auf irdisches Heil. Der durch den Sündenfall verursachte Verlust an Herrschaft über die Natur kann, so Bacon, innerhalb *dieser* Welt durch mechanische Künste und Wissenschaften »zum größten Teil ausgeglichen werden«.[81] Das von Bacon mit metaphysischem Optimismus eingeläutete Modernisierungsprogramm ist – in praktischer Hinsicht – erst in den letzten 150 Jahren durch die Ausbildung der technisch-industriellen Welt realisiert worden. Welche Fortschritte auf den verschiedensten Gebieten wir dieser Entwicklung verdanken, ist bekannt. Die Realisierung eines *gesellschaftspolitischen* Modernisierungsprogramms hat mit utopischem Optimismus die revolutionäre Geschichtsphilosophie propagiert. In beiden Modernisierungsprozessen sind die Menschen zum Schöpfer geworden, indem sie ihre geschichtliche Welt selber machen, und beide lassen sich als Kompensationsunternehmen mit dem Ziel der weitestgehenden Übelbeseitigung verstehen. Und im

80 Ebd.

81 F. Bacon, *Nov. Org.* II, 52; Vgl. R. Groh u. D. Groh, »Religiöse Wurzeln der ökologischen Krise: Naturteleologie und Geschichtsoptimismus in der frühen Neuzeit«, in: Dies., *Weltbild und Naturaneignung* (Frankfurt a.M., 1991), S. 11–91.

Verlauf beider Prozesse haben sich die Menschen als Mängelwesen zu erkennen gegeben. Sie modernisieren mit unbestreitbaren Erfolgen und produzieren zugleich die verheerendsten Modernisierungsschäden: Geschichtsverbrechen und Naturverbrechen. Kompensationsfolgeschäden, die wiederum selbst ein Übel sind.

Wenn nun die Kompensationsthese die Folgeschäden des technisch-industriellen Fortschritts allein in den lebensweltlichen Verlusten, in einer »Entgeschichtlichung« erkennt, bleibt sie einäugig. Wenn sie die Rolle der Geisteswissenschaften auf Kompensation durch Erzählen von Geschichten beschränkt, die den Menschen »Ersatz« vermitteln, »Ersatzverzauberung«,[82] »Ersatzerwachsensein«,[83] propagiert sie ein »Vize-Glück« (Marquard), das eingestandenermaßen die Übel, die geheilt werden müßten, nur verdeckt und damit zu ihrer Vermehrung beiträgt. So gesehen ist die Kompensationsthese nicht nur kulturkonservativ, sondern modernisierungsschädenkonservativ. Ihre Vertreter setzen damit gegen ihre erklärten Absichten die Menschen dem Zugriff jener »Alleingeschichte« aus, die heute weltweit dominant ist: der Alleingeschichte eines technisch-industriellen Fortschritts, dessen Eigendynamik als unvermeidlich angenommen und hingenommen wird. Eine solche Haltung ist in einem Moment, in dem man im technisch-industriellen Sektor nicht nur darüber nachdenkt, wie sich Folgeschäden der Modernisierung beseitigen, sondern auch, wie sie sich im vorhinein verhindern lassen, ein Anachronismus. Im gesellschaftspolitischen Bereich hat die jüngste Geschichte gezeigt, daß Folgeschäden der revolutionären Geschichtsphilosophie nicht durch »Vize-Glück«, sondern durch beharrliche Aufklärung und widerständiges Handeln beseitigt werden. Fazit: Die angesichts der Probleme der modernen Welt einzig verantwortbare Form der Kompensation ist die des Gegenhandelns, verstanden als unabschließbarer Prozeß von Schadenskorrekturen und der Arbeit an Entwürfen zur Schadensverhinderung.

Man kann es – mit Jürgen Mittelstraß[84] – auch so sagen: Die kulturelle Form der Welt ist eine Entwicklungsaufgabe, und *alle* Wis-

82 O. Marquard, »Über die Unvermeidlichkeit der Geisteswissenschaften«, S. 105.
83 H. Lübbe, zitiert nach O. Marquard, »Verspätete Moralistik«, S. 15.
84 J. Mittelstraß, *Glanz und Elend der Geisteswissenschaften*, S. 32.

senschaften sind *gleichermaßen* dazu aufgerufen, sich als Teile *einer* rationalen Kultur zu verstehen. Das bedeutet für die Geisteswissenschaften die Besinnung darauf, daß ihre »Optik ... auf das kulturelle Ganze [geht], auf Kultur als Inbegriff der menschlichen Arbeit und Lebensformen, naturwissenschaftliche und andere Entwicklungen eingeschlossen«.[85] Mit ähnlicher Zielsetzung argumentiert Meyer-Abich,[86] der explizit den Geistes- und Sozialwissenschaften Verantwortung für die Gestaltung der künftigen Welt zuschreibt. Damit soll nun keineswegs der Vermittlung von kulturellen Gütern der Vergangenheit jeder Sinn abgesprochen werden. Wenn allerdings die Geisteswissenschaften sich von der Kompensationsthese ihr Selbstverständnis als Kompensations- und Akzeptanzwissenschaften vorschreiben lassen, beschränken sie sich auf ein kulturelles Teilsystem. Sie verlieren, mit Hegel und Ritter gesprochen, »das Ganze des geschichtlichen Daseins« aus dem Blick und verfehlen so ihre wichtigste Aufgabe.

4. *Die »Kompensationsphilosophie« im Widerstreit*

Im folgenden werden wir – ohne Anspruch auf Vollständigkeit – versuchen, die bisher gegen die »Kompensationsphilosophie«, also gegen das Insgesamt von Kompensationsthese und Kompensationstheorie, vorgebrachte Kritik vorzuführen und zu erörtern. Zunächst wird die These als kulturkonservative im Hinblick auf ihre normativen Implikate noch einmal expliziert und ein kurzer Überblick über kritische Einwände gegeben (4.1). Sodann konzentrieren wir uns auf die zentralen Kritikpunkte, den dualistischen und zugleich konservativen Kulturbegriff und seine Konsequenzen in bezug auf die Möglichkeit der Geisteswissenschaften, an der Gestaltung der zukünftigen Form der kulturellen Welt teilzunehmen (4.2), um dann auf die Gefahren einzugehen, die den Geisteswissenschaften drohen, wenn sie sich auf die von der Kompensationsthese vorgeschlagene Funktion reduzieren lassen (4.3).

85 Ebd., S. 25.
86 K.-M. Meyer-Abich, *Wissenschaft für die Zukunft: Holistisches Denken in ökologischer und gesellschaftlicher Verantwortung* (München, 1988).

4.1 Überblick

»Die restaurative falsche Bewahrung ist ... für Hegel die eigentliche Gefahr der Zeit«, hat Joachim Ritter in seinem Aufsatz ›Hegel und die französische Revolution‹ hervorgehoben:

> Nicht die Restauration, sondern die Revolution vertritt daher das Prinzip der europäischen Geschichte. Darum leidet die politische Restauration an einem inneren Widerspruch; ihre Verkehrtheit besteht darin, daß sie sich antithetisch dem gegenwärtigen Prinzip entgegenstellt und so die geschichtliche Substanz selbst verneint, die sie doch bewahren und wiederherstellen will. Das verstrickt sie mit Notwendigkeit in einen leeren Formalismus und verurteilt sie zuletzt auch zu politischer Ohnmacht gegenüber den wirklichen Problemen der Zeit, die damit ungelöst bleiben.[87]

Allerdings haben wir es heute angesichts der »Philosophie der Kompensation«, die in entschiedener Absetzung von der Fortschrittstheorie eine »Nichtkrisentheorie der Moderne«[88] sein will, nicht mehr mit *politischer* Restauration zu tun. Denn

> unser Neokonservativismus ist wesentlich Kulturkonservativismus. Mit der politischen und gesellschaftlichen Moderne, d. h. dem demokratischen Verfassungsstaat und der wissenschaftlich-technischen Modernisierung aller Lebensbereiche, hat er seinen Frieden gemacht.[89]

Er nimmt indes den Prozeß naturwissenschaftlich-technisch-industriellen Fortschritts nicht nur als unvermeidbares Schicksal hin, sondern bejaht ihn ausdrücklich, tritt auf mit dem Versprechen, Kompensation *ermögliche* Modernisierungen,[90] indem sie die Bedingungen für Modernisierungen stabilisiere: Nicht für den »Fortschritt«, der sich ohnehin vollzieht, sind »Kräfte zu mobilisieren, sondern für die Sicherstellung, ja Konservierung seiner durch ihn bedrohten Bedingungen.«[91]

87 J. Ritter, *Hegel und die französische Revolution*, S. 26.

88 O. Marquard, »Verspätete Moralistik«, S. 19.

89 H. Schnädelbach, »Kritik der Kompensation«, S. 36.

90 Siehe oben, Punkt 2.

91 H. Lübbe, »Was sind Geschichten und wozu werden sie erzählt?« (1983), zitiert nach G. Kohler u. H. Kleger, »Ein Kapitel politischer Philosophie in Deutschland nach 1945«, in: *Diskurs und Dezision: Politische Vernunft in der wissenschaftlich-technischen Zivilisation – Hermann Lübbe in der Diskussion*, hrsg. v. G. Kohler u. H. Kleger (Wien, 1990), S. 11–31, hier S. 14.

Das leisten Marquard zufolge die Geisteswissenschaften durch Erzählen von Geschichten, die Traditionen vermitteln, »mit denen man sich identifizieren kann«.[92] Diese Funktion begründe ihre Notwendigkeit in der modernen Welt.

»Der offenbare Funktionalismus dieser Verteidigung«, so Herbert Schnädelbach, »ist ein heimlicher Normativismus«, denn die Geisteswissenschaften »*sollen* die Modernisierungen erträglich machen, um sie gesellschaftlich weiterhin zu ermöglichen. *Sie sollen* sich die Devise zu eigen machen: ›Stabilität durch kulturelle Kompensation!‹« und sich den Aufgaben der »Krisenreparatur und Krisenprävention« zuwenden.[93]

Was ist so skandalös an diesem Programm, das die Schärfe der bisher vorgebrachten Kritik erklären oder rechtfertigen könnte? Man möchte meinen, die Gegner des Kompensationsmodells erblickten – wie Hegel in der politischen Restauration – im Programm der heutigen Kulturkonservativen ein restauratives falsches Bewahren und sähen darin »die eigentliche Gefahr« der Zeit. So etwa, wenn Herbert Schnädelbach in seinem Fazit die Philosophie der Kompensation für rundheraus nicht akzeptabel erklärt,[94] wenn Christian Meier vorsichtig von *sacrificia intellectus* spricht,[95] wenn für Reinhart Maurer eine »*bloß kompensatorische* Kultur« eine Gefahr bedeutet,[96] wenn Oskar Negt vor der Funktionalisierung der Geisteswissenschaften zu Akzeptanz- und Legitimationswissenschaften im Dienste einer »mehr oder weniger wildwuchernde[n] ... Technologieforschung« warnt und als Grundregel für Geistes- und Naturwissenschaften reklamiert, was »Max Weber Verantwortungsethik« genannt hat.[97] Auch Klaus-Michael Meyer-Abich sieht in der von den Kompensationsphilosophen vorgeschlagenen Beschränkung der Geisteswissenschaften auf ein hermeneutisch-narratives Selbstverständnis eine »Enthaltsamkeit, die letztlich nur zu einer Be-

92 O. Marquard, »Über die Unvermeidlichkeit der Geisteswissenschaften«, S. 57.

93 H. Schnädelbach, »Kritik der Kompensation«, S. 37.

94 Ebd., S. 44.

95 C. Meier, »Klio als Klatschbase«, S. 48.

96 R. Maurer, »Zum Begriff der Kultur«, S. 185.

97 O. Negt, »Fünf Thesen«, S. 68 ff.

mäntelung von Technokratie« gerät.[98] Jürgen Habermas hat bereits 1982 gegen die Neokonservativen eingewandt, daß sie im Dienst des technischen Fortschritts und des kapitalistischen Wachstums kulturelle Traditionsbestände einfrieren und die »Gehalte der kulturellen Moderne« verabschieden, die »sozial unerwünschten Nebenfolgen eines politisch richtungslosen Wirtschaftswachstums ... auf die Ebene einer ›geistig-moralischen Krise‹ « verschieben, durch »Common sense, Geschichtsbewußtsein und Religion« kompensieren[99] sowie die »moralische Begründung zulasten der staatlichen Ordnung minimieren« wollen.[100] Jürgen Mittelstraß erteilt der Zumutung an die Geisteswissenschaften, sich einem kulturkonservativen Programm zu verschreiben und Innovationen allein der naturwissenschaftlich-technischen Welt zu überlassen, eine klare Absage: »Die Geisteswissenschaften drohen zu Entspannungswissenschaften zu werden, zu Teilen eines Kulturbetriebs«, wenn nicht versucht werde, den »Mythos von den zwei Kulturen« zu überwinden und »die Geisteswissenschaften teilhaben zu lassen am Aufbau einer zukunftsweisenden Rationalität.«[101]

Wir wollen uns im folgenden auf einige Punkte der Kritik und ihre Begründungen konzentrieren. Offensichtlich sehen viele im Kompensationsmodell eine Gefahr: zum einen für das Insgesamt unserer Lebenswelt, zum anderen für die Geisteswissenschaften. Als Wurzel des Übels gilt der dualistische Kulturbegriff, der dem Modell zugrundeliegt.

4.2 Ein problematischer Kulturbegriff: Gefahren für die kulturelle Welt

Über den Geisteswissenschaften liege, so Mittelstraß,[102] ein wissenschaftsideologischer Fluch, den Charles Percy Snow 1959 mit seiner Rede von den zwei Kulturen, der naturwissenschaftlichen und der geisteswissenschaftlich-literarischen Kultur in die Welt gesetzt habe. Wobei anzumerken ist, daß Snow die Tatsache konstatiert, ohne sie

98 K.-M. Meyer-Abich, *Wissenschaft für die Zukunft*, S. 111.

99 J. Habermas, »Neokonservative Kulturkritik in den USA und in der Bundesrepublik«, *Merkur* 36 (1982), S. 1047–1061, hier S. 1055 f.

100 Ebd., S. 1059.

101 J. Mittelstraß, *Glanz und Elend der Geisteswissenschaften*, S. 13.

102 Ebd., S. 4.

affirmieren zu wollen, ja ganz im Gegenteil: Er ruft zur Überwindung oder zumindest zur Abschwächung des von ihm in dieser Form zum ersten Mal festgestellten Dualismus auf. Allerdings weniger aus Sorge um die »Einheit der Vernunft« als aus Sorge um das Zurückbleiben Großbritanniens gegenüber etwa der Sowjetunion angesichts der damals aktuellen »Scientific Revolution«. Snow wirft der ästhetisch-literarischen Kultur vor, Stimmungen zu verbreiten, die technologische und soziale Fortschritte behindern.[103] Was deshalb seine Zwei-Kulturen-Theorie von der des Kompensationsmodells unterscheidet, ist, daß Snow die *moderne* literarische Kultur aus den genannten Gründen kritisiert, während die Kompensationstheoretiker die kulturelle *Moderne* verabschieden und auf die Kompensationsfunktion traditioneller Kulturgüter setzen. Deshalb kann man auch Schnädelbach darin zustimmen, daß dem Kompensationsmodell Ritters und seiner Schüler eine »Variante« der These von den zwei Kulturen zugrundeliege:

> ... in Wahrheit das alte und ... spezifisch deutsche Modell ›Kultur vs. Zivilisation‹. Zwei Welten stehen sich da gegenüber: hier der technisch-wissenschaftliche Bereich, den die ältere Kulturkritik ›Zivilisation‹ nannte und dem man die modernen Entfremdungserfahrungen ursächlich zuschreibt; dort die Kultur als der Inbegriff der Traditionen, in denen Menschen sich zu Hause fühlen.[104]

Als Variante der These von den zwei Kulturen erweist sich das Kompensationsmodell auch nach Habermas insofern, als es gekennzeichnet ist durch »die Verbindung der affirmativen Einstellung zur gesellschaftlichen Moderne mit einer gleichzeitigen Abwertung der kulturellen Moderne«.[105]

Gegen diesen Dualismus ist von sehr verschiedenen Seiten her Einspruch erhoben worden, und zwar im Namen eines allgemeinen, umfassenden Begriffs der Kultur:

> Kultur ist schließlich nichts, das als wonderland der Geisteswisenschaften allein jenseits der Naturwissenschaften läge. Kultur ist vielmehr alles, worauf der arbeitende, denkende, verändernde Mensch seinen Fuß setzt. Sie ist die Welt bewohnbar gemacht, verwandelt in die Welt des Menschen, der sich in

103 Vgl. R. Maurer, »Zum Begriff der Kultur«, S. 178.
104 H. Schnädelbach, »Kritik der Kompensation«, S. 40.
105 J. Habermas, *Der philosophische Diskurs der Moderne*, S. 90.

> Dingen wiederzuerkennen vermag, die er selbst gemacht hat, denen er Objektivität verleiht und die seine Subjektivität atmen. Der Mensch ist ein kulturelles Wesen und seine Welt, die ganze Welt, ist eine kulturelle Welt.[106]

Wird Kultur als »Inbegriff aller menschlichen Arbeit und Lebensformen« (Mittelstraß), als »Inbegriff der menschlichen Lebenswelt« (Schnädelbach) verstanden, so ist von diesem umfassenden Kulturbegriff Kultur in einem besonderen Sinn zu unterscheiden, als der ganze Komplex menschlicher Kulturleistungen, den Marx als Überbauphänomen bezeichnet hat. In diesem besonderen Sinn bildet Kultur ein »Teilsystem« der »allgemeinen Kultur, nämlich unterschieden z. B. von den Bereichen Technik, Wirtschaft und Politik«.[107]

Konzipiert als Teilsystem hat die »Kultur« Anteil an der Entwicklung des Gesamtsystems der allgemeinen Kultur. Aus dieser Sicht ist ihre ausschließliche Festlegung auf die Funktion der Kompensation von Modernisierungsprozessen, die ohne sie ablaufen, unmöglich. Umgekehrt sind auch jene Teilsysteme, die die Modernisierung vorantreiben, neben Naturwissenschaften und Technik auch die Ökonomie, kein »einheitlich-monolithisches Phänomen«, wie Ernst Tugendhat betont:

> Aber die Modernisierung ist ..., wenngleich hier in der Tat ökonomische und Sachzwänge zu berücksichtigen sind, ... immer zugleich auch ein Phänomen des kollektiven Bewußtseins, der Einstellungen.[108]

Reflexion auf die Entstehung von Werthaltungen und Mentalitäten sind jedoch in der Regel nicht die bevorzugten Gegenstände von Naturwissenschaftlern und Ökonomen.

Reinhart Maurer, der wie Marquard und Lübbe aus der Schule Joachim Ritters hervorgegangen ist, opponiert vehement gegen die Spaltung »von objektiver realer und subjektiver ›höherer‹ Kultur, oder von Zivilisation und Kultur«.[109] »Die ›höhere‹, ›geistige‹ Kultur bis hin zum folgenlos Ästhetischen und Feuilletonistischen«: dies sei der »alltägliche und journalistische« Kulturbegriff[110] in Entgegensetzung zum

---

106 J. Mittelstraß, *Glanz und Elend der Geisteswissenschaften*, S. 17.
107 Ebd., S. 25.
108 E. Tugendhat, »Die Geisteswissenschaften als Aufklärungswissenschaften«, S. 9.
109 R. Maurer, »Zum Begriff der Kultur«, S. 185.
110 Ebd., S. 172.

»System bloß objektiver verdinglichter Kultur in der technisch-industriellen Zivilisation«.[111] Maurer selbst macht sich dagegen den »wissenschaftlichen« Kulturbegriff zu eigen, der »alle Lebensbereiche einer Großgruppe von Menschen« umfasse, »ihre spezifische Lebensform insgesamt, also auch die ökonomische und politische Seite« bezeichne.[112] Diesen umfassenden, »wissenschaftlichen« Kulturbegriff, auf den ersten Blick ununterscheidbar etwa von dem von Mittelstraß und Schnädelbach, erläutert Maurer unter Bezug auf Hegel und Simmel:

> Kultur hat ... zwei Seiten: *die subjektive und die objektive Kultur*. Und konkrete Kultur ist die Vermittlung beider, ein Vollzug, den allein – wenn es sich um eine menschliche, nicht bloß maschinell-technokratische Kultur handeln soll – der je subjektive Geist und das von ihm bestimmte Handeln der Individuen leisten kann ...[113]

Daß bestimmte Gruppen vom vermittelnden Vollzug, also von der handelnden Anteilnahme an der Entwicklung der konkreten Kultur ausgeschlossen und auf Kompensationsfunktionen verwiesen bleiben, erscheint dieser Optik, die ebenfalls aufs »Ganze« geht, als abwegig.

Das Hauptärgernis für die Kritiker bildet demnach eine spezifische Zukunftsabstinenz, Folge des Eskapismus aus dem kulturellen Ganzen in Reservate kultureller Traditionen. Im Umkreis der Kompensationsphilosophien ist man sich dieser Abstinenz durchaus bewußt:

> Offensichtlich basiert das Kompensationskonzept nicht auf dem Denkmuster einer zielgerichteten Weiterentwicklung. Es verdankt sich im Gegenteil der Frage nach der Wiederherstellung verlorengegangener Gleichgewichte.[114]

Der konkrete Stein des Anstoßes hinsichtlich der Zukunftsabstinenz liegt darin, daß die Vertreter des kritisierten Konzepts aufgrund der kulturkonservativen Perspektive als Folgeschäden von Modernisierungsprozessen zuerst und vor allem »Entgeschichtlichungen« ausmachen. Demgegenüber betont dann Schnädelbach:

> Es ist ... unbestreitbar, daß die größten Gefahren für den Bestand der KULTUR [Kultur im weiteren, umfassenden Sinn, Verf.] heute vom tech-

111 Ebd., S. 175 f.
112 Ebd., S. 173.
113 Ebd., S. 174.
114 G. Kohler, u. H. Kleger, »Ein Kapitel politischer Philosophie in Deutschland nach 1945«, S. 12 f.

nisch-wissenschaftlichen Komplex ausgehen – die Stichworte ›atomare Hochrüstung‹, ›Umwelt‹ und ›Gentechnologie‹ mögen genügen ...[115]

Und wie steht es, so fragt Christian Meier,

> auf die Länge der Zeiten gesehen, mit uns, die wir weiter und zunehmend ›im Namen des Fortschritts für die kommenden Geschlechter Schulden machen‹ (Jacob Burckhardt)? ... Möglicherweise gibt es auch epochenbezügliche Kompensationen, die auf ein dickes Ende verschoben sind, so daß erst spätere Geschlechter für das aufzukommen haben, was frühere verbrauchten. Wir und vor allem unsere Kinder zum Beispiel.[116]

Maurer stellt die Zerstörungspotentiale der technisch-industriellen Welt in den Vordergrund: »zu dem innerkulturellen Problem der Vermittlung von subjektiver und objektiver Kultur« sei ein neues Problem getreten, »nämlich der offene Konflikt zwischen Kultur und äußerer umgebender Natur«. Die technologische Zivilisation habe sich zu einem »erdumspannenden Naturbeherrschungsapparat« entwickelt, das Lebewesen Mensch könnte durch »eine Hypertrophie seiner Kultur des Machens« seine natürliche Lebensgrundlage verlieren. Aus der aufmerksamen Wahrnehmung der Geschichtssituation, in welche die Menschheit geraten sei oder sich gebracht habe, ergebe sich fast notwendig die Aufgabe, nach einer »Versöhnung von Natur und Kultur« zu suchen. Man müßte »jetzt auf diese Situation bewußt und vernünftig reagieren«, könne »sich nicht auf einen menschenfreundlichen Selbstlauf der Entwicklung oder auf göttliche Vorsehung verlassen«.[117]

Diese Position Maurers erklärt die Schärfe seines Urteils über »den fragwürdigen Kulturbegriff«,[118] mit dem Marquard, Lübbe und Ritter selbst operieren, und zwar »vorwiegend affirmativ und nicht nur diagnostisch«: Damit

> besteht die Gefahr einer *bloß kompensatorischen Kultur*, eines historisch-antiquarisch-museal, ästhetisch-geisteswissenschaftlichen Eskapismus, der einen wesentlichen Mangel der objektiven Kultur ebensosehr anzeigt wie narkotisch verschleiert, aber nichts zu seiner Behebung tut. Im Gegenteil: ein solcher ›kultureller‹ Eskapismus trägt dazu bei, daß die Entwicklung

115 H. Schnädelbach, »Kritik der Kompensation«, S. 43.
116 C. Meier, »Klio als Klatschbase«, S. 48.
117 R. Maurer, »Zum Begriff der Kultur«, S. 179–181.
118 Ebd., S. 185.

> unserer Kultur/Zivilisation (im weiteren Sinne dieser Worte) beschleunigt in eine immer gefährlichere und überhaupt falscher werdende Richtung weiterläuft.[119]

Offenbar sieht Maurer im Eskapismus einer bloß kompensatorischen Kultur die Gefahr einer restaurativen falschen Bewahrung und wirft seinen Vertretern – in Analogie zu Hegels Einschätzung der politischen Restauration der nachrevolutionären Epoche – vor, sie verurteilten sich selbst »zuletzt auch zu politischer Ohnmacht gegenüber den wirklichen Problemen der Zeit.« Die Unangemessenheit und Ohnmacht kulturkonservativer Ausgleichsversuche sowie überhaupt der ganzen »Nicht-Krisentheorie der Moderne«[120] kommen in einem Bild zum Ausdruck, das Karl Markus Michel gebraucht hat: »Neben den Atommeiler stellen sie das Heimatmuseum.«[121]

Auf die politischen Konsequenzen des Kompensationsmodells weisen außer Meyer-Abich und Negt auch andere Kritiker hin: Für Schnädelbach läuft das Konzept darauf hinaus, »die technisch-wissenschaftlichen Innovationen vom Nachweis ihrer KULTURverträglichkeit zu entlasten«;[122] und gegen die von Marquard ins Auge gefaßte Funktion der Geisteswissenschaften als »Akzeptanzwissenschaften«[123] wendet Tugendhat ein:

> Akzeptanz kann sich eigentlich nur ein totalitärer Staat wünschen, und wieso einige unserer Politiker von den Geisteswissenschaften Akzeptanzhilfe erwarten, wieso das in einem demokratisch sich verstehenden Staat möglich ist, ist selbst eine geistesgeschichtlich zu klärende Frage.[124]

Inwiefern die Kompensationsphilosophie aus der Sicht ihrer Kritiker nicht nur abträglich ist für das Insgesamt unserer Lebenswelt, sondern auch für die Geisteswissenschaften selbst, dieser Frage wollen wir uns im folgenden zuwenden. Können die Geisteswissenschaften überhaupt

119 Ebd.

120 O. Marquard, »Verspätete Moralistik«, S. 17.

121 K. M. Michel, »Der Ruf nach dem Geist«, *Kursbuch* 91 (März 1988), S. 27–33, hier S. 30.

122 H. Schnädelbach, »Kritik der Kompensation«, S. 43.

123 O. Marquard, »Verspätete Moralistik«, S. 16.

124 E. Tugendhat, »Die Geisteswissenschaften als Aufklärungswissenschaften«, S. 12.

das leisten, was sie nach dem Willen von Marquard und Lübbe leisten sollen? Sind die Geisteswissenschaften in der modernen Welt als Kompensatoren wirklich notwendig? Welche bildungspolitischen Konsequenzen könnte eine solche Festlegung zur Folge haben? Wie bestimmen die Kritiker des Modells die Aufgaben der modernen Geisteswissenschaften?

4.3 Eine problematische Funktionsbestimmung: Gefahren für die Geisteswissenschaften

4.3.1 *Reduktion, Überforderung, Autonomieverlust*

Die von vielen Kritikern beklagte Unterkomplexität der Kompensationstheorie, die Reduktion komplizierter Verhältnisse auf einfache Polaritäten zeigt sich bereits in der Rede von »Geisteswissenschaften«:

> Mit dem Schema ›Natur- vs. Geisteswissenschaften‹ kann man im übrigen der Wissenschaftswirklichkeit schon lange nicht mehr gerecht werden: Wohin gehören denn Psychologie, Sozialwissenschaften, Mathematik, Jurisprudenz und Medizin – von integrativen Disziplinen wie der Anthropologie oder Ökologie einmal ganz abgesehen? Wie ist es mit den Technologien: ist Technik ›Natur‹ oder ›Geist‹? Die alte Entgegensetzung von Erklären und Verstehen (Dilthey), die uns heute auch als ›Erklären vs. Erzählen‹ (Lübbe) angeboten wird, vermochte der komplexen Wissenschaftswirklichkeit noch nie gerecht zu werden.[125]

»Die Rede von *den* Geisteswissenschaften«, so auch Mittelstraß,

> täuscht eine Ordnung vor, die es eigentlich schon längst nicht mehr gibt. Das Wissenschaftssystem ist dynamisch und offen; es ist gerade an den Rändern produktiv (Beispiele: Ökologie, Soziobiologie, Biochemie, Biophysik, Anthropologie), während ein Bestehen auf alten disziplinären Grenzen eher fortschrittshemmend, ein falscher Konservativismus ist. Auch in diesem Punkte, so wird deutlich, stehen die Zwei-Kulturen-Theorie und die Kompensationstheorie, die noch mit der Vorstellung eines überkommenen Kanons der Disziplinen arbeiten, auf der falschen Seite.[126]

Meier will angesichts der Tatsache, daß wir »rapide und immer noch sich beschleunigende Wandlungsprozesse mit- und durchmachen, ...

125 H. Schnädelbach, »Kritik der Kompensation«, S. 39.
126 J. Mittelstraß, *Glanz und Elend der Geisteswissenschaften*, S. 26.

nicht leugnen, daß Gegengewichte sein müssen.«[127] Für ihn ist »viel Wahres an Joachim Ritters These«, der Umstand, »daß um 1800 gleichzeitig mit dem raschen Wandel ein ganz neues Bedürfnis nach Bewahrung des Überholten, Veralteten eintrat, weise auf einen tiefen Zusammenhang«.[128] Aus der Perspektive des Historikers räumt Meier ein, daß die Geisteswissenschaften, indem sie die Kunde von Fremdem, Anderem, Früherem bewahren, sie deuten und darüber informieren, »gewisse kompensatorische Funktionen erfüllen *können*«.[129] Wenn das der Fall wäre, was wäre damit bewiesen? Allenfalls, daß die Geisteswissenschaften hinreichen, lebensweltliche Verluste auszugleichen, nicht aber, daß sie dazu notwendig sind; was Marquard und Lübbe ja mit großem Aufwand zu begründen suchen. Denn wenn Meier einwendet, wer ein Bild des Anderen, des Fremden, des Bunten wolle, der gehe besser »gleich in die Museen, zu den Quellen oder – zu den Sachbuchautoren«;[130] und wenn Mittelstraß die Lage von Geisteswissenschaften, die sich aufs Narrative beschränken, als »keineswegs ... attraktiv« bezeichnet:

> Die geisteswissenschaftliche Fakultät wird zum Konkurrenten oder guten Nachbarn des Theaters, des Feuilletons, der Belletristik; sie gerät, ihrer Funktion nach, in die Nähe von Courths-Mahler und ›Reader's Digest‹;[131]

dann heißt das: Es gibt noch andere, höchstwahrscheinlich beliebtere und geeignetere, sicherlich aber auch massenwirksamere Medien, die als Remedien Ersatz für lebensweltliche Verluste liefern können.[132]

Wenn wir also annehmen, daß die Geisteswissenschaften mittels Erzählen von Geschichten gewisse kompensatorische Funktionen übernehmen *können*, so gibt es indessen keine guten Gründe, darin »eine wichtige oder gar die entscheidende Aufgabe und Rechtfertigung der Geisteswissenschaften zu sehen«.[133] Für Meier kommt die Reduktion

127 C. Meier, »Klio als Klatschbase«, S. 48.
128 Ebd.
129 Ebd., Hervorh. Verf.
130 Ebd.
131 J. Mittelstraß, *Glanz und Elend der Geisteswissenschaften*, S. 13.
132 Vgl. P. Hoyningen-Huene, »Protokoll des Symposiums Wissenschaft und Humanität«, S. 77.
133 C. Meier, »Klio als Klatschbase«, S. 49.

aufs Narrative einer Amputation gleich; und das erläutert er am Beispiel der Geschichtswissenschaft:[134] Diese sei vorwiegend damit beschäftigt, ihre Gegenstände immer genauer, immer nüchterner zu analysieren, zum Erzählen gelange sie dabei kaum. Hermeneutik sei in einer Wissenschaft, die es auch mit strukturellen Zusammenhängen und Gesetzmäßigkeiten, mit sozialwissenschaftlichen Fragestellungen zu tun habe, von begrenzter Reichweite. Die von den Kompensationstheoretikern im Anschluß an Diltheys Unterscheidung zwischen *Erklären* und *Verstehen* getroffene Unterscheidung zwischen *Erklären* und *Erzählen*, das zeigt Meier hier aus der Perspektive seines Faches, beruht auf falschen Annahmen.

Die Opposition unterstellt nämlich, wie Mittelstraß ausführt, in beiden Fällen,

> die Naturwissenschaften hätten es immer mit dem Allgemeinen, dem Unveränderlichen, dem Gesetzmäßigen zu tun, die Geisteswissenschaften immer mit dem Besonderen, dem Veränderlichen und Kontingenten, dem Individuellen. Beides aber ist falsch. Auch die Geisteswissenschaften kennen das Allgemeine – spätestens seit Aristoteles, was offenbar in Vergessenheit geraten ist – und die Naturwissenschaften das Individuelle, wenden sich ihm, z. B. im Übergang vom Begriff des Determinismus zum Begriff des Kontingenten, immer mehr zu.[135]

Die Geschichtswissenschaft hat jedenfalls nicht vergessen, daß sie es auch mit dem Allgemeinen zu tun hat. Neue Formen historischer Erzählung, die anspruchsvoll und verständlich die Geschichte von Epochen darstellten, müßten systematische Kapitel enthalten und zugleich erzählen:

> Ganz gewiß ist die Erzählung innerhalb der Geschichte eine Form der Erkenntnis, die durch nichts anderes ersetzt werden kann; eine Erzählung allerdings, die aus großer Distanz angelegt sein und weithin argumentieren muß ... Nur, was wird damit kompensiert? Jene im ganzen erzählende Darstellung, für die ich plädiere, hätte vielmehr primär zwei ganz andere Aufgaben: Sie dient der Erkenntnis und deren Vermittlung. ... Man kann auch formulieren, Historie diene der Aufklärung [darüber,] wer wir sind und sein wollen.[136]

134 Ebd, S. 50f.
135 J. Mittelstraß, *Glanz und Elend der Geisteswissenschaften*, S. 28.
136 C. Meier, »Klio als Klatschbase«, S. 50f.

Meier plädiert für das Miteinander, das Gegeneinander der unterschiedlichsten Motive und Absichten historischer Arbeit: konservative und fortschrittliche, Geschichte aus der Perspektive der Sieger oder der Besiegten oder auch nur um der Heiterkeit des Erkennens willen wie Jacob Burckhardt:

> ... der Reiz, ja auch die aufklärerische Funktion der Historie besteht darin, daß alle diese Absichten gleichzeitig verfolgt werden, daß sie in Konflikt zueinander geraten und so auf direktem wie indirektem Wege eine Vielfalt von Erkenntnissen erzielt wird. ... Wollte man sagen, die Geschichte sei zum Kompensieren da, so würde man sie auf eine von vielen möglichen Zwecksetzungen festlegen. Ja, man muß wohl ausdrücklich feststellen, daß eine solche These im wesentlichen politisch, also parteilich ist, auch wenn sie auf leisen Sohlen daherkommt. Und sie ist auf jeden Fall gefährlich für die Geisteswissenschaften: Denn sie weckt, wenn man sie wirklich ernst nähme, Erwartungen, die diese keineswegs erfüllen können.[137]

Die Geisteswissenschaften sind eben nicht so beschaffen, wie die Kompensationsphilosophen und manche Politiker sie sich wünschen. Die Gefahren, die ihnen drohen, wenn dieses Wunschbild zur Zielvorstellung der Bildungspolitik würde, hat Schnädelbach deutlich gemacht:

> ... wenn die Kompensationstheorie politisch recht bekommt, wird nur noch das akzeptiert und gefördert werden, was sich in den Geisteswissenschaften zur modernisierungsermöglichenden Kompensation eignet, und das sind die hermeneutische Vergegenwärtigung von Traditionen und das Erzählen von Geschichten.[138]

Damit würden die systematischen Sprachwissenschaften, die nichtnarrative Geschichtsforschung, strukturalistische und dekonstruktivistische Literaturinterpretationen und schließlich die Philosophie selber, sofern sie nicht bloß geisteswissenschaftlich betrieben wird als Ideengeschichte und Textauslegung, aus dem Kreis der förderungswürdigen Wissenschaften herausfallen. In Wahrheit läuft, so Schnädelbach, die Kompensationsthese auf den Versuch hinaus,

> das traditionelle Verständnis dieser Fächergruppe, das eine ziemlich deutsche und provinzielle Angelegenheit ist, mit Hilfe des Kompensationstheorems normativ allgemein verbindlich zu machen.[139]

137 Ebd., S. 54.
138 H. Schnädelbach, »Kritik der Kompensation«, S. 38.
139 Ebd.

Günther Patzig[140] warnt grundsätzlich davor, die Kompensationsthese zum Argument für die staatliche Förderung der Geisteswissenschaften zu machen, weil sie dadurch in Abhängigkeit vom technisch-industriellen Fortschritt geraten. Bestimmt zur Kompensation von dessen Folgeschäden, könnten sie diese Funktion auch wieder verlieren, wenn der »technische Entwicklungsprozeß sich einmal verlangsamt«.[141] Den eigentlichen Grund für die Förderungswürdigkeit der Geisteswissenschaften sieht Patzig in der Eigenbedeutung der Gegenstände, die von ihnen erforscht werden:

> Die Geisteswissenschaften dienen der Vertiefung unserer Kenntnis der Bedingungen menschlicher Existenz und zugleich der Bereicherung und Bewahrung menschlicher Kultur.[142]

Die Überzeugung Meiers, in den Geisteswissenschaften allgemein und speziell in der Geschichte gehe es um Erkenntnis, um Aufklärung, und wir sollten uns nicht einreden – oder einreden lassen –, »daß das zu ihrer Rechtfertigung nicht genüge«, wird von vielen Kritikern der Kompensationsthese geteilt.

Tugendhat gründet sein Plädoyer für ein angemessenes Verständnis der Geisteswissenschaften auf den von Heidegger eingeführten neuartigen Begriff der Hermeneutik. Heidegger habe die traditionelle Annahme, der Gegenstand der Interpretation sei ein *vorgegebener* geistesgeschichtlicher Gegenstand, insbesondere ein auszulegender Text, umgekehrt:

> Für ihn ist der Gegenstand der interpretierenden Aufklärung das Selbstverständnis des Interpretierenden selbst. Und erst sekundär, weil das Selbstverständnis des Interpretierenden auf historische Voraussetzungen verweist, muß die Hermeneutik, die primär eine Selbsthermeneutik ist, sich auch auslegend auf diese historischen beziehen.[143]

140 G. Patzig, »Die Göttinger Akademie: Gegenwärtige Lage und Zukunftsaufgabe«, in: *Jahrbuch der Akademie der Wissenschaften in Göttingen für das Jahr 1987* (Göttingen, 1988), S. 56–66.

141 Ebd., S. 64.

142 Ebd.

143 E. Tugendhat, »Die Geisteswissenschaften als Aufklärungswissenschaften«, S. 6.

Die zeitliche Dimension dieses Begriffs von Hermeneutik verweise auf Gegenwart und Zukunft. Die zentralen Fragen heißen demnach: »wer sind wir?« und »was wird aus uns?«[144] In den Aufgabenbereich von Geisteswissenschaften, die sich als in diesem Sinn aufklärerisch verstehen, fiele etwa die kritische »Reflexion auf den Entstehungsprozeß« der heute wirksamen Mentalitäten und Werthaltungen sowie auf die für die Weiterentwicklung unserer Kultur notwendigen Wertsetzungen.[145]

Vor allem im Hinblick auf die ökologischen Probleme der modernen Industriegesellschaft sieht Meyer-Abich die wichtigste Funktion der Geistes- und Gesellschaftswissenschaften in der »Bildung des Geschichtsbewußtseins«.[146] Antworten auf die Fragen, wer wir sind und wie wir in Zukunft leben möchten, lassen sich nur im Rückgang in die Geschichte finden, »deren Gegenwart die Industriegesellschaft ist«[147]: »Solange wir nicht verstehen, warum das anthropozentrische Weltbild herrschend geworden ist, werden wir es auch nicht überwinden.«[148]

Hans Peter Herrmann will die Geisteswissenschaften als Praxiswissenschaften im Sinn kritischer Gesellschaftswissenschaften verstanden sehen.[149] Unter Berufung auf Horkheimer sieht er den »Sinn der Kritik ›nicht in der Reproduktion der gegenwärtigen Gesellschaft, sondern in ihrer Veränderung zum Richtigen‹«. Die Geisteswissenschaften in Gestalt kritischer Gesellschaftswissenschaften sollen in ihrer methodischen Praxis Trennungen durchbrechen, auf denen die traditionelle Wissenschaft beharrt hat: »die Trennung von Geist und Geschichte, Theorie und Praxis, Gesellschaft und Natur.« Für Herrmann steht bei der Beschäftigung der Geisteswissenschaften mit ihren Gegenständen – ganz in dem von Tugendhat explizierten Heideggerschen Verständnis von Hermeneutik – bei der Interpretation das Selbstverständnis des

144 Ebd., S. 7; vgl. analog C. Meier, »Klio als Klatschbase«, S. 51.
145 E. Tugendhat, »Geisteswissenschaften als Aufklärungswissenschaften«, S. 8.
146 K.-M. Meyer-Abich, *Wissenschaft für die Zukunft*, S. 115.
147 Ebd.
148 Ebd.
149 H. P. Herrmann, »Abschaffung der Geisteswissenschaften: Zum aktuellen Dilemma wachstumsorientierter Bildungspolitik«, in: *Forum Neue Technologien – Neue Gesellschaft*, hrsg. v. J. Fuckerieder (Freiburg, 1988), S. 171–195, hier S. 193.

Interpretierenden in seinem gesellschaftlichen Zusammenhang im Vordergrund. Im Gegenzug zum Kompensationsmodell versucht er, die Notwendigkeit der modernen Geisteswissenschaften so zu begründen, daß ihnen, gegenüber den Naturwissenschaften und der Technik, die die »Zukunft im Blut« haben, nicht nur die »Nachtwächterrolle« übrigbleibt, wie Mittelstraß es einmal formuliert hat. Auf seine Beschreibung von fünf Bereichen,[150] »in denen Geisteswissenschaftler in der hochindustrialisierten Gesellschaft tätig werden müssen«,[151] kann in diesem Zusammenhang nicht eingegangen werden. Den Hauptakzent legt er auf die kritische Funktion der Geisteswissenschaften und steht deshalb dem »pragmatischen Optimismus« jener, die wie Eberhard Lämmert[152] das »Mitwirkungstheorem« vertreten, distanziert gegenüber. Lämmert geht – wie mit ihm andere Kritiker der Kompensationsthese – davon aus, daß aktive Mitgestaltung am gesellschaftlichen Entwicklungsprozeß durchaus möglich ist, während Herrmann die Chance einer wirklichen *Teilhabe* an diesem Prozeß angesichts der »industriellen Machtblöcke« und der »Kapitalverwertungszwänge« eher gering einschätzt.

4.3.2 *Rettung des Substantiellen oder Ersatzreligion: ein kulturphilosophischer Fehlschluß*

In der Frage der eminenten Wichtigkeit historischer Erfahrung für die Selbstvergewisserung moderner Kulturen stimmen die Kritiker der Kompensationsthese, wie wir gesehen haben, weitgehend überein; ebenso darin, daß diese Einsicht nicht so verstanden werden darf, »daß sich die historische Erfahrung aus der Dynamik des laufenden Modernisierungsprozesses ausklinkt bzw. diesen nur noch ›kompensiert‹«.[153] Wir haben ebenfalls gesehen, daß heute die Wissenschaftswirklichkeit faktisch so beschaffen ist, daß die Geisteswissenschaften entweder die ihnen angetragene Aufgabe überhaupt nicht oder nur um den Preis

150 Vgl. ebd., S. 183 ff.

151 Vgl. ebd., S. 182.

152 E. Lämmert, »Geisteswissenschaften in einer industriellen Kultur«, in: Westdeutsche Rektorenkonferenz, *Dokumente zur Hochschulreform 56/1985* [Jahresversammlung Bamberg 1985: *Anspruch und Herausforderung der Geisteswissenschaften*] (Bonn, 1985), S. 127 – 135.

153 J. Mittelstraß, *Glanz und Elend der Geisteswissenschaften*, S. 32.

einer Selbstamputation erfüllen können.[154] Die Frage ist nur, ob, was Christian Meier als mögliche Kompensationsleistung beschreibt – »Sie bewahren die Kunde von Fremdem, Anderem, Früherem ..., sie deuten sie und informieren darüber ...« – nicht weit hinter den Ansprüchen der Kompensationsphilosophen zurückbleibt. Denn ihnen geht es um das »Substantielle«:

> Die Geisteswissenschaften historisieren und ästhetisieren das altphilosophische und alttheologische Pensum des menschlichen Selbstverständnisses und *retten* [Hervorh. Verf.] es so, auf die Modernisierungen antwortend, für die moderne Welt.[155]

Wir gehen wohl nicht fehl, wenn wir vermuten, das altphilosophische und alttheologische Pensum des menschlichen Selbstverständnisses sei die von der klassischen Theodizee empfohlene Glaubenshaltung: die Hinnahme der von der Vorsehung auferlegten Weltübel und die Suche nach Sinn und Trost durch Aufwiegen der Übel durch die verliehenen Güter. Denn die von Marquard vertretene philosophische Anthropologie versteht sich ja offenbar, wie oben gezeigt, gerade in ihrer Hypostasierung des Kompensationsgedankens als Erbe der Theodizee. Geht es also bei der Rettung des Substantiellen durch die Geisteswissenschaften um *Inhalte* einer vormodernen, d. h. verabschiedeten Philosophie, einer Metaphysik, von deren bindender Kraft sich die modernen Geisteswissenschaften im Zuge ihrer Konstituierung gerade befreit haben?

Die fundamentale Kritik kommt jedenfalls von der Seite jener, die wie Tugendhat die Geisteswissenschaften am entschiedensten als »Aufklärungswissenschaften« verstehen: Die

> Geisteswissenschaften können Vertrautheit und Sinn so wenig wiederherstellen, als der Bruch mit Vertrautheit und Sinnbewahrung gerade das Element ist, aus dem heraus sie sich mit den Traditionen objektivierend konfrontieren. Ist die Aufklärung, der Bruch mit dem gläubigen Innestehen in den Traditionen einmal vollzogen, so ist die Folge freilich nicht, daß die Traditionen verschwinden, sondern daß wir in ein neues Verhältnis zu ihnen treten, in ein wissenschaftliches, reflektiertes. Die zentrale Bedeutung, die die Geisteswissenschaften für die Moderne haben, besteht dann nicht darin,

154 S. a. K. M. Michel, »Der Ruf nach dem Geist«, S. 30 f.
155 O. Marquard, »Verspätete Moralistik«, S. 14.

daß sie die Moderne kompensieren, sondern daß sie sie vollziehen: moderne Kultur ist wissenschaftlich reflektierte Kultur.[156]

Die Vorstellung, es sei möglich, von der »gegenwärtigen reflektierenden allgemeinen Bildung« zu abstrahieren, um das Verlorene zu ersetzen oder sich »vergangene Weltanschauungen wieder, sozusagen substantiell« anzueignen, hatte bereits Joachim Ritter mit direktem Bezug auf Hegel abgewiesen.[157] Analog hatte Ritter, wie oben gezeigt, das Verhältnis der Geisteswissenschaften zu den Traditionen als reflektiertes gekennzeichnet, geprägt durch ihre kritische und hermeneutische Methode und damit in einem präzisen Sinn modern.

Diese moderne Auszeichnung der Geisteswissenschaften droht jedoch bei Ritter, insbesondere aber bei seinen Schülern Marquard und Lübbe im Kulturkonservativismus der Kompensationsthese unterzugehen. Deren Normativismus setzt Tugendhat die moderne Norm entgegen:

> ... wir müssen wollen, daß sie [die moderne Kultur, Verf.] wissenschaftlich reflektiert ist, wenn wir uns als autonome und vernünftige Subjekte unseres geschichtlichen So-Seins verstehen wollen und nicht als Objekte anonymer Prozesse.[158]

Jürgen Habermas macht auf den Widerspruch bei Ritter selber aufmerksam:

> Gerade wenn wir, mit Ritter, vom objektivistischen Selbstverständnis der Geisteswissenschaften ausgehen, ist nicht zu sehen, warum sich die Autorität der wissenschaftlichen Methode den Inhalten, die auf diese Weise historisch vergegenwärtigt werden, mitteilen sollte. Der Historismus ist selber Ausdruck des Problems, das er in Ritters Augen löst: die geisteswissenschaftliche Musealisierung gibt den entwerteten Traditionsmächten ihre bindende Kraft nicht zurück.[159]

Ritter habe, so Habermas, die Paradoxie seines verzweifelten, weil historistisch aufgeklärten Traditionalismus nicht wirklich begriffen, und er fragt:

> Wie sollen Traditionen, denen mit dem Zerfall religiöser und metaphysischer Weltbilder die einleuchtenden Gründe verlorengehen, als subjektive Glau-

156 E. Tugendhat, »Geisteswissenschaften als Aufklärungswissenschaften«, S. 3.
157 J. Ritter, Art. »Ästhetik«, S. 577.
158 E. Tugendhat, »Geisteswissenschaften als Aufklärungswissenschaften«, S. 3.
159 J. Habermas, *Der philosophische Diskurs der Moderne*, S. 92.

> bensmächte fortleben können, wenn nur noch die Wissenschaft die Autorität hat, ein Für-Wahr-Halten zu begründen?[160]

Die Überzeugung der Kompensationstheoretiker und die Hoffnung kulturkonservativer Bildungspolitiker, die Mächte der Tradition könnten – vermittelt durch die Geisteswissenschaften – ihre Glaubwürdigkeit zurückgewinnen, wären demnach illusorisch, das ganze Modell also hinfällig. Die Geisteswissenschaften könnten nämlich nicht leisten, was ihnen als Aufgabe, als Funktion zugeschrieben wird.

Freilich muß man, um dem Vorwurf der Realitätsblindheit zu entgehen, Habermas entgegenhalten, daß zwar mit der Moderne ein Zerfall religiöser und metaphysischer Weltbilder eingesetzt hat, daß aber gleichwohl Traditionen – »weiterhin intakt vorhandene Traditionen«[161] – weiterleben. In dem zuerst von Hegel ausgerufenen Zeitalter der »Entzweiung« bleiben sie erhalten: als subjektive Glaubensmächte. Was sie jedoch verlieren, ist ihre allgemeine Verbindlichkeit und Gültigkeit:

> Die Subjektivität hat es übernommen, religiös das Wissen um Gott, ästhetisch das Schöne, als Moralität das Sittliche zu bewahren und gegenwärtig zu halten, das auf dem Boden der Gesellschaft in der Versachlichung der Welt zu einem bloß Subjektiven wird.[162]

Ritter hat, Hegel aus dem Jahr 1802 zitierend, die Mächte der Tradition dem Bereich des Privaten zugewiesen:

> ›Die Religion baut im Herzen des Individuums ihre Tempel und Altäre, und Seufzer und Gebete suchen den Gott, dessen Anschauung es sich versagt, weil die Gefahr des Verstandes vorhanden ist, welcher das Angeschaute als Ding, den Hain als Hölzer erkennen würde.‹ Was in der alten Welt Eins war, tritt mit der neuen Zeit auseinander; das Göttliche und Weltliche, das Sein und das Seiende werden gegeneinander selbständig; ... die Subjektivität baut ihre Altäre im Herzen, *weil* die objektive Welt des Verstandes vorhanden ist.[163]

160 Ebd., S. 91.
161 O. Marquard, »Verspätete Moralistik«, S. 14; vgl. E. Tugendhat, »Geisteswissenschaften als Aufklärungswissenschaften«, S. 3.
162 J. Ritter, »Subjektivität und industrielle Gesellschaft«, S. 33.
163 J. Ritter, *Hegel und die französische Revolution*, S. 32.

Der Widerspruch zwischen der wissenschaftsphilosophischen und der kompensationstheoretischen Bestimmung der Geisteswissenschaften hat, so meinen wir, bei Ritter seine Wurzel in einem folgenreichen Kurzschluß von Subjektivität und Geisteswissenschaften. Der Kurzschluß liefe nämlich auf den Versuch hinaus, die Altäre der Subjektivität auf den Lehrkanzeln der Geisteswissenschaften errichten zu wollen. Damit würde außer acht gelassen, daß vergangene Weltanschauungen oder kulturelle Güter, seit der »Entzweiung« Äußerungen des Subjektiven, auf den Lehrkanzeln nicht verkündet, sondern kritisch reflektiert werden. Der Kurzschluß wäre zugleich ein kulturphilosophischer Fehlschluß, nämlich der Versuch einer falschen, weil bloß kompensatorischen Versöhnung von Subjektivem und Objektivem, von Privatem und Öffentlichem. Reinhart Maurer, der entschieden gegen solche Vermittlung durch das Programm einer bloß kompensatorischen Kultur Einspruch erhebt, verweist konsequent das Substantielle in den Bereich des Subjektiven. Die Aufgabe sei, den aktuellen Gefahren entgegenzuwirken, die Conditio Humana so gut und so vernünftig wie möglich zu gestalten, aber:

> Die Negativität, an der man nichts ändern kann – und davon bleibt mehr als genug übrig oder entsteht immer wieder neu –, ist nach wie vor der Quellgrund für die transzendierenden Momente der Kultur, zumal in Kunst und Religion.[164]

Die Glaubensmächte der Tradition haben im Subjektiven ihren legitimen Ort. Eine Malerin, die ihre ästhetisch befriedigenden, auf dem Kunstmarkt recht erfolgreichen Landschaftsbilder mit einem Bekenntnis zum metaphysischen Naturbegriff kommentiert, findet auch heute ihr einverständiges Publikum. »Die Kunst sollte die Brücke schlagen von der Natur, die wir bewundern, zu den Kräften, die diese Natur schöpferisch gestalten«, eine solche Aussage gehört jedoch zweifellos nicht zu den Lehrinhalten einer modernen Kunsttheorie. Ein sich aufgeklärt und wissenschaftlich gebender Bildersturm auf die Altäre der Subjektivität wäre allerdings ebenso wie der Versuch, die Altäre der Subjektivität auf den Lehrkanzeln der Geisteswissenschaften zu errichten, im Zeitalter der »Entzweiung« ein Akt der Usurpation.

164 R. Maurer, »Zum Begriff der Kultur«, S. 185.

Aber ist denn mit letzterem die Intention der Kompensationstheoretiker überhaupt zutreffend beschrieben? Haben sie nicht bereits selbst Abstriche vom hohen Anspruch auf Rettung des Substantiellen, vom Programm der Vermittlung vergangener Weltanschauungen durch die Geisteswissenschaften vorgenommen, und zwar mit ihrer Rede von »Ersatzverzauberung«, »Ersatzerwachsensein« und »Vize-Glück«?[165] Signalisieren solche Begriffe nicht die klare Einsicht, daß die Geisteswissenschaften eben nicht leisten, was Religion in ihrer Rolle als »Kontingenzbewältigungspraxis« (Lübbe) vermag? Dann stünde allerdings die Aufgabe der Vermittlung kultureller Gegengewichte im Dienst einer »Ersatzreligion«, einer modernisierten Theodizee, die nun nicht mehr die vom Schöpfer verhängten, sondern die vom Menschen selber herbeigeführten Übel ausbalancieren soll. So sieht Hartmut Böhme die Kompensationstheorie, wenn er fragt:

> Kann ernst gemeint sein, daß Kulturvermittlung in der Nach-Moderne die säkularisierte Form von Religion ist, daß dem Staat, den Medien und dem Publikum die Geisteswissenschaftler als moderne Seelsorger angedient werden sollen?[166]

Wenn wir es jedoch mit einer Ersatzreligion zu tun haben, kann eine Rettung des Substantiellen wohl schwerlich versprochen werden. Man sieht, in welche Schwierigkeiten eine Theorie sich selber und ihre Kritiker bringt, die nicht nur die Geisteswissenschaften als Domäne des Vieldeutigen charakterisiert, sondern selber in Vieldeutigkeiten brilliert. Der Einwand, es liege ein Kurzschluß von Subjektivität und Geisteswissenschaften vor, könnte jedoch auch dann nicht zurückgenommen werden, wenn die Geisteswissenschaften kompensatorisch die Rolle einer Ersatzreligion übernehmen sollen.

Es bleibt zu fragen, ob das normative Gepäck des Kompensationsmodells außer Geboten – deren Befolgung schwerlich möglich ist – noch Verbote enthält, d. h. ob es nicht nur sagt, was die Geisteswissenschaften tun sollen, sondern auch, was sie nicht tun sollen. Diese Frage kann als Frage nach den wahren Adressaten des kulturkonser-

165 Siehe oben, Punkt 3.2.

166 H. Böhme, *Über das gegenwärtige Selbstbewußtsein der Geisteswissenschaften* (Oldenburg, 1989), S. 12.

vativen Feldzugs verstanden werden. Für Habermas steht der »politische Sinn des ganzen Unternehmens« eindeutig fest: »die Fortsetzung einer sehr deutschen Tradition, nämlich des ehrwürdigen Kampfes gegen die Ideen der Französischen Revolution«.[167] Inkriminiert werde von Marquard der »absolute Alleinmythos«, die Geschichtsphilosophie in Gestalt der Fortschrittstheorie, »die die Gewalt des Einen über das humane Viele zum offenen Terror« verschärfe. Das Ziel Marquards sei die »*entzauberte* Wiederkehr des Polytheismus in Gestalt der vom Universalismus der Vernunft nicht länger verhexten Geisteswissenschaften«. Nur wisse er, Habermas, nicht, wer heute noch geschichtsphilosophisch denke, wenn das bedeute, daß er »die Geschichte als den langen Marsch ins Universale und als die Auflösung des Individuums in die Gattung definiert«, wie Marquard einmal formuliert habe.[168] Auch Schnädelbach[169] wehrt sich dagegen, daß der Gedanke gesellschaftlichen Fortschritts als »geschichtsphilosophischer Fetisch« über Bord geworfen wird. »Fortschritt« habe auch einmal einen vernünftigen Sinn gehabt, nämlich »Evolution der KULTUR unter den normativen Gesichtspunkten der Humanität und der individuellen Freiheit«, und auch »nach dem Abschied von der Geschichtsmetaphysik und der Revolution« bleibe dieser Gedanke aktuell: »im recht verstandenen Sinn von ›Fortschritt‹ gibt es in der Welt – vor allem im Weltmaßstab – noch genug zu tun, was durch Kompensation allein nicht zu leisten ist«.[170]

Überblickt man den seit einigen Jahren entbrannten Streit um das Kompensationskonzept, so scheinen sich die seit 1968 etablierten Fronten in dieser bildungs- und kulturpolitischen Kontroverse erneut verschärft zu haben, mit dem Unterschied, daß diesmal der Angriff von »rechts« ausgeht. Die Parallele wird deutlich, wenn Schnädelbach daran erinnert, daß die »angebliche Instrumentalisierung der Wissenschaften durch ›linke‹ Kulturkritiker ... einmal lautstark befürwortet und beklagt [wurde]; und zwar genau von denen, die heute die ›Nichtkrisentheorie

167 J. Habermas, »Die Einheit der Vernunft in der Vielfalt ihrer Stimmen«, S. 173.

168 Ebd.

169 H. Schnädelbach, »Kritik der Kompensation«, S. 44.

170 Ebd.

der Moderne‹ vertreten«,[171] und wenn er fragt, wo denn heute »ihre entsprechenden Sorgen um die Wissenschaftsfreiheit« seien.[172]

Christian Meier, seinerseits weit davon entfernt, den gerade auch in unserer Gesellschaft bestehenden Bedarf an Erkenntnis und Aufklärung zu unterschätzen, plädiert von einer eher liberalen Position aus dafür, »aus dem Schatten der Jahre seit 1968 herauszutreten«:

> Auf der einen Seite werden vielfach immer noch Wunden geleckt, auf der anderen Seite immer noch gemeint, man müsse die Unterlegenen besiegen. Mir scheint, daß auf unseren wissenschaftlichen wie auf den politischen Schlachtfeldern zu viele Generale sind, die immer noch einmal den Krieg von gestern zu führen neigen oder gar sich gedrängt fühlen.[173]

Wie dem auch sei, die Herkunftsgeschichte der kontroversen Positionen sollte zur Aufklärung beitragen. Sie hat u. a. gezeigt, daß diejenigen, die das Kompensationskonzept weder kulturpolitisch noch bildungspolitisch für akzeptabel halten, keineswegs einer einzigen politischen Richtung angehören. Sie wollen – mit Argumenten – verhindern, daß es »politisch recht bekommt«, weil das für die Geisteswissenschaften wie für die Entwicklung der kulturellen Welt fatale Konsequenzen haben könnte.

Summary

According to the »compensation thesis«, the function of the humanities (the »Geisteswissenschaften«) is the compensation for the negative side effects of technical-industrial progress – namely the feeling that the modern world has broken its connection with historical traditions. In this way, the compensation thesis supports the myth of the »two cultures« and strenghtens an alleged dualism between an »objective« world and a meaningful world. Thus it gives up the idea of the unity of rationality. Its advocates refer to Joachim Ritter as its originator. Ritter, however, has rather stressed – in the context of his interpretation of Hegel – the philosophical complementarity of the natural

171 Ebd., S. 38.
172 Ebd.
173 C. Meier, »Klio als Klatschbase«, S. 56.

sciences and the humanities, understood as specifically modern sciences. Only in one place in his works, Ritter has put forward the compensation thesis: in a defensive context about the institutionalization of education; and he does not realize that by doing this, he is giving up the idea of the unity of scientific rationality, thus degrading the humanities. His disciples, Odo Marquard and Hermann Lübbe, try to support the compensation thesis by a theory of compensation, based on anthropological considerations. This theory defines the »homo compensator« as shying away from certain defects and distancing himself from certain evils, mainly by compensatory contemplation or other balancing means. In this way, a tendency is developed towards an underestimation of pragmatic compensation. Contrary to this, the progressive development of the cultural form of our world requires models of a type of compensatory action that is supported – more or less – by all the sciences, the natural sciences as well as the humanities. A definition of the humanities as mere producers of compensatory »ersatz« for shortcomings of the world we live in cuts off the humanities from this progressive task.

The compensation model is criticized as wrong-headed on both educational and cultural grounds. On the one hand, it endangers the very essence of the humanities, on the other it endangers our modern world in general, because it could lead to a reduction of exactly those intellectual resources that are needed most for the positive development of our future.

Die Geisteswissenschaften und die Universitas litterarum einer Industriegesellschaft

EBERHARD LÄMMERT

I

Solange es Hohe Schulen gibt, denen die »Universitas litterarum« bereits in den Namen eingeschrieben ist, hat der Gedanke eines Zusammenhangs aller Wissenschaften seinen Rückhalt nicht bloß im blanken Postulat eines einigenden Erkenntnisprinzips, sondern auch an dieser eigens dazu bestimmten Institution. Denn die Ordnung der Lehrgebiete, nach denen eine Universität ihre Fakultäten gliedert, setzt immer auch eine Auffassung von der möglichen Ordnung der Realität voraus, die sich darin abbilden soll. Ob die einzelnen Fakultäten gleichgeachtet sind oder um ihren Vorrang streiten, ist danach allenfalls ein historischer, das heißt übergänglicher Befund; entscheidend bleibt, daß mehrere oder viele Wissensbereiche sich von *einer* Institution sinnvoll – und das heißt auch sinngebend – umgreifen lassen.

Wie gründlich im Alltag unserer Universitäten mit der beschleunigten Vermehrung und Spezialisierung ihrer Disziplinen die Verpflichtung, aber auch die Gelegenheit abhanden kam, sich einer zusätzlichen Sinngebung für das jeweilige Fachwissen noch zu vergewissern, läßt die grimmige Feststellung Manyard Hutchins', des langjährigen Präsidenten der Universität Chicago, wenigstens ahnen: Den Zusammenhalt der Institute und Departments seiner Universität, so teilte er lakonisch mit, garantierten einzig noch er und das zentrale Heizungssystem, und das Ende der gemeinsamen Beheizung falle noch in seine Amtszeit.[1]

1 Nach J. Peltason, »Address of the American Council of Education« (3. Conferência der Organizaçao Universitária Interamericana), Typoskript (1983), S. 12.

Dabei war eine Zentrierung der neuzeitlichen *Universitas litterarum* seit der Freisetzung der Philosophie von ihrer theologischen Fassung gerade in deren Namen noch einmal zustande gekommen, und mindestens für die nachreformatorischen Universitäten in Deutschland stellten die philosophischen Fakultäten ungeachtet ihrer niedrigen Einstufung, wie Rudolf Virchow es in seiner Berliner Rektoratsrede von 1893 rückblickend beschreibt, »gewissermaßen den Mikrokosmos der Universitas dar. Die anderen Fakultäten erhielten dadurch mehr die Stellung von Fachschulen; [...]«. Die Philosophie jedoch erschien »als der wirkliche Mittelpunkt [...] der gelehrten Studien. Ihre Methode wurde maßgebend auch für die Spezialfächer.«[2]

Mindestens bis zur Mitte des 20. Jahrhunderts blieb dies eine Maxime, an der sogar sich das Anrecht einer Hochschuleinrichtung auf den Namen »Universität« messen ließ. Als unmittelbar nach dem Zweiten Weltkrieg eine gründliche Neuorientierung des wissenschaftlichen Denkens wie des politischen Handelns geboten schien, gab sich, noch in den Trümmern des ausgebrannten Berlin, die Technische Hochschule Charlottenburg 1946 ihren neuen Namen »Technische Universität« und gründete, um ihn zu rechtfertigen, eigens eine Humanistische Fakultät. Die Aufgabe dieser Fakultät umriß einer ihrer Mitbegründer, der Anthropologe Hermann Muckermann, kurzerhand dahin, der Student habe sich »beim Fortschreiten seines Fachwissens« vertraut zu machen »mit dem Gedanken, was geschehen könnte und müßte, um das technische Zeitalter so zu lenken, daß unheilvolle Folgen verhütet und segensreiche erreicht werden können«.[3] Nach der neuen Studienordnung sollten alle Ingenieur-Studenten zwei Grundsemester mit Studien

2 R. Virchow, »Die Gründung der Berliner Universität und der Übergang aus dem philosophischen in das naturwissenschaftliche Zeitalter: Rektoratsrede am 3.8.1893«, in: *Idee und Wirklichkeit einer Universität: Dokumente zur Geschichte der Friedrich-Wilhelms-Universität zu Berlin*, hrsg. v. W. Weischedel (Berlin, 1960), S. 418.

3 Zuerst bei H. Ebert, »Hermann Muckermann: Profil eines Theologen, Widerstandskämpfers und Hochschullehrers der Technischen Universität Berlin«, *Humanismus und Technik* 20 (1976), S. 39; zit. nach R. Rürup, »Die Technische Universität Berlin 1879–1979«, in: *Wissenschaft und Gesellschaft: Beiträge zur Geschichte der Technischen Universität Berlin 1879–1979* (Berlin/Heidelberg/New York, 1979), S. 33 u. S. 46.

im klassischen Bereich der alten philosophischen Fakultäten verbringen, ehe sie ihre Fachsemester begannen, und auch dann begleiteten humanistische Wahlfächer das Hauptstudium bis zu einem Fünftel des gesamten Unterrichts.

Erst ein Blick auf den vollständigen politischen Zusammenbruch Preußens nach 1806 läßt auch begreifen, warum der bedeutendste Universitätsreformer der Neuzeit, Wilhelm von Humboldt, Philosophie und Geisteswissenschaften aus dem Zustand einer »untern Fakultät« vollends ins Zentrum der Universität rückte und seinem König versprach, so auf die »intellektuelle und moralische Richtung (Deutschlands) den entschiedensten Einfluß auszuüben«.[4] Eine solche »Lehranstalt«, so argumentiert Humboldt im Juli 1809, wäre am ehesten geeignet, dem Lande im Zustand seiner tiefsten Erniedrigung und Fremdbeherrschung neues Ansehen und »der deutschen Wissenschaft eine vielleicht kaum jetzt noch gehoffte Freistatt (zu) eröffnen«.[5] Zu diesem Konzept hatte Friedrich Daniel Schleiermacher bereits im Jahr zuvor das Argument geliefert, »die eigentliche Universität« sei lediglich in der philosophischen Fakultät enthalten, die anderen Fakultäten würden ohne sie nur als vom Staat gepflegte »Spezialschulen« existieren.[6] Der Berliner Philosoph Adolf Trendelenburg sah schon bald nach der Jahrhundertmitte »in dem lebendigen Einfluß« eines philosophischen Unterrichts »auf die Studierenden der anderen Fakultäten« das wirksamste Gegenmittel gegen den Auseinanderfall der Universität in solche Spezialschulen.[7]

Die heute geläufige Unterscheidung zwischen »Verfügungswissen«, das den technischen Fortschritt, aber auch die Wahrnehmung öffentli-

4 W. v. Humboldt, »Antrag auf Errichtung der Universität Berlin vom 24.7.1809«, in: *Idee und Wirklichkeit einer Universität*, S. 210.

5 Ebd., S. 211; ähnlich auch in der »Denkschrift an den Minister des Innern Alexander Graf zu Dohna-Schlobitten vom 9.5.1810«, in: *Idee und Wirklichkeit einer Universität*, S. 218.

6 F. Schleiermacher, »Gelegentliche Gedanken über Universitäten in deutschem Sinne: Nebst einem Anhang über eine neu zu errichtende«, in: *Die Idee der deutschen Universität: Die fünf Grundschriften aus der Zeit ihrer Neubegründung* (Darmstadt, 1956), S. 257.

7 A. Trendelenburg, »Die überkommene Aufgabe unserer Universität: Rektoratsrede am 3.8.1857«, in: *Idee und Wirklichkeit einer Universität*, S. 385.

cher Funktionen im Staatsdienst sichern, und dem »Orientierungswissen«, das dem Denken und Handeln insgesamt »begründete Zwecke und Ziele« setzen soll,[8] ist also der Sache nach keineswegs neu. Sie bewirkte gerade in äußersten politischen Notlagen eine tatsächliche und in der Regel auch institutionelle Stärkung der Geisteswissenschaften. Es ist darum lehrreich, das Schicksal der humanistischen Grund- und Begleitstudien zu verfolgen, in deren Namen nach dem Zweiten Weltkrieg eine Reihe von Technischen Hochschulen sich zu Technischen Universitäten umgestalteten: In der Zange von wirtschaftlichem Aufschwung und pragmatischer Verengung der Fachperspektive schmolz nämlich die Aufmerksamkeit auf grundierende Reflexionen des Fachstudiums bei Professoren wie bei Studenten rasch dahin. Spezialisierung forderte die Forschung, berufsvorbereitende Ausbildung anstelle von Bildung forderte die Generation, die danach drängte, am Wirtschaftswunder teilzunehmen. Die Studentenrevolte hat daran nichts zu ändern vermocht. Denn unter dem Druck radikaler studentischer Forderungen nach einer zugleich gesellschaftskritischen und berufspraktisch orientierten Wissenschaft boten die traditionellen humanistischen Studien nach keiner Richtung ergiebige Auskünfte. Die innere Zerreißprobe, der die humanistischen Fächer zwischen der Forderung nach gesellschaftskritischer und der anderen nach einer berufspraktisch orientierten Lehre ausgesetzt waren, tat das übrige, und so wurde beispielsweise das humanistische Studium an der Technischen Universität ausgerechnet im Juli 1968 mit einer breiten Senatsmehrheit aus Professoren und Studenten abgeschafft. Auch die Einrichtung eines »Studium universale«, wie es manche Universitäten nach dem Kriege aufleben ließen, konnte keinen wirklichen Ersatz bieten für die fortschreitende Materialaufquellung in den Fachstudien selbst, und so schien gerade in den fachberuflich aussichtsreichen Ingenieurstudien ein geistes- und sozialwissenschaftlicher Studienanteil alsbald überhaupt entbehrlich oder gar

8 Dazu J. Mittelstraß, *Glanz und Elend der Geisteswissenschaften* (= *Oldenburger Universitätsreden* Nr. 27), (Oldenburg, 1989), S. 18–22, und *Der Flug der Eule: Von der Vernunft der Wissenschaft und der Aufgabe der Philosophie* (Frankfurt a.M., 1989), Titelaufsatz, S. 45 f.

– so die Stimme eines prominenten Mechanikprofessors – als »›geistiges‹ und ›humanistisches‹ Getue«.[9]

Der Grund, warum der Humboldtschen Reform nicht gleichermaßen eine Marginalisierung der Geisteswissenschaften, sondern im Gegenteil ein Aufschwung sondergleichen und eine beherrschende Stellung innerhalb der Universität für fast ein Jahrhundert folgte, liegt auf der Hand: Zu dieser Zeit erwartete man von ihnen nicht etwa eine Kompensation beunruhigender Veränderungen, sondern Fundamente für eine Neuorientierung des politischen und gesellschaftlichen Lebens. Die historisch-philologischen Geisteswissenschaften sahen sich öffentlich aufgerufen, die Legitimationsbasis zu liefern und als Ideenzubringer zu dienen für die Bürgernation, die es in Deutschland im Unterschied zu Westeuropa noch lange nicht gab. Selbst die Naturwissenschaften, so formulierte es Rudolf Virchow noch 1893 in seiner Rektoratsrede, verdankten ihre zukunftsverheißenden Erfolge seinerzeit gutenteils den Leistungen, zu denen »die philosophische Zeit« der Universität den Grund gelegt hatte.[10]

Diesem noch teilnahmsvollen Rückblick setzte allerdings schon drei Jahre später ein Nachfolger Virchows im Berliner Rektoramt, der Nationalökonom Adolph Wagner, die nüchterne Erklärung entgegen, daß die »Dotationen einzelner geisteswissenschaftlicher Institute« ungeachtet ihrer Winzigkeit in den letzten dreißig Jahren eher noch Rückschritte aufwiesen, während der »Umschwung und Fortschritt der Naturwissenschaften aus der spekulativen in die exakte induktive Forschungsrichtung [...] mächtigere technische Apparate notwendig« mache. Dies sei, folgert Wagner, »eine Mitfolge und wieder eine Bedingung des Fortschritts der Wissenschaft. Die ›reine‹ Geistesarbeit reicht hier so wenig mehr aus als die bloße Handarbeit in der Wirtschaft.« Dagegen sieht Wagner »in den großen naturwissenschaftlichen Instituten ein kapitalistisches Seitenstück zu den fabrikativen Großbetrieben.«[11] In

9 W. Kucharski, zit. nach P. Brandt, »Wiederaufbau und Reform: Die Technische Universität Berlin 1945–1950«, in: *Wissenschaft und Gesellschaft*, S. 516.

10 R. Virchow, »Die Gründung der Berliner Universität«, S. 422 und passim.

11 A. Wagner, »Die Entwicklung der Universität Berlin 1810–1896: Rektoratsrede am 3.8.1896«, in: *Idee und Wirklichkeit einer Universität*, S. 439 f.

diesem Vergleich der geisteswissenschaftlichen Arbeitsprozesse mit der Handfertigung gegenüber einer apparategestützten Erkenntnisarbeit, wie sie auch den zeitgenössischen Wirtschaftsformen eher entspricht, findet noch vor der Jahrhundertwende ein Epochenwandel des Wissenschaftsgefüges seinen Ausdruck.

II

Die Verselbständigung der naturwissenschaftlichen Fakultäten und auch der nun eintretende Ausbau der ersten Technischen Hochschulen folgten einer Zwangsläufigkeit, die in der Industriekultur angelegt war: Nicht nur die rasch sich ausbreitende maschinelle Produktion von Industriegütern, sondern auch der immer kürzere Takt, in dem Maschinen und Fertigungstechniken gegen moderne auszutauschen waren, zwang die staatlichen wie die privaten Industrieeigner immer unerbittlicher dazu, den Natur- und Technikwissenschaften neue Erkenntnisse abzufordern, um den Konkurrenzkampf zu bestehen. Die Geisteswissenschaften dagegen waren kaum geeignet, sich ähnlich kurzfristig auf den Wechsel der Interessen und Bedürfnisse einzustellen, wie die Produzenten und auch die Konsumenten einer Industriegesellschaft es verlangten, obwohl auch bei ihnen eine Beschleunigung des Aspekte- oder auch Ideologienwandels seit dem Beginn des 20. Jahrhunderts unübersehbar ist.

Die zunehmende Abhängigkeit des technischen Fortschritts von naturwissenschaftlichen Erkenntnissen führte gleichzeitig zu einer rigorosen Bindung des Wahrheitsglaubens an die empirischen Methoden der Beweissicherung. Selbst Einsteins allgemeine Relativitätstheorie galt erst als bestätigt, nachdem mitten im Kriegsjahr 1917 seine Vorhersage von der Beugung des Sternenlichts durch die Masse der Sonne eine meßbare Tatsache geworden war. Max von Laue, immerhin einer der Mitunterzeichner des Anti-Atomwaffen-Manifests von 1957, konnte vom Standpunkt des Naturwissenschaftlers her dem Abwurf der Atombomben auf Hiroshima und Nagasaki noch nachsagen:

> Physikalisch betrachtet handelt es sich um das größte Experiment, welches Menschen bis dahin angestellt hatten. Es war die glänzende Bestätigung

> einer kühnen, von der Überzeugung der objektiven Wahrheit der Physik getragenen Voraussage.[12]

Niemand, der Max von Laues Lebensgang überblickt, wird ihn aufgrund eines solchen Urteils gewissenlos nennen können; vielmehr drückt sein Urteil nur besonders scharf diese Verschiebung des Wahrheitsglaubens auf die empirisch-meßbare Erkenntnis aus. Zweifellos hat die industrielle Kultur eine solche Verschiebung begünstigt und damit den Geisteswissenschaften vorwiegend dazu verholfen, den Kostgängern dieser Industriekultur entweder den seelischen Feiertag zu bereiten oder aber das Gegenteil: nämlich die Katzenmusik einer fundamentalen Kulturkritik zu liefern.

Fragt man danach, was allein die *Arbeitsform* der Geisteswissenschaften zunehmend unzeitgemäß erscheinen ließ, so ist es nützlich, einen Blick auf die allgemeinen Bedingungen der Produktion zu werfen, wie sie im 20. Jahrhundert in unseren Industriestaaten herrschend wurde. In allen Bereichen bedeutet der Eintritt in die industrielle Produktion den Übergang zum Serienfabrikat – selbst dann, wenn den zusammengesetzten Produkten durch eine variable Kombination von Fertigungsteilen wie dem Vierradantrieb oder der Metallfarbe am Auto ein Schein von Individualität verliehen werden kann. Serienproduktion hat im Gegensatz zur Handarbeit zur Voraussetzung die vorherige Festlegung aller Eigenschaften des Produkts, und sie tendiert deshalb – nahezu im Gleichtakt mit der Mathematisierung der Natur- und Ingenieurwissenschaften – zu einer möglichst vollständigen Meßbarkeit aller Eigenschaften des Produkts. Das wirtschaftliche Ziel der industriellen Produktion ist schließlich die Verbreitung einer möglichst großen Zahl gleichförmiger oder allenfalls gefällig variierter Serienprodukte. Es gibt Bereiche, in denen Industrieproduktion sich in dieser Hinsicht selbst übertrifft: etwa bei der seriellen Herstellung antiker

12 M.v. Laue, *Geschichte der Physik* (4. erw. Aufl. Frankfurt a.M., 1959; urspr. 1947), S. 127. – Über Max von Laues Engagement zur Ächtung der Kernwaffen vgl. W. Westphal, »Aus der großen Zeit der Berliner Physik«, in: *Studium Berolinense: Aufsätze und Beiträge zu Problemen der Wissenschaft und zur Geschichte der Friedrichs-Wilhelm-Universität zu Berlin*, hrsg. v. H. Leussink, E. Neumann u. G. Kotowski (Berlin, 1960), S. 808 f.

Möbel mit variierten Gebrauchsspuren und computergestützt verteilten Wurmlöchern.

Gewiß können historisch orientierte Geisteswissenschaften den Fundus bereithalten, um solchen Erscheinungen kulturkritisch beizukommen. Zu einer humanen Gestaltung des Umgangs mit der industriellen Fertigung, der wir nicht mehr entkommen können, tragen sie jedoch damit selbst noch kaum Konstruktives bei. Sie fallen vielmehr, wie bereits Schelsky nüchtern bemerkt hat,[13] gegenüber der Wirklichkeit in die Rolle eines permanenten Mahners zurück, und diese Art der Kulturkritik, so ehrenwert sie sein kann, verführt oft genug zu einer bequemen Art von Schreckbildmalerei, die sich noch an ihrer eigenen Folgenlosigkeit weidet.

Gleichzeitig verwundert es nicht, daß die beschleunigte Zunahme von meßbaren und berechenbaren Serienprodukten zur Befriedigung unserer Lebensbedürfnisse dem strukturellen Habitus von Wissenschaften, die es ihrerseits auf die Meßbarkeit ihrer Ergebnisse zur Ableitung allgemeiner Gesetze abgesehen haben, weit eher entspricht als jenen Wissenschaften, die ihre Erkenntnismethoden danach einrichten, einen historischen Zustand oder Vorgang als einmalig und unverwechselbar zu charakterisieren.

Dieser kategorische Gegensatz zwischen dem Bestreben, ein historisches Geschehen oder auch ein künstlerisches Objekt in seiner Einmaligkeit und Besonderheit zu verstehen, und dem immer umfassender geltenden Anspruch, daß exakte wissenschaftliche Erkenntnisse auf der Meßbarkeit und der seriellen Wiederholbarkeit ihrer Ergebnisse beruhen müßten, hat seit dem späten 19. Jahrhundert selbst innerhalb der historisch fundierten Wissenschaften zu Ablösungsprozessen geführt, insbesondere in denjenigen Wissenschaften, die sich der Systematik des individuellen und sozialen Handelns widmeten. Psychologie, Soziologie und ökonomische Wissenschaften entwickelten zunehmend systematische anstelle von historischen Ordnungen ihrer Gegenstandsbereiche, und in der Mitte unsereres Jahrhunderts verlängerte sich dieser Riß in die Geisteswissenschaften selbst.

13 H. Schelsky, *Einsamkeit und Freiheit: Idee und Gestalt der deutschen Universität und ihrer Reform* (Reinbek, 1963), S. 226, auch S. 284.

So ist etwa die lang verzögerte und dann stürmische Entwicklung der synchronen Linguistik zu einer systematischen Sprachhandlungswissenschaft nur ein Prototyp für vergleichbare Entwicklungen in vielen Geisteswissenschaften. Gerade diejenigen Disziplinen, die der philosophischen Fakultät um 1800 zu ihrer besonderen Bestimmung verholfen hatten, hielten am Vorrang jener historisch orientierten Bildung noch unentwegt fest, während die Industriegesellschaft daneben andere Bildungserfordernisse immer zwingender geltend machte. Danach ist es schon bezeichnend genug, daß die Max-Planck-Gesellschaft sich seit den sechziger Jahren nur ein einziges geisteswissenschaftliches Institut zugelegt hat, nämlich das für Psycholinguistik in Nijmegen, das jenem neuen Typ von systematischen Verhaltenswissenschaften zuzuorden ist. Die hermeneutischen Geisteswissenschaften dagegen – geschüttelt ohnehin durch die Studentenbewegung der sechziger Jahre – waren, wie schon zur Zeit der zweiten industriellen Revolution um die Jahrhundertwende, auch in der Periode einer neuen wirtschaftlichen Prosperität am Beginn der dritten, elektronischen Industrierevolution allenfalls als Sekundanten dieser Art von Fortschritt erwünscht. Dagegen galt nun als gefährlich, was in den Notzeiten nach 1806 oder auch nach dem Ersten und wieder nach dem Zweiten Weltkrieg ihre vornehmste Pflicht schien – nämlich ihr unzeitgemäßiger Impetus, gegen das gegenwärtig noch vorfindbare Elend alternative oder auch utopische Lebensmuster für den Einzelnen oder für die menschliche Gesellschaft insgesamt zu entwerfen.

Der krasse Rückschnitt der Lehrerstellen an den öffentlichen Schulen um 1980 wurde politisch erst möglich durch dieses Zusammenspiel von faktischer Entbehrlichkeit und potentieller Gefährlichkeit in den Augen der ums äußere Wohl ihrer Wähler besorgten Regierungen, wobei die A-Länder und die B-Länder der Bundesrepublik in schöner Eintracht handelten. Einen ähnlich entstandenen Lehrermangel in den USA nutzte die dortige Industrie in den achtziger Jahren prompt aus, um mit werbeträchtigem Videomaterial für den Unterricht den einmal hergestellten Personalschwund nutzbringend zu bewirtschaften.

Hierzulande war es demgegenüber zu Beginn der achtziger Jahre ein schon geradezu rührend bemühtes Entgegenkommen, den Geisteswissenschaften an den Hochschulen Kompensations- und Akzeptanzdienste als Mitwirkungschance am Wohlergehen eines größeren Teils der Bevölkerung anzubieten. Was solche Dienste angeht, so mögen ihre Fürsprecher sich allerdings daran erinnern, daß gerade die historischen Geisteswissenschaften sich nicht zum ersten Mal, wohl aber besonders kraß in der Rolle von Akzeptanzwissenschaften geübt haben, als das Dritte Reich sie dazu anhielt, einen rücksichtslos auf den Machtgebrauch zugeschnittenen Ausbau der modernsten Technik mit einem Kulturgebräu aus germanischer Reckentreue, preußischer Pflichterfüllung und Schollenruch zu kompensieren.

Aber auch weitab von einer derart drastischen Inanspruchnahme, zu der in unserer Gegenwart kein Anlaß besteht, haben Legitimationsbemühungen der Geisteswissenschaften und Einsprüche gegen eine bevorzugte Förderung technik- und wirtschaftsdienlicher Disziplinen nur sehr geringe Aussicht auf politisches Gehör, wenn sie in einer Periode des breit empfundenen sozialen Wohlstands mit bloßen Nützlichkeitsbeteuerungen aufwarten. Es ist auch nicht am Platze, eine besondere Perfidie geltungssüchtiger Politiker oder eigensüchtiger Großverdiener zu konstruieren, wenn in einer hochindustrialisierten Gesellschaft, die ihren äußeren Lebensstandard erhalten will, derjenigen wissenschaftlichen und beruflichen Tätigkeit, von der sich wirtschaftlicher Nutzen, und noch dazu rasch, erhoffen läßt, gehörige Präferenzen eingeräumt werden. Diese Erfahrung werden bald nach der staatlichen Vereinigung diejenigen Wissenschaftsreformer der DDR machen, die noch aus der Sicht des Staaates, der eine Ideologie zum Herrschaftsinstrument zuschliff, die geisteswissenschaftlichen Disziplinen vor anderen Wissenschaften für politikrelevant halten.

Nun wird man nicht Notlagen heraufbeschwören wollen, nur damit es den Geistes- und Sozialwissenschaften besser gehe. Das ist aber auch keineswegs nötig. Denn in jeder prosperierenden Gesellschaft gibt es Nischen unbeachteter Not und mehr noch: es gibt Konfliktzonen, aus denen unberechenbar große Notlagen – und keineswegs nur wirtschaftliche – entstehen können. Humanwissenschaften, die in allen ihren Gegenstandsbereichen menschliche Tätigkeit oder menschliches Leiden vorfinden, sind dazu da, konstatierend und prognostisch solche Konflikte aufzugreifen und Denkmodelle zu ihrer Überwindung zu entwickeln.

Dazu müssen sie allerdings in einer Weise organisiert sein, die sie zu derart elastischen Reaktionen auf Gegenwartserfordernisse auch tauglich macht, ohne ihnen den Status ihrer verfassungsgeschützten Autonomie zu bestreiten. Eine solche Bereitschaft, sich gegenwärtiger Konflikte oder auch Nöte anzunehmen, wird allerdings oft genug dahin ausgelegt, damit verrate sich strenge Wissenschaftlichkeit an den Zeitgeist.

»Strenge Wissenschaftlichkeit« – das ist eine Formel, aus der die besten Ideale des Humboldtschen Universitätsprogramms zu sprechen scheinen. Darum will ich nur einen der strengsten Wisenschaftstheoretiker aus der Blütezeit dieser Universität, den Historiker Droysen, ins Gedächtnis rufen mit einer Mahnung, die diesen Begriff ins rechte Licht rückt. An die Historiographie, zu deren Verwissenschaftlichung er selbst entscheidend beigetragen hat, richtet er in seiner *Topik* ausdrücklich die Forderung, didaktisch solle sie sich bei der Auswahl und der Traktierung ihrer Gegenstände an den großen Gegenwartserfordernissen orientieren.[14]

Im Gegensatz zum 19. Jahrhundert trifft eine solche Forderung heute jedoch eine Universitätswirklichkeit an, in der durch die behördliche Fixierung von Studien- und Prüfungsordnungen und ebenso durch eine hochgradige Spezialisierung noch innerhalb der einzelnen Studienfächer einem raschen Eingehen auf solche Gegenwartserfordernisse schwerwiegende Hindernisse und, schlimmer noch, ein mangelndes Zuständigkeitsbewußtsein entgegenstehen.

In diesem Punkte unterscheiden sich allerdings die Geisteswissenschaften keineswegs von den anderen Fakultäten der Universität. Denn die fortschreitende Arbeitsteiligkeit einer anspruchsvollen Industriekultur findet nur ihre folgerichtige Fortsetzung in der unaufhaltsamen Spezialisierung der von ihr unterhaltenen Wissenschaften. Gerade dies bedeutet für die Geisteswissenschaften jedoch immer eine Abkehr von der ihnen zugedachten Zentralfunktion innerhalb der Universität und eine Spezialisierung, die nach dieser Regel obendrein unaufhaltsam scheint.

14 J. G. Droysen, *Grundriß der Historik*, in: *Historik*. Hist.-krit. Ausg., hrsg. v. P. Leyh, Bd. 1 (Stuttgart-Bad Canstatt, 1977). Vgl. die verschiedenen Fassungen über die »Didaktische Darstellung«, bes. S. 254 f, auch S. 221; über die »Diskussive Darstellung«, S. 221, auch S. 280 u. S. 406 (dort unter dem Terminus: »Erörternde Darstellung«).

Ein kanadischer Historiker von Kings College, Halifax, John F. Godfrey, beschrieb auf einer inter-amerikanischen Konferenz den Zusammenhang zwischen dem Wachstum der Universitäten und der Spezialisierung der Forschung und der Lehre.[15] Wo vor zwanzig Jahren drei bis vier Historiker ihr Fach vertraten, waren es 1970 schon 16, und heute sind es 21. Jeder sucht sich eine Nische, um noch originell forschen zu können, einen winzigen Ausschnitt aus der Geschichte, und unter den 21 sind keineswegs mehr drei oder vier, von denen man auch nur die Geschichte des British Empire in ihrem Zusammenhang lernen könnte. Ist das etwa eine unnormale Entwicklung? Keineswegs, sagt Godfrey, wir verhalten uns in der Universität nur genauso wie die Ford Motor Company. Auch die Professoren sind nur noch

> responsible for one bolt on the front left wheel. Intellectually, the results are as stultifying for history professor as for Ford workers, and when you consider the product, today's students and today's Fords are both unsafe at any speed.[16]

Eine derartige Spezialisierung bedeutet für die Geisteswissenschaften, eben weil deren Ertrag weiterhin auch Orientierungswissen sein soll, eine ungleich größere Gefährdung als für die Natur- und Technikwissenschaften. Entgegen allen Absichten ihrer humanistischen Reformer haben nämlich die geisteswissenschaftlichen Universitätsdisziplinen sich auf diesem Wege längst ihrerseits zu »Spezialschulen« verfestigt, in denen der Archäologe so gut wie der Anglist oder der Musiktheoretiker genug damit zu tun hat, über seinen immer weiter angereicherten und spezialisierten Stoff zu verfügen. Gerade in den Fächern, die in den letzten beiden Jahrzehnten aufgrund eines besonderen Studentenzustroms zeitweilig stark aufgebläht wurden, macht der Kampf um Forschungsclaims, auf denen dann mit Säbeln um Haaresbreiten gerungen wird, besonders offenkundig, daß die Spezialisierung dort nicht weniger vorangeschritten ist als in den technischen Wissenschaften, die auf ihre ehedem humanistischen Grundlagen kaum noch zurückblicken.

---

15 J. F. Godfrey, »The Stationary State and the University« (= Vorlage zur 3. Conferência der Organizaçao Universitária Interamericana), Typoskript (1983), S. 3.

16 Ebd.

III

Von der Idee, daß etwa die Fächer der alten philosophischen Fakultät als Kulturwissenschaften für die anderen Fächer oder gar für die Öffentlichkeit eine Grundlagenorientierung erarbeiten könnten, heißt es also beim gegenwärtigen Zustand unserer Universitäten endgültig Abschied nehmen. Die meisten hochspezialisierten Geistes- und Sozialwissenschaften sind mittlerweile als ebenso ausgewachsene und vorzugsweise mit sich selbst beschäftigte Disziplinen anzusehen wie die ihnen einmal entwachsenen naturwissenschaftlichen und technischen Wissenschaftsbereiche. Eben deshalb aber können sie zu dem, wozu sie einst ausersehen waren, nämlich zur Vermittlung einer allgemeinen – letztenendes auch für alle Fachwissenschaftler notwendigen – Lebensorientierung, nichts mehr beitragen.

Schon vor einigen Jahren hat Steven Muller, der in amerikanischer und deutscher Universitätsgeschichte gleichermaßen bewanderte Präsident der Johns Hopkins University, diesen Stand der Entwicklung zum Anlaß genommen, den *humanities* eine neue Verbindung mit den Technikwissenschaften vorzuschlagen. Mit einer Erinnerung an das fundierende und die *humanities* in ihrem heutigen Zuschnitt noch übergreifende Angebot der alten *Artes liberales* begründete er solche Forschungen und Studienangebote mit der Erwartung, »a new humanism of individual comprehension of technology might become the catalyst around which the value system of the University would revive in new form«.[17] Wie sind solche Studien zu denken? Gewiß nicht als Einspeisung neuer Wissensmaterien in die ohnehin stoffüberpfropften Fachstudien. Wohl aber sind als ein Wahlpflichtangebot ein- oder zweisemestrige Studienprojekte denkbar, die bei möglichst enger Themenstellung eine Eigenschaft aufweisen, wie sie für akute Gegenwartsprobleme in aller Regel gilt: daß nämlich noch keine Disziplin für sie einzig zuständig ist. Das gilt selbst und gerade für so spezielle Fragestellungen wie das Für und Wider einer Magnetbahn, das Zusammenwohnen verschiedener ethnischer Bevölkerungsgruppen in einer Wohn-

17 S. Muller, »Toward a new American University«, *Daedalus: Journal of the American Academy of Arts and Sciences* 107 (1978), S. 31.

siedlung oder auch die Einführung elektronischer Musik im Gottesdienst.

Weil sich für solche unentschiedenen Gegenwartsfragen sehr rasch mehrere Disziplinen als teilzuständig erweisen, muß das wissenschaftliche und studentische Team solcher Projektstudien sich aus Teilnehmern zusammensetzen, die aus den jeweils mitbeteiligten Disziplinen der Sozialwissenschaften, der Natur- und Technikwissenschaften und auch der Kunstwissenschaften kommen. Diese Zusammensetzung hat aber keineswegs das Ziel, um jeden Preis eine Konvergenz der verschiedenen Wissenschaften herzustellen. Viel fruchtbarer ist es nämlich, zunächst zu lernen, daß die Perspektive jeder einzelnen Disziplin auf die Vorteile oder die Nachteile, die etwa eine Magnetbahn mit sich bringt, durchaus unterschiedlich ist und daß die von den verschiedenen Disziplinen ins Auge gefaßten Folgen einer solchen Einrichtung eher aufeinander prallen und entschieden kontrovers werden. Das erinnert heilsam daran, daß auch Disziplinen mit ausgereifter Systematik und lang erprobten Erkenntnisregeln ihren Ursprung in praktischen Bedürfnissen hatten, deren Lösung Überleben garantierte oder mehr Lebensglück versprach. Als Einsicht aus der Kollision verschiedener solcher Perspektiven wird sich dann alsbald herausstellen, daß ein Resultat erst nach einer vorwissenschaftlichen – politischen, sozialen, wirtschaftlichen oder auch gesinnungsgesteuerten – Prioritätsentscheidung möglich wird. Hernach jedoch wird diese Wertentscheidung wiederum anthropologisch oder auch kulturhistorisch begründbar sein.

Das gibt die Gelegenheit, an der Universität nicht nur Sachen, sondern auch die Notwendigkeit von Prioritäts- und Wertentscheidungen zu lernen und dabei auch etwas über Kompetenzabgrenzungen zu erfahren. Denn schon bald müssen die Teilnehmer einer solchen Arbeitsgemeinschaft sich fragen, für welchen Sektor des zu behandelnden Problems die einzelne wissenschaftliche Disziplin überhaupt kompetent ist. Ebenso wichtig ist die Erfahrung, daß ein zwischen den jeweils Kompetenten zu fällender Prioritätsentscheid selbst nicht mehr exakt begründbar, wohl aber historisch verständlich zu machen ist. Dabei kann es, um im Beispiel zu bleiben, durchaus sein, daß der Eiltransport von Gütern und Personen für eine bestimmte Region noch wichtiger ist als das grüne Land umher; aber dies bedarf eben einer an verschiedenen Komponenten überprüften Entscheidung. Projektstudien dieser

Art stellen übrigens Professoren nicht weniger vor große Lernaufgaben als Studenten; sie sind aber auch für Professoren nicht weniger wichtig, weil jeder einzelne bei einem größeren Forschungsprojekt ohnehin ständig der Gefahr ausgesetzt ist, auf Nachbargebieten zu dilettieren.

Wahlweise Arbeitsgemeinschaften, die gleichzeitig als Ansatz oder auch als Begleitaktion zu einer entsprechenden Projektforschung gelten können, sollten in jedem Studium einmal wahrgenommen werden und damit das nicht verzichtbare Fachstudium mindestens ergänzen. Das würde auch die beteiligten Wissenschaftler und Studenten zu gegenseitiger Aufmerksamkeit füreinander besser instandsetzen und damit die Universität auf eine andere Weise neuerlich zu einem Ort des fächerübergreifend orientierenden Nachdenkens werden lassen. Jedenfalls käme es dann nicht so leicht mehr dahin, daß der Streit über eine biogenetisch veränderte Maus, an der gewisse Reflexe überprüft werden sollten, sich anstatt in einem interdisziplinären Colloquium sogleich vor den Gerichten austrägt, wo dann keineswegs mehr über das Ob einer solchen Gen-Veränderung diskutiert wird, sondern nurmehr darüber, wem eigentlich die Nachkommen dieser genveränderten Maus gehören, und wer sie wirtschaftlich nutzen darf.

Gerade die Tilgung des Zeitraumes zwischen grundlagen- und anwendungsorientierter Forschung verlagert die Diskussion über ein Produkt, das noch ein Ergebnis zweckentrückter Grundlagenforschung genannt werden darf, heute unter Umständen schon an der Universität vorbei unmittelbar auf andere Foren, und die Universität wird so realiter der Möglichkeit beraubt, noch interdisziplinär über das nachzudenken, was sich in einem oder in mehreren ihrer Laboratorien zur selben Zeit an Entdeckungen ereignet. Aus diesem Grunde sind nicht schon Forschungsarbeiten, die sich etwa auf der Nahtstelle zwischen zwei Disziplinen abspielen und sich so den Schmuckbegriff »interdisziplinär« einhandeln, sondern erst Forschungs- und Studieneinrichtungen desjenigen Typs, der wegen der offensichtlichen Unterschiedlichkeit der Ansätze zu Wertentscheidungen herausfordert, in der Lage, den Angehörigen einer Universität eine Erfahrung vom Zweck ihres Zusammenlebens neu zu vermitteln. Daß dabei die Forderung zur Kooperation niemals auf ganze Disziplinen ausgedehnt, sondern immer nur von Einzelnen, eben projektbezogen und übergänglich, konkretisiert werden kann, hilft dabei gerade, jedem vorschnellen Einheitsglauben, der doch nichts als eine Vorspiegelung sein könnte, vorzubeugen.

IV

Neben der Wahrnehmung solcher kooperativer Erkenntnisarbeit, deren Chance gerade in der Engführung ihrer Themen liegt, stehen für die Humaniora allerdings auch Gegenwartsaufgaben an, die der längerfristigen Aufmerksamkeit mehrerer Disziplinen bedürfen, ohne daß sie dazu schon mit dem schweren Organisationspanzer eines Sonderforschungsbereichs zugerüstet werden müßten. Drei Felder von derart allgemeinem Interesse will ich hier skizzieren, die für die Humanwissenschaften der Industrieländer eine besondere Herausforderung darstellen, dabei aber nicht an Wissenschaftler eines Faches zu delegieren sind.

1. Anders als die Kernenergie- und die Genforschung, deren Vortrieb fest in der Hand professionalisierter Spezialisten bleibt, dringt die elektronische Informationstechnik als ein Werkzeug für die Kopfarbeit in alle Lebensgebiete gleichzeitig ein und verbreitet sich, dieweil sie sich auf der einen Seite sprunghaft spezialisiert, auf der anderen Seite im Wortsinne »spielend« unter breite Bevölkerungsschichten, schon bald bis hin zum Vorschulalter. Eben diese Verbreitung macht sie zum Arbeitsgegenstand auch für die Wissenschaften, die vergangene wie gegenwärtige Kulturprozesse zum Gegenstand haben.

Das allgemeinste der Probleme, die sie dabei aufwirft, ist die exponentiell zu steigernde Abrufbarkeit gespeicherten und die fabrikmäßig-seriell zu betreibende Erarbeitung neuen Wissens. Wie früher der Mangel, so fordert nun das überreiche Informationsangebot dazu heraus, die Verwertung des vorhandenen Wissens neu zu bedenken. Jene Neuland-Ideologie, die von der Entdeckung Amerikas an der gesamten Neuzeit den Namen des Entdeckungszeitalters und den Wissenschaften schließlich eine Vormachtsstellung bei der Suche nach neuer Erkenntnis eingetragen hat, muß nun ihrerseits ein Regulativ erhalten in einer *Verfügungsweisheit* über das von immer mehr Wissenschaftlern in den Köpfen und in Apparaten immer rascher produzierte Wissen. Das Wissen selbst, dessen bloße Mehrung bislang schon einen Schatz darstellen konnte, muß dabei nicht nur als Gegenstand der Erkenntnistheorie, sondern auch in seiner Lernbarkeit und Verwendbarkeit neu bedacht werden.

Nachdem die Umsetzung von Denkvorgängen in Computersprachen es förmlich erzwang, das Lernen selbst als eine Kette partikulierbarer Informationsprozesse auszulegen und nachdem Biologen andererseits mit Parallelrechnern auch kompliziertere Gehirnstrukturen und -prozesse schon nachbauen können, wird eine allgemeine Lerntheorie sogar womöglich zur gemeinsamen Metaebene, von der die Erkenntnisverfahren der ausdifferenzierten Fachwissenschaften sich einzeln, aber eben auch zusammenhängend ableiten lassen. Zum Glück macht jedoch gerade dieser schon denkbare Zusammengriff aller wissenschaftlichen Tätigkeit in einer neuen Lerntheorie, die weder natur- noch geisteswissenschaftlich mehr zu nennen wäre, auch die Einschnürung des Denkens bewußt, die wir uns mit jeder Vereinheitlichung unseres Begriffs von Wissenschaft auferlegen, in diesem Falle: indem wir die binäre Auflösung aller unserer Informationsquellen zu einem *grand récit* der Wissensaneignung schlechthin erklären. Die Einsicht in die so verhängte Einschränkung böte wieder den Grund, die durch die Informatik neu gewonnenen, strengen und auch spielerischen Formen des Kenntniserwerbs gegen die Reichweite eines Verstehens, das sich ausschließlich auf intuitive Kopfarbeit verläßt, von Fall zu Fall urteilend abzuwägen.

2. In einer Gesellschaft wie der unseren, die wir gern eine offene nennen und von der wir gerade erfahren, wie vorteilhaft sie sich von anderen Systemen abhebt, geht der Konflikt zwischen Selbstverwirklichung und Mitverantwortung uns alle an. Gerade ist das Recht zur Meinungsvielfalt und zur individuellen Lebensgestaltung von den Völkern des östlichen Mitteleuropa mit ergreifendem Nachdruck reklamiert worden. Wir im Westen, das sollten wir nicht übersehen, befinden uns bereits in einem weit fortgeschrittenen Stadium der Nutzung solcher Rechte oder, schärfer gesagt, schon eher auf der anderen Seite der Skala zwischen Selbstverwirklichung und – nicht mehr vorgeschriebener – sozialer Mitverantwortung. Hier steht ein Thema an, zu dessen Lösung eine ganze Reihe von Humanwissenschaften sich verbünden müssen: Geschichtswissenschaften, Verhaltenswissenschaften, die praktische Philosophie, Jurisprudenz, Erziehungswissenschaften; aber jeweils auch technische Disziplinen.

Denn der Konflikt zwischen Selbstverwirklichung und Mitverantwortung ist einer pluralistischen Gesellschaft ohne religiöse oder ideologische Gesamtbindungen geradezu eingeschrieben. Dabei steht einer Verpflichtung zu Handlungen, die dem Gemeinwohl dienen, in einer westlichen Demokratie mit hohem industriellen Standard nicht bloß der Selbstverwirklichungsdrang einzelner Subjekte, sondern auch das Faktum einer hochgradigen Arbeitsteilung entgegen, denn eine weit fortgeschrittene Arbeitsteilung läßt den Verantwortungsanteil des Einzelnen für das Ganze bis zu kaum mehr benennbaren Bruchteilen schwinden. Die Autonomie des einzelnen Unternehmers und übrigens auch die Autonomie der einzelnen Wissenschaften sind selbst Produkte dieser Entwicklung, die wir nicht missen mögen. Doch werden die Grenzüberschreitungen, die diese Autonomie mit heraufbeschwor, mindestens seit der Möglichkeit zu ungesteuertem Energieverbrauch oder zu unumkehrbaren Genexperimenten auch als lebensbedrohend erkannt. Die moralische Mahnung an bestimmte Wissenschaftler oder auch eine bloße Verrechnung der Verantwortlichkeit nach dem Verursacher- oder dem Nutzerprinzip bleiben hier jedoch faktisch und auch ethisch gleich unzureichend.

Hier muß das gesellschaftliche Zusammenspiel neu durchdacht und an konkreten Fällen schließlich zu einer Technik des sozialen Handelns entwickelt werden, nach der jedem, der die Umsetzung von einem Denkergebnis zur handelnden Verwertung mitvollzieht, eine umschreibbare Teilverantwortung für die einzelnen Schritte zugemessen wird: dem entdeckenden oder berechnenden Wissenschaftler so gut wie dem Technologen und dem Techniker, aber auch demjenigen, der die zweckgerichtete Umsetzung finanziert und dem Politiker, der sie begünstigt, und dies bis hin zu den Parlamenten, den Industrieeignern und Gewerkschaften und schließlich dem Gros der Verbraucher und Nutzanwender, die allesamt an der Entwicklung eines Nierensteinzertrümmerers ebenso viel positiven Anteil haben wie an der Modernisierung der Altersversorgung oder auch der Kurzstreckenraketen. Auch deshalb muß zu den Fundamenten einer allgemeinen Bildung künftig weit mehr als eine Fülle von Einzelwissen die Fähigkeit zur rücksichtsvollen Wertentscheidung in gegebenen Situationen gerechnet werden, und darauf sind Unterrichtspläne und Prüfungsverfahren ebenso abzustimmen wie die akademische Lehre, selbst wenn ganze Gelehrtenschulen, die es sich noch zur Ehre anrechnen, eine Sache um ihrer selbst willen zu verfolgen, damit zu neuem Durchdenken ihrer liebgewonnenen Vorrechte erst angehalten werden müssen.

3. Der forcierte Wandel der Lebensverhältnisse, den die Industrieländer mit der Expansion ihrer wissenschaftlich-technischen Errungenschaften einer immer dichter besiedelten Welt aufdrängen, rückt ein weiteres allgemeines Bildungserfordernis in neues Licht, das bislang besonderer Beachtung kaum bedurfte, weil sein guter Sinn feststand. Es handelt sich um das Bewußtsein landsmannschaftlicher Zusammengehörigkeit, von Dorfgemeinschaften bis hin zu Kontinenten: eine womöglich schon anthropologische Konstante, die seit einiger Zeit unter dem Etikett »Identität« wieder lebhaft gehandelt wird. Ihre durchschlagende Kraft hat die DDR-Bevölkerung in zwei Schritten gerade vor unseren Augen demonstriert.

Die Berufung auf unverwechselbare Merkmale solcher sozialen oder auch politischen Zusammengehörigkeit ist immer wieder ein Kraftquell der gemeinsamen Lebensgestaltung und -sicherung gewesen. Das Verhältnis der Menschen, die als Landsleute »wir« zueinander sagen, zu den anderen, die für sie die »Fremden« sind, ist deshalb seit alters her ein Gegenstand der Ethnologie und der Sozialwissenschaften. Aber nicht zufällig haben sich mit der zunehmenden Beweglichkeit, die Handel und Verkehr rund um die Welt zustandebringen, auch die modernen Sprach- und Literaturwissenschaften zunehmend auf dieses Thema eingelassen, und mit ihnen sind Historiker und Psychologen dabei, die hergebrachten Regeln der Identitätsbildung von Horden, Stämmen, Völkern oder auch Ständen und Klassen mit dem Blick auf gegenwärtig sich vollziehende und künftig notwendige Veränderungen zu prüfen. Denn die technische Ungleichzeitigkeit schafft zwischen der Konkurrenz von Regionen einerseits und der von Religionen und Kulturen andererseits notwendig schärfere und auch ganz neuartige Spannungen. Der wieder auflebende Ruf nach Identitätsbildung ist schon eine Reaktion auf die Tatsache, daß in verschiedenen Regionen der Welt beträchtliche Teile einer Bevölkerung mit oder ohne Angehörige ihren Lebensort mehrfach wechseln und dabei, sei's angeworben oder bloß angezogen, in anderen Kulturen sich förmlich einnisten – dies übrigens keineswegs nur in einer Richtung: Seit Beginn des Kolonialzeitalters geschieht diese Durchdringung aus jeweils sehr unterschiedlichen Gründen gegenseitig.

Heute fordern diese nicht mehr nur einander berührenden, sondern einander förmlich durchwachsenden Nachbarschaften zu einem Denken heraus, das andere Gestaltungskräfte als die eines wörtlich genommenen Eigen-Sinnes oder eines bloßen Identitätskomplexes entwickelt, und sei es nur, um angesichts der sich erweiternden Kluft zwischen Industrie- und Entwicklungsländern die Aufrichtung neuer Feindbilder aufzuhalten. Schon deshalb darf eine Markierungsgrenze zwischen dem Eigenen und dem Fremden heute mit der *Nation* nicht einfach mehr gleichgesetzt werden. Nur wenige Lebensfragen von einigem Gewicht lassen sich überhaupt noch in den Grenzen einer Nation lösen. Nicht der Kohleabbau und nicht einmal der deutsche Wald ist von den Deutschen allein aus eigener Kraft noch zu retten. Weil aber mit der immer rascheren Verfügung über die natürlichen Ressourcen unserer Erde eine globale Verflechtung aller menschlichen Lebensbedingungen zwingend gekoppelt ist, darf die Markierungsgrenze zwischen dem Eigenen und dem Fremden auch nicht einfach ins Größere, etwa von Deutschland auf Europa, verschoben werden. Vielmehr steht das *Verhältnis* zwischen Eigenem und Fremdem neu zur Debatte. Dabei müssen kulturelle Eigenheiten bewahrt werden, und das ist eine bedeutende Aufgabe auch für alle Kulturwissenschaften; gleichzeitig aber muß im Anderen viel weitergehender der Partner gesehen werden, der unter weltumspannenden Veränderungen notwendig gleiches erleidet oder gewinnt wie der nächste Angehörige. Merkwürdig genug ist es, daß die bislang vorwiegend ausgebeutete Natur nun schon in fast eintönigem Unisono als ein solcher Partner angemahnt wird, während der sogenannte Wirtschaftsflüchtling aus einem Notstandsgebiet nicht nur der allgemeinen Verachtung, sondern auch unserer freiheitlichen Grundordnung erbarmungslos zum Opfer fällt.

V

In einer Reflexion über das »gegenwärtige Selbstbewußtsein der Geisteswissenschaften« forderte Hartmut Böhme kürzlich die Geisteswissenschaften auf zum Verzicht auf »eine scientific community mit tradierten Fachprofilen [...], die im wesentlichen ihre eigene Reproduktion im Auge hat«.[18] Tatsächlich neigen gerade solche Disziplinen, die durch bedeutende Leistung an allgemeiner Achtung gewonnen haben, dazu, sowohl den Umkreis ihrer Gegenstände als auch die Formen ihrer Gelehrsamkeit nach ihren Zunftregeln zu verfestigen, und dies geht meist einher mit der Zurückweisung neuer oder veränderter praktischer Bedürfnisse. Nicht zuletzt daraus entspringt mit der artigen Regelmäßigkeit eines Rondos immer wieder der Ruf nach ›interdisziplinärer Forschung‹, die dabei emphatisch als etwas Fortschrittliches ausgegeben wird gegenüber den zentralen Leistungen innerhalb einer Disziplin.

Tatsächlich aber fordert und fördert eine anspruchsvolle industrielle Kultur die Entwicklung vielfältiger spezieller Bedürfnisse, und wirtschaftlicher Ehrgeiz forciert diese Tendenz mit den unschuldigsten Begründungen. Die auf diese Weise der Ausbildung stets vorauseilende Spezialisierung der Berufe ist von den Universitäten längst nicht mehr einzuholen und sollte auch nicht eingeholt werden. Im Gegenteil: Was von Absolventen der Humanwissenschaften an Eingangsqualifikationen für akademische Berufe im Wirtschaftsleben erwartet wird, sieht längst ganz anders aus. Am Platze sind da vielmehr analytische und konzeptionelle Fähigkeiten, innovatives und flexibles Denken und Verhalten, Eignung zur Teamarbeit und Einsicht in gesellschaftliche und kulturelle Entwicklungen – und damit habe ich bereits vier von fünf Punkten zitiert, nach denen beispielsweise die Hamburger Firma »Otto-Versand« einstellungssuchende Hochschulabsolventen beurteilt.

Gerade das letzte, nämlich Einsicht in gesellschaftliche und kulturelle Entwicklungen, fordert aber der Universität neben der notwendigen Spezialisierung ihrer Fächer eine zweite Ebene der Forschungsarbeit und des Bildungsangebotes ab. Selbst ein Rechtsgelehrter, der um rücksichtslose Mahnungen an die Geisteswissenschaften zur Rückstufung ihres Mitverantwortungskomplexes für alle möglichen öffentlichen Angelegenheiten und zur Aufgabe einer bedenkenlosen Identifikation von »Bildung und Moral« nicht verlegen ist: Dieter Simon, spricht besorgt von den »blutarmen Kräften der ausdifferenzierten Fachwissenschaften«, wenn »kulturphilosophische Reflexion und Mitverant-

18 H. Böhme, *Über das gegenwärtige Selbstbewußtsein der Geisteswissenschaften* (= *Oldenburger Universitätsreden* Nr. 22) (Oldenburg, 1989), S. 28.

wortung« zur Rede stehen.[19] Anstelle der Verführung, diese Insuffizienz durch unvermittelte Gesinnungsbekundungen zu kompensieren, sollten Wissenschaftler und Kulturpolitiker – das heißt auch prüfungsgenehmigende Behörden – den Universitäten die Einrichtung einer solchen zweiten Ebene der Forschungs- und Lehrtätigkeit ermöglichen. Denn nicht etwa mit dem Abstand, sondern erst mit der Ermunterung zum Nachdenken über Lebensfragen, die noch nicht in Disziplinen eingefangen sind, setzen die Universitäten sich in die Lage, dem Zeitgeist nicht zu verfallen, sondern ihn mit zu prägen.

Deshalb will ich zum Schluß nicht zögern, einen Fehlgriff zu reklamieren, mit dem Humboldt die deutschen Universitäten eines wichtigen Regulativs bei der Pflege überfachlicher Interessen beraubt hat. Aus Hochachtung eher als aus Nachlässigkeit und befangen in den Wertekategorien des Geniezeitalters, hat er bei der Konstruktion seiner neuen, philosophisch zentrierten Universität die Künste von den Wissenschaften kategorisch getrennt.

Während die philosophische Zentrierung der Universität, nicht nur räumlich, schon zur Erinnerung degradiert ist, schreiten die Künste längst mit schöner Selbstverständlichkeit die Spannweite zwischen der Formulierung atavistischer Menschheitserfahrungen und einer kapriziösen Nutzung der neuen, elektronischen Medienvielfalt aus. So, auf der Höhe ihrer Zeit, jedoch nicht weniger gefährdet durch das »anything goes« einer umfassenden Beliebigkeit von Material und Form, könnten die praktizierten Künste bei einer Wiederaufnahme ins universitäre Leben zu einer neuen Aufmerksamkeit für Gegenwartskonflikte und Zukunftsprospekte führen, die der Erkenntnisarbeit gut bekäme. Eine solche Wiederannäherung von Künsten und Wissenschaften und damit auch die Wiedereingliederung ästhetischer Erfahrung in die »Maßarbeit« des wissenschaftlichen Denkens kann am Ende sogar dazu beitragen, dem Namen der ehemaligen Artistenfakultät einen neuen, guten Sinn zu geben.

19 D. Simon, »Zukunft und Selbstverständnis der Geisteswissenschaften«, *Rechtshistorisches Journal* 8 (1989), S. 228 f.

Summary

From their very beginnings, universities have always claimed to institutionalize the unity of the various scientific disciplines. This theoretical assertion no longer coincides with the way science is practised today. The sciences have developed into independent specialist schools. This also holds true for the disciplines of the faculty of arts and sciences (the »Philosophische Fakultät«), which Wilhelm von Humboldt, in his university reform, had planned to be the connecting bond of all the sciences. The expansion and continuous acceleration of industrial production have supported a change in public attention, which now focusses on the natural and technical sciences. In this situation, the humanities (the »Geisteswissenschaften«) should accept the task, beside their disciplinary studies, to develop an interdisciplinary orientation upon our culture in general and upon basic human problems. Following the old »Artes liberales«, they could fulfill a function of central importance to the university as a whole, thus utilizing the variety of scientific disciplines in an industrial society as a foundation for general knowledge and wisdom, in accordance with Humboldt's idea of »Bildung«.

5. Sektion »Wissenschaft und Lebenswelt«

Naturwissenschaftliche Erkenntnis und Wirklichkeitserfahrung

HANS-PETER DÜRR

1. Einführung

Unser Kolloquium befaßt sich mit der Frage nach der »Einheit der Wissenschaften«. Hierbei stehen vor allem die wechselseitigen Beziehungen, Affinitäten und Disparitäten zwischen den Naturwissenschaften, den Geisteswissenschaften und den Sozialwissenschaften im Vordergrund. Die Frage der »Einheit« kann dabei im Hinblick auf die Struktur, den allgemeinen theoretischen Zusammenhang, oder auch im Hinblick auf die Methodik, die praktisch-konkrete Handhabung, diskutiert werden. Als Physiker, der im reichen Erfahrungsfeld der Pioniere der modernen Physik aufgewachsen ist und der sich jahrelang theoretisch mit den fundamentalen Gesetzmäßigkeiten der Mikrophysik, den Bewegungsgesetzen der Elementarteilchen, auseinandergesetzt hat, möchte ich mich dem Problemkreis unseres Kolloquiums als Naturwissenschaftler nähern und bei den dort im ersten Drittel unseres Jahrhunderts aufgedeckten neuen Einsichten anknüpfen, da ich glaube, daß diese uns wesentlich neue Einblicke in die prinzipielle Bedeutung von dem gewähren, was wir gemeinhin als »Wissen« und »Erkenntnis« bezeichnen und dann auch systematisch als »Wissenschaft« betreiben. Obgleich diese Einsichten aus der Naturwissenschaft kommen und auch dort zunächst nur in einem ganz eng begrenzten Bereich, nämlich der Atomphysik, empirisch von unmittelbarer Bedeutung sind, so ist doch unübersehbar – und dies wohl nicht nur aus dem begrenzten Blickwinkel eines Physikers –, daß die Konsequenzen dieser Einsichten bei einer allgemeinen Anwendung auf andere Wissensbereiche, was gerechtfertigt erscheint, zu einer tiefgreifenden Änderung unserer Vorstellungen von der Welt führen. Gleichzeitig erscheinen sie geeignet, wesentliche Brücken zwischen den immer weiter auseinanderdriftenden verschiedenen Wissenschaftsdisziplinen – insbesondere zwischen den Naturwissenschaften und den Geisteswissenschaften – zu schlagen.

Mein Ansatzpunkt für eine Diskussion zum Thema »Einheit der Wissenschaften« sollen Betrachtungen sein, welche die prinzipielle Beziehung zwischen naturwissenschaftlicher Erkenntnis in ihrer theoretisch und rational erfaßbaren Ausprägung, einerseits, und der Erfahrung der Wirklichkeit in ihrer allgemeinsten Form, andererseits, zu hinterfragen versuchen. Ich bin mir bei dieser Vorgehensweise sehr wohl der Gefahr bewußt, daß ich durch die Vorstellung einer »Wirklichkeit in der allgemeinsten Form« oder, wie ich manchmal auch kurz sagen werde, einer »eigentlichen Wirklichkeit«, schon in gewisser Weise gedanklich die Existenz einer im Prinzip existierenden und von uns nur noch zu entdeckenden »Einheit«, vorwegnehme und damit letztlich nur einen Rundgang vollziehe. Als Naturwissenschaftler schreckt mich der Vorwurf eines »Rundgangs« nicht, da wir bei unseren Theorienbildungen an solche Rundgänge gewöhnt sind. Auch Carl Friedrich von Weizsäcker hat in seinem Buch »Aufbau der Physik« den »Kreisgang« wirkungsvoll als philosophisches und didaktisches Instrument verwendet. Rundgänge haben für den Naturwissenschaftler nicht gleich die Bedeutung des aussagelosen Zirkelschlusses, sondern mehr die Bedeutung einer Spiralbewegung mit endlicher Hubhöhe, die neue Einsichten und Erkenntnis bei jedem Umlauf bringt: Die anfänglich gewählten und für die Theoriebildung unentbehrlichen Vorstellungen und Grundannahmen erhalten bei jedem Umlauf höhere begriffliche Schärfe und erweiterte Aussagekraft mit der prinzipiellen Möglichkeit der Falsifikation von postulierten Zusammenhängen. Das Interessante an der modernen Entwicklung der Naturwissenschaften – und hierbei vor allem an der Physik des Mikrokosmos, die diese Entwicklung angeführt hat – ist weniger die genauere Fassung der Naturgesetze als vielmehr, daß sich die Physik aufgrund dieser Spiralentwicklung aus ihrem ursprünglichen Begriffssystem herauskatapultieren konnte, ohne dabei ihren empirischen Halt und ihre Prognosefähigkeit – worauf Wissen und damit auch die Wissenschaft letztlich beruht – vollständig zu verlieren. Es ist nicht klar, ob mit diesem eindrucksvollen Paradigmenwechsel eine Entwicklung abgeschlossen ist, oder ob sich dieser nicht nur als ein erster Schritt auf einem Wege erweist, den es weiter zu gehen gilt und auf dem wir letzten Endes feststellen werden, daß der Begriff der »Einheit«, der ja in unserer Vorstellung eng mit dem Begriff des aus vielen Teilen bestehenden »Ganzen« assoziiert ist, eine neue und umfassendere Bedeutung erhält als die, welche wir bei unserer Erörterung der »Einheit« unserer Wissenschaften gedanklich einzufangen versuchen.

Die von uns – als jeweils individuell empfindende, denkende und handelnde Ichs – unmittelbar wahrgenommene Erlebniswelt erkennen und verstehen wir als Folge einer irgendwie gearteten Wirklichkeit, in die wir eingebettet sind und mit der wir insbesondere »nach außen« durch unsere Sinnesorgane in Verbindung stehen. Die klassische Naturwissenschaft hat diese Vorstellung ausgebaut und präzisiert. Sie postuliert die Existenz einer vom jeweiligen Betrachter unabhängigen, objektivierbaren Welt, die wegen dieser postulierten völligen Abtrennbarkeit von allen sie betrachtenden Subjekten, auch eindeutig und verbindlich für alle sein soll. Diese Ab- und Auftrennbarkeit soll nicht nur zwischen dem Betrachter und der Welt, sondern in gewissen Sinne auch für die Welt selbst gelten. So offenbart sich uns diese Welt als ein System von Gegenständen, als ein System von Dingen, eben als das, was wir dann *Realität* nennen, als ein zerlegbares und aus vielen Teilen zusammengesetztes Ganzes. Unter dem starken Einfluß der klassischen Naturwissenschaft und aufgrund der beachtlichen Erfolge, die sie mit dieser Betrachtung bei der Beschreibung natürlicher Phänomene erzielen konnte, haben wir uns deshalb daran gewöhnt, unsere *Wahrnehmung von der Wirklichkeit* mit der *Wirklichkeit schlechthin* gleichzusetzen, und diese Wirklichkeit sogar im Sinne einer materiell fundierten, in Teile zerlegbaren Realität zu interpretieren.

Die moderne Physik hat uns jedoch Anfang unseres Jahrhunderts eine interessante Lektion erteilt, die zu einer tiefgreifenden Korrektur dieser Vorstellungen geführt hat. Sie hat uns bedeutet, daß die Vorstellung einer objektiven Realität, einer materiell ausgeprägten Wirklichkeit, wohl in einer gewissen Näherung angemessen, aber als absolutes Naturprinzip unzulässig und falsch ist, ja daß diese Vorstellung uns sogar einen wesentlichen und tieferen Einblick in das Wesen der eigentlichen Wirklichkeit versperrt.

Ich möchte mich also zunächst mit den Fragen befassen: Was meint ein Naturwissenschaftler eigentlich, wenn er von Erkenntnis spricht, was ist die Art seines Wissens, das einer solchen Erkenntnis entspringt? Wie steht das Wissen der »Wissenschaft«, und hier insbesondere der sogenannten »exakten Naturwissenschaften« in Beziehung zur eigentlichen Wirklichkeit, zur ursprünglichen Welterfahrung, was immer wir darunter verstehen mögen?

2. *Die Parabel von Eddington*

Die Beziehung zwischen den Erkenntnissen der Naturwissenschaft über die Wirklichkeit zur »eigentlichen« Wirklichkeit möchte ich zunächst mit einer einprägsamen Parabel des englischen Astrophysikers Sir Arthur Eddington veranschaulichen.

Eddington vergleicht in dieser Parabel den Naturwissenschaftler mit einem Ichtyologen, der das Leben im Meer erforschen will. Er wirft dazu sein Netz aus, zieht es an Land und prüft seinen Fang nach der gewohnten Art eines Wissenschaftlers. Nach vielen Fischzügen und gewissenhaften Überprüfungen gelangt er zur Entdeckung von zwei Grundgesetzen der Ichtyologie:

(1) Alle Fische sind größer als fünf Zentimeter.

(2) Alle Fische haben Kiemen.

Er nennt diese Aussagen Grundgesetze, da beide Aussagen sich ohne Ausnahme bei jedem Fang bestätigt hatten. Versuchsweise nimmt er deshalb an, daß diese Aussagen auch bei jedem künftigen Fang sich bestätigen, also wahr bleiben werden.

Dem kritischen Einwand eines Betrachters, des Metaphysikers, der die grundsätzliche Bedeutung des Grundgesetzes über die Mindestgröße der Fische wegen der 5cm-Maschenweite des Netzes bestreitet, begegnet der Ichtyologe unbeeindruckt mit dem Hinweis: »Was ich mit meinem Netz nicht fangen kann, liegt prinzipiell außerhalb fischkundlichen

Wissens, es bezieht sich auf kein Objekt der Art, wie es in der Ichtyologie als Objekt definiert ist. Für mich als Ichtyologen gilt: Was ich nicht fangen kann, ist kein Fisch.«

Soweit die Parabel. Bei Anwendung dieses Gleichnisses auf die Naturwissenschaft entspricht dem Netz des Ichtyologen das gedankliche und methodische Rüstzeug und die Sinneswerkzeuge des Naturwissenschaftlers, die er benutzt, um seinen Fang zu machen, d. h. naturwissenschaftliches Wissen zu sammeln, dem Auswerfen und Einziehen des Netzes die naturwissenschaftliche Beobachtung.

Dem Streit zwischen dem Ichtyologen und dem Metaphysiker liegt offensichtlich kein eigentlicher Widerspruch zugrunde, sondern dieser wird nur durch die verschiedenen Betrachtungsweisen der Kontrahenten verursacht. Der Metaphysiker geht von der Vorstellung aus, daß es im Meer eine objektive, oder zumindest unabhängige Fischwelt gibt, zu denen auch sehr kleine Fische gehören können. Vielleicht gibt es für ihn dafür auch gewisse Hinweise, wenn er etwa vom Ufer aus ins Wasser schaut. Aber er hat Schwierigkeiten, deren »Objektivität« im Sinne des Ichtyologen zu beweisen, denn im Sprachgebrauch des Ichtyologen ist ein Objekt etwas, was er mit dem Netz fangen kann. Der Metaphysiker empfindet diese Bedingung der Fangbarkeit als unzulässige subjektive Einschränkung der für ihn objektiven Wirklichkeit und bestreitet dem Ichtyologen deshalb die Relevanz seiner Aussage.

Der Ichtyologe ist hier anderer Meinung. Es ist für ihn uninteressant, ob er mit seinem Fang eine Auswahl trifft oder nicht. Er bescheidet sich mit dem, was er fangen kann und hat deshalb gegenüber dem Metaphysiker den Vorteil, daß er nirgends vage Spekulationen anstellen muß. Die Schärfe seiner Aussagen beruht wesentlich auf dieser Selbstbescheidung. Seine Beschränkung auf das Fangbare erscheint darüber hinaus vom praktischen Standpunkt aus ohne große nachteilige Konsequenzen. Für die Fischesser ist das Wissen, das der Ichtyologe etabliert, völlig ausreichend, da ein nicht-fangbarer Fisch für sie ohne direkten Nutzen ist.

Ein zweiter Betrachter, den wir den Erkenntnistheoretiker nennen wollen, versucht im Streit des Ichtyologen und Metaphysikers zu vermitteln. Er stimmt dem Metaphysiker zu, daß das erste Grundgesetz des Ichtyologen über die Minimalgröße der Fische einen nicht-objektiven Charakter hat, aber er geht nicht so weit, daß er diesem Grundgesetz deshalb seine Relevanz abspricht. Er weist den Ichtyologen darauf hin, daß er dieses Grundgesetz nicht nur auf dem langwierigen und mühsamen Umweg des wiederholten Fischfangs und Ausmessens der Fische entdecken kann, sondern viel unmittelbarer und überzeugender durch eine Messung der Maschenweite des Netzes. Dieser erkenntnistheoretische Zugang verschafft dem Gesetz absolute Gültigkeit. Dies entspricht der Kantschen Aussage, daß die grundlegenden allgemeinen Einsichten der Physik sich deshalb *in* der Erfahrung bewähren, weil sie notwendige Bedingungen *für* die Erfahrung sind. Für das zweite Grundgesetz »Alle Fische haben Kiemen« kann im Gegensatz dazu eine solch strenge Allgemeingültigkeit nie gefordert werden. Prinzipiell besteht hier immer die Möglichkeit, daß man durch Fischen in anderen Bereichen einmal auch einen Fisch ohne Kiemen zutage fördert. Dieses Gesetz gilt deshalb immer nur im Sinne einer Wahrscheinlichkeitsaussage. Dies ist die Art von Erfahrung, wie sie uns von den Empiristen gelehrt wird.

Das Gleichnis unseres Ichtyologen ist selbstverständlich zu einfach, um die Stellung des Naturwissenschaftlers und seine Beziehung zur Wirklichkeit angemessen zu beschreiben. Aber das Gleichnis ist doch differenziert genug, um wenigstens die wesentlichen Merkmale einer solchen Beziehung zu charakterisieren. Die Naturwissenschaft handelt nicht von der eigentlichen Wirklichkeit, der ursprünglichen Welterfahrung – oder allgemeiner: was hinter dieser Welterfahrung steht –, sondern nur von einer bestimmten Projektion dieser Wirklichkeit, nämlich von dem Aspekt, den man, nach Maßgabe detaillierter Anleitungen in Experimentalhandbüchern, durch sogenannte »gute« Beobachtungen herausfiltern kann. Dieser Aspekt der Wirklichkeit kann dann auch von jedermann, der sich an die gleichen Vorschriften hält, nachgeprüft werden. Entsprechend seinem Projektionscharakter ist das auf diese Weise ermittelte naturwissenschaftliche Wissen im allgemeinen ein eingeschränktes Wissen von einer metaphysisch vorgestellten eigentlichen Wirklichkeit, oder auch einer allgemeineren Seinsform, deren Kennzeichnung sich unserer Sprache gänzlich entzieht. Durch die Projektion erhält das wissenschaftliche Wissen darüber hinaus auch eine bestimmte Prägung, wodurch sich der Charakter der wissenschaftlich beschriebenen Welt gegenüber der dahinter liegenden eigentlichen Wirklichkeit auch qualitativ verändert. Wirklichkeit und ihr naturwissenschaftliches

Abbild stehen sich deshalb etwa einander gegenüber, wie ein Gegenstand zu seiner Zeichnung oder bestenfalls seiner Photographie. Zur Veranschaulichung dieser Beziehung könnten wir anstelle der Eddingtonschen Parabel auch das Platonische Höhlengleichnis verwenden.

Die grundlegenden Änderungen im Weltbild der Physik Anfang dieses Jahrhunderts haben die Aufmerksamkeit der Naturwissenschaftler wieder auf diese erkenntnistheoretischen Fragen gelenkt. Die prinzipielle Beschränkung wissenschaftlicher Aussagen wurde deutlich. Die euphorische Erwartung des 19. Jahrhunderts, nach der alles in der Welt prinzipiell wissenschaftlich erfaßbar sei, wurde empfindlich gedämpft. Es wurde wieder Raum geschaffen für die uns allen nachvollziehbare Vorstellung, daß unsere ursprüngliche, unmittelbar erlebbare Erfahrung viel reicher ist als die Erfahrung, welche sich wissenschaftlich fundieren läßt. Denn unsere Erfahrung beginnt doch schon dort, wo wir uns noch ganz als integrierten Teil einer Gesamtwirklichkeit erleben, wo wir noch nicht angefangen haben, uns als Subjekt vom Objekt zu trennen, wo wir noch nicht angefangen haben, unserem existentiellen Ich eine objektiv erfahrbare Außenwelt gegenüberzustellen. Viele für uns wichtige Erfahrungen, z. B. auf religiösem oder künstlerischem Gebiet, erfüllen nicht die Auswahlkriterien einer wissenschaftlichen Betrachtung. Sie können deshalb weder mit der Naturwissenschaft konfrontiert werden, noch mit dieser in Widerspruch geraten – sie beziehen sich, in unserer Parabel, auf Fische, die man nicht fangen kann. Sie beziehen sich nicht auf exaktes, objektivierbares Wissen nach den Normen der exakten Naturwissenschaften. Aber es besteht andererseits keine zwingende Notwendigkeit, sie deshalb nicht auch als Wissen zu bezeichnen. Denn genau betrachtet machen wir in unserem Alltag fast immer nur von diesem umfassenderen, aber weniger scharf faßbaren Wissen Gebrauch, da die Vorbedingungen, unter denen die exakten Aussagen zutreffen, praktisch nie gegeben sind.

Bei unserer bisherigen Argumentation hat die Vorstellung eines Netzes eine entscheidende Rolle gespielt. Das Netz symbolisierte die *Verengung* und *Qualitätsänderung*, welche die Wirklichkeit durch unser Denken erfährt. Viele von Ihnen werden den Eddingtonschen Vergleich eines Naturwissenschaftler mit unserem Ichtyologen für unpassend halten und erhebliche Zweifel geltend machen, ob die Vorstellung eines bestimmten Netzes, als Metapher für das gedankliche Rüstzeug und die wissenschaftlichen Methoden, der tatsächlichen Situation in der Naturwissenschaft gerecht wird. Es erscheint eher angemessen, sich den Naturwissenschaftler als einen weit intelligenteren Ichtyologen vorzustellen, der mit immer besseren und raffinierteren Netzen – insbesondere mit solchen kleinerer Maschenweite – fischt, um Schritt um Schritt zu einer genaueren und vollständigeren Erfassung der Wirklichkeit zu kommen. Ich bestreite nicht, daß in dieser Hinsicht unser ursprüngliches Gleichnis zu einfach ist. Letztlich war es ja gerade die Möglichkeit, verschiedene Netze zu verwenden, die uns in der modernen Physik unmißverständlich auf den Projektionscharakter der »physikalischen Wirklichkeit« hingewiesen hat.

Ein Elektron zum Beispiel, offenbarte sich bei der einen Beobachtungsmethode als Teilchen, bei einer anderen als Welle, also in zwei gänzlich verschiedenen Formen und – was nun das eigentlich Überraschende und Neue war – in zwei, im Sinne der herkömmlichen Objektvorstellung, sogar unverträglichen Formen. Daß nämlich ein Objekt, etwa ein Haus, von zwei verschiedenen Standpunkten aus betrachtet, auch verschieden aussieht, ist uns ja aus dem Alltag geläufig: Wir setzen die beiden verschiedenartigen flächenhaften, zweidimensionalen Eindrücke erfolgreich zu einem stimmigen räumlichen, also dreidimensionalen Gebilde zusammen. Eine ähnliche höherdimensionale Konstruktion gelingt bei den Teilchen- und Welle-Projektionen des Elektrons nicht mehr. Es gibt kein Netz, mit dem der Naturwissenschaftler das Etwas »Elektron« fischen, d. h. objektivieren kann, und das die komplementären Seiten Teilchen-Welle vereinigt läßt. Dieses Beispiel macht deutlich, daß der Naturwissenschaftler wohl verschiedene Netze zur Wirklichkeitserfassung besitzt, daß jedoch – und dies ist für unseren grundsätzlichen Einwand, das Gleichnis des Netzes für die Naturwissenschaft anzuwenden, wichtig –, trotz aller Raffinessen bei der Beobachtung, prinzipiell jede Beobachtung immer irgendeine Einschränkung und Auswahl erzwingt.

Die »naturwissenschaftliche Welt« unterscheidet sich, wie schon vorher erwähnt, auch *qualitativ* von der eigentlichen Wirklichkeit, von der sie ein projektives Abbild ist. Dies ist in unserem Ichtyologengleichnis nicht deutlich geworden. Bei der Untersuchung seines Fangs versucht der Ichtyologe nicht zu beschreiben, *was* ein Fisch (von mehr als fünf Zentimeter) ist, sondern er konzentriert sich nur auf gewisse Eigenschaften des Fisches, in unserem Beispiel: seine Länge. Die Länge bezeichnet eine Beziehung zwischen einem Fisch und einem Stück Holz, das er als Meßlatte verwendet. Daß ein Fisch und ein Stück Holz sich überhaupt vernünftig vergleichen lassen, liegt daran, daß man sich auf eine Eigenschaft beschränkt, die beiden gemeinsam ist, nämlich die abstrakte Eigenschaft »Länge«. Die *quantitative* Beschreibung in der Naturwissenschaft, d. h. die Möglichkeit, Aussagen in Zahlen zu fassen – in unserem Fall die Angabe der Zahl »fünf« in Meßlattenlängen »Zentimeter« – und ganz allgemein die Möglichkeit, bei der Formulierung von Aussagen und Verknüpfungen in der Naturwissenschaft, die Mathematik zu verwenden, hängt genau mit der Möglichkeit zusammen, von den Inhalten der Dinge, also dem »was« ganz abzusehen, und sich allein auf die Beziehung von Vergleichbaren, also das »wie« zu konzentrieren. Dies mag wie eine enorme Einschränkung aussehen und ist es vielleicht auch. Aber wir sollten andererseits auch nicht übersehen: Der überraschende und faszinierende Erfolg der Naturwissenschaften hängt wesentlich damit zusammen, daß viele Fragen nach dem »was« in Fragen nach einem »wie« mündeten, daß Fragen nach der Substanz sich also in Fragen nach der Struktur verwandelten.

Im engen Kontakt zu der eigentlichen Wirklichkeit, aber neben dieser Wirklichkeit, errichtet der Naturwissenschaftler ein neues, andersartiges, nämlich ein mathematisch strukturiertes Gebäude, das er durch einen Prozeß von »Versuch und Irrtum« immer besser der Struktur – und nicht dem Inhalt – der Wirklichkeit nachzubilden versucht. Er wählt dazu ein Netz, eine Sprache, ein Paradigma, das der Wirklichkeit in gewisser Weise angepaßt ist und eine Optimierung dieses Übersetzungsprozesses erlaubt.

Im Gleichnis des Ichtyologen heißt dies etwa, daß dieser zunächst kein Meeresforscher, sondern einfach ein Fischesser war, der alle möglichen Fischfangmethoden – Steinewerfen, Stechen, Angeln, usw. – durchprobierte, um möglichst viele Fische zu fangen, bis er schließlich das für diesen Zweck äußerst effiziente Netz entdeckte. Das Netz ist also nicht etwas, was ganz unabhängig von der Wirklichkeit, vom Fischreich, vorgegeben ist, sondern es hat sich in Wechselwirkung mit der Wirklichkeit als geeignet angeboten. Die Struktur der eigentlichen Wirklichkeit hat also wesentlichen Einfluß auf die Wahl der Paradigmen und Denkschemata, mit denen wir sie zu erfassen und zu beschreiben versuchen. Wir haben es also mit einer Art Rückkopplung oder Selbstorganisation zu tun. Die »naturwissenschaftliche Wirklichkeit« ist deshalb der eigentlichen Wirklichkeit deutlich eingeprägt. Deutlicher eingeprägt jedenfalls, als etwa »David« im unbehauenen Marmorblock, bevor der Meißel des Michelangelo ihn für uns alle sichtbar »freigelegt« hat. Aber die »naturwissenschaftliche Wirklichkeit« bleibt immer eine Projektion der Wirklichkeit. Das durch die Naturwissenschaft vermittelte Wissen ist deshalb nicht voraussetzungslos, es ist nicht wertfrei, da es ja aufgrund von bestimmten Bewertungskriterien, die dem Netz entsprechen, zustandekommt. Die vielzitierte Wertfreiheit der Wissenschaft gilt nicht für den wissenschaftlich nicht faßbaren Abbildungsprozeß der eigentlichen Wirklichkeit in unsere Wissenschaftsstruktur, sondern bezieht sich nur auf das Innere des von uns geschaffenen Wissenschaftsgebäude, in dem als Wert nur die Stimmigkeit, die logische Widerspruchsfreiheit verbleibt.

3. *Das klassische und das moderne naturwissenschaftliche Weltbild*

Viele Naturwissenschaftler, so scheint es mir, sind sich der prinzipiellen Beschränkung ihrer Wirklichkeitserfassung nicht bewußt oder aber sie halten für irrelevant, was prinzipiell nicht wissenschaftlich erfaßt werden kann. Vielfach ist ihr Wirklichkeitsverständnis noch sehr von der Vorstellung des 19. Jahrhunderts geprägt, nach der eine genaue Kenntnis des augenblicklichen Zustands der Welt in Raum und Zeit in Verbindung mit einer exakten Kenntnis der Naturgesetze zu einer scharfen Bestimmung aller zukünftigen Ereignisse führt. Dieses einfache Bild von der Wirklichkeit hat sich durch die Erkenntnisse der modernen Physik entscheidend verändert. Der wesentliche Einschnitt erfolgte durch die Quantenmechanik. War es bisher schon immer notwendig, bei ungenauer Kenntnis eines Zustands auf ganz präzise Aussagen und insbesondere Vorhersagen zu verzichten und sich bei solchen Aussagen mit der Angabe ihrer Wahrscheinlichkeiten zu begnügen, so stellte sich nun heraus, daß der Wahrscheinlichkeitscharakter von physikalischen Aussagen nicht allein von der subjektiven Unkenntnis herrührt, sondern dem Naturgeschehen selbst eingeprägt ist. Eine noch so genaue Beobachtung aller Fakten in der Gegenwart reicht prinzipiell nicht aus, um das zukünftige Geschehen vorherzusagen, sondern eröffnet nur ein bestimmtes Feld von Möglichkeiten, für deren Realisierung sich bestimmte Wahrscheinlichkeiten angeben lassen. Das zukünftige Geschehen ist also nicht mehr determiniert, nicht mehr festgelegt, sondern es bleibt in gewisser Weise *offen*. Das Naturgeschehen ist dadurch kein mechanistisches Uhrwerk mehr, sondern hat den Charakter einer *fortwährenden Entfaltung*. Die Schöpfung ist nicht abgeschlossen – die Welt ereignet sich in jedem Augenblick neu. Lassen Sie mich das noch etwas deutlicher machen.

Nach der klassisch-mechanistisch-atomistischen Vorstellung besteht die Welt aus einer großen Anzahl von nicht mehr weiter zerlegbaren, strukturlosen und unzerstörbaren Bausteinen, von irgendwelchen Atomen. »Atome« sollen hierbei nicht die Atome im engeren Sinne, die Bausteine der chemischen Elemente bedeuten, sondern irgendwelche kleinste Bausteine der Materie, wie etwa, was wir heute Elementarteilchen nennen. Atome bezeichnen also »Objekte« in einem bestimmten Sinne, die zeitlich unveränderlich sind, die über alle Zeiten hin mit sich selbst identisch bleiben. Die Zeit wird bei dieser Vorstellung als wesentliche Ordnungsstruktur von Anfang an vorgegeben. Das zeitlich Unveränderliche, das »Beharrende« spielt in dieser Vorstellung eine besondere Rolle und wird von uns unmittelbar als »Materie« begriffen. Die zeitlich unveränderlichen Bausteine der Materie verbürgen gewissermaßen die zeitliche Kontinuität unserer Welt.

Das Weltgeschehen besteht bei dieser Auffassung nur in einer komplizierten Durchmischung und Umordnung dieser vielen Atome. Diese Verwicklungen sind in einem mechanistischen Weltbild nicht zufällig, sondern gehorchen ganz bestimmten Gesetzen. Für die Erfassung der materiellen Wirklichkeit würde es deshalb unter diesen Umständen prinzipiell ausreichen, aus der genauen Kenntnis des Zustands der Welt zu einem bestimmten Zeitpunkt, z. B. im jetzigen Augenblick, prinzipiell das Vergangene voll zu rekonstruieren und das Künftige eindeutig vorherzusagen. Ich sage »prinzipiell«, denn praktisch wird es selbstverständlich gänzlich unmöglich sein, sich eine vollständige Kenntnis der Welt zu einem bestimmten Zeitpunkt zu verschaffen. Man würde also auch in diesem Fall praktisch mit der Ungewißheit leben müssen. Aber eine strenge Determiniertheit des Weltgeschehens würde – wenn man auch die belebte Welt und die Menschen mit in diese Gesetzmäßigkeit einbezieht – keine Freiheit des Handelns mehr zulassen. Das Weltgeschehen würde unbeeinflußbar wie ein Uhrwerk ablaufen. Darüber hinaus bestünde auch kein prinzipielles Verständnis dafür, was die »Gegenwart« als Zeitpunkt auszeichnet, was sie absolut bedeutet.

Nach den Vorstellungen der modernen Physik gibt es das Teilchen im alten Sinne nicht mehr, d. h. es gibt kein mit sich zeitlich identisches lokalisiertes Objekt. Das klassische Bild z. B. eines kräftefreien Elektrons, das sich mit einer konstanten Geschwindigkeit $\vec{v}$ von einem bestimmten Punkt A nach einem anderen Punkt B aufgrund der Bewegungsgleichungen der klassischen Mechanik auf einer geraden Bahn A → B bewegt, muß quantenmechanisch ganz anders interpretiert werden. Auch hier kann man in gewissem, abgeschwächtem Sinne von einem Ausgangszustand »Elektron am Punkt A mit Geschwindigkeit $\vec{v}$« sprechen. Die Abschwächung kommt in prinzipiellen Unschärfen dieser Zustandsfestlegung zum Ausdruck, wenn man sich der Sprache der klassischen Physik bedient, und ist unter dem Namen *Heisenbergsche Unschärferelation* bekannt. Eigentlich beinhaltet sie jedoch keine Unschärfe, sondern signalisiert nur die Unverträglichkeit, ein Elektron als »Objekt« im gewohnten Sinne zu betrachten. Die quantenmechanischen Gesetzmäßigkeiten bewirken nun aber nicht, daß das Elektron zu einem späteren Zeitpunkt einen entsprechenden Zustand an einem bestimmten Punkt B einnimmt, sie sagen vielmehr nur voraus, daß ein Zustand »Elektron« an irgendwelchen anderen Orten auftreten wird, und dies unter Angabe ganz bestimmter Wahrscheinlichkeiten. Gegenüber der klassischen Aussage beinhaltet dies ein enormes Mehrwissen. Es ist dieses *Mehrwissen*, was die klassische Definition eines Objekts verhindert. Diese losere Verkopplung der Ereignisse A und B zu verschiedenen Zeitpunkten hat nun die weitere wichtige Konsequenz, daß ein Elektron in der Gegend B wohl in gewisser Weise durch ein Elektron bei A bewirkt wird, aber dies ohne daß es ein Zwischenstück zwischen den beiden Ereignissen gibt, was zu einer Identifizierung der beiden Teilchen benutzt werden könnte und die Sprechweise erlauben würde, ein bestimmtes Elektron sei von A nach B geflogen.

Die quantenmechanischen Gesetze deuten also nicht auf eine Verwässerung der gesetzlichen Zusammenhänge hin, wie dies mit dem negativen Begriff einer »Unschärfe« sprachlich etwas unglücklich suggeriert wird und deshalb leicht Bestrebungen auf den Plan ruft, diesen

Mangel durch irgendwelche verborgenen Prozesse zu beseitigen, sondern spiegeln im Gegenteil ein enormes Mehrwissen wider, das gewissermaßen in der Vernetzung von »allem mit allem« seinen Ausdruck findet und letztlich eine Auftrennung des Gesamtsystems in Teilsysteme prinzipiell unmöglich macht. Dies ist eine zutiefst aufregende Erkenntnis.

Der Zusammenhang »von allem mit allem« ist nicht unqualifiziert. Er wird durch ein Möglichkeitsfeld beschrieben. Das Möglichkeitsfeld für das Auftreten des Teilchens ist »wellenartig«, d. h. es hat die Eigenschaft, daß bei Überlagerung von zwei Möglichkeiten diese sich nicht nur verstärken, sondern auch abschwächen können. Dies hat zur Folge, daß dieses nur statistisch festgelegte Kausalverhalten Ursache → Wirkung nun nicht zu einem völlig chaotischen dynamischen Verhalten führt. Die durch den Ausgangszustand bei A ausgelösten Möglichkeitswellen löschen sich nämlich im allgemeinen bei Überlagerung praktisch überall fast völlig aus, außer an ganz bestimmten Stellen, nämlich gerade dort, wo wir das Teilchen aufgrund einer klassischen Bahnvorstellung erwarten würden. Die kontinuierliche Verknüpfung der Punkte A nach B und ihre Bezeichnung als »Bahn eines bestimmten Teilchens« gelingt also nur aufgrund einer vergröberten Betrachtungsweise durch einen statistischen Mittelungsprozeß.

Aus quantenmechanischer Sicht gibt es also keine zeitlich durchgängig existierende objektivierbare Welt, sondern diese Welt ereignet sich gewissermaßen in jedem Augenblick neu. Die Welt erscheint hierbei als eine *Einheit*, als ein einziger Zustand, der sich *nicht* als Summe von Teilzuständen deuten läßt. Die Welt »jetzt« ist nicht mit der Welt im vergangenen Augenblick substantiell identisch. Aber die Welt »im vergangenen Augenblick« *präjudiziert* die Möglichkeiten zukünftiger Welten auf solche Weise, daß bei einer gewissen vergröberten Betrachtung es so *erscheint*, als bestünde sie aus Teilen und *als ob* bestimmte Erscheinungsformen, z. B. Elementarteilchen, Atome ihre Identität in der Zeit bewahren. Aus der Sicht der Quantenmechanik ist die Zukunft prinzipiell offen, prinzipiell unbestimmt; die Vergangenheit dagegen ist festgelegt, durch Fakten, die durch irreversible makroskopische Prozesse erzeugt werden. Sie wird dadurch objekthaft und ist in der Gegenwart dokumentiert. Oder eigentlich besser: Wir erfahren als Vergangenheit letztlich nur, was objekthaft und in der Gegenwart dokumentiert ist. Die Gegenwart bezeichnet den Zeitpunkt, wo Möglichkeit zur Faktizität, zur Tatsächlichkeit gerinnt. Eine Extrapolation in die Zukunft ist in wesentlichen Teilen prinzipiell nicht möglich.

Ich möchte diesen Gedanken, trotz der Komplexität des Sachverhalts, wegen seiner Wichtigkeit noch um eine Stufe genauer ausführen. Wir betrachten dazu die Welt zu einem bestimmten Zeitpunkt: der augenblicklichen Gegenwart. Sie enthält einerseits ein großes unbestimmtes Feld von möglichen Erscheinungsformen, die sich völlig unserer Kenntnis entziehen, andererseits eine Vielzahl von Objekten, welche die von uns wahrgenommene Welt im engeren Sinne ausmachen und die wir uns als geronnene, punktförmige Möglichkeiten veranschaulichen können. In unserer Beschreibung der Welt betrachten wir nun aber die Gegenwart nicht als isoliert, sondern – durch eine gedankliche Konstruktion – als eingeklemmt zwischen einer vorgestellten Zukunft im Sinne einer noch nicht vollzogenen Gegenwart, und einer vorgestellten Vergangenheit im Sinne einer bereits vollzogenen Gegenwart. Die Vergangenheit erscheint von diesem Standpunkt aus als klassische Extrapolation der in der Gegenwart wahrgenommenen Objekte. Auf ähnliche Weise wird auch der gegenwärtige Zustand in die Zukunft extrapoliert. Die Objekte, die Gerinnungspünktchen erscheinen in dieser zeitlichen Darstellungsweise gewissermaßen als durchgezogene scharfe Linien. Die antizipierte Zukunft enthält jedoch über die objekthaft vorgestellten Extrapolationen hinaus das weite Feld der noch nicht realisierten, der nicht zu Fakten geronnenen Möglichkeiten. Ein Fortschreiten der inhärenten Zeit bedeutet die Entfaltung einer jeweils neuen Gegenwart aufgrund von Bedingungen, die in der gerade verstrichenen Gegenwart angelegt sind. Der in der augenblicklichen Gegenwart ausgeprägte Zustand legt die Möglichkeiten und Präferenzen für die Ausformung des Zustands in der neuen Gegenwart fest. Aufgrund raffinierter Korrelationen von dynamischen Freiheitsgraden und konstruktiver Interferenz von Möglichkeitswellen werden neue Objekte realisiert.

Der Realisierungsprozeß von Möglichkeiten in der fortschreitenden Gegenwart findet nicht nur durch unsere Messungen statt, wo er dann als Kollaps des Wellenpakets bezeichnet wird, sondern ist auch ein unserer Welt eingeprägter natürlicher Prozeß, den wir als Evolution bezeichnen können und der mit der Ausbildung immer höherer Ordnungsstrukturen verbunden ist. Die Bildung solcher Ordnungsstrukturen verlangt Instabilitäten, damit winzig kleine mikroskopische Fluktuationen zu makroskopischen Strukturen mit ihrem im statistischen Mittel auftretenden objekthaften Charakter auswachsen können. Eine zeitliche Aneinanderreihung der Gegenwartsbilder führt zu einem Weltbild, nach dem der Evolutionsprozeß einem fortschreitenden Gerinnungsprozeß gleicht, einem fortschreitenden Objektivierungs- und Ordnungsprozeß. Es bildet sich gewissermaßen ein immer komplizierteres und weitverzweigteres objekthaftes Skelett heraus, das der Wirklichkeit im Verlauf ihrer Evolution eine festere, aber gleichzeitig auch differenziertere Form verleiht.

Wir halten also fest: Die zeitliche Kontinuität der Welt beruht nicht auf ihrem »objektiven« Charakter, daß also gewisse Objekte, Dinge, Materieklümpchen existieren, sondern daß der Welt eine gewisse »Erwartung« innewohnt, welche ihre zeitliche Entwicklung formt.

4. *Darstellung einer nicht-objekthaften Welt*

Es fällt uns schwer, die Welt und ihren Inhalt (»Dinge«), ihre Zustände uns nicht-objekthaft vorzustellen und zu beschreiben. Unser ganzes Begriffssystem, unsere Sprache ist ja auch auf einer »zeitlos gedachten« Struktur aufgebaut. Um sie trotzdem in ihrer »Erwartungs-Struktur« denken zu können, führen wir abstrakt den objekthaft klingenden Begriff eines »virtuellen Zustands« ein. Wir stellen diesen Zustand mathematisch formal durch einen Vektor in einem unendlich-dimensionalen Zustandsraum (Hilbertraum) dar. Seine jeweilige (im allgemeinen zeitlich veränderliche) Orientierung in diesem hochdimensionalen Raum beschreibt die *Erwartungshaltung*, seine Projektionen auf die verschiedenen Raumachsen die (im allgemeinen zeitlich veränderlichen) Wahrscheinlichkeiten für die möglichen Realisierungen. Dieser Zustandsvektor repräsentiert die ständige Erwartung und die zwingende Aufforderung, daß sich die Welt in irgendeiner Form in jedem Augenblick neu ereignet.

Durch den Kunstgriff, die Objekte der klassischen Vorstellung in der Quantenbeschreibung durch »Zustandsvektoren« zu ersetzen, wird jedoch die Objektivierbarkeit der Welt nicht wieder hergestellt. Dies ist eher ein Trick, mit dem wir die prinziellen Schranken, die uns unser Denken auferlegt, zu überwinden versuchen.

Diese Zustandscharakterisierung ist vergleichbar mit einer Vorgehensweise, wenn wir bei einer Münze die Wahrscheinlichkeit charakterisieren wollen, daß beim Wurf auf einen Tisch »Kopf« oder »Wappen« auftreten werden. Wir tun dies, indem wir dieser Münze einen Vektor $\vec{\Psi}$ der Länge 1 in einem zwei-dimensionalen Raum, also in einer Ebene, zuordnen. Liegt dieser Vektor in Richtung der Hauptdiagonalen, so besitzen seine Projektionen auf die $i = 1,2$ Koordinatenachsen denselben Wert $\Psi^i = \sqrt{1/2}$. Denn aufgrund des Satzes von Pythagoras gilt dann gerade für die Gesamtlänge des Vektors $\Psi_1^2 + \Psi_2^2 = 1$. Das Quadrat der Projektion $\Psi_i^2 = \frac{1}{2}$ auf die i^{te} Achse bezeichnet hier die Wahrscheinlichkeit, daß bei einem Wurf entweder $i = 1$, d. h. Kopf, oder $i = 2$, d. h. Wappen auftreten wird. Wir sehen an diesem Beispiel, daß der abstrakte Vektor das zukünftige statistische Verhalten der Münze beschreibt und streng determiniert. Dieser Vektor hat jedoch keine objektive Existenz, wie die materielle Münze selbst, sondern ist nur ein Abbild zukünftiger Ergebniserwartung beim Münzenwurf.

Der quantenmechanischen Wirklichkeit entspricht nun ein solcher abstrakter Vektor, aber – wegen der unendlich vielen Möglichkeiten – im allgemeinen in einem unendlich dimensionalen Raum, was einer Münze mit unendlich vielen Seiten entspräche, ohne jedoch mit einer materiellen Basis wie bei der materiellen Münze verbunden zu sein.

Die einzelnen Würfe unserer Münze sind (im Idealfall) völlig unabhängig voneinander, sie sind rein zufällig, sie werden durch kein Kausalgesetz miteinander verkoppelt. Trotzdem schält sich bei einer langen Wurffolge ein ehernes Gesetz heraus, nämlich daß bei unserer Münze Kopf und Wappen je mit einer Wahrscheinlichkeit von ½ vorkommt. Hier entsteht eigentümlicherweise Ordnung aus Zufall, aus Chaos.

Wie kann so etwas überhaupt geschehen? Das umgekehrte, daß nämlich Ordnung durch Vielfalt zum Chaos führt, ist uns eher geläufig und begreiflich.

Offensichtlich wird diese Ordnung durch eine »Verengung« der Wirklichkeit durch den Akt des Münzewerfens bewirkt. Die unendlich vielen unterschiedlichen durch einen Winkel charakterisierbaren, gleichberechtigten Orientierungen der Münze, welche die bei beliebig vielen

Würfen zufälligen Ausgangssituationen repräsentieren, werden beim Aufschlag auf den Tisch auf nur zwei verschiedene Lagen reduziert. Dadurch wird Ordnung erzeugt.

Der Vergleich mit dem Münzenwurf ist für die Beschreibung des eigentlichen Sachverhalts noch nicht ganz korrekt, er ist noch zu einfach. Die beim Wurf auftretenden Teilwahrscheinlichkeiten werden als Quadrate von positiven Projektionen, von positiven Amplituden beschrieben. In der Quantenmechanik ist dies nicht mehr der Fall. Hier werden die (positiven) Wahrscheinlichkeiten als Absolutquadrate von komplexwertigen Wahrscheinlichkeitsamplituden dargestellt. Die komplexwertigen Wahrscheinlichkeitsamplituden verhalten sich dann wie Wellen mit positiven und negativen Ausschlägen, die bei Überlagerung, bei Interferenz, sich verstärken oder schwächen und – was besonders wichtig ist – sich auch wechselseitig auslöschen, also zur gänzlichen Unterdrückung einer bestimmten Möglichkeit führen können. Im Gegensatz dazu kann eine Überlagerung der üblichen klassischen Wahrscheinlichkeiten nie zu einer Gesamtwahrscheinlichkeit Null führen, wenn nicht bestimmte Teilwahrscheinlichkeiten Null sind.

Auch ist nicht klar, was dem Gleichnis des Münzwurfs in unserem Bilde – also der plötzlichen Verengung der Wirklichkeit, ihrer Fixierung, durch den Akt des Wurfs – in der Physik entspricht. Dies hängt zusammen mit dem Akt einer Messung, die, wie man das ausdrückt, zu einem Kollaps des Wahrscheinlichkeitswellenpakets, oder, wie ich dies hier bezeichnet habe, zur Gerinnung des Möglichen zum Faktischen führt. Eine Messung setzt einen großen Apparat voraus, der sich im wesentlichen nach klassischen Gesetzen verhält, bei dem also die Effekte der Quantenphysik sich hinreichend ausgemittelt haben. Damit der Apparat aber überhaupt für eine Messung geeignet ist, muß er eine entsprechende Empfindlichkeit besitzen. Er stellt im allgemeinen ein hoch-instabiles System dar, das durch die zu messenden Effekte zum Kippen gebracht wird: Eine winzig kleine Ursache kann hier also eine Lawine, einen irreversiblen Prozeß in Gang setzen, an dessen Ende ein makroskopisches Dokument, ein Faktum steht, nämlich der durch den Meßapparat angezeigte Meßwert.

Diese Kipp-Prozesse, dieses Ingangsetzen von irreversiblen Prozessen mit makroskopischen Endstrukturen, passieren jedoch nicht nur beim Meßvorgang, sondern diese Verwandlung von Möglichem in Faktisches geschieht, wie schon erwähnt, auch ohne unser Zutun. Dieser stetige Gerinnungsprozeß verleiht der Zeit eine absolute Bedeutung. Der zeitliche Ablauf spiegelt einen fortlaufenden Ordnungsprozeß wider. Die Evolution ist somit eigentlich nicht in der Zeit, sondern Zeit und Evolution sind ihrem eingeprägten Charakter nach dasselbe. Die jeweilige Gegenwart bezeichnet die stetige Ausformung von Möglichem zu Tatsächlichem.

In der formellen Sprache einer Quantenfeldtheorie wird das Faktische durch einen mit klassischen Eigenschaften begabten Grundzustand beschrieben. Die dynamische Entwicklung der Möglichkeiten wird durch gewisse, von Zeit und Ort abhängige Quantenfeldoperatoren χ (x) ausgedrückt, die einer bestimmten zeitlichen Differentialgleichung gehorchen und die auf diesen Grundzustand wirken. Die Entwicklung des Universums vom sogenannten Urknall an entspricht einem Prozeß fortwährender Ausdifferenzierung und Strukturierung, die – in der Sprache der Quantenfeldtheorie – zu immer höheren Ordnungen des Grundzustandes und einer Verminderung seiner Symmetrie – oder einer spontanen Symmetriebrechung, wie man sagt – führen. Die in der Natur beobachteten verschiedenartigen Kräfte sind, nach heutiger Auffassung, eine Folge dieser Asymmetrie.

5. *Die Evolution als Ordnungsprozeß*

Ich habe die Entwicklung des Universums und ihrer Ausprägungen, zu denen insbesondere die Evolution des Lebens auf unserer Erde gehören, als Ordnungsprozeß beschrieben. Um Mißverständnisse zu vermeiden, sollte ich einiges darüber sagen, was ich in diesem Zusammenhang unter Ordnung und ihrem hierarchischen Gefüge verstehe.

Im gewöhnlichen Sprachgebrauch bezeichnen wir meistens mit Ordnung, wenn etwas eine hohe Regelmäßigkeit aufweist. Eine hohe Regelmäßigkeit erzeugt auch eine bessere Übersichtlichkeit, da wir gewissermaßen »mit einem Blick« die Situation oder Struktur erfassen können. Dies empfinden wir als angenehm, und deshalb mögen wir diese »Ordnung«. So erscheinen uns die Atome in einem Einkristall viel höher geordnet zu sein als etwa die Atome in einer DNA-Doppelhelix. Denn bei einem kubischen Einkristall brauchen wir letztlich nur einen winzig kleinen Teil des Gesamtkristalls zu kennen – nämlich die würfelartige Elementarzelle des Kristalls –, um dann, durch gedankliche Verschiebung dieses Elementarwürfels in alle drei Raumrichtungen, die Struktur des Gesamtkristalls zu erfassen. Die hohe Regelmäßigkeit erleichtert uns also enorm, vom Detail auf das Ganze zu schließen. Im Gegensatz dazu hilft uns das Studium eines kleinen Details der DNA praktisch gar nichts, um Aufschluß über das ganze Ketten-

GRENZEN DER MENSCHHEIT

Johann Wolfgang von Goethe

Wenn der uralte,
Heilige Vater
Mit gelassener Hand
Aus rollenden Wolken
Segnende Blitze
Über die Erde sät
Küß ich den letzten
Saum seines Kleides,
Kindliche Schauer
Treu in der Brust.

Denn mit Göttern
Soll sich nicht messen
Irgendein Mensch.
Hebt er sich aufwärts
Und berührt
Mit dem Scheitel die Sterne,
Nirgends haften dann
Die unsicheren Sohlen,
Und mit ihm spielen
Wolken und Winde.

Steht er mit festen,
Markigen Knochen
Auf der wohlgegründeten
Dauernden Erde
Reicht er nicht auf,
Nur mit der Eiche
Oder der Rebe
Sich zu vergleichen.

Was unterscheidet
Götter von Menschen?
Daß viele Wellen
Vor jenen wandeln,
Ein ewiger Strom:
Uns hebt die Welle,
Verschlingt die Welle
Und wir versinken.

Ein kleiner Ring
Begrenzt unser Leben,
Und viele Geschlechter
Reihen sich dauernd
An ihres Daseins
Unendliche Kette.

Abb. 1: Goethes Gedicht für den Sprachkundigen

TIVMAM WVI NVMHXSSVRG

Qlszmm Dloutzmt elm Tlvgsv

Dvmm wvi fizogv,
Svrortv Ezgvi
Nrg tvozhhvmvi Szmw
Zfh iloovmwvm Dlopvm
Hvtmvmwv Yorgav
:Fyvi wrv Viwv h:zg
P:fhh rxs wvm ovgagvm
Hzfn hvrmvh Povrwvh,
Prmworxsv Hxszfvi
Givf rm wvi Yifhg.

Wvmm nrg T:lggvim
Hloo hrxs mrxsg nvhhvm
Ritvmwvrm Nvmhxs.
Svyg vi hrxs zfud:zigh
Fmw yvi:fsig
Nrg wvn Hxsvrgvo wrv Hgvimv,
Mritvmwh szugvm wzmm
Wrv fmsrxsvivm Hlsovm,
Fmw nrg rsn hkrvovm
Dlopvm fmw Drmwv.

Hgvsg vi nrg uvhgvm,
Nziprtvm Pmlxsvm
Zfu wvi dlsotvti:fmwvgvm
Wzfvimwvm Viwv
Ivrxsg vi mrxsg zfu,
Mfi nrg wvi Vrxsv
Lwvi wvi Ivyv
Hrxs af evitovrxsvm.

Dzh fmgvihxsvrwvg
T:lggvi elm Nvmhxhvm?
Wzhh ervov Dvoovm
Eli qvmvm dzmwvom,
Vrm vdrtvi Hgiln:
Fmh svyg wrv Dvoov,
Evihxsormtg wrv Dvoov
Fmw dri evihrmpvm.

Vrm povrmvi Irmt
Yvtivmag fmhvi Ovyvm,
Fmw ervov Tvhxsovxsgvi
Ivrsvm hrxs wzfvimw
Zm rsivh Wzhvrmh
Fmvmworxsv Pvggv.

Abb. 2: Goethesches Gedicht für den Analphabeten, symbolisiert durch »Spiegelung« der Buchstaben A ↔ Z, B ↔ Y usw.

molekül zu erhalten, da wir keine offensichtlichen Regelmäßigkeiten ausmachen können. Hier müßten Legionen von Genforschern angesetzt werden, um die Gesamtstruktur zu ermitteln.

Lassen Sie mich ein anderes Beispiel verwenden, das uns noch geläufiger ist. Nehmen wir ein Gedicht – etwa das Gedicht *Grenzen der Menschheit* von *Goethe* (s. Abb. 1).

AAAaaaaaaaaaaaaaaaaaaa
BBBbbbbb
Cccccccccccccccccccc
DDDDDDdddddddddddddddddddddddddddddd
EEEEEEEEEEeeeeeeeeeeeeeeeeeeeeeeeeeeeeeeeeeeeeeeeeeeeeeeeeee
eeeeeeeeeeeeeeeeeeeeeeeeeeeeeeeeeeeeeeeeeeeeeeeeeeeeeeeeeeeeee
ffffff
GGGGGgggggggggggggg
HHHHhhhhhhhhhhhhhhhhhhhhhhhhhhh
Iiiiiiiiiiiiiiiiiiiiiiiiiiiiiiiiiiiiiiiiiiiiiiiiiiiiiii
Jj
KKKKKkkkk
Llllllllllllllllllllllllllllllll
MMMMMMmmmmmmmmm
NNNNNnnnnnnnnnnnnnnnnnnnnnnnnnnnnnnnnnnnnnnnnnnnnnnnn
nnnnnnnnnnnnn
Oooooooooooooooo
P
RRRRRRrrrrrrrrrrrrrrrrrrrrrrrrrrrrrrrrrrrrrrrrrr
SSSSSSSSSSssssssssssssssssssssssssssssssss
TTtttttttttttttttttttttttttttttttttttttt
UUUuuuuuuuuuuuuuuuuuuuu
VVVvvvvvv
WWWWWWWWWwwwwww
Zzzzz
…
,,,,,,,,,,
??:

Abb. 3: Goethesches Gedicht bei »Ordnung nach Buchstaben«

Wenn wir nicht lesen können, so würde uns die Anordnung der Buchstaben in diesem Gedicht völlig chaotisch, also völlig ungeordnet vorkommen (s. Abb. 2).

Wegen seiner Unregelmäßigkeit können wir nichts begreifen. Wir könnten deshalb vielleicht auf den Gedanken kommen, hier zunächst einmal »etwas Ordnung zu schaffen« (s. Abb. 3), indem wir etwa die Buchstaben alphabetisch ordnen: Wir schreiben also alle As in die erste Zeile, die Bs in die zweite usw. und zählen sie ab. Noch ordentlicher erschiene es uns, wenn wir sogar auf eine Unterscheidung der Buchstaben verzichten könnten.

Bei diesen Beispielen ist ganz offensichtlich, daß ein DNA-Riesenmolekül oder ein Gedicht, in einem abstrakteren Sinne, extrem hochgeordnete Systeme darstellen, denn in beiden ist eine hochkomplexe Information verschlüsselt. Das DNA-Molekül enthält ja den Code für die Entwicklung eines hochdifferenzierten Lebewesens, das Gedicht vermittelt auf höchst subtile und symbolische Weise etwas von uns und unserer Beziehung zur Mitwelt. Diese Ordnung zerstören wir aber gerade, wenn wir die DNA nach Atomen und das Gedicht nach Buchstaben »ordnen«.

Die Entwicklung unseres Universums und des Lebens auf unserer Erde hat etwas mit der stetigen Herausbildung solch höherer Ordnungsstrukturen zu tun. In der Metapher des Gedichts hieße dies: Es bilden sich zunächst Linien, die sich zu Buchstaben formen. Diese differenzieren sich zu verschiedenartigen Buchstaben aus, die sich zu Worten zusammensetzen. Worte erreichen damit eine höhere Ordnungsstufe, die ein einzelner Buchstabe nicht erreichen kann. Und so geht das weiter, Stufe um Stufe: Verschiedene Worte formieren sich zu Sätzen, verschiedene Sätze zu Gedichten, verschiedene Gedichte zu einem Buch. Wir sehen: Die Ausbildung höherer Ordnungsstrukturen erfordert als Voraussetzung immer eine gewisse Vielfalt von niedrigeren Ordnungsstrukturen.

Ein kubischer Einkristall ist in dieser Ordnungshierarchie ein primitiver Ordnungszustand. Er ist sehr regelmäßig oder, wie man in der Physik auch sagt, er ist hochsymmetrisch. Unter Symmetrie versteht man hierbei die Eigenschaft etwa eines Körpers, die mit der Vielzahl der Möglichkeiten zusammenhängt, ihn durch eine Operation – zum Beispiel eine Verschiebung oder eine Drehung – mit sich selbst zur Deckung zu bringen. In diesem Sinne ist z. B. eine Kugel hochsymmetrisch, denn bei Drehungen um beliebige Achsenrichtungen und beliebige Drehwinkel wird eine Kugel in ihre ursprüngliche Ausgangsform überführt. Der kubische Einkristall mit seinem würfelartigen Grundgitter hat vergleichsweise eine etwas geringere Symmetrie, da er nur bei Drehung um eine der drei rechtwinklig zueinander stehenden Hauptachsen und dann nur bei einem Drehwinkel um 90° in sich übergeht. Ein DNA-Riesenmolekül ist in diesem Sinne ganz asymmetrisch, da es bei ihm keine oder fast keine Wiederholungen gibt.

Was wir also landläufig unter Ordnung verstehen, hat mehr mit Regelmäßigkeit oder eben mit Symmetrie zu tun. Je höher die Ordnung, umso geringer die Symmetrie. Die Umkehrung: je geringer die Symmetrie, umso höher die Ordnung, gilt aber nicht. Das eigentliche Chaos, zum Beispiel in einem willkürlich aus verschiedenen Buchstaben und Worten zusammengewürfelten Gedicht, zeigt keine Ordnung. Die Schwierigkeit besteht allerdings darin, daß ein Analphabet den Unterschied zwischen diesem Chaos und der Ordnung eines Gedichts nicht erkennen kann. Er gerät deshalb leicht in die Versuchung, die ihn umgebenden Strukturen seinen nur unzureichend entwickelten Denkstrukturen, seinem Analphabetismus, anzupassen, um sie – wie beim Ordnen der Buchstaben des Gedichts – für ihn einsehbar und übersichtlich zu machen. Und nicht nur das, dies hat auch Vorteile für ihn: Eine stärker ausgerichtete Struktur, eine einfältige Struktur ist viel einfacher manipulierbar, sie ist der ideale Boden für Kraftverstärkung und Machtentfaltung.

Das Überraschende bei der Betrachtung der Natur ist, daß sie – entgegen einer primitiven Ausdeutung der Darwinschen These «Survival of the fittest«, das oft im Sinne eines »Überleben des Stärkeren« und nicht als »Überleben des besser Angepaßten« interpretiert wird – in ihrer Evolution des Lebendigen nicht eine vermehrte Machtentfaltung durch Gleichschaltung oder Unterdrückung anzustreben sucht, sondern vielmehr versucht, durch ein immer raffinierteres Zusammenspiel, ihre Ordnungen höher zu entwickeln und ihre Formen »lebendiger« zu machen. Durch diesen Kunstgriff gelingt es ihr, die Zahl ihrer Optionen und damit ihre, für die Anpassung wesentliche Flexibilität zu vergrößern. Genauer betrachtet strebt die Natur dieses Ziel nicht absichtlich an, sondern auf dem langen Wege über »Versuch und Irrtum« bleiben langfristig nur die Strukturen übrig, welche eben diese Flexibilität besitzen.

Die analytische Betrachtungsweise der Naturwissenschaften, die auf die Details und ihr Zusammenwirken konzentriert ist, ist relativ ungeeignet für die Beschreibung von Ordnungsstrukturen, die mehr einer ganzheitlichen und im Sinne von Bohr komplementären Betrachtungsweise zugänglich sind. Durch eine statistische Charakterisierung von Systemen versuchen wir hier eine Brücke zu schlagen. Der Begriff der »Entropie«, oder besser seines Negativen, der »Syntropie«, bietet sich hier als ein äußerst grobes Maß der Ordnung an. Mit Begriffen wie dem des »Informationsinhalts« versuchen wir in der Informationstheorie, diese Ordnungsbegriffe weiterzuentwickeln. Es ist aber offensichtlich, daß weit genauere Maße eigentlich nötig wären, um die Ordnungsstruktur etwa eines Goethegedichts oder eines Gens angemessen zu erfassen. Es ist uns nicht viel damit gedient, die Syntropie des aus 834 Symbolen geschriebenen Goethegedichts mit 2616 anzugeben – was übrigens der unvorstellbar kleinen statistischen Wahrscheinlichkeit von 10^{-1136} entspricht –, und darauf hinzuweisen, daß diese auf 2475 absinkt – entsprechend einer etwas geringeren, nämlich um 61 Zehnerpotenzen kleineren Wahrscheinlichkeit von 10^{-1075} –, wenn wir es nach Buchstaben »ordnen« würden. Für die DNA-Moleküle würden noch extrem kleinere Zahlenwerte für ihre statistische Wahrscheinlichkeit herauskommen. Daß solch statistisch extrem unwahrscheinlichen Erscheinungsformen überhaupt faktisch auftreten, liegt selbstverständlich daran, daß sie nicht das Ergebnis eines langwierigen Würfelspiels sind, sondern das Ergebnis komplizierter und komplexer Selbstorganisationsprozesse, die fern vom thermodynamischen Gleichgewichtszustand ablaufen und für die deshalb die statistischen Berechnungen wenig sinnvoll sind. Es ist durchaus möglich, daß es prinzipiell keine geeigneten Möglichkeiten gibt, die Ordnungsqualität einer komplexen Struktur kompakt zu erfassen, da das Charakteristikum des Komplexen – im Gegensatz zum nur Komplizierten – ja gerade darin liegt, daß es sich nicht auf Einfacheres reduzieren läßt.

6. *Bedeutung der modernen Physik für unsere Alltagswelt*

Manche von Ihnen werden sich vielleicht während meiner letzten Ausführungen gefragt haben, warum diese Spitzfindigkeiten der modernen Physik, diese Kuriositäten der komplizierten Welt des Allerkleinsten, für uns in unserem Alltagsleben überhaupt von Bedeutung sein sollen. Denn durch die Erkenntnisse der Quantenphysik sind selbstverständlich die uns so geläufigen Vorstellungen einer objektivierbaren Materie und ihres mechanistisch-deterministischen Verhaltens nicht ganz unbrauchbar geworden. Ich habe ja schon darauf hingewiesen, daß diese deterministische Struktur unserer Wirklichkeit gewissermaßen wie ein Skelett eingeprägt ist. Dieses deterministische Verhalten der Materie ergibt sich nämlich für die meisten Objekte unseres Alltags trotz quantenmechanischer Grundstruktur als extrem gute Näherung. Für diese im Vergleich zu Atomdimensionen riesengroßen Systeme mittelt sich nämlich das unbestimmte Verhalten der einzelnen Atome, aufgrund ihrer großen Anzahl, fast gänzlich heraus. Es ist hier etwa so, als ob wir jeweils gleichzeitig etwa 10^{24} Münzen auf den Tisch werfen würden. Nach der Wahrscheinlichkeitstheorie würden in diesem Fall mögliche Abweichungen vom exakten gleichen Auftreten von Kopf und Wappen nur etwa $1/\sqrt{10^{24}} \times 100\% = 10^{-10}\%$, also ein zehnmilliardstel % betragen. Die prinzipiell zeitlich offene Struktur der Naturgesetzlichkeit ist also für makroskopische Systeme, für Gegenstände unserer gewohnten Umgebung, durch die fast vollständige statistische Ausmittelung völlig verdeckt und sollte deshalb für unseren Alltag keinerlei Bedeutung haben. Man stellt nun allerdings fest, daß selbst im streng deterministischen Fall – also im Rahmen der klassischen Mechanik, wo streng deterministische Gesetze gelten – unter geeigneten Umständen es nicht mehr möglich ist, aus einer gegebenen Anfangssituation die zukünftige Entwicklung vorherzusagen: Das Berechenbare kann unberechenbar werden! Solche Verhältnisse können auftreten, wenn mechanische Systeme »nichtlinear rückgekoppelt« werden, d. h. wenn eine Endkonfiguration eines Systems dem System als neue Anfangskonfiguration eingefüttert wird, was eine neue Endkonfiguration erzeugt, die wieder eingefüttert wird, und so in unendlicher Folge. Solche Systeme können, trotz ihrer prinzipiell deterministischen Struktur, ein völlig unvorhersagbares, chaotisches Verhalten entwickeln. Dynamische Systeme dieser Art werden heute von vielen Wissenschaftlern an großen Computern simuliert und studiert. Ihr mögliches chaotisches Verhalten hängt mit Instabilitäten des dynamischen Systems zusammen, was dazu führt, daß winzig kleine Abweichungen in der Anfangskonfiguration zu völlig anderen Endkonfigurationen führen. In diesem Fall gilt dann nicht mehr die für unsere täglichen Planungen eigentlich unentbehrliche Grunderfahrung, daß ähnliche Ursachen auch zu ähnlichen Folgen führen.

Die Untersuchungen von Prigogine und anderen an stark gekoppelten chemischen und biologischen Systemen, die aufgrund äußerer Einflüsse weit aus ihrer thermodynamischen Gleichgewichtslage herausgedrückt sind, zeigen, daß solche sogenannten dissipativen Systeme die Möglichkeit zu verschiedenartigen Entwicklungen erlangen, die von unmerklich kleinen Schwankungen gesteuert werden. Es ist deshalb vielleicht erlaubt zu sagen, daß die im Mikroskopischen prinzipiell angelegte Entfaltung neuer Möglichkeiten in solchen besonderen Situationen der üblichen statistischen Ausmittelung entkommen und auf diese Weise zur makroskopischen Ebene durchstoßen können. Entscheidend ist hierbei die nichtlineare Rückkopplung, daß Endkonfigurationen wieder zum Anfang zurückkehren. Unter gewissen Bedingungen gelingt solchen Systemen eine Selbstorganisation, aufgrund derer im Laufe der Zeit sich immer höhere Ordnungsstrukturen entwickeln können. Dieses Verhalten könnte deshalb den entscheidenden Schlüssel zum Verständnis des Lebendigen liefern und den Weg zu einer Beschreibung des Lebens im Rahmen einer allgemeinen Theorie der Materie öffnen.

Der große Erfolg der Naturwissenschaften beruht darauf, daß sich die vielfältigen Naturphänomene auf einige sehr einfache dynamische Grundgesetze zurückführen ließen und die Komplexität der Phänomene der komplexen Vielfalt der kontingenten Rand- und Anfangsbedingungen, die nicht weiter hinterfragt wurden, zugeschoben werden konnte. Bei selbstbezüglichen Systemen erhalten jedoch die bisher kontingenten Anfangsbedingungen eine dynamische Bedeutung, da nur einige von ihnen – eben die geeignet hochgeordneten – sich zeitlich hinreichend stabilisieren. Aufgrund der immer noch verbleibenden, bei höheren Ordnungsstrukturen ungeheuer großen Anzahl von Möglichkeiten, erscheint es jedoch außerordentlich unwahrscheinlich, daß hier je einfache Erklärungen für die speziell vorgefundene Evolution gefunden und formuliert werden können.

Ich sollte vielleicht betonen, daß die Offenheit zukünftigen Geschehens, wie es die Quantenmechanik erlaubt, noch nicht ausreicht zu verstehen, wie die für ein echt freies Handeln notwendige Fähigkeit entstehen könnte, unter den vielen möglichen Entwicklungen bewußt und gewollt ganz bestimmte auszuwählen und zu bevorzugen, also die Wahrscheinlichkeiten für mögliche Optionen, welche die Quantenmechanik noch festlegt, nun ihrerseits aus dem gesetzlichen Zwang zu befreien. Vielleicht entpuppt sich diese von uns so unmittelbar empfundene Freiheit des Handelns, die bewußte Beeinflussung zukünftigen Geschehens, als eine statistische Schwankung innerhalb des statistisch fest vorgegebenen Rahmens? Interessant dabei ist jedenfalls, daß die Frage, ob dies so sei oder nicht so sei, wegen der ungeheuren großen Zahl von Optionen prinzipiell gar nicht mehr entscheidbar ist. Vielleicht deutet sich hier eine gewisse Parallele zur Heisenbergschen Unschärferelation an – die ja die meßtechnischen Gründe angibt, warum die quantenmechanischen Gesetzmäßigkeiten nicht mit dem klassischen Verhalten von Meßapparaten in Konflikt kommen – und sollte als Hinweis dafür gedeutet werden, daß eine weitere Aufweichung der Kausalverknüpfung in Richtung weiterer Offenheit mit allem, was wir heute wissen, sehr wohl verträglich sein könnte.

7. *Abschließende Bemerkungen zur Einheit der Wissenschaften*

Lassen Sie mich zum Abschluß einige Punkte meiner Ausführungen in Bezug auf die von uns hier interessierende Frage einer »Einheit der Wissenschaften« zusammenfassen. Ich kann dies selbstverständlich in der hier gebotenen Kürze nur auf eine recht grobe Weise tun.

Wissen und Erfahren setzt eine Schichtung der Wirklichkeit in einer gerichteten Zeit voraus. Eigentliche Erfahrung ist nur in der jeweiligen Gegenwart möglich. Alle unsere Aussagen sind in der Zeit, sind auf Zeit bezogen. Die Zukunft bestimmt das Mögliche, die Vergangenheit das unwiderruflich Faktische, also das, was in der uns allein zugänglichen Gegenwart als Tatsachen dokumentiert ist. Durch Wissen werden Erfahrungen in der Vergangenheit und mögliche Erfahrungen in der Zukunft auf Erfahrungen in der jeweiligen Gegenwart bezogen. Fruchtbares Wissen setzt eine gesetzliche Beziehung zwischen den zeitlichen Schichten der Wirklichkeit voraus, die wir als Kausalstruktur begreifen.

Die durch unser rationales Denken erfaßbare, durch unsere Sprache ausdrückbare und durch unsere Wissenschaften beschreibbare Wirklichkeit ist nur ein jeweils projektives Abbild einer wesentlich umfassenderen und reicheren Wirklichkeit, die sich in ihrer Gesamtheit unserer Erkenntnis entzieht. Sie bildet – nach den Erkenntnissen der modernen Physik – eine Einheit. Bei Unterdrückung gewisser Verbindungen, insbesondere solcher, durch die das beobachtende Subjekt mit seiner Mitwelt verknüpft ist, läßt sich diese Einheit aufbrechen und näherungsweise als ein *aus Teilen bestehendes Ganzes* auffassen. In dieser Form wird die Wirklichkeit unserem fragmentierenden Denken und unserer begrifflichen Sprache zugänglich und beschreibbar. Wesentlich sind dabei gewisse Ordnungsstrukturen, die sich als Invarianten oder Fastinvarianten durch die zeitliche Schichtung hindurchschieben. Sie werden als »Substanz« wahrgenommen und dienen wesentlich als geeignetes Bezugsgerüst bei dieser Beschreibung. Diese Ordnungsstrukturen entwickeln sich in der Zeit. Umgekehrt spiegelt sich die evolutionäre Zeit in ihnen.

Jede Wissenschaft ist ein Versuch, die unfaßbare Einheit der Wirklichkeit durch Strukturierung nach bestimmten Kriterien, die einen Eingriff in diese Einheit und geeignete Durchtrennungen von Beziehungen erfordert, begreifbar zu machen. Solche Eingriffe führen notwendigerweise zu einer qualitativen Umbewertung sowie einer Auswahl und Beschränkung der durch sie prinzipiell erfaßbaren Phänomene. Das Wissen der verschiedenen Wissenschaften ist deshalb nur begrenzt aufeinander abbildbar. Auch in ihren überlappenden Bereichen ordnen die Wissenschaften die Wirklichkeit auf verschiedene Weise und mit unterschiedlicher Schärfe, so wie wir dies von zwei verschiedenen Sprachen – besonders solchen, die, wie etwa die indogermanischen und indianischen Sprachen, aus vollkommen verschiedenen Sprachwurzeln stammen – her kennen. Doch kann das Wissen verschiedener Wissenschaften darüber hinaus auch komplementär einander gegenüberstehen und – ähnlich wie in der Dualität von Teilchen und Wellen in der Quantenphysik – verschiedenartige und durch die verschiedene Betrachtungsweise nicht mehr objektiv aufeinander beziehbare Seinsstrukturen offenbaren.

All dies führt dazu, daß die verschiedenen Wissenschaften, in ihrer Gesamtheit betrachtet, mehr zum Ausdruck bringen können, als zunächst aus der Summe des von ihnen gesammelten Wissens zugänglich erscheint. Es ist unmöglich, das von den Wissenschaften gesammelte Wissen auch nur ansatzweise in einem einzigen Kopfe zusammenführen zu wollen. Im Gegenteil: Ein solches Bestreben verführt geradezu dazu, daß Wissen nur noch in hochabstrakter Form und als totes Material in unzähligen Gehirnfächern gespeichert wird, das – ähnlich wie in einem Computer – nur beim genau richtigen Codewort abrufbar wird und als Produkt nur die ursprünglich abgespeicherte Antwort liefert. Wissen, um allgemein brauchbar und für reale Situation anwendbar zu sein, muß offen und flexibel sein. Es reicht nicht aus, nur zu wissen, was unter ganz bestimmten Umständen oder unter gewissen Prämissen richtig ist. Für eine fruchtbare Erfahrung ist es vielmehr wesentlich, die Form der Einbettung des Richtigen in das Falsche, gewissermaßen die kausale Topologie der Wissensstruktur, zu kennen. Wissen hat im Grenzfall der absoluten Exaktheit keine praktische Relevanz, weil Exaktheit nur für das hinreichend Isolierte möglich ist und eben dieses die Herauslösung aus dem Kontext verlangt, durch den erst eine Bewertung der Relevanz möglich wird.

In der Einheit der Wissenschaften müssen wir versuchen, den komplementären Erfordernissen von Exaktheit und Relevanz gleichermaßen Rechnung zu tragen und sie geeignet miteinander in Einklang zu bringen. Dadurch, daß wir als Menschen nicht nur die Fähigkeit haben, durch den Akt des Bewußtwerdens die Welt rational von außen zu betrachten, sondern gleichzeitig auch in der ursprünglichen unauftrennbaren Einheit der Wirklichkeit selbst stehen, ist Erfahrung wohl in einem allgemeineren Sinne möglich als im herkömmlichen Sinne von Wissen, das sich noch durch eine gewisse Begrifflichkeit und vermittelbare Ausdrucksform auszeichnet. Aus diesem Grunde wird auch eine Zusammenschau des möglichen Wissens, das vielleicht mit der Suche nach einer »Einheit der Wissenschaften« angestrebt werden soll, wegen der prinzipiellen Grenzen des Wißbaren nicht das ganze – vielleicht sogar nicht einmal das wesentliche – Potential möglicher menschlicher Erfahrung ausschöpfen können und deshalb auch eine entsprechende Bescheidenheit, was seinen Wahrheits- und Gültigkeitsanspruch betrifft, erfordern.

Summary

Scientific knowledge is contrasted with experience of reality in the most general sense. Because knowledge necessarily requires certain predispositions and preconditions imposed by the fragmenting structure of our thinking and the selective character of our methods of observation, which themselves are not subject to this knowledge, the »reality« established by scientific knowledge represents only a projective and qualitatively different image of a generally perceived much richer and more extensive »reality as such«. Modern physics has revealed that there does not exist an »objective reality evolving in time« but only a potentiality of various realisations which coagulate arbitrarily with certain probabilities into specific objectivity at any instance of time. The future, in principle, is open, undetermined. Predictability of future events is only possible on statistical average for appropriate aggregates. The evolution of the universe and of life on earth can be understood as a continuous coagulation process towards »real« higher order structures which reflect and simulate the »potentially« intrinsic structural abundance.

Zum kommunikationsorientierten Verständnis der Einheit der Wissenschaften

HANS-PETER KRÜGER

Wer heute von der Einheit der Wissenschaften spricht, setzt sich dem Verdacht aus, der errungenen Vielfalt von Wissenschaften die Zwangsjacke der »Einheitswissenschaft« anlegen zu wollen. Wäre ein solcher Reduktionismus gemeint, so würden Wissenschaften (im Plural) zerstört. Es macht keinen Sinn, von der Einheit zu sprechen, wenn es außer dieser nichts gibt, worauf bezogen sie Einheit ist, eben Einheit des Vielfältigen. Aber auch das Umgekehrte gilt: Vielfältig ist etwas bezogen auf eine Einheit. Anderenfalls rutschte das Vielfältige ins Bestimmungslose, Beliebige und Gleichgültige ab. Es handelte sich nicht mehr um die Vielfalt der Wissenschaft (im Singular) im Unterschied zu anderen Phänomenen. Die allgemeine Wissenschaftstheorie hat bis zu ihrer Selbstaufgabe beide Extreme durchlaufen: die physikalistische Reduktion der Vielfalt der Wissenschaften einerseits und die anarchistische Beschwörung der Vielfalt bis ins Bestimmungslose, Beliebige und Gleichgültige andererseits.[1]

Akzeptiert man, die Einheit durch Vielfalt und die Vielfalt durch Einheit nicht ersetzen zu können, fragt sich, ob die Einheit der Wissenschaften inhaltlich aus der Einheit ihrer Gegenstände begründet werden kann. So unterstellen gegenstandsbezogene Klassifikationen der Wissenschaften letztlich eine Welt an sich seiender Gegenstände, die in ihrer wissenschaftlichen Aneignung solche für uns werden sollen. Aber wer könnte sich nach Kants Systematisierung der Kopernikanischen

1 Vgl. M. Carrier u. J. Mittelstraß, »Die Einheit der Wissenschaft«, in: Akademie der Wissenschaften zu Berlin, *Jahrbuch 1988* (Berlin/New York, 1989), S. 93 – 118, sowie B. Gräfrath, R. Huber u. B. Uhlemann, *Einheit, Interdisziplinarität, Komplementarität: Orientierungsprobleme der Wissenschaft heute* (Manuskript; Berlin, 1990).

Wende noch eine solche Ontologie an sich seiender Gegenstände anmaßen? Diese Ontologie müßte aus einer gottähnlichen Beobachterperspektive entworfen werden, soll sie nicht die ständige inhaltliche Entwicklung der Wissenschaften blockieren. Das Alltagsbewußtsein, auch das der positiv disziplinarisierten Wissenschaftler, mag sich durch an sich seiende Gegenstände imponiert fühlen, d. h. durch seine eigene Projektion im Unterschied zu sich selbst. Dieses Alltagsbewußtsein wird aber auch in seinen Aussagen nicht seinem *Dasein im Tun* entkommen. Selbst die Gegenstände, die man am ehesten als von der Natur aus vorgegebene bezeichnen kann, können nicht anders als in der Tätigkeit von Subjekten angeeignet werden, d. h. schließlich als Objekte. So ist auch für die Wissenschaften von der äußeren Natur die Produktion von Artefakten charakteristisch geworden, aus der heraus nur bedingt Rückschlüsse auf die von der menschlichen Tätigkeit unabhängige Natur gezogen werden können. Die Sozial- und Geisteswissenschaften hatten es von vornherein mit Gegenständen der soziokulturellen Produktion zu tun, der sie selbst angehören. Ihr paradigmatisches Problem einer ständigen Selbstreferenz hat in gewissem Maße auch in den Naturwissenschaften Einzug gehalten, insofern in diesen die Beobachter- und Theorienabhängigkeit der Daten und Aussagen bewußt geworden ist. Derzeit sind für die Überwindung des gegenstandsbezogenen Gegensatzes zwischen den Natur- und Geisteswissenschaften wohl die Wissenschaften von unserer eigenen Natur am interessantesten. In der soziokulturellen, darunter wissenschaftlichen Produktion können wir nur realisieren, was strukturell unserer Natur möglich ist. Dadurch wird diese wiederum verändert, aber bis zu welchen anthropologisch kritisch werdenden Grenzen ist dies möglich?[2]

Unter den Zugängen zur Einheit der Wissenschaften sind offenbar diejenigen vielversprechender, die diese Einheit nicht inhaltlich im Sinne einer Ontologie objektiv realer Gegenstände präjudizieren, sondern aus der Form subjektiven Daseins in seiner Tätigkeit entwickeln. Seit Kants selbstkritischer Bestimmung der Grenzen unserer Erkenntnisvermögen sind wir, krummes Menschenholz, von zwei quasi a-menschlichen Überanstrengungen emanzipiert worden; einerseits der Überanstrengung,

2 Vgl. T. v. Uexküll u. W. Wesiack, *Theorie der Humanmedizin* (München, 1988).

eine gottgleiche Beobachterposition der objektiven Realität einzunehmen, andererseits der, uns möglichst in Staub zu verwandeln, um so am besten Aussagen über Staub verifizieren zu können. Das, was wissenschaftliche Erkenntnis auszeichnen soll, ihre Objektivität, ist ein Prozeß der Objektivierung. Und: Objektivierung geht aus der *Selbst*erkenntnis der Tätigkeiten des Subjekts hervor. Sie bleibt daran stets von neuem gebunden.

In etwas freier, den »linguistic turn« berücksichtigender Lesart des öffentlichen Gebrauchs der Vernunft (Kant) weiter gesprochen: Wir sind gegenüber Gegenständen und gegenüber Traditionen religiöser oder ideologischer Art *freier* als wir dachten, aber wir tragen gerade deswegen in unserer *Selbst*produktion Verantwortung für das, was wir im inter-subjektiven Aushandeln als den Geltungsanspruch auf Objektivität begründen können. Die Forderung nach der Begründung des Geltungsanspruchs auf Objektivität (oder auch auf Universalität) wird eingedenk des subjektiven (oder auch einmaligen) Charakters unserer Tätigkeiten, wird eingedenk des intersubjektiven (oder auch besonderen) Charakters, wird eingedenk der symbolischen und gegenständlichen Vermittlungen unserer Tätigkeiten erhoben. Wer sich in seiner Glaubenstradition einen privilegierten Zugang zur Objektivität (oder auch Universalität) unterstellt, kommt auf diese öffentliche Begründungspflicht für wissenschaftliche Geltungsansprüche nicht. Sind uns aber Objektivität oder auch Universalität des Wissens durch nichts – keinen Gegenstand – und durch niemanden – keinen Gottähnlichen – *vor*gegeben, so bleiben sie als das immer erneut zu Produzierende uns *auf*gegeben, ja, eine selbst gestellte Aufgabe.

Die Beurteilung bestimmter Tätigkeitsresultate als objektiv gültiger kann nur in der Unterscheidung des Objektiven vom Gegenständlichen (als der Grenze der Tätigkeiten), vom Intersubjektiven und Subjektiven erfolgen. Die Beurteilung bestimmter Tätigkeitsresultate als universell gültiger kann nur in der Unterscheidung des Universellen vom Einmaligen (oder nicht Reproduzierbaren) und vom Besonderen (oder bedingt Reproduzierbaren) gelingen. Nach dem »Einbruch der Endlichkeit«, wie Foucault die kulturhistorische Schwelle zur Moderne nannte[3],

3 M. Foucault, *Die Geburt der Klinik: Eine Archäologie des ärztlichen Blicks* (München, 1973), S. 207 ff.

bleiben solche Unterscheidungen die stets zu erneuernde Aufgabe. Das begründete Durchlaufen dieser Unterscheidungen ermöglicht eine *Selbst*erkenntnis, die der einseitigen Auflösung der Unterschiede, etwa in objektivistischer oder universalistischer Richtung, moderat im Wege steht. In der Objektivierung oder auch Universalisierung durch öffentlich begründete Selbsterkenntnis besteht die Forderung eines Gutteils der europäischen Philosophie an eine Wissensproduktion, die den Namen der Wissenschaft verdient.

Was für ein anspruchsvolles Normativ in dieser philosophischen Idee von der Einheit der Wissenschaften enthalten ist! Diese Idee ist in gegenstandsbezogener Hinsicht nicht festgelegt auf Objekte und Universelles. Sie bleibt verträglich mit Wissenschaften, die das Intersubjektive oder Subjektive, das Besondere oder Einzelne thematisieren, und zwar in den o.g. Unterscheidungen. So sehr sich dadurch auch die methodischen Zugänge und Geltungsansprüche ändern, etwa in den Geisteswissenschaften gegenüber den klassischen Naturwissenschaften; die Spezifik wissenschaftlichen Wissens bleibt von der öffentlich begründeten Selbsterkenntnis abhängig; ja, diese Bindung wird dadurch nur noch enger.

Aber ist diese philosophische Idee denn überhaupt noch mehr als die normative Selbstbeschreibung philosophisch Tätiger, und läuft sie nicht selbst im Falle dieser Einschränkung Gefahr, nur kontrafaktisch zu wirken? Gewiß, da gibt es auch noch diese ausnahmsweisen Narren in einigen Nischen der grundlagentheoretischen Forschung, vielleicht an Institutes for Advanced Study. Statt sich wie alle anderen an die einmal institutionalisierten Regeln des wissenschaftlichen Handelns zu halten, produzieren und begründen solche Narren einfach neue Regeln, häufig ohne jeden Respekt vor etablierten Fach- und Disziplingrenzen, nicht einmal vor ökonomischen Verwertungs- und politischen Machtinteressen. Denen fehlt wohl in ihrem elitären Ehrgeiz, die Standards der Wissenschaftlichkeit umzustürzen, und in ihrer zeitlich luxuriösen Pflege von Selbsterkenntnis die Abhängigkeit von Aufträgen? Und dann treten sie auch noch mit einem Geltungsanspruch auf, als ob die von ihnen offerierte Begründungsvariante über ihre Nische hinausgehend stabilisiert werden müßte!

Die Einheit der Wissenschaften scheint heute eher als in der philosophischen Idee in ihrer *ökonomisch* einheitlichen Behandlung als Verwertungsfaktor zu bestehen. Aber was würde nicht, auch über die Wissenschaft hinausgehend, ökonomisiert? Und: Was bleibt der Wissenschaft als ihre differentia specifica inmitten ihrer Ökonomisierung? Die Einheit der Wissenschaften scheint heute auch eher in ihrer *politisch einheitlichen* Behandlung als machttechnologische Ressource und als legitimationsideologisches Reservoir zu bestehen. Aber: Was würde nicht, auch außer der Wissenschaft, in diesem Sinne politisiert? und: Was bleibt der Wissenschaft als Spezifik inmitten solcher Politisierungen? Unterhalten nicht wissenschaftliche Unternehmungen längst engere Kooperations- und Kommunikationsbeziehungen zu ökonomischen und politischen als zu anderen wissenschaftlichen Unternehmungen? Verstärkt sich die Tendenz zur Parzellierung der wissenschaftlichen Einrichtungen durch die genannte Ökonomisierung und Politisierung, ja, wird sie von diesen induziert? Oder ist der Zusammenhalt der Wissenschaft untereinander, insofern sich ihre Begründungen wechselseitig voraussetzen, derart schwach, daß man aus ihrer Ökonomisierung und Politisierung sogar die Tendenz zu einer erneuten Einheit erwarten kann? Stehen nicht Wirtschaft und Politik längst vor derart komplexen, etwa globalen Problemen, daß sie des Rückgriffs auf ein transdisziplinär umgestaltetes Wissenschaftsgefüge bedürfen?

Eine Vielzahl von Fallstudien aus der Wissenschaftsforschung wirft solche Fragen nach der Realisierungsnot der philosophischen Idee von der Einheit der Wissenschaften auf. Dies geschieht zuweilen sogar mit einer Schadenfreude, die den performativen Selbstwiderspruch übertrifft, in welchen sich die Autoren verwickeln, insofern sie selbst Geltungsansprüche wissenschaftlich begründeter Art erheben. Dazu paßt dann auch philosophisch eine andere Strömung des Zeitgeistes, die der Denunziation der genannten Idee. Als ginge es nicht mehr um deren Realisierungsnöte, sondern als seien diese Nöte zwangsläufig die Realisierung eben dieser Idee. Ihr Vortrag erzeuge nur auf besonders raffinierte Weise den legitimationsideologischen Schein, als gäbe es eine von der öffentlich begründeten Selbsterkenntnis abhängige Art wissenschaftlicher Geltung. Dieses Selbst der Geltung sei aber realiter kein anderes als das der Selbstbehauptung politischer, ökonomischer oder gar naturalisierter Macht. Wer so redet, spricht gewiß *sich* aus. Aber er spricht gegebenenfalls auch *über* das zeitliche Zusammenfallen zwischen der Nischenexistenz der Idee und ihrer allgemeineren Realisierungsnot.

Ist die philosophische Idee mit ihren Realisierungsnöten und Verwirklichungschancen zu vermitteln? Oder anders und vorgefragt, die folgenden Unterscheidungen im Sinne von Mittelstraß genommen[4]: Ist Wissenschaftsforschung durch eine Wissenschafts*theorie* zu *orientieren*, die von der philosophischen Idee der Spezifik wissenschaftlicher Geltungsansprüche im Rahmen öffentlich begründeter Selbsterkenntnis inspiriert wird?: Meines Erachtens ja. Ich habe einen darauf bezogenen Vermittlungsvorschlag seit Mitte der 80er Jahre kurz das Projekt einer kommunikationsorientierten Wissenschaftsforschung genannt[5]. Dabei war einerseits an die kommunikationsorientierten Ansätze in den Natur-, Technik-, Sozial- und Geisteswissenschaften selber anzuschließen, d. h. an Potentiale zur Herausbildung einer transdisziplinären Kommunikationsforschung. Freilich hat es diese mit den für multidisziplinäre Kommunikation üblichen Vagheiten zu tun, die wir beteiligten Wissenschaftstheoretiker und -forscher in dem dafür gegründeten Arbeitskreis bestens studieren können. Andererseits erschlossen wir uns dadurch in 16 Disziplinen Potentiale zur Selbstreflexion, aus der u. E. Untersuchungen der Wissenschaften immer erneut hervorgehen sollten. Der Lernprozeß zwischen insgesamt ca. 60 Kommunikations- und 10 Wissenschaftsforschern zu den Grenzen der Möglichkeit, daß Fachwissenschaftler im heutigen Wissenschaftsbetrieb zu sich selbst kommen, d. h. die Spezifik ihrer wissenschaftlichen Geltungsansprüche im Rahmen einer begründeten Selbsterkenntnis herausproduzieren, hat erst vor einem Jahr begonnen.

Im folgenden möchte ich das grundbegriffliche Netz andeuten, in dessen Rahmen die für das Vermittlungsproblem Idee/Wirklichkeit relevanten Phänomene als solche auffällig und einer empirischen Un-

4 Vgl. J. Mittelstraß, »Die Philosophie der Wissenschaftstheorie: Über das Verhältnis von Wissenschaftstheorie, Wissenschaftsforschung und Wissenschaftsethik«, in: Ders., *Der Flug der Eule: Von der Vernunft der Wissenschaft und der Aufgabe der Philosophie* (Frankfurt a.M., 1989), S. 167 ff.

5 H.-P. Krüger, *Kritik der kommunikativen Vernunft: Kommunikationsorientierte Wissenschaftsforschung im Streit mit Sohn-Rethel, Toulmin und Habermas* (Berlin, 1990).

tersuchung zugänglich werden. Wenn ich die »message« dieses Rahmens in Form zweier Ankündigungen vorwegnehmen darf: Wissenschaftlern ist nichts fremd, was nicht Menschen überhaupt zu tun möglich ist. Ihre Spezifik liegt in einer besonderen Fokussierung menschenmöglicher Tätigkeiten in der argumentativen Einlösung von Wahrheitsansprüchen für Propositionen. Und: Auch in wissenschaftlichen Unternehmungen geschieht nichts, das sich nicht ebenso in anderen soziokulturellen Unternehmungen ereignen könnte, vorausgesetzt, ein spezifischer Fokus der Handlungskoordinierung bleibt gewahrt, eben die argumentative Einlösung von Wahrheitsansprüchen.

Diese beiden Ankündigungen richten sich einerseits, im Interesse der Untersuchung der Forschung und nicht nur der Darstellung, gegen ein rationalistisch überzogenes Wissenschaftsbild, das noch die rationale Selbstdarstellung der Wissenschaftler übertrifft. Sie richten sich andererseits, mit der Fokussierung von Handlungskoordinierungen um die argumentative Einlösung von Wahrheitsansprüchen, gegen die anfangs genannte Preisgabe von Wissenschaftstheorie überhaupt zugunsten des Bestimmungslosen, Beliebigen und Gleichgültigen. Schließlich enthalten beide Ankündigungen den normativen Sinn, daß die Spezifikation wissenschaftlicher Geltungsansprüche im Rahmen einer öffentlich begründeten Selbsterkenntnis zu erfolgen hat. Nur bleibt diese öffentlich begründete Selbsterkenntnis noch auf andere experten- und alltagskulturelle Weisen der Selbsterzeugung angewiesen. Diese müssen auch in der Wissenschaft als Lebensform vorkommen können, weil ohne Unterscheidung von ihnen nicht die Spezifik der Wissenschaft produziert werden kann. Die Idee vom Wissenschaftler ist philosophisch in die Idee seiner – wie auch der aller anderen – Emanzipation zum Menschen eingebunden, weder mehr noch weniger. Falls Wissenschafts*theorie* nicht ausreicht, um den Orientierungsgehalt aller drei Kantschen Kritiken für die Wissenschaftsforschung freizusetzen, müßten zusätzlich Wissenschafts*ethik* und *-ästhetik* vor allem der Forschung entwickelt werden.

Wissenschaftler können als menschliche *Lebe*wesen nichts, was nicht letzteren zu tun möglich ist. Ich setze, biosozial betrachtet, mit Maturana die Existenz autopoietischer Lebewesen voraus, d. h. Wesen, die sich nicht stofflich-energetisch, wohl aber strukturell selbst organsieren, herstellen, erhalten und darin – per Nervensystem – auf sich selbst referieren. Für solche Lebewesen, deren strukturell zirkuläre Kausalität eine enorme Freiheit gegenüber der Umwelt verschafft, löst die Interaktion mit einem anderen Lebewesen oder Medium eine Störung der Autopoiese aus. In der strukturellen Kopplung der Interaktionen entstehen Zeichen, deren fortlaufend rekursive Verwendung Handlungs- bzw. Verhaltenskoordinierungen verschiedener Ordnung ermöglicht.[6]

Setzt man Kommunikation in diesem biosozialen Sinne voraus, läßt sie sich aus drei ihr eigentümlichen *Perspektiven* phänomenologisch aufschließen. Aus der 1. Perspektive des *Teilnehmers*, der aktual Zeichen produziert, werden in dieser Tätigkeit die subjektive Motivation, Intention, Zielstellung und Mittelwahl präsentiert. Aus der 2. Perspektive des *Beobachters*, der aktual die produzierten Zeichen unterscheidend rezipiert, interessiert zunächst nicht das subjektive Binnenleben des Handelnden, sondern die Bedeutung dieser Handlungen für den Rezipienten oder beider Umwelt. Das Handeln wird von anderen als Verhalten beobachtet. Es hängt von dem Maß des Wechsels zwischen der Teilnehmer- und der Beobachterperspektive ab, inwieweit jeder sich selbst zu beobachten erlernt, d. h. sein Handeln als Verhalten im Lichte anderer Beobachter anlegt, und inwieweit jeder das beobachtete Verhalten anderer als subjektiv intendiertes Handeln zu deuten vermag, d. h. sich in deren Teilnehmerperspektive versetzt. In der gegenseitigen Aktualisation der Zeichen kann der Wechsel zwischen den Teilnehmer- und Beobachterperspektiven erlernt werden, kann also 3. die Perspektive der *Selbst*beobachtung generieren. Aus dieser Perspektive werden Zeichen in der Koordinierung von Handlungs- *als* Verhaltenssequenzen und umgekehrt von Verhaltens- *als* Handlungssequenzen verwendet.

Wenn in der Kommunikation Handlungs- bzw. Verhaltensarten koordiniert werden, fragt sich, welche Arten damit zunächst – genetisch

6 Vgl. H. R. Maturana u. F. Varela, *Der Baum der Erkenntnis: Die biologischen Wurzeln des menschlichen Erkennens* (Bern, 1987). H. R. Maturana, »Reality: The Search for Objectivity or the Quest for a Compelling Argument«, *The Irish Journal of Psychology* 9 (1988), S. 25 – 82. H.-P. Krüger, »Das mehrdeutige Selbst: H. R. Maturanas Konzept philosophisch betrachtet«, in: *Selbstorganisation: Aspekte einer wissenschaftlichen Revolution*, hrsg. v. W. Krohn u. G. Küppers (Braunschweig/Wiesbaden, 1990), S. 139 – 166.

betrachtet – gemeint sind. Unter dem Stichwort der *Kooperation* thematisieren wir den Zusammenhang zweier Arten, der gegenstandsbezogenen und gegenständlich vermittelten einerseits, der symbolisch vermittelten Interaktionen andererseits. Unter dem Stichwort der *Tätigkeit* wird der Rückbezug der Kooperation auf die Selbstbildung des Individuums untersucht: die Interiorisation äußerer und die Exteriorisation innerer Tätigkeiten. Dabei wird – A. N. Leontjew folgend – unterschieden zwischen Tätigkeiten, Handlungen und Operationen. Tätigkeiten sind nur motiviert oder vage sinnorientiert. Aus der Reproduktion von Tätigkeiten resultieren Handlungen, die ein Bewußtsein der Differenz zwischen Zielen und Mitteln haben. Aus der Reproduktion von Handlungen entstehen schon nicht mehr bewußte Operationen.[7]

Die im Kooperations- und Tätigkeitsbegriff enthaltenen Ausgangsdifferenzierungen berühren Fundierungsfragen, wie sie Mittelstraß von den Begründungsfragen unterscheidet.[8] Dabei könnte die Fundierung in sich doppelt differenziert werden: in eine solche, die durch vorsprachlich autopoietische (oder wie Alexander Lurija sagte: sympraktische) Tätigkeiten[9] erfolgt, und in eine solche, die durch Operationen erfolgt, deren Entstehung aus der Reproduktion von Tätigkeiten und Handlungen aktuell verschollen ist. Die letztere Fundierungsart nimmt heute angesichts der technologischen, insbesondere informationstechnologischen Vermittlung von Kooperation und Tätigkeit lawinenartig zu.

Die Differenz in der Kommunikation zwischen dem zu Koordinierenden und dem Koordinierungspotential ist relativ. Was in der einen Kommunikationssequenz als Potential aktualisiert wird, kann in der nächsten zu dem zu Koordinierenden werden. Als Koordinierungspotential fungieren Zeichenniveaus, unter denen wir folgende unterscheiden:

7 Vgl. A. Leontjew, *Tätigkeit – Bewußtsein – Persönlichkeit* (Berlin, 1979), S. 101–111.

8 Vgl. J. Mittelstraß, »Forschung, Begründung, Rekonstruktion: Wege aus dem Begründungsstreit«, in: Ders., *Der Flug der Eule*, S. 273 ff.

9 Vgl. A. Lurija, *Sprache und Bewußtsein* (Berlin, 1982), S. 28 ff u. S. 288 ff.

(1) vorsprachlich-symbolische oder sympraktische Zeichenniveaus;
(2) sprachliche Zeichenniveaus, darunter in *unmittelbarer* Kooperation und Tätigkeit gesprochen sprachliche oder in *mittelbarer* Kooperation und Tätigkeit schrift- bzw. textsprachliche Zeichenniveaus;
(3) symbolsprachliche, in denen die Invarianten der sprachlichen Zeichenniveaus operationalisiert werden;
(4) symbiotische, in denen vorstellungshalber sprachliche an sympraktische Zeichenniveaus rückgekoppelt werden.

Damit sind wir wieder bei (1) angekommen. Diese Unterscheidungsfolge kann erneut durchlaufen werden.

Das sprachliche Zeichenniveau ist grammatisch voradaptiert an die Reproduktionsstörungen und damit Koordinierungsprobleme unmittelbarer Kooperationen. Seine Aktualisierung in der Kommunikation kann vom Prinzip her so erfaßt werden, wie es Habermas in seinem dreidimensionalen Modell kommunikativer Akte getan hat, im Anschluß an Karl Bühler und Jean Piaget: Die objektive Welt, die soziale (oder intersubjektive) Welt und die subjektive Welt werden in der sprachlichen Kommunikation gleichzeitig und in bezug aufeinander ausgebildet.[10] Alle anfangs unter der Idee genannten Unterscheidungen zwischen objektiv, intersubjektiv und subjektiv, allgemeines, besonderes und einzelnes sind nur in der sprachlichen Kommunikation möglich. Unter der Voraussetzung von Schrift- (oder i. e.S. Text-) Sprache (van Dijk[11]) für raumzeitlich nur noch mittelbare Kooperationen und Tätigkeiten läßt sich auch dem Habermasschen Gedankengang zur Ausdifferenzierung spezieller argumentativer Geltungsansprüche folgen. Dies kann aber nicht geschehen im Sinne einer umkehrbar eindeutigen Zuordnung zwischen einem Sprechakttyp (etwa Konstative) und einem soziokulturellen Handlungsbereich (etwa dem der Wissenschaft), wohl aber im Sinne einer Fokussierung des Handlungsbereiches um Konstative im Unterschied zu Regulativen und Expressiven. Indessen hat die Kreativität der Forschung nicht nur mit dem möglichen Wechsel der ex- oder impliziten Dominanz eines Geltungsanspruchs zu tun, sondern ganz

10 Vgl. J. Habermas, *Theorie des kommunikativen Handelns*, Bd. 2 (Frankfurt a.M., 1981), S. 192 ff.

11 Vgl. T. A. van Dijk, *Textwissenschaft: Eine interdisziplinäre Einführung* (München, 1980).

wesentlich mit dem von Habermas ausgeblendeten Zusammenhang der illokutionär explizierten Geltungsansprüche mit der Betätigung der sympraktischen, symbolsprachlichen und symbiotischen Zeichenmuster. Dies zeigen nicht nur Laborstudien im Sinne Knorr-Cetinas, sondern auch vergleichbare Studien an unserem Institut über die Indexikalität und den ikonographischen Charakter der in Labors benutzten Zeichen.[12]

Die Entstehungsphase, in diesen Fällen: *natur*wissenschaftlicher Forschungsprozesse erscheint als das reine Chaos, wenn man den Maßstab eines erfolgreich abgeschlossenen Forschungsprozesses anlegt, d. h. die Akzeptanz der rationalen Darstellung eines reproduzierbaren Effekts durch die community, die einen mittelbaren Kooperations- und Kommunikationszusammenhang bildet. In der Entstehungsphase tritt, zumindest informell, die Konfusion, die Kompensation oder gar die Substitution darstellungsrationaler Geltungsansprüche auf. Zwischen der Betätigung der unterschiedenen Zeichenniveaus wird symbolisch vage gewechselt. Lebensgeschichtlich auch außerwissenschaftlich erworbene Tätigkeits-, Handlungs- und Operationsstrukturen werden mobilisiert. Woraus Lotman die Dynamik der Kommunikation erklärt, die Differenz zwischen Kommunikablem und Inkommunikablem[13], kommt hier, in der Forschung, voll zum Zuge. Das Inkommunikable wird nicht im informationstheoretischen Sinne als das bloße Rauschen ausgeklammert, sondern häufig zum Anlaß, neue kontingente Zuordnungen zwischen Koordinierungspotential und zu Koordinierendem zu erproben, bis sich eine Zuordnung endlich reproduzieren läßt, zunächst persönlichkeits- und gruppenbezogen, schließlich vielleicht auch in der community. Die Spezifik des jeweiligen wissenschaftlichen Geltungsanspruchs wird in der Tat in einem phasenweisen Prozeß herausproduziert. Sie wird in dem Maße produziert, in dem der Geltungsanspruch in der kommunikativen Reproduktion unmittelbarer und mittelbarer Kooperationen und Tätigkeiten unterscheidbar wird.

---

12 Vgl. K. Knorr-Cetina, *Die Fabrikation der Erkenntnis* (Frankfurt a.M., 1984). A. Schulze, »On the Rise of Scientific Innovations and their Acceptance in Research Groups«, *Social Studies of Science* 20 (1990), S. 35–64.

13 J. M. Lotman, *Kunst als Sprache* (Leipzig, 1981), S. 113.

Sowohl auf der Ebene der Fundierung als auch auf der Ebene der Begründung werden zunächst Netze des Erwartbaren erzeugt. Diese Netze sind mit einer Lebenswelt im Sinne eines Horizonts von Erwartbarem vergleichbar. Anhand dieser Netze oder Horizonte können Phänomene als solche auffallen. Um die Phänomene erfassen zu können, werden sie beschrieben, darunter gegebenenfalls gemessen. Beschreiben schließt Beobachten *der* und Teilnahme an der Interaktion *mit* den Phänomenen ein. Auf der Begründungsebene werden Warum- und Wie-Fragen, bezogen auf beschreibbare Phänomene, beantwortbar gemacht. Es werden im Wechsel zwischen den Teilnehmer- und Beobachterperspektiven der Begründung Muster der Erklärung erzeugt. Diese Erklärungsmuster werden in der Reproduktion der Phänomene, die wiederum beschrieben wird, erprobt. Sie werden erprobt, bis eine Zuordnung zwischen den beschreibenden und den erklärenden Tätigkeiten gelingt oder nicht gelingt. Dies erfordert einen Wechsel zwischen den Teilnehmer- und Beobachterperspektiven derer, die beschreiben oder erklären. Im Falle des Nicht-Gelingens der Zuordnung werden schrittweise die Fundierungen und Begründungen rekonstruiert und damit modifiziert. In der Thematisierung der eigenen Fundierungs- und Begründungstätigkeiten entsteht eine Selbsterkenntnis, die die reflexive Begründung des jeweiligen wissenschaftlichen Geltungsanspruchs ermöglicht. Dadurch werden unbewußt gemachte Voraussetzungen und Bedingungen der eigenen Fundierung und Begründung bewußt. Sie werden ihrerseits zu erklärungsbedürftigen Phänomenen, wodurch der Anschluß an fachlich und disziplinär andere Fundierungs- und Begründungsleistungen nötig wird. Ob diese erweiterte Begründung und Fundierung der Geltungsgrenzen einer jeden Forschung erfolgt, hängt aber von etwas anderem ab: der Gesamtverfassung moderner Kultur und den Grenzen der Ökonomisierung und Politisierung der Kultur.

Zum Abschluß möchte ich auf dieses Problem der Ökonomisierung und Politisierung der Forschung als eines Bestandteils moderner Kultur zurückkommen. Dieses Problem stellt sich nicht nur im Kontext der Persönlichkeits-, Gruppen- und community-Entwicklung als deren Finanzierungs- und Legitimationsfragen. Aber schon hier wird jedem deutlich, daß die Fokussierung der Handlungs- oder Verhaltenskoordinierung in der argumentativen Einlösung von Wahrheitsansprüchen diese Konkurrenten erhält: die ideologiesprachlich dominierte Kommunikation, in der die politische Relevanz der Forschung legitimiert werden muß, und die ökonomische Koordinierung, in der ein wahrscheinliches Forschungsresultat für den Fall seiner Anwendung letztlich als eine in Geld meßbare Effizienzsteigerung verkauft werden muß. Für die Regulierung der Dominanz einer der konkurrierenden Koordinierungsarten haben sich institutionelle Unterscheidungen gleich Filtern herausgebildet: Forschung und Entwicklung, anwendungsbezogene und erkundende Grundlagenforschung.

Der Dominanzwechsel in der Handlungs- bzw. Verhaltenskoordinierung kann einschließen, daß z. B. militär- und marktstrategisch relevante Ergebnisse der Forschung nicht einmal mehr in fachspezifischen Öffentlichkeiten begründet werden, geschweige zur rechten Zeit in die allgemeine öffentliche Diskussion mit den Alltags- und anderen Expertenkulturen gelangen, wobei ich hier mit Expertenkulturen andere Wissenschaftsgruppen, Literatur und Künste, Philosophie und ethische Diskurse, Publizistik meine. Die Gefahren, die mit dem *Abbruch* der öffentlichen Begründung wissenschaftlicher Geltungsansprüche im Rahmen einer interkulturellen Selbstverständigung verbunden sind, können kaum überschätzt werden. Dieser Abbruch bedeutet das Ende von Wissenschaftlichkeit, gerade dann, wenn man darunter Objektivierung und Universalisierung versteht. Diese werden nicht durch die einmal institutionalisierten Regeln wissenschaftlichen Handelns verbürgt, mögen diese Regeln auch zu politisch oder ökonomisch verwertbaren Resultaten geführt haben und dadurch stabilisiert worden sein. Die Objektivierung und Universalisierung bleiben von der stets erneuten kommunikativen Unterscheidung ihrer anfangs genannten Antipoden abhängig. Gelingt dieser allgemeine öffentliche Wechsel zwischen experten- wie alltagskulturell verschiedenen Teilnehmer- und Beobachterperspektiven nicht, scheint eine krisenartige Destabilisierung des modernen Kulturgefüges überhaupt wahrscheinlich.

Um nicht mißverstanden zu werden: Ich halte die in der modernen bürgerlichen Gesellschaft herausgebildeten Medienpraktiken zur Koordinierung von raumzeitlich nur noch mittelbaren Kooperationen und Tätigkeiten für eine Errungenschaft der soziokulturellen Evolution, sei es

(1) die geldförmige,
(2) ideologieförmige,
(3) alltags- oder expertensprachliche Medienpraktik.[14]
Nur: Jede Medienpraktik hat spezifische Vor- und Nachteile, woraus die Frage erwächst, welche Proportion zwischen diesen Medien für welchen Kontext an Koordinierungsproblemen angemessen ist.

So entlastet (1) das *Geldmedium* radikal von einem Wechsel zwischen Teilnehmer- und Beobachterperspektiven, der aufwendige kommunikative Tätigkeiten und Handlungen erfordert, zugunsten schneller informationsanaloger Operationen nach dem Prinzip der Wertäquivalenz. Da die Funktionsweise des Geldmediums die Abstraktion von gebrauchswertmäßigen Qualifikationen einschließt, ist es außerordentlich geeignet, inhaltlich inkommensurable Verhaltensarten miteinander zu vernetzen. Die damit verbundene Blindheit für kulturelle, soziale oder ökologische Fernwirkungen hat zu ordnungspolitischen Regulierungen geführt.

In (2) *ideologieförmigen* Medienpraktiken wird im Extremfall, d. h. unter den Bedingungen eines Macht- und Ideologie*monopols*, der Perspektivenwechsel mit den ausgeschlossenen Kontrahenten blockiert, was zu entsprechenden Feindbildern führt. Aber selbst unter formell demokratischen Bedingungen einer dreifachen Gewaltenteilung bleibt der politische Wettbewerb um die Hegemonie- und Mehrheitsfähigkeit der Parteien, dieser Staaten im Staate, asymmetrisch. Es kommt zwar schon ein Wechsel zwischen kollektiven Teilnehmer- und Beobachterperspektiven zustande, aber nach Maßgabe der durch Macht und Einfluß nötigen Kompromisse. Die *bloße* Pluralität der ideologischen Teilperspektiven sichert noch nicht, daß *zwischen* ihnen ein symmetrischer Wechsel erlernt wird, auch nicht, daß jede parteigebundene Teilperspektive *in sich* symmetrisch konstituiert wird. Organisationen und Institutionen filtern die den Individuen möglichen Kommunikationen interesse- und zweckbezogen.

---

14 Vgl. H.-P. Krüger, »Zur Differenz zwischen kapitalistischer und moderner Gesellschaft«, *Deutsche Zeitschrift für Philosophie* 38 (1990), S. 202 – 217. H. P. Krüger, »Postmoderne als das kleinere Übel: Kritik und Affirmation in Lyotards ›Widerstreit‹«, *Deutsche Zeitschrift für Philosophie* 38 (1990), S. 609 – 628.

Schließlich (3) *allgemeine öffentliche* Medienpraktiken haben die Aufgabe, kognitive Wahrheitsansprüche, soziale Gleichheitsansprüche und individuelle Freiheitsansprüche vorwiegend *alltagssprachlich* miteinander zu vermitteln. Dies schließt den Rückgriff auf expertensprachliche Argumentationen zur Einlösung spezieller Geltungsansprüche oder auch die erwähnte symbiotische Rückkopplung etwa audiovisueller Art nicht aus, sondern ein. Die diskursive Vermittlungsaufgabe erfordert einen symmetrischen oder chancengleichen Wechsel zwischen den dafür jeweils relevanten Teilnehmer- und Beobachterperspektiven, auch der betroffenen Laien. Dieser Wechsel kann nicht nach der Mehrheitsregel (wie in der Politik) erfolgen. Aus diesem können individuelle und kollektive Perspektiven der Selbstbeobachtung entstehen, die die destruktiv werdende Schere zwischen den eigenen Handlungsweisen und deren Fernwirkungen für andere schließen helfen.[15]

Die *Fachöffentlichkeiten* der Wissenschaften sind eine spezielle Fokussierung allgemeiner Öffentlichkeiten, eben um die argumentative Einlösung von Wahrheitsansprüchen für Propositionen. Sie stehen damit anderen speziellen Fokussierungen der Aufgabe allgemeiner Öffentlichkeiten in anderen Expertenkulturen näher als den geld- und ideologieförmigen Koordinierungsarten, obgleich viele empirische Indizien dafür sprechen, daß die zuletzt genannten im Wissenschaftsbetrieb viel wirksamer sind. Es läßt sich heute keine Wissenschaftsentwicklung mehr denken, die nicht durch *alle* modernen Medienpraktiken vermittelt wäre. Aber es kommt auf deren Proportion an. Sicher scheint eins: Es wird eine Einheit in der Vielfalt der Wissenschaften nur in dem Maße geben, in dem auch die mittelbaren Kooperationen *primär* durch öffentliche Medienpraktiken des genannten argumentativen Fokus koordiniert werden.

Summary

The communication-oriented understanding of the unity of the sciences takes a new line beyond a reducing uniformation of the sciences as well as beyond an anarchic indifference towards science in general.

15 Vgl. zu dieser Schere U. Beck, *Risikogesellschaft: Auf dem Weg in eine andere Moderne* (Frankfurt a.M., 1986).

The communication-oriented approach enables us to reformulate the classical philosophical ideal of science as a public process of producing argumentative self-cognition which makes possible the cognition of objects. Communication (in a broader sense) is defined as the coordination of actions or conduct by using prediscursive, discursive, operationalized, and symbiotic signs. Using such levels of signs the exchange of perspectives of the participant or of the observer is taking place with the result of self-observation. Argumentation is understood as the coordination of indirect cooperations by text-discursive media which enable the exchange of not only individual but also collective perspectives. Sciences are realized as argumentative practices focused on redeeming constative claims of truth. As such founded and grounded practices, sciences are not excluding but including the other levels of signs and the other perspectives. Facing a predicament of the classical normative ideal, the main question arises as the question of proportions between specialized medias, levels of signs and perspectives, for instance, the proportion between argumentation process, ideologically dominated legitimation and money as media of coordinating actions or conduct. Every mechanism of coordination has particular advantages and limits which are finally discussed. The unity of the sciences cannot be established by a substitution or a compensation of non-argumentative modes to coordinate actions/conduct, but by a dominance of public argumentation and public communication in the broader sense mentioned above.

Vielheit der Wissenschaften – Einheit der Lebenswelt

CARL FRIEDRICH GETHMANN

Wer von der »Einheit der Wissenschaften« spricht, unterstellt damit *eine* Einheit gegenüber *einer* Vielheit. Da es jedoch nicht nur eine, sondern eine Vielheit von einschlägigen Vielheiten gibt (z. B. die Vielheit der wissenschaftlichen Meinungen, die Vielheit der wissenschaftlichen Institutionen oder die Vielheit der Formen wissenschaftlicher Systematisierung wie Beschreibung, Erklärung, Theorie), ist die Rede von der »Einheit der Wissenschaften« durch eine mehrfache Ambiguität geprägt. Vorab muß daher präzisiert werden, welcher Vielheit man welche Einheit der Wissenschaften gegenüberstellen will.

Nach einer der Bedeutungsvarianten bezieht sich die Einheit auf die Vielheit der Wissenschaften im Sinne kognitiver Gebilde; mit Popper: es wird nach der Einheit der Wissenschaften als Gegenständen der »dritten Welt« gefragt.[1] Während es in bezug auf die vorher erwähnten Vielheiten zahlreiche naheliegende Probleme gibt, die durch die Vielheit aufgeworfen werden – wie z. B. die Frage, warum es *viele* wissenschaftliche Institutionen für *eine* wissenschaftliche Disziplin geben muß –, ist es mit Bezug auf die Wissenschaften im Sinne kognitiver Gebilde prima facie gar nicht einzusehen, warum ihre Vielheit überhaupt Probleme aufwerfen sollte. Gleichwohl wird die Pluralität der Wissenschaften von vielen Wissenschaftlern und Wissenschaftsphilosophen als Defekt betrachtet. Bei ihnen besteht häufig allenfalls Dissens bezüglich der Frage, *wie* eine Beseitigung dieses Defektes möglich ist, nicht dagegen darüber, *daß* sie nötig oder gar erwünscht ist.

Man wird zunächst vermuten, daß sich der Wunsch nach kognitiver Vereinheitlichung der Wissenschaften zu *einer* Wissenschaft der Über-

---

1 Vgl. K. R. Popper, *Objektive Erkenntnis: Ein evolutionärer Entwurf* (Hamburg, 1973, [4]1984), Kap. 3 u. 4.

zeugung verdankt, daß es keine Vielzahl von Wahrheiten geben könne. Es läßt sich jedoch schnell einsichtig machen, daß es zwar eine bestimmte Vielheit gibt, die für die Wahrheit tatsächlich desaströs ist, nämlich der logische oder pragmatische *Widerspruch* zwischen mehreren wissenschaftlichen Behauptungen. Da aber nicht jede Vielheit auch schon eine widersprüchliche ist, kann hier nicht das Motiv für Einheitsprogramme liegen.

Hintergründig dürfte daher ein anderes Motiv eine Rolle spielen, nämlich die Vorstellung, die Wissenschaften sollten über den Bereich kognitiver Orientierungen hinaus das gesamte Feld menschlichen Orientierungsbedarfs abdecken und somit zugleich die Funktion von Alltagsverstand, wissenschaftlicher Rationalität, Mythos und Religion übernehmen. Mehreren Religionen kann man (wegen ihres Totalitäts- und Exklusivitätsanspruches) in der Tat nicht dienen, und so darf hinter der Forderung nach der *einen* Wissenschaft in vielen Fällen ein ideologischer *Szientismus* vermutet werden, wie ihn in klassischer Form Comte[2] vertreten hat und wie er auch bei manchen Philosophen des Wiener Kreises[3] diagnostiziert werden kann.

Im folgenden soll nun zunächst eine *Gegenposition* zu diesem Szientismus entworfen werden, nach der die Pluralität der Wissenschaften nicht nur unvermeidbar, sondern in Ansehung der Zwecksetzung, die mit dem Unternehmen Wissenschaft verbunden ist, sogar *wünschenswert* ist. Es soll dafür plädiert werden, die Suche nach der kognitiven Einheit, in welchem Sinne auch immer, aufzugeben und stattdessen von der Pluralität der Wissenschaften zu profitieren, wie man auch sonst von Pluralitäten profitiert. Kein Handwerker strebt nach der Einheit des Werkzeuges und kein Weinliebhaber nach der Einheit des Weines, in dem Sinne, daß ein Einheitswerkzeug oder ein Einheitswein für wünschenswert gehalten würde.

Von der erläuterten *kognitiven* Vereinheitlichung der Wissenschaften zu einer Einheitswissenschaft muß man ein Einheitspostulat ganz an-

2 A. Comte, *Cours de Philosophie Positive*, Vol. 4 (Partie Dogmatique de la Philosophie sociale) (Paris, 1893; repr. 1969).

3 Vgl. besonders R. Carnap, H. Hahn u. O. Neurath, »Wissenschaftliche Weltauffassung – der Wiener Kreis«, in: *Logischer Empirismus: Der Wiener Kreis*, hrsg. v. H. Schleichert (München, 1975), S. 201–222.

derer Art unterscheiden, nämlich jenes, das sich der Erfahrung verdankt, daß die wissenschaftlichen Antworten auf wissenschaftlich formulierte Probleme in immer geringerem Ausmaße Antworten auf *diejenigen* Probleme liefern, die uns gemeinsam lebensweltlich Sorgen machen. Nach dieser Erfahrung stehen die Antworten der Wissenschaften nicht in funktioneller Korrespondenz zu den Fragen der Lebenswelt. Da die Wissenschaften aber aus den Problemen der Lebenswelt entspringen – aus welchen Problemen auch wohl sonst – wird in dieser Motivlinie ein Funktionalitätsverlust der Wissenschaften diagnostiziert, der sicher nicht zu leugnen ist. Ob und wie dieser Funktionalitätsverlust der Vielheit der Wissenschaften anzulasten ist, muß allerdings noch geprüft werden. Jedenfalls wird in dieser Argumentationslinie die Einheit im Sinne der *einheitlichen Verwendung* der Wissenschaft als Problemlösungsinstrument betrachtet. Somit handelt es sich hier um die Konzeption einer *operativen* Einheit der Wissenschaften.

Im folgenden soll nun die These ausgearbeitet und begründet werden, daß die »Einheit der Wissenschaften« recht verstanden keine kognitive, sondern eine operative Aufgabe, kein epistemisches, sondern ein pragmatisches Projekt darstellt. Die Einheit der Wissenschaften entspricht keineswegs einer geheimnisvollen Einheit der *Natur*, die man durch angestrengtes Suchen *entdecken* kann, sondern sie resultiert aus dem Ensemble unserer Zwecke und unseres zweckgerichteten Handelns und muß somit im Rahmen unserer *Kultur erfunden* werden. Der Aufbau einer Kultur menschlicher Kooperation und Kommunikation ist keine wissenschaftliche, sondern eine genuin lebensweltliche Aufgabe, so daß die angestrebte »Einheit der Wissenschaften« nicht in Form einer Theorie, sondern in Form einer Praxis realisiert werden muß. Demgemäß ist die Absicht dieses Beitrags auch nicht primär wissenschaftsphilosophischer, sondern eher kulturphilosophischer Art. Es soll von einer Bestimmung des Kulturbeitrages ausgegangen werden, der von den Wissenschaften erbracht wird, um dadurch herauszufinden, auf welche Weise eine hochzivilisierte Gesellschaft von den Leistungen der Wissenschaften als ihnen wesentlich inhärenten Unternehmungen profitieren kann. Dieser Kulturbeitrag soll allerdings so bestimmt werden, und hier sind Erkenntnis- und Wissenschaftsphilosophie im Hintergrund doch präsent, daß die Geltungsansprüche wissenschaftlichen Wissens nicht kultursoziologisch oder -anthropologisch relativiert werden.

Das Ergebnis wird sein, daß die Wissenschaften in ihrer Pluralität im Prinzip in Ordnung sind wie sie sind. Es kommt jedoch darauf an, den rechten Gebrauch von ihnen zu machen. Während die (kognitiven) Einheitskonzeptionen die Behebung des vermeintlichen Defektes zur Sache der Wissenschaft selbst machen, ist der tatsächlich bestehende Defekt (die Disfunktionalität zwischen Frage und Antwort) eine Sache der Lebenswelt.

1. *Einheitsprogramme und ihre Voraussetzungen*

Wer die Einheit der Wissenschaften im kognitiven Sinne fordert, unterstellt, daß es Methoden und Strategien der *Vereinheitlichung* gibt. Diesbezüglich sind in unserem Jahrhundert drei Strategietypen entwikkelt worden, wobei in der historischen Abfolge dieser Ansätze bezeichnenderweise eine Abnahme der Rigidität der Vereinheitlichungsansprüche festzustellen ist. Entsprechend lassen sich Strategien der Reduzierung (a), Inkorporierung (b) und Strukturierung (c) von Wissenschaften oder Teilen von Wissenschaften unterscheiden.

Die Reduzierungs- und Inkorporierungsstrategien unterscheiden sich hinsichtlich ihrer Zielsetzung fundamental von den Strukturierungsstrategien. Während nämlich durch Reduzierung und Inkorporierung Einheit *statt* Vielheit realisiert werden soll, wird durch die Strukturierungsstrategie eine Einheit *in* der Vielheit angestrebt. Da letztere mit der hier verfolgten Zielsetzung verträglich ist, sollen im folgenden vor allem Reduzierungs- und Inkorporierungsprogramme einer kritischen Betrachtung unterzogen werden.

Auch bezüglich der Reduzierungs- und Inkorporierungsansätze ist jedoch vorab zuzugestehen, daß es Beispiele für Theorien oder Disziplinen gibt, bei denen Vereinheitlichungsversuche gelungen sind. Es geht daher nicht darum, diese Strategien in ihrer Funktion als spezielle Heuristiken zum Zwecke der internen Organisation wissenschaftlichen Wissens zu verbieten, sondern die Kritik gilt ihnen, sofern sie als *generelle* wissenschaftsphilosophische Konzeptionen verstanden werden.[4] Besonderes Augenmerk soll dabei auf diejenigen Prämissen und

4 R. Kötter hat dazu vorgeschlagen, zwischen der Vereinheitlichungsstrategie

Präsuppositionen gerichtet werden, aufgrund derer die Einheit als Desiderat und die Vielheit als Defekt eingeschätzt wird.

(a) Reduzierung

Das einzige Beispiel für eine Reduzierungsstrategie, das allerdings in mehreren Varianten vorgeschlagen wurde, ist jenes, wonach die Sprache einer Disziplin/Theorie in die Sprache einer anderen – (vermeintlich) epistemisch oder methodisch ausgezeichneten – Disziplin/Theorie übersetzt werden soll. Daher stellt sich das Verfahren der Vereinheitlichung in den bekannten Reduktionsstrategien als Strategie der Vereinheitlichung der Wissenschafts*sprache* dar.

Das ehrgeizigste Reduktionsprogramm dieser Art in unserem Jahrhundert ist der Physikalismus, wie er von einigen Vertretern des Wiener Kreises entwickelt worden ist. Danach läßt sich der sinnvolle Kern aller wissenschaftlichen Sätze in eine physikalische Sprache übersetzen, d. h. in eine Sprache, in der Raum-Zeit-Stellen quantitative (meßbare) Größen zugeschrieben werden. Carnap[5], der bekannteste Protagonist dieses

als Argumentationsmuster und als Forschungsdirektive zu unterscheiden. Vgl. R. Kötter, »Vereinheitlichung und Reduktion: Zum Erklärungsproblem der Physik«, in: *Entwicklungen der methodischen Philosophie*, hrsg. v. P. Janich (Berlin, 1991).

5 Die erste Konzeption von Reduktionsprogrammen hat R. Carnap bereits in *Der logische Aufbau der Welt* (Hamburg, 1928; Nachdruck 1974) vorgelegt (ein Ansatz, den N. Goodman in *The Structure of Appearance* (Cambridge, Mass., 1951) kritisch weiterentwickelt hat). Der Physikalismus ist dort schon in § 59 als Reduktionsprojekt (neben anderen Projekten) entworfen. Carnaps wichtigster »physikalistischer« Beitrag ist »Logical Foundations of the Unity of Science«, in: *Foundations of the Unity of Science: Toward an International Encyclopedia of Unified Science*, hrsg. v. O. Neurath, C. Morris u. R. Carnap, Vol. 1, (Chicago 1938, [3]1971), S. 42–46; vgl. Ders., »Die physikalische Sprache als Universalsprache der Wissenschaft«, *Erkenntnis* 2 (1931), 432–465; Ders., »Psychologie in physikalischer Sprache«, *Erkenntnis* 3 (1932/1933), S. 107–142; Ders., »Über Protokollsätze«, *Erkenntnis* 3 (1932/1933), S. 215–228; vgl. ferner O. Neurath, »Einheit der Wissenschaft als Aufgabe«, *Erkenntnis* 5 (1935), S. 16–22; Ders., »Radikaler Physikalismus und ›Wirkliche Welt‹ « (1934), in: Otto Neurath, *Wissenschaftliche Weltauffassung, Sozialismus und Logischer Empirismus*, hrsg. v. R. Hegselmann (Frankfurt a.M., 1979), S. 102–119. Ders., »Protokollsätze«, in: *Logischer Empirismus – Der Wiener Kreis*, hrsg. v. H. Schleichert, S. 70–80.

Programms, wandte das Reduktionsvorhaben vor allem auf solche Sprachen an, in denen wesentlich »mentale« Ausdrücke vorkommen. Statt von »Erleben«, »Bewußtsein« usw. sollte in der Psychologie nunmehr nur noch von physikalisch beschreibbaren Verhaltensweisen die Rede sein.

Durch die Reduktion auf die physikalische Dingsprache soll *zunächst* eine sinntheoretische Aufgabe gelöst werden, die jeden wissenschaftsphilosophischen Ansatz beschäftigen muß, nämlich die der Grenzziehung zwischen wissenschaftlich sinnvollen und wissenschaftlich sinnlosen Aussagen. So ist nach Carnap an einer nicht-physikalischen Aussage gerade derjenige Bedeutungsgehalt wissenschaftlich sinnvoll, der sich in eine physikalische Aussage übersetzen läßt. Die Existenz der übrigen Bedeutungsgehalte wird zwar nicht geleugnet, allerdings wird ihnen jeder kognitive Sinn abgesprochen und lediglich eine affektive und appellative Funktion zugebilligt.[6] Diese sinntheoretische Grenzziehung zeigt, daß der Physikalismus eine Festsetzung des Zwecks wissenschaftlichen Erkennens impliziert. Das Programm der Einheitswissenschaft ist damit die wissenschaftspragmatische Seite der Grundannahmen des logischen Empirismus[7]; dieses äußert sich vor allem (i) in der Verwerfung aller nicht reduzierbaren Aussagen (v.a. metaphysischer und präskriptiver Art, also auch Aussagen der Ethik) als Scheinaussagen und (ii) in der damit zusammenhängenden Forderung nach der Ablösung der Philosophie durch Wissenschaftslogik.

Die physikalistische Semantik beschränkt sich somit keineswegs auf die scheinbar unverfängliche Unterstellung, die Kompetenz der Wissenschaften erstrecke sich nun einmal faktisch auf dieses enge kognitive Feld, aber außerhalb dieses Feldes gälten andere Maßstäbe; mit einer solch schwachen Position könnte man sich lebensweltlich sehr leicht abfinden. Diese Position ist viel radikaler, indem sie nämlich postuliert, daß durch die so verstandene physikalische Wissenschaft durchaus der rationale Kern des lebensweltlichen Wissensbedarfs ausgeschöpft wird.

6 Vgl. z. B. R. Carnap, *Scheinprobleme in der Philosophie: Das Fremdpsychische und der Realismusstreit* (Frankfurt, 1966).

7 Vgl. R. Hegselmann, »Otto Neurath: Empiristischer Aufklärer und Sozialreformer«, in: Otto Neurath, *Wissenschaftliche Weltauffassung*, S. 7–78.

So lautet die emphatische Schlußformel des Manifests: »Wissenschaftliche Weltauffassung – der Wiener Kreis«: »Die wissenschaftliche Weltauffassung dient dem Leben, und das Leben nimmt sie auf.«[8] Was der Mensch – beispielsweise – an rational berechtigten Bedürfnissen artikulieren könne, sei somit durch eine physikalische Sprache durchaus erfaßbar.

Vor allem Neurath[9] hat dementsprechend versucht, die Sozial- und Wirtschaftswissenschaften auf der Basis des logisch-empiristischen Wissenschaftsprogramms zu entwickeln. Neurath stützte damit eine ökonomische Konzeption, die auf der Basis eines für jedermann festzustellenden Bedürfniskatasters eine reine Planwirtschaft ohne jede subjektive Einwirkungsmöglichkeit darstellte. Bekanntlich spielte Neurath in der Münchener Räterepublik als Präsident des Zentralwirtschaftsamtes auch eine politische Rolle, konnte seine Ideen aber nicht verwirklichen.[10] Neuraths Sozialisierungskonzeption zeigt, daß hier hinter der wissenschaftspragmatischen Konzeption der Einheitswissenschaft historisch die Leitidee einer wissenschaftlich geplanten, quantitativ vermessenen und durchorganisierten Lebenswelt steht; der Monopolanspruch der physikalistischen Konzeption ist letztlich durch einen lebensweltlichen Monopolisierungsversuch motiviert. Es handelt sich – mit Habermas gesprochen – um einen Kolonialisierungsanspruch einer bestimmten wissenschaftlichen Rationalitätsform gegenüber der Lebenswelt.[11]

---

8 R. Carnap, H. Hahn u. O. Neurath, »Wissenschaftliche Weltauffassung«, S. 222.

9 Vgl. O. Neurath, »Soziologie im Physikalismus«, *Erkenntnis* 2 (1931), S. 393–431; Ders., »Empirische Soziologie«, in, Ders., *Empirische Soziologie: Der wissenschaftliche Gehalt der Geschichte und Sozialökonomie* (Wien, 1931), S. 58–147; Ders., »Statistik und Sozialismus«, in: Ders., *Lebensgestaltung und Klassenkampf* (Berlin, 1928), S. 115–124; Ders., »Soziale Aufklärung nach Wiener Methode«, *Mitteilungen der Gemeinde Wien, Städtische Versicherungsanstalt*, Nr. 100 (Wien, 1933); vgl. dazu auch R. Hegselmann, »Otto Neurath«.

10 Vgl. R. Hegselmann, »Otto Neurath«, S. 18.

11 J. Habermas, *Theorie des Kommunikativen Handelns*, Bd. 1 (*Handlungsrationalität und gesellschaftliche Rationalisierung*), Bd. 2 (*Zur Kritik der funktionalistischen Vernunft*) (Frankfurt a.M., 1981, [4]1988), hier Bd. 2, bes. S. 470–488. Zur wissenschaftstheoretischen Kritik an der Konzeption der

(b) Inkorporierung

Bei der Inkorporierung handelt es sich um eine Strategie, nach der die Vereinheitlichung dadurch vollzogen wird, daß man Theorien in andere inkorporiert, z. B. so, daß die inkorporierte Theorie den Status eines speziellen Anwendungsfalles der umfassenderen Theorie hat. Eine besonders prominente Variante von Inkorporierung ist das von W. Heisenberg und seinen Nachfolgern unter dem Titel »Einheit der Natur« verfolgte Vereinheitlichungsprogramm physikalischer Theorien.[12] Nach diesem in der modernen Physik vorherrschenden Verständnis der Theorieentwicklung verläuft die Physikgeschichte in Form einer Inkorporierung von Theorien, der Art, daß ältere Theorien als Spezialfälle neuerer Theorien mit einem umfassenderen Geltungsanspruch angesehen werden können. Beispiele dafür sind der Versuch der Inkorporierung der Mechanik in die Elektrodynamik, der klassischen Physik

---

Einheitswissenschaft vgl. M. Carrier u. J. Mittelstraß, »Die Einheit der Wissenschaft«, in: Akademie der Wissenschaften zu Berlin, *Jahrbuch* 1988 (Berlin, 1989), S. 93–118. Eine detailliertere Kritik hätte v.a. an einem genaueren Verständnis des Reduktionsbegriffs anzusetzen; vgl. dazu auch N. Goodman, *Ways of Worldmaking* (Hassocks, 1978) (deutsch: *Weisen der Welterzeugung* (Frankfurt a.M., 1984)), S. 2ff u. S. 99ff.

12 Vgl. W. Heisenberg, *Die Einheit des naturwissenschaftlichen Weltbildes* (Leipziger Universitätsreden) (Leipzig, 1942); Ders., *Physik und Philosophie* (Berlin, 1961; Stuttgart, [2]1972); Ders., »Die Richtigkeitskriterien der abgeschlossenen Theorien in der Physik«, in: *Einheit und Vielheit: Festschrift für Carl Friedrich von Weizsäcker zum 60. Geburtstag*, hrsg. v. E. Scheibe u. G. Süßmann (Göttingen, 1973), S. 140–144.; C. F. v. Weizsäcker, *Die Einheit der Natur: Studien* (München, 1971); Ders., »Die Einheit der Physik«, in: *Werner Heisenberg und die Physik unserer Zeit*, hrsg. v. F. Bopp (Braunschweig, 1961), S. 23–46; Ders., *Der Aufbau der Physik* (München, 1985, [2]1988); E. Scheibe, »Kohärenz und Kontingenz: Die Einheit der Physik und die rationalistische Tradition«, *Zeitschrift für philosophische Forschung* 40 (1986), S. 321–336; Ders., »Kants Apriorism and Some Modern Positions«, in: *The Role of Experience in Science: Proceedings of the 1986 Conference of the Academie Internationale de Philosophie des Science (Bruxelles), held at the University of Heidelberg* (Berlin, 1988), S. 1–22, bes. S. 15–22; L. Krüger, »Reduction vs. Elimination of Theories«, in: *The Logical Structure of Mathematical Physics*, hrsg. v. J. D. Sneed (Dordrecht, 1971), S. 295–309; Ders., »Unity of Science and cultural Pluralism«, *Grazer Philosophische Studien* 12/13 (1981), S. 167–185.

in die relativistische Physik oder der frühen Quantentheorie in die Boltzmannsche statistische Mechanik.

Die Motivation für dieses Programm liegt in der Vorstellung der *einen* Natur, der ein einheitliches Theoriengebäude zu korrespondieren habe, das alle Naturgesetze involviere. Gegen eine solche Inkorporierungsstrategie ist einzuwenden[13], daß der Begriff der *einen* Natur eine metaphysische Konstruktion ist, die erst dann als ein objektives Korrelat angesprochen werden kann, wenn es auch genau *eine* Naturwissenschaft gibt. Der Vorstellung, daß die Naturwissenschaften »die Natur« im Sinne einer numerisch *einen* Entität abbildeten, ist entgegenzuhalten, daß auch die Naturwissenschaften Kulturleistungen sind, die in mehrfachem Sinne von menschlichen Handlungskontexten abhängen: (i) Die Gegenstände der physikalisch-empirischen Forschung werden durch (Meß-)Geräte bestimmt, die ihrerseits Produkte technischer Herstellung sind; (ii) die Darstellung der Attribute dieser Gegenstände, ihre Verallgemeinerung zu Gesetzen und schließlich die Einbettung dieser Gesetze in Theorien sind abhängig von menschlicher Prädikation und Argumentation; schließlich ist (iii) die Beurteilung von Experimenten als gelungen oder mißlungen abhängig von menschlichen Zwecksetzungen. Ob alles auf diese Weise technisch, logisch und praktisch fundierte Wissen eine Einheit bilden soll, ist somit eine Frage der *Zweckmäßigkeit* und nicht der Adäquatheit einer Beschreibung. Wer nach der Einheit der Natur fragt, der fragt – erkenntnistheoretisch genau besehen – nach bestimmten Eigenschaften wissenschaftlicher Theorien und bestimmten Prinzipien der Theoriebildung (z. B. dem Prinzip der Einfachheit oder der ontologischen Sparsamkeit). Die Behauptung oder Bestreitung dieser Eigenschaften selbst kann jedoch nicht wieder unter Rekurs auf die *eine* Natur erfolgen.[14]

Als Zwischenresumee läßt sich formulieren, daß ein Motiv für die Reduzierungsstrategie im Kolonialisierungsanspruch einer partiellen

13 Vgl. P. Janich, »Physics – Natural Science or Technology«, in: *The Dynamics of Science and Technology: Social Values, Technical Norms and Scientific Criteria in the Development of Knowledge*, hrsg. v. W. Krohn, E. T. Layton u. P. Weingart (Dordrecht, 1978), S. 3–27.

14 R. Inhetveen, »Methodenvielfalt und Einheit der Natur«, in: *Entwicklungen der methodischen Philosophie*, hrsg. v. P. Janich.

Rationalitätsform gegenüber der Lebenswelt liegt, während die Inkorporierungsstrategie sich einer (im schlechten Sinne des Wortes) »metaphysischen« Substruktion einer *einen* Natur verdankt, die weniger mit wissenschaftlichen Einsichten als vielmehr mit religiösem Schöpfungsglauben zu tun hat. Es genügt in beiden Fällen, kritisch festzuhalten, daß der Gedanke der Einheit der Wissenschaften (oder eines großen Teils derselben) von sehr starken Prämissen abhängt, die sich weder aus den zur Debatte stehenden Wissenschaften noch aus Zwecksetzungen der Lebenswelt ergeben.

(c) Strukturierung

Der Ansatz der Strukturierung (auch: Systematisierung) geht davon aus, daß einerseits die Pluralität der Disziplinen nicht zu eliminieren ist, daß aber andererseits die Prädikation »x ist eine Wissenschaft« kein bloßer flatus vocis ist. Den Wissenschaften als solchen muß eine Klasse von Eigenschaften zukommen, ohne daß sie im Sinne von Reduzierung oder Inkorporierung zu *einer* Wissenschaft werden oder auch nur werden sollten. Solche Eigenschaften werden gerade diejenigen epistemischen Kriterien sein, durch die wir Wissenschaften als solche identifizieren; z. B. dann, wenn wir Wissenschaft von Pseudo-Wissenschaft abgrenzen. Die Rekonstruktion solcher Kriterien ist Aufgabe eines Faches der Philosophie, nämlich der allgemeinen Wissenschaftstheorie. Inhaltlich brauchen diese Kriterien der Wissenschaftlichkeit hier nicht diskutiert zu werden. Jedes Kriterium läßt grundsätzlich eine Pluralität von Kandidaten zu, die dieses Kriterium erfüllen. Somit lassen auch die Kriterien der Wissenschaftlichkeit eine Pluralität von Wissenschaften zu.

Für eine Strukturierung der Wissenschaften kommt es darauf an, die Identität in der Differenz so zu formulieren, daß die Pluralität – um eine Unterscheidung Kants aufzugreifen – keine bloße *Rhapsodie*, sondern ein *System* bildet.[15] Diese Forderung wird beispielsweise von

15 Vgl. I. Kant, *Kritik der reinen Vernunft* (A 1781, B 1787), B 860. Vgl. zum System-Begriff im allgemeinen sowie zu seiner Funktion bei der Wissenschaftsstrukturierung: G. Siegwart »Einleitung«, in: J. H. Lambert, *Texte zur Systematologie und zur Theorie der wissenschaftlichen Erkenntnis*, hrsg. v. G. Siegwart (Hamburg, 1988), VII-LXXXVII, hier bes. Kapitel V. – Ein modernes Beispiel für eine systembildende Kategorie ist die »Symmetrie«; vgl. dazu K. Mainzer, »Concepts of Symmetry and the Unity of Science« (in diesem Band).

denjenigen Einheitskonzeptionen erfüllt, die ein klassifikatorisches System von Wissenschafts*sorten* entwickeln. Allerdings zeigt schon die Vielzahl von angebotenen Klassifikationssystemen, daß eine bloße Sortierung noch nicht die Garantie dafür bietet, daß man den einen »wirklichen« einheitsstiftenden Gesichtspunkt gefunden hat. Auch verschiedene solcher Klassifikationen können durchaus zugleich zweckmäßig sein. So bildet beispielsweise für den Hochschulbau-Architekten die Einteilung der Wissenschaften in solche, die im Freien, solche, die im Erdgeschoß und solche, die in stapelbaren Flächen betrieben werden, eine folgenreiche Klassifikation. Kein Architekt wird aber glauben, auf diese Weise die kognitiven Gesichtspunkte angesprochen zu haben, die garantieren, daß es sich gerade um Wissenschaften handelt, die auf solche Weise unterschieden werden. Andererseits kann man nicht jeder Klassifikation Zweckmäßigkeit unterstellen, wie z. B. die Unterscheidung zwischen Natur- und Geisteswissenschaften zeigt.

Es stellt sich somit die Frage, *was es ist, das die Pluralität der Wissenschaften so zusammenhält, daß Wissenschaft als solche identifizierbar ist.* Die Beantwortung dieser Frage ergibt sich nicht durch einfache Merkmalsklassifikation; denn die Frage, welche Merkmale die relevanten sind, bleibt stets offen. Sie ergibt sich nur im Zuge der Beantwortung der Frage nach dem *Zweck* der Wissenschaften.

2. *Lebenswelt und Wissenschaft*

Mit »Lebenswelt« bezeichnen wir die Welt, in der wir als Menschen leben. Es handelt sich bei dieser nicht um eine Summe von Tatsachen; denn eine Tatsache ist selbst schon das Produkt des Konstituierens, Objektivierens und Thematisierens und damit spezifischer Formen des menschlichen Umgangs mit den Dingen. Relativ zu diesem primären lebensweltlichen Umgang ist das wissenschaftliche Erkennen also etwas Sekundäres, aus dem allgemeinen Umgang Ausgegrenztes, eine Hochstilisierung des allgemeinen Umgangs mit den Dingen. Die methodisch primäre Frage ist somit nicht die nach der wissenschaftlichen Erkenntnis der Lebenswelt, sondern die Frage nach der Ausdifferenzierung wissenschaftlicher Erkenntnis *aus* der Lebenswelt. In der Tradition von Husserlscher Phänomenologie[16], Göttinger Logik[17], Heideggerscher Fundamentalontologie[18] und Konstruktiver Wissenschaftstheorie[19] wird daher im folgenden in eben jenem Sinne nach der konstitutiven Genese der Wissenschaften aus der Lebenswelt gefragt.

Zunächst scheint die Rede von der *einen* Lebenswelt unplausibel zu sein, da es ja offensichtlich eine Vielzahl von Lebenswelten gibt. Gleichwohl sind diese in vielen Fällen »anschließbar«; d. h. es es gibt Randlagen, Durchschnitte, Übergänge, Möglichkeiten, »das Fremde« zu verstehen. Diese Phänomene lassen die Frage zu, ob es apriorische Formen von Lebenswelten gibt, die es erlauben, sekundär auch von *der* Lebenswelt zu sprechen. Dabei ist die Frage keineswegs (Kantisch) als Frage nach einem kategorischen Apriori verstanden; denn kategorische Aussagen lassen sich hierbei deswegen nicht gewinnen, weil zunächst jede derartige Aussage wiederum lebenswelt-relativ wäre. Es wird vielmehr (phänomenologisch) nach einem hypothetisch-relativen Apriori gefragt. Mit »relativ« ist hier gemeint, relativ zu unserer Frage nach apriorischen Formen der Fundierung wissenschaftlichen Wissens. Da diese die Funktion erfüllen müßten, daß die Fundierung des Wissens von ihnen ihren Ausgang nehmen könnte, sollen sie einfach »Anfänge des Wissens« heißen.[20]

---

16 Vor allem in E. Husserl, *Die Krisis der Europäischen Wissenschaften und die transzendentale Phänomenologie* (Den Haag, 1962).

17 Vgl. G. Misch, *Lebensphilosophie und Phänomenologie: Eine Auseinandersetzung der Diltheyschen Richtung mit Heidegger und Husserl* (Leipzig, 1930, ²1931; Nachdruck: Darmstadt, 1967); O. F. Bollnow, »Lebensphilosophie und Logik: Georg Misch und der Göttinger Kreis«, *Zeitschrift für philosophische Forschung* 34 (1980), S. 423–440; O. F. Bollnow, »Eine lebensphilosophische Begründung der Logik: Neue Aspekte der Philosophie Wilhelm Diltheys«, *Universitas* 38 (1983), S. 699–707.

18 M. Heidegger, *Sein und Zeit* (Halle, 1927; Tübingen, ¹⁶1986); Ders., *Prolegomena zur Geschichte des Zeitbegriffs* (Frankfurt a.M., 1979) [Gesamtausgabe 20].

19 W. Kamlah u. P. Lorenzen, *Logische Propädeutik: Vorschule des vernünftigen Redens* (Mannheim, 1967, ²1973).

20 Vgl. zum folgenden genauer: C. F. Gethmann, »Letztbegründung vs. lebensweltliche Fundierung des Wissens und Handelns«, in: *Philosophie und Begründung*, hrsg. v. Forum für Philosophie Bad Homburg (Frankfurt a.M., 1987), S. 268–302, hier bes. § 2.

Für die *Lebenswelt* ist zunächst festzustellen, daß sie für das Erkennen keineswegs opak oder gar obskur ist. Sie genügt sich vielmehr epistemisch weitgehend selbst, nämlich insoweit, wie sie im Rahmen ihrer Mittel ungestört verläuft, d. h. insoweit die lebensweltlichen Handlungsroutinen nicht durch Krankheit, Hunger, Kälte, Tod, Haß o. ä. beeinträchtigt werden. Mit Heidegger formuliert: Das lebensweltliche Besorgen ist durchaus »*umsichtig*« in dem Sinne, daß es die kognitiven Normalfallinstrumente bei sich hat. Im Falle von Störungen allerdings, d. h. im Falle von Anfechtungen oder Unterbrechungen lebensweltlicher Kontexte, und besonders bei Störungen, die den Bereich der kontinuierlichen Kooperation und Kommunikation betreffen, werden *spezielle* Instrumente erforderlich, die Diskontinuitäten überdauern. Bei solchen Störungen zeigt sich nämlich, daß die lebensweltliche Kommunikation und Kooperation zunächst bloß *situativ-okkasionellen* Charakter hat. Wir können durchaus umsichtig in einer entsprechenden Situation einen Fluß überqueren, Regen machen oder eine Wunde heilen; manchmal ist es aber von Interesse, eine Brücke zu bauen, mit der man auch morgen noch – und überdies mühelos – den Fluß überqueren kann, oder das Wetter vorherzusagen, oder ein medizinisches Rezept für Wiederholungsfälle zu haben, um nicht jedesmal von Neuem eine Problemlösung erfinden zu müssen. So *muß* auch niemand seine Felder nach einem bestimmten eigentumsrechtlichen Schema einteilen, küstenferne Schiffahrt betreiben oder Handelsgeschäfte über große Distanzen hinweg durchführen, sofern mit diesem »*Muß*« eine anthropologisch-strukturelle Notwendigkeit gemeint ist. Wenn allerdings solche Aktivitäten in einer Kultur für zweckmäßig gehalten werden, dann entwickelt sich fast zwangsläufig ein Interesse an *Geometrie*, *Astronomie* oder *Jurisprudenz* als situations*distanzierten* Problemlösungen, die auch über den jeweiligen Tag und Ort hinaus verwendbar sind. Der Versuch der Störungsbewältigung (-verhinderung oder -beseitigung) unter den Gesichtspunkten der Verläßlichkeit und Verständlichkeit des Handelns legt das Bestreben nahe, Instrumente der Verallgemeinerbarkeit »bis zum letzten« auszuschöpfen. Den Limes dieser Verallgemeinerbarkeitsbestrebung bildet die Parteien*in*varianz, d. h. die Geltung für jedermann.

Betrachten wir also das wissenschaftliche Wissen von seiner lebensweltlichen Funktionalität her, dann erscheint es als ein *Störungsbewäl-*

tigungsinstrument für diejenigen Störungstypen, die durch situationsgebundene, parteienvariante Orientierungen der kommunikationsgestützten menschlichen Kooperation hervorgerufen sind. Damit sind zwar die möglichen Störungen keineswegs erschöpfend erfaßt, aber doch zumindest eine Klasse von ihnen, die als hinreichend groß und folgenreich erscheint.

Verallgemeinerbarkeitsüberlegungen werden durch Störungen des lebensweltlichen Umganges begünstigt. Es sind dennoch Kulturen denkbar und es existieren solche, die trotz Störanfälligkeit ihrer Handlungsroutinen nicht zu solchen Invarianzvorstellungen gelangt sind. Ein lebensweltliches *Bedürfnis* muß nämlich *nicht als solches wahrgenommen* und d. h. reflektiert werden. Sollte es wahrgenommen werden, so muß sich dennoch *nicht* unbedingt die *Vorstellung seiner Befriedigung* einstellen. Wenn sich aber die Vorstellung seiner Befriedigung einstellt, so muß diese noch lange *nicht realisierbar* sein. Im Abendland allerdings haben sich die genannten Bedingungen für die Entstehung der Wissenschaft (Bedürfniswahrnehmung, Sich Einstellen der Befriedigungsvorstellung und ihre Realisierung) tatsächlich ansatzweise erfüllt, und zwar in einer historischen Phase, die Jaspers als »Achsenzeit« gekennzeichnet hat.[21]

Das Interesse des Menschen an Verallgemeinerbarkeit mit dem Limes »Invarianz« ist nicht Thema des fachwissenschaftlichen Wissens, sondern seine lebensweltliche *Bedingung*, und als solche Thema der Philosophie. Eine Lebenswelt, die dieses Interesse nicht ausprägt, hat keine Wissenschaft. Dem wissenschaftlichen Diskurs liegen somit lebensweltliche Einverständnisse immer schon prä-diskursiv voraus. Ob sich nun derartige prädiskursive Einverständnisse bloß naturwüchsig ergeben, oder ob sich eine eigene Kultur zur Bearbeitung und Bewahrung solcher prädiskursiver Einverständnisse ausbildet (wie es im Abendland in Gestalt der Philosophie der Fall ist[22]), ist wiederum lebensweltvariant. Die Wissenschaft jedenfalls, als Störungsbewältigungsinstrument

21 Vgl. K. Jaspers, *Vom Ursprung und Ziel der Geschichte* (Zürich, 1949).

22 C. F. Gethmann, »Ist Philosophie als Institution nötig?«, in: *Wozu Philosophie? Stellungnahmen eines Arbeitskreises*, hrsg. v. H. Lübbe (Berlin, 1978), S. 285–312.

verstanden, verdankt sich einem einheitlichen Desiderat. Sofern sie diesem auch auf einheitliche Weise entspricht, kann man in einem allgemeinen kognitiven Sinn von der *Einheit der Wissenschaften* sprechen: Wissenschaft besteht, und das macht die Einheit aus, methodisch immer darin, für bestimmte Annahmen zweckmäßig zu demonstrieren, daß sie parteien*in*variante (»intersubjektive«) Geltung beanspruchen können. Wissen ensteht dadurch aus bloß prätendiertem Wissen (»Meinen«), daß es als parteien*in*variant dargetan wird. Dieses Verfahren der Wissensbildung heiße »Begründen«. *Wissen ist begründetes Meinen*, das Erkennen ist der Prozeß, der mittels Begründungen vom Meinen zum Wissen führt.[23]

Diese Einheit der Wissenschaften ist jedoch, weil lebensweltbezogen, immer als Einheit *von* Vielheit zu formulieren. Je nach den elementaren störungsgefährdeten Routinen sind daher auch verschiedene kulturelle Ausdifferenzierungen von Verallgemeinerbarkeitsüberlegungen mit dem Limes »Invarianz« denkbar. So kann sich das lebensweltliche Handeln unter folgenden Gesichtspunkten als durch apriorische Formen bestimmt erweisen:

(1) Als redegestütztes Handeln kann es zu einer *Behauptungs- und Aufforderungskultur* führen, in der der regelgeleitete Diskurs zum Zwecke des Erhebens und Einlösens von Geltungsansprüchen ausgebildet wird. Die Präsuppositionen, die eine entsprechende Lebenswelt auszeichnen, bilden ihr *logisches Apriori*.[24]

(2) Als gerätegestütztes Handeln (Herstellen) kann es größen- und kontextinvariante Formen der Materialbearbeitung ausbilden. Die dieses Handeln leitenden Präsuppositionen der *Herstellungskultur* bilden das *technische Apriori* einer Lebenswelt.[25]

(3) Als beratungsgestütztes Handeln kann es parteien*in*variante Regeln der Kommunikation und des kommunikativen Interessensausgleichs

---

23 Vgl. die Ausführungen zur »Einheit der wissenschaftlichen Methode« in: M. Carrier u. J. Mittelstraß, »Die Einheit der Wissenschaft«, S. 108 – 114.

24 Vgl. C. F. Gethmann, *Protologik: Untersuchungen zur formalen Pragmatik von Begründungsdiskursen* (Frankfurt a.M., 1979).

25 Vgl. P. Janich, *Zweck und Methode der Physik aus philosophischer Sicht* (Konstanz, 1973).

ausbilden. Die handlungsleitenden Präsuppositionen einer solchen *Beratungskultur* bilden das *praktische Apriori* einer Lebenswelt.[26] Diese Beispiele zeigen bereits, daß sich die Wissensbildung keineswegs ausschließlich auf das technische Apriori stützt; dies wäre eine technizistische Verkürzung des Wissenschaftsverständnisses. Die Wissenschaften müssen vielmehr verstanden werden als mehr oder weniger gelungene Einlösungen der Regeln u. a. einer universellen Behauptungs-/ Aufforderungs-, Herstellungs- und Beratungskultur. Unter lebensweltlich-funktionalen Gesichtspunkten muß man daher von einem umfassenden Wissenschaftsverständnis ausgehen, zu dem neben den technischen und logischen auch praktisch ausgerichtete Disziplinen gehören.

Das Projekt einer lebensweltlichen Fundierung der Wissenschaften sieht sich mit dem Einwand konfrontiert, es beschränke die Wissenschaften auf ein bestimmtes kulturelles Selbstverständnis und stütze dadurch einen eurozentristischen Lebensweltimperialismus. Ein entsprechender Verdacht könnte folgendermaßen begründet werden: Der Gedanke der Wissenschaft entspringt historisch zwar nur *einer* bestimmten Lebenswelt, beansprucht gleichwohl Universalität und d. h. Geltung für *alle* Lebenswelten. Daraus folgt scheinbar, daß die herkömmlichen Handlungsstrategien alternativer Lebenswelten diesen universalen Ansprüchen einer speziellen Lebenswelt untergeordnet werden.

Demgegenüber: das Apriori unserer Lebenswelt impliziert immer schon die innere Tendenz zur Universalierung, so daß eine Lebenswelt ohne Wissenschaft hinsichtlich ihres Potentials unvollständig ist. Wis-

26 Vgl. O. Schwemmer, *Philosophie der Praxis: Versuch zur Grundlegung einer Lehre vom moralischen Argumentieren* (Frankfurt a.M., 1971; ^{2}1980, mit einem »Nachwort« (S. 246 – 276) zur Neuausgabe); C. F. Gethmann, »Proto-Ethik: Zur formalen Pragmatik von Rechtfertigungsdiskursen«, in: *Bedürfnisse, Werte und Normen im Wandel*, Bd. 1 (*Grundlagen, Modelle, Perspektiven*, hrsg. v. T. Ellwein u. H. Stachowiak (München, 1982), S. 113 – 143) [englisch: »Protoethics: Towards a formal Pragmatics of Justificatory Discourse«, in: *Constructivism and Science: Essays in Recent German Philosophy*, hrsg. v. R. E. Butts u. J. R. Brown (Dordrecht, 1989), S. 191 – 220]; Ders., »Lebensweltliche Präsuppositionen praktischer Subjektivität: Zu einem Grundproblem der ›angewandten Ethik‹«, in: *Akten des 1. Internationalen Schelling-Kongresses*, hrsg. v. W. Jacobs (Stuttgart, 1991).

senschaft *kann* somit ein meta-lebensweltliches Instrument werden. Für den Eurozentrismusvorwurf bedeutet dies, daß, wenn Behaupten-/Auffordernkönnen, Herstellenkönnen und Beratenkönnen apriorische Formen einer bestimmten Lebenswelt sind, dann auch Wissenschaft, Technik und Ethik (in unterschiedlicher Weise) ausgeprägt sein können. Sie sind dann aber in jeder Ausprägung schon mehr als lediglich die Stammesreligion der Eurozentriden. Soll also am abendländischen Wesen die Welt genesen? Diese Frage läßt sich nur *hypothetisch* beantworten: *Wenn* die condition humaine so gedeutet wird, daß (i) transokkasionelle Wissens- und Handlungsorientierungen im Interesse der Bewältigung okkasioneller Störungen gewünscht werden, und daß (ii) diese Bewältigung nur durch parteien*in*variante Wissens- und Handlungsorientierungen zu haben ist, *dann ist der Weg einer wissenschaftlich-technischen Zivilisation* – einschließlich seiner Kosten – *unvermeidlich*.

Das Vermögen der Verallgemeinerbarkeit mit dem Limes »geltend für jedermann«, also der Parteien*in*varianz, und der entsprechenden Wissensbildung heißt in traditioneller Terminologie *Vernunft*. Eine Lebenswelt bildet relativ zur Vielheit der Wissenschaften dann eine Einheit, die der Vielheit vorausgeht, wenn es sich

(1) bei der Vernunft gerade um *eine* Vernunft handelt; denn invariant heißt genau: Eines für jedermann; demnach kann es zwar viele Meinungen geben, aber nicht viele Vernünfte; daraus folgt, daß die Selbstexplikation der Vernunft in Gestalt von *Vernunftstandards* auch genau *eine* Klasse von Kriterien ergibt; wenn
(2) der Träger dieser Vernunft *einer* ist; und zwar einer, nicht im Sinne eines Individuums, sondern im Sinne von *alle* im Modus des »jedermann«, was in der Philosophie traditionell als »*Subjekt*« bezeichnet wird; und wenn
(3) dieses Subjekt Wissenschaft gerade aus *einem* Interesse heraus betreibt, nämlich aus dem *Interesse* der Störungsbewältigung.

Wenn es somit Wissenschaften gibt, dann nur deshalb, weil sie durch eine Einheit konstituiert sind. Dies ist die *Einheit der Vernunft*, verstanden als Einheit der Vernunft*standards*, Einheit des Vernunft*subjekts* und Einheit des Vernunft*interesses*.

3. *Die Zweckwidrigkeiten der Vielheit und ihre Bewältigung*

Das Verständnis der Wissenschaft als Störungsbewältigungsinstrument führt zu einem wissenschaftsphilosophischen *Instrumentalismus*. Wir wollen von der Wissenschaft als Mittel zum Zweck profitieren. Der Instrumentalismus wird jedoch häufig verdächtigt, er wolle die autonome wissenschaftliche Wahrheitssuche der politischen Indienstnahme opfern, wobei historische Beispiele wie die Lyssenko-Biologie und die Deutsche Physik scheinbar evidente Belege für die Abwegigkeit dieser Position sind.

Die Diskussion um Freiheit und Zweckgebundenheit der Wissenschaft wurde in unserem Jahrhundert in mehreren Wellen als Kontroverse geführt, nämlich im Werturteilsstreit[27], im Positivismusstreit[28] und in der Finalisierungsdebatte.[29] Insgesamt betrachtet müssen diese Diskussionen[30] aus philosophischer Sicht, parallel zu der ethischen und anthropologischen Debatte um Autonomie und Heteronomie, als Scheinkontroversen eingeschätzt werden. Dies wird sofort deutlich, wenn man die lebensweltlich nicht jedermann präsenten, aber doch leicht zu erwerbenden Einsichten heranzieht, die zu den Grundregeln der Zweck-Mittel-Rationalität gehören:

(1) Wer von einer Sache zu profitieren wünscht, muß ihre *Eigengesetzlichkeit* anerkennen.

27 Vgl. die Dokumentation *Werturteilsstreit*, hrsg. v. H. Albert u. E. Topitsch (Darmstadt, 1979).

28 Vor allem dokumentiert bei Th. W. Adorno u. a., *Der Positivismusstreit in der deutschen Soziologie* (Neuwied, 1969, ^{3}1974).

29 C. F. Gethmann, R. Hegselmann u. W. Raub, *Berichte und Stellungnahmen zum Kongreß »Gefährdete Wissenschaft?«* (2. erweiterte Fassung (Essen, 1976 [mimeo]); *Fortschritt und Rationalität der Wissenschaft*, hrsg. v. G. Radnitzky u. G. Anderson (Tübingen, 1980); *Finalization in Science*, hrsg. v. W. Schäfer (Dordrecht, 1983); G. Eberlein u. N. Dietrich, *Die Finalisierung der Wissenschaften* (Freiburg, 1983); *Die politische Herausforderung der Wissenschaft: Gegen eine ideologisch verplante Forschung*, hrsg. v. K. Hübner, N. Lobkowicz, H. Lübbe u. G. Radnitzky (Hamburg, 1976).

30 Diese Kontroversen waren wiederum überlagert von der Diskussion um die Freiheit der Wissenschaft im Zusammenhang mit der entsprechenden Verfassungsbestimmung.

(2) Wer von einer Sache zu profitieren wünscht, kann nicht erwarten, daß diese sich *von sich aus* rechten Einsatz verschafft.

Die Ursache dafür, daß diese einfachen Regeln für das Verständnis der Wissenschaften häufig nicht systematisch berücksichtigt werden, ist eine merkwürdige Asymmetrie in der Verteilung der philosophischen und wissenschaftlichen Aufmerksamkeit für die verschiedenen menschlichen Rationalitätsformen. Denn während die *Begründungsrationalität* als *Sonderform* lebensweltlicher Rationalität durch eine 2500-jährige Geschichte der Logik die subtilste analytische Bearbeitung erfahren hat, ist die *Rechtfertigungsrationalität*, die man als lebensweltliche *Standardrationalität* bezeichnen kann, eher nur am Rande untersucht worden. Berühmte Ausnahmen von dieser Einseitigkeit finden sich allerdings schon bei Aristoteles, dann in der Philosophie des Pragmatismus und in Heideggers Daseinsanalyse.

Mehr noch: unter den Stichworten »Zweckrationalität« und »Herrschaft der instrumentellen Vernunft« ist die Rechtfertigungsrationalität gerade in unserem Jahrhundert Gegenstand ausgesprochener Diskriminierungsversuche gewesen.

Was die Wissenschaften anbetrifft, so ist es jedenfalls kein Widerspruch, daß eine Gesellschaft – *einerseits* – von der Wissenschaft profitieren möchte, d. h. möchte, daß die Wissenschaft als Störungsbewältigungsinstrument einen Beitrag für die Lebenswelt leistet, daß diese Gesellschaft – *andererseits* – aber auch anerkennen muß, daß die Wissenschaft in einer – um bewußt den Kampfbegriff zu wählen – »zweck-freien Suche nach Wahrheit« besteht. Um das Ganze mit Hilfe einer Metapher auszudrücken: Wer vom Honigsammeln der Bienen profitieren möchte, tut gut daran, die Eigengesetzlichkeit des Bienenlebens anzuerkennen. Wer in diesem Kontext einen Werturteilskonflikt sieht, hält für unvereinbar, daß wir einerseits Bienen artgerecht halten können (Autonomiethese), andererseits aber Honig essen möchten (Teleologiethese). Es dürfte jedoch kein logisches Problem erzeugen, wenn man beide Positionen zugleich für richtig hält. Dies wiederum macht generell deutlich, daß Autonomie und Teleologie in keinem logischen oder anderen Widerspruch zueinander stehen. Es ist daher keineswegs gegen das Ideal der Wahrheitssuche gerichtet, wenn hier in einem bestimmten Sinne einer *Rehabilitierung der instrumentellen Vernunft* das Wort geredet wird. Denjenigen, die gegen die Zweckrationalität eine angeblich überlegene Sinnrationalität ins Feld führen, ist entgegenzuhalten, *daß nichts so sicher und auf so angenehme Weise Sinn liefert, wie die Tatsache, daß man gebraucht wird.*[31]

Für die hier anliegende Thematik bedeutet dies nun auch, daß, gesetzt, die disziplinäre Organisation wissenschaftlichen Wissens sei Teil seiner Eigengesetzlichkeit, dies gerade dann anzuerkennen ist, wenn man vom wissenschaftlichen Wissen zu profitieren wünscht. Gerade *weil* die Vielheit der Wissenschaften und der infrawissenschaftlichen Theorien kein Defekt der Wissenschaften bzw. Theorien ist, kann sie überhaupt relativ zum lebensweltlichen Unternehmenszweck Disfunktionalitäten aufweisen. Denn nur dann, wenn Mittel gegenüber Zwekken Eigengesetzlichkeiten ins Spiel bringen, ist es erklärbar, wieso Mittel existieren, die ihren Zweck nicht voll erfüllen. Anders formuliert: Könnte man über die Mittel des Handelns immer vollständig zweckadäquat verfügen, gäbe es keine Disfunktionalität innerhalb der Zweck-Mittel-Sphäre.

Die hier zur Debatte stehenden Disfunktionalitäten haben nach dem Gesagten die allgemeine Form: Die als Störungsbewältigungsinstrumente unter dem Gesichtspunkt der Invarianz ausgebildeten Wissensformen leisten die Bewältigung eines Störfalls nicht, nicht unmittelbar oder nicht in ausreichendem Umfang. Dies ist im Rahmen der Zweck-Mittel-Organisation der Lebenswelt keineswegs eine überraschende oder auch nur seltene Situation. Auch wenn die Menschen nach der Erfindung des Stahlbetons kompensatorisch Schlagbohrmaschinen erfunden haben, um auch in diese Wand Löcher zu bohren, hängt das Bild dadurch nicht schon an der Wand. Zu einem »an sich« adäquaten Instrument muß der rechte Gebrauch desselben hinzutreten. Wer den Hiatus zwischen dem Gerät und seinem Gebrauch nicht erkennt, ist ein hoffnungsloser Intellektualist, »den das Leben bestraft«.

---

31 Dabei kommt es allerdings darauf an, daß in der Zweckrationalität nicht bloß ein Modus »strategischen Handelns« gesehen wird, wie das J. Habermas unterstellt (*Theorie des kommunikativen Handelns*, Bd 1. u. Bd. 2); vgl. dazu C. F. Gethmann, »Universelle praktische Geltungsansprüche: Zur philosophischen Bedeutung der kulturellen Genese moralischer Überzeugungen«, in: *Entwicklungen der methodischen Philosophie*, hrsg. v. P. Janich.

Grundsätzlich gilt also, daß der Zweck einer Sache die Sache selbst und auch den Sachzusammenhang übersteigt, und nicht bloß ein Modus der Sache ist. Bezogen auf unser Thema bedeutet dies: aus der Tatsache, daß die pragmatische, also die handlungs- und zweckbezogene Konzentration wissenschaftlichen Wissens auf *einen* Zweck hin die Disziplinen sowohl einzeln, als auch in ihrer Gesamtheit überschreitet, folgt, *daß es keine zweckmäßige Forderung an die disziplinär organisierte Wissenschaft ist, daß sie von nun an eine Interdisziplin werden soll.* Dagegen sprechen auch nicht die anfangs als gelungen zugestandenen Beispiele für die Reduzierung und Inkorporierung von Theorien und Disziplinen. Vielmehr muß sich die Lebenswelt der Wissenschaften *trans-disziplinär* bedienen[32], z. B. indem sie die disziplinär tätigen Wissenschaftler mit den nicht auf Disziplinen abbildbaren Problemen der Lebenswelt konfrontiert.

Eine andere Sicht der Dinge, wie z. B. das Streben nach einer alle (oder einige) Disziplinen umfassenden Interdisziplin, würde im übrigen auch nur eine Antwort auf eine Problemkonstellation zu einem bestimmten historischen Zeitpunkt an einem bestimmten gesellschaftlichen Ort sein, abgesehen davon, daß unsere Gesellschaften nicht so homogen sind, als daß man von *dem* oder *der* Problemkonstellation sprechen könnte. Weil – *zum einen* – die Probleme der Lebenswelt sowohl eine *diachrone* als auch eine *synchrone Vielheit* bilden, deren Subsumtion unter eine »Problemkonstellation« vielleicht logisch möglich, aber zur Problemlösung kaum hilfreich ist, weil sich – *zum anderen* – die Disziplinenevolution wenigstens *auch* nach internen (kognitiven) Faktoren richtet, ist es nicht zu erwarten, daß der Erkenntnisstand der Wissenschaften quasi-naturwüchsig zu den Problemen der Lebenswelt »paßt«, wie »der Deckel auf den Topf«. Die Gesellschaft muß vielmehr das wissenschaftliche Wissen so nutzen, daß es passend *wird.*

---

32 Zum Begriff der Transdisziplinarität vgl. J. Mittelstraß, »Der Flug der Eule: 15 Thesen über Bildung, Wissenschaft und Universität«, in: Ders., *Der Flug der Eule: Von der Vernunft der Wissenschaft und der Aufgabe der Philosophie* (Frankfurt a.M., 1989), S. 43–59, hier S. 52; Ders., »Wohin geht die Wissenschaft? Über Disziplinarität, Transdisziplinarität und das Wissen in einer Leibniz-Welt«, in: Ders., *Der Flug der Eule,* S. 60–88, hier bes. S. 81–88.

Ein aktuelles Beispiel für den Gegensatz zwischen der Forderung nach Einführung einer neuen Interdisziplin versus Bildung einer neuen Institution für bestehende Disziplinen (Transdisziplinarität) ist die Diskussion um die *Technikfolgenabschätzung*. Diese Diskussion ist zunächst Ausdruck der behandelten Disfunktionalität von lebensweltlicher Problemstellung und wissenschaftlich-disziplinärem Antwortpotential. Strukturell ist die Technikfolgenabschätzung genauso zu beurteilen wie frühere Versuche, die Disziplinarität der Wissenschaften auf die Transdisziplinarität lebensweltlicher Problemstellungen zu beziehen, so beispielsweise im Falle der *Wissenschaftsforschung*.[33] Für derartige Unternehmen gilt, daß sie durch Problemstellungen der Lebenswelt motiviert sind und von daher Fragen an die Wissenschaften gerichtet werden. Diese Fragestellungen müssen dazu führen, daß die Gesellschaft sich den Rat der Wissenschaftler so organisiert, daß sie ihn verwenden kann. Der gesellschaftliche Bedarf allein ist aber noch kein hinreichender Grund dafür, die Wissenschaften umzuorganisieren. Und zwar weder durch die Etablierung einer neuen Wissenschaft noch durch die »Vereinigung« der bestehenden.

Summary

The plurality of scientific disciplines or theories is regarded by many scientists and philosophers of science as a defect that has to be mended. In contrast to this, it is argued in the present paper that strategies of unification should not be regarded as a goal to be aimed at by all scientific research (although some attempts at unification have been successful).

33 C. F. Gethmann, »Wissenschaftsforschung? Zur philosophischen Kritik der nach-Kuhnschen Reflexionswissenschaften«, in: *Wissenschaftstheorie und Wissenschaftsforschung*, hrsg. v. P. Janich (München, 1981), S. 9–38, hier bes. S. 35 f; Ders. »Wissenschaftsforschung: auf Wiedervorlage«, in: *Theorie und Praxis der Wisssenschaftsforschung*, hrsg. v. C. Burrichter (Erlangen, 1987), S. 13–48. Andere Beispiele aus den letzten Jahren sind: Hochschuldidaktik, Friedensforschung, Bildungsforschung, Zukunftsforschung, Umweltforschung, Frauenforschung.

Strategies for the reduction or incorporation of theories are examined as an example, and it is shown that these attempts are motivated by extra-scientific premisses and presuppositions, not by cognitive requirements of the sciences themselves. In opposition to these cognitive programmes of unification, an instrumentalist interpretation of the sciences is defended. Thus the unity of the sciences is understood as an operational task for our every-day world. It is not important to reduce the plurality of disciplines or theories on a »theoretical« level. The knowledge and skills of the sciences must rather be organized »practically«, in order to find solutions to the problems of the world we live in.

Naturwissenschaft und Ethik

HERWIG SCHOPPER

1. Einleitung

Wir leben in einer Welt, deren Wohlstand vor allem durch die Naturwissenschaften und die darauf aufbauenden Techniken geprägt ist. Naturwissenschaft und Technik verdanken wir ein menschenwürdigeres und erfüllteres Dasein. Wir versuchen, auch die ärmeren Länder an unserem Reichtum teilnehmen zu lassen, und niemand ist wohl ernstlich dazu bereit, auf den erreichten individuellen und kollektiven Wohlstand zu verzichten.

Trotzdem wird immer heftigere Kritik gegen Naturwissenschaft und Technik laut. Die mehr vordergründige Kritik bezieht sich z. B. auf ökologische Probleme, ja es wird die Naturwissenschaft und die auf sie gegründete Technik für die ökologische Krise geradezu verantwortlich gemacht. Auf diese praktische Probleme betreffenden Vorwürfe möchte ich hier nicht eingehen.

Tiefergehende Vorwürfe gegen die Naturwissenschaften kommen aus dem metaphysischen Bereich. Es wird ihnen vorgeworfen, daß sie funktionalistisch seien und daß sie darauf verzichten, nach dem Wesen und dem Sinn ihrer Forschungsobjekte zu fragen, und sie beschränkten sich darauf, nur das Verhalten der Objekte und ihre Beziehungen untereinander zu erforschen. Sie bieten weder eine Deutung des menschlichen Daseins noch Prinzipien für verantwortliches Handeln. Ja es wird sogar behauptet, daß die moderne Wissenschaft zu einer Entfremdung des Menschen von sich selbst führe und statt mehr Mündigkeit eher eine Entmündigung nach sich ziehe.

Der Verlust des auf Wissenschaft und Technik basierenden, übertriebenen und naiven Fortschrittsglaubens und die gleichzeitige Abschwächung der Kraft moralischer Werte führte zu dem betrüblichen Zustand von Realitätsflucht und Suchtverhalten, dem Hochkommen von fundamentalistischen Bewegungen, depressiven Erkrankungen und Zukunftsunsicherheit.

Das Problem ist ernst und ein Dialog zwischen Naturwissenschaften und Geisteswissenschaften erscheint mir dringend nötig. Dabei besteht die große Gefahr von Mißverständnissen, schon wegen der in verschiedenen Bereichen so unterschiedlichen Fachsprachen und auch mangelnden Informationen über neue Entwicklungen. Trotzdem muß dieses Risiko in Kauf genommen werden, wenn man nicht in stummem, gegenseitigem Sich-Ignorieren verharren will.

2. *Methoden und Ergebnisse der Naturwissenschaften*

Die moderne Naturwissenschaft beginnt mit der Renaissance, und soweit es die Physik angeht, sind es die Fallversuche von Galilei, durch die sie eingeleitet wurde. Diese Versuche zeigen schon die wesentlichsten Merkmale moderner Naturforschung:

(1) Ohne Rücksicht auf überlieferte Ansichten oder Autoritäten führte er sorgfältige Experimente durch;

(2) er beschränkte sich aber nicht auf die Aufstellung von langen Zahlentabellen, die die Versuchsdaten wiedergeben, sondern er versuchte, die Versuchsergebnisse durch mathematische Formeln zu beschreiben;

(3) um die Fallgesetze zu erhalten, mußte er Beobachtungen idealisieren. Entgegen dem alltäglichen Augenschein, daß eine Bleikugel schneller fällt als eine Feder, postulierte er, daß alle Körper (im Vakuum) gleich schnell fallen.

Eine solche Idealisierung der Beobachtungen, durch die allein Naturgesetze gefunden werden können, zeigt, daß die Erforschung der Natur ein äußerst kreativer Akt ist und nicht dem allgemeinen Bild entspricht, nach dem dabei einfach ein Vorhang von einem fertigen Bild in mehr oder weniger automatischer Weise weggezogen wird. Die Verbindung von empirischer Fragestellung an die Natur im Experiment und ihre Deutung mit Hilfe abstrakter Begriffe und Vorstellungen, die ihrerseits weiterführende Fragen ermöglichen, ist die Grundlage heutiger Naturforschung. Die Schaffung neuer Begriffe, verbunden mit dem Experiment, erschließt der Naturforschung immer größere Bereiche, und sie wird daher nie abgeschlossen sein. Allerdings mag das Interesse für bestimmte Fragestellungen nachlassen oder verschwinden.

Es zeigt sich, daß das Zusammenfassen immer größerer Erfahrungsbereiche im Makro- und Mikrokosmos, die eine wunderbare Einheit bilden, leider eine immer stärkere Abstraktion mit Hilfe mathematischer Begriffe erfordert. Dies ist der Preis, den wir für eine Vereinheitlichung des Weltbildes bezahlen müssen.

Lassen Sie mich die Methode und die darauf gegründete Wahrheit der exakten Wissenschaften zusammenfassen. In den Naturwissenschaften gilt eine Aussage nur dann als wahr, wenn sie von jedermann an jedem beliebigen Ort und zu jeder beliebigen Zeit nachgeprüft werden kann, d. h., daß sie reproduzierbar ist. Viele solcher Feststellungen werden in einem Modell oder einer Theorie zusammengefaßt, die von einigen Grundannahmen (»Paradigmen«, wie sie Thomas Kuhn nannte) ausgehen. Diese Grundaussagen bilden dann die Basis für unsere Aussagen über die Realität, unser naturwissenschaftliches Weltbild. Große Fortschritte in den Naturwissenschaften sind verknüpft mit einer Änderung der Paradigmen, wobei meist die alten nicht ungültig, sondern in neue mit erweitertem Gültigkeitsbereich eingebaut werden.

Von einer »besseren« Theorie wird verlangt, daß

(1) sie alle Erfahrungen wiedergibt, die schon von früheren Theorien erklärt werden konnten (also keine Revolution, sondern Evolution),
(2) sie Schwierigkeiten älterer Theorien beseitigt, wobei diese entweder rein formaler mathematischer Natur (Unendlichkeiten, Divergenzen) sein oder in einem Widerspruch mit empirischen Fakten bestehen können,
(3) sie in sich widerspruchsfrei ist,
(4) sie in der Lage ist, Vorhersagen zu machen. Diese müssen experimentell überprüfbar, d. h., die Theorie muß falsifizierbar sein.
(5) sie eindeutig kommunizierbar ist, meist in Form von mathematischen Aussagen.

Diese Art des methodischen Vorgehens kommt vielleicht in der Physik am deutlichsten zum Ausdruck, ist aber die Grundlage für alle Naturwissenschaften, und insofern stellen sie eine Einheit dar. Teile der Soziologie, der Ökonomie und andere Gesellschaftswissenschaften haben diese Methodik übernommen. Für die eigentlichen Geisteswissenschaften gelten zum Teil andere Spielregeln, so z. B. der Bezug auf persönliche oder historische Autoritäten.

Aber auch das empirische Vorgehen der Naturwissenschaften impliziert eine Reihe von Voraussetzungen bzw. Konsequenzen, die meist nicht ausgesprochen werden und über die sich die Naturwissenschaftler häufig selbst nicht Rechenschaft ablegen: Naturwissenschaftliches Wissen ist trotz seiner objektiven Überprüfbarkeit »Vermutungswissen« (Popper). Kant glaubte noch, daß »der Verstand seine Gesetze nicht aus der Natur schöpft, sondern er schreibt sie dieser vor.« Die Naturgesetze seien also nicht aus der Natur abzulesen, sondern sie sind das Produkt des menschlichen Verstandes. In dieser extremen Form ist diese Kantsche Aussage nicht mehr haltbar. Wir stellen fest, daß die Erforschung der Natur uns zwingt, unsere Denkstruktur zu ändern. Diesen für die menschliche Kultur so bedeutenden Vorgang, der auch für die Evolution eine wichtige Rolle spielt, halte ich für weit wichtiger als alle technischen Anwendungen der Naturforschung.

Es gibt viele Beispiele dafür, daß in den Naturwissenschaften »a priori« Aussagen nicht akzeptabel sind, sondern daß wir bereit sein müssen, Denkweisen zu akzeptieren, die manchmal selbst unserer unmittelbaren Alltagserfahrung offensichtlich zu widersprechen scheinen.

Ich möchte stichwortartig nur einige Beispiele nennen:

- die Verschmelzung von Raum und Zeit in der speziellen Relativitätstheorie mit so erstaunlichen Phänomenen wie einer maximalen Signalgeschwindigkeit, der Aufgabe der Existenz einer absoluten Gleichzeitigkeit und der Massenzunahme mit der Geschwindigkeit;
- die Dualität von Teilchen und Welle in der Quantenmechanik, die uns zwingt zu akzeptieren, daß von zwei sich widersprechenden Aussagen beide richtig sein können;
- die Verletzung der Spiegelungssymmetrien in der Natur, deren Gültigkeit Kant noch als denknotwendig erachtete.

Wir sind an der Schwelle eines neuen, vielleicht noch wichtigeren Paradigmenwechsels. Bis in jüngste Zeit bestand in der Physik Erklären darin, daß man die Erscheinungen auf letzte unzerstörbare Materiebausteine, zwischen denen Kräfte wirken, zurückzuführen versuchte. Der Fortschritt bestand darin, daß man immer kleinere Materiebausteine (Moleküle, Atome, Atomkerne und Elektronen, Quarks und Leptonen) entdeckte und daß man neue Kräfte aufspürte (starke und schwache Kernkraft), die man zu einer Urkraft zu vereinigen sucht. Die neuesten Ergebnisse der Elementarteilchenphysik deuten jedoch darauf hin, daß dieses allzu anschauliche Modell, das die Naturerscheinungen auf letzte kleine Materieklötzchen und Spiralfedern, die zwischen ihnen Kräfte erzeugen, zurückgeführt, aufgegeben werden muß.

Als letztes Ordnungsprinzip (»first principle«) zur Naturerklärung schält sich immer mehr der Begriff der Symmetrie heraus. So gibt es etwa eine Symmetrie zwischen positiven und negativen elektrischen Ladungen, zwischen Materie und Antimaterie usw. Unter Symmetrie verstehen wir dabei den Umstand, daß bei einer Symmetrieoperation, z. B. Vertauschung von negativer mit positiver Ladung, die Naturgesetze sich nicht ändern. Wir glauben heute, daß die Symmetrie der Raum-Zeit-Struktur letztlich die Eigenschaften der Kräfte und diese wiederum die Eigenschaften der Teilchen bestimmen, die aber eigentlich als »Quasiteilchen«, ähnlich den Phononen in einem Festkörper, aufgefaßt werden müssen.

Daraus ergeben sich völlig neue Perspektiven, z. B. für unser Verständnis vom Wesen der Materie, mit der Konsequenz, daß die Welt der Physik nicht durch rein materielle Elemente bestimmt ist, sondern einen transzendenten Hintergrund besitzt.

Diese Betrachtungen zeigen, daß es in den Naturwissenschaften keine absolute Wahrheit gibt. Das weitere Vordringen in den Mikro- und Makrokosmos zwingt uns ständig, unser Denken zu ändern und neue Paradigmen zu akzeptieren. Dies bedeutet aber auch, daß naturwissenschaftliches Wissen nie abgeschlossen sein kann und in diesem Sinne Vermutungswissen ist.

Es gibt kein Kriterium für die absolute Wahrheit; selbst wenn wir sie hätten, gäbe es keine Möglichkeit, sie als solche zu erkennen. Wir können die Richtigkeit einer Theorie nicht beweisen, wir können nur versuchen, sie durch Experimente zu falsifizieren, und falls dies gelingt, eine bessere zu finden (Popper).

Aber, und das ist ein wichtiger Punkt: Selbst wenn es kein objektives Kriterium für die absolute Wahrheit gibt, so können wir doch Kriterien angeben, die uns sagen, ob wir uns der Wahrheit annähern oder nicht. Eine neue Theorie wird nur dann als besser akzeptiert, d. h. sie liegt näher an der Wahrheit, wenn sie die oben genannten 5 Bedingungen erfüllt. (Gibt es zu einem bestimmten Zeitpunkt zwei Theorien, die diese Kriterien gleich gut erfüllen, dann wird diejenige bevorzugt, die von weniger oder einfacheren Grundannahmen ausgeht.) Ich möchte später die Frage erörtern, ob dieses »Annäherungskriterium« auch in nicht-wissenschaftlichen Bereichen nützlich sein kann.

Die Naturwissenschaft erkennt nur das als wahr an, was den obengenannten Kriterien entspricht. Sie beschränkt sich also bei der Erforschung der Realität auf einen ganz bestimmten Bereich. Es ist unbestreitbar, daß die Stärke der modernen Wissenschaft auf eben dieser Beschränkung beruht. Der Universalanspruch der Naturwissenschaft existiert nicht mehr, sie stellt nur eine Projektion der Wirklichkeit neben anderen (Kunst, Philosophie etc.) dar. Aufgrund der beschriebenen Methode kann die Wissenschaft uns nicht unmittelbar Handlungsrichtlinien oder Sinnzuweisungen liefern. Man sollte sie daher auch nicht für etwas prügeln, was sie nicht liefern kann. Ist daher die Kritik, daß uns die Naturwissenschaften nichts »Sinnvolles« bescheren, gerechtfertigt? Ich glaube nicht. Aber bevor ich darauf eingehe, wollen wir uns die Frage stellen, worin sich die Wahrheiten der Ethik von denjenigen der Naturwissenschaften unterscheiden.

3. *Die ethischen Wahrheiten*

Der Mensch besitzt ein ungeheures Bedürfnis danach zu verstehen, woher er kommt, was sein künftiges Schicksal sein wird und nach welchen Maximen er sein Handeln richten soll. Dieses Bedürfnis ist nach Jacques Monod so stark, daß es genetisch bedingt erscheint. Es kann wenigstens zum Teil durch ein Streben nach Einheit befriedigt werden, denn wenige Grundprinzipien sind leichter zu akzeptieren als komplexe Gedankengebäude. Das Streben nach einfachen Grundprinzipien ist ohne Zweifel ein nichtrationaler, metaphysischer Drang.

Das Streben nach Einheit finden wir in der Physik, wo man durch Vereinigung der Kräfte zu einer Urkraft zu einer »Theory of Everything« zu gelangen hofft, wir finden es im Ideal der »Einheit der Wissenschaft«, und wir stellen fest, daß in den großen Religionen der Pantheismus durch den Monotheismus ersetzt wurde.

Im Gegensatz zu den naturwissenschaftlichen Wahrheiten sind die ethischen Grundaxiome absolute, unbedingte Aussagen, die sich häufig auf Offenbarungen oder mystische Erlebnisse stützen. In den großen Religionen finden sie ihre letzte Rechtfertigung durch die Existenz Gottes. Ein Ausspruch von Hans Küng ist dafür kennzeichnend[1]:

> Die Unbedingtheit des ethischen Anspruchs, die Unbedingtheit des Sollens, läßt sich nur von einem Unbedingten her begründen: von einem Absoluten, das einen übergreifenden Sinn zu vermitteln vermag und das nicht der Mensch als Einzelner, als Menschennatur oder als menschliche Gemeinschaft sein kann, sondern allein Gott selbst.

Da es für einen wissenschaftlich Denkenden nicht leicht ist, einen solchen Absolutheitsanspruch ohne weiteres hinzunehmen, hat es nicht an Versuchen gefehlt, auch die ethischen Axiome rational zu begründen. Das berühmteste Beispiel ist wohl die Kantsche Ethik. In seiner »Kritik der praktischen Vernunft« versucht er, die Axiome der Ethik in ähnlicher Weise abzuleiten wie in seiner »Kritik der reinen Vernunft« die Axiome der Mathematik und Physik. »Der gestirnte Himmel über mir und das moralische Gesetz in mir«: In dieser berühmten rhetorischen Parallele wird zum Ausdruck gebracht, daß sowohl die erkenntnistheoretischen wie die ethischen Gesetze auf einem synthetischen Apriori gegründet sind, das von jeder menschlichen Vernunft seine Anerkennung verlangen kann. Die modernen Naturwissenschaften lehren uns aber, daß es kein kognitives Apriori gibt, sondern daß alle physikalischen Gesetze und selbst Aussagen über die Struktur des Raum-Zeit-Kontinuums oder den Determinismus empirischen Charakter haben.

Hans Reichenbach schreibt[2]:

> Kant konnte nicht voraussehen, daß es gerade dieser Parallelismus sein sollte, der seiner Ethik den Todesstoß versetzte. Wenn das moralische Gesetz in mir von derselben Art ist wie das Gesetz, welches mir den gestirnten Himmel erklärt, dann ist es entweder eine empirische Aussage über das Verhalten von Menschen, oder eine leere Aussage in der Form einer Implikation zwischen ethischen Axiomen und Schlußfolgerungen.

1 H. Küng, *Existiert Gott?* (München, 1978).

2 H. Reichenbach, *Der Aufstieg der wissenschaftlichen Philosophie* (Braunschweig, 1968).

Und an anderer Stelle schreibt er:

> Die Vernunft wurde als die Gesetzgeberin des moralischen als auch des kognitiven Gesetzes angesehen, und ethische Vorschriften wollte man in einem Visionsakt erkennen, ähnlich der Vision, welche angeblich die letzten Gesetze des Kosmos entschleierte. Die wissenschaftliche Philosophie hat den Plan, ethische Vorschriften zu geben, völlig aufgegeben und betrachtet moralische Ziele als Ergebnisse von Willensakten, nicht aber als Gegenstand der Erkenntnis ... Der Wille kann nicht aus der Erkenntnis abgeleitet werden; der menschliche Wille ist sein eigener Schöpfer und sein eigener Richter.

Ethische Aussagen sind danach eigentlich keine Wahrheiten, sondern Handlungsanweisungen, was sich schon dadurch ausdrückt, daß sie meist in der Imperativform formuliert sind: »Du sollst ...!« oder »Du sollst nicht ...!« Der ethische Imperativ ist als ein Willensakt gekennzeichnet, der von einem Gefühl der Verpflichtungen begleitet ist, wobei diese Verpflichtung auf die Gesellschaft gerichtet ist und ursprünglich wohl den Hauptzweck hatte, ihr Überleben zu garantieren. Du sollst nicht töten; du sollst nicht stehlen; du sollst den Armen helfen, waren Regeln, die offensichtlich zum Erhalt einer Gruppe dienen sollten.

Wenn die Ethik soziale Ursprünge hat, dann ist es allerdings nicht erstaunlich, daß es so unterschiedliche Ethiken geben kann. Die Ethik der Arbeiterklasse ist verschieden von derjenigen des Großkapitalismus, und mohammedanische Fundamentalisten bekennen sich zu anderen moralischen Normen als ein katholischer Christ. Es gibt ja sogar »antisoziale« Ethiken, wie z. B. eine »Ganoven-Ehre« (»Du darfst deinen Mittäter nicht verraten«).

Wenn es mehrere durch Geschichte und Tradition bedingte Ethiken gibt, dann stellt sich natürlich die entscheidende Frage, welches ist die »beste«, die »richtige« Ethik? Wenn Ethik auf Offenbarung gegründet ist, welcher Offenbarung sollen wir uns anschließen? Hängt dies nur davon ab, in welchen Kulturkreis wir zufällig hineingeboren wurden? Wenn die Ethik Normen enthält, die vor allem dem Überleben einer Gruppe dienen, welcher Gruppe sollen wir uns anschließen?

Lassen Sie mich die provokative Frage stellen, ob man aus den Naturwissenschaften etwas lernen kann, was uns weiterhelfen könnte. Viele werden dies von vorneherein ablehnen, aber es ist doch wenigstens den Versuch wert.

4. Mit- oder gegeneinander?

Akzeptieren wir die unterschiedlichen Wahrheitsbegriffe in Naturwissenschaften und Ethik, dann stellt sich die Frage, welches die gegenseitigen Beziehungen zwischen diesen beiden Bereichen menschlichen Wirkens sein sollten oder könnten.

Die vielleicht einfachste Haltung, die auch unter Fachleuten immer noch weit verbreitet ist, besteht darin, daß man sich nichts zu sagen habe und daher nichts übrigbleibt, als das sich gegenseitige Ignorieren fortzusetzen. Im Hinblick auf die eingangs genannten Schwierigkeiten und die weltweit zu lösenden Probleme scheint mir eine solche Einstellung trotz aller Schwierigkeiten nicht mehr vertretbar. Ein allerdings nicht leicht zu führender Dialog erscheint unerläßlich, wobei zunächst die verschiedenen Arten der Wechselwirkung zu klären wären.

Wir können naheliegenderweise vier Arten der gegenseitigen Einflußnahme betrachten:

- die sich aus ethischen Normen ergebenden Richtlinien für das Verhalten von Wissenschaftlern;
- umgekehrt können sich allgemeine Handlungsrichtlinien aus dem in der Naturwissenschaft praktizierten Verhalten der Wissenschaftler ergeben;
- Botschaften, die sich aus den an sich wertfreien *Ergebnissen* der Naturwissenschaften für das menschliche Selbstverständnis und die daraus abgeleiteten Verhaltensformen ableiten lassen;
- die Übernahme gewisser *Methoden* der Naturwissenschaften in nicht-naturwissenschaftliche Bereiche.

Zum ersten Punkt möchte ich hier nicht viel sagen, da die Frage, inwieweit die Arbeit der Wissenschaftler durch moralische Normen bestimmt werden sollte, vielfach diskutiert wurde. Soll man alles, was machbar ist, machen oder auf gewisse Forschungsrichtungen verzichten? Dieser Fragenkomplex ist vor allem im Hinblick auf biologische, gentechnische und medizinische Forschungsaktivitäten von großer Bedeutung. Ich möchte mich hier auf die Bemerkung beschränken, daß meiner Meinung nach der reine Wissensgewinn nicht eingeschränkt werden sollte noch kann, und daß die Problematik die Anwendung der wertneutralen wissenschaftlichen Ergebnisse betrifft.

Die Ethik des Naturforschers, so wie sie sich über die Jahrhunderte entwickelt hat und wie sie für Naturforschung unabdingbar geworden ist, könnte auch in anderen Bereichen als Vorbild dienen. Ehrlichkeit, Selbstlosigkeit, Toleranz und eine gewisse Demut sind Ideale, die natürlich auch von Naturwissenschaftlern nicht immer befolgt werden, die aber ohne Widerspruch als Leitlinien anerkannt werden.

Was die Botschaften der Wissenschaft an den Menschen angeht, so wird heute nach der allzu naiven Fortschrittsgläubigkeit des vergangenen Jahrhunderts in Abrede gestellt, daß die Naturwissenschaften überhaupt noch einen orientierenden Kulturfaktor darstellen. Hier fällt man von einem in das andere Extrem. Solange ich als Wissenschaftler im Labor arbeite, muß ich mich natürlich auf den positivistischen Standpunkt stellen, ohne den naturwissenschaftliche Arbeit nicht möglich ist, und auf dieser Ebene liefern die wissenschaftlichen Ergebnisse keine für das menschliche Leben bedeutsamen Aussagen. In dem Augenblick aber, in dem ich die Labortür hinter mir schließe, frage ich nach der tieferen Bedeutung der gewonnenen Erkenntnisse, und diese können für das Selbstverständnis des Menschen und seine Stellung zwischen Makro- und Mikrokosmos von größter Wichtigkeit sein.

Wer würde abstreiten, daß die Erkenntnis, daß die Erde nicht platt ist und nicht im Mittelpunkt des Weltalls steht, nicht ungeheure Auswirkungen auf Philosophie und Religion hatte.

– Oder wie steht es mit der Antwort auf die Frage: Aus welchem Stoff bestehen die Gegenstände um uns herum, die Sterne und wir selbst? Letzte unzerstörbare Materieklötzchen, zwischen denen nach Art von Spiralfedern die Kräfte wirken, galten lange Zeit als die fundamentalen Elemente des Naturverstehens, und sie waren die Basis für den Materialismus in allen seinen Spielarten. Die sich gegenwärtig formierende Erkenntnis, daß nicht Materiebrocken, sondern Symmetrien des Raum-Zeit-Kontinuums den Urgrund der Materie darstellen, wird einen großen Einfluß auf unser naturwissenschaftliches Weltbild haben. Der Extrakt aus den neuesten Ergebnissen der Elementarteilchenphysik läßt sich durch den Satz ausdrücken: Wir entfernen uns von den Atomen Demokrits (in Form von Atomen, Atomkernen, Protonen und Neutronen und schließlich Quarks) und nähern uns den Ideen Platos in Form von abstrakten Symmetrien, die die »first principles« für das heutige Naturverständnis liefern.

- Eine andere Frage, die die Menschheit seit alters her bewegt hat, betrifft den Anfang und das Ende des Kosmos. Eine Kombination der neueren Ergebnisse der Astro- und Elementarteilchenphysik zeigt, daß der berühmte Urknall nicht in der ursprünglich angenommenen Form stattgefunden hat, sondern durch ein kaltes, sogenanntes »inflationäres Universum« ersetzt wird, bei dem Energiefluktuationen zu einem urknallähnlichen Vorgang führen. Mehr spekulative Weiterführungen dieser Ideen liefern auch die Möglichkeit der gleichzeitigen Existenz verschiedener Kosmen, und dies wiederum erlaubt die prinzipielle Existenz eines stationären Weltalls ohne Anfang und Ende. Hier stellt sich die Frage nach dem Anfang und Ende der Zeit, und vielleicht werden wir auf diesem Weg zu einem besseren Verständnis des Wesens der Zeit kommen.
- Schließlich können die Naturwissenschaften immer präzisere Aussagen zu den Fragen: Was ist Leben? Wie funktioniert unser Bewußtsein? machen.

Die Antworten zu den genannten Beispielen und natürlich auf viele weitere Fragen werden trotz der oben erwähnten Vorläufigkeit aller naturwissenschaftlichen Ergebnisse ohne Zweifel unser Weltbild und damit auch unser Handeln beeinflussen.

5. *Eine weltweite Ethik?*

Die Weltbevölkerung sieht sich drohenden globalen Krisen, wie Übervölkerung, Eingriffe des Menschen in die Natur (Treibhauseffekt, Ozonloch, Abfallbeseitigung etc.), Unterernährung großer Bevölkerungsteile, mangelnde Energieversorgung, usw. gegenüber. Ohne mehr Wissenschaft und Technik besteht keine Chance, diese Probleme in den Griff zu bekommen, wobei diese Anstrengungen zwar eine notwendige, aber keine hinreichende Voraussetzung für menschlich akzeptable Lösungen sind. Um zu erreichen, daß die technischen Möglichkeiten zum allgemeinen Wohl eingesetzt werden, benötigen wir allgemein akzeptierte, einheitsstiftende Handlungsrichtlinien.

Ist es nicht eine Illusion, nach einer Ethik zu suchen, die ähnlich wie die Naturwissenschaften eine allgemeine Anerkennung erzwingen würde? Es wird mit Sicherheit nie möglich sein, alle aus verschiedenen Traditionen und Kulturen hervorgegangenen Ethiken zu einer Superethik zu vereinigen, so, wie wir es mit den Kräften in der Natur versuchen. Es sollte wohl auch nicht das Ziel sein, alle Wert- und Glaubensunterschiede zu beseitigen und alles zu nivellieren. Die Frage, die sich stellt, ist jedoch, ob es nicht wenigstens gewisse Gemeinsamkeiten in allen Ethiken gibt, sozusagen einen kleinsten gemeinsamen Nenner, der als Basis zur Lösung der genannten globalen Probleme dienen könnte. Diesen zu finden, wird nicht leicht sein, denn es impliziert einen gewissen Konsensus über den Sinn des Lebens und die Stellung des Menschen und seine Aufgabe im Kosmos.

Manche glauben, daß sich ein solcher Konsensus auf der Basis finden ließe, die der Biologe Roger Sperry[3] so formuliert hat:

> Nehmen wir als Beispiel für eine denkbare Grundmaxime zur Bestimmung von Gut und Böse, die ohne Beweis angenommen werden muß, den folgenden Satz: Der große Entwurf der Natur, von dem wir unter besonderer Berücksichtigung der Evolution in unserer Biosphäre erkennen, daß er in vier Dimensionen die Kräfte umfaßt, die das Weltall bewegen und den Menschen geschaffen haben, dieser große Entwurf ist etwas an sich Gutes, das zu bewahren und wertvoller zu machen recht und das zu zerstören oder verderben zu lassen unrecht ist.

Obwohl eine solche Aussage, die auf unserem naturwissenschaftlichen Weltbild beruht, akzeptabel erscheint, leidet sie unter dem Nachteil, daß sie wiederum ein Postulat darstellt, das man annehmen oder verwerfen kann. Manchmal wird die Deklaration der Menschenrechte als ein erster Schritt auf ein gemeinsames ethisches Fundament angesehen. Dies ist ohne Zweifel ein ermutigender Schritt, aber es wird einen langen mühevollen Weg erfordern, um diese Normen durchzusetzen und auch zu praktizieren.

Es soll auch eine Bewegung erwähnt werden, die eine neue Weltsicht zu bieten versucht und dabei behauptet, nicht nur mit der Wissenschaft im Einklang zu sein, sondern deren notwendiges Resultat darstelle. Es handelt sich um die »New Age«-Bewegung oder das »Neue Denken«.

3 R. Sperry, *Naturwissenschaft und Wertentscheidung* (München, 1985).

Ich kann hier nicht auf die vielen und schillernden Aspekte dieser Bewegung eingehen, sondern nur ihre Beziehungen zur modernen Physik kurz erwähnen. F. Capra stellt die Einsichten der Physik, insbesondere der Quantenmechanik, als eine Grundvoraussetzung des »New Age«-Weltbildes dar. Insbesondere wird die Debatte um die Deutung der Quantenmechanik, z. B. die Beziehung zwischen Beobachter und Objekt, zur Stützung der weltanschaulichen Aussagen benutzt und der Eindruck vermittelt, daß die Physik in natürlicher Weise zum fernöstlichen Mystizismus führt. Zahlreiche Zitate von bedeutenden Physikern müssen dazu herhalten, um den Eindruck zu erwecken, daß ihre Aussagen in der Tat im Einklang mit der östlichen Mystik stehen. In Wirklichkeit haben die zitierten prominenten Physiker, z. B. Heisenberg oder Bohr, immer wieder darauf hingewiesen, daß dem wahren Geist der Wissenschaft ein Mystizismus fremd sei. Man kann natürlich niemandem verbieten, die Ergebnisse der Physik in diesem Sinn zu interpretieren, aber es sollte dann ehrlicherweise darauf hingewiesen werden, daß das »Neue Denken« durchaus dem alten rationalen, mechanistischen Denken à la Newton verhaftet bleibt, dieses aber z.T. auf Bereiche anwendet, wo es von der Methode her nicht anwendbar ist (z. B. auf das Leben nach dem Tode: E. Kübler-Ross: »Ich glaube nicht an das Leben nach dem Tode, ich weiß es«). Die spirituelle Erfahrung wird so zur »Erfahrungstechnologie« (G. Küenzlen), auch sie ist machbar. Auch hier ist das New Age dem alten Machbarkeitsglauben verhaftet. Es ist merkwürdig, wie hier die sonst so gescholtene Naturwissenschaft als Ausgangsbasis für eine neue Heilsbotschaft, die z.T. okkulte und magische Praktiken benutzt, verwendet wird.

6. *Kann man aus den Naturwissenschaften lernen?*

Eine unmittelbare Vermischung von Naturwissenschaft und mystischen Elementen, oder mit religiösen Elementen, erscheint mir nicht fruchtbar. Es gibt aber vielleicht einen Weg, wie die Naturwissenschaften bei der Suche nach gemeinsamen ethischen Normen helfen könnten. Es ist die letzte der oben genannten Einflußmöglichkeiten, nämlich aus der Methode der Naturwissenschaft zu lernen. Es ist ein bescheidener und dorniger Weg, aber mir scheint die Tatsache, daß die Naturwissenschaft als einziges menschliches Tätigkeitsfeld in der ganzen Welt, in allen Kulturkreisen akzeptiert ist, so außergewöhnlich, daß man versuchen sollte, daraus Nutzen zu ziehen.

Was kann die Methode der Naturwissenschaft uns lehren? Ich möchte einige Beispiele (sie sind sicher nicht vollständig) für wissenschaftliche Methoden und Grundhaltungen anführen, die auch bei der Suche nach gemeinsamen Werten von Nutzen sein könnten:

(1) Die Erkenntnis, daß alles Wissen und alle Normen nur eine Annäherung an die absolute Wahrheit sind und daß es keine absolute Wahrheit gibt.

(2) Die wenigstens teilweise Übernahme der Kriterien aus den Wissenschaften, die eine bessere *Annäherung an die Wahrheit* zu überprüfen gestatten. Normen sollten als besser gelten, wenn sie
a) einen größeren Akzeptanzbereich umfassen, also einen größeren Teil der Menscheit betreffen,
b) wenn sie möglichst viele frühere Normen in sich aufnehmen,
c) wenn sie in sich widerspruchsfrei sind,
d) wenn sie eindeutig kommunizierbar sind.

(3) Eine skeptische Haltung, die eine laufende Überprüfung des eigenen und des Tuns anderer beinhaltet.

(4) Die Anerkennung der Widerspruchsfreiheit als etwas Positives (eine Haltung, die für den Wissenschaftler selbstverständlich ist; ich wundere mich, wie leicht Widersprüche in anderen Bereichen oft hingenommen werden).

(5) Freie Verfügbarkeit von Information sollte als selbstverständlich vorausgesetzt werden, genauso wie die Bereitschaft, dem anderen zuzuhören, einschließlich seiner Kritik.

(6) Toleranz gegenüber neuen Ideen, soweit sie den vorgenannten Bedingungen nicht widersprechen.

Diese Normen sind aus der Methodik der Naturwissenschaft abgeleitet. Wie bereits erwähnt, gibt aber auch das ethische Verhalten der Naturwissenschaftler wertvolle Hinweise: Bescheidenheit, Ehrlichkeit, Demut und Selbstlosigkeit bei der Suche nach dem Wahren und Guten. Natürlich sind Wissenschaftler auch nur Menschen mit ihren Ambitionen und Egoismen. Es ist daher unvermeidlich, daß diese Maximen auch in der Wissenschaft ständig verletzt werden; aber ihre Existenz als Richtschnur hat trotzdem ihre positive Wirkung.

Ich bin mir klar darüber, daß es sehr schwierig sein wird, diese und andere Normen, die für den Aufstieg und die Verbreitung der exakten Naturwissenschaften unabdingbar waren, auch im Bereich der transzendenten Fragestellungen zu akzeptieren. Um die alten Gegensätze zwischen Geist und Materie, zwischen objektiven Tatsachen und subjektiven Werten zu überwinden, wird es unerläßlich sein, daß von beiden Seiten Schritte aufeinander zu gemacht werden. Die Naturwissenschaft hat erkannt, daß sie mit ihrer Methode nur einen Teil der Realität erfassen kann und nur eine Annäherung an die absolute Wahrheit erreichen kann. Sie hat trotz dieser Einschränkung damit aber große Erfolge erringen können. Wäre es daher nicht überlegenswert, ob die Übernahme von einigen der wichtigsten methodischen und ethischen Grundsätze der exakten Wissenschaften nicht dazu beitragen könnte, ein gemeinsames Fundament herzustellen?

Eine Einbeziehung der exakten Wissenschaften bei der Suche nach ethischen Normen böte ein neues Element in der Kulturgeschichte, und es könnte zu Änderungen und Fortschritten führen. In diesem Prozeß würde den exakten Naturwissenschaften auch eine neue Rolle zugewiesen werden: nicht nur eine Basis für technischen Fortschritt und damit für materielles Wohlergehen zu sein, sondern einen Beitrag auf dem Weg zu neuen ethisch-moralischen Grundsätzen zu liefern.

Europa ist die Wiege der exakten Naturwissenschaften, die sich in der Tradition der jüdisch-christlichen Kultur nur hier entwickeln konnten. In Europa brach aber auch der Konflikt zwischen wissenschaftlicher Wahrheit und dem auf Offenbarung gegründeten Glauben aus. Welcher Erdteil wäre besser dazu geeignet, diesen Konflikt zu überwinden und eine Synthese herzustellen? Hier liegt vielleicht eine der größten Aufgaben unseres guten alten Kontinents für die kommenden Jahrzehnte.

Summary

In the first part a summary of the methodology of sciences is given. In particular it is underlined that truth in science is based on the reproducibility of results at any time and any point. This implies that the scientific truth is not absolute but subject to changes. Progress in science is linked to introducing new paradigms. Thus at present results from particle physics indicate that our fundamental concepts of the nature of matter have to be changed dramatically. Instead of ultimate indivisible blocks of matter symmetries, i. e. abstract elements, are at the basis of our understanding of nature. Although there is no criterium in science for absolute truth the scientific method permits to determine if we are approaching truth or not.

In contrast the truth in ethics is based on absolute statements, often on revelation. Sometimes ethical assertions are instructions on how to act rather than statements of truth. The origin of an ethic has partly social roots and hence it is not surprising that a number of different ethics exist. But which one is the »right« ethic?

It seems that a dialogue between science and ethics is strongly needed to overcome some of the severe problems humanity is facing. Possible interactions between the realm of ethics and science are discussed. In particular the question is raised whether one can profit from the method developed in science. Could this method which has led to a science accepted in all cultures help to find a worldwide common denominator in ethics?

How Can We Build a Better World?

NICHOLAS MAXWELL

Introduction

Just in case the reader hopes that, in the next few pages, I am somehow going to come up with the solution to the world's problems, as a conjuror might produce a rabbit out of a hat, let me confess at the outset: I do not have the solution to the world's problems. The title of my talk may even, I am afraid, be a bit misleading. For the question that I am going to address is not so much »How can we build a better world?« as »What kind of *inquiry* can best help us build a better world?« or »How ought we to go about *learning* how to build a better world?«

What, to begin with, do I mean by »a better world« – »a good world«? Nothing I think very surprising or controversial. A good world is a world in which everyone shares equally in the creating, sustaining and enjoying of what is of value in life, *insofar as this is possible.* A good world is a world in which there is peace, justice, democracy, freedom, and a sustainable economy. It is a world in which unnecessary human suffering and death are kept to a minimum, and the good things in life flourish: friendship, love, generosity of spirit, pleasure and happiness, concern for others, creative endeavour, great art and science.

In order to build such a world we need at least to solve the following six major global problems.

(1) We need to end war and the threat of war. Our record during the 20th century is not good: 99 million people have died as a result of war in the 20th century so far.

(2) We need to end third world poverty, and establish a more just distribution of wealth over the globe. As it is, one fifth of all people alive today live in conditions of abject poverty, mostly in the third world, without access to safe water, health care, education.

UNICEF estimates that 15 million young children die unnecessarily every year from malnutrition, or diseases related to malnutrition.

(3) We need to eliminate tyranny everywhere, whether of the right or left, and establish world-wide democracy.

(4) We need to end population growth.

(5) We need to create an ecologically sustainable world industry and agriculture, so that depletion of vital natural resources, pollution, the destruction of tropical rain forests, the extinction of plant and animal species, and the threat of global warming are all brought to an end.

(6) We need to create more rationally cooperative institutions and social arrangements, both locally and globally.[1]

If I had been giving this talk a mere five years ago, I would have included a seventh global problem, the gravest of all, the problem posed by the cold war, the nuclear arms race, star wars, the apparent ever-increasing likelihood of nuclear armageddon. Almost miraculously, thanks largely to Mikhail Gorbachev, we do now seem to be overcoming this particular form of global insanity; and this surely ought to be a source of great hope. Released from the paralysing insanities of the cold war, we may now begin to take seriously the possibility of resolving our other major global problems.

It is vital to appreciate that problems do not just arise in connection with how we are to realize the aim of building a good world; the aim itself is inherently problematic. We need to adopt a version of the aim that is both desirable and realizable: but both of these are profoundly problematic. The history of Utopian thought is very largely the history of impossible dreams which, if actively pursued, turn rapidly into all too possible nightmares. A good world ought to do justice to the

---

1 The best overall account known to me of our global problems is R. Higgins' *The Seventh Enemy: The Human Factor in the Global Crisis* (London, 1978). Even though published 12 years ago now and therefore, in some respects out of date, it still provides a lucid and vivid survey of our most urgent problems – the seventh enemy being that combination of blindness of individuals and inertia of political institutions which prevents us from coming to grips with our problems (and which the kind of inquiry I advocate here is intended to help us overcome).

conflicting interests of people: notoriously, this poses problems. And it is not just interests that conflict: ideals or values inevitably conflict as well. In a good world individual liberty will be restricted so that it can be maximized: this highlights dramatically the inherently problematic character of the goal. Again, in a good world, restrictions will be placed on the development of unjust inequalities; but of course if equality is pursued with too much zeal we end up destroying liberty, and equality as well, since a privileged class is needed to enforce »equality« on the majority.

Given the immensity and complexity of the problems that we need to solve in order to create a better world, and given our record of at best only partial success in creating a better world during the 20th century so far – given in particular our 20th century record of man-made tragedies and disasters involving millions – it seems reasonable to conclude that if we are to create a better world we need to *learn* how to do it. And this in turn suggests that we urgently need good traditions and institutions of inquiry rationally designed and devoted to helping us learn how to build a better world.

This brings me to the basic questions of my talk: What kind of inquiry can best help us create a better world? Or, a little more generally, perhaps: What kind of inquiry can best help us realize what is of value to us insofar as this is an aspect of, or is compatible with, a good world? What ought to be the overall character, the aims and methods, of organized inquiry – of science, technological research, social inquiry, the humanities, education – granted that the entire enterprise is rationally designed and devoted to helping us build a better world? How good are our existing traditions and institutions of learning, our schools and universities, when judged from this standpoint? What changes, if any, need to be made to academic inquiry if it is to be rationally designed to help us realize what is of value, a better world?

These are urgent and fundamental, if at present rather neglected problems that touch on almost every aspect of intellectual, cultural and practical life. They certainly ought to be regarded as central and fundamental to philosophy – and to the philosophy of inquiry, the philosophy of science.

A Kind of Inquiry Rationally Designed to Help Us Build a Better World

Without more ado, I now plunge into an attempt to answer these questions, proceeding from first principles, as it were. In order to do this, there are two vital preliminary points I must consider. First: What kind of *problems* do we need to solve in order to build a better world? And second: What is it to be rational? I take these in turn.

In order to build a better world the problems that we need to solve are fundamentally personal, social and global problems of *living*, problems of *action*, and not, primarily, problems of knowledge or technological know-how. The six global problems I indicated earlier are all of this type: they all require for their solution new actions, new ways of living, new policies, new economic and political programmes, new institutions, new philosophies of social life. We do of course also need to solve problems of knowledge and technological know-how, but only in a subordinate and secondary way, as an aid to the clarification of our problems of living, or as an aid to the assessment or implementation of proposed solutions to problems of living. In building a better world, to repeat, it is what we do, how we live, that ultimately matters: knowledge and technology make a contribution – in helping us solve medical or agricultural problems for example – only insofar as they enhance our capacity to act. In themselves, dissociated from life, solutions to problems of knowledge and technology are without value.

In a sense, this is true even when we pursue knowledge and understanding for their own sake. What matters here, ultimately, is the active personal striving to see and to apprehend, the active intellectual exploring of this mysterious and beautiful world in which we find ourselves, the sharing with others of what we have discovered. Impersonal knowledge and understanding are of value insofar as they help personal knowing and understanding but otherwise, dissociated from life, are without value. As Einstein once put it »Knowledge exists in two forms – lifeless, stored in books, and alive in the consciousness of men. The second form of existence is after all the essential one; the first, indispensable as it may be, occupies only an inferior position«.[2]

2 A. Einstein, *Ideas and Opinions* (London, 1973), p. 80.

We can say quite generally, then, that in order to realize what is of value the problems that we need to solve are, fundamentally, problems of living; impersonal problems of knowledge and technology are subordinate and secondary.

There is an additional important point to be made about the nature of the problems we need to solve in order to build a better world. Many of our most serious global problems can be regarded as arising from our failure to live together cooperatively. This is true of war and the threat of war; it is true of tyranny; and it is true of the grossly unjust way in which wealth continues to be distributed over the globe. We can say, then, that in order to build a better world it is essential that we discover how to resolve our conflicts, our problems of living, in more cooperative ways than we do at present. The task of creating more rationally cooperative institutions and social arrangements, locally and globally, is perhaps the key to solving our other global problems.

A group acts cooperatively insofar as all members of the group freely share responsibility for what is done, and for deciding what is done, proposals for action, for the the resolution of problems and conflicts, being judged on their merits from the standpoint of the interests of members of the group, or the interests of the group as a whole, there being no permanent leadership or delegation of power. There are of course degrees of cooperativeness, from all out violence at one extreme, through the settling of conflicts by means of threat, agreed procedures, or bargaining, to all out cooperativeness at the other extreme. Competition is not opposed to cooperation if it proceeds within a framework of cooperation, as it does, perhaps, within science.

A basic task of a kind of inquiry designed to help us build a better world will be to help us resolve our conflicts in increasingly cooperatively rational ways.

This brings me to my second preliminary point: what is it to be rational? The conception of rationality that we require appeals to the idea that there are general methods, rules or strategies which, if put into practice, whatever we may be doing, give us our best chances, other things being equal, of solving our problems, of realizing our aims.[3] These methodological rules of rationality are fallible and non-

3 It is important to note that this conception of rationality includes the

mechanical: they do not determine our choices for us, but rather enhance our capacity to choose well.[4] All problem-solving is aim-pursuing, and in a certain sense all aim-pursuing is problem-solving. The methods of reason may be formulated either as methods for solving problems, or as methods for realizing aims. I shall formulate methodological rules of reason in both ways.

Here then, to begin with, are four extremely elementary rules of problem-solving rationality, uncontroversial, I hope, to the point of banality. (I take banality, in the present context, to be a virtue and not a vice.)

Rule (1): Articulate, and try to improve the articulation of, the problem to be solved.

Rule (2): Propose (or try out) diverse possible solutions, and critically assess their adequacy.[5]

---

methods of *empirical testing* as a special case. One important way of critically (i. e. rationally) assessing an idea is to put it into practice and assess it in the light of *experience*. Reason, as understood here, includes, and is not opposed to empiricism. (See K. Popper, *The Open Society and Its Enemies* (London, 1966), vol. 2, ch. 24, for a discussion of the importance of characterizing reason in such a way as to include empiricism.)

4 Reason, as understood here, is doubly non-authoritarian. First, it is fallible; and second, it does not *determine* (even fallibly) choices for us, but helps us to make good choices for ourselves. The strategies of reason tell us what we need to try to do in order to put ourselves into a good position to solve our problems or realize our aims, but do not decide for us what choices we ought to make. The doubly non-authoritarian character of reason is vitally important when it comes to assess the desirability of living a rational life or creating a rational society. As long as we uphold authoritarian or oracular conceptions of reason (according to which, ideally, reason decides for us), to live rationally is to become enslaved to reason, and the rational society can only be authoritarian, even totalitarian. In terms of emphatically non-authoritarian conception of reason advocated here, however, the rational life and the rational society is that life, and that society which, other things being equal, is most conducive to the realization of what is of most value (including freedom, democracy and justice). For a more detailed discussion of these issues see K. Popper's *The Open Society and its Enemies*, and N. Maxwell, *From Knowledge to Wisdom: A Revolution in the Aims and Methods of Science* (Oxford, 1984), especially pp. 85–91.

5 Or, as Popper has put it: »... the one method of all critical discussion ...

These two rules I take to be absolutely basic to rationality. No enterprise can hope to be rational which systematically violates them.

Many problems are however too intractable to be solved by means of this direct approach alone. In these cases we need to put into practice a third methodological rule of rational problem-solving, namely:

Rule (3): When necessary, break up the basic problem to be solved into a number of preliminary, simpler, analogous, subordinate, specialized problems (to be tackled in accordance with rules (1) and (2)), in an attempt to work gradually towards a solution to the basic problem to be solved.

The danger in putting this third rule into practice is that the activity of solving preliminary, subordinate or specialized problems may obliterate all concern for the original, basic problem we seek to solve. We need therefore a fourth rule to counteract this danger, namely:

Rule (4): Interconnect attempts to solve basic and specialized problems, so that basic problem-solving may guide, and be guided by, specialized problem-solving.

The three methodological rules of aim-pursuing rationality that I shall appeal to are as follows.

Rule (A): Whenever our aims are problematic, as aims often are (because of unforeseeable undesirable consequences, because of conflicts between aims, or because the realizability of an aim is in doubt), we need to try to improve our aims, and associated methods, as we act, as we proceed; we need to explore imaginatively, and assess critically alternative possible aims and methods in an attempt to improve our solution to the problems associated with the aims we are attempting to achieve.

Rule (B): We need to try to ensure that we do not misrepresent or repress the aim that we are actually pursuing – especially if this aim is problematic.

is that of stating one's problem clearly and of examining its various proposed solutions critically« (K. Popper, *The Logic of Scientific Discovery* (London, 1959), p. 16). It deserves to be noted that Popper's conception of scientific method as consisting, in essence, of conjecture and refutation, amounts to a detailed development of rule (2) in the context of science. Some of the limitations of Popper's philosophy of science, as we shall see, arise from his relative neglect of other elementary rules of reason.

Rule (C): In an attempt to improve a problematic aim, we need to ask *why* we are pursuing the aim, both in the historical sense of how we came to be pursuing it, and in the »rationalistic« sense of what more general or more distant aim we hope to achieve.

These rules of aim-pursuing rationality are especially important granted that our aim is to try to help build a better world for, as I have already emphasized, this aim is inherently and profoundly problematic. If we neglect Rule (A) the chances are that we shall try to create a world that is undesirable, unrealizable, or both together, all our efforts resulting in hell on earth. One consequence of the neglect of rule (A) in political thought and practice is that the very idea of trying to make progress towards a better world has become discredited. A kind of Utopian politics that takes rule (A) seriously has scarcely been attempted. Rule (B) is relevant because it is just when our aims are problematic that we are most likely to misrepresent them. If we do misrepresent our aim, then the more rationally we pursue what we take to be our aim, the worse off we shall be: rationality becomes a hindrance rather than a help. Rule (C) is important in that, if implemented, ideas may emerge as to how a given aim can be improved.

Rules (A), (B) and (C) are what may be calles *metamethods*. The presumption is that we pursue many different sorts of aims in life, employing many different more or less appropriate methods more or less successfully. The metamethods (A), (B) and (C) specify how to go about improving our diverse aims and methods in the diverse contexts of life; they are methods for the improvement of methods – that is, metamethods. *Rationality thus requires that there is diversity of methods corresponding to our diverse aims but unity of method at the metamethodological level.*[6]

So far I have said something about the kind of problems we need to solve in order to build a better world, and something about rational problem-solving or aim-pursuing. I now put two things together in an attempt to answer the basic question of my talk: What will be the general character and features of a kind of organized or institutionalized

6 For a more detailed discussion of aim-pursuing rationality see N. Maxwell, *What's Wrong With Science?* (Frome, England, 1976), Chs. 5 – 10, and *From Knowledge to Wisdom*, Ch. 5.

inquiry that is rationally designed to help us build a better world? The basic idea is straightforward enough: inquiry will be so organized and institutionalized that the problems we need to solve in order to build a better world are tackled in accordance with the rules of rationality.

The central and fundamental intellectual tasks of inquiry will be to articulate, and to improve the articulation of, personal, social and global problems of living, and to propose and critically assess possible cooperative *actions*. These tasks, at the heart of inquiry as a whole, undertaken in accordance with rules (1) and (2) of rational problem-solving, will be performed by social inquiry and the humanities. Thus the various branches of social inquiry and the humanities – economics, politics, sociology, psychology, anthropology, human geography, history, philosophy, cultural studies – are not primarily *sciences* at all; nor is their primary concern to improve knowledge of social phenomena, to solve problems of knowledge. Their primary intellectual task is to invent and explore imaginatively diverse possible cooperative *actions*, diverse possible ways of living, policies, economic and political programmes, institutions, philosophies of social life, and to assess these critically from the standpoint of their desirability and feasibility, their capacity, if implemented, to help us make progress towards a good world. Social inquiry and the humanities are primarily concerned to improve our ideas about how to live rather than our ideas about what is the case. Pursued in this way, social inquiry and the humanities form the central, fundamental part of inquiry as a whole; they are intellectually more fundamental than the biological, physical or technological sciences.

Notoriously, many problems of living are too intractable to be solved by means of the direct approach alone, by means of the use of rules (1) and (2). Taking this into account, inquiry implements rule (3), and breaks up the fundamental problems of living into a host of subordinate, specialized problems of knowledge and know-how, thus creating many subordinate, specialized disciplines. Social inquiry itself needs to acquire knowledge of relevant social phenomena, in order to aid the articulation of problems of living and the assessment of proposed solutions. The technological sciences – medicine, agriculture, engineering, artificial intelligence – tackle diverse technical problems of know-how, thus enhancing our power to act, to solve our problems of living, to achieve what is of value. The physical and biological sciences tackle problems of knowledge and understanding of diverse aspects of the natural world, thereby improving our knowledge and understanding of what it is possible and not possible to do in order to solve our problems of living. Mathematics, by contrast, is not concerned to improve knowledge of anything actual at all. It is concerned rather to develop, systematize and unify abstract problem-solving methods; it is concerned with the exploration of *problematic possibilities*. As a result, mathematics is able enormously to enhance our problem-solving powers even though it does not in itself embody knowledge of any aspect of the actual.

The danger in setting up all this subordinate, specialized problem-solving is of course that it becomes dissociated from and unrelated to our fundamental problems of living – the latter even being lost sight of amongst the welter of specialized problem-solving. In order to counteract this danger, rule (4) of rational problem-solving needs to be built into the institutional structure of inquiry in addition to rules (1), (2) and (3). Thus the tackling of fundamental problems of living and specialized problems of knowledge and know-how are interconnected so that each may guide and be guided by the other. This does *not* mean, however, that only those subordinate or specialized problems are tackled which are seen to have an immediate relevance to our problems of living. In the first place, knowledge and understanding can be of value in their own right. Second, it often, though by no means always happens that solutions to practical problems emerge from entirely unexpected quarters, as a result of research into apparently unrelated matters. The use of X-rays in medicine is an obvious example. Third, we do not altogether know what our problems of living are: we need research into matters not immediately related to our present social concerns in part to help us discover the existence of problems of living of which we are not aware. Fourth, future problems of living may differ from our present problems, for a variety of reasons: specialized research not obviously needed from the standpoint of our immediate concerns may well be worth supporting because of a possible relevance to future concerns. A basic aim of inquiry is to build up our general problem-solving power, and this requires research to be undertaken that is not obviously related to immediate human need. None of this, however, counteracts the fundamental importance of ensuring that rule (4) is built into the organizational structure of inquiry.[7]

For each one of us, the most important and fundamental inquiry going on in the world is the thinking that we engage in, on our own or with others, as we live – the thinking that guides or influences our actions. And from the standpoint of building a better world it is of course this kind of personally and socially active thought guiding personal and social life that really matters. The basic task of institutionalized or academic thought is to help enhance, by cooperatively rational means, the power and quality of personally and socially active thought so that it may all the better enable us to realize what is of value to us insofar as this is compatible with a good world. The intellectual progress of socially active thought is what ultimately matters, and the intellectual progress of academic thought is but a means to that end.

In a sense, academic inquiry as whole is a specialized part of the more fundamental socially active inquiry which we all engage in as we live. To the extent that this is correct, the relationship between academic thought and thought in the rest of the social world needs to comply with rule (4): each needs to learn from the other.

It is absolutely essential that organized inquiry is entirely without political power, and is non-authoritarian in character. There can be no question of academics deciding for the rest of us what our problems are, how they should be solved, how we should live or what is of value. Far from depriving us of the power to decide for ourselves, the task of organized inquiry is to help us enhance our power to decide for ourselves well by providing us with good ideas, proposals and arguments for our consideration. Academics will advocate, argue and criticize, but will have no power or authority to determine the thoughts and decisions of others. Academic inquiry will be a sort of people's civil service, doing openly for the public, with exemplary intellectual

7 For a more detailed discussion of the important role rule (4) has in counteracting that disease of the academic world today, specialism (the view that only specialist intellectual standard matter) see N. Maxwell, »Science, Reason, Knowledge and Wisdom: A Critique of Specialism«, *Inquiry* 23 (1980), pp. 19–81.

honesty and integrity, what actual civil services are supposed to do, in secret, for governments. (Academic inquiry must of course retain its independence, and must not degenerate into merely serving the special interests of government, industry, the nation, or public opinion.)[8]

So far I have characterized the basic task of social inquiry as being to help us to solve our problems of living by helping us to exploit the four rules of rational problem-solving. In addition to this, and on a somewhat longer-term basis, social inquiry has the task of helping us make progress towards a good world by implementing the three metamethods of aim-pursing rationality in all our diverse institutional endeavours. The idea here is that in order to build a better world the aims and methods of all our institutions need to be progressively improved – institutions associated with government, the law, industry, agriculture, medicine, international relations, education, and even scientific and technological research. Conceived of in this way, social inquiry is again not science but rather *social methodology* or *social philosophy*. What the philosophy of science, properly conceived, is to science, so economic inquiry is to economic activity, and political inquiry is to politics. On this view, the sociology of science and the philosophy of science are one and the same thing – that part of scientific enterprise concerned to improve the aims and methods of science so that science may all the more effectively contribute to the task of building a better world. (I will have more to say about this in a moment.) On this view, then, *there is unity of method, at the metamethodological level, throughout all of inquiry: nevertheless, social inquiry is entirely different from natural science, social inquiry being*

8 The academic world needs just sufficient power and authority to retain its independence, but no more. Academic inquiry needs to be non-authoritarian, not only about questions of value and how we are to live, but also about questions of fact and knowledge. All academic pronouncements, however expert and specialized, need to be open to challenge from non-experts. If we are to believe the pronouncements of experts, this should be because there are good reasons to do so, and not because experts possess some unassailable authority of expertise – being a sort of latter-day priesthood attending the oracle science. The non-authoritarian character of science, and of academic inquiry more generally, has much to do with the adoption of a non-authoritarian conception of reason.

social methodology or social philosophy, and not primarily science at all.

Learning how to build a better world, from what I have said so far, may well seem to be entirely a matter of discovering how to tackle problems more rationally: I have said nothing about learning from experience.[9] In fact learning from experience has a vital role to play in the kind of inquiry I have been trying to describe. What we learn as a result of attempting to put into practice some proposed solution to a problem of living is of course all important for learning how to build a better world. A vital task for inquiry will be to monitor the successes and failures of attempts in practice to implement various proposed solutions to problems of living so that we can learn from such attempts; and a vital task for history is to see what can be learned from the successes and failures of our past attempts at solving problems of living. As far as possible, of course, we should try to keep our failures to social experiments that we perform *in imagination* rather than *in practice* in the real world, so that we only suffer the consequences of failure in imagination and not in reality. But however vivid, far-seeing and accurate our imagination may be, failure in practice will always happen, and we should seek to learn all we can from it for future actions. To this extent, what I am advocating can be described as a kind of empiricism, a kind of learning from experience. In two crucial respects however it differs from what is usually meant by empiricism. First, what is learned is how to do things, how to realize what is of value, how to live, and not, primarily, what we learn in the context of science: knowledge of fact. And second, »experience« means something like »what we acquire as a result of attempting to do things, attempting to achieve what is of value«, and not, primarily, what it means in the context of science: observation and experimentation.

I must emphasize that the kind of inquiry that I have been attempting to depict is designed to help us to see, to know and to understand, for their own sake, just as much as it is designed to help us solve our practical problems of living. It might seem that social inquiry, in articulating personal and social problems of living and proposing

9 See however note 3.

possible solutions, has only a severely practical purpose. But engaging in this intellectual activity of articulating personal and social problems of living is just what we need to do if we are to develop a good empathic understanding of our fellow human beings (and of ourselves) – a kind of understanding that can do justice to our humanity, to what is of value, potentially and actually, in our lives. In order to understand another person as *a person* (as opposed to a biological or physical system) I need to be able, in imagination, to see, desire, fear, believe, experience and suffer what the other person sees, desires, fears, believes, experiences, suffers. I need to be able, in imagination, to enter into the other person's world; that is, I need to be able to understand his problems of living as he understands them, and I need also, perhaps, to understand a more objective version of these problems. In giving intellectual priority to the tasks of articulating problems of living and exploring possible solutions, social inquiry thereby gives intellectual priority to the development of a kind of understanding that people can acquire of one another that is of great intrinsic value. Indeed, I would argue that it is essential to the development of our humanity, even perhaps our human consciousness, that we are able, when young, to acquire this kind of empathic understanding of others. Our being able to understand each other in this kind of way is also essential for cooperatively rational action. And it is essential for science. It is only because scientists can enter imaginatively into each other's ways of seeing things, each other's problems and research projects that objective scientific knowledge can develop. In attempting to improve our own understanding of something as utterly impersonal as the physical universe it is important to have some empathic understanding of what such a quest meant for Einstein, let us say, or for Faraday or Galileo: if we do not, our own understanding, however technically brilliant, is likely to be impoverished. In integrating the personal and impersonal aspects of science, the kind of inquiry I have tried to sketch is able to do full justice to the value of science when pursued for its own sake.[10]

10 For a more detailed discussion of this point, see my *What's Wrong With Science?*, especially Chs. 5 – 7; »Science, Reason, Knowledge and Wisdom«; and *From Knowledge to Wisdom*, especially Chs. 1, 5, and 9, and pp. 181 – 189.

According to the kind of inquiry I am attempting to describe, the arts have a vital *rational* contribution to make, as revelations of value, as imaginative exploration of possibilities, desirable or disastrous, or as a vehicle for the criticism of fraudulent values through comedy, satire or tragedy. Literature and drama also have a rational role to play in enhancing our power to understand empathically our fellow human beings as a result of identifying imaginatively with fictional characters – literature in this respect merging into biography, documentary and history. Literary criticism bridges the gap between literature and social inquiry, and is more concerned with the *content* of literature than the means by which literature achieves its effects.

It deserves to be noted, finally, that the metamethodological conception of rationality outlined above makes it possible to hold that our feelings, our desires and fears, are in general vital ingredients of rationality, even though more relevant in some contexts, such as being with friends and those we love, than others, such as experimental science or logic. (But even here, a *feeling* that an experiment is inadequately designed, or an argument inadequately put together, may well be worth attending to.) If we are to discover for ourselves what is of value, we must attend to our feelings and desires. But not everything that feels good is good, and not everything we desire is desirable. Rationality requires that feelings and desires take fact, knowledge and logic into account, just as it requires that priorities for the pursuit of knowledge take feelings and desires into account. In insisting on this kind of interplay between feelings and desires on the one hand, knowledge and understanding on the other hand, the kind of inquiry I have sketched helps us to acquire what we need if we are to help create a better world: mindful hearts and heartfelt minds.

This concludes my description of some broad features of a kind of inquiry designed to help us build a better world (see diagram 1).[11]

At this point I must consider a possible objection to what I have argued for so far. It may be objected that before we can articulate and tackle problems of living we must first acquire relevant knowledge, simply in order to know what our problems of living are. Thus the

11 For a more detailed discussion of this point, see works referred to in note 10.

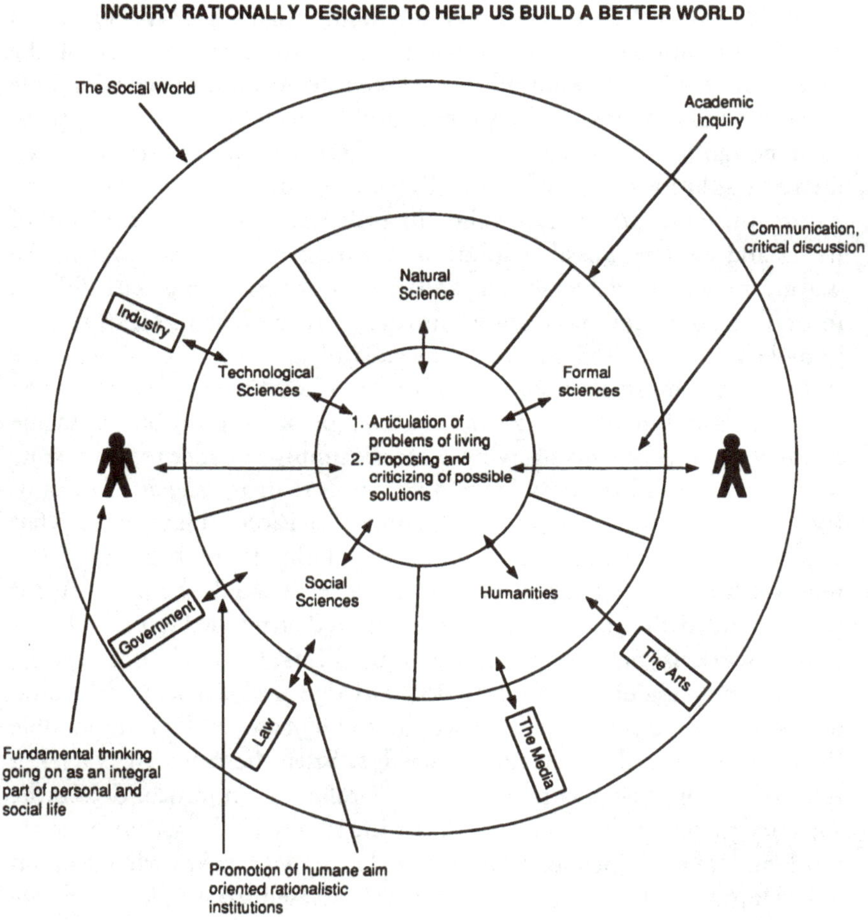

Diagram 1: *Inquiry Rationally Designed to Help us Build a Better World*

task of acquiring knowledge must be intellectually more fundamental than the task of tackling problems of living, and not the other way round, as I have maintained.

I have six staccato replies to this objection. *First*, even if the objection were valid, it would still be vital for a kind of inquiry designed to help us build a better world to include rational exploration of problems of living, and to ensure that this guides priorities of scientific research, and is guided by the results of such research, roughly in accordancewith rule (4) of rational problem-solving. But *second*, the validity of the objection becomes dubious when we take into account the considerable success people met with in solving problems of living in a state of extreme ignorance, before the advent of science. We still today often arrive at solutions to problems of living in ignorance of relevant facts. *Third*, the objection is not valid. In order to articulate problems of living and explore possible solutions we need to be able to act in the world, imagine possible actions and share our imaginings with others: insofar as some common sense knowledge is implicit in all this, such knowledge is required to tackle successfully problems of living. But this does not mean that we must give intellectual priority to acquiring new relevant knowledge before we can be in a position to tackle rationally our problems of living. *Fourth*, simply in order to have some idea of what kind of knowledge or know-how it is *relevant* for us to try or acquire, we must *first* have some provisional ideas as to what our problem of living is and what we might do to solve it. *Fifth*, relevant knowledge is often hard to acquire; it would be a disaster if we suspended life until it had been acquired. Knowledge of how our brains work is presumably relevant to all that we do but clearly, suspending living until this relevant knowledge has been acquired would not be a sensible step to take. It would, in any case, make it impossible for us to acquire the relevant knowledge. Scientific research is itself a kind of action carried on in a state of relative ignorance. *Sixth*, the capacity to act, to live, more or less successfully in the world, is more fundamental than (propositional) knowledge. All our knowledge is but a development of our capacity to act. Dissociated from life, knowledge stored in libraries is just paper and ink.[12]

How Good is Contemporary Academic Inquiry at Helping us Build a Better World?

To what extent does inquiry, as it actually exists in universities, research institutions and schools, correspond to the ideal kind of inquiry that I

12 For a more detailed exposition of these arguments, see *From Knowledge to Wisdom*, pp. 171 – 181.

have just outlined? How good, how rational, are contemporary science, scholarship and education when judged from the standpoint of helping us learn how to build a better world?

There can be no doubt that many academics struggle to do work that accords more or less with the conception of inquiry that I have outlined, and that scientific and scholarly work is produced that is of the highest quality when judged from the standpoint of helping us build a better world. But it is also the case, I suggest, that the dominant conception of inquiry that is built into the institutional structure of the academic enterprise differs sharply and dramatically from what I have outlined. For this dominant conception restricts academic inquiry to the pursuit of knowledge and technological know-how. If academic inquiry does help us build a better world, it does so by restricting itself, in the first instance at least, to acquiring factual knowledge. First knowledge is to be acquired; then it can be applied to help solve practical problems of living. On this view, social inquiry is social science, and is of course intellectually less fundamental than natural science.

It is vital to appreciate that insofar as the academic enterprise really does conform to this knowledge-pursuing conception of inquiry,[13] it must be deemed to be disastrously irrational when judged from the standpoint of helping us build a better world. *Three* of the four elementary rules of rational problem-solving are violated. Rule (3) is put into practice to splendid effect in that a host of specialized problems of knowledge are tackled with brilliant success. But rules (1) and (2) are violated completely, in that the intellectual domain of inquiry excludes consideration of problems of living, and restricts itself to tackling problems of knowledge. And it follows at once that rule (4) is violated as well.

What has gone wrong? How can it be that our dominant conception of inquiry, exerting a profound influence over the course of science,

13 For a discussion of the question of the extent to which academic inquiry today *is* dominated by this knowledge-pursuing view, see *From Knowledge to Wisdom*, Ch. 6: »Present Domination of the Philosophy of Knowledge in the Academic World«.

scholarship and education, is so grossly and damagingly irrational when judged from the all-important standpoint of helping us build a better world?[14]

The Enlightenment and the Counter-Enlightenment

The idea for the kind of inquiry that I am advocating here can be traced back at least to the Enlightenment of the 18th century. For the basic idea of the philosophes of the Enlightenment – Voltaire, Diderot, Condorcet and the rest – was just to devote reason to the task of creating a more enlightened world. And the best of the philosophes did indeed actively strive, in their lives, to put into practice the sort of principles of rationality that I have indicated above. They fought dictatorial power, authoritarianism, superstition, dogma, mere tradition, injustice and intolerance with weapons no more lethal than those of argument and wit. They gave their support to the virtues of tolerance, diversity of opinions, openness to doubt, readiness to learn from criticism and from experience. They even lamented the development of specialized science and knowledge dissociated from the central task of achieving enlightenment. Courageously and energetically they laboured to promote rationality in personal and social life (in a sense of rationality which is close to the way I have characterized it above). The philosophes lived and breathed rational inquiry devoted to achieving a better world.[15]

Granted all this, and granted the considerable influence of the Enlightenment on subsequent history, why was the central idea and inspiration of the philosophes betrayed? Why is it still betrayed, by and large, in the character and institutional structure of our schools and universities today? Why are not academics up in arms against a kind of inquiry that is irrationally restricted to the pursuit of knowledge? Why do academics today even oppose vehemently the suggestion

14 For a discussion of the damaging consequences of this irrational knowledge-pursuing view, see *From Knowledge to Wisdom*, Ch. 3.

15 For a magnificent account of the Enlightenment along these lines, see P. Gay, *The Enlightenment: An Interpretation* (London, 1973).

that academic inquiry ought to take up its proper Enlightenment task of helping humanity learn how to tackle its problems of living in more cooperatively rational ways?[16]

An important part of the reason for all this, I suggest, is that the philosophes, in developing their basic idea in a little more detail, unfortunately made two serious intellectual mistakes. The result was that the Enlightenment programme came to be developed in a seriously defective form. The two mistakes of the Enlightenment were never subsequently put right. Even today there is no general recognition and understanding of what precisely these mistakes are, and what needs to be done to put them right. The result is a general blindness to the possibility of developing a genuinely rational kind of inquiry devoted to helping us make progress towards a good world.

In developing their basic idea, the philosophes sought to discover how humanity could learn from scientific progress how to make social progress towards an enlightened world. Immensely impressed with the way in which natural science progressively improved knowledge of Nature, they sought to apply the methods of natural science to social, economic and political problems, hoping that it would thereby prove possible to make social progress towards an enlightened world. The philosophes assumed that the proper way to implement this programme

16 Something of this opposition manifested itself on the occasion when this talk was delivered in Bonn on the 27th June 1990. To my amazement, I was accused of advocating totalitarianism, or at least advocating a kind of inquiry which would tend to lead to totalitarianism. We are to suppose, evidently, that academics do not actively explore, imaginatively and critically, possible solutions to urgent human problems because to do so would tend to usher in totalitarianism. How extraordinary! In my view, the matter is all the other way around. A kind of inquiry which restricts itself to the pursuit of knowledge is much more conducive to totalitarianism, and can coexist much more comfortably with totalitarianism, simply because inquiry conducted in such terms cannot be in a position to criticize the actions of governments professionally, as it were, as long as governments do not distort the truth. The kind of inquiry I am advocating, however, is professionally obliged to scrutinize critically the actions and policies of governments, and would thus be actively opposed to the development of totalitarianism (and would be abolished by a totalitarian government in power).

was to develop social science alongside natural science. Francis Bacon had already stressed just how vital it is to improve knowledge of the natural world in order to achieve social progress. The philosophes generalized this, holding that it is just as vital to improve knowledge of the social world. If it is social progress that we are after, then it is perhaps above all the laws of social change that we need to know; improving knowledge of social phenomena may be even more important than improving knowledge of natural phenomena.

Thus the philosophes set about creating the social sciences: history, anthropology, political economy, psychology, sociology. The idea was to create social science so that it would be as similar as possible to natural science – apart of course from the one big difference that whereas natural science studies the natural world, social science would study the human world. To the philosophes it seemed vital to bring into existence the rational, scientific study of humanity, so that knowledge of ourselves might improve in the spectacular way in which scientific knowledge of Nature had improved. Improving social knowledge seemed the essential first step to improving social life.

The Enlightenment effort to broaden the scope of science in this way, so that it included the study of the social world in addition to the natural world, had an immense impact. Throughout the 19th century the diverse social sciences were developed very much in accordance with the basic Enlightenment idea. By the mid twentieth century, all the diverse branches of the social sciences, as conceived of by the Enlightenment, were built into the institutional structure of Universities all over the world, as recognized academic disciplines. And today, the Enlightenment conception of social science continues to exercise a massive influence over academic thought and work.

The basic Enlightenment idea – to achieve a better world by means of science and reason – was of course opposed. It was opposed by Romanticism. The Enlightenment stressed the supreme importance of science, knowledge, reason, method, objectivity, logic, impersonal observation and experimentation. Romanticism found all this restrictive, oppressive, impersonal. It seemed to deny too much of what is of value in life. Thus Romanticism – stemming from such figures as Rousseau, Blake, Wordsworth, Beethoven, Goethe and many others – stressed the supreme value of art, self-expression, personal feelings and intuition, imagination, spontaneity, individuality, creativity, sympathetic understanding, inspiration, genius, vision. For the rationalistic Enlightenment, intellectual integrity had to do with acquiring knowledge: it meant that one should attend to logic, to evidence – emotions and desires, hopes, fears and values all being disregarded in the quest for Truth. In contrast, for Romanticism, intellectual integrity had to do with emotional and motivational honesty, rather than honesty concerning fact or objective truth. Whereas for the rationalistic Enlightenment intellectual integrity demands the suppression (or ignoring) of emotion and desire, for Romanticism intellectual integrity demands, above all, the expression, the honest acknowlegment, of emotion and desire. Standards of intellectual integrity are diametrically opposed.

As far as the intellectual study of society is concerned, Romanticism leads to anti-scientific conceptions of social inquiry and the humanities, to what Isaiah Berlin has called »the Counter-Enlightenment«.[17] What is important is the empathic study of the imaginings of humanity – the dreams and fantasies, the religion, the arts and ideas, the hopes and fears, the values. Whereas Nature is unaffected by our ideas about it, we *are* affected by our ideas about ourselves: this alone ensures, so figures of the Counter-Enlightenment argue, that the study of human culture and society cannot be like natural science.

The Counter-Enlightenment does not object to the idea that social inquiry and the humanities should have the basic intellectual aim of improving knowledge and understanding of our human world: it objects simply to the Enlightenment thesis that the kind of knowledge sought, and methods employed, ought to be as similar as possible to that of the natural sciences.

Academic inquiry today is by and large an uneasy, confused mixture of what we have inherited from the Enlightenment, from Romanticism and from the Counter-Enlightenment. And the net result is that the immensely important unifying idea of the Enlightenment of devoting reason to creating a better world has been lost sight of.

17 I. Berlin, *Against the Current* (London, 1979), Ch. 1.

The Two Intellectual Blunders of the Enlightenment

In opposing the Enlightenment, Romanticism, unfortunately, entirely missed the point. For what is wrong with the Enlightenment is not too much reason but, quite to the contrary, not enough. The traditional Enlightenment is a characteristic kind of *irrationality* masquerading as reason. Indeed, in stressing the fundamental importance of emotional and motivational honesty and integrity, Romanticism came closer, in some ways, to capturing what is most essential about rationality than did the ostensibly more »rationalistic« Enlightenment. The Romantic movement ought to have understood itself to be improving on the defective conception of rationality upheld by the Enlightenment: in this case a more coherent culture might have emerged, a rationalistic romanticism or a romantic rationalism, which might well have sought actively to create and develop inquiry along the lines I have indicated here – inquiry rationally devoted to helping us realize what is of value. Unfortunately, Romanticism naively took the Enlightenment to be what it claimed to be: the embodiment of Reason. Opposition to the Enlightenment thus became misinterpreted as opposition to Reason, and in welcoming irrationalism Romanticism itself suffered insofar as it became dogmatic, prone to being convinced by emotion alone, incapable of learning from criticism.

The basic idea of the philosophes of devoting reason to the attainment of enlightenment is, as I have already indicated, magnificent. And the slighty more specific version of this idea, that we should try to learn from scientific progress how to achieve social progress towards enlightenment, is also magnificent. And if the philosophes were impressed by the progress made by natural science in the early 18th century, we ought to be all the more vastly impressed by the extraordinary progress made by natural science throughout our 20th century. *Of course* we should try to learn all that we can about how to achieve social progress from this great example of scientific progress. But in order to do this it is absolutely essential that we get two key matters right. *First*, we must capture correctly the progress-achieving methods of science, responsible in practice for scientific progress. And *second*, we must generalize these progress-achieving methods correctly, and apply them correctly to the task of achieving social progress. The Enlightenment got both of these crucial points disastrously wrong.

In order to specify the progress-achieving methods of science correctly, we must solve the problem of induction, the problem of exhibiting science as rational. Solving the problem of induction is something like an elementary test of adequacy for any view as to what the aim and methods of science are: any view of scientific method which fails this test cannot be adequate. Notoriously, the philosophes failed to solve the problem: they failed to specify adequately the progress-achieving methods of science. And from their time to ours, most scientists and philosophers of science have stubbornly held on to conceptions of science which render a solution to the problem of induction impossible.

Karl Popper, it is true, does claim to have solved the problem of induction;[18] but, as we all know, his claim is a hollow one. He has not solved the problem.[19] A solution to the problem of induction is however available. As I have argued for a number of years now, in order to solve the problem, and arrive at a rational conception of science, it suffices to adopt something like Einstein's mature view of science.[20]

---

18 »I think that I have solved a major philosophical problem: the problem of induction.« K. Popper, *Objective Knowledge* (London, 1972), p. 1.

19 See for example: N. Maxwell, »A Critique of Popper's Views on Scientific Method«, *Philosophy of Science* 39 (1972), pp. 131–152. See also: I. Lakatos, »Popper on Demarcation and Induction«, in: *The Philosophy of Karl Popper*, ed. P. A. Schilpp (La Salle, Illinois, 1974), vol. 2, Ch. 5; A. Grünbaum, »Is the Method of Bold Conjectures and Attempted Refutations *Justifiably* the Method of Science?«, *British Journal for the Philosophy of Science* 27 (1976), pp. 105–136.

20 See my »A Critique of Popper's Views on Scientific Method«; »The Rationality of Scientific Discovery«, Parts I and II, *Philosophy of Science* 41 (1974), pp. 123–153 and 247–295; *What's Wrong With Science*, Ch. 6; »Articulating the Aims of Science«, *Nature* 265 (January 6, 1977), p. 2; *From Knowledge to Wisdom*, Ch. 9; »Induction and Scientific Realism: Einstein versus van Fraassen«, forthcoming.

How to Solve the Problem of Induction

The decisive point to appreciate is that in doing science we are rationally entitled to assume, as an item of scientific knowledge, that the universe is comprehensible, in some way or other. A comprehensible universe is a universe throughout which there exists *something*, invariant and unchanging, at all times and places, which in some sense controls, determines or is responsible for all that which changes, and in terms of which diversity and change can in principle be explained and understood. The omnipotent, omnipresent, unchanging *something* of the comprehensible universe might be God; it might be some kind of cosmic plan or purpose; or it might be a unified pattern of physical law. We are rationally entitled to assume that the universe is comprehensible in some way or other because *making this assumption helps, and cannot sabotage, the progress of science.* If the assumption is completely false, and the universe is wholly incomprehensible, then it is unknowable, and science and knowledge are impossible whatever we assume. (We would not be here to assume anything.) If, on the other hand, the assumption is only slightly false in the sense that the universe is approximately but not perfectly comprehensible, then the only way we can discover this fact is to assume that the universe is perfectly comprehensible, set out to discover in what precise way it is perfectly comprehensible, and fail in the attempt. Thus in assuming that the universe is comprehensible in some way or other we have everything to gain and nothing to lose.

The basic aim of science of discovering in what precise way the universe is comprehensible is profoundly problematic. At any given stage in its development, science quite properly makes some more or less specific metaphysical assumption about the way in which the universe is comprehensible and pursues the more or less specific *aim* of transforming this assumption into precise theoretical knowledge, adopting *methods* appropriate to this aim. Almost certainly, however, the metaphysical assumption is false, and the aim is unrealizable. It is thus essential that science seeks to *improve* its more or less specific aims and its methods as it proceeds, adopting the aim and methods which accord best with the basic comprehensible assumption, and which seem to lead to the greatest growth in empirical knowledge.

Since Galileo and Kepler, and the scientific revolution of the 17th century, physical science has in practice pursued evolving versions of the empirically progressive idea that some kind of unified pattern of physical law runs through all phenomena. Science has in practice implemented the metamethodology[21] of seeking to improve aims and methods with improving knowledge, within the framework of the enduring assumption that the universe is comprehensible in some way or other – even though this has not been properly understood. With Einstein, however, all this becomes explicit. In his search for theoretical unity, Einstein tackled the most severe problems of unity associated with the theoretical knowledge of his time. Thus he tackled the problems of the clash between the field and the particle, the clash between continuous electromagnetic radiation and discrete matter, the clash between Maxwellian electrodynamics and Newtonian mechanics, and the clash between special relativity and Newtonian gravitation. From a consideration of these severe problems inherent in the aim of seeking unity, Einstein put forward principles that any new theory capable of resolving the problems of unity would have to satisfy, principles such as the restricted principle of relativity, the light postulate, Lorentz invariance, the principle of equivalence. These are both physical and methodological principles; they led Einstein to discover the special and general theories of relativity. Thus Einstein's new way of doing physics – his metamethodology of tackling severe problems associated with

21 The idea of characterizing scientific method on the »metamethodological« level was first introduced by me in 1974 in »The Rationality of Scientific Discovery«. Thus on page 260 I remark: »The reason why it is absolutely obligatory to characterize scientific method on what up until now has been thought of as the ›metamethodological‹ level ... can be brought out quite decisively from the following elementary consideration ... *different aims give rise to different rational rules of theory acceptance*«. The outer trappings of the idea, and some of the terminology, have been taken up subsequently, without acknowledgement, by L. Laudan: see, for example, L. Laudan, »Normative Naturalism«, *Philosophy of Science* 57 (1990), pp. 44 – 59. In Laudan's account, however, the central idea of committing science to the assumption that the universe is comprehensible is missing. There is thus no solution to the problem of induction, and the basic *raison d'être* for characterizing science in terms of progressively *improving* aims and methods disappears.

the aim of seeking unity, and developing new methods as the aim evolved – met with quite extraordinary scientific success. And as a result, Einstein's new metamethodology informs the whole of theoretical physics today. This is apparent in the immense importance given to invariance and symmetry principles such as global and local gauge invariance; it is apparent in the search for unity, the emphasis given to the search for solutions to the problems of unification.[22] There is, throughout theoretical physics today, a constant fruitful interplay between evolving aims and methods, and evolving knowledge. And the point is quite general: throughout the whole of natural science, aims and methods evolve with evolving knowledge – new methods being not just new theoretical principles of the kind put forward by Einstein, but also new experimental methods, new methods for preparing material in biology, for example, or new methods of observation in astronomy. To improve aims and methods is to improve knowledge about how to improve knowledge. Thus, as knowledge improves, knowledge about how to improve knowledge improves as well. This positive feedback between improving knowledge and improving knowledge about how to improve knowledge (i. e. improving aims and methods) helps to explain the explosive growth in scientific knowledge. It is of the very essence of scientific rationality, the nub of the progress-achieving metamethods of natural science. All this illustrates, I hope it will have been noticed, the metamethodological rules of aim-pursuing rationality that I indicated earlier, rules (A), (B) and (C). The progress-achieving metamethods of natural science are a strikingly successful special case of the general conception of aim-pursuing rationality indicated above.

22 For Einstein's own account of his life-long attempt to discover the unified structure of the universe see A. Einstein, »Autobiographical Notes«, in: *Albert Einstein: Philosopher-Scientist*, ed. P. A. Schilpp (La Salle, Illinois, 1949), pp. 3–94. For a delightful, non-technical account of the role of symmetry principles in modern theoretical physics see A. Zee, *Fearful Symmetry* (New York, 1986). For a somewhat more technical discussion of gauge theory see K. Moriyasu, *An Elementary Primer for Gauge Theory* (Singapore, 1983). For a discussion of achievements and problems of unification before the advent of string theory see A. Salam, *Ideals and Realities* (Singapore, 1984), pp. 299–362.

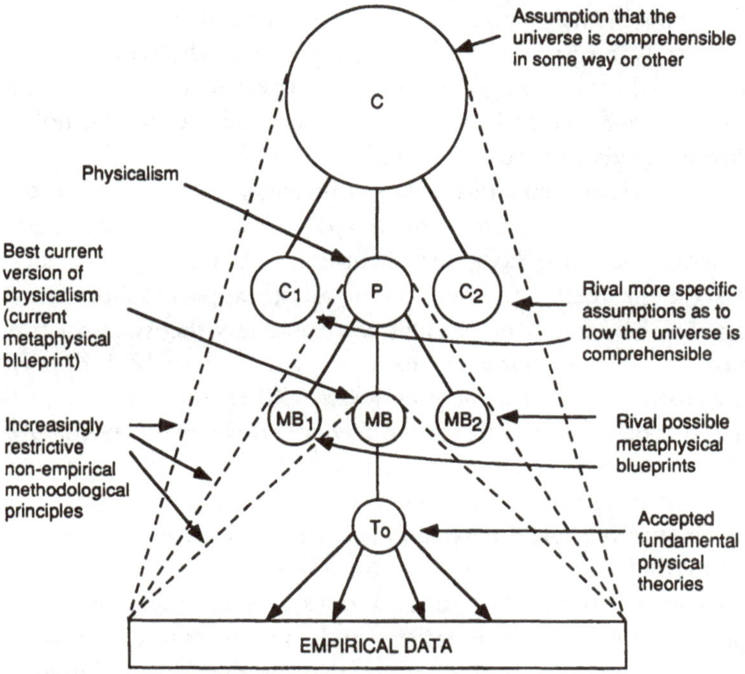

Diagram 2: *Aim-Pursuing Empiricism*

If we adopt this *aim-pursuing empiricist* conception of science (as we may call it[23]), the problem of induction vanishes without trace. Any theory must, quite properly, satisfy two kinds of criteria in order to be acceptable: empirical criteria, and criteria that have to do with the theory being compatible with the best available version of the basic assumption that the universe is comprehensible (see diagram 2).

What creates the problem of induction is the stubborn rejection of the idea that natural science as a whole is entitled to have as its aim to discover in what precise way the universe is comprehensible, it being assumed that the universe is comprehensible in some way or other. For suppose we do reject this problematic aim, and accept instead the

23 Elsewhere called by me aim-oriented empiricism: see works referred to in note 20.

apparently unproblematic aim of improving knowledge about the world, nothing being presumed about the nature of the world whatsoever. We will then be obliged to uphold some version of *standard empiricism* (as it may be called), a conception of science which holds that science proceeds in accordance with what Popper has called »*the principle of empiricism* which asserts that in science, only observation and experiment may decide upon the *acceptance or rejection* of scientific statements, including laws and theories«.[24] At once we are confronted by the problem of induction in all its apparent horrifying insolubility. For how can it be possible to choose any theory in science on the basis of evidence alone when there will always be infinitely many easily formulated rival theories which will fit the evidence just as well as, if not better than, our chosen theory? How can it conceivably be rational constantly to give preference to simple theories over complex theories – which is, of course, what we do in practice in science – when the evidence is neutral between these choices or even, as is often the case, actually favours theories that are complex rather than simple? No answer can be forthcoming to these questions as long as we hold onto Popper's principle of empiricism, and the aim for science with which it is associated. What this shows, then, is that the problem of induction arises because scientists and philosophers of science have persistently *misrepresented* the proper basic aim of science. The profoundly problematic aim of discovering how the universe is comprehensible has been repressed, and replaced with the apparently unproblematic aim of improving knowledge of empirical truth. It is this that creates the problem of induction. In other words, the problem arises because of the failure to put rule (B) of aim-pursuing rationality, mentioned earlier, into practice in our thinking about science.

This, then, constitutes the first intellectual blunder of the Enlightenment: a failure to characterise accurately the progress-achieving metamethods of natural science – the metamethods of aim-pursuing empiricism, itself a strikingly successful special case of aim-pursuing rationalism.

It deserves to be noted that for aim-pursuing empiricism, discussion of rival views about aims and methods for science – that is, *the*

24 K. Popper, *Conjectures and Refutations* (London, 1963), p. 54.

philosophy of science – has an important role to play within science itself. The capacity of science to improve its aims and methods as it proceeds is absolutely essential if science is to make progress, and is behind the so far ever-accelerating rate of scientific progress. Thus, for aim-pursuing empiricism, the philosophy of science, properly understood, is an integral part of natural science itself, closely bound up with the progressive character of science. It is important to appreciate, however, that »philosophy of science« here means discussion of aims and methods of science carried on in the main by scientists themselves as an integral part of scientific research. It does not mean contemporary academic philosophy of science. This latter, on the whole, has little to offer science for the simple reason that, in the main, it takes versions of standard empiricism for granted. It misrepresents the basic aim of science and thus, in accordance with Rule (B), tends, if anything, to hinder rather than help scientific progress. The interplay of evolving knowledge and evolving aims and methods, such an important feature of the progress-achieving metamethods of science according to aim-pursuing empiricism, more or less disappears from view if we see science from the perspective of standard empiricism and orthodox academic philosophy of science. In brief, bad philosophy of science, shared to some extent by both scientists and philosophers of science, obscures the essential role that philosophy of science, properly conceived, has in helping science make progress.

How the Solution to the Problem of Induction Helps Social Inquiry

It might seem that failure to capture correctly the progress-achieving methods of natural science ought not to be too damaging for the Enlightenment project of learning from scientific progress how to achieve social progress towards a good world. Natural science, after all, has succeeded pretty well in making progress even though a good understanding of the nature of the metamethods which have made this progress possible has not, it seems, been generally available. Why should social life require a good understanding of the nature of progress-achieving metamethods if natural science does not? And in any case, is it not precisely the social sciences, at their most sterile, which include interminable methodological discussions, whereas empirically progressive natural science avoids such discussion like the plague?[25]

What matters, from the standpoint of making progress, is the methods we use in practice, not the methods we *think* we use, or the methods we discuss. Natural science has achieved such astonishing progress because it has *in practice* used good progress-achieving methods, even if they have not always been adequately understood. In these circumstances, inadequate understanding does not matter too much.[26] However, if we seek to implement the Enlightenment idea of learning from scientific progress how to achieve social progress, self-consciously seeking to transport progress-achieving methods from science to social life, it becomes a matter of vital importance that we do possess a good understanding of the methods of science that really are in practice responsible for scientific progress. Paradoxically, having a good understanding of scientific method is more important for the task of learning from science how to achieve social progress than it is for doing science itself.

Some more specific reasons for the importance of capturing the progress-achieving metamethods of science accurately for the basic

---

25 My answer to this question, I hope it is clear, is that the sterility of much methodological discussion associated with the social sciences is due to the fact that this entire discussion takes for granted precisely what ought to be rejected: namely that social inquiry is a kind of *science*, or at least has as its basic task to improve knowledge of social phenomena. As for the suggestion that natural science avoids discussion of methodological issues, this does not quite do justice to the actual situation: new methods, in the form of new symmetry or invariance principles, or new experimental methods, are indeed developed, assessed, and sometimes rejected in natural science (a dramatic case of rejection being provided by the downfall of parity and charge conjugation).

26 Elsewhere I have tried to explain how general acceptance, by the scientific community, of standard empiricism as opposed to aim-pursuing empiricism has had some damaging consequences for science itself: see *What's Wrong With Science?*; *From Knowledge to Wisdom*; »Methodological Problems of Neuroscience«, in: *Models of the Visual Cortex*, ed. D. Rose and V. G. Dobson (Chichester, 1985), pp. 11 – 21; and »Quantum Propensiton Theory: A testable Resolution of the Wave/Particle Dilemma«, *British Journal for the Philosophy of Science* 39 (1988), pp. 1 – 50.

Enlightenment project will emerge as we proceed. But even taking these into account, I must admit that the first intellectual blunder of the Enlightenment was not perhaps in itself too damaging for the task of creating a kind of inquiry designed to help build a better world. It was the second blunder that had the more damaging consequences.

This second more serious blunder was to try to apply scientific methods, not to social life itself, but to the task of improving *knowledge* of social life, to the task of creating social science. The outcome, as I have already indicated, was the subsequent development of social inquiry as social *science*. This in turn had the consequence that academic inquiry as a whole, as it developed during the 19th and 20th centuries, came to be restricted, by and large, to the pursuit of knowledge. Instead of the rational exploration of problems of living being put at the intellectual heart of academic inquiry as a whole, discussion of problems of living was excluded from the intellectual domain. What inquiry most needs to do if it is to devote iself to helping us build a better world becomes a prohibited academic activity. Furthermore, academic inquiry develops the wrong kind of relationship to the rest of the social world: social science *studies* aspects of the social world but cannot devote itself to helping us learn how to resolve our human conflicts and problems of living by cooperatively rational means. In addition, social inquiry develops the wrong kind of relationship to natural science; instead of being, in an important sense, intellectually more fundamental and central than natural science, social inquiry developed as social science, becomes less fundamental, peripheral, of dubious intellectual standing.

The Counter-Enlightenment proposal that social inquiry should be developed as the *non-scientific* study of society and culture does not really help. For this concedes what ought not to be conceded: that the main task of social inquiry is to improve knowledge and understanding of the human world. And even worse, the Counter-Enlightenment fails to appreciate that what is wrong with the Enlightenment is not the basic idea of learning from scientific progress how to achieve social progress; what is wrong, rather, is the bungled way in which this profoundly important idea was implemented.

What the philosophes *ought* to have done, of course, was to have tried to get an appropriately generalized version of the progress-achieving metamethods of science applied to *social life itself*. If our concern is to learn from scientific progress how to make social progress then it is above all our social lives, our actions, our attempts to solve our problems of living which need to exploit and implement appropriately generalized intellectual standards and methods of natural science.[27] We need to build these standards and methods into the structure of all our institutions, so that government, the law, the media, industry and so on may make progress towards the problematic aim of enlightenment in the kind of way in which the institution of science makes progress towards the problematic aim of understanding the universe (the latter aim being itself an aspect of enlightenment). In brief, social inquiry needs to be developed in the way I have already indicated, as social metamethodology or social philosophy, having as its goal to help us put the rules of aim-pursuing rationality into practice in our lives, rules that have been exploited so successfully by science.

27 The modern philosopher who has come closest to developing the version of the Enlightenment idea that I am advocating is undoubtedly Karl Popper. The conception of scientific method advocated in *The Logic of Scientific Discovery*, namely *falsificationism*, has been generalized by Popper to form a general notion of rationality, namely *critical rationalism*, which has in effect been applied, to striking effect, to fundamental problems of political thought in his *The Open Society and Its Enemies*. It is quite clear that Popper himself sees his own work in these terms (even though he does not make the point, to my knowledge, that this can be regarded as an improved version of the basic Enlightenment idea). Thus having remarked, in *The Logic of Scientific Discovery*, that the objectivity of scientific statements lies in their inter-subjective testability, Popper adds a footnote, in the English edition first published in 1959, which asserts: »I have since generalized this formulation; for inter-subjective *testing* is merely a very important aspect of the more general idea of inter-subjective *criticism*, or in other words, of the idea of mutual rational control by critical discussion. This more general idea [is] discussed at some length in my *Open Society and Its Enemies*, chapters 23 and 24« (p. 44). There are however three basic defects in the way Popper implements the basic idea. First, as we have seen, and despite his claims to the contrary, Popper does not succeed in solving the problem of induction; his conception of scientific method is seriously inadequate, and this leads to an inadequate conception of rationality. (Criticism is important, but it is not the whole of reason; in some circumstances, such as personal relationships, uncritical criticism can do

If the philosophes had managed to develop their basic idea in the way that I have just indicated, avoiding the two blunders that I have discussed, then they would have begun to create, in the 18th century, what we still lack today: a kind of organized inquiry rationally designed to help us build a better world.

In order to put the basic Enlightenment idea into practice successfully, it is important, for a number of reasons, to take as one's starting point the Einsteinian, aim-pursuing empiricist conception of scientific method that I have outlined above. For it stresses that in order to pursue diverse aims we need to adopt diverse methods – unity of method being found at the metamethodological level; it stresses the profoundly problematic character of the basic aim of science, and the need, therefore, to improve aims and methods as one proceeds; and it emphasizes the central importance of acknowledging problematic aims honestly, and not mis-

---

more harm than good. There is, besides, in Popper's work no recognition of the important point that rationality needs to be characterised at the metamethodological level, rationality being bound up with how we go about *improving* our aims and methods.) Second, Popper fails completely to advocate that social inquiry should be developed as *social methodology*, having as its basic task (in Popperian terms) to apply critical rationalism (generalized from falsificationism) to the problems of social life. On the contrary, in *The Open Society and Its Enemies*, and in the companion volume *The Poverty of Historicism* (London, 1957), Popper defends a thoroughly traditional conception of social inquiry as *social science* with methods essentially similar to those of natural science. To this extent, Popper commits the two blunders of the Enlightenment. Third, in these two books Popper presents us with a stark choice between piecemeal and Utopian social engineering, thereby in effect annihilating the very possibility of a *third* kind of radical, long-term, global cooperative action, which only becomes possible if there is prior sustained, imaginative and critical exploration of possible global actions or strategies, radical and long-term in character. (Cooperative action of this type would be neither piecemeal nor Utopian social engineering.) It may well be that we need to develop the capacity to engage in just such long-term cooperative action in order to overcome some of our global problems – environmental problems, for example. One important task for the kind of inquiry I have advocated here is to make such cooperative action possible (excluded *a priori* by Popper). For a more detailed discussion of this important point, see my *From Knowledge to Wisdom*, pp. 189–199.

representing them. All these points, important for science, are vitally important for life – and especially for tasks associated with trying to help build a better world.

There is an additional point. Social inquiry, I have argued, is fundamentally social philosophy, having the same sort of relationship to social life that philosophy of science has to science. But there is an obvious objection to this proposal. Philosophy of science has contributed little, if anything, to the progress of science: why should we expect philosophy of social life to contribute anything more to the progress of social life? As long as we hold onto the orthodox standard empiricist conception of science, which misrepresents the basic aim of science and fails to solve the problem of induction, this objection must be deemed to be valid. But, as we have seen, the moment we accept the more adequate aim-pursuing empiricist conception of science, which represents honestly the profoundly problematic basic aim of science, solves the problem of induction and thus succeeds in exhibiting science as rational, then it becomes clear that philosophy of science, properly conceived, has an important role to play in helping science make progress. We thus have good grounds for holding that social philosophy, too, will have a role to play in helping social life make progress towards an enlightened world. In both cases, because profoundly problematic aims are being pursued, we need to improve aims and methods as we proceed, as we live. In brief, we require the solution to the problem of induction in order to bring into sharp focus the way in which the paradigmatic core of social philosophy (namely, philosophy of science) helps that fragment of social life with which it deals (namely, natural science) make progress towards enlightenment (in this case that aspect of enlightenment that has to do with human knowledge and understanding of the natural world).

In important respects, the kind of inquiry that emerges as a result of implementing the Enlightenment idea in the way indicated here unifies the best aspects of Rationalism and Romanticism, the traditional Enlightenment and the Counter-Enlightenment. Motivational honesty, honesty about aims and desires, is central to the Romantic conception of intellectual integrity: it is just this that we need, as we have seen, in order to solve the problem of induction, the fundamental problem of the rationality, the intellectual integrity of science. Romanticism stresses the value of imagination, art, the expression of feelings, desires, aspirations: all these have a vital role to play within the kind of inquiry I have advocated here. This kind of inquiry does full justice both to the value of trying to understand the nature of this utterly impersonal, mysterious cosmos we find ourselves in, and to the value of trying to improve our empathic understanding of our fellow human beings, these two kinds of understanding being interlinked. I have, in effect, in principle, solved C. P. Snow's problem of the two cultures,[28] and in just the sort of way Snow would have approved of: by indicating a kind of inquiry which calls upon both science and art, knowledge and empathic understanding in order to help us realize what is of value in our lives, a good world.[29]

What I have been advocating can, then, be summed up like this. In order for that which is of most value actually and potentially in existence to flourish, we need to try cooperatively to improve our aims and methods as we live – attempting, in this way, to put aim-pursuing rationality into practice in our world. Cooperative aim-pursuing rationality provides a framework within which diverse philosophies of value – diverse religions, political and moral views – may be cooperatively assessed and tested against the experience of personal and social life. There is the possibility of cooperatively and progressively improving such *philosophies of life* (views about what is of value in life and how it is to be achieved) much as *theories* are cooperatively and progressively improved in science. In science diverse theories are critically assessed with respect to each other, and with respect to experience (observational and experimental results). In a somewhat analogous way, diverse philosophies of life may be critically assessed with respect to each other, and with respect to *experience* – what we do, achieve, fail to achieve, enjoy and suffer – the aim being so to improve philosophies of life (and more specific philosophies of more specific enterprises within life such as government, education or art) that they offer greater help with the realization of value in life. It is of

28 C. P. Snow, *The Two Cultures and A Second Look* (Cambridge, 1964).
29 Unifying what is best in traditional Rationalism and Romanticism is one of the central themes of my *What's Wrong With Science?* and *From Knowledge to Wisdom*.

course true that we understand and judge what we do, the extent to which we succeed and fail, even our enjoyment and suffering, in terms of our explicit or implicit philosophies of life. As a result, experience and philosophy may simply reinforce each other to produce dogmatism, and failure to see even the need for learning. An analogous situation can arise, however, in connection with science: observations and experiments are interpreted and judged in terms of theory, there thus always being the danger here too that experience and theory may uncritically reinforce each other to produce dogmatism. The solution in both cases is to consider a number of rival ideas (theories or philosophies) there being tripartite asssessment between idea, idea and experience. For this to occur, in science or in life, empathic understanding needs to develop between individuals, and between theories and philosophies (or cultures). In this way, multiplicity of religions, philosophies, cultures, ways of life, can be enriching for us all (just as multiplicity of theories can enrich science) instead of such multiplicity being, as at present, a source of incomprehension, fear and conflict.

As a result of putting aim-pursuing empiricism into practice in science we have achieved explosive growth in our knowledge and understanding of the natural world. Is it possible that, as a result of putting aim-pursuing rationalism (the generalized version of aim-pursuing empiricism) into practice in our personal, social and global lives, thus bringing into existence the kind of inquiry I have been advocating here, we could achieve a comparable kind of explosive growth in personal and global enlightenment? Could social progress towards a good world accelerate rapidly, rather like scientific progress, so that war, tyranny, third world poverty, environmental degradation rapidly become no more than nightmarish memories from the past?

Who can say? I, for one, would not like to place limits on what humanity could achieve by way of enlightenment. There are, however, important differences in what is involved in achieving scientific and social progress. In order to achieve scientific progress all we require, strictly speaking, is sufficient funds, and a hundred thousand or so highly talented, motivated and rewarded individuals to do the research; for social progress towards enlightenment, we need almost everyone to be involved. In doing natural science we are in the main free to perform endless experiments without worrying too much about what the outcome will be; if things do not turn out the way we expect, no one will suffer. In social life, experiments that do not turn out as expected can cause great suffering, and may have irreversible adverse consequences for subsequent life. In natural science it is usually fairly clear whether a theory has been corroborated or refuted by an experiment: in social life it is by no means so clear whether a proposed policy, or political or economic programme has met with success or failure when the attempt is made to put it into practice. Again, there is usually agreement as to what is to count as success or failure in natural science: in social life it is just here that substantial disagreements arise. These differences make it much more difficult to implement problem-solving rationality and aim-pursuing rationality in personal and global life than in science. But this ought not to discourage us from making the attempt. Quite to the contrary, we have here all the more reason for taking very seriously indeed the task of attempting to put the strategies of reason into practice in life.

Conclusion

In order to create a better world, we need to *learn* how to do it. We need to learn how to resolve our conflicts and problems of living in more cooperatively rational ways than we do at present. And in order to do this, we need traditions and institutions of learning rationally devoted to this end. In our vast, complex, diverse, rapidly changing world, charged with conflict and injustice, there is very little hope indeed that we will discover how to resolve our conflicts and problems in more peaceful, just and cooperative ways than at present unless we have good traditions and institutions of inquiry designed to help us learn how to do this. Cooperative action is scarcely conceivable without cooperative discussion. When viewed from this standpoint, what we have at present – academic inquiry devoted primarily to the pursuit of knowledge and technological know-how – is seriously inadequate and damagingly irrational. We urgently need a new and more rational kind of inquiry which gives intellectual priority to the tasks of articulating our problems of living, and proposing and critically assessing possible cooperative solutions, problems of knowledge and technological know-how being tackled in an intellectually subordinate way. In order to develop this urgently needed kind of inquiry we will need to change almost every branch and aspect of the academic enterprise. Above all, we will need to change social inquiry and the humanities so that they take up their proper task, at the intellectual heart of inquiry, of helping humanity resolve its conflicts and problems of living in increasingly cooperative ways – the tasks of the natural and technological sciences being subordinate and secondary. This new kind of inquiry would do better justice to both practical and cultural dimensions of inquiry.

Zusammenfassung

Um eine bessere Welt zu schaffen, muß man erst *lernen*, wie das zu machen ist. Wir müssen lernen, wie wir unsere Konflikte und Lebensprobleme auf eine kooperativere und rationalere Weise lösen können, als es heute der Fall ist. Um dies durchzuführen, brauchen wir Traditionen und Organisationen im akademischen Bereich, die sich diesem Zweck rational widmen. In unserer großen, komplexen, mannigfaltigen und sich schnell verändernden Welt, voll von Konflikten und Ungerechtigkeiten, gibt es nur sehr wenig Hoffnung, daß wir unsere Konflikte und Probleme auf eine friedlichere, gerechtere und kooperativere Weise lösen können, es sei denn, wir hätten gute Traditionen und Forschungsinstitutionen, die konzipiert wären, um uns diesbezüglich zu befähigen. Eine kooperative Arbeit ist ohne eine kooperative Diskussion kaum denkbar. Von diesem Standpunkt aus betrachtet, ist unser aktuelles System – akademische Forschung, die an erster Stelle der Suche nach Wissen und technischem Können dient – sehr mangelhaft und auf gefährliche Weise unüberlegt. Wir brauchen dringend eine neue und rationalere Forschungsart. Diese sollte sich in erster Linie mit den Aufgaben befassen, unsere Lebensprobleme zu artikulieren und mögliche gemeinschaftliche Lösungen zu entwickeln und kritisch zu bewerten. Währenddessen kann den Fragen vom Wissen und vom technischen Können auf einer intellektuell untergeordneten Weise nachgegangen werden. Um diese dringend nötige Forschungsart zu entwikkeln, wird es nötig sein, fast jedes Gebiet und jeden Aspekt des akademischen Bereiches zu ändern. Vor allem müssen wir die Sozial- und Geisteswissenschaften so ändern, daß sie ihren wahren Aufgaben nachgehen können, um als zentraler Teil der Forschung die Konflikte und Lebensprobleme der Menschheit auf eine zunehmend kooperative Art zu lösen – die Aufgaben von den Naturwissenschaften und technischen Wissenschaften sind dann sekundär und untergeordnet. Diese neue Art von Forschung wäre den praktischen und kulturellen Dimensionen der Wissenschaft angemessener.

6. Sektion »Technikfolgenabschätzung«

Wissenschaft und Politik: Umweltstandards als spezieller Fall der Technikfolgenabschätzung

KLAUS PINKAU

Das Ziel der Politik muß es sein, politische Macht zu gewinnen, um damit die Auseinandersetzung zwischen den miteinander in Konflikt liegenden Interessen zu gewinnen. Politik ist die Kunst zu regieren, sie ist der Entscheidungsprozeß von Gesellschaften über ihre innere Organisation und fortlaufende Existenz. Dieser Entscheidungsprozeß muß geführt werden gegen begrenzte Ressourcen. Deshalb werden die unterschiedlichen Interessen der verschiedenen Mitglieder der Gesellschaft notwendigerweise in Konfliktsituationen hineinführen, die derjenige gewinnt, der mehr politische Macht hat.

Das Ziel der Wissenschaften ist es, den Bereich gesicherter Kenntnisse und Erkenntnisse auszudehnen. Als eine gesellschaftliche Institution ist Wissenschaft durch einen Ethos von Werten und Normen ausgezeichnet, die sich als grundlegend dafür herausgestellt haben, gesicherte Erkenntnisse gewinnen zu können. Diese sind nach Robert K. Merton:

(1) Universalismus; er erfordert, daß wissenschaftliche Beiträge beurteilt werden unter Bezug auf vorher aufgestellte unpersönliche Kriterien.

(2) Kommunalismus; er schreibt vor, daß Erkenntnis, welche ja das Ergebnis gemeinsamer Bemühungen der Wissenschaft ist, offen geteilt werden muß.
(3) Desinteressiertheit; sie soll sicherstellen, daß die Ergebnisse wissenschaftlicher Erkenntnissuche nicht von fremden Motiven beeinflußt werden; deshalb erfordert sie institutionelle Kontrolle über die Motive, Wissenschaft zu betreiben.
(4) Organisierter Skeptizismus; er ist beides, ein methodisches und ein institutionelles Mandat. Nur durch Skeptizismus und Kritik können die Erkenntnisse der Wissenschaft immer mehr erweitert und besser gesichert werden.

Es fällt auf, daß alle vier Kriterien soziale Beziehungen bzw. Institutionen voraussetzen:

Universalismus erfordert unpersönliche Kriterien, Kommunalismus die Mitteilung, Desinteressiertheit erfordert institutionelle Kontrollen und organisierter Skeptizismus und Kritik wird von Mit-Wissenschaftlern ausgeübt.

Von daher ergibt sich eine personenbezogene Definition der Disziplin: Disziplinen werden von dem Teil unserer Mitmenschen gebildet, die die Bedingungen erfüllen, sich am Wissenschaftsprozeß beteiligen zu können. Insbesondere müssen Mitglieder einer Disziplin kritikfähig sein: Sie müssen also (und nun mündet meine Erklärung in die von Lorenz Krüger ein) den Bereich der gültigen Theorie, den des systematischen und historischen Zusammenhangs der Inhalte der Disziplin kennen und eben das Wissen über die Inhalte besitzen. Eine Disziplin wird aufgespannt durch die Menge der Wissenschaftler, die untereinander kritikfähig sind. Dies bedeutet, daß einzelne Universalgeister Mitglieder mehrerer Disziplinen sein können.

Interdisziplinäres Arbeiten ist dann immer auf ein Ziel ausgerichtet, das zu erreichen Theorie und Wissen aus unterschiedlichen Disziplinen erfordert und dabei entdeckt, daß Theorien zum Beispiel über den engeren disziplinären Bereich hinaus anwendbar werden.

Die Politik hat aus ihrem Zielverständnis Interesse an der Wissenschaft und fördert sie deshalb, gefährdet sie deshalb aber auch gleichzeitig:

– Wissenschaft ermöglicht instrumentiertes Handeln, sie erlaubt, sich die Naturkräfte zunutze zu machen, sie steigert deshalb den Wohl-

stand, die Gesundheit, das Wachstum der Nationen. Ihr Einsatz verleiht politische Macht.
- Wissenschaft wie Kunst verschaffen Ansehen.
- Ein wissenschaftliches Gesetz ist eine Vorhersage für die Zukunft, wenn bestimmte Voraussetzungen eintreten. Wissenschaft erhöht die politische Fähigkeit, die Zukunft vorherzusagen; in einigen Fällen schließt sie mögliche Zukunftsentwicklungen aus (z. B. dann, wenn die Grundgesetze etwa der Thermodynamik verletzt werden würden).

Hier soll nicht das Thema Wissenschaft und Politik in voller Breite verhandelt werden; deshalb stehen hier auch nicht die möglichen Deformierungen der Wissenschaft durch die Politik zur Diskussion. Hier geht es um das zweite Interesse der Politik an der Wissenschaft, nämlich der Vorhersage möglicher Entwicklungen. Dies soll am Beispiel der Umweltstandards erläutert werden, und meine Ausführungen beruhen deshalb auf den Arbeitsergebnissen der Arbeitsgruppe »Umweltstandards« der Akademie der Wissenschaften zu Berlin.

Die Bewältigung des Umweltproblems ist ein Fall der Technikfolgenabschätzung mit hoher Bedeutung. Denn die wachsende Bevölkerung wird auch bei gleichbleibendem oder gar sinkendem Lebensstandard die Umweltprobleme verschärfen. Wenn wir uns gegenseitig immer näher auf den Pelz rücken, werden die Irritationen und wird die Regelungsdichte zur Begrenzung dieser Irritationen zunehmen. Angesichts dieser wachsenden Umweltproblematik kommt der Art der Bewältigung hohe Bedeutung zu: an ihr wird sich weisen müssen, ob demokratische Gesellschaften neue Wege finden können, Probleme zu bewältigen, die sich aufgrund der zunehmenden Belastung des Systems Erde durch den Menschen und seine Tätigkeiten ergeben.

Der Arbeitsplan jeder wissenschaftlichen Tätigkeit beruht auf einem Dreischritt; im Bezug auf Technikfolgenabschätzung sind die drei Schritte:

Zieldefinition im ersten Schritt, Ermittlung wissenschaftlicher Tatsachen und Zusammenhänge im Bezug auf dieses Ziel im zweiten Schritt, und Beurteilung und Bewertung im dritten Schritt.

Technikfolgenabschätzung als eine wissenschaftliche Tätigkeit muß sich diesem Dreischritt unterwerfen. Hier sollte darauf hingewiesen werden, daß dies häufig und insbesondere im administrativen und politischen Verständnis nicht der Fall ist. Vielmehr wird Technikfolgenabschätzung oft nur als der Mittelteil, der zweite Schritt des Dreischritts also, betrieben und dargestellt. Die Ermittlung wissenschaftlicher Tatsachen bleibt so ohne Bewertung, Konsistenzanalyse, ohne den »organisierten Skeptizismus« nach Ziffer (4) und ohne die Kontrolle der »Desinteressiertheit« nach Ziffer (3). Damit bleibt der Wissenschaftsprozeß unabgeschlossen, wird fehlerhaft verwendbar und richtet oft mehr Schaden als Nutzen an.

Der erste Schritt, die Zieldefinition der Umweltfrage muß sich demgemäß der Frage widmen: Was eigentlich verbirgt sich hinter dem Begriff der Umwelt, welche Funktion können Umweltstandards haben?

Im Unterschied zu den Tieren und Pflanzen kann der Mensch seine artspezifische Umwelt überschreiten. Für das Umweltverhältnis des Menschen ist es spezifisch, daß es nicht nur in einer das Leben sichernden aber auch begrenzenden Einpassung besteht, sondern daß der Mensch seine Einpassung in Auseinandersetzung mit seiner Umwelt immer erst noch zu schaffen hat. Dem Menschen ist seine Umwelt nicht vorgegeben, sondern sie ist ihm aufgegeben: sie stellt ihn vor Probleme, die er lösen muß. Er kann aber nur überleben, wenn er erkennt, daß er seine Umwelt nicht auslöschen darf, sondern sie pflegen und entwickeln muß.

Umweltstandards sind danach Verbindlichkeiten des Handelns, die sich Gesellschaften auferlegen, wenn und soweit sie auf eine bestimmte Weise zusammenleben wollen. Diese kulturalistische Sicht der Umweltproblematik und der Umweltstandards hat zur Folge, daß Umweltstandards argumentationszugänglich, ja argumentationsbedürftig sind. Sie erhalten ihre Rechtfertigung durch ihre Instrumentalität, relativ zu einem gelebten oder gesetzten Zweck.

Diese Verbindlichkeiten des Handelns werden im Alltag verwirklicht durch Regeln und Vorschriften, die für die Regelung des dynamischen Prozesses, des lebenserhaltenden Austausches zwischen Mensch und menschlicher Umwelt wichtig sind. Umweltstandards sind Verkehrsschilder in diesem dynamischen Prozeß.

Diese Überlegungen haben ein ganzes Bündel von Konsequenzen:

(1) Aufgrund der Institutionalisierung gesellschaftlicher Konfliktlösungsverfahren durch unser rechtliches Normensystem bilden die

hierauf beruhenden rechtsstaatlichen Strukturen den Rahmen einer jeden Konfliktbewältigung.

(2) Die Vorstellung dessen, was Umwelt sei und wie Umweltstandards zu setzen seien, kann nicht ohne Berücksichtigung des Wechselspiels der menschlichen Sinngebung und ihrer gesellschaftlichen Ausformung in der jeweils herrschenden Staatsidee erfolgen. Umweltstandards werden deshalb nicht überall auf der Erde und nicht zeitlich für immer gleich sein und bleiben. Verschiedene Gesellschaften werden unterschiedliche Umweltstandards setzen.

(3) Die Aufgabe der Umweltgestaltung kann immer nur partiell und sektoral gelöst werden. Umweltstandards können keine inhaltliche und umfassende Normierung der Umwelt vornehmen, nicht ein Paradies beschreiben, das anzustreben wäre. Umweltstandards müssen vom Bestehenden ausgehen und es zu erhalten oder zu verbessern trachten.

Diese letzte Erkenntnis ist besonders wichtig, weil in Öffentlicheit, aber auch Fachwelt immer unterstellt wird, man wisse sozusagen a priori, was ein Umweltskandal sei und was nicht. Dies ist aber nicht so. Wir leben innerhalb eines lokalen Koordinatensystems und handeln gegen dessen Maßskalen, einen absoluten Nullpunkt gibt es nicht, auf den wir uns beziehen könnten. Die Umweltdiskussion ist und muß deshalb eine Relativdiskussion bleiben.

Daher muß ein gesamtgesellschaftlicher Kommunikationsprozeß darüber stattfinden, wie Umweltstandards als Ergebnis eines Beurteilungsprozesses bezüglich miteinander in Konflikt liegender Zielvorgaben festzulegen seien. Dieser Prozeß kann nicht beliebig verlaufen. Er muß einbeziehen

- die naturwissenschaftlich ermittelten Fakten über Auswirkungen verschiedener Substanzen, die Emissionen und ihre Ausbreitung, die Wirkungen von Organismen;
- alle Dimensionen unterschiedlicher Auswirkungen und unterschiedlicher Zielvorgaben im Beurteilungsprozeß. Umweltstandards haben Konsequenzen für die Umwelt selbst, für andere Umweltstandards, für die Wirtschaft, den Arbeitsmarkt, das Klima, für das Wohlbefinden.

Umweltstandards setzen zu wollen, wird deshalb voraussetzen, einen multidimensionalen Beurteilungs- und Bewertungsprozeß durchzuführen. Es wird die besondere Schwierigkeit dieses Prozesses werden, die unterschiedlichen Maßskalen auf den verschiedenen Zieldimensionen aufeinander beziehen zu müssen, also Verschiedenes vergleichen zu müssen, da *ein* Urteil in Form *eines* Standards gefunden werden muß. Dies soll durch das Werkzeug der pragmatischen Konsistenz bewältigt werden. Die Verknüpfung durch »pragmatische Konsistenz« besteht darin, daß dem Individuum in vergleichbaren Situationen Umstände zumutbar sind, die es bereits früher durch seine Verhaltensweise akzeptiert hat. In multidimensionalen Entscheidungssituationen müssen Birnen mit Äpfeln verglichen werden, und die Überlegungen der pragmatischen Konsistenz führen zu Aussagen darüber, wann eine Ernährung durch Äpfel zumutbar ist, wenn Birnen nicht verfügbar sind.

Der zweite Schritt des Dreischrittes hat die Aufgabe, festzustellen und zu sammeln »was ist«, und zwar geht es sowohl um die wissenschaftlichen Fakten als auch um die Werkzeuge zum Beurteilungsprozeß. Als Beispiel für ihre Untersuchungen hat sich die Arbeitsgruppe der Akademie der Wissenschaften zu Berlin mit dem Strahlenrisiko beschäftigt. Demgemäß geht es im zweiten Schritt zunächst um die naturwissenschaftlich-medizinischen Grundlagen des Strahlenschutzes. Sodann wird die Frage erörtert, wie denn ein multidimensionaler Entscheidungsprozeß unter rational-wissenschaftlichen Gesichtspunkten zu konstruieren sei. Dies ist der Dreischritt Zieldefinition, Tatsachenfeststellung, Bewertung der wissenschaftlich-technischen Vorgehensweise, der, wie vorhin erwähnt, jeder wissenschaftlichen Vorgehensweise unterliegt und die Verwendung entscheidungslogischer Prozesse. Endlich gehört zu dem »was ist«, daß das Risiko individuell, gesellschaftlich und staatlich bewertet wird, und daß diese Fakten neue Dimensionen im Entscheidungsprozeß aufspannen, die zu berücksichtigen sind. Dies ist die Bewußtmachung der hohen Beweglichkeit, die das mitgeführte Koordinatensystem hat.

Aus der Fülle der naturwissenschaftlich-medizinischen Grundlagen des Strahlenschutzes soll hier nur eine Tatsache besonders hervorgehoben werden.

Diese Tatsache der Strahlenbelastung ist, daß sie aus den verschiedensten und auch natürlichen Quellen stammt. Man unterscheidet vier Komponenten:

- Die natürliche Exposition, die unbeeinflußbar und in ihrer Stärke regional sehr unterschiedlich ist; sie macht im Mittel 30 % der durchschnittlichen Strahlenexposition aus.
- Die Exposition durch Radon in der Innenraumluft. Dieses Radon kommt aus dem Baugrund und dem Baumaterial. Diese Exposition ist zivilisationsbedingt, sie hängt auch vom persönlichen Verhalten – also Lüften der Räume – ab und beträgt im Mittel 30 % der Gesamtexposition.
- Die dritte Quelle, die Exposition zu medizinischen Zwecken, macht in der Bundesrepublik knapp 40 % der Gesamtexposition aus.
- Die vierte Komponente ist schließlich die künstliche Exposition infolge allen Gebrauchs, den der Mensch von der Kernspaltung und Radioaktivität macht. Sie trägt im langjährigen Mittel mit knapp 2 % zur durchschnittlichen Strahlenexposition der Bevölkerung bei. Die Kernkraftwerke der Bundesrepublik sind daran mit wenigen zehntel Prozent beteiligt. Infolge des radioaktiven Niederschlags von Tschernobyl wird diese vierte Komponente – gemittelt über die nächsten 50 Jahre – künftig in der Bundesrepublik etwa 2,5 % statt bisher 2 % betragen.

Aus den naturwissenschaftlich-medizinischen Grundlagen der Strahlenbelastung werden bei der Entwicklung der Strahlenschutzstandards die Konsequenzen gezogen, daß alle Strahlenexpositionen so gering wie vernünftigerweise möglich (ALARA-Prinzip) zu halten seien, eine Verwirklichung des Vorsorgegedankens. Die effektive Äquivalentdosis für das Individuum wurde so festgelegt, daß sie unter der Schwankungsbreite (also nicht dem absoluten Wert) der natürlichen Strahlenbelastung in der Bundesrepublik liegt. Damit kann ein Ortswechsel in der Bundesrepublik zu einer Veränderung der natürlichen Strahlenexposition führen, die größer ist als der Bereich für den Dosisgrenzwert in der Nähe kerntechnischer Anlagen. Dies ist eine Verwirklichung des Gedankens der pragmatischen Konsistenz, der bei der Setzung von Umweltstandards eine erhebliche Rolle spielen wird, und der bereits früher erläutert wurde.

An dieser Stelle sollte darauf hingewiesen werden, daß Umweltstandards im Falle des Strahlenschutzes nicht die Unfallsituation etwa von Kernkraftwerken regeln können. Die Unfallvermeidung ist Gegenstand des Genehmigungsverfahrens; Umweltstandards können deshalb Reaktor-Risiko-Studien nicht einbeziehen.

Endlich gehört zu den Tatsachen, die bei der Abwägung berücksichtigt werden müssen, daß wir es mit Menschen zu tun haben, die ihre eigene Einstellung gegenüber Risiken haben, daß sich diese Einstellungen in der gesellschaftlichen Wechselwirkung zu Konflikten aufschaukeln können. Sodann leben wir in einer staatlichen Wirklichkeit mit Regeln und Gesetzen und in einer föderalistischen Staats- und Regierungsstruktur.

So stellt man zur eigenen Überraschung fest, daß wahrgenommene Risiken keineswegs nur negativ erlebte Auslöser eines meidenden Verhaltens, sondern zugleich Merkmale der Attraktivität von Handlungszielen sind. Da Risiken häufig in komplexen, schwer durchschaubaren und sich dynamisch verändernden Problemsituationen beurteilt werden müssen, erwerben Menschen typische Heuristiken zur Reduktion der Komplexität und der persönlichen Ungewißheit. So spielen leicht abrufbare Erinnerungen, plastische Vorstellungen, persönliche Erfahrungen und leicht nachvollziehbare Meinungen anderer eine besonders akzentuierende Rolle bei der eigenen Urteilsbildung. Weiter wird die Urteilsbildung durch die Dominanz aktueller Bezugssysteme stark beeinflußt, wobei die Formulierung des Entscheidungsproblems eine wichtige Rolle spielt.

Diese Probleme der individuellen Risikobewertung verbieten es, wenn sie auf die Ebene der Verarbeitung von öffentlichen Themen in der Gesellschaft gehoben werden, von einer Risikobewertung in der Gesellschaft zu sprechen. Kennzeichnend für die gesellschaftliche Bewältigung der Risikoproblematik ist die selektive Auswahl von Risiken, in denen sich das allgemeine Unbehagen manifestiert und an denen sich die Konflikte entzünden. Die Umweltfrage ist besonders dazu geeignet, Stoff für gesellschaftliche Konflikte zu liefern. Deshalb nimmt die Öffentlichkeit einen erheblichen direkten oder indirekten Einfluß auf die Festlegung von Umweltstandards. Gerade aber weil das individuelle und das öffentliche Urteil den beschriebenen Beschränkungen unterliegt und nicht optimale Ergebnisse liefern kann, ergibt sich durch die ungeläuterte Berücksichtigung der öffentlichen Meinung, daß gesellschaftliche Ressourcen verschleudert werden und sich das Gemeinwesen durch seine eigenen Entscheidungsmechanismen schadet. Weil, wie eingangs erwartet, in Zukunft die Umweltproblematik und damit die Regelungsdichte zunehmen dürfte, kann dieser Schaden ein erhebliches Ausmaß annehmen.

Dies führt zum dritten Schritt im Dreischritt, der Frage der Bewertung. Die Bewertung, dies ist ein unverzichtbarer Grundsatz, kann nur den politischen Entscheidungsprozeß vorbereiten, ihn aber nicht ersetzen. Die Entscheidung muß in demokratisch legitimierten politischen Systemen gefällt werden. Diese politische Entscheidung bindet damit die politische Pluralität ein.

Es empfiehlt sich, die Grenzziehung zwischen Wissenschaft und Politik beim dritten Schritt besonders sorgfältig zu beachten und auch nach außen zu markieren. Denn Politik und Wissenschaft haben unterschiedliche Ziele. Andere Institutionen, wie z. B. die Wissenschaft in ihren Dienst zu nehmen, ist eine legitime politische Handlung, obgleich sie der Wissenschaft Schaden zufügt. Um ihres eigenen Überlebens willen muß sich die Wissenschaft deshalb aus der zu engen Umarmung durch die Politik befreien, damit sie ihren eigenen Zielen gerecht werden kann.

Diese Bewertung als Vorbereitung der politischen Entscheidung kann fast zwangsläufig nunmehr aus der vertieften Erörterung der zu berücksichtigenden Gesichtspunkte abgeleitet werden. So muß die Bewertung die Form eines öffentlich nachvollziehbaren Rechtfertigungsdiskurses haben, in dem die Zweckmäßigkeit der Umweltstandards plausibel gemacht wird. Dabei muß der »Stand der Wissenschaft« nachgewiesen und in den Diskurs integriert werden, andererseits muß die Pluralität evaluativer Einstellungen, die »Mehrdimensionalität« zu Wort kommen. Dieser Entscheidungsprozeß muß rational erfolgen, er sollte sich der Vorgabe der pragmatischen Konsistenz dort bedienen, wo Bewertungsmaßstäbe gefunden werden müssen. Er sollte sich den Dreischritt der Zielbildung, Faktenermittlung, Bewertung im Rechtfertigungsdiskurs zu eigen machen.

Damit das Verfahren zur Findung der Umweltstandards die Konfliktsituationen der sozialen Wertdifferenzen befrieden kann, sollte es ein institutionalisiertes Verfahren sein, denn bei kognitiver Unsicherheit und evaluativem Dissens werden Entscheidungen aufgrund eines akzeptierten Verfahrens, durch das sie zustande kommen, eher als angemessen empfunden. Ein solches Verfahren soll sich im Rahmen der gesellschaftlichen Strukturen entfalten und in die demokratischen politischen Institutionen integriert sein.

Das Ergebnis des Diskurses soll sein, geeignete Umweltinstrumente vorzuschlagen. Solche Umweltinstrumente können solche des Marktes sein, in denen das wirtschaftliche Eigeninteresse des Verursachers zum Tragen kommt; sie sind normalerweise solche des Rechtes, und zwar des öffentlichen Rechtes.

Ein solcher Umweltdiskurs, ein Rechtfertigungsdiskurs zum zweckmäßigen Handeln, kann überall stattfinden, in den Referentenbesprechungen der Ministerien, den Ausschüssen der Parlamente, den Konferenzen der Staatssekretäre und Minister. Wenn er so stattfindet, sollte er die dargelegten Kriterien, Bedingungen und Vorgehensweisen berücksichtigen. Er kann allerdings normalerweise nicht in Anspruch nehmen, die Aussage des »Systems Wissenschaft« zu erzeugen oder zu berücksichtigen.

Damit das »System Wissenschaft« sich im Umweltdiskurs äußern kann, muß die Urteilsbildung systematisiert und der Prozeß formalisiert werden. Das wissenschaftliche Wissen muß nach fachlicher Überprüfung Eingang in den Diskurs finden, die Teilnehmer des Diskurses müssen ausgewiesene Wissenschaftler der verschiedenen Fachdisziplinen sein. Es ist dann unvermeidlich, den institutionalisierten Umweltdiskurs in einer eigenen, neu zu gründenden Institution zu führen: dem Umweltrat.

Ein solcher Umweltrat, dessen Bildung die Arbeitsgruppe in Analogie zum Wissenschaftsrat deshalb vorschlägt, würde gleichzeitig ein anderes Bedürfnis befriedigen. Für Fragen von erheblicher Bedeutung nämlich werden sich Öffentlichkeit und Parlamente nicht damit zufrieden geben, daß der Meinungspluralismus im Umweltdiskurs möglicherweise angemessen vertreten war. Öffentlichkeit und Parlamente werden den Umweltdiskurs selbst verstehen und nachvollziehen wollen. Wenn der Umweltrat seine Gutachten veröffentlicht und begründet, wenn er Teile des Rechtfertigungsdiskurses öffentlich abhält, wird die Meinung – und ihre Begrenzung – des Systems Wissenschaft bloßgelegt und abgrenzbar gegenüber den Ansprüchen an die Entscheidungsfindung in der Politik.

Was hat Technikfolgenabschätzung, was haben Umweltstandards mit der Einheit der Wissenschaften zu tun? Im hier vorgeschlagenen Prozeß verwirklicht sie sich in der Mitgliedschaft im Umweltrat. Er soll die disziplinär gewonnenen Erkenntnisse der Wissenschaften im zweiten Schritt erheben und/oder durch spezielle ihm zuarbeitende Fachkommissionen ermitteln. Im Rechtfertigungsdiskurs des Rates sollen die Wissenschaftler der unterschiedlichen Disziplinen die verschiedenen Dimensionen des Entscheidungsprozesses repräsentieren, miteinander vermitteln und so zu einer Aussage des Systems Wissenschaft kommen, die deshalb eine ideale Form der Politikberatung ist, weil sie die nicht vergleichbaren Ziele von Politik und Wissenschaft berücksichtigt.

Welche Vorstellung von Einheit der Wissenschaften verwirklicht sich hier? Ist es die Einheit der Methode? Ist es die Einheit des Inhalts? Mir scheint, in gewissem Sinne ist Einheit der Methode Voraussetzung, damit die verschiedenen Wissenschaften überhaupt miteinander sprechen können. Aber sie reicht nicht aus, Einheit der Methode bleibt unbefriedigend, weil sie den Inhalt der Beliebigkeit überläßt und die endgültige Fragmentation ermöglicht, die hier keine erlaubte Lösung ist, weil ein Ergebnis der Technikfolgenabschätzung gefunden werden muß.

Einheit der Wissenschaften wird also erzwungen als Hilfestellung zur Bewältigung der dringenden Aufgaben der Zukunft. Einheit der Wissenschaften wird erzwungen durch die Einheit der Betroffenen. Allerdings wird sie nicht vollständig erzwungen, sondern nur in dem Maße, in dem sie erforderlich ist, um Antworten auf bestimmte Fragen zu geben. Sie ist Interdisziplinarität bezogen auf ein Ziel, es reicht hier aus, daß Einheit der Wissenschaften durch Einheit der Lebenspraxis gestiftet wird.

Summary

The relationship between science and politics is examined. Different interests and aims can cause tensions, but cooperation is possible and necessary. The scientific enterprise consists of three steps: goal definition, determination of fact, and evaluation. Technology assessment must not be reduced to the mere determination of scientific facts. As can be illustrated by the example of environmental standards, goal definition and evaluation are essential, too. Scientific evaluation can only prepare political decision-making. But scientific evaluation is important and should be institutionalized in an »Umweltrat« (in analogy to the »Wissenschaftsrat«), which should work on an interdisciplinary basis. Thus, the unity of the sciences is established in the common orientation of solving the problems of the world we live in.

Zum Mitspracherecht der Geisteswissenschaften bei der Technikfolgenabschätzung

REINHARD MOCEK

Ich gestehe gleich eingangs, daß die Nominierung meines Themas für diese Konferenz von mindestens zwei Irritationen begleitet war. Einmal glaubte ich, daß hier auch Fragen einer deutsch-deutschen Wissenschaftseinheit zur Debatte stehen würden. Ich habe deshalb im ersten Teil meiner Ausführungen auf spezifische Probleme der Debatten und der Situation der Technikfolgenlasten in der DDR das Augenmerk gelegt. Das scheint nun, wenn ich zum Septemberanfang, acht Wochen vor dem Zusammenschluß der beiden deutschen Staaten, den Beitrag für die Drucklegung fertigstelle, fast ein Anachronismus zu sein. Rechtfertigen läßt sich das allerdings, und nicht nur aus einer historischen Reminiszenz heraus. Denn Folgelasten haben ein gewisses Beharrungsvermögen. Und zum anderen mag eine bestimmte Art flankierender Überlegungen zum Sachverhalt selbst eine gewisse Anregung, ja Provokation bedeuten. Insgesamt gab es eine Menge Vergleichbares. Interdisziplinarität und »Einheit der Wissenschaft« hatten im Wissenschaftsverband der ehemaligen DDR durchaus dieselben Probleme und Reibungsflächen wie in der BRD.[1] Das konkrete Technikfolgenproblem allerdings hatte und hat in mancher Hinsicht ein anderes Profil. Darauf will ich im weiteren noch zu sprechen kommen.

Die zweite Irritation war wesentlich anderer Art und lag tiefer – sie kommt in der von mir gewählten Formulierung »Mitspracherecht« der Geisteswissenschaften zum Ausdruck. Dieses Recht gab es ja in der

1 Erwähnt sei lediglich die Debatte über Interdisziplinarität, die in der *Deutschen Zeitschrift für Philosophie* 31 (1983), Heft 1, geführt worden ist.

Tat nicht; es war einzufordern in der DDR überall dort, wo wissenschaftliche Nachdenklichkeit einer praktizierten gesellschaftspolitischen »Linie«, die natürlich auch ihre Argumente hatte, im Wege stand. Das betraf ethische Fragen des wissenschaftlichen und technischen Fortschritts in besonderer Weise.[2] Nun hatten wir es in der DDR eben leider nie geschafft, daß sich die Politiker mit an den Tisch der Wissenschaftler gesetzt haben, wenn es um Fragen der geistigen Bewältigung des wissenschaftlich-technischen Fortschritts ging, die ja die Voraussetzung einer politischen Bewältigung bilden mußte. Ich will der geläufigen Interpretation einer willfährigen Wissenschaft gegenüber der Politik nun gar nicht in Gänze widersprechen; es ist zugleich anzumerken, daß sich auch eine Atmosphäre des Mißtrauens der Politik gegenüber denjenigen Wissenschaften herausbildete, die Überlebensprobleme der Menschheit angesichts der Gefahren der technischen Zivilisation aufgriffen und damit in gewisser Beziehung ja auch propagierten. Nicht von ungefähr waren Disziplinen wie die sozialtheoretisch aufgebaute Kommunikationstheorie, die Wissenschaftsethik und die Zivilisationstheorie, die ja sämtlich spezifische Antworten auf die Herausforderungen des technischen Fortschritts für die Lebensqualität auch der realsozialistischen Gesellschaft suchten, im Wissenschaftskalender dieser Gesellschaft nicht vorgesehen. Die globalen Probleme seien – so könnte

2 R. Mocek, »Mitspracherecht der Ethik?«, *Spectrum* 19 (1988), Heft 3; ders., »Der Ruf nach Wissenschaftsethik: Neues Denken als Forderung nach einem anderen gesellschaftlichen Umgang mit der Wissenschaft«, *Konsequent*, Sonderband 7/1989. Aus der umfangreichen Literatur zur Wissenschaftsethik generell bzw. in Bezug zur Biologie seien herausgegriffen: H. Jonas, *Das Prinzip Verantwortung: Versuch einer Ethik für die technologische Zivilisation* (Frankfurt a.M., 1979); *Zur Kritik der wissenschaftlichen Rationalität*, hrsg. v. K. Lenk (Freiburg/München, 1986); K. Bayertz, *GenEthik: Probleme der Technisierung menschlicher Fortpflanzung* (Reinbek b. Hamburg, 1987); *Wozu Wissenschaftsphilosophie?*, hrsg. v. P. Hoyningen-Huene u. G. Hirsch (Berlin/New York, 1988); *Ethik als Anspruch an die Wissenschaft oder: Ethik in der Wissenschaft*, hrsg. v. L. Siep (München/Zürich, 1988); E. Ströker, *Wissenschaftsphilosophische Studien* (Frankfurt a.M., 1989); J. Mittelstraß, *Forschung zwischen Wahrheit, Nutzen und Verantwortung* (Essen, 1989); *Die zweite Schöpfung: Geist und Ungeist in der Biologie des 20. Jahrhunderts*, hrsg. v. J. Herbig u. R. Hohlfeld (München/Wien, 1990).

man eine verbreitete Argumentation wiedergeben – gegenüber den Problemen des Klassenkampfes nur sekundärer Natur und würden mit der Lösung dieser erst eigentlich ihre Lösungsgrundlage erhalten. Ein maßgebender Wissenschaftspolitiker der DDR hat das einmal in der vielsagenden Formulierung ausgedrückt, wonach es die Aufgabe der auf diesem Gebiet arbeitenden Gesellschaftswissenschaftler sei, den Naturwissenschaftlern ideologisch den Rücken freizuhalten (sprich von der geisteswissenschaftlich reflektierten Problemwelt des Westens abzuschirmen), damit diese in Ruhe forschen können. Das richtete sich vor allem gegen jegliche offene (oder vermutete) Infragestellung des Fortschritts, in welchem politischen Gewande sie sich auch immer zeigte, und ging konform mit einer Festschreibung der Produktivkraft-Wachstums-Theorie, die schließlich im Zielzustand einer sozialistischen Industriegesellschaft kulminierte. Es war dabei ein geradezu unantastbarer Grundsatz, daß die angestrebten Ziele eines allgemeinen Volkswohlstands (der zunehmend von den ursprünglichen sozialistischen Gleichheitsidealen auf die leistungsabhängige Teilhabe an den Segnungen der westlichen Konsumgesellschaft abglitt) nur auf der Basis einer uneingeschränkten Nutzung aller verfügbaren wissenschaftlichen und technischen Möglichkeiten erreichbar seien. Technikkritik wurde deshalb nicht nur als Fortschrittskritik schlechthin betrachtet, sondern auch als Kritik an den sozialen und ökonomischen Grundsätzen des realsozialistischen Staates. Insofern war es schon schwer, Technikfolgenabschätzung in dem allgemeinen Katalog der sozialwissenschaftlichen Forschung unterzubringen;[3] und noch schwerer, den Politikern auch noch ein Mitspracherecht der Ethik und Sozialwissenschaft bei allen Fragen der Gestaltung des technischen Fortschritts abzuringen.[4]

Sozialismuskritik hat es heutzutage gleichzeitig leicht und schwer. Es ist leicht, sich in Aufzählungen des in den realsozialistischen Ländern angehäuften Unrechts zu ergehen und – wenn man noch die ohne

3 Verwiesen sei auf die Konferenzen zur Risikoproblematik und Technikfolgenabschätzung der Berliner Forschungsgruppe von K. F. Wessel in Prerow 1987 und Knappenrode 1988.

4 R. Mocek, »Die humanistische Verantwortung des Philosophie und der Szientismusstreit«, *Deutsche Zeitschrift für Philosophie* 36 (1988), Heft 8, S. 751–755.

Abstriche geltend zu machende Bilanz der Verbrechen wider Gesetz und Menschlichkeit hinzuzieht, die dem Realsozialismus in den verschiedenen Ländern gewiß in unterschiedlichem Ausmaße angelastet werden muß – diese Gesellschaft dann in Bausch und Bogen der puren Verurteilung, sodann dem puren Vergessen zu überantworten. Wahrscheinlich wird das auch die wissenschaftliche und politische »Aufarbeitung« des Realsozialismus für die nächsten Jahre bestimmen. Ich betone hier ausdrücklich, daß ich es für notwendig halte, diese sozialethische Bewertung auch scharf und im Wissen um die Defizite an realer Menschlichkeit, die die verschiedenen Ableger des Stalinismus trotz des theoretisch deklarierten Stadiums an neu erreichter Menschlichkeit aufwiesen, vorzunehmen. Schwer ist diese Kritik insofern, als vierzig Jahre eines sozial und politisch beschrittenen Weges teilweise doch tiefgreifende Veränderungen der Wertorientierung und eines darauf basierenden Typs des sozialen Verhaltens zum Ergebnis hatten. Dabei sind – um einen für das Thema relevanten Aspekt herauszugreifen – systematisch ursprüngliche sozialistische Ideale an den Praktiken des politischen und vor allem wirtschaftlichen Lebens in diesen Ländern gescheitert. Weder Demokratie noch ökonomische Effektivität wurden real. Die Differenz zwischen Ideal und Wiklichkeit wurde auch recht früh ein oft thematisierter Widerspruch des Realsozialismus, und dies sowohl in der Literatur als auch in der Gesellschaftstheorie. So geriet ein ursprünglicher sozialistischer Impuls – soziale Bedingungen für eine souveräne Selbstverwirklichung der Individuen zu schaffen – zu einer repressiven Arbeitsideologie und zu einer auch an eigenen Maßstäben gemessen kleinbürgerlichen Familienpolitik.[5] Gesellschaft aber gestaltet sich nicht nur am Arbeitsplatz und am Herd der Familie. Das ökologische Lebensrecht, der Anspruch auf Schutz des Individuums vor den Folgen der weitgehend in einem geradezu ungesetzlichen Raum sich vollziehenden Expansion der Arbeitswelt in Gestalt von Großchemie und chemieintensivierter Landwirtschaft – das waren keine systemrelevanten Themen! Daß sie dennoch stets stärker das sozialwissenschaftliche Konferenzleben in der DDR prägten, darf nicht unter-

5 Gemeint ist die u. a. bei F. Engels entworfene Skizze der Familie in nachkapitalistischen Gesellschaften, vgl. *MEW*, Bd. 21.

schlagen werden.[6] Allerdings ist ohne die Präsenz derartiger Ideale die ganze Existenz des Realsozialismus einfach nicht denkbar. Die derzeit oft zu hörende Frage, »wie hat sich denn solch Unrechtsregime so lange halten können«, die dann in der Regel mit dem Hinweis auf Privilegien der Funktionäre sowie der anderen ökonomischen und kulturellen Garanten des Systems beantwortet wird, trifft das eigentlich sozialtheoretische Problem nicht. Nun kann man nicht übersehen, daß gerade diese soziale Wertorientierung des Lebens in allen realsozialistischen Ländern recht unterschiedlich wirkte und sich auch auf sehr differenzierte historische Erfahrungen der jeweiligen Völker gründete. Und schließlich wäre es einfach falsch, wenn man behaupten würde, daß diese geltende neue Wertorientierung (die sich ja auf eine stolze humanistische Tradition berief) von allen Bürgern auch geteilt worden wäre. Hier gab es das ganze historisch-soziologisch bekannte Spektrum von Engagement über Anpassung bis hin zum Widerstand.

Für die von mir gewählte Thematik ist das nun insofern von Bedeutung, als die gesellschaftstheoretische Interpretation des Ganzen von der vor der Existenz des realen Sozialismus ja bereits vorliegenden Theorie ausging. Das ist gewiß etwas grob dargestellt, denn man müßte hier zwischen einer Theorie der Gesellschaft und einem sozialphilosophischen Vorentwurf für eine Gesellschaft unterscheiden. Aber gerade in der Verwechslung dieser beiden Ebenen lag das »Geheimnis« der öffentlichen Auswertung der in der DDR betriebenen und auf die soziale, politische und ökonomische Realität bezogenen Gesellschaftswissenschaften. Sozialphilosophisch bildete der technische Fortschritt das Rückgrat für den sozialen Fortschritt, wobei der Witz der Marxschen Analyse dieses Zusammenhangs ja darin bestand, daß der Schritt in die sozialistische Richtung eben von denjenigen Ländern getan werden sollte, die diesen höchsten technischen Fortschritt verkörpern. Das stimmte nun bekanntlich nicht mit der Wirklichkeit des revolutionären Weltgeschehens überein. Der Sozialismus war plötzlich und wider alle Theorie technisch armselig. Eine Theorie des Sozialismus hätte nun

6 Ich nenne die Ökologie-Konferenz am 22./23. Februar 1989 in Querfurt, die auf Betreiben des Schriftstellers Erik Neutsch zustande kam. Ein Protokoll konnte nicht erscheinen, weil die anwesenden Wirtschaftsfunktionäre hernach nicht bereit waren, Manuskripte abzuliefern.

von diesem Sachverhalt auszugehen gehabt, was sicher mit dem sozialphilosophischen Entwurf nur schwer paßfähig zu machen gewesen wäre. So lag es nahe, nur diejenigen realsozialistischen Länder herauszugreifen, die ein gewisses geschichtliches Anschlußniveau an die Länder des technischen Fortschritts aufwiesen (CSSR, VR Ungarn, DDR), sowie einzelne technische Erfolge in der UdSSR (Weltraum- und Atomforschung) als Kennzeichen für ein hohes technologische Niveau zu interpretieren. Dabei wurde die *allgemeine* technologische Basis für den weiteren wissenschaftlichen und technischen Progreß unterschätzt und auch – dies ganz deutlich als Tribut an eine nicht mehr zutreffende sozialphilosophische Konzeption – der sogenannte subjektive Faktor für derartige Entwicklungen regelrecht verzeichnet: Es war danach auch weiterhin die Arbeiterklasse, die als wesentlichste Triebkraft des wissenschaftlich-technischen Fortschritts betrachtet wurde. Daß dies zu einer ganzen Reihe von Folgefehlern in einer planenden Gesellschaft führen mußte, ergibt sich eigentlich von selbst. Vor allem im Bereich der Intelligenzpolitik wurden fachliche (und geistig-kulturelle) Rückstände geradezu programmiert durch restriktive Auslandskader-Politik und Abschirmung von der Entwicklung der wissenschaftlichen Welt. Hier muß man gerechterweise allerdings hinzufügen, daß die weltpolitische Isolierung der DDR bis 1971 dieser Abschirmung insofern Vorschub leistete, als es auch danach eben als ein Sonderfall galt, wenn man als Wissenschaftler an einem Weltkongreß seines Fachgebietes relativ ungehindert teilnehmen konnte.

Nicht wenige Wissenschaftler (darunter viele Natur- und Technikwissenschaftler) wurden so – vor diesem Hintergrund – zu regelrechten »Anwälten« des technischen Fortschritts! Nur durch ihn – und das wußte man ja durch die sozialphilosophische Basis des ganzen sozialistischen Ideals – war Sozialismus möglich. Und wie Anwälte nun mal nie die ganze mögliche Argumentation ausnutzen, sondern stets nur das, was ihrem Mandanten nutzt, zog in das sozialistische Schrifttum zum technischen Fortschritt doch eine gewisse »Blauäugigkeit« ein.[7] Dahinter stand die Einsicht, daß die DDR im Wettbewerb

7 Nicht übersehen werden dürfen die seit Beginn der siebziger Jahre wesentlich durch E. Geissler organisierten Kühlungsborner Kolloquien zu ethischen Fragen der modernen Biologie. Als Beginn der Publikationsserie: *Philosophische und ethische Probleme der modernen Genetik*, hrsg. v. E. Geissler u. H. Ley (Berlin, 1972).

mit dem prosperierenden Kapitalismus (und es wurden hierzulande zunehmend DDR und Sozialismus identifiziert!) nur die Chance hat, »auf Teufel komm raus technologisch mitzuhalten« (und der Teufel kam recht bald in Gestalt der ökologischen Folgeschäden!). Die Hauptsumme der Investitionen wurde auf wenige sogenannte Schlüsseltechnologien gerichtet, was die Veraltung des übrigen nach und nach schrottreifen Industrieinventars zur Folge hatte. Hinzu kam die aufgezwungene Not, aufgrund von Embargobestimmungen unzugängliche Kettenglieder für ganze Technologien eigenständig nachentwickeln zu müssen, was einen ungeheuren Forschungsaufwand erforderte und bewirkte, daß die Aushängeschilder der Industrieforschung der DDR weithin durch diesen Makel gekennzeichnet sind. Mit einem Schlage ist das nun hinfällig geworden. Als BRD-Partner kooperatives Interesse bekundeten und feststellten, daß die nächste Generation von Investitionen für bestimmte Industriezweige (Elektronik, Biotechnologie, Chemie, Metallurgie) nicht auf der Basis des vorgewiesenen Forschungsstandes der DDR-Industrieforschung erfolgen könne, wurden zugleich die sozialen Folgen für die betroffenen Wissenschaftler deutlich: drohende Arbeitslosigkeit! Aber das ist nur ein Aspekt der Situation. Ich sehe im wesentlichen vier Ebenen, auf denen die besondere Situation der Technikfolgenforschung in den künftigen Ländern der ehemaligen DDR betrachtet werden muß:

(1) Es ist eine ungleichmäßige Forschungslandschaft entstanden, deren Schwerpunkte durch eine verfehlte Wirtschaftspolitik und deren technologische Konsequenzen gebildet worden sind. In keiner dieser Forschungen sind soziale und ökologische Gesichtspunkte berücksichtigt worden. Einen auf die tatsächliche ökologische Situation bezogenen informellen, gar Forschungsverbund zwischen Natur-, technischen und Geisteswissenschaften hat es nicht gegeben, obwohl es Gesprächskontakte, auch gemeinsame Konferenzen[8] gab.

8 Leider war kein Durchschlagen bis auf die wissenschaftspolitische Ebene möglich gewesen. Im Rückblick zeigen sich die vielfältigen Bemühungen um interdisziplinäre Problemdiskussion zu Fragen des wissenschaftlichen und technischen Fortschritts als Glasperlenspiele, weil es nicht gelang, verantwortliche Politiker in die Gespräche einzubeziehen.

(2) Es gibt im Grunde genommen keine geistige und soziale Vorbereitung auf eine »Entsatzleistung« der technologischen Mängelsituation durch die mittelständische Industrie, die ja ganz wesentlich technologische Innovationen stimulieren kann und auch muß, solche herausfordert und ökonomisch verlockend macht.
(3) Viele Probleme ergab die sofortige nutzenorientierte Aufnahme von isolierten Fertigungsstrecken, die weitgehend die volkswirtschaftliche Distribution erschwerten. So war für neue biotechnologische Anlagen ein Zusatzaufwand zum Import von Spezialstählen erforderlich, der vorerst größere finanzielle Ausgaben als zu erwartende Deviseneinnahmen mit sich brachte. Die Schlüsseltechnologien »ruhten« nicht auf einem entsprechenden produktiven Gesamtniveau der Volkswirtschaft.
(4) Gröblich unterschätzt wurde die subjektive Vorbereitung beim Einsatz neuer Fertigungstechnologien. Daß modernste automatisierte Anlagen besondere Qualifikation, persönlichen Einsatz, reibungslose Arbeitsorganisation und bestens geschultes Management erfordern, nicht aber diese Qualitäten sukzessive überflüssig machen, ist eine gravierende Lehre, die leider erst spät, mancherorts immer noch nicht gezogen worden ist. Das jahrzehntelange Hinterherlaufen hinter dem Weltstand in Wissenschaft und Technik hat zudem eine gewisse Apathie hervorgerufen. Damit korrespondiert die drastisch zurückgegangene Zahl der Bewerber für technikwissenschaftliche Studiengänge an den Universitäten und Hochschulen der DDR.

Veraltete Industrie, ein technisch rückständiges Verkehrs- und Informationssystem, ökologische Altlasten in erschreckendem Ausmaß und ein schlecht vorbereiteter »subjektiver Faktor« bilden wesentliche Schwerpunkte des sozialen und ökonomischen Problembodens, auf dem das Thema TFF in der DDR fußt.

Ich würde deshalb auch wie Jürgen Mittelstraß den vorliegenden, hier definierten Begriff der Technikfolgenabschätzung um die soziale und spezifisch historisch-geographische Dimension erweitern. Auf die DDR bzw. ihre Nachfolgeländer bezogen wäre Technikfolgenabschätzung zu definieren als wissenschaftliche Aufgabe, den besonderen Standard, die Möglichkeiten und die zu erwartenden sozialen und volkswirtschaftlichen Folgen bei der Weiterführung traditioneller und der

Einführung neuer Technologien zu ermitteln. Damit ist natürlich Interdisziplinarität angesagt. Diese Länder kommen wirtschaftlich und ökologisch nur dann wieder auf die Beine, wenn (neben den natürlich erforderlichen Investitionen) die technologische Situation, ihre in gewisser Weise historisch gewachsenen Disproportionen und zugleich sozialen Bedingungen in ihrem inneren Zusammenhang erfaßt und einem Strukturkonzept zugrunde gelegt werden.

Die sozialen Systeme in Ost und West hatten vor allem gegenüber der Umweltthematik höchst unterschiedliche »Präferenzen«. Ein auf Staatszuschüssen gründendes System der Altstoffverwertung, verbunden mit wirksamen Restriktionen, galt und gilt als effektive ökologische Leistung des Planstaates. Dieses »SERO«-System der Altstoffverwertung aber scheint marktwirtschaftlich nicht überlebensfähig zu sein. Obwohl sich die SERO-Zuschüsse mit 100 Mill. Mark gegenüber der zu erwartenden einen Milliarde für die kommunale Müllbeseitigung geradezu bescheiden ausnehmen, erscheint die Aufteilung dieser Milliarde auf die vieltausend betroffenen Kommunen »wirtschaftlicher« zu sein.

Andererseits stößt die erwartete Gründungswelle mittelständischer Industriebetriebe auf kaum schon bilanzierte ökologische Engpässe, für die wohl erst langfristig wahrscheinlich auf kommunaler Ebene wirksame Abhilfe geschaffen werden kann: Zu denken wäre an den mit diesen Kleinbetrieben verbundenen zunehmenden Abwasseranfall, weil kaum zu erwarten ist, daß diese Betriebe eigene Kläranlagen bauen. TFA hat hier geradezu elementares Niveau und kann an in der BRD vorhandene Projekte für den preisgünstigen Bau von Klein- und Kleinstkläranlagen anschließen.

Aus der Korrektur einer ganzen Reihe von planwirtschaftlichen Produktions-Gepflogenheiten ergeben sich plötzlich akute Probleme. Die Spree wird derzeit mit dem Sumpfungswasser aus der Braunkohle der Lausitzer Reviere gespeist – immerhin bis zu 30 % ihres Wassers! Was geschieht mit Berlins Wasser-Situation bei Einstellung dieser Zuführung? Völlig neu für die bislang zentral angewiesenen »Länder« der DDR wird sich das Deponie-Problem stellen, zumal man inzwischen (auch das gab es im Planstaat nicht) mit Bürgerprotesten rechnen muß. Was liegt dann näher, als bisherige Öko-Schutzgebiete, nämlich die Kippen der Bergbaugebiete, für Deponiezwecke zu nutzen?

All diese Beispiele zeigen, daß zum einen die Spezifik historisch und sozial gewachsener ökologischer Probleme bleibt; und zum zweiten, daß der Wandel sozialökonomischer Strukturen je neue ökologische Probleme stellt bzw. kompliziert oder erleichtert.

Diese Beispiele und spezifischen historischen und sozialen Strukturen stellen für einige geisteswissenschaftliche Disziplinen eine ganz besondere Forschungs- und Interpretationssituation her. Im folgenden konzentriere ich mich auf den gesellschaftstheoretischen und den wissenschaftsethischen Aspekt, ohne mich auf das gleichwohl stark umkämpfte Gebiet der Definitionsvorschläge zu begeben. Unter Wissenschaftsethik verstehe ich ein Problem-, Theorie- und Normenbündel, das die zweiseitige Aufgabe der gesellschaftlichen Verantwortung der Wissenschaft und umgekehrt thematisiert – mit bislang mehr oder weniger zuverlässigem Image.[9] Auch zur Mitsprache noch eine Klarstellung. Die Mitsprache kann a) problemlösend oder b) einstellungsorientierend sein; und sie kann auf drei Ebenen funktionieren:

(1) auf der Ebene des Technikfolgen-Abschätzungsteams (das ist zugleich die eigentliche Ebene der Interdisziplinarität);
(2) auf der Ebene des Dialogs mit der Politik, die daraufhin zu entscheiden hat, ohne für die getroffene Entscheidung den wissenschaftlichen Rat namhaft oder gar verantwortlich zu machen;
(3) auf der Ebene der Öffentlichkeit, die man für oder gegen eine zu erwartende Entscheidung informiert, vor allem dabei das Bedürfnis nach Mitentscheidung von Bürgern (oder, mit Vorbehalt ausgesprochen, von Laien) stimulierend.

Hier gibt es nun gleich ein Sonderproblem. Folgt man dem Ethikbegriff von Helmut Fleischer[10], wonach das Sittliche als Gegenstand der Ethik das jeweils gelebte Ethos ist, dann sind die Bürgerinitiativen nicht nur als politische Zusatzvoten zu kommunalen Problemen zu verstehen,

9 Der Terminus »Wissenschaftsethik« ist in mehrfacher Hinsicht umstritten, vor allem, weil damit ein Sondergebiet gegen die allgemeine Bürgerethik ausgegrenzt wird. Mir geht es um den relativ selbständigen Problembereich, der in der Wissenschaftsethik seine Darstellung findet und für den man aus pragmatischen Gründen diesen Terminus wohl verwenden kann.

10 H. Fleischer, *Ethik ohne Imperativ* (Frankfurt a.M., 1987).

sondern als originäre Ausdrucksformen des gelebten Ethos. Daß das Folgen haben muß für die Einstellung des Wissenschaftsethikers zu den jeweils angesprochenen Problemen, versteht sich von selbst. Dann ist eine ökologische Bürgerinitiative verpflichtender als eine theoretische Normenversicherung. Ich sage das, weil in der DDR die Ethiker die ökologischen Bürgerproteste zum Anknüpfungspunkt alternativer ökologischer Politik im Realsozialismus nahmen – und dann in Kirchen zum öffentlichen Vortrag brachten (so zum Beispiel mein Freund, der Dresdener Ökoethiker Helmar Hegewald).

Meine Überlegungen nun richten sich auf das, was Odo Marquard gelegentlich die Sensibilisierungsaufgabe der Philosophie (wo die Ethik natürlich einbezogen ist) genannt hat. Gerade da erblickte ich eine wichtige inhaltliche Seite der Mitsprache der Philosophie. Das möchte ich noch kurz an drei Problemen zeigen, die in den Debatten in der DDR eine Rolle gespielt haben und gewiß noch eine Weile spielen werden:

– das Problem einer von naturwissenschaftlichen Einsichten getragenen neuen Ethik des Sozialverhaltens (hierzu hat Herr Mohr gestern sehr anregend vorgetragen, worauf ich mich gern beziehe);
– das Problem der durch neue Technologien bedrohten seelischen Grundlagen der Gesellschaft (dem Diktum von Erwin Chargaff folgend, wonach Gentechnik die Gedankenwelt brutalisiere);
– das Problem der Ausarbeitung von Normen als Gebots- oder Verbotsschilder für bestimmte Technologien.

Nun bin ich mir fast sicher, daß zumindest bei den beiden erstgenannten Formulierungen der Politiker als Gesprächspartner leicht irritiert worden ist. Aber solche Effekte gibt es ja auch umgekehrt. Der Naturwissenschaftler wiederum wird ein solches Nachdenken vielleicht in das Reich der Utopie verweisen, so, wie Hans Jonas Utopie ein wenig ironisch definierte, nämlich als Kinderwunsch, alles haben zu wollen. Aber – wenn schon technologieorientierte Lebenskultur – das jetsettende Wissenschaftlerdasein, das uns Herr Lübbe gestern ausmalte, rechne ich dazu – dann auch das Ja zu allen dann unabwendbaren negativen Begleiterscheinungen! Zum Nulltarif gibt es keinen Progreß! Dieser Gedankenschluß, wonach das Setzen von Ursachen ebenso sicher sei wie das Aushalten der zu erwartenden Wirkungen dann eine unausweichliche Notwendigkeit ist, über die man nicht zu lamentieren brauche, ist eine verbreitete Grundhaltung: der Verhaltenstyp des technologischen Determinismus. Das Beharren in den Kategorien des technologischen Determinismus war und ist ein Hauptaspekt des ökonomischen und gesellschaftstheoretischen Denkens (und darauf basierenden Handelns) in der DDR.

Ich weiß mich hier insofern in Übereinstimmung mit Empfehlungen zum Aufbau von Instituten für Technikfolgenabschätzung (z. B. in Baden-Württemberg), als auch dort die Besinnung auf die Qualität des technischen Fortschritts im Zentrum der gesellschafstheoretischen Grundaufgabe steht – was sich nun nicht beißen darf mit dem Grundsatz, daß derartige Technikfolgen-Forschungen nach Möglichkeit sowohl »aus der anwendungsorientierten Forschung, der Industrie als auch aus dem gesellschaftlichen Alltag« gespeist werden müssen,[11] wobei die Ergebnisse dann auch in diese Bereiche zurückzudelegieren sind.

Die Besinnung auf die *Qualität* des technischen Fortschritts ist jedoch nicht schon damit geleistet, indem man diese Frage mit bedeutsamem philosophischem Augenaufschlag einfach stellt. Gewiß kommt das manch einer philosophischen Thematik zu – stelle die Frage, und Generationen halten den Nachklang der Frage schon für die Antwort. Das traditionelle dialektische Denken hatte einige derartige Scheinlösungen mitgeschleppt – ich erinnere an den Begriff und Sachverhalt der »Höherentwicklung«. Ich möchte kurz einen Ansatz ausprobieren, der auf der Interpretation des Modells der Selbstorganisation fußt.

Ein deterministisches Handlungsethos könnte man in aller Kürze deuten als Auffassung, daß freie, selbstbestimmte Handlung auf die Erfüllungspflicht gegenüber allgemeinen Gesetzen projiziert wird. Dieses Ethos ist – das sei hier ausdrücklich vermerkt – keinesfalls durchgängig fehl am Platze. Die übergroße Zahl alltäglicher Handlungen ist gar nicht anders als eben im Gefolge eines solchen Modells verständlich. Die Zeitgebundenheit von Arbeitsrhythmen, der Kreislauf des Stoffwechsels, dem sich der Mensch mehr oder weniger genau unterwirft, die altersgemäße Steigerung von Leistungsanforderungen –

11 Siehe »Empfehlung zur Errichtung einer Akademie für Technikfolgenabschätzung in Baden-Württemberg«, Konstanz, Nov. 1989 (Material einer Arbeitsgruppe).

dies und tausend Dinge mehr zeigen, daß Hegels weisheitsvoller Satz, wonach Freiheit eben nichts weiter ist als Einsicht in die Notwendigkeit, tatsächlich das menschliche Leben bestimmt. Das Problem besteht nun allerdings darin, daß nicht-notwendige Zustandsfolgen von diesem Handlungsverständnis nicht berührt werden. Eigentlich steht Veränderung durch Zufälle, durch abweichendes Einzelnes, diesem Modell fremd gegenüber. Das Neue ist eben nicht das Resultat eines lange vordem angelegten Planes, sondern spontane Frucht singulärer Vorgänge.

Im Unterschied zu den deterministischen Ethiken sagt die Theorie der Selbstorganisation unmißverständlich, daß neben dem Gewohnten stets auch etwas eintreten wird, was es bislang nie gegeben hat, auch nicht als Anlage in einem materiellen oder ideellen System. Die Erscheinungsbereiche des Wirklichen, ja der gesamte Kosmos sind keine ablaufenden Maschinen, sondern ingesamt »entwicklungsoffen«.[12] Damit sind natürlich recht einschneidende Korrekturen an traditionellen philosophischen Konzepten zu Fortschritt und »Höherentwicklung« verbunden. Das Chaos erscheint als produktive Phase, nicht aber als Kollaps eines Systems oder als das eigentlich undenkbare relative Anfangsstadium von Prozessen. Auch das sozialtheoretische Nachdenken über die Spannung zwischen Gegenwart und Zukunft erlebt eine durchgreifende Irritation. Während nach traditionell deterministischem Ideal die Gegenwart im Grunde genommen stets die auf aktuelle Gestaltungen durchschlagende Zukunft ist, wird nun Gegenwart als Bildungsphase für Zukunft betrachtet. Damit verlängert sich das Gegenwärtige weit über den Moment des je Erlebten hinaus. Sie wird greifbar als in sich konsistente Zeit. Gegenwart ist, so gedacht, ein ganzer Zeitabschnitt, in welchem sich bestimmte Grundqualitäten herausbilden, profilieren. Damit ist auch eine ungeheure Aufwertung des Gegenwärtigen verbunden. Begriffe wie »Übergangsperiode« und »schnelles Voranschreiten« (gewiß nur dem Theoretiker oder Theoriekonsumenten in der DDR geläufige Worte) verlieren dann ihren Sinn; einen solchen hatten sie

12 In kosmischer Extrapolation vgl. E. Jantsch, *Die Selbstorganisation des Universums* (München/Wien, 1979); siehe auch R. Mocek, »Anmerkungen zur Autopoiesis«, *Deutsche Zeitschrift für Philosophie* 38 (1990), Heft 4, S. 354–363.

eigentlich, sozialpolitisch gesehen, nur, wenn man unterstellt, daß ein als unerträglich empfundener Zustand baldmöglichst verlassen werden sollte, indem man hoffte, daß sich gesetzmäßig der erträglichere anschließen werde. Das Selbstorganisationsmodell hat keine Haltepunkte für eine wiederholbare Ablaufgesetzlichkeit mehr. Auf dem Weg zur Zukunft schon ist deren Spaltung möglich. Zukunft ist im Plural zu denken, schlechthin offen, also nicht wie im dialektischen Modell, wo Offenheit im Sinne eines kognitiv vorausschaubaren optimalen Weges gewissermaßen stets vorselektierbar ist. Neue Prozeßqualitäten ergeben sich nicht aus allgemeinen Gesetzen, sondern aus Singularitäten, sind unvorhersehbar und auch nicht vorausschauend zu beschreiben. Eine Ethik, die sich auf dieses Modell einrichtet, muß sich gänzlich von der Idee der im Prozeß angelegten Entwicklung befreien, sowohl was die Rhythmen als auch was den Gesamtverlauf betrifft. Sie muß die Gestaltungskraft des Subjekts auf die Prozesse selbst ausdehnen, in denen dann gänzlich neue, »subjektinduzierte« Gesetzmäßigkeiten wirken. Der Mensch erkennt, daß es das vorgeordnete Ganze nicht gibt. Die Welt des Menschen ist konstruierbar – das ist ihre Entwicklung! Die unbedingte Toleranz gegenüber allen Varianten, Zukunft zu entwerfen, die Welt nach humanem Bilde zu gestalten, ist eine direkte ethische Aufforderung, die aus diesem Ansatz resultiert.

Verantwortung erhält so einen ganz neuen Zuschnitt. Eine Welt, die zwangsläufig so abläuft, wie sie abläuft, reduziert die Verantwortung des Menschen auf das nachvollziehende Einsehen, auf das Bettbereiten für absehbar Künftiges.

Schon in Kants Gesinnungsethik ist zu lesen, daß es sinnlos ist, von Verantwortung für Unabänderliches zu sprechen. Um die Ethik und damit den Zentralpunkt für Vernunft überhaupt zu bewahren, mußte er ein ethisches Ideal finden, das moralisches Handeln von aller vorprägenden Objektgesetzlichkeit abhebt. Er fand es in der Bestimmung, daß der moralische Mensch das Gute um seiner selbst willen – um des Guten willen – tut.

Der Abbau der deterministischen Weltsicht – nicht selten war es eine mechanisch-deterministische Variante – ist eine wichtige geistige Orientierungsfrage für die technische Intelligenz in der DDR, aber wohl auch insgesamt für ein geistiges Klima, das jahrzehntelang von einem mageren Verschnitt einer dialektisch-materialistischen Philosophie gespeist worden ist. Da blieb von der eigentlichen Sprengkraft der Dialektik nicht viel übrig. Technikfolgenforschung muß sich – um diesen Punkt zu resümieren – weltanschaulich vom technologischen Determinismus freimachen. Eine Ethik der Selbstorganisation kann da eine wichtige Rolle spielen.

Ganz anderer Natur ist der Problemkreis der seelischen Grundlagen der Gesellschaft. Bevor ich das Ganze knapp erläutere, will ich auf den spezifischen Ansatz dazu in der DDR verweisen – Erhard Geisslers Artikel zur vorgeblichen Gentechnik-Unbedenklichkeit in der Zeitschrift »Sinn und Form«.[13] Die damit ausgelöste heftige Debatte hat alle Technokraten in der DDR höchlichst überrascht. Es ging ersichtlich bald schon nicht mehr um das Für und Wider zur Gentechnik (obwohl Jurij Brĕzans Ausspruch: Genetik – ich habe Angst vor dir! – noch lange im Gespräch blieb), sondern um einen Bruch mit einer aufklärerischen gesellschaftlichen Konvention, die nahezu jeder bis dahin stillschweigend akzeptiert hatte: Wissenschaft und Technik bringen Glück und Segen! Der Sozialismus als per definitionem wissenschaftsvertrauende Gesellschaft hatte eigentlich aber ein widersprüchliches Verhältnis zur Wissenschaft, aber auch zur Philosophie. Die Wissenschaft hatte ihm den Geburtsschein ausgestellt – aber als Zögling der Wissenschaft wollte er nicht mehr gelten. Er war von Anfang an vertrauensselig zur Wissenschaft, aber er traute dem wissenschaftlichen Geist nicht. Die ganze Angelegenheit war zudem burgfriedensartig geregelt – die einen meinten die Geburtsurkunde, wenn sie vom »wissenschaftlichen Sozialismus« sprachen, die anderen die Differenz zum realen Sozialismus. Hier brach dieser Widerspruch nun auf – und die Genetik war sein Prügelknabe. Er entlud sich als Protest vieler namhafter Schriftsteller (und weniger Wissenschaftler) gegen den Anspruch einer wissenschaftsgesteuerten Gesellschaft, wie das inzwischen auch immer gemeint war. Wohlbefinden ist keine Sache der Erkenntnis – und Erkenntnis schafft durchaus nicht nur Wohlbefinden! Damals brach der Sachverhalt auf, daß die Gesellschaft nicht mehr so zu

13 Die Diskussionen wurden eingeleitet durch den Artikel von E. Geissler, »Bruder Frankenstein oder – Pflegefälle aus der Retorte?«, *Sinn und Form* 36 (1984), Heft 6, S. 1289–1319.

dirigieren war, wie diejenigen, die die Macht ausübten, es sich vorstellten: Gibt es Fragen, dann erkläre es dem Volke! Es gäbe aber zu diesen Fragen keine Antworten, und im Grunde genommen waren es nicht einmal mehr Fragen. Es war der offenkundig gewordene Dissens über die Lebensqualität einer Gesellschaft. Die sozialistische Lebensform hatte – so die Kritiker am Vehikel der Genetik – keine Verbindung zu den seelischen Grundlagen der Gesellschaft gefunden.

Mit der Genetik-Debatte in der DDR aber war eigentlich nur ein allgemeines Problem im Spannungsfeld von Wissenschaft und Gesellschaft in einer typischen Weise – eben für den Realsozialismus typisch – aufgebrochen.

Die Thematik der seelischen Grundlagen der Gesellschaft ist von Erich Fromm aus dem Werk des jungen Marx entnommen.[14] Der Grundgedanke besagt, daß eine bestimmte Art der Produktion in der Gesellschaft eine bestimmte Art zu denken, zu fühlen und miteinander umzugehen zur Folge hat. Fromm nannte dies das »Habenprinzip« – wir bewegen uns in einer durch Besitzstreben und repressive Produktivität geprägten Welt, die bestimmte Formen des Denkens und Fühlens einfach erfordert und prämiiert, andere verunmöglicht. Das ideale Gegenbild werde durch das »Seinsprinzip« geprägt – der Mensch bewegt sich in einer Welt, die durch zwischenmenschliche Beziehungen der Liebe und der gegenseitigen Achtung gekennzeichnet ist.

Nach dem Habenprinzip ist die Kommunikation über Sachen gefordert – aber verunmöglicht ist die Sprache unseres Wesens. Das ist gewiß in unserer im großen und ganzen ja durchgängig pragmatischen und technikfolgenden Welt nicht ganz einfach zu erklären. Ich will es mit einem leicht abgewandelten Ausspruch von Marx zu verdeutlichen versuchen: Die einzig verständliche Sprache, die wir zueinander reden, ist die über unsere Gegenstände, die wir in Beziehung zu den Gegenständen des Partners setzen. Verschaffst du mir Grund und Boden, verschaffe ich dir Bauleistungen; verschaffst du mir Information, verschaffe ich dir Reputation. Wir verständen nicht, wenn uns jemand um Information anflehen würde; und er wüßte dieses Flehen als Demütigung. Wir verstehen nur die Sprache der lebenspraktischen Äquivalente,

14 Siehe E. Fromm, *Haben oder Sein: Die seelischen Grundlagen einer neuen Gesellschaft* (Stuttgart, 1976).

und wir würden die Sprache der menschlichen Bedürfnisse und der Seelennot als Verletzung der menschlichen Würde, als Demütigung empfinden, während die entfremdete Sprache der sachlichen Werte auch uns als gerechtfertigt und als Ausdruck der sich selbst anerkennenden menschlichen Würde erscheint.[15] Natürlich spricht jeder Mensch auch die Sprache seiner Bedürfnisse und seiner Seelennot – aber unsere produktiven gesellschaftlichen Beziehungen regeln wir in der Sprache der Habenwelt. Diese Differenz – in der Arbeit ist man außer sich, außerhalb der Arbeit bei sich – schafft nach Fromm eine tiefe seelische Kluft in der modernen Gesellschaft und entfremdet die Individuen voneinander. Diese Entfremdung werde nun noch durch die neue technologische Entfremdung, die die Individuen gegenüber den unüberschaubaren Zwängen des technischen Fortschritts empfinden, ergänzt und verstärkt.

Ich muß gestehen, daß für mich dieser Gedankengang eine gewisse Faszination ausübt. Und er korrespondiert ja mit Erwin Chargaffs Ansicht, daß die mögliche Selbstverfügung des Menschen über sich und seine Evolution die conditio humana beschädigen würde:

> Die Gefahr der Biotechnologie und der Genmanipulation liegt in der Brutalisierung der menschlichen Vorstellungskraft. Nach einiger Zeit wird alles möglich. Das Machbare wird nicht nur gemacht, es muß gemacht werden. Es wird ein Imperativ.[16]

Gewiß steht das in dieser kompakten Weise den je konkreten Anwendungsfeldern neuer Technologien scheinbar so sperrig im Wege, daß die Alltagssorgen der Technikfolgenabschätzer gewiß Umgehungsstrategien nahelegen werden. Denn Chargaff fordert ja ein Alles-oder-Nichts-Prinzip. Gentechnik, so beurteilt, muß dann ganz weg! Nun ist es für mich durchaus denkbar, daß TFA auch zu negativen Schlußfolgerungen kommen wird, unter Umständen ganze Arbeitsrichtungen

15 Diese Formulierung bezieht sich auf den Text bei Karl Marx in: Auszüge aus James Mills Buch »Eléments d'économie politique«, in: *MEW*, Erg.bd. Erster Teil (Berlin, 1968), S. 461.

16 »Der Mensch macht sich zum Maßschneider seines Schicksals. Gespräch mit Erwin Chargaff«, *Gewerkschaftliche Monatshefte* 35 (1984), Heft 10, S. 631.

betreffend. Aber ganze Wissenschaftsgebiete? Das ist für mich fast undenkbar.

Wie soll man aber aus einem im Sinne der seelischen Grundlagen der Gesellschaft regelrecht ständig reproduzierten Gefühl einer allgemeinen Ablehnung herauskommen? Sicher ist mit ein wenig Wissenschaftspropaganda nicht geholfen. Wenn an der Theorie der seelischen Grundlagen der Gesellschaft etwas dran ist, dann ist der genannte Konflikt auf Dauer programmiert. Gibt es diese lebensweltliche psychische Grundsituation – oder ist das geschilderte Phänomen eher Ausdruck einer Stimmung, die zum Inhalt hat, was man im täglichen Leben nicht missen möchte, aber durch die Hast der technischen Zivilisation kontinuierlich gefährdet sieht – die Behaglichkeit des gelebten Augenblicks, das Wissen um Unergründliches und Akzidentielles, kurzum die Überzeugung, daß das wirkliche gelebte Leben nie und nimmer dem zergliedernden und damit erklärenden Zugriff ausgeliefert sein darf, es sei denn, um den Preis dieses Lebens selbst!?

Bleibt die Frage der Relevanz für die TFA. Ich denke schon, daß auf dieses Phänomen Rücksicht genommen werden muß. Hier bieten sich Kooperationen mit der Soziologie und Sozialpsychologie direkt an (dahinter verbirgt sich das philosophische Problem, ob und inwieweit Entfremdung »meßbar« ist!).

Ich habe zu dieser Frage keine mich selbst befriedigende Antwort, glaube jedoch, daß die scheinbar unauflösbare Differenz der Gentechnikablehner und Befürworter darin ihre Wurzel hat. Es ist dies keine Frage der populärwissenschaftlichen Aufklärung – es ist das Anzeichen dafür, daß die Wissenschaft an eine existentielle Grenze gelangt ist, an der Selbstvergewisserung nötig ist, und zwar eine solche, die auf die Überlebensstrategie der Gattung gerichtet sein muß. Neue Technologien sind eben auch von dieser prinzipiellen Seite her zu beurteilen; nicht allein unter dem Blickpunkt einer ökonomischen und ökologischen Reichweite. Nennen wir den neuen Aspekt den humanökologischen – die Auswirkungen auf die seelische Lebenskultur betreffend.

Es scheint, daß die Frommsche Habenwelt Gentechnik bedenkenlos akzeptiert, während die Frommsche Seinswelt dagegenhält. Damit ist zugleich gesagt, daß es zwei unterschiedliche philosophische Bewertungen dieser Technologien gibt, die nicht in theoretischen Vororientierungen wurzeln, sondern in der Lebenswelt angelegt sind. Das ganze

Problem ist sicherlich nicht unabhängig von der philosophischen Interpretation dessen zu sehen, was man gemeinhin das Menschenbild nennt. Aber auch das Menschenbild einer Gesellschaft wird dieser ja nicht hinzudefiniert. Sondern Philosophie hebt in ihren Begriffen und Darstellungen gesellschaftlich Empfundenes ab. Menschenwürdig ist die Habenwelt insofern, als sie modernes Leben prägt und von diesem angenommen wird. Sie ist ein Resultat menschlichen Wirkens; und es kann und muß ein Ziel der Gesellschaft sein, die Habenwelt so zu gestalten, daß sie für möglichst alle Menschen lebbar, annehmbar wird. Allein so ist ja der Übergang in die ideale Seinswelt nur zu vollziehen – daß die Habenwelt durch menschliche Tat, durch Solidarität und die Möglichkeit zu selbstbestimmtem Leben in die Seinswelt transformiert wird. Eine Änderung der Produktionsweise – um die sozialphilosophische Dimension des Themas nur kurz zu streifen – wird auf diesem Wege wohl nicht erfolgen, aber die Mechanismen ihrer sozial prägenden Wirkungen werden zu gestalten sein. Und gerade dieses Anliegen kommt im Prinzip »Menschenwürde« zum Ausdruck! Es ist Aufforderung zum humanen Tun, nicht abstrakte Definition. Mit Helga Königsdorf will ich es so ausdrücken:

> Handle so und trage Sorge, daß so gehandelt wird, daß die Wirkungen dieser Handlungen für gegenwärtiges und künftiges menschliches Leben, beträfen sie dich selbst, mit deiner Würde vereinbar wären.[17]

Bleibt damit nur eine vage Hoffnung, daß sich wissenschaftliche Rationalität, philosophisches Bedenken und die aus den seelischen Grundlagen der Gesellschaft hervorbrechenden Ängste zu einer Liaison des stets gerade noch Vertretbaren zusammenfinden? Ein »Runder Tisch« der Technikfolgenforscher aller Gebiete, der Wissenschaftler, Literaten, Juristen, Techniker, Ökonomen, Ökologen, aber auch der Bürger, der Schüler und Studenten, der Mütter und Väter, der Politiker schließlich, die in dieser Runde aber weder das erste noch das letzte Wort haben sollten? Es bedarf keiner großen Phantasie, um vorherzusagen, daß ein solches Projekt jeglichen technologischen Schritt in neues Land verunmöglichen würde. Was aber dann? Ich denke, der erste Schritt muß

17 H. Königsdorf, »Das Prinzip Menschenwürde«, *Die Weltbühne* 84 (1989), Heft 24, S. 747 – 49.

kleiner gehalten werden; und er muß einige Regeln anvisieren. Wissenschaft und Technologie sollten sich mit einer auf die besonders problematischen Erkenntnisbereiche regelrecht abgestimmten Ethik verbinden. Und diese sollte Forderungen stellen, Grundsätze vorlegen, zur öffentlichen Diskussion zwingen. Auf die Gentechnik angewandt, könnten das folgende Grundsätze sein:

Erstens – und darauf sollte eine Wissenschaftsethik nicht verzichten – wäre der Grundsatz von der Freiheit wissenschaftlicher Forschung als ein Menschenrecht hervorzuheben. Wissenschaft ist und bleibt ein Hauptweg, um die Menschheit von den Mühsalen ihrer Existenz zu entlasten.

Zweitens ist Gentechnik gewissenhaft zu bilanzieren. Und hier steht schon die erste Mahnung ins Haus: Anwendungserfolge zählen geringer als unübersehbare Folgerisiken – letztere sind ersteren bei einer ethischen Bewertung unterzuordnen!

Drittens ist alles zu unterlassen, was die Menschenwürde gefährdet. Sie ist potentiell gefährdet durch die (experimentelle) Setzung von individuellen Entwicklungen, die irreversibel ein betroffenes Individuum bewußt außerhalb der Entwicklungsgeschichte der Gattung setzen (Stichwort: vier genetische Eltern!).

Viertens ist alles zu unterlassen, was das Gattungsprinzip der Individualität verletzt. Die personale Einmaligkeit und Unverletzlichkeit darf durch keinerlei biotechnische Manipulation aktuell oder potentiell gefährdet werden (Stichwort: Klonierung von Menschen).

Fünftens ist alles für die Beförderung des Glücksanspruchs des Einzelnen zu tun und alles zu unterlassen, was in die Richtung weist, wonach der Glücksanspruch des Einzelnen einem biotisch begründeten vermeintlichen Glücksanspruch der Gattung untergeordnet wird (Stichwort: genetische Fortpflanzungsstrategien).

Sechstens ist alles zu verhindern, was dem Grundwert der menschlichen Bewahrungspflicht gegenüber der Natur widerspricht. Das gilt nicht nur für die äußere Natur, sondern auch für die Natur des Menschen.

Von Bertrand Russell stammt die Warnung, keine Gesellschaft zuzulassen, in der Wissen ohne Liebe und Macht ohne Freude herrschen werden.[18] Wissen ohne Liebe – das könnte drohen, wenn die Gesell-

18 B. Russell, *Das naturwissenschaftliche Zeitalter* (Stuttgart/Wien, 1953; Erstausgabe 1931), S. 227.

schaft sich als wissenschaftliche und rationale Lebenseinrichtung versteht und die seelischen Grundlagen gesellschaftlichen Lebens geringschätzt. Eine solche Welt aber hätte eine wesentliche Erfolgs- und Überlebensgarantie verspielt – den schöpferischen Menschen, der so ungeheuer viel kann und weiß, weil er auf ein Quentchen Wissen gern verzichten mag – auf seinen eigenen Schöpfungsplan!

Summary

In the first point the author debates the specific technological situation in the GDR. Secondly he examines three aspects of co-determination of the humanities in the process of technology assessment:

1. The problem of a new ethics on the base of the theory of self-organisation;
2. the problem of the mental foundations of society under the aspect of the possibilities for rendering life fit for human beings;
3. the problem of elaboration of standards and values for technological development (espec. genetic engineering).

7. Hauptvortrag

Defending the Difference: The Geistes/Naturwissenschaften Distinction Revisited

HUBERT L. DREYFUS

The difference between the *Natur* and the *Geisteswissenschaften*, where the *Geisteswissenschaften* means the humanities, is obvious. What needs to be argued is that there is a basic methodological difference between the empirical disciplines that study nature and the empirical disciplines that study human comportment. In this case the *Geisteswissenschaften* means the social sciences. There are many ways to approach the question of the unity and differences between these two types of discipline. I want to talk about a difference in the *goals* of the social and the natural sciences. I will argue that the relation of a science's practices to the object the science studies is different in the natural and social sciences, and that this difference leads to different disciplinary goals – *explaining* in the natural sciences and *understanding* in the social ones.

The attempt to draw a principled distinction between the methods of the natural and social sciences has had a surprising history. For a century the pressure to unify the sciences came from the attraction of the hard natural sciences as models for the soft social sciences. Those who opposed unification did so by arguing that the human sciences delt with meaningful events and so required an interpretive approach different in principle from the covering law model of the sciences of nature. Just when the difference between the theoretical and the hermeneutic disciplines was becoming accepted, however, the line of attack suddenly shifted and now it has become fashionable to push for the methodological unity of the sciences by arguing that *all* disciplines are interpretive and their objects are all social constructs. The hope of hammering all of the disciplines into one hard objective science has thus given way to the desire to dissolve them all into a soft hermeneutical hash.

This second approach to unity is furthered by the fact that among philosophers any attempt to defend an essential difference between the hard sciences as converging on the objective truth about nature and the soft sciences as dealing with historically changing human meanings, has become suspect. On the one hand, Thomas Kuhn and others have shown that science has a history of radical paradigm shifts and have claimed that this undermines the argument that science is converging on the truth about nature. On the other hand, eliminative materialists, such as Paul Feyerabend, Richard Rorty and their followers, have convincingly argued that there is no in principle reason why a social science might not predict the behavior of human beings under some objective description that eliminates reference to everyday meaningful entities and events and to people as agents.

Since many philosophers are convinced that no argument for the *in principle* distinction between the methods of the *Geistes* and the *Naturwissenschaften* can be defended, it has become increasingly unpopular among »post-modern« philosophers even to raise the issue. Still, there does seem to be an obvious difference in the current status of the two types of disciplines. Put crudely: the natural sciences progress while the human sciences do not. So, rather than attempting to distinguish these disciplines by looking for an *essential* difference in their objects that necessitates an *essential* difference in their methods, we should ask a more modest question: What is there about the practices of each type of discipline that accounts for the natural sciences' ability to formulate objective theoretical truths about nature, and the social sciences' failure to discover similar types of truths about human beings?

Anyone who wants thus to defend the *disunity* of the sciences must fight on two fronts. He needs to show that, even though physical science is a social practice subject to radical paradigm shifts, it can still reveal the way the world is independent of our theories and practices, *and* that, even though the human sciences deal with human beings who are, among other things, objects, they can never be objective. Since the task of arguing for a basic, if not essential, difference between the natural and human sciences is double, my paper will be in effect two mini-papers.

1. *How Natural Science Can Discover Truths About Nature*

The status of the entities supposedly discovered by natural science, and the correlated question of the special authority of science in our culture has increasingly become an issue of debate. Literary theorists, social scientists, and feminists, each for their own reasons, have found themselves allied with anti-realist philosophers of science in their attack on the special claim of the natural sciences to tell us the truth about objective reality. The literary theorists would like to one-up the sciences by showing that scientific theories are after all just texts and therefore fall into the domain of the humanities. Social scientists, by pointing out that scientific truth is a product of shared practices, seek to annex science to the domain of sociology and anthropology. Feminists would like to undermine the authority of the scientific establishment which they rightly regard as a bastion of male domination. All these groups would like to believe that natural science is just one more interpretive practice that has somehow conned our culture into thinking that it alone has access to the real. The stakes are high. As Evelyn Fox Keller recently put it:

> The question of whether scientific knowledge is objective or relative is at least in part a question about the claim of scientists to absolute authority. If there is only one truth, and scientists are privy to it ... then the authority of science is unassailable. But if truth is relative, if science is divorced from nature and married instead to culture then the privileged status of that authority is fatally undermined.[1]

1 E. F. Keller, »The Gender/Science System: or, Is Sex to Gender as Nature is to Science?«, *Hypathia* 2 (1987), no. 3, p. 45.

There is, indeed, something wrong with our culture's worship of natural science, as if what science tells us about the fundamental particles has fundamental importance for all aspects of life. The success of books like Fritjof Capra's *The Tao of Physics*, which tells us that we can breathe easier because science is no longer atomist and materialist but is now holistic and works with energy fields, shows that many people believe that science does tell us the final truth about reality. But the attempt to limit the influence of natural science by denying that it discovers anything at all – as the title of a recent book, *Constructing Quarks*, implies – is clearly an over-reaction. It is a non-sequitur to claim that because the development of physical theories depends upon scientists' practices and that the authority of science is constituted by way of broader social practices, physics does not discover truths about nature and so has no legitimate authority. If one wants to undermine the illegitimate authority of natural science, especially physics, in our culture it would be sufficient to show that although scientific theory can tell us the truth about physical nature, it does not have a special access to the truth about ultimate reality.

Before I can argue for this claim I need to define what I mean by scientific theory. Theorizing is a special form of intellectual activity, discovered by Socrates and refined by the philosophical tradition. It has six essential characteristics, never fully achieved, but approached to varying degrees. The first three are introduced by Socrates. (1) *Explicitness*. A theory should not be based on intuition and interpretation but should be spelled out so completely that it can be understood by any rational being. (2) *Universality*. A theory should hold true for all places and all times. (3) *Abstractedness*. A theory must not require reference to particular examples.

Descartes and Kant complete the Socratic account of theory by adding two further requirements: (4) *Discreteness*. A theory must be stated in terms of context-free elements – elements which make no reference to human interests, traditions, institutions, etc. (5) *Systematicity*. A theory must be a whole in which decontextualized elements (properties, attributes, features, factors, etc.) are related to each other by rules or laws.[2]

2 In asserting that theories range over decontextualized, uninterpreted facts

Plato clairvoyantly expressed all five characteristics of theory in the myth of the cave: the theorist must remove his object of knowledge from the everyday world in order to see the universal relations between the explicit and abstract elements, in this case the ideas. Freed from all context, the elements form a system of their own – all ideas are organized by the idea of the Good. Plato saw that while everyday understanding is implicit, concrete, local, and partial, theories, by contrast, are explicit, abstract, universal, and total.

In the *Republic* Plato put the natural sciences of his day on only the third level of his four-level divided line since they did not satisfy two further conditions: indubitability and rational grounding. Yet the theoretical explanation of nature developed by modern natural science, although still only on Plato's third level, is the most successful version ever obtained of the sort of theory Plato envisaged. Indeed, while relinquishing indubitable and grounded knowledge, the modern natural sciences have been able to add a sixth characteristic of ideal theory. It is this characteristic which is sought in vain by the social sciences. (6) *Closure and prediction.* The description of the domain investigated must be complete, i. e. it must specify all the influences that affect the elements in the domain and must specify their effects. Closure permits precise prediction.

For this discussion it is irrelevant whether natural *scientists* ever achieve the ideal of theoretical explanation or whether, as is now generally believed, shared interpretations, metaphors, specific examples, etc. play a crucial role in the activities of normal scientists and their understanding and acceptance of theories. All I need claim for my argument is that *theories* can become more and more explicit and complete making less and less reference to shared background interpretations, metaphors, examples, etc. – and that there is no *in principle* limit to such refinement.

I am not endorsing a positivist account of theories as based on brute data. The basic data are meter reading and computer print outs. These »uninterpreted facts« are cut off from our everyday world of equipment and purposes but they are, of course, recontextualized or theory laden, otherwise they could not fill in variables asking for mass, charge, etc.

Many recent philosophers of science, however, hold that science cannot even approach the ideal of theory. They contend that scientific entities are social constructions essentially related to human purposes. Such antirealists, as Arthur Fine puts it, »accept the behaviorist idea that the working practices of conceptual exchange exhaust the meaning of the exchange, giving it its significance and providing it with its content«.[3] Such thinkers conclude from the fact that background practices are necessary for *access* to theoretical entities, that these entities must be *defined in terms of* these access practices.

Fine, in response to both realists and antirealists, tries to remain true to the understanding of science already in scientific practice. Like Michael Polanyi and Nancy Cartwright, he starts with the observation that the scientist »believes in the existence of those entities to which his theories refer.«[4] Fine calls this the Natural Ontological Attitude (NOA). In this attitude one »accepts the evidence of one's senses [with regard to the existence and features of everyday objects] and ... accepts, *in the same way*, the confirmed results of science.«[5] Fine tells us:

> NOA helps us to see that realism differs from various antirealisms in this way: realism adds an *outer* direction to NOA, that is, the external world and the correspondence relation of approximate truth; antirealisms add an *inner* direction, that is, human-oriented reductions of truth, or concepts, or explanations. NOA suggests that the legitimate features of these additions are already contained in the presumed equal status of everyday truths with scientific ones, and in our accepting them both as *truths*. No other additions are legitimate, and none are required.[6]

Heidegger expounded a similar view. In his 1927 Kant lectures he gives us his conception of the goal of scientific discipline (*Wissenschaft*):

> *Scientific* knowing presupposes that existing Dasein[7] takes as a freely chosen task the revealing of the entity it approaches *for the sake of revealing it*. ...

3 A. Fine, *The Shaky Game: Einstein, Realism and the Quantum Theory* (Chicago, Ill., 1986), p. 140. For an example of such a constructivist account see J. Rouse, *Knowledge and Power: Toward a Political Philosophy of Science* (Ithaca, New York, 1987).

4 A. Fine, *The Shaky Game*, p. 130.

5 Ibid., pp. 126 ff.

6 Ibid., p. 133.

7 The best way to understand what Heidegger means by Dasein is to think

> The struggle is solely directed to the entity itself and solely in order to free it from its hiddenness.[8]

As I would put it, scientists are »background realists«, i. e., their practices take the independent existence of their domain of objects for granted. We might call these who explicate this understanding hermeneutic realists.

Hermeneutic realists hold that a science's background realism cannot be used to *justify* the claim that the objects of science exist independently of the activity of the scientists, nor can this understanding *dictate* what methods or operating assumptions a science must accept. Rather, the role of the hermeneutic philosopher of science is (1) to spell out what everyday scientific practice takes for granted – in the case of natural science, that there is a nature independent of us and that current science is giving us a better and better explanation of how that nature works, and (2) to show that the self-understanding of the science is both internally coherent and compatible with the ontological implications of our everyday practices.

According to the hermeneutic realist, natural science's background realism is compatible with neither metaphysical realism nor antirealism. Scientists work within social practices that neither they nor philosophers can transcend, so science cannot justify a metaphysical realism which claims to have an *argument* that there is nature in itself, that nature has the structure science finds, and that science is converging on the one true account of this independent reality. Yet scientists take for granted they *can* discover the truth about nature as it is independent of scientific practices, so metaphysical antirealism is also unacceptable.

This minimal hermeneutic realism is first found in *Being and Time*. There Heidegger argues as follows: Only human beings make sense of things. So the intelligibility of each kind of thing, including natural things, depends upon our practices. Still nature as *a* being, or as an ensemble of beings, need not depend on us, for one way we make sense

---

of our term »human being,« which can refer to a way of being that is characteristic of all people, or it can refer to a specific person – *a* human being.

8 M. Heidegger, *Gesamtausgabe*, Vol. 25 (Frankfurt a.M., 1977), p. 2.

of things – find them intelligible – is as merely occurrent (*vorhanden*), i. e., as not related to our practices.

Occurrent beings are revealed when we take a detached attitude towards things and decontextualize them. Then things show up as independent of human purposes and even as independent of human existence. Decontextualizing takes place in two stages. First we use skills and instruments to isolate things and their properties which then appear as meaningless objects, colors, shapes, sounds, etc. Such data are independent of our purposes but not independent of our senses. We then invent theories in which the occurrent data are taken up as evidence for quasars and quarks and other entities we cannot directly experience. These theoretical entities need not conform at all to our everyday understanding of objects, space, time, and causality. Our current theory tells us that these entities belong to natural kinds – types of things in nature like water, gold, iron, etc. – and if correct, the theory describes the causal powers of these natural kinds. There is no way to stand outside current science and give it metaphysical support by arguing that there must be natural kinds or that these are what our science must be about. All that philosophy can do is show the coherence of the natural scientist's background assumption that there is some way nature is in itself.

If we encountered things only in using them, never in detachedly reflecting on them, i. e., if availableness (*Zuhandenheit*) were the only way of being we knew, we would not be able to make the notion of entities in themselves intelligible. But since we understand occurrentness, we understand that occurrent entities can have existed even if human beings had never existed. Indeed, given our understanding of occurrentness, we *must* understand things this way. To take a Heideggerian example, what it is to be a hammer essentially depends upon Dasein and its cultural artifacts. It belongs to the being of a hammer that it is used to pound in nails for building houses, etc. In a culture that always tied things together, there could be no hammers. But there could, nonetheless, be pieces of wood with iron blobs on the end, since wood and iron are natural kinds and their being and causal powers make no essential reference to human purposes.

Joseph Rouse in defense of what he takes to be Heidegger's social constructivism argues convincingly that what counts as an electron and even what counts as a physical cause depends on current scientific instruments and practices. Heidegger would agree. He would of course further agree that once our practices define what counts as an »X« we must still determine whether there are any »X«s. Heidegger would even accept that if the »X«s in question are available like hammers, then when we find out that there are »X«s we find entities that exist only relative to our practices. He would point out, however, that if what counts as an »X« has occurrentness as its way of being, then when we find that there are »X«s we find at the same time that these »X«s exist independently of us and of our scientific instruments and practices. This is what Heidegger means when he says:

> Intraworldliness does not belong to the essence of the occurrent things as such, but it is only the transcendental condition ... for the possibility of occurrent things being able to emerge as they are.[9]

Heidegger's account is thus compatible with holding that science is converging on getting it right about natural kinds like gold and water and their causal powers.[10] But even if physical science is progressing in its understanding of physical nature, this cannot be used to argue that the current scientific approach to nature is the only right one. A theory of the causal powers of natural kinds tells us only what is *causally* real, so modern science need not be the only way of understanding nature. As Heidegger sees it, many different practices can reveal nature as it is in itself.

> What is represented by physics is indeed nature itself, but undeniably it is only nature as the object-area, whose objectness is first defined and determined through the refining that is characteristic of physics and is expressly set forth in that refining. Nature, in its objectness for modern physical science, is only *one* way in which what presences – which from of old has been named *physis* – reveals itself.[11]

9 M. Heidegger, *Basic Problems*, p. 194.

10 If these kinds of things turn out not to have the properties predicted and the natural kind terms referring to them have to be dropped from the lexicon of science like phlogiston was, then some other system of natural kind terms might, in principle, still be found which do refer to the natural kinds there really are; although, of course, we could never know for certain we had the final account.

11 M. Heidegger, »Science and Reflection«, pp. 173 – 174.

Heidegger thus denies that modern physics has found *the* right vocabulary for describing nature. This, I presume, is the meaning of his Kuhn-like remark back in 1938:

> [We cannot] say that the Galilean doctrine of freely falling bodies is true and that Aristotle's teaching, that light bodies strive upward, is false; for the Greek understanding of the essence of body and place and of the relation between the two rests upon a different interpretation of entities and hence conditions a correspondingly different kind of seeing and questioning of natural events. No one would presume to maintain that Shakespeare's poetry is more advanced than that of Aeschylus. It is still more impossible to say that the modern understanding of whatever is, is more correct than that of the Greeks.[12]

Here Heidegger is obviously trying to counter the claim that Galileo has refuted Aristotle. He is doing so, not as Kuhn does in *The Structure of Scientific Revolutions*, by holding that neither theory is true of nature, but rather by holding that *both* are true. This could be the innocuous observation that both are »illuminating,« but in the context of the remark just quoted that »what is represented by physics is indeed nature itself«, it must be the stronger claim that different theories can reveal different aspects of nature. Of course, if one thinks of Aristotle's theory of natural place as an account of *physical* causality meant to explain, for example, why rocks fall, in the same sense that modern physics claims to explain the same phenomenon, this position is untenable. On that account modern physics, as far as we know, would be right and Aristotle would simply be wrong. It may well be, however, that Aristotle and Galileo were asking *different kinds of questions*, and so each could be right about a different aspect of nature.

It follows from the above considerations that what counts as real for a culture depends upon the interpretation in its practices, but this does not make what is thus revealed any less real. We could call this position *plural realism*. For a plural realist there is no point of view from which one can ask and answer the metaphysical question concerning the one true nature of ultimate reality. Given the dependence of the intelligibility of all ways of being on our practices, and the

12 M. Heidegger, »The Age of the World Picture,« in: *The Question Concerning Technology and Other Essays*, p. 117.

dependence of what counts as elements of reality on our purposes, the question makes no sense. But since different practices reveal different realities or domains of intelligibility, and since no one way of revealing is exclusively true, accepting one does not commit us to rejecting the others. Donald Davidson holds a similiar view: If we are right in our claims about reality under various descriptions, then what we are right about has whatever properties it has even if these descriptions are not reducible to a single description, and that physical reality has whatever properties it has whether we describers and our ways of describing things exist or not.

There are no clear limits as to what kinds of cultural entities can be encountered. In natural science, however, there seems to be one right answer as far as physical causality is concerned. Radically different theories than those proposed by modern science presumably would not reveal physical causal powers. As Heidegger once put it:

> The spiritual ... offers less resistance than in the field of natural science, where nature immediately takes its revenge on a wrongheaded approach.[13]

This suggests how one should respond to scientific relativists like Richard Rorty who scoff at the idea of science learning nature's own language. Granted that we can never completely decontextualize our data, and that therefore our scientific theories are always to some extent parasitical upon our cultural practices and language, still once we discover that we have practices that can reveal meaningless occurrent data divorced from essential reference to our purposes, we can use recontextualization in theories to distance our science further and further from the everyday world. It is as if nature *is* teaching the natural scientist, not *nature's own language*, since only a Platonist thinks that representations exist independently of meaningful practices, but rather nature is leading natural scientists to improve *their* language for representing her under an objectified aspect.

It is helpful to compare Heidegger and Rorty here. Both argue that the real can show up differently given different practices (vocabularies, Rorty would say), and neither wants to allow that there is a privileged description that founds all the others. Anyone who claims to have a

13 M. Heidegger, *The History of the Concept of Time*, p. 203.

description of ultimate reality claims a point of view outside of all particular, finite interpretations, and both Heidegger and Rorty think, given their understanding of understanding, that the very idea of such an interpretation-free understanding of what ultimately is does not make sense. But Rorty thinks that this is an argument against accepting even a minimal hermeneutic realism where science is concerned, whereas Heidegger shows how one can reject the claim that there is *a* correct description of reality, and still hold that there can be *many* correct descriptions, including a correct causal description of objectified physical nature. Natural science can be getting it righter and righter about how things *work* even if there is no one right answer to how things *are*.

2. *Why Current Human Sciences Must be Hermeneutic*

The phenonemon that leads one to expect a basic difference between the natural sciences and the disciplines that study human beings is clear. The natural sciences may not be as rational nor as cumulative as once believed, but they still show stability and progress. For extended periods sciences like physics exhibit an agreed upon way of doing research. Occasionally disagreement arises as to how to account for anomalies. This then constitutes a crisis which continues until the anomalies are removed by some new scheme which gains agreement, establishing a new normal science. But even when previously accepted theories are abandoned many results are conserved.

The human sciences, on the other hand, have been neither stable nor cumulative. These »dubious disciplines,« to use Foucault's pejorative phrase, do not progress through revolutions like physical science, but merely go through episodes in which certain fads tend to dominate research until some competing fad lures most researchers onto its bandwagon. One style of research gives way to another not because the new research is based upon a theory which explains certain anomalies the old theory failed to explain, but simply because researchers have become bored and discouraged with the old approach. The new style, introducing new methods and problems, allows everyone to forget the old problems. Thus the human sciences are subject to frequent factionalism and reorganization, but this is not a crisis – a period of competing paradigms. It is a pre-paradigm state. The human sciences are not even generally stable nor are they even somewhat cumulative.

But disagreement arises as soon as one tries to interpret the above contrast. Rorty, for example, accepts the difference between normal and non-normal science but rejects the attempt to use it to draw a distinction between the natural and the human sciences.

> The line ... is not the line between the human and the non-human but between that portion of the field of inquiry where we feel rather uncertain that we have the right vocabulary at hand and that portion where we feel certain that we do. This *does*, at the moment, roughly coincide with the distinction between the fields of the *Geistes-* and the *Naturwissenschaften*. But this coincidence may be *mere* coincidence.[14]

Thus Rorty holds that while at present the human sciences are unable to find an agreed upon vocabulary, this fact has nothing to do with the essential nature of man or of science. It is simply an effect of the complexity of the domain and the immaturity of the human sciences.

But this way of dismissing the difference seems too simple. The argument that the human sciences are young is beginning to show its age. Looked at historically the social sciences make a quite different impression than sciences such as biology or meteorology that are struggling with a very complex domain. These latter sciences are making slow but steady progress in developing more and more complicated theories that take into account more and more factors, whereas the human sciences first seek to develop a general theory using one approach, then scrap that attempt *in toto* and take up some other equally simplistic research program.

To take a recent example. The behaviorists sought a complete description of human action in terms of elements of behavior and sought covering laws that predicted the occurrence of particular behavioral events. When this approach came up against hard problems such as linguistic behavior, however, it was quickly abandoned and cognitivism became popular. Cognitivists reject all of the behaviorists carefully compiled results and seek to explain human behavior by

14 R. Rorty, *Philosophy and the Mirror of Nature* (Princeton, 1979), p. 352.

analyzing the rule-like relations holding between mental representations. Both approaches aim, in the ideal limit, at attaining the sort of complete explanatory account which allows one to predict precisely the effects of alterations in an object's internal and external environment, and each fails to achieve its goal. It looks more and more like there must be something about human activity, on the one hand, and the nature of theoretical explanation, on the other, which do not fit together.

Why does the sort of theoretical explanation that succeeds brilliantly in the natural sciences, fail in the human sciences? The problem I believe lies in the attempt to apply theory to the everyday world. Just as physical science predicts and explains everyday changes of place in terms of meaningless, context-independent properties such as mass and position which can be abstracted from the everyday world, so a theoretical science of human beings seeks to emulate natural science by abstracting meaningless, context-free features from everyday, context-dependent, meaningful human activities, and then predict and explain these everyday activities in terms of formal relations between these elements. Insofar as these would-be sciences follow the ideal of physical theory, they must predict and explain *everyday activities*, using *decontextualized features*. But since the context in which human beings pick out the everyday objects and events whose regularities theory attempts to predict is left out in the decontextualization necessary for theory, the everyday objects and events human beings pick out do not always coincide with those elements over which the theory ranges. Therefore predictions, though often correct, are not reliable. Indeed, predictions will work only as long as the elements picked out and related by the theory happen to coincide with the objects and events picked out in their everyday activities by the human beings falling under the theory.

A striking example of what happens when one tries to study human beings as objects was given inadvertently by a Stanford psychologist who announced that his science had discovered that, although people classify some people as talkative and although there is general agreement among participants in the everyday world as to which people belong in this class, the concept of talkativeness is unfounded. If you count the number of words uttered by an individual in a day, the would-be theorist explained, you find that there is no significant difference in the quantity of words uttered by so-called normal and by so-called talkative people.

It never occured to this objective psychologist that what makes a person count as talkative may be the meaning of what is said and the situation in which it is said. Talkative people presumably say little of importance and say it during other people's lectures, at funerals, etc. The general agreement among participants in the everyday world as to who is talkative is no illusion. Rather the sort of data collection appropriate to the natural sciences, where one studies objects and counts noises, is simply inappropriate to the study of human beings' understanding of themselves and other human beings. People making judgments such as who is talkative agree because they dwell in a shared background of meaningful practices. In general, in the human sciences, if one is to understand what is going on, one must share a general human background understanding with the person or group being studied. Shared agreement disappears as soon as the meaning of the situation is bracketed out in the attempt to attain the sort of objectivity appropriate to natural science.

This thesis can be further illustrated by the sort of difficulties that, according to Pierre Bourdieu, confront Lévi-Strauss's structuralist theory of gift exchange. In *Outline of a Theory of Practice*, Bourdieu argues that Lévi-Strauss's formal, reversible rules for the exchange of gifts – abstracted as they are from everyday gift-giving – cannot account for and predict actual exchanges. His point is not that theory leaves out the subjective, so-called phenomenological, qualities of gift exchange. That would not be a valid objection. The natural sciences legitimately abstract from subject-relative properties. Bourdieu's point is that Lévi-Strauss's abstraction of the pure objects exchanged leaves out something essential. The tempo of the event actually *determines what counts as a gift.*

> In every society it may be observed that, if it is not to constitute an insult, the counter-gift must be *deferred* and *different*, because the immediate return of an exactly identical object clearly amounts to a refusal.[15]

15 P. Bourdieu, *Outline of a Theory of Practice*, p. 5. My italics.

Predictions based only on formal principles fail in those cases in which what formally counts as a gift in the theory is rejected because it is reciprocated too soon or too late to count as a gift in everyday practice.

> It is all a question of style, which means in this case timing and choice of occasion, for the *same act* giving, giving in return, offering one's services, paying a visit, etc. – can have completely different meanings at different times.[16]

In general the meaning of the situation plays an essential role in determining what counts as an object or event; yet it is precisely this contextual meaning that theory must ignore. Thus imprecision in the human sciences as they are now constituted is inevitable because what counts as an everyday fact depends on a background of meanings and skills which is excluded by the decontextualization required by theory.

The question then arises: Can the human sciences provide a theoretical account of the social background practices? If the background skills could be captured in strict rules then we could still hope for an objective social science. I must therefore pause here to sketch the phenomenological considerations which lead me to conclude that, there is no reason to think that there can be a *theory* of skills.

Skill acquisition usually begins with the student learning and applying rules for manipulating context-free elements. This is the element of truth in cognitivism. Thus a chess beginner must follow strict rules relating such features as center control, material balance, etc. After one begins to understand a domain, however, one sees meaningful aspects, not context-free features. Thus a more experienced chess player sees context-dependent aspects like unbalanced pawn structure or weakness on the king side. A further stage of proficiency is achieved when, after a great deal of experience, one is able to see a situation as having a certain significance tending towards a certain outcome, and certain aspects of the situation stand out as salient in relation to that end. Given a certain board position all masters conclude after a few seconds of examination that the issue is to attack or defend the king-side.

Finally, after even more experience an expert simply sees immediately what must be done, presumably because the current situation is per-

16 Ibid., p. 6.

ceived as similar to another already experienced one. The chessmaster, for example, sees the issues in a position almost immediately, and the right move just pops into his head. There is no reason to suppose the beginner's features and rules, or any other features and rules, play any role in such expert performance.[17] Connectionist models of brain functioning which make no use of the features and rules might be able to capture such learning, but such nets do not yield a psychological theory.

The same holds for the shared social skills which make possible picking out objects and events. These skills can no more be understood theoretically, i. e., in terms of features and rules, than any other skills. But if what human beings pick out as specific sorts of objects depends on background skills which are not rule-governed, thus what counts as a certain sort of object is not rule-governed either. Predictive failure is a constant possibility in any area where facts such as being talkative or being a gift depend on background practices not integrated into the theory. Prediction will fail whenever an object that according to the theory has the defining features of a given type is nonetheless not counted by those in the culture as belonging to that type.

The natural way to cope with this problem is to abandon the attempt to find what one might call first-order interpretation-free features and to settle for second-order features such as the participants' *judgments*, e.g. judgments as to whether what was just exchanged counted as a gift. Such judgments or scores on questionnaires, could be treated as context-free facts or features and then related by theory to explain and predict other objectively determined judgments or test scores. Economics attempts to be such a second-order science. It accepts the current understanding of money, property, etc. and current desires to maximize

17 One can, of course, recall the rules one once used and act on them again, but then one's behavior will be halting and clumsy just as it was when one mastered the rules as an advanced beginner. For a more detailed account of the stages of skill acquisition and the implications of this account for cognitive science, cf. H. Dreyfus and S. Dreyfus, *Mind Over Machine: The Power of Human Intuitive Expertise in the Era of the Computer* (New York, 1986).

possessions etc. It then seeks laws relating these socially defined elements. As long as the practices defining the objects and goals of a group remain constant, economic laws can in principle be as predictive as those of physics. But if background conditions determine, in a way which in principle falls outside a theory, what counts as the events over which the theory ranges, the theory is at the mercy of changes in these conditions which at any moment can undermine the predictive power of the theory.

It might seem that if one could make explicit the theory's boundary conditions one could at least predict when the theory would fail. Thus ecological theories are explicitly understood as applying only as long as the temperature of the earth remains relatively constant. And, indeed, if the conditions which form the background of a human science such as economics could be made explicit, one could gain a kind of scientific closure by stating the limits within which a given economic theory was meant to be predictive. But in the human sciences the background conditions are not physical facts, nor are they psychological facts such as what agents desire and what they believe is rational. They are not facts at all. As I have tried to show, the background conditions are patterns of skilled behavior which embody an interpretation of what counts as facts, i. e., what counts as objects and events in various domains.

The problem for the social sciences is that these background conditions change, yet the social scientist cannot state precisely in advance what aspects of these patterns have to remain constant for his predictions to continue to be fulfilled. In general, since the boundary conditions of the human sciences are not facts but interpretations, social sciences such as economics which build on second order judgments that presuppose these interpretations are not only incomplete and unstable in comparison with theoretical disciplines such as physics; they are incomplete and unstable even when compared to disciplines with changing background conditions such as ecology.

To sum up. Even the best predictive theories in the human sciences may at any moment encounter exceptions. Given the lack of any solid predictive successes, other approaches inevitably arise in the discipline which offer competing types of systematic accounts. Such competing types of account do not agree on method, evidence, or even on what are the problems. We then have neither normal science nor even revolutionary science, but just the sort of pre-paradigmatic instability characteristic of the social sciences from their inception to the present.

It follows from the above considerations that the only vocabulary that could make the human sciences theoretical would be one which picked out entirely different features than those abstracted from our everyday activities – features which would remain invariant through changes in background practices. Eliminativists argue that if there were such features and we were able to find them by some sort of luck or divination, then the study of human beings could, in principle, be closed, predictive, and normal.

Entertaining such logical possibilities has little use, however, except to keep philosophers from claiming that, *in principle*, the study of human beings can never be normal. But from the fact that there is no in-principle argument against the possibility of an objective theory of human beings, one cannot conclude, as Rorty seems to do, that the instability of the social sciences is an historical accident. Since we have no reason to believe that the features a theory of human activity requires exist, and no way to find them if they do, the abstract possibility of eliminating reference to meaning should not prevent us from noticing and trying to account for the evident differences between the *Geistes* and *Naturwissenschaften*.

The argument I have presented enables us to see why the only kind of predictive human sciences anyone has tried to develop, indeed, the only kind we can concretly envisage, i. e., sciences based on features abstracted from everyday life, cannot succeed. Either current social sciences must, like economics, build on a background they cannot adequately describe and so whose changes they cannot predict, or else, like behaviorism and cognitivism, human sciences must use features obtained by abstracting from all practical contexts to predict events in practical contexts. But since the practical context determines what counts as the events one wants to predict, any attempt to obtain completeness in this way is bound to fail. This leads to an attempt to formalize the background practices themselves. But since the background practices are skills, they cannot be understood in terms of features and rules. Thus there can be no theory of the everyday world.

Conclusion

Nancy Cartwright has pointed out that scientists too must share background practices that enable them to pick out events in the everyday world that count as instances of the events and objects referred to in their theories, cases of force or of absorption, for example. So, what then is the difference between the natural and human sciences? The difference is that in the social world instances of a given type of object or event are *defined* by the practice of picking them out. A gift *is* whatever the natives take to be a gift. But in natural science the practices for picking out instances of the theory in the everyday world do not define these instances. What in everyday scientific practice counts as a force, for example, must be compatible with the way forces behave under ideal conditions such as weightlessness or in a vacuum. The natives cannot be wrong about what, in the everyday world, is a gift, but, since the everyday world can be transformed by degrees into an artificial world, the scientists can discover they have been wrong about what in the everyday world they have been picking out as an instance of some theoretical entity such as a force. In general, the answer I would give to Cartwright's objection is that in the natural sciences shared background skills are, indeed, necessary for decontextualizing features and for applying theories, but, unlike in the human sciences, these skills do not define what counts as the objects of the theory. Rather, the background skills function progressively to free the science's objects from dependence on *all* practices, including the practices that reveal them.

Thus, although *physics* is a social practice, *physical theory* has, in the course of its development, progressively left behind our shared everyday understanding of space, time, objects and causality. There is no in principle limit to how far this decontextualizing can go. This is why we can make sense of the idea of an ideal natural science getting a correct view of causal nature – a view a Martian could understand and accept. But there is no equivalent idea of an ideal social science converging on the interpretation-free truth about a practice like gift-giving or comportment like being talkative. On the contrary, in the human sciences, as we have seen, producing an account of meaningful human comportment requires concepts that are essentially dependent upon social meanings. Decontextualizing is thus impossible in the human sciences if the human sciences wish to predict comportment in our meaningful everyday world.

I have tried to give a sketch of the phenomenological arguments of a hermeneutic philosophy of science which could serve as a substitute for the old in principle arguments of traditional philosophy of science. Even if philosophers cannot prove that nature has an objective structure that is revealed by science, hermeneutic phenomenology can show that there is no contradiction in the idea of natural science converging on the causal structure of nature itself. Likewise even if philosophers cannot rule out the possibility of human beings being explained as objects, hermeneutic phenomenology can show why the attempt to explain the everyday world in terms of features and rules cannot work. Thus a description of the relation of theory to scientific and to everyday background practices, as well as an account of the background skills themselves, can show why the distinction between normal and pre-paradigm science parallels the distinction between the *Natur* and *Geisteswissenschaften*. It can thus show that the *disunity* of the sciences is no mere historical accident as Rorty claims. Indeed, we should expect a crucial difference between natural and human science to arise just where it has arisen and to remain as long as these disciplines exist.

Zusammenfassung

Bis in die Gegenwart haben viele Philosophen angenommen, daß es einen grundlegenden Unterschied zwischen Mensch und Natur, und damit zwischen den *Geistes-* und den *Naturwissenschaften* gibt – zwischen dem *Verstehen* menschlicher Wesen und dem *Erklären* der Natur. Heute wird dieser prinzipielle Unterschied aber von zwei verschiedenen Seiten angegriffen. Hermeneutische Philosophen nehmen an, daß alle Disziplinen interpretierend vorgehen. Sie lehnen den wissenschaftlichen Realismus ab und behaupten, daß sogar die Naturwissenschaften soziale Konstrukte sind. Demgegenüber lehnen die Verteidiger des Erklärungsmodell die Darstellung des Menschen als grundlegend selbst-interpretierend ab und vertreten stattdessen die Ansicht, daß sogar menschliche Handlungen durch formale Modelle erklärt werden können.

Die Entgegnung in meinem Vortrag besteht aus zwei Mini-Vorträgen. Der erste argumentiert, daß die Naturwissenschaften, obwohl sie tatsächlich soziale Konstrukte sind, dennoch Wahrheiten über die Dinge selbst enthüllen können. Diese Art von Realismus hinsichtlich von Gegenständen und Naturgesetzen ist aber nicht gleichbedeutend mit dem alten wissenschaftlichen Realismus, denn es wird keine Argumentation für die metaphysische Existenz einer unabhängigen Realität angestrebt. Vielmehr finden wir hier eine hermeneutische Auffassung derjenigen Form von Realismus, die in der wissenschaftlichen Praxis vorausgesetzt wird; und dieser Realismus ist vereinbar mit der Sichtweise von Wissenschaft als sozialer Praxis. Die Konventionen der Wissenschaftler bestimmen, was als Element, Partikel und sogar, was als Kausalgesetz zählt; aber Wissenschaftler können dann feststellen, ob es solche Elemente, Partikel und Gesetze tatsächlich gibt. Was die Wissenschaft nach dieser Auffassung, die ich hermeneutischen Realismus nenne, *nicht* leisten kann, ist die Erfüllung des Anspruchs, uns das Erkennen der letztendlichen Wirklichkeit zu vermitteln. Die Wissenschaft kann uns lediglich Wissen über Kausalzusammenhänge natürlicher Phänomene liefern. Deshalb werden religiöse und kulturelle Darstellungen der Wirklichkeit auch so lange nicht beeinträchtigt durch die Wissenschaft, wie sie keine Behauptungen über physikalische Kausalbeziehungen aufstellen.

Der zweite Mini-Vortrag argumentiert, daß die Sozialwissenschaften nicht einfach Gegenstände »an sich« untersuchen. Es gibt keine uninterpretierten Tatsachen, auf deren Grundlage eine abstrakte Theorie menschlichen Handelns aufgebaut werden könnte. Was als geschwätzige Person, oder als Geschenk, oder sogar, was als Hammer anzusehen ist – um die Beispiele zu nehmen, die ich ausführlich behandele –, hängt von den etablierten Praktiken einer Gesellschaft ab. Die Gegenstände und Geschehnisse, die sich durch diese Praktiken und durch die Sprache identifizieren lassen, hängen in ihrer Existenz von eben diesen Praktiken ab. Deshalb wird eine Sozialwissenschaft, die die Untersuchung solcher Gegenstände und Geschehnisse anstrebt und dabei die soziale Bedeutung, durch die sie konstituiert werden, ausklammern will, entweder feststellen, daß ihr Untersuchungsgegenstand verschwindet (wenn man etwa entdeckt, daß eine sogenannte geschwätzige Person nicht mehr Worte pro Tag von sich gibt als eine normale Person); oder sie wird unfähig sein, Regeln zur verläßlichen Vorhersage künftiger Geschehnisse zu formulieren (wie im Fall der Frage, was als Geschenk zählt). Was als Geschenkt zählt wird bestimmt durch das, was Pierre Bourdieu das gemeinsame *savoir faire* nennt, das in den Mitgliedern einer bestimmten Kultur verkörpert ist. Weil diese Gewohnheiten und Fertigkeiten nicht explizit gemacht oder formalisiert werden können und dennoch bestimmen, was als was anzusehen ist, sind alle Versuche, eine streng vorhersagende Wissenschaft vom menschlichen Handeln auf der Grundlage formaler Regeln zu entwickeln, zum Scheitern verurteilt.

Dies bedeutet nicht, daß die Möglichkeit grundsätzlich ausgeschlossen ist, menschliche Wesen als Gegenstände zu behandeln und ihre Bewegungen vorherzusagen. Aber es bedeutet, daß die gegenwärtigen kognitivistischen Ansätze zur Ausarbeitung einer Theorie menschlicher Handlungen in die Irre führen.

Wir können damit schließen, daß man zwar nicht beweisen kann, daß sich die Naturwissenschaften immer weiter der unabhängigen Realität annähern, und daß man auch nicht beweisen kann, daß es niemals eine objektive Wissenschaft über menschliche Wesen unter einer bestimmten Beschreibung geben kann; aber man kann unter Rückgriff auf die hermeneutische Phänomenologie argumentieren, daß die Annahme des Realismus in der Physik sinnvoll und womöglich auch korrekt ist, und daß, bei der gegenwärtigen Wahl zwischen einer kognitivistischen und einer hermeneutischen Sozialwissenschaft, nur der hermeneutische Ansatz erfolgversprechend ist. Obwohl also die alten Argumente mit ihrem Rückzug auf allgemeine Grundsatzprinzipien nicht mehr zu genügen scheinen, bleibt doch immer noch viel zu sagen zugunsten der Unterscheidung zwischen den *Geistes-* und den *Naturwissenschaften.*

8. Abschlußvortrag

Natural Science as a Human Artifact

NICHOLAS RESCHER

1. The Exploration Model

One must – it is clear – reject the naive idea that natural science is a rational structure revealed to us humans bit by successive bit in its abstract systemic finality by the world spirit. But at the opposite extreme, we must, it is clear, also reject the equally naive idea that natural science is a free creative product of human inventiveness – a species of artistic invention. Instead, science – as an enterprise containing both the methods and products of inquiry – has to be understood in very different terms, namely as a human artifact which, like all other artifacts, is constrained in its nature by the nature of the materials with which its producing artisans have to work.

In developing natural science, we humans begin by exploring the world in our own locality – not just our *spatial* neighborhood but our *parametric* neighborhood in the »space« of physical variables like temperature, pressure, radiation, and so on. Near our natural »home-base« we are – thanks to the evolutionary heritage of our sensory and cognitive apparatus – able to operate with relative ease and freedom, scanning nature for data with the unassisted senses. But in due course we did all that we could manage in this way. To do more, we proceeded to extend our interactive probes into nature more deeply, deploying increasing technical sophistication to achieve increasingly high levels of capability. We have pushed ever further out from our evolutionary home-base in nature toward increasingly remote frontiers. From the egocentric standpoint of our local region of parameter space, we have journeyed ever further to »explore« in the manner of a »prospector« searching for cognitively significant phenomena along the various parametric dimensions.

This picture is clearly not one of *geographical* exploration, but of the *physical* exploration – and subsequent theoretical rationalization – of »phenomena« which are distributed over the »space« of the physical quantities spreading out all about us. This exploration-metaphor forms the basis of the conception of scientific *research* as a prospecting *search* for the new phenomena needed for significant new scientific findings. As the range of telescopes, the energy of particle accelerators, the effectiveness of low-temperature instrumentation, the potency of pressurization equipment, the power of vacuum-creating contrivances, and the accuracy of measurement apparatus increases – that is, as our capacity to move about in the parametric space of the physical world is enhanced – new phenomena come into our perception, with the result of enlarging the empirical basis of our knowledge of natural processes. The key to the great progress of contemporary physics lies in the enormous strides made in this regard.[1]

No doubt, nature is in itself uniform as regards the distribution of its diverse processes across the reaches of parameter space. It does not favor us by clustering them in our parametric vicinity: significant phenomena do not dry up outside our »neighborhood.« But *cognitively* significant phenomena in fact become increasingly sparse because the scientific mind has the capacity to do so much so well early on. Our power of theoretical triangulation is so great that we can make a disproportionately effective use of the phenomena located in our local

1 A homely fishing analogy of Eddington's is useful here. He saw the experimentalist as akin to a fisherman who trawls nature with the »net« of his equipment for detection and observation. Now suppose (says Eddington) that a real fisherman trawls the seas using a fishnet of two-inch mesh. Then fish of a smaller size will simply go uncaught. Similarly, the theorists who analyze the experimentalist's catch will have an incomplete and distorted view of aquatic life. Only by improving our observational means for »trawling« nature can such imperfections be mitigated (see A. S. Eddington, *The Nature of the Physical World* (New York, 1928)).

parametric neighborhood. But scientific innovation becomes more and more difficult – and expensive – as we push out farther and farther from our evolutionary home-base toward ever more remote frontiers. After the major findings accessible at a given data-technology level have been achieved, further major findings become realizable when one ascends to the next level of sophistication in data-relevant technology. We confront a situation of technological escalation. The need for new data constrains us to look further and further from man's familiar »home-base« in the parametric space of nature. Thus, while further significant scientific progress is in principle always possible – there being no absolute or intrinsic limits to significantly novel facts – the *realization* of this ongoing prospect for scientific discovery demands a continual enhancement in the technological state-of-the-art of data extraction or exploitation. It is of the very essence of the enterprise that natural science is forced to press into ever remoter reaches of parametric space.

This ever more far-ranging exploration of the spectra associated with different conditions in nature demands continual increases in physical power. To enable our experimental apparatus to achieve greater velocities, higher frequencies, lower or higher temperatures, greater pressures, larger energy-excitations, stabler conditions, greater resolving power, etc., requires ever more powerful equipment capable of continually more enhanced performance. The *sort* of »power« at issue will, of course, vary with the nature of the particular parametric dimension under consideration – be it velocity, frequency, temperature, etc. – but the general principle remains the same. Scientific progress depends crucially and unavoidably on our technical capability to penetrate into the increasingly distant – and increasingly difficult – reaches of the power-complexity spectrum of physical parameters, to explore and to explain the ever more remote phenomena encountered there. Only by operating under new and previously inaccessible conditions of observational or experimental interactions with nature – attaining ever more extreme temperature, pressure, particle velocity, field strength, and so on – can we bring new impetus to scientific progress. However, it is useful and important to emphasize that this »parametric space« parametrizes the degree of *capability on our part* to realize conditions at variance from our evolutionary »home-base,« and not simply positions that lie one-sidedly in the constitution of nature *per se*.

This idea of the »exploration« of parametric spaces provides a basic framework for the present model of the mechanism of scientific innovation in mature science. New technology increases the range of access within the parametric space of physical processes. Such increased access brings new phenomena to light, and the theoretical systematization of these phenomena is the basis for growth in our scientific understanding of nature.

Scientific theory-formation is, in general, a matter of spotting a local regularity of phenomena in parametric space and then projecting it »across-the-board,« maintaining it globally. The theoretical claims of science are themselves never local – they are not spatiotemporally local and they are not parametrically local either. They stipulate how things are always and everywhere. And so it does not require a sophisticated knowledge of statistics to realize that inductive projection of the sort we make in science is invariably a risky enterprise. And it does not require a sophisticated knowledge of history of science to realize that our worst fears are usually realized – that it is seldom if ever the case that our theories survive intact in the wake of extensions in our access to sectors of parametric space. The history of science is a history of episodes of leaping to the wrong conclusion.

Given that we can only learn about nature by interacting with it, Newton's third law of countervailing action and reaction becomes a fundamental principle of epistemology. Everything depends on just how *and how hard* we can push against nature in situations of observational and detectional interaction. And we cannot »get to the bottom of it« where nature is concerned. Nature always has hidden reserves of power.

Successive stages in the technological state-of-the-art of scientific inquiry lead us to different views about the nature of things and the character of their laws. But the sequence of successively more powerful and sophisticated instrumentalities on the side of inquirers need not be matched by any coordinated succession of layers in the constitution of physical existence somehow captured »correctly« by our inquiry at corresponding levels of sophistication. The »layers« we encounter principally reflect our own procedures.

Accordingly, it is a wholly unwarranted supposition that there is a sequence of nature-levels placed conveniently alongside our inquiry levels, in a parallel coordination, that makes for an elegantly ladder-like configuration. Nature just goes along »doing her thing.« Nature has no layers, no differentiated physical strata or levels.[2] The only »layers« now in view are those at issue with the technology of probing – of observation and manipulation – that is used by certain sorts of beings in the course of their *interaction* with nature. (Nature no more has levels because she reacts differently to different sorts of probes than does an animal which responds differently to different stimuli.) The only physical layers are process-relative, hinging on the character of our modes of observation and manipulation.

2. *Explorating Potential Depends on Technological Means*

As an army marches on its »stomach« (its logistical support), so science depends upon its »eyes« – it is crucially dependent on the technological instrumentalities which constitute the sources of its data. Natural science is fundamentally *empirical*, and its advance is critically dependent not on human ingenuity alone, but on the monitoring observations to which we can only gain access through increasingly sophisticated interactions with nature.

Progress in modern natural science faces the challenging task of climbing ever upward from one level of technological sophistication to the next. Creative genius cannot of itself outrun the course of technological development. Nothing could more emphatically demonstrate the impotence of mere intellect unaided by technological means for the acquisition of empirical data than the fact that nowadays, in many areas of natural science, it is virtually inconceivable that major discoveries (or indeed any original work of real value and interest) should come from some quarter outside the handful of major research centers or institutes. Only they are »on top of the problem« at hand, and only they are privy to the new data generated by the frontier technology of

2 Recall Goethe's stricture: »*Natur hat weder Kern noch Schale, Alles ist sie mit einem Male.*«

research that represents a special »inhouse« information-source: particle accelerators, research reactors, radio telescopes, and so on.

Without an ever-developing technology of experimentation and observation, scientific progress would grind to a halt. The discoveries of today cannot be attained with yesterday's instrumentation and techniques. To secure new observations, to test new hypotheses, and to detect new phenomena, an ever more powerful technology of inquiry is needed. Throughout the natural sciences, technological progress is a crucial requisite for cognitive progress. We are embarked on an endless endeavor to improve the range of effective observational and experimental intervention. Only by operating under new and previously inaccessible conditions – attaining extreme temperature, pressure, particle velocity, field strength, and so on – can we realize those circumstances that enable us to put our hypotheses and theories to the test. As an acute observer has rightly remarked: »Most critical experiments [in physics] planned today, if they had to be constrained within the technology of even ten years ago, would be seriously compromised.«[3]

This situation points toward the idea of »technological levels,« corresponding to the successive state-of-the-art stages in the technology of inquiry with regard to data-generation and processing – giving rise to successively »later generations« of investigative instrumentation and machinery. These levels are generally seperated from one another by substantial (order-of-magnitude) improvements in performance with regard to such information-providing parameters as measurement exactness, data-processing volume, detection-sensivity, high voltages, high or low temperatures, and so on.

The enormous power, sensivity, and complexity deployed in present-day experimental science have not been sought for their own sake but rather because the research frontier has moved on into an area where this sophistication is the indispensable requisite of ongoing progress. In science, as in war, the battles of the present cannot be fought effectively with the armaments of the past.

3 D. A. Bromley et al., *Physics in Perspective*: Student Edition, NRC/NAS Publications (Washington, D. C., 1973), p. 16.

The salient characteristic of this situation is that once the major findings accessible at a given data-technology level have been attained, further major progress in the problem-area requires ascent to a higher level on the technology scale. Every data-technology level is subject to *discovery-saturation*, but the exhaustion of prospects at a given level does not, of course, bring progress to a stop. For after the major findings accessible at a given data-technology level have been realized, further major findings become realizable by ascending to the next level of sophistication in data-relevant technology.

We arrive therefore at a situation of *technological escalation*. The need for new data forces us to look further and further from man's familiar »home-base« in the parametric space of nature. Thus, while scientific progress is in principle always possible – there being no absolute or intrinsic limits to significant scientific discovery – the *realization* of this ongoing prospect demands a continual enhancement in the technological state-of-the-art of data extraction or exploitation.

With the enhancement of technology the size of this body of data inevitably grows. Technological progress constantly enlarges the »window« through which we look out upon parametric space. In developing natural science we use this window of capability to scrutinize parametric space, continually augmenting our data-base and then generalizing upon what we see. And what we have here is not a lunar landscape where once we have seen one sector, we have seen it all, and where theory-projections from lesser data generally remain in place when further data comes our way. Historical experience shows that there is every reason to expect that our ideas about nature are subject to constant radical changes as we »explore« parametric space more extensively. The technologically mediated entry into new regions of parameter space constantly destabilizes the attained equilibrium between data and theory.

Progress without new data is, of course, possible in various fields of scholarship and inquiry. The example of pure mathematics, for instance, shows that discoveries can be made in an area of inquiry that operates without empirical data. But this hardly represents a feasible prospect for natural science. It is exactly the explicit dependency on additional data – the *empirical* aspect of the discipline – that sets natural science apart not only from the *formal* sciences (logic and mathematics) but also from the *hermeneutic* ones (like the humanities), which address themselves ceaselessly to the imaginative reinterpretation and re-reinterpretation of old data from novel conceptual perspectives.

There is no escaping the fact that – natural science being, as it is, an inescapably *empirical* enterprise – remorseless limitations are imposed upon the prospects of effective theorizing at any given stage in its development by this dependency on the available data. To say this is not to sell human ingenuity short; it is simply a matter of facing a very fundamental fact of scientific life. Progress in natural science is insuperably limited at any given time by the implicit barriers set by the available technology of data acquisition and processing. *Technological dependency sets technological limits*, first to data acquisition and then to theory projection. The achieved level of sophistication in the technological state-of-the-art of information acquisition and processing sets definite limits to the prospects of scientific progress by restricting the range of findings that are going to be realistically accessible.

Limitations of physical capacity and capability spell *cognitive* limitations for empirical science. Where there are inaccessible phenomena, there must be cognitive inadequacy as well. To this extent, at any rate, the empiricists were surely right. Only the most fanatical rationalist could uphold the capacity of sheer intellect to compensate for the lack of data. The existence of unobserved phenomena means that our theoretical systematizations may well be (and presumably are) incomplete. Insofar as certain phenomena are not just undetected but in the very nature of the case inaccessible (even if only for the merely economic reasons suggested above), our theoretical knowledge of nature must be presumed imperfect. Fundamental features inherent in the structure of man's interactive inquiry into the ways of the world thus conspire to ensure the limitedness of our knowledge.

3. *In Exploration Product Depends on Process*

Given the fundamentally interactive nature of scientific progress as a technologically mediated warranty between nature and mind, let us ask ourselves about the relationship between process and product in regard to science. Specifically, what would the »science« produced by an alien civilization existing on some remote planet be like? How closely would it have to resemble ours?

Not necessarily all that much. To begin with, the *machinery of formulation* used in expressing their science might be altogether different. Specifically, their mathematics might be very unlike ours. Their dealings with quantity might be entirely anumerical – purely comparative, for example, rather than quantitative. Especially if their environment is not amply endowed with solid objects or stable structures congenial to measurement – if, for example, they were jellyfish-like creatures swimming about in a soupy sea – their »geometry« could be something rather strange, largely topological, say, and geared to flexible structures rather than fixed sizes or shapes. Digital thinking might be undeveloped, while certain sorts of analogue reasoning might be highly refined. Or, again, an alien civilization might, like the ancient Greeks, have »Euclidean« geometry without analysis. In any case, given that the mathematical mechanisms at their disposal could be very different from ours, it is clear that their description of nature in mathematical terms could also be very different. (Not necessarily truer or falser, but just different.)

Secondly, the *orientation* of the science of an alien civilization might be very different. All their efforts might conceivably be devoted to the social sciences – to developing highly sophisticated analogues of psychology and sociology, for example. In particular, if the intelligent aliens were a diffuse assemblage of units comprising wholes in ways that allow of overlap,[4] then the role of social concepts might become so paramount for them that nature would throughout be viewed in fundamentally social categories, with those aggregates we think of as physical structures contemplated by them in social terms.

Then, too, their natural science might deploy mechanisms very different from ours. Communicating by some sort of »telepathy« based upon variable odors or otherwise »exotic« signals, they might devise a complex theory of empathetic thought-wave transmittal through an ideaferous aether. Again, the aliens might scan nature very differently.

4 Compare the discussion in G. Ehrensvärd, *Man on Another World* (Chicago/London, 1965), pp. 146 – 148.

Electromagnetic phenomena might lie altogether outside the ken of alien life-forms; if their environment does not afford them lodestones and electrical storms, the occasion to develop electromagnetic theory might never arise. The course to scientific development tends to flow in the channel of practical interests. A society of porpoises might lack crystallography but develop a very sophisticated hydrodynamics; one comprised of mole-like creatures might never dream of developing optics or astromony. One's language and thought processes are bound to be closely geared to the world as one experiences it. As is illustrated by the difficulties we ourselves experience in bringing the language of everyday experience to bear on subatomic phenomena, our concepts are ill-attuned to facets of nature different in scale of structure from our own. We can hardly expect a »science« that reflects such parochial preoccupations to be a universal fixture.

The interests of creatures shaped under the remorseless pressure of evolutionary adaptations to very different – and endlessly variable – environmental conditions might well be oriented in directions very different from anything that is familiar to us.

Laws are detectable regularities in nature. But detection will of course vary drastically with the mode of observation – that is, with the sort of resources that different creatures have at their disposal to do their detecting. Everything depends on how nature pushes back on our senses and their instrumental extensions. Even if we detect everything we can, we will not have got hold of everything available to others. And the converse is equally true. The laws that we (or anybody else) manage to formulate will depend crucially on one's place within nature – on how one is connected into its wiring diagram, so to speak.

A comparison of the »science« of different civilizations here on earth suggests that it is not an outlandish hypothesis to suppose that the very *topics* of alien science might differ dramatically from those of ours. In our own case, for example, the fact that we live on the surface of the earth (unlike whales), the fact that we have eyes (unlike worms) and thus can *see* the heavens, the fact that we are so situated that the seasonal positions of heavenly bodies are intricately connected with agriculture – all these facts are clearly connected with the development of astronomy. The fact that those distant creatures would experience nature in ways very different from ourselves means that they can be expected to raise very different sorts of questions. Indeed, the mode of emplacement within nature of alien inquirers might be so different as to focus their attention on entirely different aspects or constituents of the cosmos. If the world is sufficiently complex and multifaceted, they might concentrate upon aspects of their enviroment that mean nothing to us, with the result that their natural science is oriented in directions very different from ours.[5]

Moreover, the *conceptualization* of an alien science might be very different, for we must reckon with the theoretical possibility that a remote civilization might operate with a drastically different system of concepts in its cognitive dealings with nature. Different cultures and different intellectual traditions, to say nothing of different sorts of creatures, are bound to describe and explain their experience – their world as they conceive it – in terms of concepts and categories of understanding substantially different from ours. They would diverge radically with respect to what Germans would call their *Denkmittel* – the conceptual instruments they employ in thought about the facts (or purported facts) of the world. They could, accordingly, be said to operate with different conceptuals schemes, with different conceptual tools used to »make sense« of experience – to characterize, describe, and explain the items that figure in the world as they view it. The taxonomic and explanatory mechanisms by means of which their cognitive business is transacted might differ so radically from ours that intellectual contact with them would be difficult or impossible.

Epistemologists have often said things to the effect that people whose experience of the world is substantially different from our own are bound to conceive of it in very different terms. Sociologists, anthro-

5 His anthropological investigations pointed Benjamin Lee Whorf in much this same direction. He wrote: »The real question is: What do different languages do, not with artificially isolated objects, but with the flowing face of nature in its motion, color, and changing form; with clouds, beaches, and yonder flight of birds? For as goes our segmentation of the face of nature, so goes our physics of the cosmos« (»Languages and Logic«, in: *Language, Thought, and Reality*, ed. J. B. Carroll (Cambridge, Mass., 1956), pp. 240 – 241). Compare also the interesting discussion in T. Nagel, »What is it Like to be a Bat?« in: *Mortal Questions* (Cambridge, Mass., 1976).

pologists, and linguists talk in much the same terms, and philosophers of science have recently also come to say the same sort of things. According to Thomas Kuhn, for example, scientists who work within different scientific traditions – and thus operate with different descriptive and explanatory »paradigms« – actually »live in different worlds.«[6]

It is (or should be) clear that there is no simple, unique, ideally adequate concept-framework for »describing the world.« The botanist, horticulturist, landscape gardener, farmer, and painter will operate from diverse cognitive »points of view« to describe one selfsame vegetable garden. It is mere mythology to think that the »phenomena of nature« can lend themselves to only one correct style of descriptive and explanatory conceptualization. There is surely no »ideal scientific language« that has a privileged status for the characterization of reality. Different sorts of creatures are bound to make use of different conceptual scheme for the representation of their experience. To insist on the ultimate uniqueness of science is to succumb to »the myth of the God's-eye view.« Different cognitive perspectives are possible, no one of them more adequate or more correct than any other independently of the aims and purposes of their users.

The science of a different civilization would inevitably be closely tied to the particular pattern of their interaction with nature as funneled through the particular course of their evolutionary adjustment to their specific environment. The »forms of sensibility« of radically different beings (to invoke Kant's useful idea) are likely to be radically different from ours. The direct chemical analysis of environmental materials might prove highly useful, and bioanalytic techniques akin to our senses of taste and smell could be very highly developed, providing them with environmentally oriented »experiences« of a very different sort.

The constitution of the alien inquirers – physical, biological, and social – thus emerges as crucial for science. It would be bound to condition the agendas of questions and the instrumentalities for their resolution – to fix what is seen as interesting, important, relevant, and significant. Because it determines what is seen as an appropriate

6 T. Kuhn, *The Structure of Scientific Revolutions* (Chicago, 1962).

question and what is judged as an admissible solution, the cognitive posture of the inquirers must be expected to play a crucial role in shaping the course of scientific inquiry itself.

To clarify this idea of a conceptually different science, it helps to cast the issue in temporal rather than spatial terms. The descriptive charaterization of *alien* science is a project rather akin in its difficulty to that of describing our own *future* science. It is a key fact of life that progress in science is a process of *ideational* innovation that always places certain developments outside the intellectual horizons of earlier workers. The very concepts we think in terms of become available only in the course of scientific discovery itself. Like the science of the remote future, the science of remote aliens must be presumed to be such that we really could not achieve intellectual access to it on the basis of our own position in the cognitive scheme of things. Just as the technology of a more advanced civilization would be bound to strike us as magic, so its science would be bound to strike us as incomprehensible gibberish – until we had learned it »from the ground up.« They might (just barely) be able to *teach* it to us, but they could not *explain* it to us by transposing it into our terms.

The most characteristic and significant difference between one conceptual scheme and another arises when the one scheme is committed to something the other does not envisage at all – something that lies outside the conceptual range of the other. A typical case is that of the stance of Cicero's thought-world with regard to questions of quantum electrodynamics. The Romans of classical antiquity did not hold *different* views on these issues; they held no view at all about them. This whole set of relevant considerations remained outside their conceptual repertoire. Again, the difference in regard to »conceptual scheme« between modern and Galenic medicine is not that the modern physician has a different theory of the operation of the four humors from his Galenic counterpart but that modern medicine has *abandoned* the four humors, and not that the Galenic physician says different things about bacteria and viruses but that he says *nothing* about them.

Sociologists of knowledge tell us that even here on earth, our Western science is but one of many competing world-pictures. When one turns outward toward space at large, the prospects of diversity become literally endless. It is a highly problematic contention even that beings constituted as we are and located in an environment such as ours must inevitably describe and explain natural phenomena in our terms. And with differently constituted beings, the basis of differentiation is amplified enormously. Our minds are the information-processing mechanisms of an organism interacting with a particular environment via certain particular senses (natural endowments, hardware) and certain culturally evolved methods (cultural endowments, software). With different sorts of beings, these resources would differ profoundly – and so would the cognitive products that would flow from their employment.

The more one reflects on the matter, the more firmly one is led to the realization that our particular human conception of the issues of science is something parochial, because we are physically, perceptually, and cognitively limited and conditioned by our specific situation within nature. Given intelligent beings with a physical and cognitive nature profoundly different from ours, one simply cannot assert with confidence what the natural science of such creatures would be like. The diversified history of *our* terrestrial science gives one some miniscule inkling of the vast range of possibilities along these lines.

It is tempting to reason: »Since there is only one nature, only one science of nature is possible.« Yet, on closer scrutiny, this reasoning becomes highly problematic. Above all, it fails to reckon with the fact that while there indeed is only one world, nevertheless very different *thought-worlds* can be at issue in the elaboration of a »science.« As long as the fundamental categories of thought – the modes of spatiality and temporality, of structural description, functional connection, and explanatory rationalization – are not seen as necessary features of intelligence as such, but as evolved cognitive adaptations to particular contingently constituted modes of emplacement in and interaction with nature, there will be no reason to expect uniformity.

It is surely naive to think that because on single object is in question, its description must issue in one uniform result. This view ignores the crucial impact of the describer's intellectual orientation. Minds with different concern and interests and with different experiential backgrounds can deal with the selfsame items in ways that yield wholly disjoint and disparate results because different features of the thing are being addressed. The *things* are the same, but their *significance* is altogether different.

Perhaps it seems plausible to argue thus: »Common problems constrain common solutions. Intelligent alien civilizations have in common with us the problem of cognitive accomodation to a shared world. Natural science as we know it is *our* solution of this problem. Therefore, it is likely to be *theirs* as well.« But this tempting argument founders on its second premise. Their problem is not common with ours, because their situation must be presumed substantially different, since they live in a significantly different environment and come equipped with significantly different resources. To presuppose a common problem is in fact to beg the question.

Science is always the result of *inquiry* into nature, and this is inevitably a matter of a *transaction* or *interaction* in which nature is but one party and the inquiring beings another. We must expect alien beings to question nature in ways very different from our own. On the basis of an *interactionist* model, there is no reason to think that the sciences of different civilizations will exhibit anything more than the roughest sorts of family resemblance.

Our alien colleagues scan nature for regularities, using (at any rate, to begin with) the sensors provided them by their evolutionary heritage. They note, record, and transmit those regularities that they find to be useful or interesting, and then develop their inquiries by theoretical triangulation from this basis. Now, this is clearly going to make for a course of development that closely gears their science to their particular situation – their biological endowment (»their sensors«), their cultural heritage (»what is interesting«), and their environmental niche (»what is pragmatically useful«). Where these key parameters differ, we must expect that the course of scientific development will differ as well.

Admittedly, there is only one universe, and its laws and materials are, as best we can tell, the same everywhere. We share this common universe with all life-forms. However radically we differ in other respects (in particular, those relating to environment, to natural endowments, and to style or civilization), we have a common background of cosmic evolution and a common heritage of natural laws. And so, if intelligent aliens investigate nature at all, they will investigate the same nature we ourselves do. But the sameness of the object of contemplation does nothing to guarantee the sameness of ideas about it. It is all too familiar a fact that even where only human observers are at issue, very different constructions are often placed upon »the same« occurrences. As is clearly shown by the rival interpretations of different psychological schools – to say nothing of the court testimony of rival »experts« – there need be little uniformity in the conceptions held about one selfsame object from different »perspectives of consideration.« The fact that all intelligent beings inhabit the same world does not countervail the no less momentous fact that we inhabit very different ecological niches within it, engendering very different sorts of *modus operandi.*

No one who has observed how very differently the declarations of a single text (the Bible, say, or the dialogues of Plato) have been interpreted and understood over the centuries – even by people of a common cultural heritage – can be hopeful that the study of a common object by different civilizations must lead to a uniform result. Yet, such textual analogies are oversimple and misleading, because the scientific study of nature is not a matter of decoding a preexisting text. There just is not one fixed basic text – the changeless »book of nature writ large« – which different civilizations can decipher in different degrees. Like other books, it is to some extent a mirror: what looks out depends on who looks in.

The development of a »science« – a definite codification of the laws of nature – always requires as input some inquirer-supplied element of determination. The result of such an interaction depends crucially on the contribution from both sides – from nature and from the intelligences that interact with it. A kind of »chemistry« is at work in which nature provides only one input and the inquirers themselves provide another – one that can massively and dramatically affect the outcome in such a way that we cannot disentangle the respective contributions of nature and the inquirer. Things cannot of themselves dictate the significance that an active intelligence can attach to them. Human organisms are essentially similiar, but there is not much similarity between the medicine of the ancient Hindus and that of the ancient Greeks.

After all, throughout the earlier stages of man's intellectual history, different human civilizations developed their »natural sciences« in substantially different ways. The shift to an extraterrestrial setting is bound to amplify this diversity. The »science« of an alien civilization may be far more remote from ours than the »language« of our cousin the dolphin is remote from our language. Perhaps reluctantly, we must face the fact that on a cosmic scale the »hard« physical sciences have something of the same cultural relativity that one encounters with the materials of the »softer« social sciences on a terrestrial basis.

There is no categorical assurance that intelligent creatures will *think* alike in a common world, any more than that they will *act* alike – that is, there is no reason why *cognitive* adaptation should be any more uniform than *behavioral* adaptation. Thought, after all, is simply a kind of action; and as the action of a creature reflects its biological heritage, so too does its mode of thought.

These considerations point to a clear lesson. Different civilizations composed of different sorts of creatures must be expected to create diverse »sciences.« Though inhabiting the same physical universe with us, and subject to the same sorts of fundamental regularities, they must be expected to create as cognitive artifacts different depictions of nature, reflecting their different modes of emplacement within it.

Natural science – broadly construed as inquiry into the ways of nature – is something that is in principle endlessly plastic. Its development will trace out a historical course closely geared to the specific capacities, interest, environment, and opportunities of the creatures that develop it. We are deeply mistaken if we think of it as a process that must follow a route generally parallel to our and issue in a roughly comparable product. It would be grossly unimaginative to think that either the journey or the destination must be the same – or even substantially similar.

Factors such as capacities, requirements, interests, and course of development affect the shape and substance of the science and technology of any particular space-time region. Unless we narrow our intellectual horizons in a parochially anthropomorphic way, we must be prepared to recognize the great likelihood that the »science« and »technology« of a remote civilization would be something *very* different from science and technology as we know it. Our human sort of natural science may well be *sui generis*, adjusted to and coordinated with a being of our physical constitution, inserted into the orbit of the world's processes and history in our sort of way. It seems that in science, as in other areas of human endeavor, we are prisoners of the thought-world that our biological and social and intellectual heritage affords us. Each inquiring civilization must be expected to produce its own, perhaps ever-changing, cognitive products – all more or less adequate in their own ways but with little if any actual overlap in conceptual content.

Our science is bound to be limited in crucial respects by the very fact of its being *our* science. A tiny creature living its brief life span within a maple leaf could never recognize that such leaves are deciduous – themselves part of a cyclic process. The processes of this world of ours (even unto its utter disappearance) could make no cognitive impact upon a being in whose body our entire universe is but a single atom. No doubt the laws of our world are (part of) the laws of its world as well, but this circumstance is wholly without practical effect. Where causal processes do not move across the boundaries between worlds – where the levels of relevantly operative law are so remote that nothing happening at the one level makes any substantial impact on the other – there can be little if any overlap in »science.« Science is limited to the confines of discernibility: as Kant maintained, the limits of our experience set limits to our science.

A deep question arises: Is the mission of intelligence in the cosmos uniform or diversified? Two fundamentally opposed philosophical views are possible with respect to cognitive evolution in its cosmic perspective. The one is a *monism* that sees the univeral mission of intelligence in terms of a certain shared destination, the attainment of a common cosmic »position of reason as such.« The other is a *pluralism* that sees each intelligent cosmic civilization as forgoing its own characteristic cognitive destiny, and takes it as the mission of intelligence as such to span a wide spectrum of alternatives and to realize a vastly diversified variety of possibilities, with each thought-form achieving its own peculiar destiny in seperation from all the rest. The conflict between these doctrines must in the final analysis be settled not by armchair speculation from general principles but by rational triangulation from the empricial data. This said, it must be recognized that the whole tendency of these present deliberations is toward the pluralistic side. It seems altogether plausible to see cognition as an evolutionary product that is bound to attune its practitioners to the characteristic peculiarities of their particular niche in the world-order.

There is, no doubt, a certain charm to the idea of companionship. It would be comforting to reflect that however estranged from them we are in other ways, those alien minds share *science* with us at any rate and are our fellow travelers on a common journey of inquiry. Our yearning for companionship and contact runs deep. It might be pleasant to think of ourselves not only as colleagues but as junior collaborators whom other, wiser minds might be able to help along the way. Even as many in sixteenth-century Europe looked to those strange pure men of the Indies (East or West) who might serve as moral exemplars for sinful European man, so we are tempted to look to alien inquirers who surpass us in scientific wisdom and might assist us in overcoming our cognitive deficiencies. The idea is appealing, but it is also, alas, very unrealistic.

In the late 1600s, Christiaan Huygens wrote:

> For 'tis a very ridiculous opinion that the common people have got among them, that it is impossible a rational Soul should dwell in any other shape than ours. ... This can proceed from nothing but the Weakness, Ignorance, and Prejudice of Men; as well as the humane Figure being the handsomest and most excellent of all others, when indeed it's nothing but a being accustomed to the figure that make me think so, and a conceit ... that no shape or colour can be so good as our own.[7]

Peoples's tendency to place all rational minds into a physical structure akin to their own is paralleled by a tendency to emplace all rational knowledge into a cognitive structure akin to their own. Roland Pucetti even thinks that the fundamental legal and social concepts of extraterrestrial societies must be designed on our lines.[8]

Life on other worlds might be different from the life we know. It could well be based on a multivalent element other than carbon and be geared to a medium other than water – perhaps even one that is

7 C. Huygens, *Cosmotheoros: The Celestial Worlds Discovered – New Conjectures Concerning the Planetary Worlds, Their Inhabitants and Productions* (London, 1698), pp. 76–77.

8 R. Pucetti, *Persons: A Study of Possible Moral Agents in the Universe* (New York, 1969), cf. E. McMullin in *Icarus* 14 (1971), pp. 291–294.

solid or gaseous rather than liquid. For what holds for the material configuration of the human shape would seem no less applicable to the cognitive configuration of human thought. It is plausible to think that alien creatures will solve the problems of *intellectual* adjustment to their environment in ways as radically different from ours as those by which they solve the problems of physical adjustment. The physics of an alien civilization need resemble ours no more than does their physical therapy. We must be every bit as leery of *cognitive* anthropomorphism as of *cultural* anthropomorphism.

4. *Can We Predict Where Science Will Go in the Future?*

Let me now turn from the spatial to the temporal dimension, and inquire into the natural science not of distant places but of future times.

The landscape of natural science is ever-changing: innovation is the very name of the game. Not only do the theses and themes of science change but so do the very questions. Of course, once a body of science comes to be seen as something settled and firmly in hand, many issues become routine. Various problems become mere reference questions – a matter of locating an answer within the body of preestablished, already available information that somewhere contains it. (The *mere* here is, to be sure, misleading in its downplaying of the formidable challenges that can arise in looking for needles in large haystacks.) However, in pioneering science we face a very different situation. People may well wonder »what is the cause of *X*« – what causes cancer, say, or what produces the attraction of the loadstone for iron – in circumstances where the concepts needed to develop a workable answer still lie beyond their grasp. Scientific inquiry is a creative process of theoretical and conceptual innovation; it is not a matter of pinpointing the most attractive alternative within the presently specifiable range but of enhancing and enlarging the range of envisageable alternatives. Such issues pose genuinely open-ended questions of original research: they do not call for the resolution of problems within a preexisting framework but for a rebuilding and enhancement of the framework itself. Many of the questions with which present-day science grapples could not even have been raised in the state-of-the-art that prevailed a generation ago.

We cannot tell in advance what the specific answers to our scientific questions will be. It would, after all, be quite unreasonable to expect detailed prognostications about the particular *content* of scientific discoveries. It may be possible in some cases to speculate *that* science will solve a certain problem, but *how* it will do so lies beyond the ken of those who antedate the discovery itself. If we could *predict* discoveries in detail in advance, then we could *make* them in advance.[9] In matters of scientific importance, then, we must be prepared for surprises. Commenting shortly after the publication of Frederick Soddy's speculations about atomic bombs in his 1930 book *Science and Life*, Robert A. Millikan, a Nobel laureate in physics, wrote that »the new evidence born of further scientific study is to the effect that it is highly improbable that there is any appreciable amount of available subatomic energy to tap.«[10] In science forecasting, the record of even the most qualified practitioners is poor.

We cannot even say what *concepts* the inquirers of the future will use within the questions they will raise. Maxwell's research was directed toward answering questions that grew out of Faraday's work. Hertz devised his apparatus to answer questions about the implications of Maxwell's questions. Marconi's devices were designed to resolve questions about the application of Hertz's work. Each confronted a research problem inherent in solutions to earlier problems.

It is a key fact of life that ongoing progress in scientific inquiry is a process of *conceptual* innovation that always places certain developments outside the cognitive horizons of earlier workers because the very concepts operative in their characterization become available only in the course of scientific discovery itself. (Short of learning our science

9 As one commentator has wisely written: »But prediction in the field of pure science is another matter. The scientist sets forth over an uncharted sea and the scribe, left behind on the dock is asked what he may find at the other side of the waters. If the scribe knew, the scientist would not have to make his voyage« (Anonymous, »The Future as Suggested by Developments of the Past Seventy-Five Years«, *Scientific American* 123 (1920), p. 321).

10 Quoted in *Daedalus* 107 (1978), p. 24.

from the ground up, Aristotle could have made nothing of modern genetics, nor Newton of quantum physics.) The major discoveries of later stages are ones which the workers of a substantially earlier period (however clever) not only have failed to make but which they could not even have *understood*, because the requisite concepts were simply not available to them. Thus, it is effectively impossible to predict not only the answers but even the questions that lie on the agenda of future science. Detailed prediction is outside the realm of reasonable aspiration in those domains where innovation is preeminently conceptual.

If there was one thing of which the science of the first half of the seventeenth century was confident, it was that natural processes are based on contact-interaction and that there can be no such thing as action at a distance. Newtonian gravitation burst upon this scene like a bombshell. Newton's supporters simply stonewalled. Roger Cotes explicitly denied there was a problem, arguing (in his Preface to the second edition of Newton's *Principia*) that nature was *generally* unintelligible, so that the unintelligibility of forces acting without contact was nothing specifically worrisome. However unpalatable Cotes's position may seem as a precept for science (given that making nature's workings understandable is, after all, one of the aims of the enterprise), there is something to be said for it – not, to be sure, as science but as metascience. For we cannot hold the science of tomorrow bound to the standards of intelligibility espoused by the science of today. The cognitive future is inaccessible to even the ablest of present-day workers. After Pasteur had shown that bacteria could come only from preexisting bacteria, Darwin wrote that »it is mere rubbish thinking of the origin of life; one might well think of the origin of matter.«[11] One might indeed!

The inherent unpredictability of future scientific developments – the fact that no secure inference can be drawn from one state of science to another – has important implications for the issue of the limits of science. It means that *present-day science cannot speak for future science*: it is in principle impossible to make any secure inferences from the substance of science at one time about its substance at a significantly

11 Quoted in *Biology and the Future of Man*, ed. P. Handler (Oxford, 1970), p. 165.

different time. The prospect of future scientific revolutions can never be precluded. We cannot say with unblinking confidence what sorts of resources and conceptions the science of the future will or will not use. Given that it is effectively impossible to predict the details of what future science will accomplish, it is no less impossible to predict in detail what future science will *not* accomplish. We can never confidently put this or that range of issues outside »the limits of science,« because we cannot discern the shape and substance of future science with sufficient clarity to be able to say with any assurance what it can and cannot do. Any attempt to set »limits« to science – any advance specification of what science can and cannot do by way of handling problems and solving questions – is destined to come to grief.

Not only can one never claim with confidence that the science of tomorrow will not resolve the issues that the science of today sees as intractable, but one can never be sure that the science of tomorrow will not endorse what the science of today rejects. This is why it is infinitely risky to speak of this or that explanatory resource (action at a distance, stochastic processes, mesmerism, etc.) as inherently unscientific. Even if X lies outside the range of science as we nowadays construe it, it by no means follows that X lies outside science as such. We must recognize the commonplace phenomenon that the science of the day almost always manages to do what the science of an earlier day deemed infeasible to the point of absurdity (»split the atom,« abolish parity, etc.). Present science can issue no guarantees for future science.

The *supremacy* of natural science over other possible modes of question-resolution is closely bound up with its *plasticity*. If we could set limits to the shape and substance of science, then it could also be possible to set limits to what science can and cannot accomplish. If, for example, we could say (with Emil du Bois Reymond[12]) that the explanatory program of science is an atomistic Newtonianism – a mechanistic world in which we could, at the most and best, achieve the »astronomical knowledge« of a »Laplacean Spirit« who knows the total history of the motions of all particles throughout space for all of

12 *Über die Grenzen des Naturerkennens*, 11th ed. (Leipzig, 1916).

time – then we could indeed say (as Reymond does) that science cannot account for the source of motion, the nature of matter, the operations of consciousness, and so on. If we could circumscribe the substantive nature of science, we could also circumscribe its potential achievements. But just this is impossible. We cannot defensibly project the present lineaments of science into the future.

While we can say with confidence what the state of science *as we now have it* does and does not allow, we cannot say what science as such will or will not allow. The boundary between the tenable and the untenable in science is never easy to discern. Future science can turn in unexpected and implausible directions. The realm of scientific possibility is unchartable. »There are more things in heaven and earth, Horatio ...« That some theoretically available scientific position fails to accord with the science of the day is readily established, but that it is inherently unscientific is something whose establishment lies beyond our powers. The contention that this or that explanatory resource is inherently unscientific should always be met with instant scorn. For the unscientific can only lie on the side of process and not that of product – on the side of *modes* of explanation and not its *mechanisms*; of arguments rather than phenomena.

There is indeed a line between science and pseudoscience – and also between competent science and poor science. Yet, such boundaries cannot be drawn on *substantive* grounds. The line between science and pseudoscience cannot be defined in terms of content – in terms of what sorts of theses or theories are maintained – but only in terms of method, in terms of how these theories are substantiated. The inherent unpredictability of science change is the very hallmark of science. It sets real science apart from the closed structures of pseudoscience, whose methodological defect is precisely the »elegance« with which *everything* falls much too neatly into place. And it means that no sort of idea, mechanism, or issue can be placed with reasonable assurance outside that realm of science as such.

Science, as already noted, is simply too opportunistic to be fastidious about its mechanisms. Eighteenth-century psychologists ruled out hypnotism. Nineteenth-century biologists excluded geophysical catastrophes. Twentieth-century geologists long rejected continental drift. Many contemporary scientists give parapsychology short shrift – yet who can say that its day will never come? The pivotal issue is not what is substantively claimed by an assertion but rather whether this assertion (whatever its content!) has been substantiated by the prevailing canons of scientific method.

There is, to be sure, rough wisdom in scientific caution and conservatism: it is perfectly appropriate to be skeptical about unusual phenomena-constructions and to view them with skepticism. Before admitting »strange« phenomena as appropriate exploratory issues, we certainly want to check their credentials, make sure they are well attested and appropriately characterized. The very fact that they go against our understanding of nature's ways (as best we can tell) renders abnormalities suspect – a proper focus of worriment and distrust. But, of course, to hew this line dogmatically and rigidly, in season and out, is a mistake. The untenable in science does not conveniently wear its untenability on its sleeves. We have to realize that, throughout the history of science, stumbling on anomalies – on »strange phenomena,« occurrences that just don't fit into the existing framework – has been a strong force of scientific progress.

Throughout natural science, we are poised in a delicate balance between reasonable assurance that what we believe is worth holding to and a recognition that we do no yet have »the last word« – that the course of events may at any time shatter our best laid plans for understanding the world's ways. We can set no *a priori* restrictions, but have to be flexible. Nobody can say what future science will and will not be able to do.

5. *Conclusion*

It is time to bring the discussion to an end. These somewhat many-sided deliberations have been designed to make a very simple but important point: Natural science as we know it is a human artifact. It is made by us humans in our own way, in response to our interests and questions, and by means of our technology for interacting with nature. It is *characteristically* human, but not *arbitrarily* human. For it is certainly not a free and unfettered creation of imaginative intelligence. Even as the work of the potter is a negotiation between the ideal and the real – between his imagination and the physical materials in which it must be embodied – so is the work of the scientist a product of thought/matter interaction. The questions we ask of nature depend primarily on us. But the answers we get – though set in our own terms of reference – nevertheless depend on the stern edicts of a nature over whose doings and dealings we actually have very little control.[13]

Zusammenfassung

Der Aufsatz behandelt die Idee, daß die Naturwissenschaft als menschliches Artefakt das Ergebnis einer Mischung von kreativen Ideen und materiellen Realitäten ist, genau wie dies auch bei dem Werk eines Zimmermanns oder Brückenbauers der Fall ist. Dieser Prozeß der Interaktion von Mensch und Natur wird zunächst untersucht für den Kontext der Durchführung von Experimenten. Der interaktive Charakter der (Natur-)Wissenschaft als menschliches Erzeugnis wird dann verdeutlicht durch die Konstrastierung mit zwei denkbaren alternativen Formen von Wissenschaft: (1) ein Vergleich zwischen unserer Wissenschaft und derjenigen einer fernen außerirdischen Kultur, und (2) ein Vergleich zwischen unserer *gegenwärtigen* Wissenschaft und der Wissenschaft der fernen Zukunft.

13 These deliberations have drawn extensively on a series of discussions presented in earlier books of mine. In particular: *Scientific Progress* (Oxford, 1978); *Empirical Inquiry* (Totowa, 1982); *The Limits of Science* (Berkeley/Los Angeles, 1984); and *Scientific Realism* (Dordrecht, 1987).

9. Autorenverzeichnis

Prof. Dr. rer. pol. Dr. h.c. mult.
Horst ALBACH,

Präsident der Akademie der Wissenschaften zu Berlin, geboren 1931 in Essen. 1952–1956 Studium der Betriebswirtschaftslehre an der Universität zu Köln und am Bowdoin College, Brunswick, Maine, 1956 Diplom-Kaufmann-Examen an der Universität zu Köln, 1956–1958 Lehrauftrag an der Universität zu Köln, 1957 Diplom-Volkswirt-Examen an der Universität zu Köln, 1958 Promotion zum Dr. rer. pol. an der Universität zu Köln, 1958–1960 Lehrauftrag an der Technischen Hochschule Darmstadt, 1960 Habilitation für das Fach Betriebswirtschaftslehre an der Universität zu Köln.

Spezialisierung:
Investitionstheorie, Operations Research; seit 1961 o. Professor der Betriebswirtschaftslehre an der Rheinischen Friedrich-Wilhelms-Universität Bonn, Direktor des Instituts für die Gesellschafts- und Wirtschaftswissenschaften, Betriebswirtschaftliche Abteilung, und Direktor des Instituts für Ökonometrie und Operations Research, 1987 Beurlaubung von der Rheinischen Friedrich-Wilhelms-Universität Bonn zur Wahrnehmung des Stiftungslehrstuhls für Unternehmenspolitik (Peter-Kloeckner-Stiftung) an der Privaten Wissenschaftlichen Hochschule für Unternehmensführung (WHU) in Koblenz, Präsident der Akademie der Wissenschaften zu Berlin.

Hauptarbeitsgebiete:
Wachstumstheorie des Unternehmens, Mittelstandsforschung.

Akademische Auszeichnungen und Preise:
1973 Dr. rer. oec. h.c. der Wirtschaftshochschule Stockholm, 1976 Dr. rer. oec. h.c. der Finnish School of Economics Helsinki, 1985 Dr. rer. pol. h.c. der Karl-Franzens-Universität Graz, Professor Honorario de la Universidad Austral de Chile, Valdivia, 1986 Dr. rer. pol. h.c. der Universität Kiel, 1987 Verleihung des Dr. Kausch-Preises an der Hochschule St. Gallen.

Monographien:
Wirtschaftlichkeitsrechnung bei unsicheren Erwartungen (1959); *Investition und Liquidität* (1962); *Die degressive Abschreibung* (1967); (mit O. M. Ungers) *Optimale Wohngebietsplanung 1* (1969); *Beiträge zur Unternehmensplanung* (1969); *Steuersystem und unternehmerische Investitionspolitik* (1970); *Als-ob-Konzept und zeitlicher Vergleichsmarkt* (1976); (mit W. Schüler u. G. Fandel) *Hochschulplanung* (1977); *Finanzkraft und Marktbeherrschung* (1981); (mit K. Bock u.

T. Warnke) *Kritische Wachstumsschwellen in der Unternehmensentwicklung – ihre inner- und überbetrieblichen Einflußfaktoren* (1985); (mit R. Clemens u. C. Friede) *Kosten der Arbeit: Einflußfaktoren der Personalaufwendungen in Abhängigkeit von der Unternehmensgröße* (1985); (mit L. Kokalj u. D. Hunsdiek) *Finanzierung mit Risikokapital* (1986); (mit M. Lutter u. a.) *Deregulierung des Aktienrechts: Das Drei-Stufen-Modell* (1988).

Herausgebertätigkeit (Auswahl): *Zeitschrift für Betriebswirtschaft* (Schriftführender Herausgeber); *Beiträge zur betriebswirtschaftlichen Forschung*; *Enzyklopädie der Rechts- und Staatswissenschaft.*

Prof. James Robert BROWN, Ph.D.,

Associate Professor für Philosophie an der University of Toronto, Kanada. Studium der Philosophie in Guelph und London, Ontario. 1981 Ph.D. in Philosophie an der University of Western Ontario, 1979 – 1980 Assistant Professor an der Dalhousie University, Halifax, Nova Scotia, 1980 – 1981 an der University of Western Ontario, seit 1981 Associate Professor an der University of Toronto.

Monographien:
The Rational and the Social (1989); *The Laboratory of the Mind: Thought Experiments in the Natural Sciences* (1991).

Herausgeber:
Scientific Rationality: The Sociological Turn (1984); (mit K. Okruhlik) *The Natural Philosophy of Leibniz* (1985); (mit R. Butts) *Constructivism and Science* (1989); (mit J. Mittelstrass) *An Intimate Relation* (1989).

Prof. Robert E. BUTTS, Ph.D.,

Ordinarius für Philosophie, Chairman des Fachbereichs Philosophie und Honourary Lecturer für Geschichte der Medizin und der Naturwissenschaften an der University of Western Ontario, Kanada, geboren 1928 in Lancaster, Pennsylvania, USA. 1951 B. A., 1952 M. A. an der Syracuse University, 1957 Ph.D. in Philosophie an der University of Pennsylvania, 1952 – 1954 Assistant Instructor an der University of Pennsylvania, 1954 – 1958 Assistant Professor an der St. Lawrence University, 1958 – 1963 Associate Professor an der Bucknell University, seit 1963 Ordinarius an der University of Western Ontario (Chairman des Fachbereichs 1963 – 1972 und seit 1988). 1962 – 1963 NSF Fellow für Geschichte und Philosophie der Naturwissenschaften am Trinity College, Cambridge. Gastprofessuren: 1961, 1962 University of Calgary; 1968 – 1969 University of Illinois, Urbana; 1972, 1987 University of Pittsburgh; 1983, 1989 Universität Konstanz. 1975 – 1979 Zweiter Vize-Präsident der Abteilung für Logik, Methodologie und Philosophie der Naturwissenschaften der International Union of History and Philosophy of Science; seit 1978 Chairman des Canadian National Committee of the International Union of History and Philosophy of Science; 1984 Präsident der Canadian Society for History and Philosophy of Science. 1989 Präsident der Canadian Philosophical Association. Seit 1979 Geschäftsführender Herausgeber der *University of Western Ontario Series in Philosophy of Science*; 1980 – 1990 Chefredakteur der Zeitschrift *Philosophy of Science.*

Neueste Monographie:
Kant and the Double Government Methodology: Supersensibility and Method in Kant's Philosophy of Science (1984, [2]1986).

Herausgeber:
William Whewell's Theory of Scientific Method [hrsg. und eingeleitet] (1968, [2]1989); *The Methodological Heritage of Newton* [hrsg. und eingeleitet] (1970); *New Perspectives on Galileo* [hrsg. und eingeleitet] (1978); *Kant's Critique of Pure Reason 1781 – 1981*, 2 Parts [hrsg.], *Synthese* (1981); *Kant's Philosophy of Physical Science* [hrsg. und eingeleitet] (1986); *Constructivism and Science: Essays in recent German Philosophy* [hrsg. und eingeleitet] (1989).

Priv.-Doz. Dr. phil. Martin CARRIER,

geboren 1955 in Lüdenscheid (Nordrhein-Westfalen). 1975 – 1981 Studium der Physik, Philosophie und Pädagogik an der Universität Münster, 1981 Staatsexamen Sekundarstufe II; 1984 Promotion in Philosophie ebd., 1984 – 1989 wissenschaftlicher Angestellter an der Universität Konstanz, 1989 Habilitation in Philosophie, seit 1989 Akademischer Rat an der Universität Konstanz.

Monographie:
(mit J. Mittelstraß) *Geist, Gehirn, Verhalten: Das Leib-Seele-Problem und die Philosophie der Psychologie* (Berlin/New York, 1989).

Prof. Nancy CARTWRIGHT, Ph.D.,

geboren 1944, Studium der Mathematik, Physik und Philosophie an der University of Pittsburgh, 1971 Ph.D. in Philosophie (University of Illinois at Chicago Circle), 1971 – 1973 Assistant Professor für Philosophie an der University of Maryland, 1973 – 1990 an der Stanford University (zunächst als Assistant Professor, schließlich als Full Professor), Gastprofessuren an der University of California at Los Angeles (U. C.L. A.), der Princeton University und an der University of Pittsburgh. 1977 – 1978 Mellon Postdoctoral Fellow (Pittsburgh), 1971 – 1972 National Science Foundation Postdoctoral Fellow, 1982 – 1983 Fellow am Zentrum für interdisziplinäre Forschung in Bielefeld, 1984 Fellow am Philosophy of Science Center in Pittsburgh, 1987 – 1988 Fellow am Wissenschaftskolleg zu Berlin.

Monographien:
How the Laws of Physics Lie (1983); *Nature's Capacities and their Measurement* (1989).

Jordi CAT.
Studium der theoretischen Physik, Philosophie und Wissenschaftsgeschichte/Wissenschaftstheorie in Barcelona. 1988 Examen an der Universität Barcelona. Seit 1989 Doktorand in Wissenschaftsgeschichte/Wissenschaftstheorie an der Stanford University.

Hasok CHANG.
Studium am California Institute of Technology (Schwerpunkt: theoretische Physik und Wissenschaftstheorie). 1989 Bachelor of Science. Zur Zeit Doktorand in Philosophie an der Stanford University. Das Thema seiner Dissertation ist die Frage, wie Konzepte der Quantenphysik verschiedenartige Komponenten von Bedeutung aus verschiedenen Kontexten inkorpieren.

Prof. Hubert L. DREYFUS, Ph.D.,

Ordinarius für Philosophie an der University of California at Berkeley, USA, geboren 1929. 1951 B. A. in Harvard, 1952 M. A. in Harvard, 1964 Ph.D. für Philosophie in Harvard, 1960 – 1966 Assistant Professor am Massachusetts Institute of Technology, 1967 – 1968 Associate Professor am Massachusetts Institute of Technology, 1968 – 1972 Associate Professor an der University of California at Berkeley, seit 1972 Ordinarius für Philosophie an der University of California at Berkeley. Gastprofessuren: 1986 TU Wien, Österreich, 1989 Universität Frankfurt.

Auszeichnungen und Preise (Auswahl):
1951 Phi Beta Kappa; 1966 Baker Award for Outstanding Teaching; 1968 Harbison Prize for Outstanding Teaching; seit 1976 Mitglied des National Board of Consultants, NEH; 1985 Guggenheim Fellow.

Monographien:
What Computers Can't Do: A Critique of Artificial Reason (1972, ²1979; erste Auflage übersetzt ins Russische, Portugiesische und Jugoslawische, zweite Auflage übersetzt ins Französische, Deutsche, Chinesische und Italienische); (mit P. Rabinow) *Michel Foucault: Beyond Structuralism and Hermeneutics* (1982, ²1983; übersetzt ins Französische, Deutsche, Spanische, Japanische und Portugiesische); (mit S. E. Dreyfus) *Mind over Machine: The Power of Human Intuitive Expertise in the Era of the Computer* (1986; übersetzt ins Deutsche und Japanische); *Being-in-the-World: A Commentary on Heidegger's »Being and Time, Division I«* (1990); *Heidegger and Foucault on the Ordering of Things* (erscheint 1991).

Prof. Hans-Peter DÜRR, Ph.D.,

Vorsitzender des Direktoriums des Werner-Heisenberg-Instituts für Physik am Max-Planck-Institut für Physik und Astrophysik, geboren 1929 in Stuttgart. 1949 – 1953 Studium der Technik und Physik an der Technischen Hochschule Stuttgart (Experimentelle Diplomarbeit bei Prof. H. O. Kneser), 1953 – 1956

Graduate of Physics an der University of California, Berkeley, USA, 1956 Ph.D. (Theoretische Doktorarbeit bei Prof. Edward Teller), 1956 – 1962 wissenschaftlicher Assistent an der University of California, Berkeley und am Max-Planck-Institut für Physik in Göttingen und später in München bei Prof. Werner Heisenberg, 1962 Habilitation für Physik an der Universität München, 1962 – 1963 Gastprofessor, Department of Physics, University of California, Berkeley, und am Institute of Mathematical Sciences in Madras (Indien), 1963 Wissenschaftliches Mitglied des Max-Planck-Instituts für Physik und Astrophysik, Leiter der Abt. für Theoretische Physik, 1969 außerplanmäßiger Professor an der Universität München, 1970 – 1971 Kommissarischer Direktor des Instituts für Physik am Max-Planck-Institut für Physik und Astrophysik, Okt. 1977 – Okt. 1980 Vorsitzender des Direktoriums des Instituts für Physik am Max-Planck-Institut für Physik und Astrophysik, Jan. 1978 – Dez. 1980 Geschäftsführender Direktor des Max-Planck-Instituts für Physik und Astrophysik, 1980 – 1986 Stellvertretender Vorsitzender des Direktoriums des Werner-Heisenberg-Instituts für Physik am Max-Planck-Institut für Physik und Astrophysik, seit 1987 Vorsitzender des Direktoriums des Werner-Heisenberg-Instituts am Max-Planck-Institut für Physik und Astrophysik.

Ehrenmitgliedschaften und Mitgliedschaften in internationalen Gremien (Auswahl):
1975 Mitglied der Deutschen Akademie der Naturforscher, Leopoldina (Halle); 1983 – 1985 Mitglied des wissenschaftlichen Beirats der Deutschen Umweltstiftung e.V.; 1985 Vorstandsmitglied von Greenpeace Deutschland; 1986 Mitglied des wissenschaftlichen Beirats des Instituts für Friedensforschung und Sicherheitspolitik an der Universität Hamburg; 1986 Kodirektor der Projektgruppe »Stabilitätsorientierte Sicherheitspolitik« der MPG Starnberg; 1987 Mitbegründer und Vorstandsmitglied des Global Challenges Network; 1987 auswärtiges Mitglied der Akademie der Wissenschaften der DDR; 1988 Beiratsmitglied der Naturwissenschaftlerinitiative »Verantwortung für den Frieden« e.V.; 1990 Mitglied des Präsidiums der Wiener Akademie für Zukunftsfragen; 1990 Gründungsmitglied der »Stiftung für Umwelt- und Naturschutz«, Berlin-Ost, DDR; 1990 Mitglied des International Advisory Council on the Economic Development of Hainan in Harmony with the Environment, Volksrepublik China.

Auszeichnungen:
1951 – 1953 Stipendium der Studienstiftung des Deutschen Volkes; 1953 – 1954 Walter Loewy Fellow, University of California; 1954 – 1955 Charles A. Kofoid Eugenics Fellow, University of California; 1956 Award of Merit 1956, Oakland/California; 1956 – 1957 Deutsches Forschungsstipendium; 1987 Right Livelihood Award (»Alternativer Nobelpreis«); 1987 Ehrennadel der

Karl-Marx-Universität Leipzig; 1989 Waldemar-von-Knoeringen-Preis; 1990 Ökologiepreis »Goldene Schwalbe«.

Prof. Dr. phil. Carl Friedrich GETHMANN,

Professor für Philosophie an der Universität Essen, geboren 1944. Studium der Philosophie in Bonn, Innsbruck und Bochum, 1968 lic. phil. (Institutum Philosophicum Oenipontanum), 1968 wissenschaftlicher Assistent, 1971 Promotion zum Dr. phil. (Ruhruniversität Bochum), 1972 Universitätsdozent für Philosophie an der Universität Essen, 1978 Habilitation für Philosophie (Universität Konstanz), 1978 Privatdozent an der Universität Konstanz, 1979 Professor für Philosophie an der Universität Essen; weitere Lehrtätigkeiten an den Universitäten Düsseldorf und Göttingen.

Monographien:
Verstehen und Auslegung: Untersuchungen zum Methodenproblem in der Philosophie Martin Heideggers (1974); *Protologik: Untersuchungen zur formalen Pragmatik von Begründungsdiskursen* (1979).

Herausgeber:
Theorie des wissenschaftlichen Argumentierens (1980); *Logik und Pragmatik: Zum wissenschaftlichen Rechtfertigungsproblem logischer Kalküle* (1982); *Lebenswelt und Wissenschaft* (1991).

Prof. Dr. phil. Dieter GROH,

Ordinarius für Neuere Geschichte an der Universität Konstanz, geboren 1932. 1952 – 1959 Studium der Rechtswissenschaften, Philosophie, Geschichte und Slavistik an der Universität Heidelberg, 1959 Promotion in Heidelberg, 1960 – 1968 wissenschaftlicher Assistent, 1970 Habilitation in Heidelberg, seit 1974 o. Professor für Neuere Geschichte an der Universität Konstanz; daneben: Directeur d'Etudes Associé an der EHESS und an der Maison des Sciences de l'Homme in Paris, 1982 – 1983 Professeur Associé an der Universität Paris X – Nanterre, Lehraufträge an der Unviersität Bern und der ETH Zürich; seit 1988 ständiger Gastprofessor an der Hochschule St. Gallen. Für das Akademische Jahr 1991/92 Einladung an das Wissenschaftszentrum Nordrhein-Westfalen.

Monographien:
Rußland und das Selbstverständnis Europas (1961; Neuauflage unter dem Titel *Rußland im Blick Europas*, 1988); (mit W. Conze) *Die Arbeiterbewegung in der nationalen Bewegung: Die Deutsche Sozialdemokratie vor, während und nach der Reichsgründung* (1966); *Negative Integration und revolutionärer Attentismus: Die deutsche Sozialdemokratie am Vorabend des 1. Weltkrieges* (1973); *Kritische Geschichtswissenschaft in emanzipatorischer Absicht: Überlegungen zur Geschichtswissenschaft als Sozialwissenschaft* (1973); (mit P. Brandt)

»Vaterlandslose Gesellen«: Die deutschen Sozialdemokraten und die Frage von Krieg und Nation, 1860 – 1989 (erscheint 1991).

Herausgeber:
Propyläen Geschichte Deutschlands (1983 ff); (mit R. Groh) *Sozialgeschichtliche Bibliothek* (1979 ff). Mitherausgeber: GAIA: *Ökologische Perspektiven in Natur-, Geistes- und Wirtschaftswissenschaften* (ab 1991).

Dr. phil. Ruth Groh,

freie Wissenschaftlerin. 1972 – 1982 Studium der Philosophie, Literaturwissenschaft und Sprachwissenschaften an den Universitäten Heidelberg und Konstanz. 1982 Promotion in Heidelberg, seit 1990 Lehraufträge an der Universität Konstanz und der Hochschule St. Gallen. Für das Akademische Jahr 1991/92 Einladung an das Wissenschaftszentrum Nordrhein-Westfalen.

Monographien:
Ironie und Moral im Werk Diderots (1984); (mit D. Groh) *Weltbild und Naturaneignung* (1991); (mit D. Groh) *Von den schrecklichen zu den schönen Bergen: Zur Entstehung moderner Naturerfahrung zwischen Renaissance und Romantik* (erscheint 1992).

Herausgeberin:
(mit D. Groh) *Sozialgeschichtliche Bibliothek.*

Prof. Dr. phil. Jürgen Kocka,

Ordinarius für Geschichte an der Freien Universität Berlin, geboren 1941. Studium der Geschichte und der Politischen Wissenschaft in Marburg, Wien, Berlin und Chapel Hill, N. C. (USA), dort M. A. 1965, Promotion 1968 an der Freien Universität Berlin, Habilitation 1973 an der Universität Münster.
1973 – 1988 Professur für Allgemeine Geschichte unter besonderer Berücksichtigung der Sozialgeschichte, Universität Bielfeld, 1983 – 1988 Direktor am dortigen Zentrum für interdisziplinäre Forschung (ZiF). Ab 1988: Stiftungsprofessur für die Geschichte der industriellen Welt, FU Berlin. Gastprofessuren University of Chicago (1984), Hebräische Universität Jerusalem (1985) und New School for Social Research, New York (1990). Fellow am Wissenschaftskolleg zu Berlin (1988/89). Dr. h.c. Erasmus-Universität Rotterdam (1988).

Monographien u. a.:
Unternehmensverwaltung und Angestelltenschaft am Beispiel Siemens 1847 – 1914 (1969); *Klassengesellschaft im Krieg: Deutsche Sozialgeschichte 1914 bis 1918* (1973, [2]1978, engl. 1984); *Sozialgeschichte* (1977, [2]1986); *Unternehmer in der deutschen Industrialisierung* (1975, engl. 1977); *Angestellte zwischen Faschismus und Demokratie: Zur politischen Sozialgeschichte der Angestellten: USA 1890 – 1940 im internationalen Vergleich* (1977, engl. 1980, ital. 1982); *Die Angestellten in der deutschen Geschichte 1850 – 1980: Vom Privatbeamten

zum angestellten Arbeitnehmer (1981, frz. 1989); *Bürgertum im 19. Jahrhundert* (1988); *Weder Staat noch Klasse: Unterschichten um 1800* (1990); *Arbeitsverhältnisse und Arbeiterexistenzen: Grundlagen der Klassenbildung im 19. Jahrhundert* (1990).

Mitherausgeber der *Kritischen Studien zur Geschichtswissenschaft* (1972 ff.) und von *Geschichte und Gesellschaft: Zeitschrift für Historische Sozialwissenschaft* (ab 1975).

Prof. Dr. phil. Hans-Peter KRÜGER,

geboren 1954 in Potsdam. 1972–1976 Studium der Philosophie an der Humboldt-Universität zu Berlin, 1976–1979 ebenda Assistent, 1980 Promotion zur Entstehungsgeschichte der Hegelschen Philosophie, 1978–1981 philosophische Lehrtätigkeit am Institut für Schauspielregie in Ost-Berlin, 1979–1982 philosophische Lehrtätigkeit an der Hochschule für Ökonomie in Ost-Berlin, seit 1981 wissenschaftlicher Mitarbeiter des Instituts für Theorie, Geschichte und Organisation der Wissenschaft der Ost-Berliner Akademie der Wissenschaften, 1987 ebendort Habilitation zur kommunikationsorientierten Wissenschaftsforschung, 1989 Professor für Wissenschaftstheorie, 1990/91 Fellow am Wissenschaftskolleg zu Berlin.

Monographie:
Kritik der kommunikativen Vernunft (1990).

Herausgeber:
(mit G. Kröber) *Wissenschaft – Das Problem ihrer Entwicklung*, Bd. 1 (1987); *Objekt- und Selbst-Erkenntnis: Zum Wandel im Wissenschaftsverständnis* (im Druck).

Prof. Dr. rer. nat. Lorenz KRÜGER,

Ordinarius für Philosophie an der Universität Göttingen, geboren 1932 in Marburg/Lahn. Studium der Physik, Mathematik und Astronomie in Tübingen und Heidelberg, 1959 Promotion (theoretische Physik) in Heidelberg, anschließend wissenschaftlicher Assistent in Heidelberg, 1962 Stipendiat der Max-Planck-Gesellschaft am Weizmann Institut of Science, Rehovot (Israel), 1962–1965 philosophische Studien und Forschungen an der FU Berlin, 1965–1971 Assistent in Göttingen, 1972 Habilitation für Philosophie in Göttingen, 1972 Visiting Professor in Berkeley, 1973–1974 Research Fellow of Princeton University, Professor für Philosophie in Bielefeld 1973–1981, an der FU Berlin 1981–1986, seither in Göttingen, 1978–1979 Fellow des Center for the Philosophy of Science, Pittsburgh, 1980–1984 Direktor des Zentrums für Interdisziplinäre Forschung, Bielefeld, 1987–1988 Fellow des Wissenschaftskollegs zu Berlin, seit 1987 Mitglied der Akademie der Wissenschaften zu Göttingen.

Monographien:
Rationalismus und Entwurf einer universalen Logik bei Leibniz

(1969); *Der Begriff des Empirismus* (1973); *The Empire of Chance* (1989).

Herausgeber u. a. von: *Erkenntnisprobleme der Naturwissenschaften* (1979); T. S. Kuhn, *Die Entstehung des Neuen* (1979); *Transcendental Arguments and Science* (1979); *The Probabilistic Revolution*, 2 Bde. (1987).

Prof. Dr. phil. Eberhard LÄMMERT,

Ordinarius für Allgemeine und Vergleichende Literaturwissenschaft an der Freien Universität Berlin, geboren 1924. Studium der Geologie und Mineralogie in Bonn, der Germanistik, Geschichte und Geographie in Bonn und München, 1952 Promotion in Bonn, 1960 Habilitation für mittelalterliche und neuere Deutsche Philologie in Bonn, 1953 – 1954 Assistent des Rektors der Universität Bonn, 1955 – 1961 wissenschaftlicher Assistent in Bonn, 1961 – 1962 a. o. Professor für Deutsche Philologie an der Freien Universität Berlin, 1962 – 1970 dort o. Professor für Deutsche Philologie und Allgemeine Literaturwissenschaft, in Heidelberg 1970 – 1976, seit 1977 Professor für Allgemeine und Vergleichende Literaturwissenschaft an der Freien Universität Berlin, 1976 – 1983 Präsident der Freien Universität Berlin.

Gastprofessuren:
1965 Aarhus, 1966 Princeton, 1973 Cambridge (U. K.), 1988 St. Louis.

Mitgliedschaften:
1970 – 1983 Kuratorium des DAAD, seit 1984 Vorstand; 1972 – 1976 Planungsgruppe Geisteswissenschaften der DFG; 1972 – 1976 Vorsitzender des Deutschen Germanistenverbandes; 1976 – 1988 Vorstand der Deutschen Schillergesellschaft (Schiller-Nationalmuseum und Deutsches Literaturarchiv Marbach), seit 1988 Präsident; seit 1977 Kuratorium der Fernuniversität Hagen; seit 1982 Fulbright-Kommission; seit 1986 Hochschulbeirat des Landes Bremen; seit 1989 Ehrenmitglied der American Association of Teachers of German.

Monographien:
Bauformen des Erzählens (1955, [8]1988); (mit W. Killy, K. O. Conrady u. P.v. Polenz) *Germanistik – eine deutsche Wissenschaft* (1967, [4]1970); *Reimsprecherkunst im Spätmittelalter* (1970); *Die Entfesselung des Prometheus: Selbstbehauptung und Kritik der Künstlerautonomie von Goethe bis Gide* (1985); *Die Geisteswissenschaften im Industriezeitalter* (1986).

Editionen:
(mit W. Richter) *Wilhelm Scherer, Erich Schmidt – Briefwechsel* (1963); *Friedrich von Blanckenburg: Versuch über den Roman* (1965); *Neue Wiss. Bibl. Literaturwissenschaft* (1965 – 1976); *Romantheorie: Dokumentation ihrer Geschichte in Deutschland*, 2 Bde. (1971/1975, [2]1984/1988); *Handbuch der deutschen Exilpresse, von Lieselotte Maas*, 4 Bde. (1976 – 1990); *Medium Literatur* (1977 – 1981); *Erzählforschung* (1982); (mit W. Barner u. N. Oellers) *Unser Commercium: Goethes und Schillers Literaturpolitik* (1984); (mit

H. Denkler) *»Das war ein Vorspiel nur ...«: Berliner Colloquium zur Literaturpolitik im ›Dritten Reich‹* (1985); (mit D. Scheunemann) *Regelkram und Grenzgänge: Von poetischen Gattungen* (1988); (mit J. Rüsen und P. Glotz) *Die Zukunft der Aufklärung* (1988); (mit T. Koebner) *Literatur und andere Künste* (1988 ff.); (mit G. Großklaus) *Literatur in einer industriellen Kultur* (1989).

Zahlreiche Aufsätze zur Literaturtheorie und zur Geschichte der Literatur, zur Wissenschaftsgeschichte und zur Hochschulpolitik.

Professor Dr. phil. Wolf LEPENIES,

Rektor des Wissenschaftskollegs zu Berlin, geboren 1941 in Deuthen (Ostpreußen). 1962–1966 Studium der Soziologie, Philosophie und Publizistik an den Universitäten München, Münster, Berlin, 1967 Promotion zum Dr. phil. in Münster, 1971 Ernennung zum Professor für Soziologie an der Freien Universität Berlin, seit 1977 Directeur d'études associé am Maison des Sciences de l'Homme in Paris, seit 1984 o. Professor der Soziologie an der Freien Universität Berlin, 1986 Wahl zum Rektor des Wissenschaftskollegs zu Berlin.

Mitgliedschaften:
1979–1980 und 1982–1984 Mitglied der School of Social Science des Institute for Advanced Study in Princeton, USA, seit 1984 Ständiges Wissenschaftliches Mitglied des Wissenschaftskollegs zu Berlin, 1986 Wahl als Ordentliches Mitglied in die Deutsche Akademie für Sprache und Dichtung, 1987 Berufung zum Gründungsmitglied der Akademie der Wissenschaften zu Berlin, 1989 Wahl zum Mitglied der Academia Europaea, London und Wahl zum Auswärtigen Mitglied der Königlich Schwedischen Akademie, Stockholm, 1990 Wahl zum Auswärtigen Mitglied der Königlichen Akademie der Literatur, der Geschichte und der Altertümer, Stockholm.

Auszeichnungen:
1984 Alexander von Humboldt-Preis des Französischen Forschungsministeriums für deutsch-französische wissenschaftliche Zusammenarbeit, 1986 Kulturpreis der Stadt Koblenz, 1988 Karl Vossler-Preis.

Monographien:
Melancholie und Gesellschaft (1969) [Taschenbuchausgabe 1972, 2. Aufl. 1981]; (Co-Autor) *Ästhetik und Gewalt* (1970); (mit H. Ritter) *Orte des Wilden Denkens: Zur Anthropologie von Claude Lévi-Strauss* (1970, 2. Aufl. 1981); *Soziologische Anthropologie* (1971); (mit H. Nolte) *Kritik der Anthropologie* (1971, 2. Aufl. 1979) [Italien. Übers. 1978]; *Das Ende der Naturgeschichte* (1976) [Taschenbuchausgabe 1978]; (mit N. Elias) *Zwei Reden: Zur Verleihung des Theodor W. Adorno-Preises an Norbert Elias* (1977); (mit M. v. Cranach, K. Foppa u. D. Ploog) *Human Ethology: Claims and Limits of a New Discipline* (1979); (mit L. Gustafsson) *Carl von Linné, Nemesis Divina* (1981); (Her-

ausgeber) *Geschichte der Soziologie: Studien zur kognitiven, sozialen und historischen Identität einer Disziplin* (1981, 4 Bde.); (mit L. Graham u. P. Weingart) *Functions and Uses of Disciplinary Histories (Sociology of the Sciences Yearbook VII)* (1983); *Die drei Kulturen: Soziologie zwischen Literatur und Wissenschaft* (1985); *Wissenschaftler und Autoren im achtzehnten Jahrhundert* (1988); *Gefährliche Wahlverwandtschaften: Essays zur Wissenschaftsgeschichte* (1989).

Prof. Dr. phil. Hermann LÜBBE,

Ordinarius für Philosophie an der Universität Zürich, geboren 1926 in Aurich, Ostfriesland. Studium der Philosophie und mehrerer sozialwissenschaftlicher Disziplinen in Göttingen, Münster, Freiburg i.Br., 1951 Promotion in Freiburg i.Br., 1951–1956 Assistententätigkeit an den Universitäten Frankfurt, Erlangen und Köln, 1956 Habilitation an der Universität Erlangen, 1956–1963 Tätigkeit als Dozent und Professor an den Universitäten Erlangen, Hamburg, Köln und Münster, 1963–1969 o. Professor für Philosophie an der Ruhr-Universität Bochum, 1966–1969 Staatssekretär im Kultusministerium von Nordrhein-Westfalen, 1969–1970 Staatssekretär beim Ministerpräsidenten von Nordrhein-Westfalen, 1969–1973 o. Professor für Sozialphilosophie an der Universität Bielefeld, seit 1971 o. Professor für Philosophie und Politische Theorie an der Universität Zürich.

Mitgliedschaften und Auszeichnungen:
1975–1978 Präsident der Allgemeinen Gesellschaft für Philosophie in Deutschland; Mitglied der Rheinisch-Westfälischen Akademie der Wissenschaften in Düsseldorf; Mitglied der Akademie der Wissenschaften und der Literatur zu Mainz; Mitglied der Akademie der Wissenschaften zu Berlin; Mitglied des Deutschen P. E.N.; 1990 Ernst-Robert-Curtius-Preis für Essayistik; Mitgliedschaften und Ehrenmitgliedschaften in wissenschaftlichen Gesellschaften des In- und Auslands.

Monographien:
Bibliogr. d. Heidegger-Lit. 1917–1955 (1958); *Politische Philosophie in Deutschland* (1963, ²1974; koreanisch 1985); *Säkularisierung: Geschichte eines ideenpolitischen Begriffs* (1965, ²1975; ital. 1970); *Der Streit um Worte: Sprache und Politik* (1967); *Theorie und Entscheidung: Studien zum Primat der praktischen Vernunft* (1971); *Hochschulreform und Gegenaufklärung* (1972); *Bewußtsein in Geschichten: Studien zur Phänomenologie der Subjektivität* (1972); *Fortschritt als Orientierungsproblem* (1975); *Unsere stille Kulturrevolution* (1976); *Wissenschaftspolitik* (1977); *Geschichtsbegriff und Geschichtsinteresse* (1977); *Endstation Terror* (1978); *Praxis der Philosophie, praktische Philosophie, Geschichtstheorie* (1978; span. 1983); *Philosophie nach der Aufklärung* (1980); *Zwischen Trend und Tradition* (1981); *Zeit-Verhältnisse: Zur Kulturphilosophie des Fortschritts* (1983); *Der*

Wertewandel und die Arbeitsmoral (1984); *Religion nach der Aufklärung* (1986, ^{2}1990); *Politischer Moralismus* (1987, ^{2}1989; ital. 1990); *Fortschrittsreaktionen* (1987); *Die Wissenschaft und ihre kulturellen Folgen* (1987); *Die Aufdringlichkeit der Geschichte* (1989); *Der Lebenssinn der Industriegesellschaft* (1990).

Prof. Dr. rer. nat. Heinz MAIER-LEIBNITZ,

Professor emeritus für Technische Physik an der Technischen Hochschule München, geboren 28.3.1911 in Esslingen, 1929 – 1935 Studium der Physik in Stuttgart und Göttingen, 1935 Promotion in Göttingen. (Thema von James Franck: Elektronenstoß in Edelgasen), 1935 – 1952 Kaiser-Wilhelm-Institut (später Max-Planck-Institut) für medizinische Forschung bei Professor Walther Bothe, 1939 – 1942 Wehrdienst, 1952 o. Professor für Technische Physik an der Technischen Hochschule München, 1957 am Forschungsreaktor in Garching, 1979 Emeritierung.

Leitungsfunktionen:
1967 – 1972 Erster Direktor des deutsch-französischen Instituts Laue-Langevin in Grenoble (Höchstfluß-Forschungsreaktor);
1974 – 1979 Präsident der Deutschen Forschungsgemeinschaft

Gastaufenthalte in:
Studsvik (Schweden); Oak Ridge (USA); Birmingham (Great Britain).

Präsidentschaften:
1971/72 Internationale Union für reine und angewandte Physik; 1973/74 Gesellschaft deutscher Naturforscher und Ärzte; 1979/80 Deutsch-französische Gesellschaft für Forschung und Technologie;
1981 – 1984 Kanzler des Ordens pour le mérite.

Veröffentlichungen über Atomphysik, Kernphysik, Forschung mit langsamen Neutronen, Wissenschaft und Gesellschaft, Kochen ...

Prof. Dr. phil. Klaus MAINZER,

Ordinarius für Philosophie und Wissenschaftstheorie an der Universität Augsburg, geboren 1947. Studium der Mathematik, mathematischen Logik und Grundlagenforschung, Physik und Philosophie an der Universität Münster, 1973 Promotion, danach wissenschaftlicher Assistent am Philosophischen Seminar der Universität Münster, 1979 Habilitation für das Fach Philosophie an der Universität Münster, 1980 Heisenberg-Stipendiat, 1981 – 1988 Professor für Philosophie an der Universität Konstanz, 1985 – 1988 Prorektor der Universität Konstanz, seit 1988 o. Professor für Philosophie und Wissenschaftstheorie an der Universität Augsburg, seit 1989 geschäftsführender Direktor des Instituts für Philosophie der Universität Augsburg, Visiting Fellow an den Universitäten von Campinas (Brasilien) und Pittsburgh (USA).

Monographien (Auswahl):
Geschichte der Geometrie (1980); (mit H.-D. Ebbinghaus, H. Hermes, F. Hirzebruch, M. Koecher, A. Prestel, R. Remmert) *Grundwissen Mathematik I* (1983, ^{2}1988; engl. 1990); *Symmetrien der Natur: Ein Handbuch zur Natur- und Wissenschaftsphilosophie* (1988).

Herausgeber:
(mit J. Audretsch) *Philosophie und Physik der Raum-Zeit* (1988); (mit J. Audretsch) *Vom Anfang der Welt: Wissenschaft, Philosophie, Religion und Mythos* (1989, ^{2}1990); (mit J. Audretsch) *Wieviele Leben hat Schrödingers Katze? Zur Philosophie und Physik der Quantenmechanik* (1990); *Natur- und Geisteswissenschaften: Perspektiven und Erfahrungen mit fachübergreifenden Ausbildungsinhalten* (1990); (mit E. P. Fischer) *Die Frage nach dem Leben* (1990).

Nicholas MAXWELL.
»I was born in 1937. I have been interested in science and philosophy for as long as I can remember. Already, at the age of four, I was speculating about such questions as why the sky is blue, and what happens at the edge of the universe. Two years later I was dismantling torches and clockwork toys to see how they worked, and I discovered for myself the problem of perception. At the age of eleven I was reading popular accounts of nuclear physics. I read Eddington, Jeans and Bertrand Russell on theoretical physics with fascinated incomprehension. My ambition was to become a theoretical physicist and discover the secret of the universe. Later, with the advent of adolescence, my interests changed. It was the soul of the human being, the quintessence of what it is to be alive, especially as revealed in literature, that became my passionate concern. I decided to become a novelist. Unfortunately, I never discovered how to reconcile invention and the search for truth. Failing as a physicist and as a novelist, even before I had begun, I became a philosopher instead. For the last twenty-five years I have been a lecturer in philosophy of science at University College London. I have been concerned with two fundamental problems. How can we reconcile the universe as depicted by modern physics with the world as we experience it, full of colour, sound, people, consciousness, meaning and value? What kind of inquiry can best help us realize what is of value in life? Both questions emerge from my childhood concerns.«

Monographien:
What's Wrong With Science? Towards a People's Science of Delight and Compassion (1976); *From Knowledge to Wisdom: A Revolution in the Aims and Methods of Science* (1984).

Prof. Dr. phil. Jürgen MITTELSTRASS,

Ordinarius für Philosophie an der Universität Konstanz, geboren 1936 in Düsseldorf. 1956 – 1961 Studium der Philosophie, Germanistik und ev. Theologie an den Universitäten Bonn, Erlangen und Hamburg, 1961 Promotion (Philosophie) in Erlangen, 1961 – 1962 Postgraduiertenstudium in Oxford, 1962 – 1970 wissenschaftlicher Assistent in Erlangen, 1968 Habilitation in Erlangen, 1970 Visiting Professor an der Temple University in Philadelphia (USA), seit September 1970 o. Professor der Philosophie an der Universität Konstanz, 1985 – 1990 Mitglied des Wissenschaftsrates, seit 1985 Mitglied des Auswahlausschusses der Alexander von Humboldt-Stiftung, seit 1987 Mitglied (Gründungsmitglied) der Akademie der Wissenschaften zu Berlin, seit 1988 Mitglied (Gründungsmitglied) der Academia Europaea (London, U. K.).

Monographien:
Die Rettung der Phänomene: Ursprung und Geschichte eines antiken Forschungsprinzips (1962); *Neuzeit und Aufklärung: Studien zur Entstehung der neuzeitlichen Wissenschaft und Philosophie* (1970); *Das praktische Fundament der Wissenschaft und die Aufgabe der Philosophie* (1972); *Die Möglichkeit von Wissenschaft* (1974); (mit P. Janich und F. Kambartel) *Wissenschaftstheorie als Wissenschaftskritik* (1974); *Wissenschaft als Lebensform: Reden über philosophische Orientierungen in Wissenschaft und Universität* (1982); *Fortschritt und Eliten: Analysen zur Rationalität der Industriegesellschaft* (1984); *Die Modernität der Antike: Zur Aufgabe des Gymnasiums in der modernen Welt* (1986); (mit M. Carrier) *Geist, Gehirn, Verhalten: Das Leib-Seele-Problem und die Philosophie der Psychologie* (1989); *Der Flug der Eule: Von der Vernunft der Wissenschaft und der Aufgabe der Philosophie* (1989); *Die Wahrheit des Irrtums: Über das schwierige Verhältnis der Geisteswissenschaften zur Wahrheit und über ihren eigentümlichen Umgang mit dem Irrtum* (1989).

Herausgeber u. a. von:
Enzyklopädie Philosophie und Wissenschaftstheorie, 1980 ff. (Band I 1980, Band II 1984, Band III in Vorbereitung).

Prof. Dr. phil. Reinhard MOCEK,

Ordinarius für Philosophie und Leiter des Bereichs Wissenschaftstheorie und Wissenschaftsgeschichte an der Martin-Luther-Universität Halle-Wittenberg, geboren 1936 in Chemnitz. 1954 – 1959 Studium der Philosophie mit Zweitfach Biologie an der Universität Leipzig. 1965 Promotion in Leipzig mit einer philosophisch-wissenschaftshistorischen Arbeit. Seit 1965 Dozent, nach erfolgter Habilitation 1970 in Halle Professor am Philosophischen Institut der Martin-Luther-Universität Halle-Wittenberg.

Mitglied zahlreicher wissenschaftlicher Räte (u. a. Rat für Wissenschaftsforschung) in der vormaligen DDR, stellv. Vorsitz der Fachgruppe Wissenschafts- und Technikgeschichte der Historiker-Gesellschaft der DDR. Forschungsstipendium

1984 an den Universitäten Bloomington und St. Louis (USA).

Monographien zur Wissenschaftstheorie und Wissenschaftsgeschichte:
Wilhelm Roux – Hans Driesch: Zur Geschichte der Entwicklungsphysiologie der Tiere (1974): (mit W. Kaiser) *Johann Christian Reil (Biographien hervorragender Naturwissenschaftler, Techniker, Mediziner*, Bd. 41) (1979); *Gedanken über die Wissenschaft* (1980); (mit D. Bergner) *Gesellschaftstheorien: Philosophie und Lebensanspruch im gesellschaftstheoretischen Denken der Neuzeit* (1986); *Neugier und Nutzen: Blicke in die Wissenschaftsgeschichte* (1988).

Herausgeber:
Arbeitsblätter zur Wissenschaftsgeschichte; Mitherausgeber der *Biographien bedeutender Biologen* im Fischer Verlag Jena und der Reihe *Philosophische Positionen* im Dietz Verlag Berlin.

Prof. Dr. rer. nat. Dres. h.c. Hans MOHR,

Ordinarius für Biologie an der Universität Freiburg i.Br., geboren 1930 in Altburg/Schwarzwald. Studium der Biologie, Physik und Philosophie. Promotion 1956 bei E. Bünning (Tübingen). Anschließend Stipendiat (postdoctoral research fellow) in den USA bei H. A. Borthwick und S. B. Hendricks, 1959 Habilitation in Tübingen, seit 1960 o. Professor für Biologie (Lehrstuhl Botanik) an der Universität Freiburg i.Br., Arbeitsgebiete: Entwicklungsbiologie, Wissenschaftstheorie; Gastprofessuren in den USA (University of Massachusetts), von 1969 bis 1982 Projektleiter beim Sonderforschungsbereich 46 (Molekulare Grundlagen der Entwicklung) der Deutschen Forschungsgemeinschaft (DFG), seit 1983 Projektleiter beim Sonderforschungsbereich 206 (Biologische Signalreaktionsketten), seit 1966 Mitglied der Deutschen Akademie der Naturforscher (Leopoldina), seit 1982 Mitglied der Heidelberger Akademie der Wissenschaften, Ehrendoktorate der Universitäten Straßburg und Limburg (Belgien).

Monographien:
Wissenschaft und Menschliche Existenz (^{2}1971); (mit P. Sitte) *Molekulare Grundlagen der Entwicklung* (1971); *Structure and Significance of Science* (1977); (mit P. Schopfer) *Lehrbuch der Pflanzenphysiologie* (^{3}1978); *Biologische Erkenntnis* (1981); *Natur und Moral* (1987).

Buchbeiträge und ca. 300 Artikel in Fachzeitschriften.

Mitherausgeber u. a. von:
Planta; *Photochemistry and Photobiology*; *Handbuch der Pflanzenphysiologie.*

Prof. Klaus PINKAU, Ph.D.,

Wissenschaftlicher Direktor des Max-Planck-Instituts für Plasmaphysik in Garching, geboren 1931 in Leipzig. 1950 Gesellenprüfung in Reproduktionsphotographie, ab

1951 Studium der Mathematik in Tübingen, ab 1953 Studium der Physik in Hamburg, 1956 Diplom (Physik) in Hamburg, 1958 Promotion in Bristol, Großbritannien, 1963 Habilitation in Kiel, 1963–1966 Oberassistent in Kiel, seit 1966 Wissenschaftliches Mitglied des Max-Planck-Instituts für extraterrestrische Physik in Garching, seit 1966 Lehrtätigkeit in Astrophysik an der Technischen Universität München, 1972–1977 Geschäftsführender Direktor des Max-Planck-Instituts für extraterrestrische Physik in Garching, seit 1981 Wissenschaftliches Mitglied und Wissenschaftlicher Direktor des Max-Planck-Instituts für Plasmaphysik in Garching, 1986 DSc h.c. (University of Bristol), 1987 Gründungsmitglied der Akademie der Wissenschaften zu Berlin.

Hauptarbeitsgebiete:
Theorie elektromagnetischer Kaskaden; hochenergetische Kernwechselwirkung kosmischer Strahlen; Gammastrahl-Astronomie; interstellares Medium; galaktische Kerne; Technikfolgenabschätzung.

Mitgliedschaften:
Deutsche Physikalische Gesellschaft, European Physical Society, Astronomische Gesellschaft, Fellow of the American Physical Society.

Herausgeber:
Interstellar Medium (1974).

Prof. Nicholas RESCHER, Ph.D.,

Ordinarius für Philosophie an der University of Pittsburgh, USA, geboren 1928 in Hagen (Westf.). 1938 Emigration in die USA, Studium der Mathematik und Philosophie am Queens College (New York), 1951 Ph.D. in Philosophie an der Princeton University, Lehrtätigkeit in Princeton und an der Lehigh University, seit 1961 University Professor für Philosophie in Pittsburgh.

Seit 1964 Herausgeber des *American Philosophical Quarterly*, seit kurzem auch Herausgeber des *History of Philosophy Quarterly*; Autor von mehr als fünfzig Büchern; 1970 Wahl zum ständigen Mitglied des Institut International de Philosophie; 1984 Wahl zum Fellow der Academie Internationale de Philosophie des Sciences; 1970 L. H.D. h.c. der Loyola University, Chicago, »in Anerkennung seiner Beiträge zur Philosophie«; seine Werke wurden übersetzt ins Deutsche, Spanische, Italienische und Japanische; Lehrtätigkeit an Universitäten vieler Länder; 1977 Wahl zum Ehrenmitglied durch die Fellows des Corpus Christi College, Oxford; 1983 Preisträger der Alexander von Humboldt Stiftung (Forschungspreis für Geisteswissenschaftler), im Zusammenhang damit Gastprofessor an der Universität Konstanz; früherer Präsident der C. S. Peirce Society, der G. W. Leibniz Society of America und der American Philosophical Association (Eastern Division), gegenwärtig Mitglied des Board of Directors der International Federation of Philosophical Societies, einem Organ der UNESCO, sowie Mitglied des Institut International de Philosophie und der Academie Internationale de Philosophie des Sciences.

Hauptwerke:
Scientific Explanation (1970); *Scientific Progress* (1978); *Cognitive Systematization* (1979); *The Limits of Science* (1984); *Scientific Realism* (1987); *Cognitive Economy* (1989).

Dr. rer. nat. Heinz RIESENHUBER,

Bundesminister für Forschung und Technologie, geboren 1935 in Frankfurt. 1955 – 1961 Studium der Naturwissenschaften (Hauptfach Chemie) und der Volkswirtschaft, 1961 Diplom-Chemiker, 1965 Promotion in Chemie, 1962 – 1965 wissenschaftlicher Assistent am Institut für Anorganische Chemie der Universität Frankfurt. 1966 – 1968 Angestellter, seit 1967 als Prokurist, 1969 – 1971 Geschäftsführer bei Erzgesellschaft mbH, Frankfurt, 1971 – 1982 Technischer Geschäftsführer bei Synthomer Chemie GmbH, Frankfurt.

Mehrere Patentanmeldungen.

Mehrmonatige Auslandsaufenthalte in Frankreich, Spanien, verschiedenen Ländern Südamerikas und England; Reisen in die USA und nach Südostasien.

1965 – 1969 Landesvorsitzender bei der Jungen Union Hessen; seit 1968 Mitglied des Präsidiums der CDU Hessen; 1973 – 1978 Kreisvorsitzender der CDU Frankfurt; seit 1976 Mitglied des Bundestages (Ausschuß für Forschung und Technologie und Ausschuß für Wirtschaft); Energiepolitischer Sprecher im Vorstand der CDU/CSU-Bundestagsfraktion; 1977 – 1982 Vorsitzender des Bundesfachausschusses »Energie und Umwelt« der CDU Deutschlands; Erarbeitung Umweltprogramm und Energieprogramm der CDU Deutschlands; seit 4. Oktober 1982 Bundesminister für Forschung und Technologie.

Prof. Dr. rer. nat. Herwig Franz SCHOPPER,

Professor emeritus für Physik an der Universität Hamburg, geboren 1924 in Landskron (Sudentenland). Studium Universität Hamburg, 1949 Diplom-Phys., 1951 Dr. rer. nat., 1953 – 1957 Habilitation und Oberassistent Universität Erlangen, 1957 – 1960 a.o. Professor Universität Mainz, 1961 – 1973 o. Professor und Direktor des Instituts für Kernphysik in Karlsruhe (Universität und Kernforschungszentrum), 1973 o. Professor für Physik, Univ. Hamburg (seit 1989 emeritiert).

Forschungsaufenthalte:
1950/51 Technische Hochschule Stockholm; 1956/57 Cavendish Laboratorium, Cambridge, UK; 1960/61 Cornell University, USA; 1966/67 CERN, Genf.

Leitungsfunktionen:
1967 – 1969 Vorsitzender des Wissenschaftlichen Rates des Kernforschungszentrums Karlsruhe; 1970 – 1973 Leiter der Abteilung Kernphysik und Direktoriumsmitglied bei CERN, Genf; 1973 – 1980 Vorsitzender des Direktoriums des Deutschen Elektronensynchrotrons DESY, Hamburg; 1978 – 1980 Vor-

sitzender der Arbeitsgemeinschaft Deutscher Großforschungszentren AGF, Bonn; 1980 – 1988 Generaldirektor des Europäischen Zentrums für Kernforschung CERN, Genf; design. Präsident der Deutschen Physikalischen Gesellschaft.

Auszeichnungen:
Ehrendoktor der Universitäten Erlangen, Moskau, Genf, London; Großes Bundesverdienstkreuz; Sudetendeutscher Kulturpreis; Ritter von Gerstner-Medaille; Goldmedaille des Weizman-Instituts, Rehovoth, Israel; Carus-Medaille der Akademie der Wissenschaften Leopoldina, Halle; Physikpreis der Akademie der Wissenschaften, Göttingen; Golden Plate Award der American Academy of Achievement.

Mitgliedschaften:
Akademie der Wissenschaften Leopoldina, Halle; Korrespondierendes Mitglied der Bayrischen Akademie der Wissenschaften; Sudetendeutsche Akademie der Wissenschaften und Künste; Deutsche, Europäische und Amerikanische Physikalische Gesellschaft; Joachim Jungius Gesellschaft, Hamburg.

Arbeitsgebiete:
Optik, Festkörperphysik, Kernphysik, Elementarteilchenphysik, Beschleunigertechnologie (mehr als 200 Veröffentlichungen), Popularisierung der Wissenschaft, Wissenschaft und Ethik (Aufsätze, Zeitungsartikel, Interviews, etc.).

Monographien:
Weak Interactions and Nuclear Betadecay (1957); *Materie-Antimaterie* (1989).

Wichtigste Forschungsergebnisse:
Erster Nachweis der Paritätsverletzung bei Materie-Antimaterie, Erfindung des Hadronkalorimeters (zum Nachweis hochenergetischer Teilchen); erster Strahl von polarisierten Atomkernen, Messung der Struktur von Proton und Neutron mit Hilfe der Streuung von Elektronen und Neutronen.

Prof. Gunther S. Stent, Ph.D.,

Professor und Chairman im Department of Molecular and Cell Biology and der University of California, Berkeley, USA, geboren 1924 in Berlin. 1938 Emigration in die USA, Studium der Chemie an der University of Illinois, 1948 Ph.D. in physikalischer Chemie an der University of Illinois, 1984 D. Sc. an der York University, Toronto, 1948 – 1950 National Research Council Merck Fellow am California Institute of Technology, 1950 – 1951 National Research Council American Cancer Society Fellow an der University of Copenhagen, 1951 – 1952 National Research Council American Cancer Society Fellow am Institut Pasteur, Paris, 1960 – 1961 National Science Foundation Senior Fellow, University of Kyoto und University of Cambridge, 1969 – 1970 Guggenheim Fellow an der Harvard Medical School, Boston, 1990 – 1991 Fogarty Scholar in Residence am National Institute of Health, Bethseda.

Berufungen:
1952 – 1956 Assistant Research Biochemist, University of California,

Berkeley, seit 1959 Professor of Molecular Biology, 1967 – 1968 Professor of Arts and Sciences, 1980 – 1986 Chairman of Molecular Biology und Director des Virus Laboratory, seit 1987 Chairman of Molecular and Cell Biology, seit 1966 Auswärtiges Mitglied beim Max-Planck-Institut für molekulare Genetik, Berlin, 1985 – 1990 Ständiger Fellow am Wissenschaftskolleg zu Berlin.

Akademische Mitgliedschaften:
U. S. National Academy of Sciences, American Philosophical Society, American Academy of Arts and Sciences, Akademie der Wissenschaften und der Literatur, Mainz.

Arbeitsgebiete:
1948 – 1968 Molekularbiologie, seit 1969 Neurobiologie, seit 1963 Geschichte und Philosophie der Wissenschaften.

Monographien:
Molecular Biology of Bacterial Viruses (1963); *Phage and the Origins of Molecular Biology* (1966); *The Coming of the Golden Age* (1969); *Molecular Genetics* (1970; 1978); *Function and Formation of Neural Systems* (1977); *Paradoxes of Progress* (1978); *Morality as a Biological Phenomenon* (1978; 1981); *A Critical Edition of Watson's »The Double Helix«* (1980); *Neurobiology of the Leech* (1981); *Max Delbrück's »Mind from Matter«* (1986).

10. Personenregister

Namen von Herausgebern, Übersetzern, Bearbeitern o. ä. wurden nicht in das Register aufgenommen. Die Angabe 1,2,3 bedeutet, daß die Person auf den Seiten 1, 2 und 3 behandelt wird, die Beiträge aber keinen direkten Zusammenhang bilden. Eine solche zusammenhängende Behandlung wird durch die Angabe 1 – 3 angezeigt.
Vereinzelt sind auch Personennamen aufgenommen, die auf Sachen verweisen.

FSC
www.fsc.org
MIX
Papier | Fördert
gute Waldnutzung
FSC® C083411

Kolibri 360 GmbH
Ferdinand-Jühlke-Straße 7
99095 Erfurt, Deutschland
produktsicherheit@kolibri360.de